教育部战略性新兴领域"十四五"高等教育教材体系——新一代信息技术(集成电路)系列教材

"十二五"普通高等教育本科国家级规划教材

普通高等教育"十一五"国家级规划教材

高等学校电子信息类精品教材

U0662882

微电子器件

(第5版)

陈 勇 黄海猛 程骏骥 编著

电子工业出版社.

Publishing House of Electronics Industry

北京·BEIJING

内 容 简 介

本书为普通高等教育"十一五""十二五"国家级规划教材。

本书首先介绍半导体物理基础及器件基本方程。在此基础上,全面系统地介绍 PN 结二极管、双极结型晶体管(BJT)和绝缘栅型场效应晶体管(MOSFET)的基本结构、基本原理、工作特性、SPICE 模型,以及一些典型的器件应用。本书还介绍了金半接触二极管,以及主要包括 HEMT 和 HBT 在内的异质结器件。书中提供大量习题,便于读者巩固和加深对所学知识的理解。

本书适合作为高等学校电子科学与技术、集成电路设计与集成系统、微电子科学与工程等专业相关课程的教材,也可供其他相关专业的本科生、研究生和工程技术人员阅读参考。

未经许可,不得以任何方式复制或抄袭本书部分或全部内容。

版权所有,侵权必究。

图书在版编目(CIP)数据

微电子器件 / 陈勇,黄海猛,程骏骥编著 . --5 版 .

北京:电子工业出版社,2025.4. -- ISBN 978-7-121
-50080-0

Ⅰ. TN4

中国国家版本馆 CIP 数据核字第 2025UF0788 号

责任编辑:韩同平

印　　刷:北京天宇星印刷厂

装　　订:北京天宇星印刷厂

出版发行:电子工业出版社

　　　　　北京市海淀区万寿路 173 信箱　邮编:100036

开　　本:787×1092　1/16　印张:23　字数:736 千字

版　　次:1987 年 2 月第 1 版
　　　　　2025 年 4 月第 5 版

印　　次:2025 年 4 月第 1 次印刷

定　　价:89.90 元

凡所购买电子工业出版社图书有缺损问题,请向购买书店调换。若书店售缺,请与本社发行部联系,联系及邮购电话:(010)88254888,88258888。

质量投诉请发邮件至 zlts@ phei. com. cn,盗版侵权举报请发邮件至 dbqq@ phei. com. cn。

本书咨询联系方式:88254525,hantp@ phei. com. cn。

前　　言

本书为普通高等教育"十一五""十二五"国家级规划教材,也是四川省精品课程"微电子器件"的配套教材。

2023 年入选教育部战略性新兴领域"十四五"高等教育教材体系——新一代信息技术(集成电路)系列教材。

2024 年入选四川省普通高等教育本科"十四五"省级规划教材。

本教材起源于电子科技大学于 20 世纪 60 年代初期所开设的"晶体管原理"课程,起点高、立意新,强调基本概念、突出物理模型,内容精练新颖、叙述简明流畅、图文并茂,并配有大量启发性习题。

本教材第 1 版于 1987 年出版。经过了 陈星弼 院士、毛钧业 教授等老一辈学者 50 多年教学实践的长期积淀,结合学科发展和课程需要,多次修订,使得其在内容上更加集中精练,各部分之间的内在逻辑关系更加清晰。特别是针对超大规模集成电路的基础器件 MOSFET 的飞速发展,增加了 SOI MOSFET、FinFET、无结晶体管、功率垂直型双扩散场效应晶体管等前沿热点内容,这些知识可以激发学生的兴趣,以便深入自主学习。这样既突出"基础概念"和"物理模型",又跟踪新技术的发展。因此,每次修订再版后都深受教师和学生的欢迎,也受到同行专家的诸多好评。

目前,国际形势风云变幻,围绕着半导体技术的高科技领域竞争愈发激烈,我国半导体产业还处在世界的中低端,面对西方步步紧逼的围堵,我们需进一步深度融入全球半导体产业链;更重要的是需继续发扬老一辈科学家艰苦创业的精神,加大人才自主培养力度,培育中国半导体产业的反制能力。同时,本教材 2023 年入选教育部战略性新兴领域"十四五"高等教育教材体系——新一代信息技术(集成电路)系列教材。这些情况促使我们有动力、有责任编写、推出第 5 版教材,以感谢广大读者对本教材的厚爱,使其更好地服务于课程教学、人才培养。

这次的第 5 版,对第 4 版教材进行了全面、系统的梳理,更加注重细节,注重内容的准确性、严谨性、规范性和可读性。一方面更正了第 4 版中的图、表、公式和文字上的错误、疏漏,另一方面考虑到微电子器件种类繁多,为了展现基本器件结构的更多应用,选择补充了几种重要器件,包括变容二极管、快恢复二极管、PNPN 肖克莱结构和金半接触肖特基二极管,使广大读者对微电子器件有一个尽可能全面的认识。

第 5 版中变化较大的章节有:第 1 章中作为半导体方程后续应用,介绍了半导体器件计算机模拟的基本原理,包括微分方程的离散化及网格划分;还对半导体器件的发展历程,特别是对我国在一穷二白的基础上独立自主研发微电子器件的历程进行了回顾,并对未来发展做了展望。第 2 章中,作为 PN 结势垒电容的应用,补充了变容二极管的原理和分析。对于 PN 结开关特性的扩展,简要分析了快恢复二极管 FRD 的工作原理。第 3 章中,补充了 PNPN 肖克莱二极管结构。针对集成电路最新发展趋势,在第 4 章的"多栅结构 MOSFET 与 FinFET"这一节中,增加了对新近前沿研究热点——围栅 MOSFET(GAA MOSFET)的分析讨论。考虑到金属半导体接触在微电子器件中应用广泛,特别在第 5 章增加了一节关于金半接触的内容。考虑到量子隧穿效应在现代小尺寸微电子器件中影响越来越明显,在附录 A 中增加了对隧穿概率的 WKB 近似求解。

本书可作为高等学校电子科学与技术、集成电路设计与集成系统、微电子科学与工程等专业本科生主干专业课"微电子器件"的教材,也可供其他相关专业本科生、研究生和工程技术人员阅读参考。讲授本教材的参考学时数为48~80学时。本教材的基本教学内容包括:第2章的2.1,2.2,2.4~2.7节;第3章的3.1~3.5,3.8~3.10节和第4章的4.1~4.8,4.10,4.11节;第5章的5.1,5.2节。这些内容的参考学时数为60学时,其余内容可视学时数的多少而选讲。

本教材配有大量习题。其中,标有 * 的为基础性习题,建议作为必做题;未标 * 的为扩展性习题,建议作为选做题。

本教材第5版由陈勇、黄海猛、程骏骥编写。由于作者水平有限,书中难免存在一些错误和不足之处,恳请广大读者批评指正(读者意见反馈请扫二维码)。

作　者

于电子科技大学

主要符号表

A	面积	f_β	β 的截止频率
A^*	理查森（Richardson）常数	f_{β^*}	β^* 的截止频率
a	杂质浓度梯度、晶格常数、加速度	f_T	特征频率
B, b	基极、基区	f_M	最高振荡频率
BV_{CBO}	发射极开路时集电结击穿电压	G, g	电导
BV_{CEO}	基极开路时集电极–发射极击穿电压	g_c	导带底附近状态密度
BV_{DC}	最高漏极使用电压	g_{ds}	漏源电导
BV_{DS}	漏源击穿电压	$(g_{ds})_{sat}$	饱和区漏源电导
BV_{EBO}	集电极开路时发射结击穿电压	g_m	跨导
BV_{GS}	栅源击穿电压	g_{ms}	饱和区跨导
C, c	集电极、集电区、集电结	g_v	价带顶附近状态密度
C_D	扩散电容	H_{fin}	硅鳍高度
C_{gs}	栅源单位面积电容	I_{Cmax}	集电极最大工作电流
C_{gd}	栅漏单位面积电容	I_{CS}	临界饱和集电极电流
C_{OX}	栅氧化层单位面积电容	I_{CBO}	发射极开路时集电极反向电流
C_{OXf}	正栅电容	I_{EBO}	集电极开路时发射极反向电流
C_{OXb}	背栅电容	I_{CEO}	基极开路时集电极–发射极反向电流
C_{ob}	集电极输出电容	i_0	发射极单位周长的电流容量
C_{Si}	硅膜电容	I_D	漏极电流
C_T	势垒电容	I_{Dsat}	临界饱和时的漏极电流
D	电位移	I_{Dsub}	亚阈漏极电流
d	发射区与浓硼区的间距	i_d	漏极交流小信号电流
d_M	金属条宽度	$I_E(I_B, I_C)$	发射极（基极、集电极）直流电流
$D_n(D_p)$	电子（空穴）扩散系数	$I_e(I_b, I_c)$	发射极（基极、集电极）交流小信号电流
D_{it}	表面态密度		的幅值
$\boldsymbol{E}$	电场强度	$i_e(i_b, i_c)$	发射极（基极、集电极）交流小信号电流
E, e	发射极、发射区、发射结、能量、电场强度	i_g	栅极交流小信号电流
	$\boldsymbol{E}$ 大小	I_F	正向直流电流
E_c	雪崩击穿临界电场强度	I_{LC}	集电结复合电流
E_C	导带底处电子能量	I_{LE}	发射结复合电流
E_F	费米能级	I_R	反向直流电流
$E_{Fn}(E_{Fp})$	电子（空穴）准费米能级	I_{SB}	二次击穿临界电流
E_G	禁带宽度	I_{sub}	衬底电流
$\boldsymbol{E}_{max}$	最大电场强度	J_0	反向扩散电流密度
E_i	本征费米能级	$J(j)$	直流（交流）电流密度
E_{Sf}	硅膜正表面电场强度大小	J_{CH}	基区扩展临界电流密度或强场下基区扩展临界电流密度
E_{Sb}	硅膜背表面电场强度大小		
E_t	复合中心能级的能量	J_{CL}	弱场下基区扩展临界电流密度
E_V	价带顶处的电子能量	J_{Cmax}	集电极最大工作电流密度
f	频率	J_d	扩散电流密度
f_α	α 的截止频率	$J_{dn}(J_{dp})$	电子（空穴）扩散电流密度

符号	含义
J_g	势垒区产生电流密度
J_{gr}	势垒区产生复合电流密度
$J_n(J_p)$	电子(空穴)电流密度
J_r	势垒区复合电流密度
K_p	功率增益
k	玻尔兹曼常量、波矢大小
L	沟道长度
L_E	发射极总周长
L_e	发射极串联电感
$L_n(L_p)$	电子(空穴)扩散长度
l_0	平均自由程
l_M	金属电极条的长度
M	雪崩倍增因子、高频优值
m_n^*	导带底电子有效质量
N	杂质浓度
$N_A(N_D)$	受主(施主)杂质浓度
$N_B(N_C,N_C)$	基区(集电区、发射区)杂质浓度
N_C	导带有效能级密度
N_t	复合中心浓度
N_V	价带有效状态密度
n	电子浓度
n_i	本征载流子浓度
n_{n0}	N 型半导体中的平衡电子浓度
n_{p0}	P 型半导体中的平衡电子浓度
P	功率、隧穿概率
P_C	集电结耗散功率
P_{CM}	集电极最大耗散功率
P_{SB}	二次击穿临界功率
P_{Td}	稳态散出功率
p	空穴浓度、动量
p_{n0}	N 型半导体中的平衡空穴浓度
p_{p0}	P 型半导体中的平衡空穴浓度
Q	单位面积电荷
$Q_A(Q_D)$	电离受主(施主)电荷面密度
Q_B	基区少子电荷
Q_{B0}	基区平衡少子电荷
Q_{BB}	基区多子电荷
Q_{BB0}	基区平衡多子电荷
Q_{ch}	沟道电荷面密度
Q_E	发射区少子电荷
$Q_b'(Q_c')$	基区(集电区)超量存储电荷
Q_M	栅极上单位面积电荷
Q_n	反型层中单位面积电子电荷
Q_{OX}	栅氧化层有效正电荷面密度
Q_{sc}	耗尽区电荷密度
Q_{ss}	表面电荷密度
Q_s	半导体表面空间电荷区单位面积电荷
q	电子电荷
R	电阻
R_D	漏极电阻
R_E	发射极镇流电阻
R_L	负载电阻
R_{on}	比导通电阻
R_T	热阻
$R_\square$	方块电阻
r_e	发射结增量电阻
r_{bb}'	基极电阻
r_{cs}	集电极串联电阻
S	饱和深度、反馈因子、熵、亚阈值摆幅
s	表面复合速率
s_b	基极条宽
s_e	发射极条宽
T	温度
T_a	环境温度
T_j	结温
T_K	高介电常数栅介质厚度
T_{OX}	氧化层厚度
T_{OXf}	正栅氧化层厚度
T_{OXb}	背栅氧化层厚度
T_{Si}	硅层厚度、硅柱直径
t_d	延迟时间
t_f	下降时间
t_{on}	开启时间
t_{off}	关断时间
t_r	上升时间、反向恢复时间
t_s	储存时间
V	电压
V_A	厄尔利电压
V_{BES}	发射极正向压降
V_{bi}	内建电势
V_{CES}	饱和压降
V_D	漏极电压、接触电势差
V_{DS}	漏源电压
V_{Dsat}	由于沟道夹断导致 I_D 饱和的漏极饱和电压
V_{Dsat}'	由于速度饱和导致 I_D 饱和的漏极饱和电压
$V_E(V_B,V_C)$	发射极(基极、集电极)直流电压

$V_e(V_b,V_c)$	发射极(基极、集电极)交流小信号电压的幅值或瞬时值	$\alpha_{in}(\alpha_{ip})$	电子(空穴)电离率
		α_i	电离率
V_F	正向直流电压(正向导通电压)	β	共发射极直流短路电流放大系数、MOSFET增益因子
V_{FB}	平带电压		
V_{FBf}	正栅平带电压	β_R	倒向运用时的共发射极直流短路电流放大系数
V_{FBb}	背栅平带电压		
V_G	栅极电压	β_ω	共发射极高频小信号短路电流放大系数
V_{Gf}	正栅压	β^*	基区输运系数
V_{Gb}	背栅压	β_0^*	直流小信号基区输运系数
$V_{Gb,a}$	背面积累时背栅极电压	β_ω^*	高频小信号基区输运系数
$V_{Gb,i}$	背面反型时背栅极电压	γ	直流注入效率
V_{Gf}	正栅极电压	γ_0	直流小信号注入效率
V_{GS}	栅源电压	γ_ω	高频小信号注入效率
V_{pt}	穿通电压	Δ	金半接触界面层压降
V_S	源极电压	δ	亏损因子、金半接触界面层厚度
V_{SB}	二次击穿临界电压	ε_{OX}	二氧化硅的介电常数
V_{sus}	维持电压	ε_i	界面层介电常数
V_T	阈电压	ε_s	硅的介电常数
V_{Ton}	积累模式的阈电压	η	内建场因子、耗尽层厚度拟合参数
$V_{T,ba}$	背面积累的阈电压	$\lambda_0(\lambda_1,\lambda_2,\lambda_3,\lambda_4)$	体硅(SOI、双栅、三栅、环栅)结构MOSFET特征长度
$V_{T,bi}$	背面反型的阈电压		
$V_{T,bd}$	背面耗尽的阈电压	ρ	电阻率
v	小信号交流电压、载流子速度	ρ_c	接触电阻率
v_t	热运动速度	$\rho_B(\rho_E,\rho_C)$	基区(发射区、集电区)电阻率
v_s	饱和漂移速度	κ	热导率
v_{max}	载流子饱和漂移速度	τ	非平衡载流子寿命
W_M	金属条厚度	τ_b	基区渡越时间
W_B	基区宽度	τ_{bc}	集电结电容经基极的充放电时间常数
W_E	发射区宽度		
W_C	集电区宽度	τ_c	集电结势垒电容经集电区的充放电时间常数
W_{fin}	硅鳍厚度		
$W_外$	外延层厚度	τ_d	集电结耗尽区延迟时间
X	电抗	τ_e	发射区延迟时间
x_{dmax}	耗尽区宽度	τ_{eb}	发射结势垒电容充放电时间常数
x_d	沟道耗尽区宽度	$\Delta\tau_b$	基区渡越时间的修正
x_j	结深	τ_t	沟道渡越时间
$x_{je}(x_{jc})$	发射结(集电结)结深	τ_{ec}	信号延迟时间
Y	导纳	τ	寿命
Z	阻抗、沟道宽度	$\tau_n(\tau_p)$	电子(空穴)寿命
α	共基极直流短路电流放大系数、缩小因子	μ	化学势、迁移率、电压放大系数
		$\mu_n(\mu_p)$	电子(空穴)迁移率
α_R	倒向运用时的共基极直流短路电流放大系数	σ	电导率、俘获截面
		$\sigma_n(\sigma_p)$	电子(空穴)电导率
		ω	角频率
α_ω	共基极高频小信号短路电流放大系数	ω_{gm}	跨导的截止角频率

ω_{α}	α 的截止角频率	ϕ_{OXf}	正栅氧化层电压降
ω_{β}	β 的截止角频率	ϕ_{OXb}	背栅氧化层电压降
ω_{β^*}	β^* 的截止角频率	ϕ_{p}	多晶硅电压降
ϕ	静电势	ϕ_{S}	表面势, 半导体功函数
ϕ_0	界面态中性能级	ϕ_{Sb}	硅膜背表面势
$\phi_{\text{Fn}}(\phi_{\text{Fp}})$	电子(空穴)的费米势	ϕ_{Sf}	硅膜正表面势
$q\phi_{\text{M}}$	金属功函数	χ	电子亲和能
ϕ_{MS}	金属半导体功函数差	ψ	波函数
ϕ_{ns}	金半接触势垒高度		

目　　录

第1章　半导体物理基础及器件基本方程

自从肖克莱等人发明的晶体管获得诺贝尔物理学奖以来,半个多世纪已经过去。在这几十年间,微电子技术飞速发展。一方面,功能强大的微电子器件不断涌现;另一方面,将各种元器件制作在半导体衬底上的集成电路成了社会信息化的基础。

微电子器件及集成电路都是利用半导体中的各种物理机理来工作的,这些物理机理又是由半导体内部的电子运动产生的。因此要学习微电子器件的工作原理,就必须掌握构成微电子器件的半导体中载流子的运动规律。为此,本章以固体物理为基础简明地介绍了半导体中的电子状态、载流子的分布及输运等内容,并给出了分析半导体器件工作机理和特性的基本方程及应用示例。

1.1　半导体晶格

固体具有无定型、多晶和单晶三种基本类型。图1-1是无定型、多晶和单晶材料的二维示意图。从图中可以看出,每种类型的晶体的特征与材料中原子或者分子有规则或周期性几何排列的空间大小有关。无定型材料只在几个原子或分子的尺度内有序。多晶材料则在许多个原子或者分子的尺度上有序,这些有序化区域称为单晶区域,彼此有不同的大小和方向。单晶区域称为晶粒,它们由晶界将彼此分离。单晶材料则在整体范围内都有很高的几何周期性。单晶材料的优点在于其电学特性通常比非单晶材料好,这是因为晶界会导致电学特性的衰退。

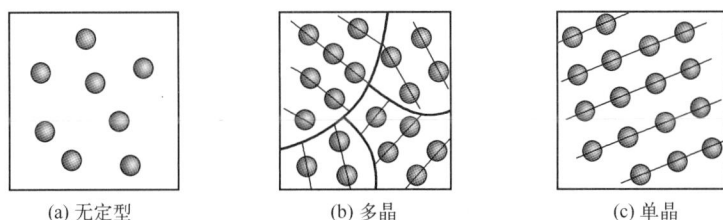

(a) 无定型　　　　　　(b) 多晶　　　　　　(c) 单晶

图1-1　三种类型的晶体材料的二维示意图

目前,广泛使用的半导体材料主要是单晶材料。常用的半导体材料锗、硅、砷化镓等都是单晶材料。硅和锗称为元素半导体,砷化镓称为化合物半导体。非晶和多晶材料在半导体领域中也有一定的应用。例如,非晶硅薄膜晶体管被用来制造驱动大面积液晶显示的电路,多晶硅被用来制作绝缘栅型场效应晶体管的栅电极。

1.1.1　基本的晶体结构

由于半导体器件大部分都采用半导体单晶材料,因此,首先介绍一下基本的晶体结构。

一个典型单元或原子团在三维的每一个方向上按某种间隔规则重复排列就形成了单晶。晶体中这种原子的周期性排列称为晶格。图1-2给出了三种基本的三维晶体结构,即简立方、体心立方和面心立方结构。简立方结构的每个顶角有一个原子;体心立方结构除顶角外在立方体中心还有一个原子;面心立方结构在每个面都有一个额外的原子。

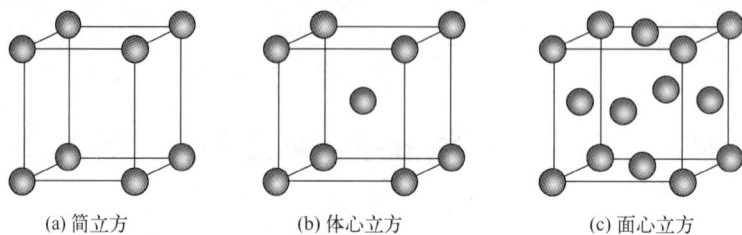

| (a) 简立方 | (b) 体心立方 | (c) 面心立方 |

图 1-2 三种基本的三维晶体结构

元素半导体硅和锗具有金刚石晶体结构,如图 1-3(a)所示。其中,参数 a 代表的是晶格常数。金刚石晶体结构是由缺了 4 个顶角原子的体心立方结构作为最基本的结构单元所构成的,其最基本的结构单元如图 1-3(b)所示,该四面体中的每个原子都有 4 个与它最近邻的原子。在金刚石单晶中,原子在晶胞中排列的情况是,有 8 个原子位于立方体的 8 个角顶上,有 6 个原子位于 6 个面中心上,晶胞内部有 4 个原子。

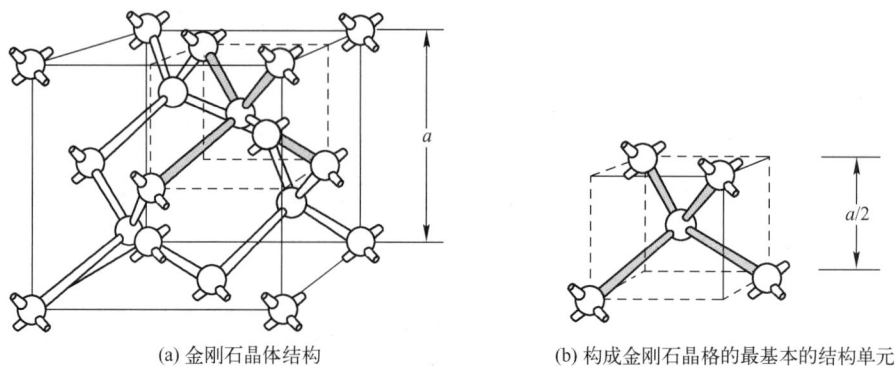

| (a) 金刚石晶体结构 | (b) 构成金刚石晶格的最基本的结构单元 |

图 1-3 金刚石晶体

闪锌矿结构与金刚石结构的不同仅在于它的晶格中有两类原子。化合物半导体,比如 GaAs 就具有如图 1-4(a)所示的闪锌矿结构。图 1-4(b)示意了 GaAs 的基本四面体结构,其中每个镓原子有 4 个最近邻的砷原子,每个砷原子有 4 个近邻镓原子。该图也表明了两种子晶格的相互交织,它们用来产生金刚石或闪锌矿晶格。

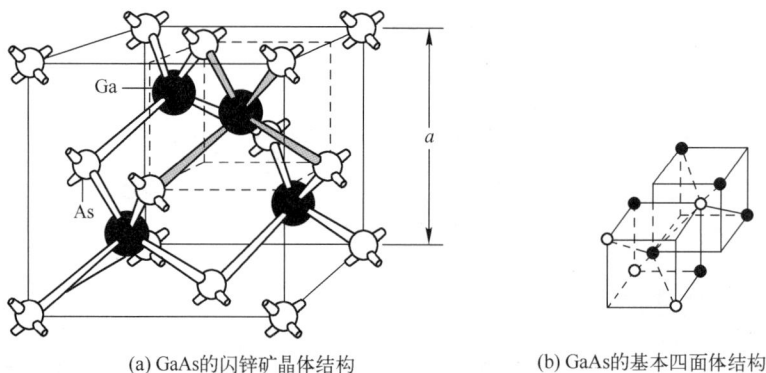

| (a) GaAs的闪锌矿晶体结构 | (b) GaAs的基本四面体结构 |

图 1-4 闪锌矿晶体结构

实验测得硅和锗的晶格常数 a 分别为 0.543 nm 和 0.565 nm,从而求得硅原子和锗原子的密度分别为 5.00×10^{22} cm^{-3} 和 4.42×10^{22} cm^{-3},两原子间最短距离分别为 0.235 nm 和 0.245 nm。

1.1.2　晶向和晶面

半导体器件一般制作在半导体表面或近表面处。因此,半导体表面的晶面指向和特征就非常重要。晶体中通常采用密勒指数来确定不同的晶面。密勒指数的确定方法如下:首先求出该晶面在三个主轴上的截距,并以晶格常数(或原胞)的倍数表示截距值,然后对这三个数值各取倒数,乘以它们的最小公分母,简化为三个最小整数,把结果括在圆括弧内就得到了密勒指数(hkl),用它来表示一个晶面。

除了描述晶格平面,还需要描述特定的晶向。晶向可以用三个整数表示,它们是该方向某个矢量的分量。例如,简立方晶格的对角线的矢量分量为1,1,1。体对角线描述为$[111]$方向。方括号用来描述方向,以便与描述晶面的圆括号相区别。简立方的三种晶向和晶面如图1-5所示。由图中可见,$[hkl]$晶向和(hkl)晶面垂直。

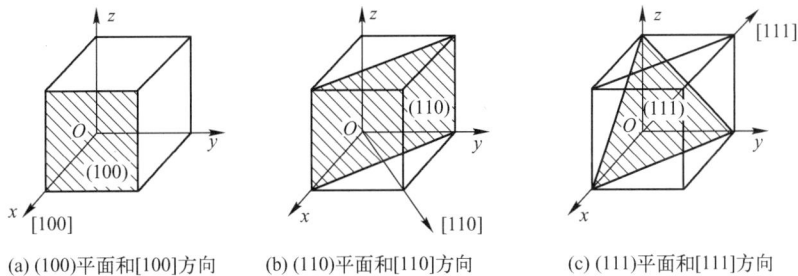

(a) (100)平面和[100]方向　　(b) (110)平面和[110]方向　　(c) (111)平面和[111]方向

图 1-5　简立方的三种晶向和晶面

1.1.3　原子价键

原子之所以能够形成固体是由于原子间有强健存在,而原子间价键或者其他作用力的类型取决于晶体中特定的原子或者原子团。因此,不同的原子会形成不同的单晶结构。

无论是金刚石结构或闪锌矿结构,晶体中的每个原子都有 4 个属于不同子晶格的最近邻原子,它们位于一个正四面体的顶点。金刚石晶格中每个原子有 4 个价电子,同 4 个最近邻原子共有,形成 4 个共价键。但是,在闪锌矿结构的 GaAs 晶体中,每个 As 原子(有 5 个价电子)的最近邻是 4 个 Ga 原子,而每个 Ga 原子只有 3 个价电子;同样,每个 Ga 原子的 4 个最近邻是 As 原子。这些 Ga-As 原子对互相结合成键,本质上主要是共价性的,但也有部分是离子性的(Ga$^-$离子和As$^+$离子之间的静电吸引)。

1.2　半导体中的电子状态

制造半导体器件所用的材料大多是单晶体。单晶体是由靠得很紧密的原子周期性重复排列而成的,相邻原子间距只有零点几纳米的数量级。因此,半导体中的电子状态和原子中的不同,特别是外层电子会有显著的变化。但是,晶体由分立的原子凝聚而成,两者的电子状态又必定存在着某种联系。

1.2.1　原子的能级和晶体的能带

原子中的电子在原子核的势场和其他电子的作用下,它们分别列在不同的能级上,形成电子壳层。每一个壳层对应于确定的能量。当原子相互接近形成晶体时,不同原子的内外各电子壳层之间就有了一定程度的交叠,相邻原子最外壳层交叠很多,内壳层交叠较少。原子组成晶体后,由于电子壳层的交叠,电子不再完全局限在某一个原子上,可以由一个原子转移到相邻的原子上去。因此,电子可以在整个晶体中运动。这种运动称为电子的共有化运动。但是,因为各原子中相似壳层上的电子才有相同的能量,电子只能在相似壳层间转移。因此,共有化运动的产生是由于不同原子的相似壳层间的交叠。

当两个原子相距很远时,如同两个孤立的原子,每个能级都有两个态与之对应,是二度简并的(暂不计原子本身的简并)。当两个原子互相靠近时,每个原子中的电子除受到本身原子的势场作用,还要受到另一个原子的势场作用,其结果是每一个二度简并的能级都分裂为两个彼此相距很近的能级;两个原子靠得越近,分裂得越厉害。两个原子互相靠近时,原来在某一能级上的电子就分别处在分裂的两个能级上,这时电子不再属于某一个原子,而为两个原子所共有。

对于由 n 个原子组成的晶体,晶体每立方厘米体积内约有 $10^{22} \sim 10^{23}$ 个原子,所以 n 是个很大的数值。当 n 个原子相距很远,尚未结合成晶体时,则每个原子的能级都和孤立原子的一样,它们都是 n 度简并的(暂不计原子本身的简并)。当 n 个原子互相靠近结合成晶体后,每个电子都要受到周围原子势场的作用,结果每一个 n 度简并的能级都分裂成 n 个彼此相距很近的能级,这 n 个能级组成一个能带。这时电子不再属于某一个原子而是在晶体中做共有化运动。分裂的每一个能带都称允带,允带之间因没有能级而称为禁带。图 1-6 示出了原子能级分裂为能带的示意图。

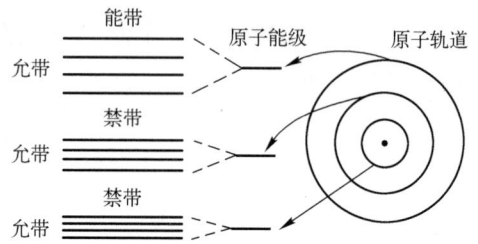

图 1-6　原子能级分裂为能带示意图

1.2.2　半导体中电子的状态和能带

晶体中的电子与孤立原子中的电子不同,也和自由运动的电子不同。孤立原子中的电子是在该原子的核和其他电子的势场中运动的,自由电子是在一恒定为零的势场中运动的,而晶体中的电子是在严格周期性重复排列的原子间运动的。单电子近似认为,晶体中的某一个电子是在周期性排列且固定不动的原子核的势场以及其他大量电子的平均势场中运动的。这个势场也是周期性变化的,而且它的周期与晶格周期相同。研究发现,电子在周期性势场中运动的基本特点和自由电子的运动十分相似。下面先简单介绍一个自由电子的运动。

1. 自由电子的 $E(k)-k$

微观粒子具有波粒二象性,表征波动性的量与表征粒子性的量之间有一定的联系。一个质量为 m_0,以速度 v 自由运动的电子,其动量 p 与能量 E 分别为

$$p = m_0 v \tag{1-1}$$

$$E = \frac{1}{2} \frac{p^2}{m_0} \tag{1-2}$$

德布罗意指出,自由粒子可以用频率为 ν、波长为 λ 的平面波表示

$$\phi(\boldsymbol{r}, t) = A \mathrm{e}^{\mathrm{i}2\pi(\boldsymbol{k} \cdot \boldsymbol{r} - \nu t)} \tag{1-3}$$

式中,A 为一常数,$\boldsymbol{r}$ 为空间某点的矢径,为能同时描写平面波的传播方向,通常规定 $\boldsymbol{k}$ 为矢量,称为波数矢量,简称波矢,记为 $\boldsymbol{k}$,其大小为

$$k = 1/\lambda \tag{1-4}$$

其方向与波面法线平行,为波的传播方向。

自由电子能量和动量与平面波频率和波矢之间的关系分别为

$$E = h\nu \tag{1-5}$$

$$p = hk \tag{1-6}$$

考虑一维情况,粒子的平面波可以表示为

$$\phi(x,t) = A\mathrm{e}^{\mathrm{i}2\pi kx}\mathrm{e}^{-\mathrm{i}2\pi\nu t} = \psi(x)\mathrm{e}^{-\mathrm{i}2\pi\nu t} \tag{1-7}$$

式中,$\psi(x) = A\mathrm{e}^{\mathrm{i}2\pi kx}$,称为自由电子的波函数,它代表一个沿 x 方向传播的平面波,且遵守定态薛定谔方程

$$-\frac{\hbar^2}{2m_0}\frac{\mathrm{d}^2\psi(x)}{\mathrm{d}x^2} = E\psi(x) \tag{1-8}$$

式中,$\hbar = h/2\pi$,h 为普朗克常数,E 为电子能量。

于是得到

$$v = \frac{hk}{m_0} \tag{1-9}$$

$$E = \frac{h^2 k^2}{2m_0} \tag{1-10}$$

可以看到,对于波矢为 $\boldsymbol{k}$ 的运动状态,自由电子的能量 E、动量 p、速度 v 均有确定的数值。因此,波矢 k 可用以描述自由电子的运动状态,不同的 k 值标志自由电子的不同状态。图 1-7 所示为自由电子的 E 与 k 的关系曲线,呈抛物线形状。由于波矢化的连续变化,自由电子的能量是连续能谱,从零到无限大的所有能量值都是允许的。

2. 周期性势场中的 $E(k)$-k

单电子近似认为晶体中某个电子是在与晶格同周期的周期性势场中运动的,例如,对于一维晶格,表示晶格中位置为 x 处的电势为 $V(x) = V(x+sa)$,其中 s 为整数,a 为晶格常数。

晶体中电子所遵守的薛定谔方程为

$$-\frac{\hbar^2}{2m_0}\frac{\mathrm{d}^2\psi(x)}{\mathrm{d}x^2} + V(x)\psi(x) = E\psi(x) \tag{1-11}$$

其中,波函数的形式为 $\psi_k(x) = u_k(x)\mathrm{e}^{\mathrm{i}2\pi kx}$,式中 $u_k(x)$ 是一个与晶格同周期的周期性函数,即 $u_k(x) = u_k(x+na)$。

晶体中电子处在不同的 k 状态,具有不同的能量 $E(k)$,求解式(1-11)可得到如图 1-8(a)所示的 $E(k)$-k 关系曲线,其中,虚线

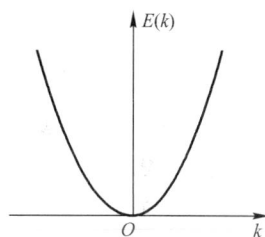

图 1-7 自由电子的 E 与 k 的关系曲线

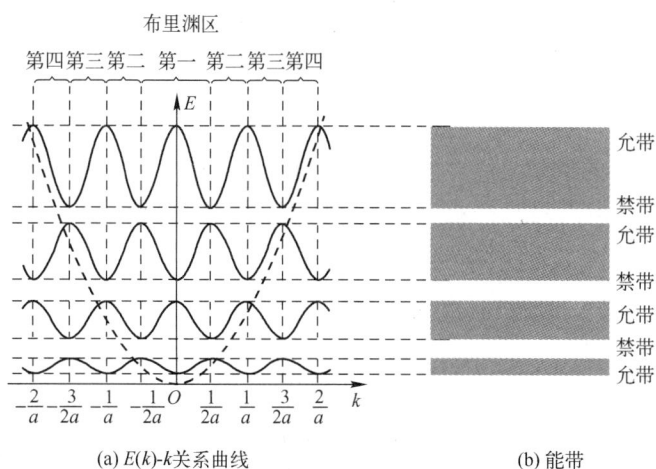

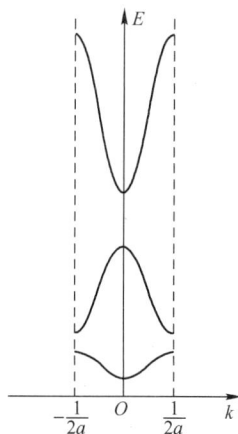

(a) $E(k)$-k 关系曲线　　　　(b) 能带　　　　(c) 简约的布里渊区

图 1-8 $E(k)$ 与 k 的关系

表示自由电子的 $E(k)$-k 的抛物线关系,实线表示周期性势场中电子 $E(k)$-k,关系曲线。可以看到,当 $k = \dfrac{n}{2a}(n = 0, \pm1, \pm2, \cdots)$ 时,能量出现不连续,形成一系列允带和禁带。允带出现在布里渊区中,而禁带出现在布里渊区的边界上。

从图 1-8 可以看出,$E(k)$ 是一个周期性函数,周期为 $1/a$。k 和 $k+n/a$ 表示相同的状态。所以,可以只取 $-1/2a < k < 1/2a$ 区域中(第一布里渊区)的 k 值来描述电子的能量状态,得到简约布里渊区曲线。

硅、锗等半导体都属于金刚石型结构,它们的固体物理原胞和面心立方晶体的相同,两者有相同的基矢,所以它们有相同的倒格子和布里渊区。它们的第一布里渊区如图 1-9 所示。

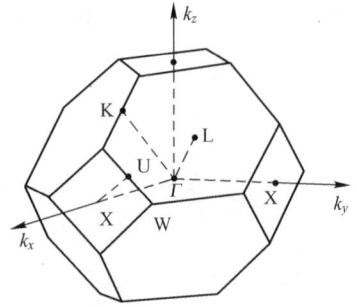

图 1-9　金刚石型结构第一布里渊区

3. 半导体硅和锗的能带图

图 1-10 所示为硅和锗的能带图。对于任何半导体都存在一个禁止能量区,该区不存在允许状态,在这一能隙的上方和下方允许有能量区或能带,上面的能带称为导带,下面的能带称为价带。导带最低能量与价带最高能量之差称为禁带宽度,用 E_G 表示。导带底记作 E_C,价带顶记作 E_V。

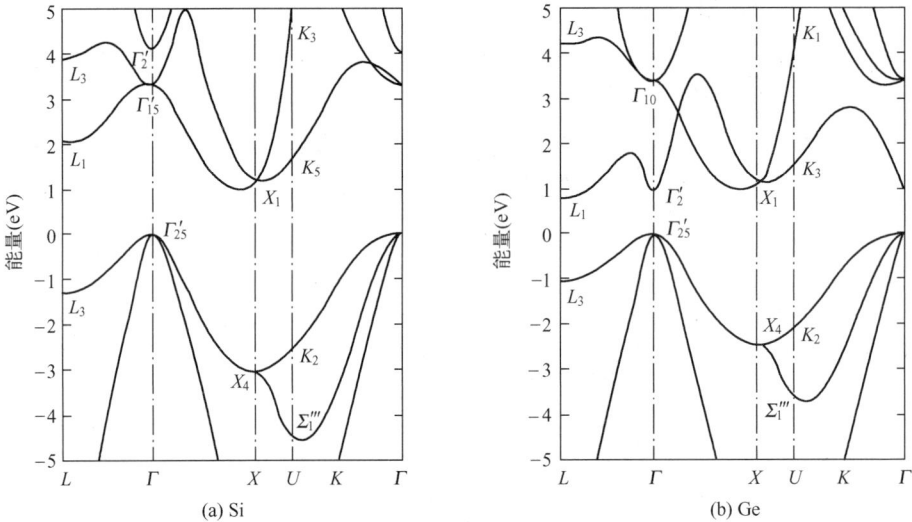

图 1-10　硅和锗的能带图

禁带宽度是半导体材料的最重要的参数之一。在室温、常压下,Si 的禁带宽度为 1.12 eV,锗的禁带宽度为 0.66 eV。但这些数值是对高纯材料而言的,对于重掺杂材料,禁带宽度会变窄,同时大多数半导体材料的带隙随温度的升高而减小。

1.2.3　半导体中电子的运动和有效质量

根据量子力学概念,电子的运动可以看作波包的运动,波包的群速度就是电子运动的平均速度。设波包由许多频率相差不多的波组成,则波包中心的运动速度(即群速度)为

$$v = \frac{\mathrm{d}\nu}{\mathrm{d}k}$$

(1-12)

由波粒二象性,频率为 ν 的波,其粒子的能量为 $h\nu$,代入式(1-12),得到半导体中电子的速度与能量的关系为

$$v = \frac{1}{h}\frac{\mathrm{d}E}{\mathrm{d}k} \tag{1-13}$$

一维情形下 $E(k)$ 与 k 的关系如图 1-8(a)所示,但它只给出定性的关系,必须找出 $E(k)$ 函数才能得出定量关系。尽管采用了单电子近似,但在求 $E(k)$ 时还是十分繁难的,它是能带理论所要专门解决的问题。对于半导体来说,起作用的常常是接近于能带底部或能带顶部的电子,因此,只要掌握其能带底部或顶部附近(也即能带极值附近)的 $E(k)$ 与 k 的关系就足够了。用泰勒级数展开可以近似求出极值附近的 $E(k)$ 与 k 的关系。仍以一维情况为例,设能带底的 $k=0$,能带底部附近的 k 值必然很小。将 $E(k)$ 在 $k=0$ 附近按泰勒级数展开,取至 k^2 项,得到

$$E(k) = E(0) + \left(\frac{\mathrm{d}E}{\mathrm{d}k}\right)_{k=0} k + \frac{1}{2}\left(\frac{\mathrm{d}^2E}{\mathrm{d}k^2}\right)_{k=0} k^2 + \cdots \tag{1-14}$$

因为 $k=0$ 时能量极小,所以 $(\mathrm{d}E/\mathrm{d}k)_{k=0} = 0$,因而

$$E(k) - E(0) = \frac{1}{2}\left(\frac{\mathrm{d}^2E}{\mathrm{d}k^2}\right)_{k=0} k^2 \tag{1-15}$$

$E(0)$ 为导带底能量。对给定的半导体,$(\mathrm{d}^2E/\mathrm{d}k^2)_{k=0}$ 应该是一个定值,令

$$\frac{1}{h^2}\left(\frac{\mathrm{d}^2E}{\mathrm{d}k^2}\right)_{k=0} = \frac{1}{m_\mathrm{n}^*} \tag{1-16}$$

代入式(1-15)得到

$$E(k) - E_\mathrm{C} = \frac{h^2k^2}{2m_\mathrm{n}^*} \tag{1-17}$$

比较式(1-17)和式(1-10),可见半导体中电子与自由电子的 $E(k)$-k 关系相似,只是半导体中出现的是 m_n^*,m_n^* 称为电子有效质量。因导带底附近 $E(k) > E_\mathrm{C}$,所以导带底的 $m_\mathrm{n}^* > 0$。

同样,假设价带极大值在 $k=0$ 处,价带极大值为 E_V,可以得到

$$E(k) - E_\mathrm{V} = \frac{h^2k^2}{2m_\mathrm{n}^*} \tag{1-18}$$

式中,$\dfrac{1}{m_\mathrm{n}^*} = \dfrac{1}{h^2}\left(\dfrac{\mathrm{d}^2E}{\mathrm{d}k^2}\right)_{k=0}$,而价带顶附近 $E(k) < E_\mathrm{R}$,所以价带顶处的 $m_\mathrm{n}^* < 0$。

引入 m_n^* 后,除 $E(k)$-k 关系与自由电子相似外,半导体中电子的速度

$$v = \frac{1}{h}\frac{\mathrm{d}E}{\mathrm{d}k} = \frac{hk}{m_\mathrm{n}^*} \tag{1-19}$$

与式(1-9)的自由电子的速度表达式形式也相似,只是半导体中出现的是 m_n^*。而在外力的作用下,半导体中电子的加速度为

$$a = \frac{1}{h}\frac{\mathrm{d}^2E}{\mathrm{d}k^2}\frac{F}{h} = \frac{1}{h^2}\frac{\mathrm{d}^2E}{\mathrm{d}k^2}F \tag{1-20}$$

其中 $\dfrac{1}{h^2}\left(\dfrac{\mathrm{d}^2E}{\mathrm{d}k^2}\right) = \dfrac{1}{m_\mathrm{n}^*}$,因此

$$F = m_\mathrm{n}^* a \tag{1-21}$$

上述半导体中电子的运动规律公式都出现了 m_n^*,原因在于 $F = m_\mathrm{n}^* a$ 中的 F 并不是电子所受外力的总和。即使没有外力作用,半导体中电子也要受到格点原子和其他电子的作用。当存在外力时,电子所受合力等于外力再加上原子核势场力和其他电子势场力。由于找出原子核势场力和其他电子势场力的具体形式非常困难,这部分势场的作用就由 m_n^* 加以概括,m_n^* 有正有负,

反映了晶体内部势场的作用。既然 m_n^* 概括了半导体内部势场作用，外力 F 与晶体中电子的加速度就通过 m_n^* 联系起来而不必再涉及内部势场。

原子核外不同壳层电子，其 m_n^* 大小不同，内层电子占据了比较窄的满带，这些电子的 m_n^* 比较大，外力作用下不易运动；而价电子所处的能带较宽，m_n^* 较小，在外力的作用下可以获得较大的加速度。

1.2.4　导体、半导体和绝缘体

固体能够导电是由于固体中的电子在外电场作用下做定向运动的结果。由于电场力对电子的加速作用，使电子的运动速度和能量都发生了变化，也就是电子与外电场间发生能量交换。从能带论来看，电子的能量变化，就是电子从一个能级跃迁到另一个能级上去。对于满带，其中的能级已为电子所占满，在外电场作用下，满带中的电子并不形成电流，对导电没有贡献，通常原子中的内层电子都占据满带中的能级，因而内层电子对导电没有贡献。

对于被电子部分占满的能带，在外电场作用下，电子可从外电场中吸收能量跃迁到未被电子占据的能级中去，形成了电流导电，常称这种能带为导带。金属中，由于组成金属的原子中的价电子占据的能带是部分占满的，所以金属是良好的导体，如图 1-11(a)所示。

绝缘体和半导体的能带类似，如图 1-11(b) 和(c)所示。从图中可以看出，能带的下面是已被价电子占满的满带(其下面还有为内层电子占满的若干满带未画出)，称为价带，中间为禁带，上面是空带。因此，当热力学温度为零时，在外电场作用下其并不导电。但是，当外界条件发生变化时，例如温度升高或有光照时，满带中有少量电子可能被激发到上面的空带中去，使能带底部附近有了少量电子，因而在外电场作用下，这些电子将参与导电；同时，满带中由于少了一些电子，在满带顶部附近出现了一些空的量子状态，满带变成了部分占满的能带，在外电场的作用下，仍留在满带中的电子也能够起导电作用。满带电子的这种导电作用等效于把这些空的量子状态看作带正电荷的准粒子的导电作用，常称这些空的量子状态为空穴。所以在半导体中，导带的电子和价带的空穴均参与导电，这是与金属导电的最大差别。

绝缘体的禁带宽度很大，激发电子需要很大能量，在通常温度下，能激发到导带去的电子很少，所以导电性很差。半导体禁带宽度比较小，在通常温度下已有不少电子被激发到导带中去，所以具有一定的导电能力。这是绝缘体和半导体的主要区别。室温下，金刚石的禁带宽度为 6~7 eV，它是绝缘体；硅为 1.12 eV，锗为 0.67 eV，砷化镓为 1.43 eV，所以它们都是半导体。

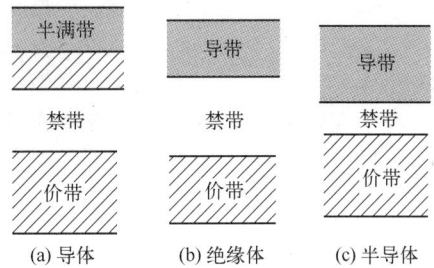

图 1-11　导体、绝缘体和半导体的能带示意图

1.3　平衡状态下载流子浓度

在一定温度下，如果没有其他外界作用，半导体的导电电子和空穴是依靠电子的热激发作用而产生的，电子从不断热振动的晶格中获得一定的能量，就可能从低能量的量子态跃迁到高能量的量子态。例如，电子从价带跃迁到导带，形成导带电子和价带空穴，这就是本征激发。电子和空穴也可以通过杂质电离方式产生，当电子从施主能级跃迁到导带时产生导带电子；当电子从价

带激发到受主能级时产生价带空穴。与此同时,还存在着相反的过程,即电子也可以从高能量的量子态跃迁到低能量的量子态,并向晶格放出一定能量,从而使导带中的电子和价带中的空穴不断减少,这一过程称为载流子的复合。在一定温度下,这两个相反的过程之间将建立起动态平衡,称为热平衡状态。这时,半导体中的导电电子浓度和空穴浓度都保持某一稳定的数值,这种处于热平衡状态下的导电电子和空穴称为热平衡载流子。当温度改变时,破坏了原来的平衡状态,又重新建立起新的平衡状态,热平衡载流子浓度也将随之发生变化,达到另一稳定数值。

实践表明,半导体的导电性强烈地随温度而变化。实际上,这种变化主要是由于半导体中载流子浓度随温度而变化所造成的。因此,要深入了解半导体的导电性及其他许多性质,必须探求半导体中载流子浓度随温度变化的规律,以及解决如何计算一定温度下半导体中热平衡载流子浓度的问题。

为了求得热平衡载流子浓度以及它随温度变化的规律,就需要知道允许的量子态按能量如何分布及电子在允许的量子态中如何分布。下面依次讨论这两方面的问题,并计算在一些具体情况下的热平衡载流子浓度,从而了解它随温度变化的规律。

1.3.1 费米能级和载流子的统计分布

电子占据导带能级的数量由总的状态数 $g(E)$ 乘以占据概率 $f(E)$,然后对导带积分得出

$$n = \int_{E_C}^{\infty} g(E)f(E)\,\mathrm{d}E \tag{1-22}$$

导带底能量 E 附近的单位间隔的量子状态密度为

$$g_C(E) = \frac{\mathrm{d}Z}{\mathrm{d}E} = 4\pi V \frac{(2m_n^*)^{3/2}}{h^3}(E-E_C)^{1/2} \tag{1-23}$$

价带顶能量 E 附近的单位间隔的量子状态密度为

$$g_V(E) = 4\pi V \frac{(2m_p^*)^{3/2}}{h^3}(E_V-E)^{1/2} \tag{1-24}$$

在热平衡状态下,电子按能量大小具有一定的统计分布规律性,这时电子在不同能量的量子态上统计分布概率是一定的。根据量子统计理论,服从泡利不相容原理的电子遵循费米统计律。对于能量为 E 的一个量子态,其被一个电子占据的概率为

$$f(E) = \frac{1}{1+\exp\left(\dfrac{E-E_F}{kT}\right)} \tag{1-25}$$

$f(E)$ 称为电子的费米分布函数,它是描述热平衡状态下,电子在允许的量子态上如何分布的一个统计分布函数。式中 k 是玻尔兹曼常数,T 是热力学温度。

式(1-25)中的 E_F 称为费米能级。它和温度、半导体材料的导电类型、杂质的含量以及能量零点的选取有关。E_F 是一个很重要的物理参数,只要知道了 E_F 的数值,在一定温度下,电子在各量子态上的统计分布就完全确定了。它可以由半导体能带内所有量子态中被电子占据的量子态数应等于电子总数 N 这一条件来决定,即

$$\sum_i f(E_i) = N \tag{1-26}$$

将半导体中大量电子的集体看成一个热力学系统,由统计理论可证明,费米能级 E_F 是系统的化学势,即

$$E_F = \mu = \left(\frac{\partial F}{\partial N}\right)_T \tag{1-27}$$

其中，μ 代表系统的化学势，F 是系统的自由能。上式的意义是：当系统处于热平衡状态，也不对外界做功的情况下，系统中增加一个电子所引起系统自由能的变化，等于系统的化学势，也就是等于系统的费米能级。而处于热平衡状态的系统有统一的化学势，所以处于热平衡状态的电子系统有统一的费米能级。

当 $E-E_F \gg kT$ 时，由于 $\exp\left(\dfrac{E-E_F}{kT}\right) \gg 1$，所以

$$1+\exp\left(\frac{E-E_F}{kT}\right) \approx \exp\left(\frac{E-E_F}{kT}\right) \tag{1-28}$$

这时，费米分布函数就转化为玻尔兹曼统计分布函数

$$f_B(E)=\exp\left(-\frac{E-E_F}{kT}\right)=\exp\left(\frac{E_F}{kT}\right)\exp\left(-\frac{E}{kT}\right) \tag{1-29}$$

令 $A=\exp\dfrac{E_F}{kT}$，则

$$f_B(E)=A\exp\left(-\frac{E}{kT}\right) \tag{1-30}$$

上式表明，在一定温度下，电子占据能量为 E 的量子态的概率由指数因子 $e^{-E/kT}$ 所决定。除去在 E_F 附近几个 kT 处的量子态外，在 $E-E_F \gg kT$ 处，量子态为电子占据的概率很小，这正是玻尔兹曼分布函数适用的范围。因为费米统计律受到泡利不相容原理的限制，而在 $E-E_F \gg kT$ 的条件下，泡利不相容原理失去作用，就变成了玻尔兹曼统计律。

因此，可以得到热平衡状态下，非简并半导体导带中的电子浓度为

$$n=N_C\exp\left(-\frac{E_C-E_F}{kT}\right) \tag{1-31}$$

式中

$$N_C=2\frac{(2\pi m_n^* kT)^{3/2}}{h^3} \tag{1-32}$$

N_C 称为导带的有效状态密度。显然，$N_C \propto T^{3/2}$，是温度的函数。

而非简并半导体的价带中的空穴浓度为

$$p=N_V\exp\left(\frac{E_V-E_F}{kT}\right) \tag{1-33}$$

其中

$$N_V=2\frac{(2\pi m_p^* kT)^{3/2}}{h^3} \tag{1-34}$$

N_V 称为价带的有效状态密度。显然，$N_V \propto T^{3/2}$ 是温度的函数。

从式（1-31）及式（1-33）看到，导带中的电子浓度 n 和价带中的空穴浓度 p 随着温度和费米能级的不同而变化，其中温度的影响，一方面来源于 N_V 及 N_C；另一方面，更主要的是由于玻尔兹曼分布函数中的指数随温度迅速变化。另外，费米能级也与温度及半导体中所含杂质情况密切相关。因此，在一定温度下，由于半导体中所含杂质的类型和数量的不同，电子浓度 n 及空穴浓度 p 也将随之变化。

将式（1-31）和式（1-33）相乘，得到载流子浓度的乘积

$$np=N_CN_V\exp\left(\frac{-E_G}{kT}\right) \tag{1-35}$$

可见，电子和空穴的浓度乘积和费米能级无关。对一定的半导体材料，乘积 np 只取决于温度 T，与所含杂质无关。而在一定温度下，对不同的半导体材料，因禁带宽度 E_G 不同，乘积 np 将不同。这个关系式不论对本征半导体还是杂质半导体，只要在热平衡条件下的非简并半导体，都普遍适用。当半导体处于热平衡状态时，载流子浓度的乘积保持恒定，如果电子浓度增大，空穴

浓度就要减小;反之亦然。

1.3.2　本征载流子浓度

所谓本征半导体就是一块没有杂质和缺陷的半导体。在热力学温度为零时,价带中的全部量子态都被电子占据,而导带中的量子态都是空的。也就是说,半导体中共价键是饱和的、完整的。当半导体的温度大于绝对零度时,通过本征激发,电子从价带激发到导带中去,同时价带中产生了空穴。由于电子和空穴成对产生,导带中的电子浓度 n 应等于价带中的空穴浓度 p,即本征激发情况下的电中性条件。

由电中性条件可得本征费米能级

$$E_i = \frac{E_C + E_V}{2} + \frac{kT}{2}\ln\frac{N_V}{N_C} \tag{1-36}$$

通过计算可知,E_i 约在禁带中央附近 $1.5kT$ 范围内,所以本征费米能级可以近似地看作就在禁带中央。

于是,可得本征载流子浓度为

$$n_i = n = p = (N_C N_V)^{1/2}\exp\left(-\frac{E_G}{2kT}\right) \tag{1-37}$$

式中 $E_G = E_C - E_V$,为禁带宽度。

从上式看出,一定是半导体材料,其本征载流子浓度 n_i 随温度的升高而迅速增加;不同的半导体材料,在同一温度 T 时,禁带宽度 E_G 越大,本征载流子浓度 n_i 就越小。室温下,硅的本征载流子浓度为 $1.5\times10^{10}\ \mathrm{cm}^{-3}$,锗的本征载流子浓度为 $2.4\times10^{13}\ \mathrm{cm}^{-3}$。

将式(1-35)和式(1-37)相比较可得

$$n_i^2 = np = N_C N_V\exp\left(-\frac{E_G}{kT}\right) \tag{1-38}$$

它说明,在一定温度下,任何非简并半导体的热平衡载流子浓度的乘积 np 等于该温度时的本征载流子浓度 n_i 的平方,与所含杂质无关。

1.3.3　杂质半导体的载流子浓度

半导体最重要的特性之一是可以通过掺入不同类型和浓度的杂质改变其电阻率。

图 1-12 示出了半导体的三种基本键。图 1-12(a)表示本征硅。本征硅非常纯净,所含杂质量极少,可以忽略,每个硅原子与四个相邻的硅原子共用价电子,形成四个共价键。图 1-12(b)表示 n 型硅。在 n 型硅中,一个有五个价电子的磷原子以替位式代替了一个硅原子,给晶体的导带贡献一个带负电荷的电子,磷原子被称为施主杂质。图 1-12(c)简单地表示了一个具有三个价电子的硼原子替代硅原子时的情形,向价带提供一个带正电的空穴,这个硅原子接受一个额外

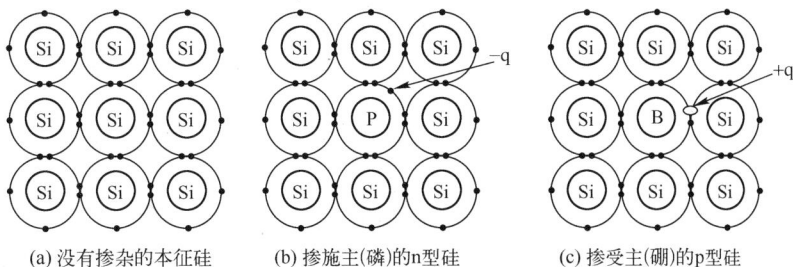

(a) 没有掺杂的本征硅　　　(b) 掺施主(磷)的n型硅　　　(c) 掺受主(硼)的p型硅

图 1-12　半导体的三种基本键

的电子,围绕硼原子形成四个共价键,这就是 p 型硅,硼原子被称为受主杂质。

根据量子统计理论,在杂质半导体中,电子占据施主能级的概率是

$$f_D(E) = \cfrac{1}{1 + \cfrac{1}{2} \exp\left(\cfrac{E_D - E_F}{k_0 T}\right)} \tag{1-39}$$

空穴占据受主能级的概率是

$$f_A(E) = \cfrac{1}{1 + \cfrac{1}{2} \exp\left(\cfrac{E_F - E_A}{k_0 T}\right)} \tag{1-40}$$

其中,E_D 和 E_A 分别是施主杂质能级和受主杂质能级。由于施主浓度 N_D 和受主浓度 N_A 就是杂质的量子态密度,而电子和空穴占据杂质能级的概率分别是 $f_D(E)$ 和 $f_A(E)$,所以施主能级上的电子浓度(没有电离的施主浓度)为

$$n_D = N_D f_D(E) = \cfrac{N_D}{1 + \cfrac{1}{2} \exp\left(\cfrac{E_D - E_F}{kT}\right)} \tag{1-41}$$

受主能级上的空穴浓度(没有电离的受主浓度)为

$$p_A = N_A f_A(E) = \cfrac{N_A}{1 + \cfrac{1}{2} \exp\left(\cfrac{E_F - E_A}{kT}\right)} \tag{1-42}$$

电离施主浓度为 $\qquad n_D^+ = N_D - n_D = N_D[1 - f_D(E)] = \cfrac{N_D}{1 + 2\exp\left(-\cfrac{E_D - E_F}{kT}\right)} \tag{1-43}$

电离受主浓度为 $\qquad p_A^- = N_A - p_A = N_A[1 - f_A(E)] = \cfrac{N_A}{1 + 2\exp\left(-\cfrac{E_F - E_A}{kT}\right)} \tag{1-44}$

从以上公式可以看出,杂质能级与费米能级的相对位置明显反映了电子和空穴占据杂质能级的情况。当 $E_D - E_F \gg k_0 T$ 时,$\exp\left(\cfrac{E_D - E_F}{k_0 T}\right) \gg 1$,因而 $N_D \approx 0$,同时 $n_D^+ \approx N_D$。即当费米能级远在 E_D 之下时,可以认为施主杂质几乎全部电离。反之,当 E_F 远在 E_D 之上时,施主杂质基本上没有电离。当 E_D 与 E_F 重合时,$n_D = 2N_D/3$ 而 $n_D^+ = N_D/3$,即施主杂质有 1/3 电离,还有 2/3 没有电离。同理,当 E_F 远在 E_A 之上时,受主杂质几乎全部电离。当 E_F 远在 E_A 之下时,受主杂质基本上没有电离。当 E_F 等于 E_A 时,受主杂质有 1/3 电离,还有 2/3 没有电离。

杂质半导体的载流子浓度与温度有紧密的关系,下面就以 n 型半导体为例,分析不同温度下半导体的载流子浓度的变化情况。

当温度很低时,大部分施主杂质能级仍为电子所占据,只有很少量施主杂质发生电离,这些少量的电子进入了导带,这种情况称为弱电离。从价带中依靠本征激发跃迁至导带的电子数就更少了,可以忽略不计。因此,当温度很低时,导带中的电子全部由电离施主杂质所提供,$p = 0$ 而 $n = n_D^+$。

当温度升高到使大部分杂质都电离时称为强电离,这时导带中的电子仍然全部由电离施主杂质所提供,$n = n_D^+$。

当半导体处于饱和区和完全本征激发之间时称为过渡区。这时导带中的电子一部分来源于全部电离的杂质,另一部分则由本征激发提供,价带中产生了一定量空穴。此时的电中性条件是 $n = n_D^+ + p$。

继续升高温度,使本征激发产生的本征载流子数远多于杂质电离产生的载流子数,即 $n \gg N_D$, $p \gg N_D$,这时的电中性条件是 $n = p$。这种情况与未掺杂的本征半导体一样。因此称为杂质半导体进入本征激发区。本征载流子的浓度随着温度的升高而迅速增加。

图 1-13 是 n 型硅中电子浓度与温度的关系曲线。可见,在低温时,电子浓度随温度的升高而增加。温度升到 100 K 时,杂质全部电离,温度高于 500 K 后,本征激发开始起主要作用。所以温度在 100 K ~ 500 K 之间杂质全电离,载流子浓度基本上就是杂质浓度。

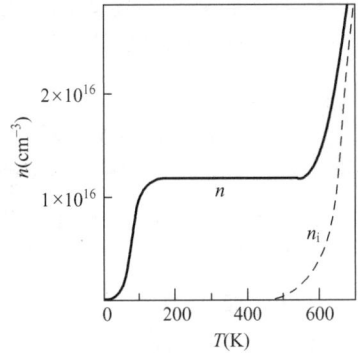

图 1-13　n 型硅中电子浓度与温度关系曲线

1.3.4　简并半导体的载流子浓度

当半导体内的杂质浓度超过一定数量之后,载流子开始简并化的现象称为重掺杂,这种半导体称为简并半导体。此时,费米能级进入导带或价带,不能再应用玻尔兹曼分布函数,而必须采用费米分布函数来分析导带中的电子和价带中的空穴的统计分布情况。这种情况称为载流子的简并化。在简并条件下,电子和空穴的浓度分别为

$$n = N_C \frac{2}{\sqrt{\pi}} F_{1/2}\left(\frac{E_F - E_C}{kT}\right) \qquad (1\text{-}45)$$

$$p = N_V \frac{2}{\sqrt{\pi}} F_{1/2}\left(\frac{E_V - E_F}{kT}\right) \qquad (1\text{-}46)$$

其中,$F_{1/2}(\xi)$ 称为费米积分,记为 $F_{1/2}(\xi) = \int_0^\infty \frac{x^{1/2}}{1 + e^{x - \xi}} dx$。

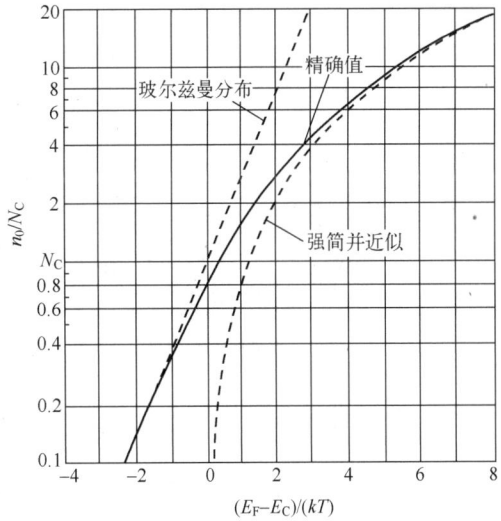

图 1-14　电子浓度 n_0 与 $(E_F - E_C)/(kT)$ 的关系曲线

图 1-14 给出了电子浓度 n 与 $(E_F - E_C)/(kT)$ 的关系曲线,可见在 $(E_F - E_C)/(kT) \leq 1$ 的区域内,玻尔兹曼分布的结果精确度很高;在 $(E_F - E_C)/(kT) \geq 2$ 之后,随着 $(E_F - E_C)/(kT)$ 的增加,强简并近似越来越精确。

1.4　非平衡载流子

1.4.1　非平衡载流子的注入与复合过程

处于热平衡状态的半导体,在一定温度下,载流子浓度是一定的。这种处于热平衡状态下的载流子浓度,称为平衡载流子浓度。前面讨论的都是平衡载流子。但是,半导体的热平衡状态是相对的,有条件的。如果对半导体施加外界作用,破坏了热平衡的条件,这就迫使它处于与热平衡状态相偏离的状态,称为非平衡状态。处于非平衡状态的半导体,其载流子浓度也不再是 n 和 p,可以比它们多出一部分。比平衡状态多出来的这部分载流子称为非平衡载流子。

例如在一定温度下,当没有光照时,一块半导体中电子和空穴浓度分别为 n 和 p,假设是 n 型半导体,则 $n \gg p$。当用适当波长的光照射该半导体时,只要光子的能量大于该半导体的禁带宽度,那么光子就能把价带电子激发到导带上去,产生电子-空穴对,使导带比平衡时多出一部分电子 Δn,价带比平衡时多出一部分空穴 Δp,Δn 和 Δp 就是非平衡载流子浓度。这时把非平衡

电子称为非平衡多数载流子,而把非平衡空穴称为非平衡少数载流子。对 p 型材料则相反。

用光照使得半导体内部产生非平衡载流子的方法,称为非平衡载流子的光注入。光注入时

$$\Delta n = \Delta p \tag{1-47}$$

在一般情况下,注入的非平衡载流子浓度比平衡时的多数载流子浓度小得多,满足这个条件的注入称为小注入。在这种情况下,非平衡少数载流子起着重要作用,所以通常说的非平衡载流子都是指非平衡少数载流子。相对于小注入的概念,还有大注入的情况,这部分的内容将在第 2 章进行介绍。

要破坏半导体的平衡态,对它施加的外部作用可以是光的,还可以是电的或其他能量传递的方式。相应地,除了光照,还可以用其他方法产生非平衡载流子,最常用的是用电的方法,称为非平衡载流子的电注入。在第 2 章讲到 pn 结正向工作时,就是常遇到的电注入。

实验发现,当产生非平衡载流子的外部作用撤除以后,大约需要毫秒到微秒数量级的时间,非平衡载流子就消失了,也就是原来激发到导带的电子又回到价带,电子和空穴又成对地消失了。最后,载流子浓度恢复到平衡时的值,半导体又回到平衡态。这一过程称为非平衡载流子的复合。

然而,热平衡并不是一种绝对静止的状态。就半导体中的载流子而言,任何时候电子和空穴总是不断地产生和复合的。在热平衡状态下,产生和复合处于相对的平衡,每秒产生的电子和空穴数目与复合掉的数目相等,从而能够保持载流子浓度稳定不变。

当有外部作用力作用于半导体时,打破了产生与复合的相对平衡,产生超过了复合,在半导体中产生了非平衡载流子,半导体处于非平衡态。这种作用力一旦撤除,一定时间内半导体中仍然存在非平衡载流子。由于电子和空穴的数目比热平衡时增多了,它们在热运动中相遇而复合的机会也将增大。这时复合超过了产生而造成一定的净复合,非平衡载流子逐渐消失,最后恢复到平衡值,半导体又回到热平衡状态。

1.4.2　非平衡载流子的寿命

在光电导实验中,当光照射在 n 型半导体上发生小注入时,半导体上的压降 ΔV 的变化就反映了 Δp 的变化。因此,可以通过实验,观察光照停止后,非平衡载流子浓度 Δp 随时间变化的规律。实验表明,光照停止后,Δp 随时间按指数规律减小。这说明非平衡载流子并不是立刻全部消失,而是有一个过程,即它们在导带和价带中有一定的生存时间,有的长些,有的短些。非平衡载流子的平均生存时间称为非平衡载流子的寿命,用 τ 表示。由于相对于非平衡多数载流子,非平衡少数载流子的影响处于主导的、决定的地位,因而非平衡载流子的寿命常称为少数载流子寿命。显然 $1/\tau$ 就表示单位时间内非平衡载流子的复合概率。通常把单位时间单位体积内净复合消失的电子–空穴对数称为非平衡载流子的复合率,用 $\Delta p/\tau$ 表示。

不同的材料寿命很不相同。在锗单晶中,寿命可超过 $10^4\ \mu s$。纯度和完整性特别好的硅材料,寿命可达 $10^3\ \mu s$ 以上。砷化镓的寿命极短,约为 $10^{-8} \sim 10^{-9}\ s$,或更低。即使是同种材料,在不同的条件下,寿命也可在一个很大的范围内变化。通常制造晶体管的锗材料,寿命在几十微秒到二百多微秒间。平面器件中用的硅寿命一般在几十微秒以上。

1.4.3　复合理论

由于半导体内部的相互作用,使得任何半导体在平衡态总有一定数目的电子和空穴。从微观角度讲,平衡态指的是由系统内部一定的相互作用所引起的微观过程之间的平衡。也正是这些微观过程促使系统由非平衡态向平衡态过渡,引起非平衡载流子的复合,因此,复合过程属于统计性的过程。

复合的种类可以通过不同的标准进行划分,大概有三种:直接复合、间接复合和表面复合。

复合根据过程的不同可以分为两种:

（1）直接复合——电子在导带和价带之间的直接跃迁，引起电子和空穴的直接复合；

（2）间接复合——电子和空穴通过禁带的能级（复合中心）进行复合。

根据复合过程发生的位置，又可以把复合划分为体内复合和表面复合。

载流子复合时，一定要释放出多余的能量。根据复合过程释放出能量的方法可以有三种：

（1）发射光子。伴随着复合，将有发光现象，常称为发光复合或辐射复合。

（2）发射声子。载流子将多余的能量传给晶格，加强晶格的振动。

（3）将能量给予其他载流子，增加它们的动能，称为俄歇（Auger）复合。

下面就具体讲述一下直接复合、间接复合和表面复合这三种典型的复合机制。

1. 直接复合

无论何时，半导体中总存在着载流子产生和复合两个相反的过程。通常把单位时间和单位体积内所产生的电子-空穴对数称为产生率，而把单位时间和单位体积内复合掉的电子-空穴对数称为复合率。半导体中的自由电子和空穴在运动中会有一定概率直接相遇而复合，使一对电子和空穴同时消失。从能带角度讲，就是导带中的电子直接落入价带与空穴复合。同时，还存在着上述过程的逆过程，即由于热激发等原因，价带中的电子也有一定概率跃迁到导带中去，产生一对电子和空穴。这种由电子在导带与价带间直接跃迁而引起非平衡载流子的复合过程就是直接复合。

直接复合时非平衡载流子的寿命为

$$\tau = \frac{\Delta p}{U_\mathrm{d}} = \frac{1}{r[(n_0+p_0)+\Delta p]} \tag{1-48}$$

其中，U_d 是直接复合的净复合率，也就是单位时间内单位体积中净复合掉的电子空穴对数，r 是复合系数。一般来说，禁带宽度越小，直接复合的概率越大。

2. 间接复合

半导体中的杂质和缺陷在禁带中形成一定的能级，它们除了影响半导体的电特性，对非平衡载流子的寿命也有很大的影响。实验发现，半导体中杂质越多，晶格缺陷越多，寿命就越短。这说明杂质和缺陷有促进复合的作用。这些促进复合过程的杂质和缺陷称为复合中心。间接复合指的是非平衡载流子通过复合中心的复合。

间接复合时，非平衡载流子的寿命为

$$\tau = \frac{\Delta p}{U} = \frac{\sigma_\mathrm{n}\left[n+n_\mathrm{i}\exp\left(\dfrac{E_\mathrm{t}-E_\mathrm{i}}{kT}\right)\right]+\sigma_\mathrm{p}\left[p+n_\mathrm{i}\exp\left(\dfrac{E_\mathrm{i}-E_\mathrm{t}}{kT}\right)\right]}{N_\mathrm{t}\sigma_\mathrm{p}\sigma_\mathrm{n}(np-n_\mathrm{i}^2)} \tag{1-49}$$

其中，U 是间接复合的净复合率，σ_n 和 σ_p 分别代表复合中心对电子和空穴的复合截面，N_t 代表复合中心的浓度。深能级杂质是有效的复合中心，例如金、铂等。硅、锗的复合机理以间接复合为主。

3. 表面复合

在前面研究非平衡载流子的寿命时，只考虑了半导体内部的复合过程。实际上，少数载流子的寿命在很大程度上受半导体样品的形状和表面状态的影响。例如，实验发现，经过吹砂处理或用金刚砂粗磨的样品，其寿命很短。而细磨后再经适当化学腐蚀的样品，寿命要长得多。实验还表明，对于同样的表面情况，样品越小，寿命越短。可见，半导体表面确实有促进复合的作用。表面复合是指在半导体表面发生的复合过程。表面处的杂质和表面特有的缺陷也在禁带形成复合中心能级，因而，就复合机构讲，表面复合仍然是间接复合。

考虑了表面复合，总的复合概率 $1/\tau$ 就是

$$\frac{1}{\tau} = \frac{1}{\tau_V} + \frac{1}{\tau_s} \tag{1-50}$$

其中，$\frac{1}{\tau_V}$ 代表体内复合的概率，$\frac{1}{\tau_s}$ 代表表面复合的概率。

1.5 载流子的输运现象

在前面的讨论中得到了半导体中电子浓度 n 和空穴浓度 p，下面就可以着手讨论半导体的导电性问题了。

1.5.1 载流子的漂移运动及迁移率

1. 载流子的漂移运动

在外场 $|E|$ 的作用下，半导体中载流子要逆（顺）电场方向做定向运动，这种运动称为漂移运动，其定向运动速度称为漂移速度，用 v 代表平均漂移速度。

一个截面积为 s 的均匀样品，内部电场为 E，电子浓度为 n。按照电流强度的定义，与电流方向垂直的单位面积上所通过的电流强度定义为电流密度，即

$$J = I/S = -nqv \tag{1-51}$$

已知欧姆定律微分形式为 $J = \sigma E$，σ 为电导率，单位为 S/cm。将上式与 $J = \sigma E$ 比较可知，因为载流子的 v 由电场 E 引起，E 越大，v 越大。令 $v = \mu_n E$，μ_n 为电子迁移率，单位为 $cm^2/V \cdot s$。因为电子逆电场方向运动，v 为负，而习惯上电子迁移率只取正值，即

$$\mu_n = |\bar{v}_d / E| \tag{1-52}$$

μ_n 也就是单位电场强度下电子的平均漂移速度，它的大小反映了电子在电场作用下运动能力的强弱。

于是得到电子电导率 σ_n 的表达式

$$\sigma_n = nq\mu_n \tag{1-53}$$

同样可得到空穴电导率 σ_p 的表达式。

电阻率 ρ 和总的电导率 σ 互为倒数，即 $\sigma = 1/\rho$，ρ 的单位是 $\Omega \cdot cm$。半导体的电阻率可以直接采用四探针法测量得到，因而应用更加普遍。

半导体中存在电子和空穴两种带相反电荷的粒子，如果在半导体两端加上电压，内部就形成了电场，电子和空穴漂移方向相反，如图 1-15 所示。但所形成的漂移电流密度都是与电场方向一致的，因此总漂移电流密度是两者之和。由于电子在半导体中做"自由"运动，而空穴运动实际上是共价键上电子在共价键之间的运动，所以两者在外电场作用下的平均漂移速度显然不同，因此用 μ_n 和 μ_p 分别表示电子和空穴的迁移率。一般来说，μ_n 是 μ_p 的 2~3 倍。

图 1-15 电子和空穴漂移电流密度

2. 载流子的迁移率

当有外电场作用时，载流子存在着相互矛盾的两种运动。一方面载流子受到电场力的作用，沿电场方向（空穴）或反电场方向（电子）定向运动；另一方面，载流子仍不断地遭到散射，使载流子的运动方向不断改变。这样，由于电场作用获得的漂移速度，便不断地散射到各个方向上去，使漂移速度不能无限地积累起来，载流子在电场力作用下的加速运动，也只有在两次散射之间才

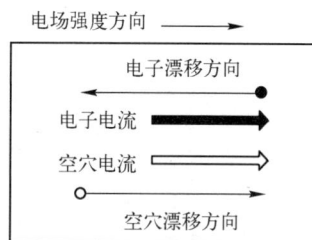

存在。经过散射后，它们又失去了获得的附加速度。因此，在外力和散射的双重影响下，使得载流子以一定的平均速度沿力的方向漂移，这个平均速度才是上面所说的恒定的平均漂移速度。

在半导体中主要有两种散射机制影响载流子的迁移率：晶格散射（声子散射）和电离杂质散射。

当温度高于热力学温度零度时，半导体晶体中的原子具有一定的热能，在其晶格位置上做无规则热振动。晶格振动破坏了理想周期性势场。固体的理想周期性势场允许电子在整个晶体中自由运动，而不会受到散射。但是热振动破坏了势函数，导致载流子电子、空穴与振动的晶格发生相互作用。这种晶格散射也称为声子散射。

因为晶格散射与原子的热运动有关，所以出现散射的概率是温度的函数。由晶格散射决定的迁移率与温度的关系为

$$\mu_{L} \propto T^{-3/2} \tag{1-54}$$

当温度下降时，在晶格散射影响下迁移率将增大。因为温度下降晶格振动减弱，载流子受到散射的概率降低，因此迁移率增加。在轻掺杂半导体中，晶格散射是主要散射机构，载流子迁移率随温度升高而减小，迁移率与 $T^{-3/2}$ 成正比。

另一种影响载流子迁移率的散射机制称为电离杂质散射。室温下杂质已经电离，在电子或空穴与电离杂质之间存在库仑作用。库仑作用引起的碰撞或散射也会改变载流子的速度特性。μ_I 表示只有电离杂质散射存在时的迁移率，其表达式为

$$\mu_I \propto T^{+3/2}/N_t \tag{1-55}$$

其中 $N_t = N_D^+ + N_A^-$，表示半导体电离杂质总浓度。当温度升高时，载流子随机热运动速度增加，减少了位于电离杂质散射中心附近的时间。库仑作用时间越短，受到散射的影响就越小，μ_I 值就越大。如果电离杂质散射中心数量增加，那么载流子与电离杂质散射中心碰撞的概率相应增加，μ_I 值减小。

对于掺杂了锗、硅等原子的半导体，主要的散射机构就是声学波散射和电离杂质散射，相应地总的迁移率 μ 可以表示为

$$\frac{1}{\mu} = \frac{1}{\mu_I} + \frac{1}{\mu_L} \tag{1-56}$$

当有两种或更多的独立散射机构存在时，迁移率的倒数和的项数增加，总迁移率减小。

3. 饱和速度

硅（Si）、锗（Ge）和砷化镓（GaAs）半导体中载流子漂移速度与外加电场的关系曲线如图 1-16 所示。在弱电场区，漂移速度随电场强度线性变化，其关系曲线的斜率即为迁移率。但是，

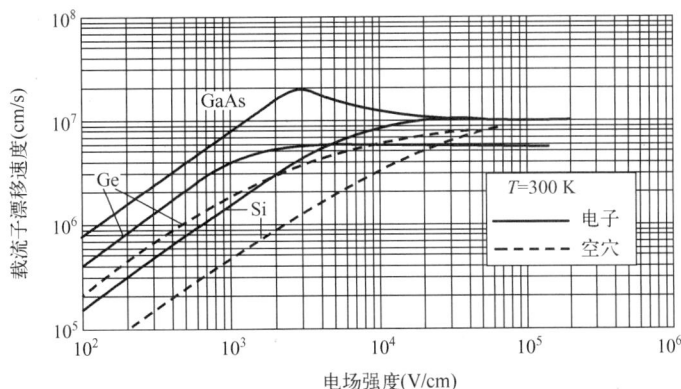

图 1-16　高纯 Si、GaAs 和 Ge 中载流子漂移速度与外加电场的关系曲线

在强电场区，载流子的漂移速度特性严重偏离了弱电场区的线性关系。例如，硅中的电子漂移速度在外加电场强度约为 30 kV/cm 时达到饱和，饱和速度约为 10^7 cm/s。这主要是因为载流子与晶格振动散射时的能量交换过程发生了变化造成的。

在没有外加电场情况下，载流子和晶格散射时，将吸收声子或发射声子，与晶格交换动量和能量，交换的净能量为零，载流子的平均能量与晶格的相同，两者处于热平衡状态。在电场较弱时，载流子从电场中获得能量，随后又以发射声子的形式将能量传给晶格。到达稳定状态时，单位时间载流子从电场中获得的能量与给予晶格的能量相同。但是，在强电场情况下，载流子从电场中获得的能量很多，载流子的平均能量比热平衡状态时的大，因而载流子和晶格系统不再处于热平衡状态。当电场不是很强时，载流子主要是声学波散射，迁移率有所降低。当电场进一步增强，载流子能量高到可以和光学波声子能量相比时，散射可以发射光学波声子，于是载流子获得的能量大部分又消失，因而平均漂移速度可以达到饱和。

1.5.2 载流子的扩散运动

在前面的叙述中，假设过剩载流子在空间上是均匀分布的，本节讨论局部产生过剩载流子所造成的载流子分布不均匀的情形。一旦存在载流子的浓度梯度，就会发生载流子从高浓度区向低浓度区转移的扩散过程，使得系统达到一个均匀的状态。实验发现，扩散电流密度与非平衡载流子的浓度梯度成正比。用 S_p 表示空穴扩散流密度，则有

$$S_p = -D_p \frac{\mathrm{d}\Delta p}{\mathrm{d}x} \tag{1-57}$$

比例系数 D_p 称为空穴的扩散系数，单位是 cm²/s，它反映了非平衡少数载流子扩散本领的大小。式中的负号表示空穴从浓度高的地方向浓度低的地方扩散。相应地，空穴的扩散电流密度为

$$J_p = -qD_p \frac{\mathrm{d}\Delta p}{\mathrm{d}x} \tag{1-58}$$

类似地电子的扩散电流密度为

$$J_n = qD_n \frac{\mathrm{d}\Delta n}{\mathrm{d}x} \tag{1-59}$$

1.5.3 爱因斯坦关系

扩散系数和迁移率分别反映载流子在浓度梯度和电场作用下运动的难易程度，而爱因斯坦关系从理论上找到了扩散系数与迁移率之间的定量关系。

一个具有非均匀掺杂浓度的 n 型半导体，外部没有外加电场，半导体内的净电流为零，即电子电流和空穴电流同时等于零。于是，电子的扩散电流与漂移电流相等，有

$$qn\mu_n E = -qD_n \frac{\mathrm{d}n}{\mathrm{d}x} \tag{1-60}$$

且空穴的扩散电流与漂移电流相等，有

$$qp\mu_p E = qD_p \frac{\mathrm{d}p}{\mathrm{d}x} \tag{1-61}$$

同时，内部电场 E 是由半导体体内非均匀掺杂引发的，即有 $E = \mathrm{d}E_C/q\mathrm{d}x$。于是得到

$$\frac{\mathrm{d}n}{\mathrm{d}x} = \frac{-qE}{kT} N_C \exp\left(-\frac{E_C - E_F}{kT}\right) = \frac{-qE}{kT} n \tag{1-62}$$

代入式(1-60)得

$$D_n = \left(\frac{kT}{q}\right)\mu_n \tag{1-63}$$

对于空穴同样有
$$D_p = \left(\frac{kT}{q}\right)\mu_p \tag{1-64}$$

这就是爱因斯坦关系(适用于非简并半导体),通过此关系,扩散系数的值可以由迁移率的值得到。

1.6　半导体器件基本方程

半导体器件内的载流子在外场作用下的运动规律可以用一套基本方程来描述,这套基本方程是分析一切半导体器件的基本数学工具。半导体器件基本方程由三个方程组所组成,即:麦克斯韦方程组、输运方程组和连续性方程组。本书假定读者在学习电磁场理论、半导体物理等先修课程时已经掌握了这些内容,这里只是把它们归纳整理后再做一个集中而简略的阐述,以便为读者在后面章节中遇到的大量数学公式提供一个基本出发点,同时这些内容也是读者在今后自己面对半导体器件的分析时的基本出发点。

1.6.1　泊松方程[1]

麦克斯韦方程组包括 6 个方程,是描述电磁现象的普遍规律的基本方程。由于本书不讨论磁场的作用,所以只涉及其中的泊松方程和电位移方程。

泊松方程的原始形式为:
$$\nabla \cdot \boldsymbol{D} = \rho_V(x,y,z) \tag{1-65}$$
上式中,$\boldsymbol{D}$ 代表电位移矢量;$\rho_V(x,y,z)$ 代表自由电荷的体密度。

在半导体中,$\rho_V = q(p - n + N_D - N_A)$;静态或低频下,$\boldsymbol{D} = \varepsilon_s \boldsymbol{E}$,$\varepsilon_s$ 代表半导体的电容率,$\boldsymbol{E}$ 代表电场强度矢量,再考虑到 $\nabla\phi = -\boldsymbol{E}$,可得到泊松方程在分析半导体器件时更常用的形式:
$$\nabla \cdot \boldsymbol{E} = -\nabla^2\phi = \frac{q}{\varepsilon_s}(p - n + N_D - N_A) \tag{1-66}$$
上式中,ϕ 代表静电势,q 代表一个电子所带电荷量的绝对值,p、n、N_D、N_A 分别代表空穴、电子、电离施主杂质和电离受主杂质的浓度。

泊松方程表明,空间任意点的电位移(或电场强度)矢量的散度正比于该点的电荷密度。其物理意义是,电感线总是出发于正电荷而终止于等量的负电荷。

1.6.2　输运方程[2]

输运方程又称为电流密度方程,是电子电流密度矢量 $\boldsymbol{J}_n$ 和空穴电流密度矢量 $\boldsymbol{J}_p$ 的表达式:
$$\boldsymbol{J}_n = q\mu_n n\boldsymbol{E} + qD_n\nabla n \tag{1-67}$$
$$\boldsymbol{J}_p = q\mu_p p\boldsymbol{E} - qD_p\nabla p \tag{1-68}$$
上式中,D_n、D_p 分别代表电子和空穴的扩散系数,μ_n、μ_p 分别代表电子和空穴的迁移率。

可以看出,电子电流密度和空穴电流密度各自都由漂移电流密度和扩散电流密度两个部分所构成。以空穴电流密度为例,qp 是空穴的电荷密度,$\mu_p\boldsymbol{E}$ 是空穴在电场中的漂移速度,两者的乘积就是空穴的漂移电流密度;∇p 是空穴的浓度梯度,$D_p\nabla p$ 是空穴的扩散流密度,再乘以 q 就得到空穴的扩散电流密度。

应当注意的是,当载流子的迁移率和扩散系数确定以后,漂移电流取决于两个变量,即载流子浓度和电场强度,而扩散电流只取决于载流子浓度梯度一个变量。

1.6.3 连续性方程[3]

电子和空穴的连续性方程为：

$$\frac{\partial n}{\partial t} = \frac{1}{q}\nabla \cdot \boldsymbol{J}_{\mathrm{n}} - U_{\mathrm{n}} \tag{1-69}$$

$$\frac{\partial p}{\partial t} = -\frac{1}{q}\nabla \cdot \boldsymbol{J}_{\mathrm{p}} - U_{\mathrm{p}} \tag{1-70}$$

上式中，U_{n}代表半导体单位体积内在单位时间中复合掉的电子数与新产生的电子数之差，即半导体内的电子净复合率；U_{p}代表半导体内的空穴净复合率。当复合大于产生时，净复合率大于零，表示有净的复合；反之，当产生大于复合时，净复合率小于零，表示有净产生。

所谓连续性是指载流子浓度在时空上的连续性，即：造成某体积内载流子增加的原因，一定是载流子对该体积有净流入（流入减流出）和载流子在该体积内有净产生（产生减复合）。这从后面要介绍的连续性方程的积分形式中可以看得更清楚。

1.6.4 方程的积分形式

以上给出的基本方程都是微分形式的。可以利用如下的积分变换公式：

$$\oint_A f \cdot \mathrm{d}\boldsymbol{A} = \int_V \nabla \cdot f \mathrm{d}v$$

将方程（1-65）、（1-66）、（1-69）和（1-70）变换为积分形式，即

$$\oint_A \boldsymbol{D} \cdot \mathrm{d}\boldsymbol{A} = \int_V \rho_{\mathrm{V}} \mathrm{d}v \tag{1-71}$$

$$\oint_A \boldsymbol{E} \cdot \mathrm{d}\boldsymbol{A} = \frac{q}{\varepsilon_{\mathrm{s}}} \int_V (p - n + N_{\mathrm{D}} - N_{\mathrm{A}}) \mathrm{d}v \tag{1-72}$$

$$I_{\mathrm{n}} = \oint_A \boldsymbol{J}_{\mathrm{n}} \cdot \mathrm{d}\boldsymbol{A} = q\int_V \left(\frac{\partial n}{\partial t} + U_{\mathrm{n}}\right) \mathrm{d}v \tag{1-73}$$

$$I_{\mathrm{p}} = \oint_A \boldsymbol{J}_{\mathrm{p}} \cdot \mathrm{d}\boldsymbol{A} = q\int_V \left(-\frac{\partial p}{\partial t} - U_{\mathrm{p}}\right) \mathrm{d}v \tag{1-74}$$

上式中，A代表一个闭合的曲面，$\mathrm{d}\boldsymbol{A}$代表这个曲面上的面积元矢量，V代表这个曲面所围的体积，$\mathrm{d}v$代表这个体积内的体积元。方程（1-73）、（1-74）为分别从方程（1-69）、（1-70）中解出$\nabla \cdot \boldsymbol{J}_{\mathrm{n}}$和$\nabla \cdot \boldsymbol{J}_{\mathrm{p}}$后再利用积分变换公式而得到的。

微分形式的方程的特点是，可以求解出所求变量在空间上任意一点的值，也即所求变量的空间分布，但方程的求解比较复杂，方程本身的物理意义也不是很明显。积分形式的方程则正好相反，通过它们只能得到所求变量在某个体积内的总体效果，如某体积内的总电荷量、穿出某体积表面的总电力线、穿出某体积表面的总电流等，但方程本身的物理意义比较明显，方程的求解也比较简单。

泊松方程的积分形式即方程（1-71）就是大家熟知的高斯定理，其物理意义十分明显，即：流出一个闭合曲面的电通量等于这个闭合曲面所围成的体积内的净自由电荷量。方程（1-72）也有类似的意义。

方程（1-73）、（1-74）的物理意义也很明显。以方程（1-74）为例，它表示：流出一个闭合曲面的空穴电流等于这个闭合曲面所围成的体积内在单位时间中减少的空穴电荷数和净产生的空穴电荷数之和。在本章的稍后将会看到，在一定的条件下该体积内在单位时间中净产生的空穴电荷数是正比于这个体积内的非平衡空穴电荷量的，也就是说，流出闭合曲面的空穴电流受体积内

空穴电荷量的变化率和非平衡空穴电荷量的控制。所以方程(1-74)也可以称为电荷控制方程。如果把方程(1-74)写成下面的形式：

$$q \int_V \left(\frac{\partial p}{\partial t} \right) \mathrm{d}v = -I_p + q \int_V \left(-U_p \right) \mathrm{d}v$$

那么它的物理意义就是：某体积内在单位时间中空穴电荷的增加量等于流入其表面的空穴电流和该体积内在单位时间中空穴电荷的净产生量之和。

对方程(1-73)也可做类似的分析。

1.6.5 基本方程的简化与应用举例

在用基本方程分析半导体器件时，有两条基本途径。一条途径是求基本方程的解析解，所得结果是解的解析表达式。解析模型有利于设计者了解器件中各个参数之间的相互作用及各个参数与器件性能之间的内在联系。但一般来说从原始形式的基本方程出发求解析解是极其困难的，通常需要先对方程在一定的具体条件下采用某些假设来加以简化，然后再求其近似解。随着半导体器件的尺寸不断缩小，建立新解析模型的工作也越来越困难，一些假设受到了更大的限制并变得更为复杂。另一条途径是利用计算机求基本方程的数值解，这就是通常所说的半导体器件的数值模拟。在进行数值模拟时可以只做少数几个假设，因此精度比较高。在实际工作中，还可以利用数值模拟来验证解析模型的正确性和精度。但由于数值模拟的结果是具体的数字而不是解析公式，所以难以反映各个参数之间的相互作用及各参数与器件性能之间的内在联系。

本书只介绍晶体管的解析模型。这时需要先对基本方程做各种简化，其中最重要也最常用的简化是假设半导体器件中的各参数只在 x 方向上发生变化，从而可将空间上三维的微分方程简化为空间上一维的微分方程，得到如下的一维基本方程：

$$\frac{\mathrm{d}^2 \phi}{\mathrm{d}x^2} = -\frac{\mathrm{d}E}{\mathrm{d}x} = -\frac{q}{\varepsilon_s}(p - n + N_D - N_A) \tag{1-75}$$

$$J_n = q\mu_n n E + q D_n \frac{\mathrm{d}n}{\mathrm{d}x} \tag{1-76}$$

$$J_p = q\mu_p p E - q D_p \frac{\mathrm{d}p}{\mathrm{d}x} \tag{1-77}$$

$$\frac{\partial n}{\partial t} = \frac{1}{q} \frac{\partial J_n}{\partial x} - U_n \tag{1-78}$$

$$\frac{\partial p}{\partial t} = -\frac{1}{q} \frac{\partial J_p}{\partial x} - U_p \tag{1-79}$$

在此基础上可再根据不同的具体情况进行各种不同的简化。简化的原则是既要使计算变得容易，又要能保证达到足够的精确度。如果把计算的容易度与精确度的乘积作为优值的话，那么从某种意义上来说，对半导体器件的分析问题，就是不断地寻找具有更高优值的简化方法。下面是几个常用的对基本方程进行简化的简单例子，这些例子在本书的后面都会被引用。

例 1.1 对于方程(1-75)，如果要分析的区域是半导体 PN 结的耗尽区(关于 PN 结及其耗尽区的概念，请参看 2.1.2 节)，可假设 $p = 0, n = 0$。如果是在 N 型区(简称 N 区)耗尽区中，则还可忽略 N_A，从而得到

$$\frac{\mathrm{d}E}{\mathrm{d}x} = \frac{q}{\varepsilon_s} N_D \tag{1-80}$$

同理可得，在 P 型区(简称 P 区)耗尽区中

$$\frac{\mathrm{d}E}{\mathrm{d}x} = -\frac{q}{\varepsilon_s} N_A \tag{1-81}$$

从上式可以明显地看出,耗尽区中的电场斜率正比于掺杂浓度。掺杂浓度越高,则电场分布就越陡峭;掺杂浓度越低,电场分布就越平坦。

例1.2 对于方程(1-76),在载流子浓度梯度很小而电场强度和载流子浓度较大的情况下,扩散电流密度远小于漂移电流密度,这时可以忽略扩散电流密度,于是方程(1-76)简化为

$$J_n = q\mu_n nE \tag{1-82}$$

反之,当可以忽略漂移电流密度时,方程(1-77)简化为

$$J_n = qD_n \frac{\mathrm{d}n}{\mathrm{d}x} \tag{1-83}$$

例1.3 讨论方程(1-78)和方程(1-79)中的净复合率 U。在硅、锗等间接带隙半导体中,复合主要是通过带隙中的复合中心能级进行的,净复合率 U 可表示为[4~6]

$$U = \frac{\sigma_p \sigma_n v_t N_t \left[np - n_i^2 \right]}{\sigma_n \left[n + n_i \exp\left(\frac{E_t - E_i}{kT} \right) \right] + \sigma_p \left[p + n_i \exp\left(\frac{E_i - E_t}{kT} \right) \right]}$$

上式中,σ_p、σ_n 分别代表复合中心对空穴与电子的俘获截面,v_t 代表载流子的热运动速度,N_t 代表复合中心的浓度,n_i 代表本征载流子浓度,E_t 代表复合中心的能级,E_i 代表本征费米能级。

为简单起见,可做如下假设:

(1)复合中心对电子与空穴有相同的俘获截面,即 $\sigma_p = \sigma_n = \sigma$;

(2)复合中心的能级与本征费米能级相等,即 $E_t = E_i$,则

$$U = \frac{\sigma v_t N_t (np - n_i^2)}{n + p + 2n_i} = \frac{np - n_i^2}{\tau(n + p + 2n_i)} \tag{1-84}$$

上式中,$\tau = 1/(\sigma v_t N_t)$,代表少子寿命;$n = n_0 + \Delta n$,$p = p_0 + \Delta p$,$n_0$、$p_0$ 代表平衡载流子浓度;Δn、Δp 代表非平衡载流子浓度。平衡载流子浓度之间满足质量作用定律 $n_0 p_0 = n_i^2$。可以看出,当载流子浓度大于平衡载流子浓度时,$np > n_i^2$,U 大于零,发生净的复合;反之,当载流子浓度小于平衡载流子浓度时,$np < n_i^2$,U 小于零,发生净的产生。载流子浓度总是自发地朝着恢复到平衡浓度的方向移动。

如果是在 P 型区中,且满足小注入条件,则 $p \approx p_0$,$n + p + 2n_i \approx p \approx p_0$,于是可得 P 型区中的电子净复合率为

$$U_n \approx \frac{(n_0 + \Delta n) p_0 - n_i^2}{\tau_n p_0} = \frac{\Delta n}{\tau_n} \tag{1-85}$$

式中,$\tau_n = 1/(\sigma_n v_t N_t)$,代表 P 型半导体内的电子寿命。

同理可得同样条件下的 N 型区中的空穴净复合率为

$$U_p \approx \Delta p / \tau_p \tag{1-86}$$

式中,$\tau_p = 1/(\sigma_p v_t N_t)$ 代表 N 型半导体内的空穴寿命。在本例的假设下,电子寿命与空穴寿命相等。

例1.4 将电子输运方程(1-76)代入电子连续性方程(1-78),可得到 P 型区中电子的所谓"连续性–输运"方程。假设 D_n 与 μ_n 为常数,再将方程(1-85)代入,得:

$$\frac{\partial n}{\partial t} = D_n \frac{\partial^2 n}{\partial x^2} + \mu_n E \frac{\partial n}{\partial x} + \mu_n n \frac{\partial E}{\partial x} - \frac{\Delta n}{\tau_n} \tag{1-87}$$

在各种不同的情况下,方程(1-87)的五项中有时可忽略掉其中的某一项或某几项。例如在定态情况下,则方程左边的 $\partial n/\partial t$ 可以忽略;当电场强度为常数时,方程右边的第三项可以忽略;当电场强度足够小时,方程右边的第二项可以忽略;而当处于平衡状态时,则可忽略方程右边的

最后一项,等等。一种常见的情况是,当电场强度为常数且足够小而忽略方程右边的第二、三项时,所得到的就是 P 型区中电子的扩散方程

$$\frac{\partial n}{\partial t} = D_n \frac{\partial^2 n}{\partial x^2} - \frac{\Delta n}{\tau_n} \tag{1-88}$$

这是一个重要方程。通过求解电子扩散方程,可以获得电子在 P 型半导体内的分布情况,以及这种分布随时间的变化。

如果所考虑的是定态情况,$\partial n / \partial t = 0$,则方程(1-88)还可进一步简化为

$$\frac{d^2 n}{dx^2} = \frac{\Delta n}{D_n \tau_n} \tag{1-89}$$

同理可得 N 型区中空穴的扩散方程

$$\frac{\partial p}{\partial t} = D_p \frac{\partial^2 p}{\partial x^2} - \frac{\Delta p}{\tau_p} \tag{1-90}$$

以及定态时的

$$\frac{d^2 p}{dx^2} = \frac{\Delta p}{D_p \tau_p} \tag{1-91}$$

也可对积分形式的基本半导体方程进行简化。

例 1.5 对于方程(1-72),在 N 型耗尽区中可简化为

$$\oint_A \boldsymbol{E} \cdot d\boldsymbol{A} = \frac{q}{\varepsilon_s} \int_V N_D dv \tag{1-92}$$

例 1.6 对于方程(1-73),当在 P 型区中且满足小注入条件时,经积分后可得

$$I_n = -\frac{dQ_n}{dt} - \frac{\Delta Q_n}{\tau_n} \tag{1-93}$$

上式就是电子电流的电荷控制方程,式中,$Q_n = -q \int_V n dv$,$\Delta Q_n = -q \int_V \Delta n dv$,分别代表体积内的电子总电荷量和非平衡电子总电荷量。对于定态情况,方程(1-93)可简化为

$$I_n = -\frac{\Delta Q_n}{\tau_n} \tag{1-94}$$

同理可得空穴电流的电荷控制方程

$$I_p = -\frac{dQ_p}{dt} - \frac{\Delta Q_p}{\tau_p} \tag{1-95}$$

以及定态时的

$$I_p = -\frac{\Delta Q_p}{\tau_p} \tag{1-96}$$

分析半导体器件时,首先应将整个器件按其不同特点分为若干个区,然后在各区中视具体情况对基本方程做相应的简化。求解基本方程时需要已知各区的杂质浓度分布和少子浓度的边界条件。当边界条件表现为边界处的少子浓度与外加电压之间的关系时,就可以将外加电压作为已知量,通过求解各种不同简化形式的基本方程而得到各个区中的少子浓度分布、电荷分布、电场分布、电势分布、电流密度分布等,最终求得器件的各个端电流。

1.7 半导体器件的计算机模拟

1.7.1 器件模拟内容和意义

由上一节可知,描述半导体器件特性的基本方程是泊松方程、输运方程和连续性方程,要得

出器件的电学性能就需要求解该偏微分方程组。而在实际器件分析设计过程中,这些偏微分方程的解析求解几乎是不可能的,只能在各种理想条件下做近似分析求解,这样得出的结论往往缺乏普遍意义。随着计算机技术的发展,采用计算机来对半导体基本方程进行数值求解,从而得出器件外部特性和内部物理量分布,进而实现对器件特性的分析和优化,已经成为现代微电子器件设计分析的必备手段。

给定器件结构和掺杂分布,采用数值方法直接求解器件的基本方程,得到 DC、AC、瞬态特性和电势、电场等内部电学参数,称为器件模拟。

传统微电子器件的研发过程如图 1-17 所示,根据用户需求,器件从横向和纵向分别进行设计,横向设计得到光刻掩模版,纵向设计则得到材料及杂质纵向分布,经过实际流片试制,最后进行电参数的测试。对于达不到要求的电参数进行分析,改进器件的横向和纵向设计,再次流片直到满足要求。而现在的半导体器件研发过程,是在采用计算机并配备相应的器件模拟软件基础上,直接通过工艺模拟和器件模拟得到器件性能并按照需求进行性能优化,如图 1-18 所示。

对比两种器件研发过程,器件模拟不通过实际流片就能得到所设计的器件性能,并进行设计改进,可以极大地缩短研发周期、减少研发费用。更重要的是,随着半导体技术的发展,半导体器件的尺寸越来越小、结构越来越复杂,同时也带来了一些新的物理效应,器件模拟可以洞悉工作机理,研究物理机制,分析无法或难以测量的器件性能如电场分布和载流子速度分布等,极大地推动微电子器件研究进展。

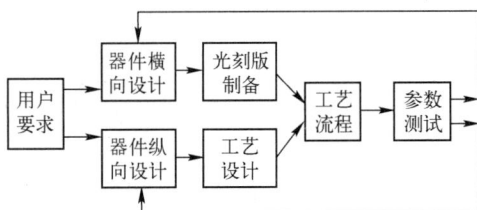

图 1-17 传统微电子器件的研发过程   图 1-18 器件的模拟仿真研发过程

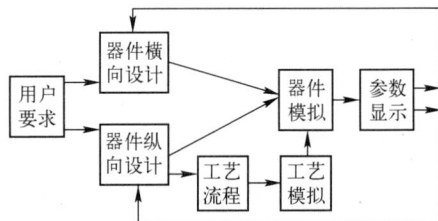

1.7.2 器件模拟的方法

器件模拟实际上是通过计算机软件对上一节描述器件性能的泊松方程、输运方程和连续性方程进行数值求解,得到器件的电参数。所涉及的知识点大致包括偏微分方程的离散化,模拟区域的网格划分,对离散后得到的非线性方程组,用 Newton 法、Gummel 法等方法求解。为了增加感性认识,这里以最简单的一维泊松方程为例,介绍采用有限差分离散,进而得出线性方程组的过程,并介绍网格划分的概念。

1. 微分方程的数值求解——有限差分法

针对一维泊松方程,设函数 $\phi(x)$ 满足以下的二阶常微分方程:

$$B\frac{\mathrm{d}^2\phi(x)}{\mathrm{d}x^2}=f(x) \tag{1-97}$$

其自变量 x 的区间是 $0 \leqslant x \leqslant L$,$\phi(x)$ 在边界上取值:$\phi(0)=\phi_0$,$\phi(L)=\phi_L$。

很容易理解,该微分方程可以通过两次积分来解析求解,但采用计算机数值求解,则需要把该方程有限差分离散化,也就是把方程中的求导表示成自变量区间内的数值运算。

（1）一阶导数的有限差分近似

首先,将整个区域 $[0,L]$ 等分为 N 段,共 $N+1$ 个离散点 $x_l(l=0,1,2,\cdots,N)$,每一离散点称为网格点,相邻网格点间的距离 $x_{l+1}-x_l=\Delta x$。首末网格点位于边界,$x_0=0$,$x_N=L$。

根据泰勒展开式,函数$\phi(x)$在网格点x_{l+1}的值可以展开成

$$\phi(x_{l+1})=\phi(x_l+\Delta x)=\phi(x_l)+\Delta x\cdot\frac{\mathrm{d}\phi(x)}{\mathrm{d}x}\bigg|_{x=x_l}+\frac{\Delta x^2}{2}\cdot\frac{\mathrm{d}^2\phi(x)}{\mathrm{d}x^2}\bigg|_{x=x_l+\theta_l\Delta x} \qquad (1\text{-}98)$$

式中,$0<\theta_l<1$,为方便,用ϕ_l代替$\phi(x_l)$,则上式为

$$\phi_{l+1}=\phi_l+\Delta x\cdot\frac{\mathrm{d}\phi(x)}{\mathrm{d}x}\bigg|_l+\frac{\Delta x^2}{2}\cdot\frac{\mathrm{d}^2\phi(x)}{\mathrm{d}x^2}\bigg|_{l+\theta_l} \qquad (1\text{-}99)$$

近似可以得到函数$\phi(x)$的一阶导数有限差分表达式:

$$\frac{\mathrm{d}\phi(x)}{\mathrm{d}x}\bigg|_l\approx\frac{\phi_{l+1}-\phi_l}{\Delta x} \qquad (1\text{-}100)$$

其误差为

$$|e|\leqslant\frac{\Delta x}{2}\max\left|\frac{\mathrm{d}^2\phi(x)}{\mathrm{d}x^2}\right|_{[x_l,x_{l+1}]} \qquad (1\text{-}101)$$

可见,Δx越小,网格越密,误差越小。以上为前差分近似。如图 1-19 所示,网格点x_{l-1}、x_l和x_{l+1}对应的函数$\phi(x)$的值分别是A、B和C,函数$\phi(x)$在x_l处一阶导数的值实际上是B点的切线斜率,前差分近似是用直线BC的斜率来近似的。误差是两个斜率之差,网格间距Δx越小,直线BC的斜率与B点切线斜率越接近。

同样也可得到后差分近似: $\dfrac{\mathrm{d}\phi(x)}{\mathrm{d}x}\bigg|_l\approx\dfrac{\phi_l-\phi_{l-1}}{\Delta x}$ $\qquad(1\text{-}102)$

后差分近似误差为 $|e|\leqslant\dfrac{\Delta x}{2}\max\left|\dfrac{\mathrm{d}^2\phi(x)}{\mathrm{d}x^2}\right|_{[x_{l-1},x_l]}$ $\qquad(1\text{-}103)$

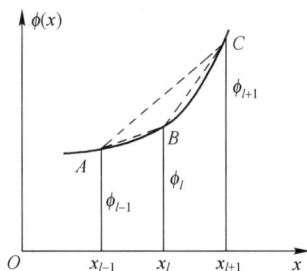

图 1-19 有限差分近似示意图

在图 1-19 中,后差分近似用直线AB的斜率来近似函数$\phi(x)$在B点的切线斜率。一阶导数的前差分或后差分近似的误差,均与网格间距Δx成正比,如果泰勒展开式取更高次项,可以得出误差更小的一阶导数中心差分近似。

$$\phi_{l+1}=\phi_l+\Delta x\cdot\frac{\mathrm{d}\phi(x)}{\mathrm{d}x}\bigg|_l+\frac{\Delta x^2}{2}\cdot\frac{\mathrm{d}^2\phi(x)}{\mathrm{d}x^2}\bigg|_l+\frac{\Delta x^3}{6}\cdot\frac{\mathrm{d}^3\phi(x)}{\mathrm{d}x^3}\bigg|_{l+\theta_l} \qquad (1\text{-}104)$$

$$\phi_{l-1}=\phi_l-\Delta x\cdot\frac{\mathrm{d}\phi(x)}{\mathrm{d}x}\bigg|_l+\frac{\Delta x^2}{2}\cdot\frac{\mathrm{d}^2\phi(x)}{\mathrm{d}x^2}\bigg|_l-\frac{\Delta x^3}{6}\cdot\frac{\mathrm{d}^3\phi(x)}{\mathrm{d}x^3}\bigg|_{l-\theta_l} \qquad (1\text{-}105)$$

两式相减,可得一阶导数的中心差分近似为

$$\frac{\mathrm{d}\phi(x)}{\mathrm{d}x}\bigg|_l\approx\frac{\phi_{l+1}-\phi_{l-1}}{2\Delta x} \qquad (1\text{-}106)$$

相应地,中心差分近似误差为 $|e|\leqslant\dfrac{\Delta x^2}{6}\max\left|\dfrac{\mathrm{d}^3\phi(x)}{\mathrm{d}x^3}\right|_{[x_{l-1},x_{l+1}]}$ $\qquad(1\text{-}107)$

可见,误差与Δx的平方成正比,精确度大大提高。在图 1-19 中,中心差分近似用直线AC的斜率来近似函数$\phi(x)$在B点的切线斜率,直观看出精确度得到了提高。

（2）二阶导数的有限差分近似

为得到二阶导数的有限差分近似表达式,需要将泰勒展开式取更高的项,即

$$\phi_{l+1}=\phi_l+\Delta x\cdot\frac{\mathrm{d}\phi(x)}{\mathrm{d}x}\bigg|_l+\frac{\Delta x^2}{2}\cdot\frac{\mathrm{d}^2\phi(x)}{\mathrm{d}x^2}\bigg|_l+\frac{\Delta x^3}{6}\cdot\frac{\mathrm{d}^3\phi(x)}{\mathrm{d}x^3}\bigg|_l+\frac{\Delta x^4}{24}\cdot\frac{\mathrm{d}^4\phi(x)}{\mathrm{d}x^4}\bigg|_{l+\theta_l} \qquad (1\text{-}108)$$

$$\phi_{l-1}=\phi_l-\Delta x\cdot\frac{\mathrm{d}\phi(x)}{\mathrm{d}x}\bigg|_l+\frac{\Delta x^2}{2}\cdot\frac{\mathrm{d}^2\phi(x)}{\mathrm{d}x^2}\bigg|_l-\frac{\Delta x^3}{6}\cdot\frac{\mathrm{d}^3\phi(x)}{\mathrm{d}x^3}\bigg|_l+\frac{\Delta x^4}{24}\cdot\frac{\mathrm{d}^4\phi(x)}{\mathrm{d}x^4}\bigg|_{l-\theta_l}$$

两式相加,则包含一阶和三阶导数的项抵消,得到

$$\left. \frac{d^2\phi(x)}{dx^2} \right|_l \approx \frac{\phi_{l+1}-2\phi_l+\phi_{l-1}}{\Delta x^2} \tag{1-109}$$

二阶导数有限差分近似的误差为

$$|e| \leqslant \frac{\Delta x^2}{12} \max \left| \frac{d^4\phi(x)}{dx^4} \right|_{[x_{l-1},x_{l+1}]} \tag{1-110}$$

即二阶导数有限差分近似与一阶导数中心差分近似的误差都与 Δx 的平方成正比。

（3）微分方程的有限差分法求解

对网格点 x_l，微分方程（1-97）可以写为

$$\left. B\frac{d^2\phi(x)}{dx^2} \right|_l = f_l \tag{1-111}$$

其中，f_l 是 $f(x)$ 在 x_l 的值。带入二阶导数有限差分近似，得

$$B \cdot \frac{\phi_{l+1}-2\phi_l+\phi_{l-1}}{\Delta x^2} = f_l \tag{1-112}$$

这就是原方程的有限差分表达式，在整个区间 $[0,L]$，共有 $N+1$ 个网格点 $x_l(l=0,1,2,\cdots,N)$，其中 $\phi(x_0)=\phi_0,\phi(x_N)=\phi_L$ 是边界条件，所以 $\phi(x_l)$ 待求的网格点有 $N-1$ 个，对 $N-1$ 个网格点写出有限差分表达式，得

$$
\begin{aligned}
\phi_2-2\phi_1 &= \Delta x^2 f_1/B - \phi_0 \\
\phi_3-2\phi_2+\phi_1 &= \Delta x^2 f_2/B \\
\phi_4-2\phi_3+\phi_2 &= \Delta x^2 f_3/B \\
&\vdots \\
\phi_{N-1}-2\phi_{N-2}+\phi_{N-3} &= \Delta x^2 f_{N-2}/B \\
-2\phi_{N-1}+\phi_{N-2} &= \Delta x^2 f_{N-1}/B - \phi_L
\end{aligned}
\tag{1-113}
$$

这样，就把微分方程转化为线性方程组，该方程组有 $N-1$ 个变量，$N-1$ 个方程。尽管没有得到函数 $\phi(x)$ 的表达式，但是通过对该线性方程组的求解，可以得到每一个网格点上的函数 $\phi(x)$ 的值，这就是微分方程的数值求解。可以将方程组写成矩阵形式：

$$B\boldsymbol{\phi}=f \tag{1-114}$$

$$
\boldsymbol{B} = \begin{bmatrix}
-2 & +1 & & & & \\
+1 & -2 & +1 & & & \\
& +1 & -2 & +1 & & \\
& & \ddots & \ddots & \ddots & \\
& & & +1 & -2 & +1 \\
& & & & +1 & -2
\end{bmatrix}
$$

其中

$$
\boldsymbol{\phi} = \begin{bmatrix}
\phi_1 \\
\phi_2 \\
\vdots \\
\phi_{L-2} \\
\phi_{L-1}
\end{bmatrix}
\qquad
f = \begin{bmatrix}
\Delta x^2 f_1/B - \phi_0 \\
\Delta x^2 f_2/B \\
\vdots \\
\Delta x^2 f_{L-2}/B \\
\Delta x^2 f_{L-1}/B - \phi_L
\end{bmatrix}
$$

2. 仿真区域的网格划分

半导体器件的计算机模拟，就是给定器件结构、杂质分布和偏置状况，通过对半导体基本方程的有限差分离散化，转化为线性方程组，由计算机数值计算求解，从而得到器件外部特性和内

部参数。由有限差分法可知,半导体基本方程的数值求解首先需要对器件模拟区域进行网格划分,求解得到的是网格点上的器件特性,如电势、电场等。每一个网格点对应于离散化方程组中的一个未知量,相应需要一个方程来求解。因此,计算机求解的关键,在于划分合适的网格。致密的网格虽然可以得到更加精确的器件性能,但是对应的网格点数过多,线性方程组过大,需要更大的计算资源;稀疏网格划分虽然可以减少计算量,但又会使计算精度受影响。有效的方法是采用非均匀网格划分,在保证计算精度的同时兼顾了计算量。

实际器件模拟软件中通常采用的是二维网格结构,图 1-20 是二维 PN 结二极管结构图。采用最简单的有限差分二维均匀网格划分,得到图 1-21 所示的网格图,其优点是计算容易、编程简单。为了获得更高的计算精度,通常将器件参数如掺杂浓度等变化陡峭的区域网格划分得密集,而将变化平缓的区域网格划分得稀疏,以节省计算资源和存储空间,这样的离散化网格就是如图 1-22 所示的计算效率更高的非均匀网格。在此基础上,还可以对网格进行优化,容许一条网格线终止于一条垂直方向的网格线,从而再次减少一些参数变化平缓区域的网格点,即有限箱法网格,如图 1-23 所示。

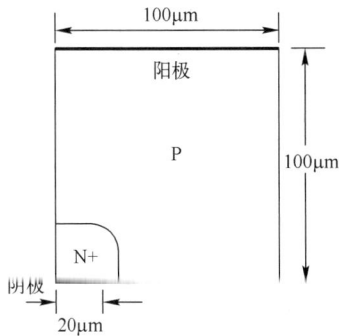

图 1-20　二维 PN 结二极管结构图

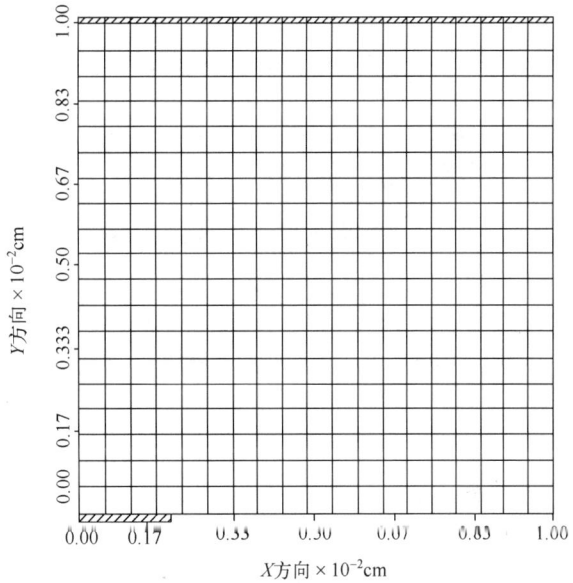

图 1-21　均匀有限差分网格

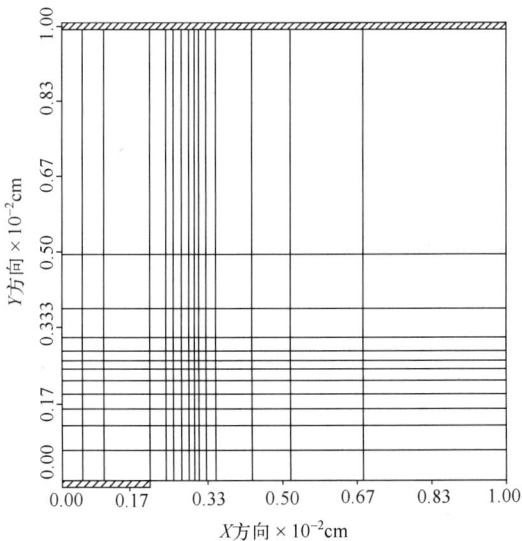

图 1-22　非均匀有限差分网格

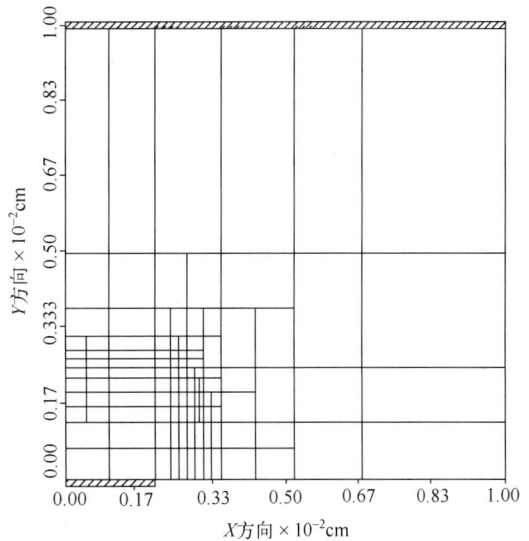

图 1-23　有限箱法网格

1.8 半导体器件发展历程与启示

半导体器件又称微电子器件,是真空电子管后的重大发现,它既是现在集成电路的基础元件,同时也作为具有独特功能的分立器件继续发展。

晶体管的发明,最早可以追溯到 1929 年,当时工程师利莲费尔德(J. Lilienfeld)就已经取得一种晶体管的专利。但是,限于当时的技术水平,制造晶体管的材料达不到足够的纯度,而使其无法制造出来。1947 年 12 月,美国贝尔实验室的肖克莱(W. Shockley)、巴丁(J. Bardeen)和布拉顿(W. Brattain)组成的研究小组,研制出一种点接触型的锗晶体管。1956 年,三人因该晶体管的发明同时荣获诺贝尔物理学奖。从此,晶体管以体积小、质量轻、寿命长、可靠性高、功耗低等优点,替代电子管在电子设备中得到广泛应用,成为现代电子装备的基础核心元件。晶体管可用于各种电子电路中,如放大器、振荡器、开关等,实现信号的放大、转换、传输和存储等功能。同时,晶体管的诞生也为集成电路的发明奠定了基础。总的来说,晶体管是现代电子技术的核心元件之一,对于电子设备的发展和应用具有重要意义。

在晶体管的基础上,1958 年德州仪器的基尔比(J. Kilby)制作了第一块集成电路,该集成电路非常原始,仅仅由连接在一块硅上的双极晶体管和其他元件组成,却从此开启了集成芯片时代,奠定了现代大规模集成电路的基础。集成电路的发明改变了电子设备由分立器件构成电路的状况,大大缩小了电子设备的体积,提高了其性能,降低了成本,促进了电子技术的高速发展。早期的集成电路采用双极结型晶体管,由于其功耗较大及难于缩小而限制了其在集成电路中的使用。

时间来到了 1959 年,贝尔实验室的埃及裔科学家默罕默德·埃塔拉(M. Atalla)与韩裔科学家姜大元(D. Kahng)共同发明了 MOSFET(Metal Oxide Semiconductor FET,金属氧化物半导体场效应晶体管)。MOSFET 由源极、漏极与栅极组成。"MOS"中的"M",指栅极最初使用金属(metal)实现;"O",指栅极与衬底使用氧化物(Oxide)隔离;"S",则指 MOSFET 整体由半导体(Semiconductor)实现。MOSFET 晶体管,也称为 IGFET(Insulated Gate FET,绝缘栅场效应晶体管)。这种晶体管具有工艺及结构简单,便于缩小与集成的特点,成为集成电路的核心基础元件。MOSFET 晶体管也分为"N 型"与"P 型"两种,即 NMOS 与 PMOS,分别对应于电子导电的 N 沟道和空穴导电的 P 沟道。按操作类型,也分为增强型和耗尽型。

1963 年,仙童(Fairchild)半导体公司的弗兰克·万拉斯(F. Wanlass)和萨支唐(C. Sah)首次将 PMOS 与 NMOS 晶体管组合在一起,推出了第一款逻辑门集成电路,它采用互补对称的 N 沟道和 P 沟道 MOS 晶体管。这就是所谓的 CMOS(Complementary Metal Oxide Semiconductor)电路。由于其具有低功耗,可靠的性能和高速及便于集成等特性,逐渐成为集成电路核心元件的主流,如今 95% 以上的集成电路芯片,都是基于 CMOS 工艺制造的。

1965 年,仙童半导体公司 CTO 戈登·摩尔(G. Moore)预测集成电路芯片的集成度每 3 年提高 4 倍,而加工特征尺寸缩小为 0.7 倍。通过不断缩小晶体管尺寸,可以在芯片上集成更多的晶体管,在芯片电路速度更快、功耗更低、功能更强的同时,生产厂家的成本也更低,这就是著名的摩尔定律。在接下来的几十年里,半导体技术沿着 CMOS 芯片特征尺寸的缩小不断发展,从而使得电子产品的性价比持续不断地提高。按照摩尔定律,一个个缩小 0.7 倍的特征尺寸技术节点被引入,例如,14 nm、10 nm、7 nm 和 5 nm 等。

然而,随着特征尺寸的不断缩小,MOS 晶体管的各种短沟道效应不断增强,性能逐步退化,简单地看就是导通电流下降而关断电流增大,使得晶体管作为开关使用的功能消失。为此,加州大学伯克利分校的华裔科学家胡正明教授及其团队自 1999 年相继提出了鳍型场效应晶体管

（FinFET）和超薄体 SOI(UTB-SOI) MOSFET。其中，FinFET 从常规平面 MOS 晶体管直接变成了 3D 立体结构，其电流通道变成了像鱼鳍一样的薄竖片，栅极从三面环绕，从而更好地控制沟道中的反型电荷输运。而超薄体 SOI(UTB-SOI) MOSFET，又称全耗尽 SOI(FD-SOI) MOSFET，利用 10nm 甚至更小的超薄硅层实现体反型，从而增大导通电流降低关断电流，提高器件性能。

尽管 FinFET 和 UTB-SOI 结构均具有更好的栅控能力和更低的关态泄漏电流。但是当特征尺寸进入 5 nm 节点以下时，短沟道关断特性再次变差。此时，围栅场效应晶体管（Gate-All-Around FET，GAA FET）作为鳍型结构晶体管 FinFET 的下一代接任者出现了，GAA FET 通过栅极从四个侧面包围导电沟道，与 FinFET 工艺中的三个侧面控制沟道相比，能够更精确地控制电势，抑制关断泄漏电流，增大导通电流。

从上述晶体管到集成电路的发明及发展可看到，这些信息技术的重大进步都发生在美国，这在很大程度上缘于美国本土远离两次世界大战，人才与科学基础积累非常雄厚。当肖克莱等人潜心研究半导体，发明晶体管之时，中国正值解放战争时期，对于新兴半导体科学技术无暇顾及。直到新中国成立以后，经济基础薄弱，技术上是一片空白，半导体方面的科技人才更是极度缺乏。在此百废待兴的关头，为了建设新中国，王守武、黄昆、汤定元、洪朝生、谢希德、成众志、高鼎三、林兰英、黄敞、吴锡九等一大批海外科学家陆续回归，正是这一批 20 世纪 50 年代回国献身中国半导体事业的前辈，撑起了我国微电子器件与集成电路技术上自力更生的一片蓝天。

自从晶体管发明后，20 世纪 50 年代，国外的半导体器件技术得到了很快发展。1954 年商品晶体管出现，而二战结束后以美国为首的西方发达国家针对社会主义国家成立了所谓的"巴黎统筹委员会"，其成员国对我国严密封锁，使我们无法获得这些产品以及相关的材料。我们只能在苏联的帮助下自力更生地开展相应的研究。

1956 年是不平凡的一年，为了推动现代科学技术中新兴学科领域的发展，尽快跟上国际水平，中国国务院召开会议，制定出著名的"十二年科学技术远景规划"，提出"发展计算技术、半导体技术、无线电电子学、自动学和远距离操纵技术的紧急措施方案"（简称"四大紧急措施"），国务院批准中国科学院迅速集中科技力量，着手筹建有关研究机构。1956 年 7 月，为落实"四大紧急措施"，中国科学院成立了计算技术所、自动化及远距离操纵所和电子学所的筹备委员会，并在应用物理所建立半导体物理研究小组。也是在 1956 年，美国贝尔实验室的肖克莱等三人因为发明晶体管而获得诺贝尔物理学奖。同年 11 月，在首批归国建设新中国的爱国科学家的共同努力下，中国的第一只锗晶体三极管诞生在北京的中国科学院应用物理研究所，标志着一穷二白的中国经过自身努力，与发达国家一道迈进了半导体科学与信息技术的门槛。

此后，在王守武、王守觉等老一辈专注于半导体器件的科学家的带领下，我国于 1958 年研制出实用化的锗扩散型晶体管，并成功运用于我国第一台晶体管通用数字计算机，为国防事业的发展做出了重要贡献。

时间进入 20 世纪 60 年代，美国发展出了硅平面工艺晶体管，并进而制造出商品化的硅集成电路。中国科学院在应用物理所半导体物理研究小组的基础上成立了半导体所。在归国半导体材料学家林兰英等的努力下成功拉制出硅单晶材料，并将性能更好的、基于硅材料的晶体管和集成电路作为研发主流。

然而，20 世纪 60 年代开始国际环境对一个刚成立的贫穷的中国来说非常严峻，中印边境问题，抗美援越，苏联发动珍宝岛战争，苏美对中国进行核讹诈，使得我国两弹一星的研制工作非常迫切，所需的高性能晶体管成为其中电子计算机中的关键元件。而此时中苏关系全面恶化，再加上西方国家技术封锁，在这样的国际环境下，我们的科研人员一无资料，二无图纸，实验设备也是一穷二白，国家物资供应极度匮乏。群策群力、自主研发，成为我国才起步的半导体事业开拓者们唯一选择。王守武、王守觉、林兰英等科学家以极大的勇气和智慧克服了重重困难，创造性地解决了一个个的技术难题,成功研制出运用在我国第二代计算机中的高性能硅平面晶体管,为氢弹的研制做出了重要贡献。1964 年 11 月,中国科学院半导体所在研制出超小型硅平面晶体管的基础上,研制成一块具有 6 只晶体管、7 个电阻、6 个电容共 19 个元件的集成电路样品,比德州仪器的基尔比发明的集成电路仅仅晚了 6 年。

自从晶体管替代电子管直至超大规模集成电路的广泛应用,半个多世纪以来信息技术得到了飞速发展,被称为人类历史上第三次工业革命。现在中国的集成电路产业每年以两位数的速度在发展,我们正在努力缩小与世界的差距,这与当年那批有志于献身中国半导体事业的前辈的努力是分不开的。可以说,正是这段不该被遗忘的历史,为中国现在半导体技术不断创新发展做好了铺垫。

回顾过去的峥嵘岁月,中国半导体技术从 20 世纪 50 年代开始独立自主发展,到七八十年代引进国外先进的技术和设备,再到九十年代国内企业进行技术创新和自主研发。进入 21 世纪,随着中国经济的快速发展,中国半导体行业迎来快速发展的机遇。2010 年以来,中国大陆在芯片制造、研发等能力方面持续增强,部分国内企业在半导体器件、集成电路和传感器等领域实现了技术突破和产品创新,政府也在持续加大对半导体产业的支持力度,推动产业升级和技术创新。然而,中国半导体技术发展趋势让美国感到其科技霸权乃至全球霸权受到威胁,因为在全球科技领域,以半导体器件为核心元件的芯片产业一直被视为国家的核心竞争力所在。近年来,随着中美贸易战的持续升级,半导体芯片问题成了双方博弈的焦点。美国通过一系列制裁措施,试图在芯片领域对中国形成压制,开始层层加码对中国半导体进行围追堵截。

目前中国已发展成为全球最大的半导体市场,以微电子器件为核心的集成电路芯片,每年进口量超 3000 亿美元,已经取代石油成为我国最大宗的进口商品,然而我国半导体产业还处在世界的中低端,缺少高端设计、制造设备甚至 EDA 软件主要被国外垄断。而美国却控制着全球半导体产业链,面对美国对华步步紧逼的围堵,中国一方面需充分利用全球半导体产业最大客户的身份,进一步深度融入全球半导体产业链,加快培育中国半导体产业的反制能力,推动实现半导体产业链自主可控;另一方面中国还需继续发扬老一辈科学家艰苦创业的精神,在芯片领域继续加大投入和研发力度。同时,必须看到,全球芯片产业正在经历一场深刻的变革。随着 5G、人工智能等技术的快速发展,芯片的需求和应用场景也在不断扩展。这意味着未来的芯片产业将更加注重创新和技术突破,而不仅仅是简单的产能扩张。中国芯片产业面临诸多挑战和困难,需要付出更多的努力和进行更多的投入,积极引进和培养芯片人才,加强与国际先进企业的合作与交流,才能真正突破“卡脖子”的桎梏。

总的来说,中国半导体产业历经几十年发展,已从最初的模仿和学习,逐步向拥有独立自主知识产权和国际竞争力的产业发展。相信在未来,有着披荆斩棘、独立自主基因的中国半导体产业,将不惧压制继续发展壮大,为中国的科学技术发展和民族复兴做出贡献。

本章参考文献请扫二维码 1-1。

二维码 1-1

第2章 PN结

所谓 PN 结,是指一块半导体单晶,其中一部分是 P 型区(简称 P 区),其余部分是 N 型区(简称 N 区),如图 2-1 所示。P 区和 N 区的交界面称为冶金结面(简称结面)。由 PN 结构成的二极管是最基本的半导体器件。无论半导体分立器件还是半导体集成电路,都是以 PN 结为基本单元构成的。例如 NPN(或 PNP)双极晶体管的结构,是在两层 N 区(或 P 区)中夹一薄层 P 区(或 N 区),构成两个背靠背(或面对面)的 PN 结。大部分场效应晶体管中也有两个 PN 结,只是它们的工作主要不是靠这两个结的特性而已。半导体集成电路中则含有不计其数的 PN 结。

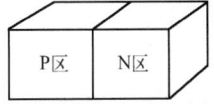

图 2-1 PN 结

在 PN 结的结构方面,本章主要讨论理想平行平面结,即结面为平面,该平面垂直于与其相接的半导体表面、平行于与其相对的两个端面,如图 2-1 所示。如果结的面积足够大,且掺杂浓度仅在垂直于结面的方向(x 方向)上可能发生变化,就可以采用一维的半导体方程。此外,凡在未做特别说明的情况下,均假设 P 区和 N 区的长度远大于该区的少子扩散长度。

在 PN 结的掺杂分布方面,本章主要讨论理想突变结,同时也会给出理想线性缓变结和实际扩散结的一些结果。在理想突变结中,P 区与 N 区的掺杂浓度 N_A 与 N_D 都是均匀分布的,掺杂浓度在结面处($x = 0$)发生阶跃式的突变,如图 2-2 所示。当突变结中某一侧的掺杂浓度远大于另一侧时,称为单边突变结。对应于 $N_A \gg N_D$ 和 $N_A \ll N_D$ 这两种情况,分别称为 P^+N 单边突变结和 PN^+ 单边突变结。

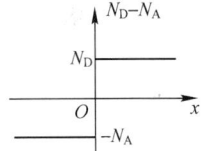

图 2-2 突变结的掺杂浓度分布

2.1 PN 结的平衡状态

PN 结的平衡状态是指 PN 结内温度均匀、稳定,没有外加电压、外加磁场、光照和辐射等外界因素的作用,宏观上达到稳定的状态。本书不讨论外加磁场、光照和辐射等的作用,因此本书中提到的平衡状态就是指没有外加电压时的状态。

2.1.1 空间电荷区的形成

PN 结在处于平衡状态时,结面附近一个薄的区域内会有空间电荷存在,如图 2-3 所示。平常讲平衡时半导体内部是电中性的,但在 PN 结的情形下,在结面附近的这个薄区域内,电中性不再存在。为了说明空间电荷区是如何形成的,不妨设想 P 区和 N 区原来是分离的,下面来看当这两个区接触以后会发生什么情况。

设分离的 P 区和 N 区中的掺杂浓度分别为 N_A 和 N_D,一般情况下,$N_A \gg n_i$,$N_D \gg n_i$。室温下,可假设杂质达到全电离。根据电中性条件,P 区中的平衡多子空穴浓度 p_{p0} 和 N 区中的平衡多子电子浓度 n_{n0} 分别为

$$p_{p0} = N_A \gg n_i \qquad (2\text{-}1a)$$

$$n_{n0} = N_D \gg n_i \qquad (2\text{-}1b)$$

式(2-1)中,p_{p0} 与 n_{n0} 的下角标"p"或"n"分别代表 P 区或 N 区,下角标"0"代表平衡状态。

利用质量作用定律 $np = n_i^2$,可求得 P 区及 N 区中的平衡少子浓度分别为

$$p_{n0} = n_i^2/n_{n0} = n_i^2/N_D \ll n_i \tag{2-2a}$$

$$n_{p0} = n_i^2/p_{p0} = n_i^2/N_A \ll n_i \tag{2-2b}$$

可见

$$p_{p0} \gg n_i \gg p_{n0} \tag{2-3a}$$

$$n_{n0} \gg n_i \gg n_{p0} \tag{2-3b}$$

平衡多子与平衡少子的浓度差距是极其悬殊的。对于 10^{16} cm^{-3} 这样一个中等的掺杂浓度，平衡多子与平衡少子的浓度之比约为 10^{12}。这个数值约为 100 多个地球的总人口与 1 个人之比！

P 区与 N 区接触后，由于存在浓度差的原因，结面附近的空穴将从浓度高的 P 区向浓度低的 N 区扩散，在 P 区留下不易扩散的带负电的电离受主杂质，结果使得在结面的 P 区一侧出现负的空间电荷;同样地，结面附近的电子从浓度高的 N 区向浓度低的 P 区扩散，在 N 区留下带正电的电离施主杂质，使结面的 N 区一侧出现正的空间电荷。由此产生的空穴与电子的扩散电流的方向，都由 P 区指向 N 区。

扩散运动造成了结面两侧一正一负的空间电荷区，空间电荷区中的电场称为内建电场，方向为从带正电荷的 N 区指向带负电荷的 P 区，如图 2-3 所示。这个电场使空穴与电子发生漂移运动，空穴向 P 区漂移，电子向 N 区漂移，由此产生的空穴与电子的漂移电流的方向，都由 N 区指向 P 区，与扩散电流的方向相反。

随着扩散的进行，空间电荷区逐渐变宽，内建电场逐渐增强，空穴与电子的漂移运动也逐渐增强，最终使漂移电流与扩散电流相等，流过 PN 结的净电流为零，达到平衡状态，这时空间电荷区宽度与内建电场强度也达到一个稳定的数值。

应当指出，上述过程只是为了便于理解而设想的，实际上空间电荷区是在 PN 结的制造过程中与 PN 结同时形成的。

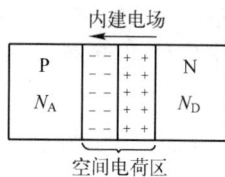

图 2-3　PN 结的空间电荷区

2.1.2 内建电场、内建电势与耗尽区宽度

1. 耗尽近似与中性近似

在处理 PN 结的问题时，常常假设空间电荷区内的自由载流子已完全扩散掉，即完全耗尽，电离杂质构成空间电荷区内电荷的唯一来源。这种假设被称为"耗尽近似"。当采用耗尽近似时，空间电荷区又可称为"耗尽区"。具体来说，若采用耗尽近似，则 P 区耗尽区中的空间电荷密度为 $-qN_A$，N 区耗尽区中的空间电荷密度为 qN_D。

与此相对应的是，在耗尽区以外的半导体中可以采用"中性近似"，即认为耗尽区以外区域中的多子浓度仍等于电离杂质浓度，因此这部分区域保持了完全的电中性。当采用中性近似时，这部分区域又可称为"中性区"。

2. 内建电场

设 P 区耗尽区的宽度为 x_p，N 区耗尽区的宽度为 x_n。

在 N 区耗尽区中，根据耗尽近似，电荷密度为 $\rho_V = qN_D$，$0 \leq x \leq x_n$。

由第 1 章 1.6 节的例 1.1，该区的泊松方程为

$$\frac{dE}{dx} = \frac{q}{\varepsilon_s}N_D$$

对上式积分得

$$E(x) = \frac{q}{\varepsilon_s}N_D x + C \tag{2-4}$$

由于在中性区内无电场，由此可知边界条件为:在 $x = x_n$ 处，$E(x_n) = 0$。利用此边界条件，可

求得常数

$$C = -\frac{q}{\varepsilon_s} N_D x_n$$

将 C 代入式(2-4)后可得

$$E(x) = \frac{q}{\varepsilon_s}(x - x_n) N_D \quad (0 \leqslant x \leqslant x_n) \tag{2-5a}$$

同理可在 P 区耗尽区中求解泊松方程,得

$$E(x) = -\frac{q}{\varepsilon_s}(x + x_p) N_A \quad (-x_p \leqslant x \leqslant 0) \tag{2-5b}$$

以上两式就是突变 PN 结的内建电场,其分布如图 2-4 所示。内建电场的方向由右侧的 N 区指向左侧的 P 区,为负值,图中画出的是位于上半平面的 $|E(x)|$。

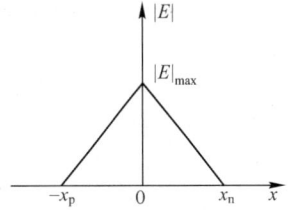

图 2-4　突变结的内建电场

3. 耗尽区宽度

在 $x = 0$ 处,$E(x)$ 达到最大值,由式(2-5a)和式(2-5b),可得

$$|E(0)| = |E|_{max} = \frac{q}{\varepsilon_s} N_D x_n = \frac{q}{\varepsilon_s} N_A x_p$$

由上式可分别求出 N 区与 P 区的耗尽区宽度,并可进一步求出总的耗尽区宽度 x_d,即

$$x_n = \frac{\varepsilon_s}{q N_D} |E|_{max} \tag{2-6}$$

$$x_p = \frac{\varepsilon_s}{q N_A} |E|_{max} \tag{2-7}$$

$$x_d = x_n + x_p = \frac{\varepsilon_s}{q} \cdot \frac{N_A + N_D}{N_A N_D} |E|_{max} = \frac{\varepsilon_s}{q N_0} |E|_{max} \tag{2-8}$$

式(2-8)中,$N_0 = N_A N_D / (N_A + N_D)$,称为约化浓度。

由式(2-6)和式(2-7)可知

$$q N_D x_n = q N_A x_p$$

此式说明 N 区耗尽区与 P 区耗尽区中电荷量的大小相等。掺杂浓度越高,耗尽区就越薄。

4. 内建电势

耗尽区中从与 P 区中性区的交界面到与 N 区中性区的交界面之间的电位差称为扩散电势,因为它来源于内部载流子的扩散。也可称为内建电势,因为它不是由外加电压引起的。通常用 V_{bi} 来代表内建电势。对内建电场在耗尽区中进行积分可求得

$$V_{bi} = -\int_{-x_p}^{x_n} E(x) dx = \frac{1}{2}(x_n + x_p) |E|_{max} = \frac{\varepsilon_s}{2 q N_0} |E|_{max}^2 \tag{2-9}$$

由式(2-9)可得

$$|E|_{max} = \left(\frac{2 q N_0}{\varepsilon_s} V_{bi}\right)^{1/2} \tag{2-10}$$

以上建立了 3 个方程,即式(2-6)、式(2-7)和式(2-10),但有 4 个未知量,即 x_n、x_p、E_{max} 和 V_{bi}。所以现在还不能完全确定这 4 个未知量。下面用另一种途径来求 V_{bi}。

已知在平衡 PN 结中,净的空穴电流和净的电子电流均为零。现以空穴电流为例,由空穴电流密度方程[式(1-77)],可得

$$J_p = q \mu_p p E - q D_p \frac{dp}{dx} = 0$$

由上式可解出内建电场,并应用爱因斯坦关系,得

$$E(x) = \frac{D_p}{\mu_p} \cdot \frac{1}{p} \cdot \frac{\mathrm{d}p}{\mathrm{d}x} = \frac{kT}{q} \cdot \frac{\mathrm{d}\ln p}{\mathrm{d}x} \tag{2-11}$$

式(2-11)中,k 代表玻尔兹曼常数;T 代表热力学温度。再由式(2-11)可求出

$$V_{bi} = -\int_{-x_p}^{x_n} E(x)\,\mathrm{d}x = \frac{kT}{q}\int_{p_{n0}}^{p_{p0}} \mathrm{d}\ln p = \frac{kT}{q}\ln\frac{p_{p0}}{p_{n0}} \tag{2-12}$$

再将 $p_{p0} = N_A$,$p_{n0} = n_i^2/n_{n0} = n_i^2/N_D$ 代入上式,得

$$V_{bi} = \frac{kT}{q}\ln\frac{N_A N_D}{n_i^2} \tag{2-13}$$

从式(2-13)可以看出,两区的掺杂浓度 N_A、N_D 越大,V_{bi} 就越大;在掺杂浓度一定的情况下,半导体的禁带宽度越宽,则 n_i 越小,V_{bi} 就越大。在与温度的关系方面,虽然 V_{bi} 中含有 (kT/q),但 n_i 受温度的影响更大,温度越高,则 n_i 越大,V_{bi} 就越小。在常用的掺杂浓度范围内和室温下,硅 PN 结的 V_{bi} 一般在 0.8 V 左右,锗 PN 结的 V_{bi} 一般在 0.35 V 左右。

V_{bi} 成为已知量后,通过联立求解式(2-6)、式(2-7)和式(2-10),可得

$$x_n = \frac{\varepsilon_s}{qN_D}|E|_{max} = \left[\frac{2\varepsilon_s}{q}\frac{N_A}{N_D(N_A+N_D)}V_{bi}\right]^{1/2} \tag{2-14}$$

$$x_p = \frac{\varepsilon_s}{qN_A}|E|_{max} = \left[\frac{2\varepsilon_s}{q}\frac{N_D}{N_A(N_A+N_D)}V_{bi}\right]^{1/2} \tag{2-15}$$

$$x_d = x_n + x_p = \frac{2V_{bi}}{|E|_{max}} = \left[\frac{2\varepsilon_s}{qN_0}V_{bi}\right]^{1/2} \tag{2-16}$$

$$|E|_{max} = \left(\frac{2qN_0}{\varepsilon_s}V_{bi}\right)^{1/2} \tag{2-10}$$

5. 单边突变结的情形

对于 P^+N 单边突变结,$N_A \gg N_D$,$N_0 \approx N_D$,以上各式可简化为

$$x_n \approx x_d \approx \left[\frac{2\varepsilon_s}{qN_D}V_{bi}\right]^{1/2} \tag{2-17}$$

$$x_p \approx 0 \tag{2-18}$$

$$|E|_{max} = \left(\frac{2qN_D}{\varepsilon_s}V_{bi}\right)^{1/2} \tag{2-19}$$

对于 PN^+ 单边突变结,$N_D \gg N_A$,$N_0 \approx N_A$,有

$$x_n \approx 0 \tag{2-20}$$

$$x_p \approx x_d \approx \left[\frac{2\varepsilon_s}{qN_A}V_{bi}\right]^{1/2} \tag{2-21}$$

$$|E|_{max} = \left(\frac{2qN_A}{\varepsilon_s}V_{bi}\right)^{1/2} \tag{2-22}$$

由以上各式可见,耗尽区主要分布在低掺杂的一侧,耗尽区宽度与最大电场强度也主要取决于低掺杂一侧的掺杂浓度。低掺杂一侧的掺杂浓度越低,则耗尽区越宽,最大电场强度越小。

P^+N 单边突变结和 PN^+ 单边突变结的内建电场分布分别示于图 2-5 和图 2-6。

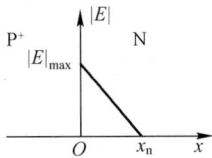

图 2-5　P$^+$N 单边突变结的内建电场分布

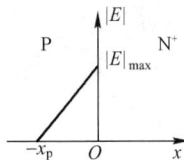

图 2-6　PN$^+$单边突变结的内建电场分布

2.1.3　能带图

1. 能带图

本小节将介绍平衡状态下 PN 结耗尽区内的电位分布、电子的电位能分布,并给出能带图。

仍以突变结为例。对耗尽区内的电场分布 $E(x)$ 进行积分,取积分的上限为变量 x,就可求出耗尽区内的电位分布,即

$$\phi(x) = -\int_{-x_p}^{x} E(x')\,\mathrm{d}x' + C$$

式中,积分常数 C 由电位的参考点确定,当选取 N 型中性区作为电位参考点,即 $\phi(x_n)=0$ 时,可得如图 2-7 所示的电位分布图,且有 $\phi(-x_p)=C=-V_{bi}$。

由于电场分布 $E(x)$ 是由耗尽区内的两段直线组成的,所以耗尽区内的电位分布 $\phi(x)$ 由两段抛物线所组成。

电位分布 $\phi(x)$ 乘以电子电荷 $-q$ 后得到的 $-q\phi(x)$,就是电子的电位能分布,如图 2-7 所示。

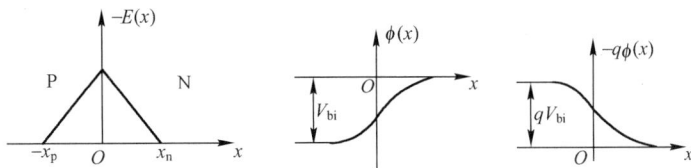

图 2-7　突变 PN 结耗尽区中的电场分布、电位分布和电子的电位能分布

由于电子的电位能是随地点而变化的,所以能带图也不再是一些水平直线。能带中各能级之间的间隔没有变化,但所有能级的能量却随地点做与电子电位能 $-q\phi(x)$ 相同的变化。这就如同将两个氢原子放在不同位能的地方,虽然每个原子的能级间隔不变,但其中一个原子的某能级与另一个原子的同一能级的能量却不同。具体以导带底的能级 E_C 为例,它代表动能为零的电子的电位能。当电子的电位能 $-q\phi(x)$ 随地点变化时,此能级也进行同样的变化。其他能级如价带顶能级 E_V、本征费米能级 E_i 等也进行同样的变化,而平衡状态下的费米能级 E_F 却是水平的。于是可得如图 2-8 所示的突变 PN 结能带图。

由图 2-8 可见,电子从 N 区到 P 区就像爬山一样,需要克服一个高度为 qV_{bi} 的势垒。对于空穴来说,在能带图中越向下其电位能越高,所以空穴从 P 区到 N 区也需要克服一个同样高

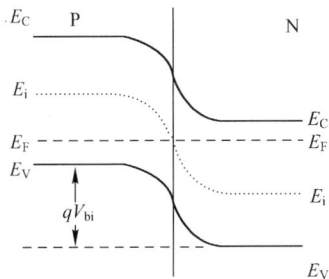

图 2-8　突变 PN 结的能带图

度的势垒。在平衡 PN 结中,这个势垒正好阻止了电子与空穴因浓度差而产生的扩散趋势,使净电流为零。

由于势垒位于空间电荷区中,所以空间电荷区也常被称为"势垒区"。在本书中,"空间电荷区"、"耗尽区"和"势垒区"三者的含义是相同的,可以混用。

2. 载流子浓度分布

下面讨论载流子浓度在势垒区中的变化。根据半导体物理的知识,在非简并的情形下,载流子浓度随能量的分布遵守玻尔兹曼分布,可表示为

$$n = n_i \exp\left(-\frac{E_i - E_F}{kT}\right) \tag{2-23}$$

$$p = n_i \exp\left(-\frac{E_F - E_i}{kT}\right) \tag{2-24}$$

已知本征费米能级 E_i 的变化与电子电位能的变化相同,所以在 x 处的 $E_i(x)$ 与 N 型中性区的 E_{in} 之差,就是电子在 x 处的电位能与 N 型中性区的电位能之差 $[-q\phi(x)]$,即

$$E_i(x) = E_{in} - q\phi(x) \tag{2-25}$$

将上式代入式(2-23)和式(2-24),可得

$$n(x) = n_{n0} \exp\left[\frac{q\phi(x)}{kT}\right] \tag{2-26}$$

$$p(x) = p_{p0} \exp\left[-\frac{qV_{bi} + q\phi(x)}{kT}\right] \tag{2-27}$$

在势垒区内任意位置处,载流子浓度乘积为

$$n(x) \cdot p(x) = n_{n0} p_{p0} \exp\left[-\frac{qV_{bi}}{kT}\right] \tag{2-28}$$

对于平衡状态,载流子浓度乘积应等于 n_i^2 ,于是又可得到

$$V_{bi} = \frac{kT}{q} \ln \frac{n_{n0} p_{p0}}{n_i^2} = \frac{kT}{q} \ln \frac{N_D N_A}{n_i^2} \tag{2-29}$$

在 $x = -x_p$ 处　　　$\phi(-x_p) = -V_{bi}$,　　$n(-x_p) = n_{n0} \exp\left(-\frac{qV_{bi}}{kT}\right) = n_{p0}$,　　$p(-x_p) = p_{p0}$

在 $x = x_n$ 处　　　$\phi(x_n) = 0$,　　$n(x_n) = n_{n0}$,　　$p(x_n) = p_{p0} \exp\left(-\frac{qV_{bi}}{kT}\right) = p_{n0}$

2.1.4 线性缓变结

用杂质扩散法制得的 PN 结,在 P 区与 N 区交界处的杂质分布不是突然地从均匀的受主浓度突变到均匀的施主浓度,而是逐渐变化的,这称为缓变结。在一定的条件下,可以假设冶金结附近的杂质浓度是随距离进行线性变化的,这称为线性缓变结。在理想的线性缓变结中,杂质分布如图 2-9(a)所示,可表示为

$$N(x) = N_D - N_A = ax \tag{2-30}$$

式(2-30)中,杂质浓度梯度 a 为常数,N_D、N_A 分别为杂质补偿前的施主杂质和受主杂质浓度。

采用耗尽近似后,线性缓变结耗尽区中的泊松方程为

$$\frac{dE}{dx} = \frac{q}{\varepsilon_s}(N_D - N_A) = \frac{aq}{\varepsilon_s}x \tag{2-31}$$

边界条件为　　　$E\left(-\frac{x_d}{2}\right) = E\left(\frac{x_d}{2}\right) = 0$

将式(2-31)积分并应用边界条件后可得电场分布为

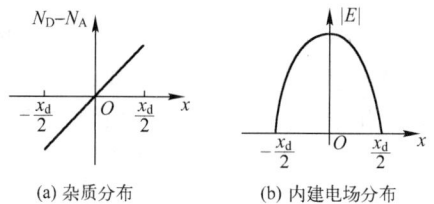

(a) 杂质分布　　　　(b) 内建电场分布

图 2-9　线性缓变结

$$|E(x)| = |E|_{\max} \cdot \left[1 - \left(\frac{2x}{x_d}\right)^2\right] \qquad (2\text{-}32)$$

式(2-32)中
$$|E|_{\max} = \frac{aqx_d^2}{8\varepsilon_s} \qquad (2\text{-}33)$$

由式(2-32)可见,线性缓变结耗尽区中的内建电场分布为抛物线,如图2-9(b)所示。将式(2-32)在势垒区中积分可得

$$V_{bi} = \int_{-x_d/2}^{x_d/2} |E(x)|\,\mathrm{d}x = \frac{2}{3}|E|_{\max}x_d \qquad (2\text{-}34)$$

将式(2-33)与式(2-34)联立,解得

$$x_d = \left(\frac{12\varepsilon_s V_{bi}}{aq}\right)^{1/3} \qquad (2\text{-}35)$$

$$|E|_{\max} = \frac{1}{8}\left(\frac{aq}{\varepsilon_s}\right)^{1/3}(12V_{bi})^{2/3} \qquad (2\text{-}36)$$

以上两式中 V_{bi} 的表达式与式(2-13)相同,只是在线性缓变结中,式中的 N_A 与 N_D 应该分别是耗尽区边界处的杂质浓度,即

$$N\left(-\frac{x_d}{2}\right) = N\left(\frac{x_d}{2}\right) = \frac{ax_d}{2}$$

因此线性缓变结的 V_{bi} 又可以表示为

$$V_{bi} = \frac{kT}{q}\ln\frac{N_A N_D}{n_i^2} = \frac{kT}{q}\ln\left(\frac{ax_d}{2n_i}\right)^2$$

得到线性缓变结的内建电场 $E(x)$ 后,就可以继续推导出线性缓变结耗尽区中的电位分布 $\phi(x)$、电子电位能分布 $[-q\phi(x)]$、能带图,以及载流子浓度分布。

应当指出,以上关于平衡 PN 结的所有公式,都可以推广到有外加电压时的情形。外加电压 V 的参考方向是这样规定的:当电压的正极接 P 区引出端、负极接 N 区引出端时,$V>0$,称为正偏;反之,则 $V<0$,称为反偏。可以看出,外加电压的参考极性与内建电势 V_{bi} 正好相反。通常 P 区与 N 区中性区的电阻远小于耗尽区的电阻,因此可以假设外加电压全部降落在耗尽区上,这时耗尽区两侧的电位差就由 V_{bi} 变为 $(V_{bi}-V)$。所以只需将以上各公式中的 V_{bi} 替换为 $V_{bi}-V$,这些公式即可适用于有外加电压时的情形。

2.1.5 耗尽近似和中性近似的适用性[1]

以上在对 PN 结进行计算时,在势垒区中采用了耗尽近似,在势垒区以外采用了中性近似。以突变结为例,就是假设在势垒区中自由载流子已完全耗尽,空间电荷密度等于电离杂质电荷密度,分别为 $-qN_A$ 与 $+qN_D$。在势垒区以外的区域中,平衡多子浓度等于电离杂质浓度,即在 P 区中 $p_{p0}=N_A$,在 N 区中 $n_{n0}=N_D$,这部分区域中无空间电荷,保持完全的电中性。在 P 型中性区与 P 型势垒区的交界处,空间电荷密度发生从 0 到 $-qN_A$ 的突然变化,空穴浓度发生从 $p_{p0}=N_A$ 到 0 的突然变化;在 N 型势垒区与 N 型中性区的交界处,空间电荷密度发生从 $+qN_D$ 到 0 的突然变化,电子浓度发生从 0 到 $n_{n0}=N_D$ 的突然变化。

1. 耗尽近似的适用性

从式(2-26)和式(2-27)可知,势垒区中的自由载流子浓度并非为零,而且两种载流子浓度的乘积同中性区中一样,仍为 n_i^2。由此引出一个问题:耗尽近似的适用性究竟如何?

根据式(2-26)和式(2-27)的玻尔兹曼分布,当多子空穴从 P 型中性区进入 P 型势垒区时,

只要进入其电位能超出中性区 $3kT$ 至 $5kT$（室温下仅约为 $0.078\,\mathrm{eV}$ 至 $0.13\,\mathrm{eV}$）以上的区域，其浓度就降到了平衡多子浓度也即电离受主杂质浓度的 5% 至 0.7% 以下。而该区域的少子电子的浓度仍远远低于空穴浓度。在 N 型势垒区中也有类似的情况。所以在势垒区中除边界附近以外的大部分区域内，可以认为符合"自由载流子已耗尽，空间电荷密度等于电离杂质电荷密度"的假设，耗尽近似是适用的。在这个区域内，采用耗尽近似计算得到的电场梯度与考虑自由载流子的作用后得到的电场梯度相比，其误差是可以忽略不计的。

同时容易想象得到，在势垒区边界附近很窄的区域内，载流子浓度应当不是突变而是逐渐过渡的。对突变结的严格计算结果表明，在"势垒区"之外的一个很窄的区域内，多子浓度已经开始略小于电离杂质浓度，从而已有少量空间电荷，产生了一个较小的电场及电场梯度。这使得在"势垒区"外侧已存在一定的势垒高度，使多子浓度有一定程度的减小。这就进一步保证了"势垒区"内大部分区域的载流子浓度确实可以忽略不计。

此外，在"势垒区"内侧的一个很窄的区域内，仍保留有一定的多子浓度。在 P 型"势垒区"内侧，保留有一定的空穴浓度；在 N 型"势垒区"内侧，保留有一定的电子浓度。这使这一区域内的净空间电荷密度略小于电离杂质电荷密度，从而使得该区域内的电场及电场梯度绝对值均略小于采用耗尽近似所得到的结果。

由于 V_{bi} 等于电场分布曲线与横轴所围的面积，所以对于同样的 V_{bi}，当"势垒区"外已存在较小的电场，而"势垒区"内大部分区域的电场梯度不变时，"势垒区"中的最大电场 $E_{\max}$ 也会略小于采用耗尽近似所得到的结果。

下面以突变结为例，对势垒区中的自由载流子浓度对内建电场分布的影响，进行一个定量的计算。在 P 型势垒区中，当计入多子电荷的作用但仍忽略少子电荷的作用后，泊松方程成为

$$\frac{\mathrm{d}^2\phi}{\mathrm{d}x^2} = \frac{q}{\varepsilon_{\mathrm{s}}}(N_A - p)$$

将式（2-27）代入上式，得

$$\frac{\mathrm{d}^2\phi}{\mathrm{d}x^2} = \frac{qN_A}{\varepsilon_{\mathrm{s}}}\left[1 - \exp\left(-\frac{qV_{\mathrm{bi}} + q\phi}{kT}\right)\right]$$

将上式等号两边同乘以 $2\mathrm{d}\phi$，得

$$\mathrm{d}\left(\frac{\mathrm{d}\phi}{\mathrm{d}x}\right)^2 = \frac{2qN_A}{\varepsilon_{\mathrm{s}}}\mathrm{d}\left[\phi + \frac{kT}{q}\exp\left(-\frac{qV_{\mathrm{bi}} + q\phi}{kT}\right)\right]$$

将上式等号两边同时对 x 从 $-\infty$ 到 0 进行积分，并利用边界条件

$$\left.\frac{\mathrm{d}\phi}{\mathrm{d}x}\right|_{x\to\infty} = E(-\infty) = 0, \quad \phi(-\infty) = -V_{\mathrm{bi}}$$

可得

$$\left.\left(\frac{\mathrm{d}\phi}{\mathrm{d}x}\right)^2\right|_{x=0} = \frac{2qN_A}{\varepsilon_{\mathrm{s}}}\left\{\phi(0) + V_{\mathrm{bi}} + \frac{kT}{q}\exp\left[-\frac{qV_{\mathrm{bi}} + q\phi(0)}{kT}\right] - \frac{kT}{q}\right\}$$

上式等号右边第三项由于 $qV_{\mathrm{bi}} + q\phi(0) \gg kT$ 而可以忽略，得

$$E(0) = -\left.\left(\frac{\mathrm{d}\phi}{\mathrm{d}x}\right)\right|_{x=0} = -\left\{\frac{2qN_A}{\varepsilon_{\mathrm{s}}}\left[\phi(0) + V_{\mathrm{bi}} - \frac{kT}{q}\right]\right\}^{1/2}$$

用类似的方法在 N 型势垒区中求解泊松方程，可得

$$E(0) = -\left\{\frac{2qN_D}{\varepsilon_{\mathrm{s}}}\left[-\phi(0) - \frac{kT}{q}\right]\right\}^{1/2}$$

上面两式中的 $E(0)$ 就是最大电场强度 $E_{\max}$。将两式联立并消去 $\phi(0)$ 后，可得

$$|E|_{\max} = \left[\frac{2qN_0}{\varepsilon_{\mathrm{s}}}\left(V_{\mathrm{bi}} - \frac{2kT}{q}\right)\right]^{1/2} \tag{2-37}$$

式(2-37)中，$N_0 = N_A N_D/(N_A+N_D)$ 为约化浓度。式(2-37)与采用耗尽近似所得到的式(2-10)相比，差别仅在于用 $V_{bi} - 2kT/q$ 来代替 V_{bi}。其中的 $-2kT/q$ 就代表自由载流子浓度对内建电场的影响，它使最大电场强度值比采用耗尽近似所得到的略低，这与前面定性讨论的结果是一致的。

图 2-10 示出了突变结空间电荷区中电场分布的两种计算结果，实线代表采用耗尽近似得到的电场分布，虚线代表考虑到自由载流子的作用后得到的电场分布。

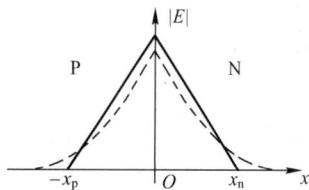

图 2-10 突变结空间电荷区中电场分布的两种计算结果

以上为平衡时的情形。当有外加电压 V 时，最大电场强度成为

$$|E|_{max} = \left[\frac{2qN_0}{\varepsilon_s}\left(V_{bi} - V - \frac{2kT}{q}\right)\right]^{1/2} \tag{2-38}$$

由于 V_{bi} 的典型值约为 $20kT/q$，所以当采用耗尽近似时，对于平衡突变结，最大电场强度的计算值会比实际值偏高 10% 左右。正偏时误差加大，反偏时误差减小。当反偏电压足够高时，耗尽近似的精确程度是极高的。

2. 中性近似的适用性

再来考察中性近似。对于一般非均匀掺杂的"中性区"，杂质浓度的不均匀导致平衡多子浓度的不均匀，载流子的浓度差使载流子从高浓度处向低浓度处扩散，而电离杂质却相对难以移动，由此造成空间电荷的分离，并建立起自建电场。实际上这种情况与 2.1.1 节中讨论过的 PN 结空间电荷区的形成过程是一样的。在平衡状态下，净的电子电流密度为零。由电子电流密度方程[式(1-76)]，可得

$$J_n = q\mu_n nE + qD_n\frac{dn}{dx} = 0$$

由上式解出自建电场 E，并应用爱因斯坦关系，得

$$E(x) = -\frac{kT}{q} \cdot \frac{1}{n} \cdot \frac{dn}{dx} \tag{2-39}$$

在突变结的 N 型中性区内，$n = N_D = $ 常数，代入式(2-39)得 $E(x) = 0$。在 P 型中性区内也有同样的结论。所以在突变结的势垒区以外区域，无自建电场，电中性是成立的。

在线性缓变结中，由于中性区内存在杂质浓度梯度，因而会产生自建电场，使中性近似的精确程度有所降低。将 $n(x) = N_D(x) = ax$ 代入式(2-39)，得

$$|E(x)| = \frac{kT}{q} \cdot \frac{1}{x}$$

自建电场在 N 型中性区与势垒区的边界 $x = x_d/2$ 处有最大值，以后随 x 的增加而下降。$x = x_d/2$ 处的电场强度为

$$\left|E\left(\frac{x_d}{2}\right)\right| = \frac{kT}{q} \cdot \frac{2}{x_d} \tag{2-40a}$$

在 P 型中性区与势垒区的边界 $x = -x_d/2$ 处有类似的结果，即

$$\left|E\left(-\frac{x_d}{2}\right)\right| = \frac{kT}{q} \cdot \frac{2}{x_d} \tag{2-40b}$$

将此电场强度与势垒区内的最大电场强度 E_{max} 进行比较。由式(2-33)，并将 V_{bi} 的典型值 $20kT/q$ 代入，得

$$|E|_{max} = \frac{3}{2} \cdot \frac{V_{bi}}{x_d} = 15\frac{kT}{q} \cdot \frac{2}{x_d}$$

此式表明，$|E|_{max}$ 约为 $|E(x_d/2)|$ 的 15 倍。这说明势垒区外的电场强度比势垒区内的电场强度小得多。尽管以上的 $|E|_{max}$ 是在耗尽近似下得到的，实际的 $|E|_{max}$ 会略小一些，但上面的结论仍然成立。所以对于线性缓变结，仍然可以在势垒区中采用耗尽近似，在势垒区以外采用中性近似。当然，如果用式(2-40)所表示的势垒区边界处的电场强度来代替 2.1.4 节中求解线性缓变结势垒区中的泊松方程时假定势垒区边界处的电场强度为零的边界条件，结果会更精确一些。

采用杂质扩散工艺制造的 PN 结常称为扩散结。以扩散方式进入半导体的杂质，其浓度分布是余误差函数分布或高斯函数分布(参见 2.5.4 节)。这两种分布都与下式的函数十分接近，所以在分析半导体器件时常采用下式来描述扩散结的杂质分布(以 N 区为例)，即

$$N_D(x) = N_D(0) \exp\left(-\frac{\eta x}{W}\right)$$

式中，W 代表中性区长度，η 为反映杂质浓度变化大小的一个常数，称为自建场因子，其数值约在 4 至 8 之间。将 $n(x) = N_D(x)$ 代入式(2-39)，得

$$E = \frac{kT}{q} \cdot \frac{\eta}{W} = 常数$$

即 $dE/dx = 0$。根据泊松方程，该区域内无空间电荷。所以在实际扩散结的势垒区以外区域，可以采用中性近似。

以上分析说明，采用耗尽近似和中性近似虽然会引起一定的误差，但在大多数情况下，这些误差都在可以容忍的范围内。而耗尽近似和中性近似对简化计算所起的作用却极为明显，其在分析半导体器件时得到了广泛的应用。

2.2 PN 结的直流电流电压方程

当对 PN 结外加电压时，会有电流流过。电流与外加电压的关系不遵从欧姆定律。外加正向电压(P 区接正、N 区接负)时，如果电压达到正向导通电压 V_F，则会有明显的电流流过，而且当电压再稍增大时，电流就会猛增；外加反向电压时，电流很小，而且当反向电压超过一定数值后，电流几乎不随外加电压而变化，如图 2-11 所示。

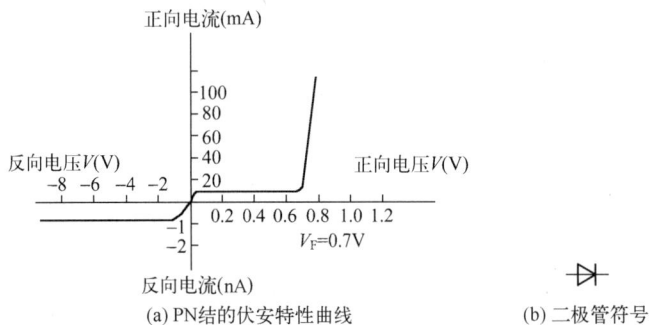

图 2-11 PN 结的伏安特性曲线及二极管符号

PN 结在外加正向电压时流过的电流很大，外加反向电压时流过的电流很小，这说明它只能在一个方向上导电。PN 结的这种特性叫作单向导电性，或整流特性。流过 PN 结的电流与外加电压的关系，叫作 PN 结的电压-电流特性，或伏安特性。图 2-11 即硅 PN 结的伏安特性，它类似一个非线性电阻，在正、反电压下的特性不对称。

用 PN 结做成的二极管在电路中常以图 2-11(b)的符号表示，其中箭尾一侧代表 P 型区，箭头一侧代表 N 型区。这个符号代表具有如图 2-11(a)所示伏安特性的电路元件。

2.2.1 外加电压时载流子的运动情况

1. 外加正向电压时载流子的运动情况

当 PN 结上无外加电压时，P 区的电位比 N 区的电位低 V_{bi}。当 PN 结外加正向电压 V 时，P 区的电位相对于 N 区高 V。这意味着，从 N 区到 P 区，电子所面临的势垒高度从 qV_{bi} 降为 $q(V_{bi}-V)$，如图 2-12(a) 所示。同样的道理，从 P 区到 N 区，空穴所面临的势垒高度也从 qV_{bi} 降为 $q(V_{bi}-V)$。同时，电场曲线与横轴所围面积也从 V_{bi} 降为 $V_{bi}-V$。由泊松方程可知，当掺杂浓度不变时，电场的斜率应不变。所以当外加正向电压 V 后，势垒区中的电场最大值 E_{max} 与耗尽区宽度 x_d 均按相同的比例变小，如图 2-12(b) 所示。

势垒区中电场的减小，打破了漂移作用和扩散作用之间原来的平衡，使载流子的漂移作用减小，扩散作用占据优势。或者说，平衡时的势垒高度 qV_{bi} 正好可以阻止载流子的扩散，那么当外加正向电压使势垒高度降为 $q(V_{bi}-V)$ 后，就无法再阻止载流子的扩散，于是就有电子从 N 区扩散到 P 区，有空穴从 P 区扩散到 N 区，从而构成了流过 PN 结的正向电流。

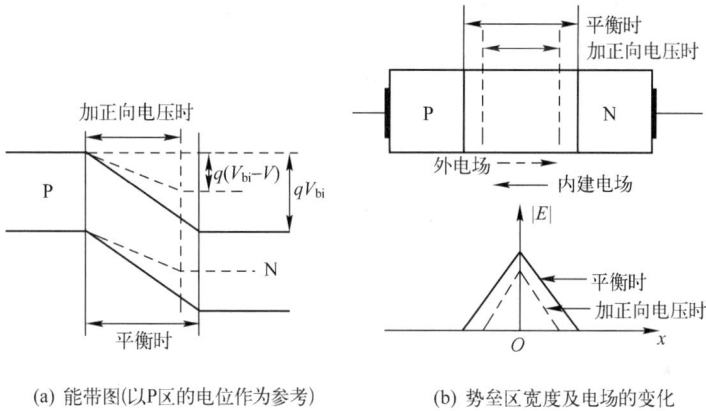

(a) 能带图(以P区的电位作为参考)　　(b) 势垒区宽度及电场的变化

图 2-12　正向电压作用下势垒的变化

正向电压下 PN 结中不同区域内的电流分布如下。

（1）N 区

外加正向电压使势垒高度比平衡时的低，所以势垒区附近的扩散电流大于反向漂移电流。当 P 区空穴运动到势垒区边缘时，可以通过扩散穿过势垒区而进入 N 区，成为注入 N 区的少子电流 J_{dp}。注入 N 区的空穴由于浓度差而在 N 区中继续向前扩散，同时不断与多子(电子)复合。为了维持电流的连续性，与空穴复合而消失的电子将由外电路通过电极接触处来补充，从而使注入 N 区的空穴电流通过复合而逐渐转换成 N 区的电子漂移电流。

（2）P 区

由于势垒高度降低，电子由 N 区注入 P 区形成 P 区少子电流 J_{dn}，并在 P 区内的扩散过程中不断与 P 区多子(空穴)复合。因复合而损失的空穴由外电路经电极流过来补充，使注入 P 区的电子电流通过复合而逐渐转换成 P 区的空穴漂移电流。

（3）势垒区

由 P 区进入势垒区的空穴与由 N 区进入势垒区的电子，其中有一部分在势垒区中发生复合，而不流入另一区中，由此形成势垒区复合电流 J_r。

需指出的是，图 2-13 中带状线宽度仅为示意，并未准确反映电流密度的大小变化。实际上，在平行于冶金结的任何截面处通过的电子电流和空穴电流并不相等，但根据电流连续性原理，通过 PN 结中任一截面的总电流相等,只是在不同的截面处,电子电流和空穴电流的比例不同。在不考虑势垒区复合的情况下,可认为通过势垒区的电子电流和空穴电流均保持不变,因此通过 PN 结的总电流,就是通过 P 区耗尽区边界处($-X_p$)的电子扩散电流 J_{dn} 与通过 N 区耗尽区边界处(X_n)的空穴扩散电流 J_{dp} 之和。由于空穴扩散电流 J_{dp} 的电荷来源是 P 区空穴,电子扩散电流 J_{dn} 的来源是 N 区电子,它们都是多子,所以正向电流很大。

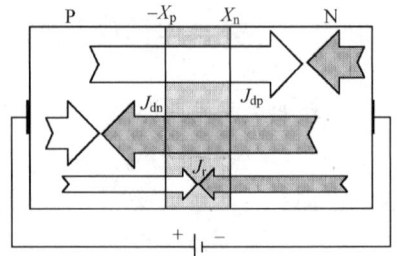

图 2-13 正向电压下载流子的运动

2. 外加反向电压时载流子的运动情况

当 PN 结外加反向电压($-V$)时,势垒高度将由原来的 qV_{bi} 增加到 $q(V_{bi}+|V|)$,势垒区内的电场增强,势垒区宽度增大,如图 2-14 所示。

势垒区中电场的增强,或者说势垒高度的提高,同样也破坏了漂移作用和扩散作用的平衡。由于势垒增高,结两边的多数载流子要越过势垒区而扩散到对方区域变得更为困难,多子的扩散作用大大削弱。应当注意,"势垒增高"是对多子而言的。对各区的少子来说,情况恰好相反,它们遇到了更深的势阱,因此反而更容易被拉到对方区域去。反向电压下,载流子的运动如图 2-15 所示,PN 结中不同区域内的电流分布如下。

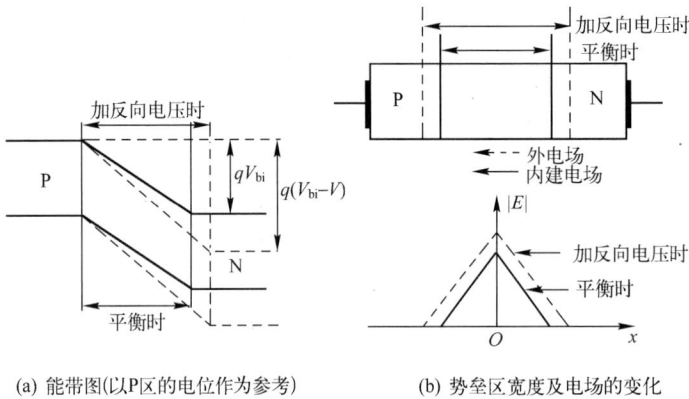

(a) 能带图(以P区的电位作为参考)　　(b) 势垒区宽度及电场的变化

图 2-14　反向电压作用下势垒的变化

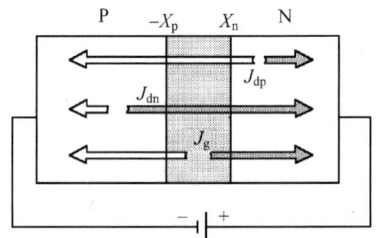

图 2-15　反向电压下载流子的运动

（1）N 区

势垒区边上 N 区的少子空穴,被势垒区中的强大电场拉向 P 区。所减少的空穴将由 N 区内部的空穴扩散过来补充形成扩散电流 J_{dp}。这些空穴是在 N 区内由热激发产生的。热激发所形成的每对电子-空穴对中,空穴向势垒区方向运动,而为了维持电流的连续性,电子就向电极方向运动。由于电子是多子,N 区中只要有极微弱的电场就可以造成足够的电子漂移电流,以与空穴的扩散电流相连续。

（2）P 区

与上述情形类似,在 P 区,由热激发产生电子-空穴对,其中电子扩散到势垒区边缘后被势垒区中强大的电场拉入 N 区,而空穴则流向 P 区电极。

（3）势垒区

在势垒区中,由复合中心热激发产生电子-空穴对,电子被拉向 N 区,空穴被拉向 P 区,由此形成势垒区产生电流 J_g。

正向电压下的 J_r 与反向电压下的 J_g 可统称为势垒区产生复合电流,用 J_{gr} 来表示。

同样,在图 2-15 中,根据电流连续性原理,通过 PN 结中任一截面的总电流相等,但不同的截面处,电子电流和空穴电流的比例不同。由于 N 区中空穴扩散电流的电荷来源是 N 区空穴,P 型区中电子扩散电流的来源是 P 区电子,它们都是少子,所以反向电流很小。

2.2.2 势垒区两旁载流子浓度的玻尔兹曼分布

本小节将讨论 PN 结势垒区两旁的载流子浓度与外加电压之间的关系。所得结果不仅将作为下一小节求解少子扩散方程时所需的边界条件,而且在本书的其他章节也有重要用途。

为了分析有外加电压后 PN 结势垒区两旁载流子浓度的变化,先来讨论一下平衡时的空穴电流密度。由式(1-77):$J_p = q\mu_p pE - qD_p \dfrac{\mathrm{d}p}{\mathrm{d}x}$,由于平衡时净的空穴电流应为零,即漂移电流与扩散电流相抵消,于是可得

$$qp\mu_p E = qD_p \frac{\mathrm{d}p}{\mathrm{d}x} \qquad (2\text{-}41)$$

必须指出,上面两个电流密度虽然相互抵消,但各自并不是一个很小的量。可以做一个粗略的估计:硅 PN 结的势垒区宽度 x_d 一般为 1 μm 数量级,两边的掺杂浓度如果都是 10^{18} cm^{-3},则 P 区和 N 区的空穴浓度分别为 10^{18} cm^{-3} 和 2.5×10^2 cm^{-3}。若取 $D_p = 10$ cm^2/s,则扩散电流密度约为 1.6×10^4 A/cm^2,这是一个极大的数值。一般器件实际可用的最大电流密度不到该值的千分之一。

当 PN 结上有外加电压后,空穴电流密度 J_p 当然不再为零,但实际情况中的 J_p 值却远小于式(1-77)等号右边的任一项。也就是说,式(1-77)等号右边的任一项相对于平衡时只要有极小的变化,则两项的差值对电流密度而言就是一个不小的数值。但是对载流子浓度及其梯度问题而言,由于有外加电压后这两项本身的变化极小,因此可以认为式(2-41)仍成立。于是,在讨论有外加电压后空穴浓度分布的问题时,可以以式(2-41)作为出发点。由此可得

$$E = \frac{kT}{q} \cdot \frac{\mathrm{d}\ln p}{\mathrm{d}x}$$

在有外加电压时,势垒区两侧的电位差应当由平衡时的 V_{bi} 改为 $(V_{bi} - V)$。其中 V 在外加正向电压时为正值,外加反向电压时为负值。若将势垒区两边 P 区与 N 区的空穴浓度各记为 p_p 与 p_n,则在有外加电压时,对势垒区中电场 E 的积分结果应由平衡时的式(2-12):

$$V_{bi} = \frac{kT}{q} \ln \frac{p_{p0}}{p_{n0}}$$

改为

$$V_{bi} - V = \frac{kT}{q} \ln \frac{p_p}{p_n} \qquad (2\text{-}42)$$

从上式可得势垒区两旁空穴浓度之间的关系为

$$\frac{p_n}{p_p} = \exp\left[-\frac{q(V_{bi} - V)}{kT}\right] \qquad (2\text{-}43)$$

式(2-43)中,$q(V_{bi} - V)$ 为有外加电压后空穴从 P 区到 N 区所面临的势垒高度。式(2-43)说明,在有外加电压时,PN 结势垒区两旁的空穴浓度仍然遵守玻尔兹曼分布。

小注入(关于小注入的概念可参看 2.3.3 节)下,可以认为 P 区的多子浓度 p_p 和 P 区的平衡多子浓度 p_{p0} 相等,故式(2-43)可写为

$$p_n = p_{p0} \exp\left[-\frac{q(V_{bi} - V)}{kT}\right]$$

再将式(2-12)代入后消去 V_{bi}，即可得到当有外加电压 V 时 N 区与势垒区边界上的少子浓度

$$p_n = p_{n0} \exp\left(\frac{qV}{kT}\right) \tag{2-44}$$

用同样的方法可得当有外加电压 V 时在 P 区与势垒区的边界上

$$n_p = n_{p0} \exp\left(\frac{qV}{kT}\right) \tag{2-45}$$

以上两式说明：当 PN 结上有外加电压 V 时，在小注入下，势垒区边界上的少子浓度为平衡时的 $\exp(qV/kT)$ 倍。上式对正、反向电压均适用。以 N 区与势垒区边界上的少子浓度 p_n 为例，平衡($V=0$)时，$p_n=p_{n0}$。外加正向电压 $V>0$ 时，$p_n>p_{n0}$，且电压每增加 kT/q(室温下约为 26 mV)，p_n 扩大 e 倍。当外加反向电压 $V<0$ 时，$p_n<p_{n0}$；当 $|V| \gg kT/q$ 时，$p_n=0$，这时边界上的少子浓度几乎不随外加反向电压的变化而变化。

以上两式常被称为"结定律"，可以作为下面求解少子扩散方程时的边界条件的一部分。

2.2.3　扩散电流

本小节讨论突变 PN 结在小注入情况下的扩散电流，即图 2-13 和图 2-15 中的 J_{dp} 和 J_{dn}。

1. 少子浓度的边界条件

先来确定少子浓度的边界条件。结定律已给出中性区与势垒区边界上的少子浓度。假设中性区的长度足够长，则当外加正向电压时，非平衡少子从势垒区边界处向中性区扩散，在到达中性区的另一边时，已因复合而完全消失，故那里的少子浓度为平衡少子浓度。当外加反向电压时，少子反过来从中性区向势垒区边界处扩散，失去的少子由中性区中的热激发产生来加以补充，在中性区中远离势垒区的另一边，少子浓度也是平衡少子浓度。于是可得 N 区和 P 区中少子浓度的边界条件分别为

N 区： $\quad p_n(x_n) = p_{n0} \exp\left(\frac{qV}{kT}\right), \quad p_n\big|_{x\to\infty} = p_{n0}$

P 区： $\quad n_p(-x_p) = n_{p0} \exp\left(\frac{qV}{kT}\right), \quad n_p\big|_{x\to-\infty} = n_{p0}$

或对于非平衡少子浓度 $\Delta p_n = p_n - p_{n0}$ 与 $\Delta n_p = n_p - n_{p0}$，其边界条件分别为

N 区： $\quad \Delta p_n(x_n) = p_{n0}\left[\exp\left(\frac{qV}{kT}\right) - 1\right], \quad \Delta p_n\big|_{x\to\infty} = 0 \tag{2-46}$

P 区： $\quad \Delta n_p(-x_p) = n_{p0}\left[\exp\left(\frac{qV}{kT}\right) - 1\right], \quad \Delta n_p\big|_{x\to-\infty} = 0 \tag{2-47}$

2. 中性区内的非平衡少子浓度分布

以 N 区为例，当外加电压时，在势垒区边界和 N 型中性区之间存在非平衡少子的浓度差，从而造成非平衡少子的扩散，其扩散规律满足第 1 章 1.6 节例 1.4 中的空穴扩散方程[式(1-90)]：

$$\frac{\partial p}{\partial t} = D_p \frac{\partial^2 p}{\partial x^2} - \frac{\Delta p}{\tau_p}$$

由于 $p = p_0 + \Delta p$，且 $\partial p_0/\partial t = 0$，$\partial^2 p_0/\partial x^2 = 0$，式(1-23)也可写为

$$\frac{\partial \Delta p}{\partial t} = D_p \frac{\partial^2 \Delta p}{\partial x^2} - \frac{\Delta p}{\tau_p}$$

在定态(即直流)情况下,$\partial \Delta p/\partial t = 0$,则上式成为

$$\frac{\mathrm{d}^2 \Delta p}{\mathrm{d}x^2} = \frac{\Delta p}{L_p^2} \tag{2-48}$$

式中,$L_p = (D_p \tau_p)^{1/2}$,称为空穴的扩散长度。

求解空穴的扩散方程可以得到空穴浓度在空间上的分布。式(2-48)的普遍解的形式是

$$\Delta p(x) = A\exp\left(-\frac{x}{L_p}\right) + B\exp\left(\frac{x}{L_p}\right)$$

常数 A、B 需根据边界条件来确定。利用 N 区的边界条件[式(2-46)]求出常数 A、B 后,再代回上式,得

$$\Delta p_n(x) = \Delta p_n(x_n)\exp\left(-\frac{x-x_n}{L_p}\right) = p_{n0}\left[\exp\left(\frac{qV}{kT}\right) - 1\right]\exp\left(-\frac{x-x_n}{L_p}\right) \tag{2-49}$$

当外加正向电压且 $V \gg kT/q$,或 $V > 0.1$ V 时,$\exp(qV/kT) \gg 1$,式(2-49)可简化为

$$\Delta p_n(x) = p_{n0}\exp\left(\frac{qV}{kT}\right)\exp\left(-\frac{x-x_n}{L_p}\right) \tag{2-50}$$

由式(2-50)可以看出,从 P 区注入 N 区的非平衡空穴,其浓度在 N 区中随距离而指数式衰减。这是因为非平衡空穴在 N 区中一边扩散一边复合的缘故。衰减的特征长度就是空穴的扩散长度 L_p。每经过一个 L_p 的长度,空穴浓度降为 $1/e$。经过 $3\sim5$ 个 L_p 后,空穴浓度即降到原值的约 5% 至 0.7% 以下。

当外加反向电压且 $|V| \gg kT/q$,或 $|V| > 0.1$ V 时,$\exp(qV/kT) \ll 1$,式(2-49)可简化为

$$\Delta p_n(x) = -p_{n0}\exp\left(\frac{x-x_n}{L_p}\right) \tag{2-51}$$

这时 N 区中的空穴浓度在势垒区边界处最低,随距离而指数式增加,在足够远处恢复为平衡少子浓度。这是因为势垒区边上的少子空穴全部被势垒区中的强大电场拉向 P 区,所减少的空穴由 N 区内部通过热激发产生并扩散过来的少子所补充。

用类似的方法可以得到 P 区中非平衡少子电子的浓度分布。

根据式(2-50)和式(2-51)可分别画出外加正向电压和外加反向电压时势垒区两侧中性区中的少子浓度分布,如图 2-16 所示。

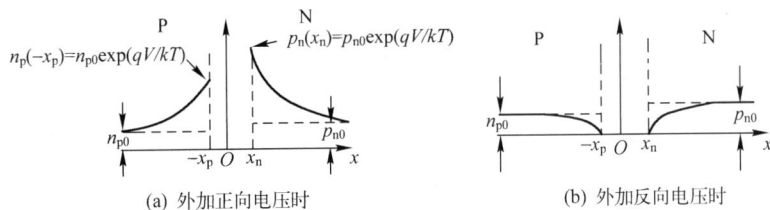

图 2-16 势垒区两侧中性区中的少子浓度分布

3. 扩散电流

将式(2-49)代入空穴电流密度方程[式(1-77)],忽略漂移电流密度,并取 $x = x_n$,可得到 N 区中耗尽区边界处空穴扩散电流密度,即

$$J_{\mathrm{dp}} = \frac{qD_p}{L_p}p_{n0}\left[\exp\left(\frac{qV}{kT}\right) - 1\right] \tag{2-52a}$$

用同样的方法可得 P 区中耗尽区边界处电子扩散电流密度,即

$$J_{dn} = \frac{qD_n}{L_n}n_{p0}\left[\exp\left(\frac{qV}{kT}\right)-1\right] \tag{2-52b}$$

式(2-52b)中，$L_n = (D_n\tau_n)^{1/2}$，代表电子的扩散长度。

式(2-52a)和式(2-52b)相加就得到总的 PN 结扩散电流密度 J_d，即

$$J_d = q\left(\frac{D_p}{L_p}p_{n0}+\frac{D_n}{L_n}n_{p0}\right)\cdot\left[\exp\left(\frac{qV}{kT}\right)-1\right] \tag{2-53}$$

令

$$J_0 \equiv q\left(\frac{D_p}{L_p}p_{n0}+\frac{D_n}{L_n}n_{p0}\right) = qn_i^2\left[\frac{D_p}{L_p N_D}+\frac{D_n}{L_n N_A}\right] \tag{2-54}$$

则有

$$J_d = J_0\left[\exp\left(\frac{qV}{kT}\right)-1\right] \tag{2-55}$$

当 $V = 0$ 时，$J_d = 0$。

当外加正向电压且 $V \gg kT/q$ 时，式(2-55)可简化为

$$J_d = J_0\exp\left(\frac{qV}{kT}\right) \tag{2-56}$$

由式(2-56)可见，正向电压每增加 kT/q，正向电流便扩大 e 倍。

当外加反向电压且 $|V| \gg kT/q$ 时，式(2-55)可简化为

$$J_d = -J_0 \tag{2-57}$$

4. 反向饱和电流

从式(2-57)可以看出，当反向电压的数值远大于 kT/q 后，反向电流密度保持恒定值 $-J_0$，而与反向电压的大小无关，所以 J_0 被称为反向饱和电流密度。J_0 乘以 PN 结的结面积 A 称为反向饱和电流，记为 I_0。

可以对 J_0 做一个简单的物理解释：由于外加反向电压时势垒区边界处的少子浓度为零，N 区内浓度为 p_{n0} 的平衡少子将以 D_p/L_p 的扩散速度向边界运动，形成电流密度 $qp_{n0}(D_p/L_p)$；还可从另一角度来解释：凡是离势垒区边界一个扩散长度范围内产生的少子，均可构成电流。由于 N 区少子的产生率为 p_{n0}/τ_p，因此电流密度为 $qL_p p_{n0}/\tau_p$，考虑到 $L_p^2 = D_p\tau_p$，故电流密度亦可写成 $qD_p p_{n0}/L_p$。P 区一个扩散长度内产生的电子扩散电流密度也有类似的表达式，两个电流密度相加就构成了式(2-54)。

反向饱和电流的大小主要决定于半导体材料的种类、掺杂浓度和温度。半导体材料的禁带宽度越大，则 n_i 越小，反向饱和电流就越小。所以在锗、硅、砷化镓三种常用的半导体材料中，锗的 J_0 最大，硅的其次，砷化镓的最小。

掺杂浓度越高，平衡少子浓度 p_{n0} 或 n_{p0} 越小，J_0 也就越小。对于单边突变结，例如 P^+N 结，$p_{n0} \gg n_{p0}$，J_0 主要由含 p_{n0} 的项决定，即 $J_0 = q\dfrac{D_p}{L_p}p_{n0}$，这时 J_0 的大小主要取决于低掺杂一侧的掺杂浓度。在 P^+N 结中，正向电流主要由高掺杂的 P 区向低掺杂的 N 区注入少子造成的，反向电流主要由低掺杂的 N 区中的少子所产生。

对于同一种半导体材料和相同的掺杂浓度，温度越高，则 n_i 越大，反向饱和电流就越大，所以 J_0 具有正温度系数。室温下硅 PN 结的 J_0 值约为 10^{-10} A/cm^2 数量级。

2.2.4 势垒区产生复合电流[2,3]

势垒区产生复合电流可表示为

$$J_{gr} = q \int_{-x_p}^{x_n} U dx \tag{2-58}$$

式中,U 代表净复合率,即电子空穴对的浓度在单位时间内通过复合而净减少之值。

1. 势垒区中的净复合率

由第 1 章 1.6 节的例 1.3 知

$$U = \frac{np - n_i^2}{\tau(n + p + 2n_i)} \tag{1-84}$$

为了求产生复合电流,首先需要知道势垒区中的 n 和 p 之值。由 2.1.3 节知,根据玻尔兹曼分布,平衡时势垒区中的电子与空穴浓度分别为

$$n(x) = n_{n0} \exp\left[\frac{q\phi(x)}{kT}\right] \tag{2-26}$$

$$p(x) = p_{p0} \exp\left[-\frac{qV_{bi} + q\phi(x)}{kT}\right] \tag{2-27}$$

因此,平衡时的载流子浓度乘积为

$$n(x)p(x) = n_{n0}p_{p0} \exp\left(-\frac{qV_{bi}}{kT}\right) = n_i^2$$

当有外加电压时,只需将上式中的 V_{bi} 改为 $V_{bi} - V$,可得

$$n(x)p(x) = n_i^2 \exp\left(\frac{qV}{kT}\right) \tag{2-59}$$

外加电压为零时,$np = n_i^2$,$U = 0$,势垒区中的净复合率处处为零;外加正向电压时,$np > n_i^2$,$U > 0$,势垒区中有净复合;外加反向电压时,$np < n_i^2$,$U < 0$,势垒区中有净产生。

由于式(1-84)分母中的 n 与 p 是随 x 变化的,所以势垒区中的净复合率 U 也是随 x 变化的。为了使式(2-58)便于计算,用势垒区中净复合率的最大值来代替随 x 变化的值。由式(2-59)知乘积 $n(x)p(x)$ 是不随 x 变化的常数,因此要使 U 达到最大,就应使分母中的 $(n+p)$ 最小,这就要求 $n = p$。根据式(2-59)得

$$n = p = n_i \exp\left(\frac{qV}{2kT}\right) \tag{2-60}$$

将式(2-60)代入式(1-84)的分母中,得

$$U_{max} = \frac{n_i}{2\tau} \cdot \frac{\exp(qV/kT) - 1}{\exp(qV/2kT) + 1} \tag{2-61}$$

2. 势垒区产生复合电流

将 U_{max} 代入式(2-58),就可以求出势垒区产生复合电流 J_{gr} 的近似式,即

$$J_{gr} = \frac{qn_i x_d}{2\tau} \cdot \frac{\exp(qV/kT) - 1}{\exp(qV/2kT) + 1} \tag{2-62}$$

① 当 $V = 0$ 时,$J_{gr} = 0$。

② 当外加正向电压且 $V \gg kT/q$ 时,式(2-62)可简化为

$$J_r = \frac{qn_i x_d}{2\tau} \exp\left(\frac{qV}{2kT}\right) \tag{2-63}$$

③ 当外加反向电压且 $|V| \gg kT/q$ 时,式(2-62)可简化为

$$J_g = -\frac{qn_i x_d}{2\tau} \tag{2-64}$$

式(2-64)的物理意义如下:根据式(2-61),当 $V<0$,且 $|V|\gg kT/q$ 时,势垒区内的净复合率为 $-n_i/2\tau$,或净产生率为 $n_i/2\tau$,它代表单位时间、单位体积内产生的载流子数。而 $qn_ix_d/2\tau$ 则代表单位时间内在宽度为 x_d 的势垒区内产生的电荷面密度。这些电荷均被势垒区内的强电场迅速拉出,不会在该区再复合。由此可直接得到上式。

3. 扩散电流与势垒区产生复合电流的比较

正向电压下的 PN 结电流为正向扩散电流 J_d 与势垒区复合电流 J_r 之和,但是在不同的电压和温度范围,往往只有一种电流是主要的。现在以 P^+N 结为例来说明这一点。在 P^+N 结中,由于 $N_A\gg N_D$,$p_{n0}=n_i^2/N_D$ 比 $n_{p0}=n_i^2/N_A$ 大得多,故含 n_{p0} 的项可以略去,由式(2-54)得

$$J_0=q\frac{D_p}{L_p}p_{n0}=\frac{qL_pn_i^2}{\tau_pN_D} \tag{2-65}$$

考察 J_d 与 J_r 之比。当外加正向电压且 $V\gg kT/q$ 时,根据式(2-56)和式(2-63),得

$$\frac{J_d}{J_r}=\frac{2L_pn_i}{x_dN_D}\exp\left(\frac{qV}{2kT}\right)=\frac{2L_p\sqrt{N_CN_V}}{x_dN_D}\exp\left(\frac{-E_G+qV}{2kT}\right) \tag{2-66}$$

这个比值灵敏地取决于指数中的 E_G、V 及 T。当温度一定时,V 越小,则比值 J_d/J_r 越小,总的正向电流中 J_r 的比例就越大;V 越大,J_d/J_r 越大,J_d 的比例就越大。半导体材料的禁带宽度 E_G 越大,则从以 J_r 为主过渡到以 J_d 为主的正向电压值就越高。硅的禁带宽度约为 1.1 eV,在室温下,当 $V<0.3$ V 时以 J_r 为主,当 $V>0.45$ V 时以 J_d 为主。在常用的正向电压范围内,硅 PN 结的正向电流以 J_d 为主。

硅、锗和砷化镓 PN 结的正向电流与电压的关系(正向伏安特性)曲线如图 2-17 所示[3]。由于电流是用对数坐标表示的,曲线的斜率取决于总电流的指数因子。由式(2-56)和式(2-63)可知,当以正向扩散电流为主时,斜率为 q/kT;当以势垒区复合电流为主时,斜率为 $q/2kT$。从图中曲线可知各种材料的 PN 结在什么电压范围内以什么电流为主。

在大电流范围时,曲线变得较为平坦,斜率再次变为 $q/2kT$,这是由于在大注入时发生了其他效应,这将在后面的 2.3.3 节中加以说明。

反向电压下的 PN 结电流为反向扩散电流与势垒区产生电流之和,在不同的电压和温度范围,往往也只有一种电流是主要的。当 $|V|\gg kT/q$ 时,反向扩散电流为反向饱和电流 J_0,它不随反向电压变化。但势垒区产生电流 J_g 由于正比于势垒区宽度,因此将随反向电压的增加而略有增加,即 J_g 并不饱和。

2.2.5 正向导通电压

在常用的正向电压范围内,锗、硅 PN 结的正向电流均以扩散电流为主,可表示为

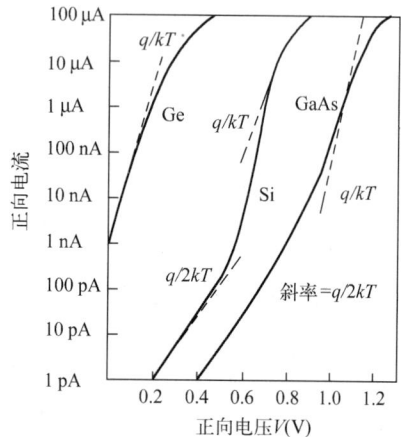

图 2-17 25℃时,几种二极管的正向伏安特性曲线

$$I=I_0\exp\left(\frac{qV}{kT}\right) \tag{2-67}$$

虽然 PN 结的正向电流与正向电压为指数关系,但由于 I_0 的值实在太小,所以当正向电压较小时,正向电流也很小,以至于 PN 结似乎并未导通。只有当正向电压增加到某一个值以后,正向电流才迅速上升到比较明显的数值。通常将正向电流达到某一个测试值(一般在几百微安到

几毫安范围内)时的电压,称为正向导通电压或正向值电压,用 V_F 表示。锗 PN 结的 V_F 为 0.25 V 左右,硅 PN 结的 V_F 为 0.7 V 左右,如图 2-18 所示。

凡是使 I_0 增大的因素,都会使 V_F 减小。反之亦然。具体来说,V_F 主要与禁带宽度 E_G 有关。E_G 越宽,I_0 就越小,要达到相同测试电流所需的 V_F 就越大。对于同一种材料的单边突变结,V_F 取决于低掺杂一侧的杂质浓度,其杂质浓度越高,I_0 就越小,V_F 就越大。对一定的 PN 结,温度越高,I_0 越大,V_F 就越小,即 V_F 具有负温度系数。

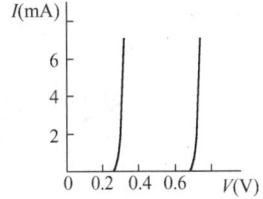

图 2-18　PN 结的正向伏安特性

2.2.6　电流电压的温度特性

由式(2-55)和式(2-62)的 PN 结电流电压关系,无论是扩散电流还是产生复合电流,都与温度有密切的关系。

1. 反向偏压时

扩散电流和产生复合电流随温度变化的规律不一样。反向扩散电流密度 J_0 含 n_i^2 因子,它与温度的关系主要由 $\exp(-E_G/kT)$ 决定,$\ln J_0$ 与 $1/T$ 呈直线关系,斜率为 $-E_G/k$。势垒区产生电流 J_g 则含 n_i 因子,$\ln J_g$ 与 $1/T$ 也呈直线关系,但斜率为 $-E_G/(2k)$。两种斜率的大小相差一倍。

仍以 P^+N 结为例,当 $|V|\gg kT/q$ 时,两种反向电流的比值为:

$$\frac{J_0}{-J_g}=\frac{2L_p n_i}{x_d N_D}=\frac{2L_p\sqrt{N_C N_V}}{x_d N_D}\exp\left(-\frac{E_G}{2kT}\right) \qquad (2-68)$$

从上式可以看出,当温度较低时,总的反向电流中以势垒区产生电流为主;当温度较高时,则以反向扩散电流为主。禁带宽度 E_G 越大,则由以势垒区产生电流为主过渡到以反向扩散电流为主的温度就越高。对于硅 PN 结,在室温下以势垒区产生电流为主,只有在很高的温度下才以反向扩散电流为主。图 2-19 所示为反向电压为 1 V 时反向电流与温度的关系曲线[4]。

对于势垒区产生电流构成的反向电流,有

$$I_g \propto n_i \propto T^{3/2}\exp(-E_G/2kT) \qquad (2-69)$$

可以得出

$$\frac{1}{I_g}\frac{\mathrm{d}I_g}{\mathrm{d}T}=\frac{3}{2T}+\frac{E_G}{2kT^2} \qquad (2-70)$$

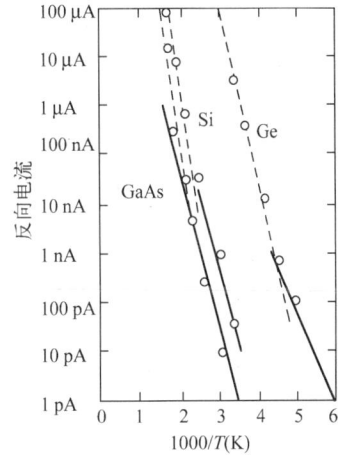

图 2-19　反向电压为 1 V 时反向电流与温度的关系曲线

对于硅 PN 结,$E_G = 1.12$ eV,可以计算出温度每增加 1℃,反向电流增加约 7%,温度增加 10℃,将使反向电流增大一倍。

2. 正向偏压时

由式(2-66)得知,随着偏压或温度增加,扩散电流与产生电流的比值增大,常规使用范围内,电流以正向扩散电流为主,故仅考虑正向扩散电流与温度的关系。

在常温下,正向偏压一般都满足 $V\gg kT/q$,故可以忽略式(2-53)中的 1,得到正向压降为

$$V=\frac{kT}{q}\ln\left(\frac{I}{I_0}\right) \qquad (2-71)$$

式中,反向饱和电流 I_0 与本征载流子浓度 n_i、掺杂浓度 N_A、N_D、扩散系数 D_p、D_n、扩散长度 L_p、L_n、结面积 A 及温度 T 等有关。

由式(1-38)，再根据硅的导带和价带状态密度 N_C 和 N_V 的表达式，可以得到

$$n_i^2 = (4.82 \times 10^{15})^2 \left(\frac{m_n^* m_p^*}{m_0^2}\right)^{3/2} T^3 \exp[-E_G/kT] \tag{2-72}$$

令

$$I_R = Aq\left(\frac{D_p}{L_p N_D} + \frac{D_n}{L_n N_A}\right)(4.82 \times 10^{15})^2 \left(\frac{m_n^* m_p^*}{m_0^2}\right)^{3/2}$$

则

$$I_0 = I_R T^3 \exp[-E_G/kT] \tag{2-73}$$

忽略 E_G 与温度的关系，可得到 I_0 随温度的变化关系

$$\frac{1}{I_0}\frac{dI_0}{dT} = \frac{3}{T} + \frac{E_G}{kT^2} \tag{2-74}$$

若保持正向电压不变，则正向电流与温度的关系为

$$\frac{1}{I}\frac{dI}{dT}\bigg|_V = \frac{1}{I_0}\frac{dI_0}{dT} - \frac{qV}{kT^2} = \frac{E_G - qV}{kT^2} \tag{2-75}$$

对于硅 PN 结，$E_G = 1.12$ eV，正向偏压约为 0.6 V，则室温附近，温度增加 11℃，正向电流增大一倍。

由式(2-71)可得恒定正向电流条件下，正向电压的温度系数为

$$\frac{dV}{dT}\bigg|_I = \frac{k}{q}\ln\left(\frac{I}{I_0}\right) - \frac{kT}{q}\left(\frac{1}{I_0}\frac{dI_0}{dT}\right)$$

代入式(2-74)，得

$$\frac{dV}{dT}\bigg|_I = \frac{V - (E_G - 3kT)/q}{T} \tag{2-76}$$

由上式可见，在正向电流保持不变的条件下，PN 结正向压降具有负温度系数，对于硅，在 $-55℃ \sim 155℃$ 范围内能保持良好的线性关系，其温度系数为-2 mV/℃。这一特性是构成二极管或双极晶体管温度传感器的基础，由于其稳定性良好、价格便宜、精度较高，获得了广泛应用。

2.2.7 薄基区二极管

前面对 PN 结的讨论都是在 N 区和 P 区的长度远大于少子扩散长度的假定下进行的。现在来讨论另一种情形，即两区中至少有一个区的长度远小于该区的少子扩散长度，这种 PN 结有时被称为薄基区二极管。

在薄基区二极管中，由于求解少子扩散方程时所用的边界条件发生了变化，所以扩散方程的解，以及由此得到的少子扩散电流都会与前面得到的结果有所不同。然而，薄基区二极管的势垒区产生复合电流和前面的情形是一样的。

不管 PN 结的中性区长度是多少，在欧姆接触的电极处，由于复合中心的浓度很高，非平衡少子在该处立即被复合，所以可认为该处的非平衡少子浓度总是为零。以 N 型中性区（现在也称为基区）为例，设该区的长度为 W_B。如果将该区与势垒区的边界定为 $x = 0$，则该区非平衡少子浓度的边界条件为

$$\Delta p(0) = p_{n0}\left[\exp\left(\frac{qV}{kT}\right) - 1\right] \tag{2-77}$$

$$\Delta p(W_B) = 0$$

该区少子扩散方程的普遍解的形式仍为

$$\Delta p(x) = A\exp\left(-\frac{x}{L_p}\right) + B\exp\left(\frac{x}{L_p}\right)$$

常数 A、B 需根据新的边界条件来确定。利用式(2-77)求出 A、B 后，再代回上式，得

$$\Delta p(x) = p_{n0}\left[\exp\left(\frac{qV}{kT}\right) - 1\right] \cdot \frac{\sinh\left(\frac{W_B - x}{L_p}\right)}{\sinh\left(\frac{W_B}{L_p}\right)} \tag{2-78}$$

由于在边界条件中并未规定 W_B 的大小,所以式(2-78)实际上可适用于任意基区宽度。

当 $W_B \to \infty$ 时,$\sinh(x) \to e^x/2$,式(2-78)可简化为

$$\Delta p(x) = p_{n0}\left[\exp\left(\frac{qV}{kT}\right) - 1\right] \cdot \exp\left(-\frac{x}{L_p}\right) \tag{2-79}$$

这就是当 N 区长度 W_B 远大于该区少子扩散长度 L_p 时的结果,即式(2-49),只是因为坐标原点不同而使两式略有不同。

在薄基区二极管中,$W_B \ll L_p$,利用近似公式:$\sinh(\xi) \approx \xi$,($|\xi| \ll 1$ 时),得

$$\Delta p(x) = p_{n0}\left[\exp\left(\frac{qV}{kT}\right) - 1\right] \cdot \left(1 - \frac{x}{W_B}\right) \tag{2-80}$$

此时,非平衡空穴的浓度随距离而线性变化。

式(2-80)对正向电压和反向电压均适用。

用同样的方法可以得到当 P 区宽度 W_E 远小于少子扩散长度 L_n,即 $W_E \ll L_n$ 时的非平衡少子电子的浓度分布。

薄基区二极管外加正向和反向电压时势垒区两旁中性区中的少子分布如图 2-20 所示。

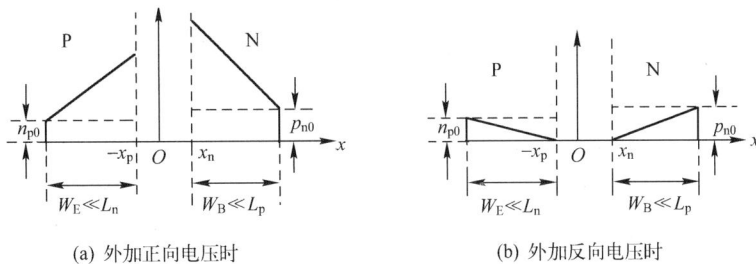

(a) 外加正向电压时　　　　　　　(b) 外加反向电压时

图 2-20　薄基区二极管势垒区两旁中性区中的少子浓度分布

将式(2-80)代入忽略漂移电流密度后的空穴电流密度方程,可得到当 $W_B \ll L_p$ 时由 P 区注入 N 区的空穴扩散电流密度,即

$$J_{dp} = \frac{qD_p}{W_B}p_{n0}\left[\exp\left(\frac{qV}{kT}\right) - 1\right] \tag{2-81a}$$

和厚基区二极管的空穴扩散电流密度式(2-52a)相比,差别只是用 W_B 来替换原来分母中的 L_p。

显然,由于薄基区二极管的 $W_B \ll L_p$,所以在其他条件相同时,其扩散电流比厚基区二极管(即 $W_B \gg L_p$ 时)要大得多。

类似地,要得到当 P 区宽度 $W_E \ll L_n$ 时由 N 区注入 P 区的电子扩散电流密度,也只需用 P 区宽度 W_E 来替换式(2-52b)分母中的 L_n,即

$$J_{dn} = \frac{qD_n}{W_E}n_{p0}\left[\exp\left(\frac{qV}{kT}\right) - 1\right] \tag{2-81b}$$

当 P 区与 N 区均很薄时,PN 结扩散电流密度 J_d 的表达式在形式上仍与式(2-55)相同,即

$$J_d = J_0\left[\exp\left(\frac{qV}{kT}\right) - 1\right] \tag{2-55}$$

只是其中的反向饱和电流密度 J_0 应改为

$$J_0 = q\left(\frac{D_\text{p}}{W_\text{B}}p_\text{n0} + \frac{D_\text{n}}{W_\text{E}}n_\text{p0}\right) = qn_\text{i}^2\left(\frac{D_\text{p}}{W_\text{B}N_\text{D}} + \frac{D_\text{n}}{W_\text{E}N_\text{A}}\right) \tag{2-82}$$

2.3　准费米能级与大注入效应

准费米能级的概念在分析某些半导体器件时是一个很有用的工具。

2.3.1　自由能与费米能级

1. 费米能级

由统计物理学可知,粒子系统在处于平衡状态时其自由能最低,而不是能量最低。在本小节中,用 F 代表系统的自由能。自由能是系统内能 U 与熵 S 的函数,即

$$F = U - TS$$

根据自由能 F 最小的条件可得到热平衡下电子按能级的分布概率,即费米–狄拉克分布。此分布式中除能级 E 外,还有费米能级 E_F。E_F 代表对该系统引进一个粒子时,系统自由能 F 的增量,即

$$E_\text{F} = \frac{\text{d}F}{\text{d}N} \tag{2-83}$$

式(2-83)中,N 代表系统的粒子数。

当两个系统相互接触而达到平衡时,合起来的系统应有最小的自由能。将两个子系统分别用下角标"1"、"2"加以标记。因两系统接触后总粒子数 N 不变,故有

$$N = N_1 + N_2$$
$$\text{d}N_1 + \text{d}N_2 = 0$$

则 F 最小的条件为

$$\text{d}F = \frac{\partial F_1}{\partial N_1}\text{d}N_1 + \frac{\partial F_2}{\partial N_2}\text{d}N_2 = 0 \tag{2-84}$$

即

$$\frac{\partial F_1}{\partial N_1} = \frac{\partial F_2}{\partial N_2}$$

也就是说,两个子系统的费米能级相等,即

$$E_\text{F1} = E_\text{F2} \tag{2-85}$$

这个结论对多个子系统处于平衡状态时当然也是适用的。

如果将子系统理解为电子系统与空穴系统,那么平衡时电子的费米能级与空穴的费米能级相等,因此可统一用 E_F 来表示。

如果将子系统理解为半导体中不同空间区域内的粒子,那么平衡时各处的费米能级相等,这意味着费米能级不随位置变化。

2. PN 结在平衡时的情形

现在回过头来看平衡 PN 结的情形。由半导体物理知道,平衡载流子浓度 p_0 与 n_0 可利用费米能级表示为

$$p_0 = n_\text{i}\exp\left(\frac{E_\text{i} - E_\text{F}}{kT}\right) \tag{2-86a}$$

$$n_0 = n_\text{i}\exp\left(\frac{E_\text{F} - E_\text{i}}{kT}\right) \tag{2-86b}$$

平衡时两区的费米能级相等,而两区的空穴(或电子)浓度并不相等,这说明两区的本征费米能级 E_i 必不相等。若以 E_{ip} 和 E_{in} 分别表示 P 区和 N 区的本征费米能级之值,则由式(2-86a)和式(2-86b)可得

$$E_{ip} - E_{in} = kT\ln\frac{p_{p0}n_{n0}}{n_i^2} = kT\ln\frac{p_{p0}}{p_{n0}} = kT\ln\frac{n_{n0}}{n_{p0}} \tag{2-87}$$

式(2-87)中后两个等式的成立是因为在任一区中,都存在着 $n_0 p_0 = n_i^2$ 的关系。

本征费米能级代表禁带中央的位置。现在它在两区不相等,且 $E_{ip} - E_{in} > 0$,这就表示能带从 P 区到 N 区将向下移动,即两区之间存在电位差。这个电位差就是 PN 结的内建电势 V_{bi},它使电子的电位能在两区之间有差异,即

$$qV_{bi} = E_{ip} - E_{in} \tag{2-88}$$

由此得

$$V_{bi} = \frac{kT}{q}\ln\frac{p_{p0}n_{n0}}{n_i^2} = \frac{kT}{q}\ln\frac{N_A N_D}{n_i^2}$$

这和前面导出的式(2-13)完全一样。

2.3.2 准费米能级

1. 非平衡时的准费米能级

下面再来讨论非平衡时的情形。首先,由于载流子的平均自由程极短,平均碰撞时间也极短,在局部地点极易达到类似于平衡时的分布。所以任意一种载流子(不管电子还是空穴)的浓度在每一地点上按能级的分布可以采用平衡时的分布,只不过载流子浓度和平衡时有所不同。这就是说,在非平衡状态下,对同一地点的同一种载流子而言,包括费米能级在内的各种统计物理量仍然存在。但是,两种载流子之间即使在局部区域并不能达到平衡态,同种载流子在不同地点之间也不能达到平衡态。为了能用与平衡载流子浓度分布公式相类似的公式来描述非平衡载流子浓度的分布,引入了准费米能级的概念。

现在用 E_{Fp} 和 E_{Fn} 分别代表空穴和电子的准费米能级。根据上面所述,在非平衡时,空穴与电子浓度仍可用类似于式(2-86a)和式(2-86b)的公式来表示,只是两式中的费米能级 E_F 应分别改为准费米能级 E_{Fp} 和 E_{Fn},得

$$p = n_i \exp\left(\frac{E_i - E_{Fp}}{kT}\right) \tag{2-89a}$$

$$n = n_i \exp\left(\frac{E_{Fn} - E_i}{kT}\right) \tag{2-89b}$$

再次指出,平衡时,空穴和电子有统一的且不随地点变化的费米能级 E_F;非平衡时,准费米能级 E_{Fp} 与 E_{Fn} 一般不相等,而且这两个量本身是随地点变化的。

2. PN 结在有外加电压时的情形

有了准费米能级的概念之后,就可以利用它来讨论当 PN 结有外加电压时的情形。首先,由于在欧姆接触电极附近存在大量的复合中心,使得导带电子与价带空穴有足够的相互交换,因此,无论对 PN 结外加正向电压还是反向电压,这两个子系统之间在该处是达到平衡的,从而有 $E_{Fn} = E_{Fp}$。所以在欧姆接触电极附近可用统一的 E_F 来表示。

其次,由于自由能包括能量项,费米能级中包含粒子的位能,在有外加正向电压 V 时,电子电位能在 N 区电极接触处比在 P 区电极接触处高 qV,因此两处的费米能级也有 qV 之差。

现在来看准费米能级的变化情况。把式(2-89a)代入空穴电流密度方程

$$J_{p} = -qD_{p}\frac{\mathrm{d}p}{\mathrm{d}x} + qp\mu_{p}E$$

并利用爱因斯坦关系,以及电场强度 E 和能带变化率的关系

$$qE = \frac{\mathrm{d}E_{i}}{\mathrm{d}x} \tag{2-90}$$

得

$$J_{p} = p\mu_{p}\frac{\mathrm{d}E_{Fp}}{\mathrm{d}x} \tag{2-91a}$$

将这个式子与空穴漂移电流密度 $qp\mu_{p}E$ 相对比,可以看出,空穴电流密度 J_{p} 虽然由漂移电流密度和扩散电流密度两部分所组成,但也可视为只有漂移电流密度,这个漂移电流密度是在等效电场 $(\mathrm{d}E_{Fp}/\mathrm{d}x)/q$ 的作用下而产生的。

用同样的方法,可得

$$J_{n} = n\mu_{n}\frac{\mathrm{d}E_{Fn}}{\mathrm{d}x} \tag{2-91b}$$

下面从准费米能级的定义出发对式(2-91b)的物理意义做一解释:由于系统内部的相互作用总是促进系统向平衡态的方向发展的,即内部发生的过程总是使自由能减少,也即 $\mathrm{d}F<0$。现在把式(2-84)中的下角标"1"和"2"分别改为带括弧的"高"和"低"来表示两个不同的区域,其中一个区域的准费米能级为 E_{Fn}(高),另一个为 E_{Fn}(低),则有

$$\mathrm{d}F = E_{Fn}(高) \cdot \mathrm{d}N(高) + E_{Fn}(低) \cdot \mathrm{d}N(低) < 0$$

从上式可见,由于 $\mathrm{d}N$(高)$+\mathrm{d}N$(低)$=0$,且 E_{Fn}(高)$>E_{Fn}$(低),因此必然有 $\mathrm{d}N$(高)<0,$\mathrm{d}N$(低)>0,即系统内部发生的过程总是促使 E_{Fn} 高处的电子浓度减小,E_{Fn} 低处的电子浓度增加。所以电子流动的方向和 E_{Fn} 的梯度的方向相反,而电子电流密度 J_{n} 的方向则和 E_{Fn} 的梯度的方向相同。

由式(2-91a)可以推测出,当 J_{p} 一定时,空穴准费米能级 E_{Fp} 从 P 区到 N 区是如何逐渐增加的。在 P 区,空穴是多子,由于空穴浓度 $p=p_{p0}$ 很大,所以对于一定的 J_{p},$\mathrm{d}E_{Fp}/\mathrm{d}x$ 极小,E_{Fp} 的增加几乎可以忽略。

在 N 区,空穴是少子,以速率 D_{p}/L_{p} 扩散,因此空穴电流密度可写为

$$J_{p} = q\Delta p\frac{D_{p}}{L_{p}} = q(p-p_{n0})\frac{D_{p}}{L_{p}}$$

代入式(2-91a)得

$$\frac{\mathrm{d}E_{Fp}}{\mathrm{d}x} = \frac{kT}{L_{p}}\left(1-\frac{p_{n0}}{p}\right) \tag{2-92}$$

由式(2-92)可知,在 N 区中离势垒区不远处,$p\gg p_{n0}$,每经过一个扩散长度,E_{Fp} 就增加 kT。随着远离势垒区,当非平衡少子复合殆尽时,p 接近 p_{n0},E_{Fp} 几乎不再随距离变化。

在势垒区内部,因为空穴浓度比 N 区大,因此 $\mathrm{d}E_{Fp}/\mathrm{d}x$ 比 N 区的小,又因为势垒区宽度 x_{d} 总是远小于扩散长度 L_{p},因此 E_{Fp} 在势垒区内的增量与在 N 区内的增量相比,可以忽略。

用同样的方法可以推测出,当 J_{n} 一定时,电子准费米能级 E_{Fn} 从 N 区到 P 区的变化情形。

正偏 PN 结的能带图如图 2-21 所示,图中的虚线代表准费米能级。在势垒区中,E_{Fn} 比 E_{Fp} 高 qV,$V>0$。

由于 E_{Fp} 经过 P 区及势垒区时几乎不变,因此从式(2-89a)可得势垒区中的空穴分布为

$$p(x) = p_{p0}\exp\left[-\frac{E_{ip}-E_{i}(x)}{kT}\right] \tag{2-93}$$

对于电子也可得出类似的结论。

采用类似的推理可得到反向电压下准费米能级随地点的变化。反偏 PN 结的能带图如图 2-22 所示。在势垒区中,E_{Fn} 比 E_{Fp} 低 $q|V|$。

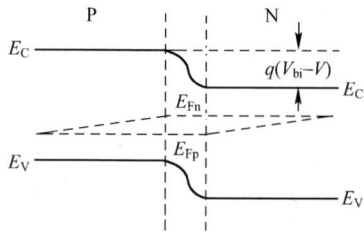

图 2-21　正偏 PN 结的能带图

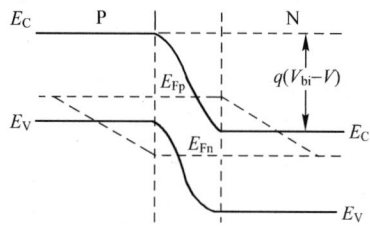

图 2-22　反偏 PN 结的能带图

2.3.3　大注入效应

1. 小注入条件与大注入条件

在前面 2.2.2 节中推导结定律[式(2-44)]时,曾假设"小注入下,P 区的多子浓度 p_p 和平衡多子浓度 p_{p0} 相等",即

$$p_p = p_{p0} \tag{2-94}$$

实际上,在正向电压下当 P 区有浓度为 Δn_p 的非平衡电子注入后,为了保持大体上的电中性,在该区会出现几乎相同浓度的非平衡空穴 $\Delta p_p = \Delta n_p$,故有

P 区少子浓度:　　　　　　　　$n_p = n_{p0} + \Delta n_p$

P 区多子浓度:　　　　　　$p_p = p_{p0} + \Delta p_p = p_{p0} + \Delta n_p$

当注入 P 区的非平衡电子浓度 $\Delta n_p \ll p_{p0}$ 时,式(2-94)的条件满足,这就是小注入条件。对 N 区也可得到类似的结论。总之,所谓小注入条件,是指注入某区边界附近的非平衡少子浓度远小于该区的平衡多子浓度,即

$$\Delta n_p \ll p_{p0}(对 P 区), \quad \Delta p_n \ll n_{n0}(对 N 区) \tag{2-95}$$

当某区满足小注入条件时,该区的非平衡多子浓度可以忽略。

图 2-23 是 N 区中小注入时的电子和空穴的浓度分布。

随着 PN 结上正向电流(或电压)的增加,注入两区的非平衡少子浓度也在增加,使小注入条件逐渐不适用。当注入某区的非平衡少子浓度比该区的平衡多子浓度还大时,便发生了大注入。所谓大注入条件,是指注入某区边界附近的非平衡少子浓度远大于该区的平衡多子浓度,即

$$\Delta n_p \gg p_{p0}(对 P 区), \quad \Delta p_n \gg n_{n0}(对 N 区) \tag{2-96}$$

当某区满足大注入条件时,该区的平衡多子浓度可以忽略。

图 2-24 是 N 区中大注入时的电子和空穴的浓度分布。

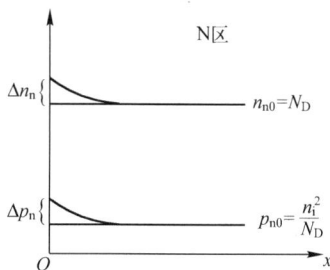

图 2-23　N 区中小注入时的电子和空穴的浓度分布

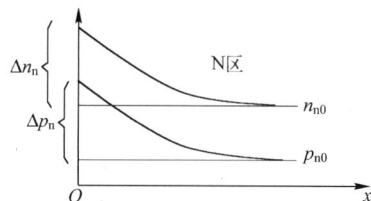

图 2-24　N 区中大注入时的电子和空穴的浓度分布

2. 大注入条件下的少子边界条件

以 N 区为例。当 N 区发生大注入时,在 N 区与势垒区的交界处($x = x_n$),少子与多子的浓度分别为

$$p_n(x_n) = p_{n0} + \Delta p_n \approx \Delta p_n$$

$$n_n(x_n) = n_{n0} + \Delta n_n = n_{n0} + \Delta p_n \approx \Delta p_n$$

由上式可知,当 N 区发生大注入时,在与势垒区交界处的 N 区内,有

$$p = n \tag{2-97}$$

式(2-97)不管对 N 区还是 P 区发生大注入时都适用,所以略去了下标。

另一方面,根据采用准费米能级的载流子浓度公式(2-89),以及 $E_{Fn} - E_{Fp} = qV$ 的关系,容易得到

$$p_n(x_n)n_n(x_n) = n_i^2 \exp\left[\frac{(E_{Fn} - E_{Fp})}{kT}\right] = n_i^2 \exp\left(\frac{qV}{kT}\right) = p_n^2(x_n)$$

于是可得当 N 区发生大注入时 N 区与势垒区交界处的少子浓度与外加电压之间的关系为

$$p_n(x_n) = n_i \exp\left(\frac{qV}{2kT}\right) \tag{2-98a}$$

用同样的方法可以得到当 P 区发生大注入时 P 区与势垒区交界处的少子浓度与外加电压之间的关系,即

$$n_p(-x_p) = n_i \exp\left(\frac{qV}{2kT}\right) \tag{2-98b}$$

以上两式就是大注入情形下的结定律,也是大注入时少子的边界条件的一部分。可以看出,大注入时指数因子只有小注入时值的一半,即大注入时边界处的少子浓度随外加电压的增加要比小注入时的慢。

另一部分边界条件是,在中性区另一侧与电极的欧姆接触处,少子浓度恢复为平衡少子浓度,这与小注入时的情形相同。

3. 大注入条件下的自建场

当发生大注入时,载流子的运动不可能完全是扩散运动。这可反证如下:从 P 区注入 N 区的空穴因为存在浓度梯度而继续向右扩散,如图 2-25 所示。已知当发生大注入时,在 N 区中的势垒区附近,为了满足电中性而有 $n_n(x) = p_n(x)$,因此电子也有与空穴相同的浓度梯度而向相同的方向扩散。但是由于 P 区不可能提供足够的电子让其进入 N 区,结果势垒区附近的电子因向右扩散而越来越少,使电中性无法再维持下

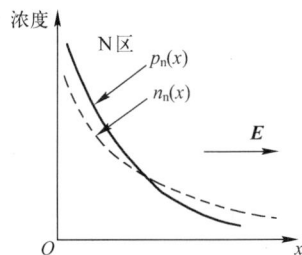

图 2-25 大注入下的载流子分布

去。由此可见,大注入时必定还产生了一个电场,载流子除了扩散运动还应有漂移运动。这种电场称为大注入自建场,是大注入时由载流子自己产生的。既然是电中性区,怎么会有电荷来产生自建场呢?

事物的性质随问题而变化。形而上学地对待"中性区"得出了自相矛盾的结果。实际上,电中性条件并非严格地成立。例如,若电子浓度比式(2-97)所要求的小了万分之一,那么,在处理有关载流子浓度的问题时,这个误差完全可以忽略不计,仍然可以认为电中性条件成立,从而仍然可以采用该式。但是要注意的是此时电中性条件并非严格地成立。正是这万分之一之差的电荷所建立起来的自建场,在载流子浓度较大的情况下,却可以引起相当可观的漂移电流。所以,自建场是"电中性并非严格成立"的结果。

事实上,由于电子不可能像空穴那样从 P 区得到补充,所以电子的浓度梯度绝对值要略小于空穴的浓度梯度绝对值,如图 2-25 所示。就非平衡载流子而言,在靠近势垒区附近的地方,电子浓度略小于空穴浓度,使这里出现了正电荷;而在远离势垒区的地方,电子浓度略大于空穴浓

度,使那里出现了负电荷。电荷在空间上的分离就产生了一个自建场,其方向是从势垒区指向中性区。尽管电子浓度与空穴浓度之间的差别极小,但是这个自建场所引起的载流子的漂移运动却大到与载流子的扩散运动相当。这个自建场使空穴向右做漂移运动,加强了空穴原有的扩散运动;同时使电子向左做漂移运动,并足以抵消电子原有的扩散运动,使电子电流为零。于是可以建立如下方程

$$J_n = q\mu_n n_n E(x) + qD_n \frac{dn_n}{dx} = 0$$

由上式可求出大注入自建场为

$$E(x) = -\frac{D_n}{\mu_n} \cdot \frac{1}{n_n} \cdot \frac{dn_n}{dx} \tag{2-99a}$$

根据爱因斯坦关系,得 $D_n/\mu_n = D_p/\mu_p$。又因在载流子浓度的问题上仍然可以使用电中性条件:$(dn/dx)/n = (dp/dx)/p$,于是式(2-99a)可改写为

$$E(x) = -\frac{D_p}{\mu_p} \cdot \frac{1}{p_n} \cdot \frac{dp_n}{dx} \tag{2-99b}$$

4. 大注入条件下的 PN 结电流

将式(2-99b)代入空穴电流密度方程,可得到当 N 区发生大注入时的空穴电流密度为

$$J_p = -qD_p \frac{dp_n}{dx} + q\mu_p p_n E = -2qD_p \frac{dp_n}{dx} \tag{2-100}$$

从形式上看,好像空穴电流仍完全由扩散电流构成,只是扩散系数 D_p 扩大了一倍。这个现象的物理解释是:由于大注入时少子浓度与多子浓度处处相等,而且两种载流子的 D/μ 值也相等,所以宏观上阻止多子流动的电场,使多子产生和扩散运动大小相等、方向相反的漂移运动,那么这个电场必定使少子产生和扩散运动大小相等、方向相同的漂移运动。这相当于使少子的扩散系数 D 增大了一倍。这个现象称为韦伯斯脱(Webster)效应。

参照式(2-50),将其中的边界条件改为式(2-98a)的大注入边界条件,并根据韦伯斯脱效应将式(2-50)中的 $L_p = (D_p\tau_p)^{1/2}$ 改为 $(2D_p\tau_p)^{1/2} = (2)^{1/2}L_p$,可以得到当 N 区发生大注入时 N 区的空穴浓度分布为(以 $x = x_n$ 为坐标原点)

$$p_n(x) = n_i \exp\left(\frac{qV}{2kT}\right) \exp\left(-\frac{x}{\sqrt{2}L_p}\right) \tag{2-101}$$

将式(2-101)代入式(2-100),得到当 N 区发生大注入时空穴电流密度与外加电压之间的关系为

$$J_p = \frac{\sqrt{2}qD_p n_i}{L_p} \exp\left(\frac{qV}{2kT}\right) \tag{2-102}$$

用类似的方法可以得到当 P 区发生大注入时的电子电流密度与外加电压之间的关系为

$$J_n = \frac{\sqrt{2}qD_n n_i}{L_n} \exp\left(\frac{qV}{2kT}\right) \tag{2-103}$$

现在可以回过头来解释图 2-17 所示 PN 结在大电流下的伏安特性曲线。当电流很大时,某区出现了大注入效应,这时注入另一区的电流相对较小,总的 PN 结电流的伏安特性取决于大注入一侧电流的伏安特性。$\ln I - V$ 曲线变得较为平坦,曲线的斜率会从小注入时的 q/kT 过渡到大注入时的 $q/2kT$。

当电流更大时,金属-半导体接触电阻和中性区电阻上所产生的电压降将不再能被忽略,曲线将变得更为平坦。

5. 转折电压

注入程度的大小取决于外加正向电压的大小，那么如何根据外加电压的大小来判断是否发生大注入呢？设 V_K 为从小注入过渡到大注入的转折电压（也称为膝电压）。以注入 N 区的空穴电流为例，在从小注入过渡到大注入的转折点，空穴电流应该既满足小注入的式(2-52a)，也满足大注入的式(2-102)。令这两个式子相等，略去式(2-52a)等号右边方括弧中的第二项(−1)，得

$$\frac{qD_p}{L_p} \cdot \frac{n_i^2}{N_D} \exp\left(\frac{qV_{KN}}{kT}\right) = \frac{\sqrt{2}\,qD_p n_i}{L_p} \exp\left(\frac{qV_{KN}}{2kT}\right)$$

从上式可解出 N 区的转折电压

$$V_{KN} = \frac{2kT}{q} \ln\left(\frac{\sqrt{2}\,N_D}{n_i}\right) \qquad (2\text{-}104a)$$

用类似的方法可得 P 区的转折电压

$$V_{KP} = \frac{2kT}{q} \ln\left(\frac{\sqrt{2}\,N_A}{n_i}\right) \qquad (2\text{-}104b)$$

当外加电压小于转折电压 V_K 时为小注入；当外加电压大于 V_K 时为大注入。将 V_K 代入相应的小注入或大注入扩散电流密度方程，可以求得开始发生大注入时的正向电流密度，即转折电流密度

$$J_{Kp} = \frac{2qD_p N_D}{L_p} \qquad (2\text{-}105a)$$

$$J_{Kn} = \frac{2qD_n N_A}{L_n} \qquad (2\text{-}105b)$$

注意，V_{KN} 和 V_{KP} 的第二个下角标分别代表 N 区和 P 区，而 J_{Kp} 和 J_{Kn} 的第二个下角标分别代表空穴和电子。

例 2.1 某硅 PN 结的 $N_D = 1.5 \times 10^{16}$ cm^{-3}，$N_A = 1.5 \times 10^{18}$ cm^{-3}，则室温下其 V_{KN} 和 V_{KP} 分别为 0.736 V 和 0.976 V。当外加 0.8 V 的正向电压时，对 N 区是大注入，对 P 区是小注入。

2.4 PN 结的击穿

在一般的反向电压下，PN 结的反向电流很小。但当反向电压增大到某一值 V_B 时，反向电流会突然变得很大，如图 2-26 所示。这种现象叫作 PN 结的反向击穿，V_B 称为击穿电压。

引起反向击穿的机理主要有雪崩倍增、隧道效应和热击穿三种。

本节的电场强度、电压、电流和电流密度符号，都代表它们的绝对值，而不管其方向如何。

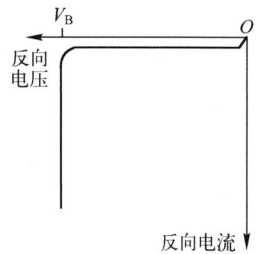

图 2-26　PN 结的击穿现象

2.4.1 碰撞电离率和雪崩倍增因子

1. 碰撞电离率

当载流子（电子或空穴）在很高的电场下运动时，从电场 E 得到的能量为

$$\Delta E = q \int_0^l E \,\mathrm{d}x \qquad (2\text{-}106)$$

式(2-106)中，l 代表两次碰撞之间的平均自由程。假设电场足够强，热运动相对于漂移运动可以忽略。当载流子的能量 ΔE 超过禁带宽度 E_G 时，则在下一次与晶格价键电子碰撞时，有可能使后者获得足够的能量而从价带跃迁到导带，从而产生一对新的电子与空穴。这个现象称为碰撞电离。如果电子与空穴的质量相同，那么由于碰撞过程要遵守能量守恒定律与动量守恒定律，原始载流子应具有 $3E_G/2$ 的能量。一般情形下，要发生碰撞电离，原始载流子能量的数量级应为 E_G。

为了定量地描述碰撞电离现象，把每个自由电子(或空穴)在单位距离内通过碰撞电离而产生的新的电子-空穴对的数目，称为电子(或空穴)的碰撞电离率，用 α_{in}(或 α_{ip})来表示。

显然，碰撞电离率 α_i 强烈地依赖于电场强度。α_i 的推导涉及更深入的理论，公式也很复杂，通常采用如下的近似表达式来表示[5]

$$\alpha_i = A\exp\left[-\left(\frac{B}{E}\right)^m\right] \tag{2-107}$$

式(2-107)中，A、B、m 均为常数。表 2-1 列出了三种重要半导体材料的这些常数之值。

图 2-27 为突变结势垒区中的 E 与 α_i 的曲线。可以看出，α_i 的变化要比 E 剧烈得多。

表 2-1　碰撞电离率表达式中的常数的值

材　料	电　子		空　穴		m
	$A(\text{cm}^{-1})$	$B(\text{V/cm})$	$A(\text{cm}^{-1})$	$B(\text{V/cm})$	
锗	1.55×10^7	1.56×10^6	1.0×10^7	1.28×10^6	1
硅	7.03×10^5	1.23×10^6	1.58×10^6	2.03×10^6	1
砷化镓	3.5×10^5	6.85×10^5	3.5×10^5	6.85×10^5	2

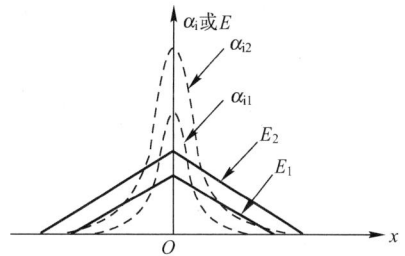

图 2-27　突变结势垒区中
E 与 α_i 的曲线

可以对式(2-107)进行如下解释[6]。如果粒子的平均自由程是 l_0，那么在 $\mathrm{d}x$ 距离内遭到碰撞的概率便是 $\mathrm{d}x/l_0$，若单位体积中有 n 个粒子，则其中在 $\mathrm{d}x$ 距离内遭到碰撞的粒子数为 $n\mathrm{d}x/l_0$。或者说，其中尚未遭到碰撞的粒子数减少了 $n\mathrm{d}x/l_0$，即

$$\mathrm{d}n = -n\mathrm{d}x/l_0 \tag{2-108}$$

如果单位体积中一开始有 n 个粒子，那么经距离 l_1 后，尚未碰撞的粒子数 n_1 可通过求解式(2-108)的微分方程得到

$$n_1 = n\exp(-l_1/l_0) \tag{2-109}$$

用 E_1 代表粒子发生碰撞电离所需的能量，其值大于 E_G。粗略地讲，可以把碰撞分为两类：一类是粒子能量没有达到 E_1，通过碰撞损失掉能量而不产生电离效应；另一类是粒子能量达到 E_1，通过碰撞而产生电离。分别用 l_0 和 l_1 代表非电离碰撞和电离碰撞的平均自由程，且假设能量大于 E_1 的粒子的碰撞都能产生电离，小于 E_1 的粒子的碰撞都是非电离的。

为了进行简单的计算，再粗略地假设电离碰撞的平均自由程 l_1 就是一个粒子在电场加速下能量达到 E_1 所需经过的路程，即

$$l_1 = \frac{E_1}{qE} \tag{2-110}$$

将式(2-110)代入式(2-109)，得到单位体积中有可能发生电离碰撞的粒子数为

$$n_1 = n\exp\left(-\frac{E_1}{qEl_0}\right) \tag{2-111}$$

利用式(2-108)可以求得这些粒子在 $\mathrm{d}x$ 距离内发生电离碰撞从而产生新粒子的数目 $\mathrm{d}n$，用

式(2-110)的 l_1 替换式(2-108)中的 l_0，用式(2-111)的 n_1 替换式(2-108)中的 n，可得

$$\mathrm{d}n = \frac{qE}{E_1}\exp\left(-\frac{E_1}{qEl_0}\right)n\mathrm{d}x \tag{2-112a}$$

或者

$$\frac{1}{n}\cdot\frac{\mathrm{d}n}{\mathrm{d}x} = \frac{qE}{E_1}\exp\left(-\frac{E_1}{qEl_0}\right) \tag{2-112b}$$

按照碰撞电离率 α_i 的定义，式(2-112b)等号的右边就是 α_i，这与式(2-107)当 $m=1$ 时的情况相同。

2. 雪崩倍增因子

随着 PN 结反向电压的增加，势垒区中的电场强度也逐渐增加。当电场强度增加到一定程度后，势垒区中的载流子就会发生碰撞电离而激发出新的电子-空穴对，即"二次载流子"。后者又可能继续产生新的载流子。这种过程将不断地进行下去，每个载流子无止境地繁殖新的载流子。这种现象称为雪崩倍增。

包括雪崩倍增作用在内的流出势垒区的总电流与流入势垒区的原始载流子电流之比称为雪崩倍增因子，用 M 来表示。

现以 $\mathrm{P^+N}$ 结为例，结上加反向偏压，势垒区的范围从 $x=0$ 到 $x=x_\mathrm{d}$，如图 2-28 所示。注意图中 P 区与 N 区的位置与通常的画法相反。在 $\mathrm{P^+N}$ 结中，以空穴电流为主，所以从 N 型中性区流入势垒区的原始电流密度，就是 $\mathrm{P^+N}$ 结的反向饱和电流密度 J_p0，而流出势垒区的经雪崩倍增后的电流密度为

$$J_\mathrm{p}(x_\mathrm{d}) = M_\mathrm{p}J_\mathrm{p0} \tag{2-113}$$

式(2-113)中，M_p 是空穴电流的雪崩倍增因子。

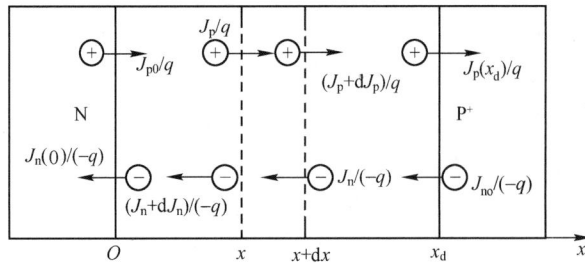

图 2-28 $\mathrm{P^+N}$ 结势垒区中电离碰撞中的粒子流

在 $\mathrm{P^+N}$ 结中，从 P 型中性区流入势垒区的电子电流密度远小于从 N 型中性区流入势垒区的空穴电流密度，因此可以忽略。但是应当注意，从势垒区流出到 N 区的电子电流密度却不能忽略。这是因为，在势垒区中通过碰撞电离而新产生的载流子是成对的。其中空穴向右运动，使空穴电流密度越往右越大；而电子则向左运动，使电子电流密度越往左越大。

为了推导空穴电流的雪崩倍增因子 M_p，先来考察势垒区中从 x 到 $x+\mathrm{d}x$ 的薄层范围内空穴电流密度的变化。从左边流入该薄层的空穴电流密度 J_p/q 由于在 $\mathrm{d}x$ 距离内的碰撞电离，产生了 $(J_\mathrm{p}/q)\alpha_{\mathrm{ip}}\mathrm{d}x$ 对电子-空穴，使从右边流出的空穴电流增加。同理，从右边流入该薄层的电子，产生了 $(J_\mathrm{n}/q)\alpha_{\mathrm{in}}\mathrm{d}x$ 对电子-空穴，同样使从右边流出的空穴电流增加。于是得到在 $\mathrm{d}x$ 距离内新增的空穴电流为

$$\mathrm{d}\left(\frac{J_\mathrm{p}}{q}\right) = \left(\frac{J_\mathrm{p}}{q}\right)\alpha_{\mathrm{ip}}\mathrm{d}x + \left(\frac{J_\mathrm{n}}{q}\right)\alpha_{\mathrm{in}}\mathrm{d}x$$

因此在 $\mathrm{d}x$ 距离内新增的空穴电流密度为

$$dJ_p = (J_p\alpha_{ip} + J_n\alpha_{in})dx \tag{2-114}$$

虽然电子电流密度与空穴电流密度均随 x 变化，但在稳定状态下，由于电流的连续性，作为两者之和的电流密度 J 应为常数，即

$$J_p(x) + J_n(x) = J_p(x_d) = J = 常数 \tag{2-115}$$

将式（2-114）和式（2-115）相结合可得到 J_p 的微分方程

$$\frac{dJ_p}{dx} + (\alpha_{in} - \alpha_{ip})J_p = \alpha_{in}J \tag{2-116}$$

式中，α_{in}、α_{ip} 是电场 E 的函数，因此也是位置 x 的函数，即上式不是常系数微分方程。形式为

$$f' + P(x)f = Q(x)$$

的微分方程的标准解是

$$f = \frac{\int_0^x Q(x')\exp\left[\int_0^{x'} p(x'')dx''\right]dx' + C}{\exp\left[\int_0^x p(x')dx'\right]} \tag{2-117}$$

式（2-117）中，f 相当于 $J_p(x)$，Q 相当于 $\alpha_{in}J = \alpha_{in}J_p(x_d)$，$P$ 相当于 $(\alpha_{in} - \alpha_{ip})$，$C$ 可由边界条件定出，即在 $x = 0$ 处 $J_p = J_{p0}$，于是可得到 $J_p(x)$。再令 $x = x_d$，得

$$J_p(x_d)\exp\left[\int_0^{x_d}(\alpha_{in} - \alpha_{ip})dx\right] = J_{p0} + J_p(x_d)\int_0^{x_d}\alpha_{in}\exp\left[\int_0^{x_d}(\alpha_{in} - \alpha_{ip})dx'\right]dx \tag{2-118}$$

式（2-118）最后的因子可以换算如下

$$\int_0^{x_d}\alpha_{in}\exp\left[\int_0^x(\alpha_{in} - \alpha_{ip})dx'\right]dx = \int_0^{x_d}(\alpha_{in} - \alpha_{ip})\exp\left[\int_0^x(\alpha_{in} - \alpha_{ip})dx'\right]dx + \int_0^{x_d}\alpha_{ip}\exp\left[\int_0^x(\alpha_{in} - \alpha_{ip})dx'\right]dx$$

$$= \exp\left[\int_0^{x_d}(\alpha_{in} - \alpha_{ip})dx\right] - 1 + \int_0^{x_d}\alpha_{ip}\exp\left[\int_0^x(\alpha_{in} - \alpha_{ip})dx'\right]dx$$

后一个等式的成立是因为

$$\int_0^{x_d}f(x)\exp\left[\int_0^x f(x')dx'\right]dx = \int_0^{x_d}d\exp\left[\int_0^x f(x')dx'\right] = \exp\left[\int_0^{x_d}f(x)dx\right] - 1$$

于是式（2-118）成为

$$J_p(x_d)\left\{1 - \int_0^{x_d}\alpha_{ip}\exp\left[\int_0^{x_d}(\alpha_{in} - \alpha_{ip})dx'\right]dx\right\} = J_{p0}$$

再根据雪崩倍增因子 M_p 的定义式（2-113），可得

$$M_p = \frac{1}{1 - \int_0^{x_d}\alpha_{ip}\exp\left[\int_0^{x_d}(\alpha_{in} - \alpha_{ip})dx'\right]dx} \tag{2-119}$$

这就是空穴电流的雪崩倍增因子与碰撞电离率之间的关系。

显然，当式（2-119）中的积分趋于 1 时，$M_p \to \infty$。这时即使初始电流 J_{p0} 非常小，流出 PN 结的电流也可以任意大。这就是所谓的雪崩击穿。

不难理解，只要将式（2-119）中的下角标"n"与"p"对换，就可以得到电子电流的雪崩倍增因子 M_n 与碰撞电离率之间的关系。

由表 2-1 可知，对于锗和硅，$\alpha_{in} \neq \alpha_{ip}$，而对砷化镓却有 $\alpha_{in} = \alpha_{ip}$。实际应用中为了简单起见，常假设对锗和硅均有 $\alpha_{in} = \alpha_{ip} = \alpha_i$。这时

$$M = M_p = M_n = \frac{1}{1 - \int_0^{x_d}\alpha_i dx} \tag{2-120}$$

3. 雪崩击穿条件

由式（2-113）可得发生雪崩击穿的条件为

$$M \to \infty \tag{2-121a}$$

由式(2-120),雪崩击穿条件可写为

$$\int_0^{x_d} \alpha_i \, dx \to 1 \tag{2-121b}$$

式(2-121b)虽然是以 P^+N 结为例得到的,但也可适用于非单边结,即同时存在两种初始电流密度 J_{p0} 与 J_{n0} 的情形,请读者自己加以证明。

2.4.2 雪崩击穿

1. 利用雪崩击穿条件计算雪崩击穿电压

当反向电压 V 增加时,势垒区内各点的电场强度 $E(x)$ 及碰撞电离率 $\alpha_i(x)$ 将随之增加。当反向电压大到满足雪崩击穿条件 $\int_0^{x_d} \alpha_i \, dx = 1$ 时,即发生雪崩击穿,此时的电压即为雪崩击穿电压 V_B。由于 α_i 是 E 的复杂函数,对 V_B 的计算是相当烦琐的,主要步骤如下:

在一定的温度下,对一定掺杂浓度的 PN 结,先计算出对应于各个反向电压 V 的 $E(x)$,以及与 $E(x)$ 对应的 $\alpha_i(x)$,再求电离率积分 $\int_0^{x_d} \alpha_i \, dx$;当 V 增大到使该积分等于 1 时,所对应的 V 就是 V_B。

2. 雪崩击穿电压的近似计算方法

下面介绍一种实际工作中常采用的计算雪崩击穿电压的近似方法。

由式(2-107)及图 2-27 可知,α_i 强烈地依赖于电场强度 $E(x)$,且 α_i 的增加要比 $E(x)$ 快得多,使 α_i 呈尖峰状分布。因此,电离率积分的大小主要取决于最大电场强度 E_{max} 附近的一个极窄的区域。于是可以粗略地认为,当势垒区中 $E_{max} < E_c$ 时,势垒区内各点的 α_i 值都很小,雪崩击穿条件 $\int_0^{x_d} \alpha_i \, dx = 1$ 不能满足。当势垒区中 $E_{max} = E_c$ 时,则 α_i 在该处及其邻近的窄区域内剧烈增加,使雪崩击穿条件得以满足。E_c 称为雪崩击穿临界电场强度。对于硅来说,E_c 约为 $2 \times 10^5 \text{ V/cm}$[7]。

式(2-10)和式(2-36)分别给出了突变结和线性缓变结势垒区的 $|E|_{max}$ 与内建电势 V_{bi} 的关系,即

$$|E|_{max} = \left(\frac{2qN_0}{\varepsilon_s} V_{bi} \right)^{1/2} \tag{2-10}$$

$$|E|_{max} = \frac{1}{8} \left(\frac{aq}{\varepsilon_s} \right)^{1/3} (12V_{bi})^{2/3} \tag{2-36}$$

式(2-10)中,$N_0 = N_A N_D / (N_A + N_D)$。对于单边突变结,$N_0$ 是轻掺杂一侧的杂质浓度,或衬底杂质浓度。

将式(2-10)与式(2-36)中的 $|E|_{max}$ 改为 E_c,将 V_{bi} 改为 $(V_{bi} + V_B)$,并考虑到一般情况下 $V_{bi} \ll V_B$ 而忽略 V_{bi},于是可求出突变结和线性缓变结的雪崩击穿电压 V_B 分别为

$$V_B = \frac{\varepsilon_s E_c^2}{2q} \cdot \frac{1}{N_0} \tag{2-122a}$$

$$V_B = \left(\frac{32\varepsilon_s}{9aq} \right)^{1/2} E_c^{3/2} \tag{2-122b}$$

但是,由于 V_B 涉及的毕竟不是 α_i 的最大值,而是最大值附近的一个积分,α_i 在最大值及其附近的值与电场的分布形式有关。因此用来计算 V_B 的 E_c 并不是一个常数,而与杂质的分布形式有关。具体分析表明[5],在室温下,单边突变结和线性缓变结的 E_c 分别为

$$E_c \approx 1.1 \times 10^7 \left(\frac{q}{\varepsilon_s}\right)^{1/2} \left(\frac{E_G}{1.1}\right)^{3/4} N_0^{1/8} \tag{2-123a}$$

$$E_c \approx 1.5 \times 10^6 \left(\frac{q}{\varepsilon_s}\right)^{1/3} \left(\frac{E_G}{1.1}\right)^{4/5} a^{1/15} \tag{2-123b}$$

可见 E_c 与结的形式及杂质分布稍微有关,如图 2-29 所示。

将式(2-123a)与式(2-123b)代入式(2-122a)和式(2-122b),可分别得到室温下单边突变结和线性缓变结的雪崩击穿电压计算公式,即

$$V_B \approx 5.2 \times 10^{13} E_G^{3/2} N_0^{-3/4} \tag{2-124a}$$

$$V_B \approx 10^{10} E_G^{6/5} a^{-2/5} \tag{2-124b}$$

图 2-30 为由 α_i 的实验值计算出来的单边突变结击穿电压 V_B 与杂质浓度 N_0 的关系曲线,圆点代表硅的 V_B 实验值。可以看到,$\ln V_B$ 与 $\ln N_0$ 近似成直线关系,其斜率与式(2-124a)相符,为 $-3/4$。图 2-31 为理论计算得到的线性缓变结击穿电压 V_B 与杂质浓度梯度 a 的关系曲线[8]。由图看出,$\ln V_B$ 与 $\ln a$ 的关系也接近直线,其斜率与式(2-124b)相符,为 $-2/5$。

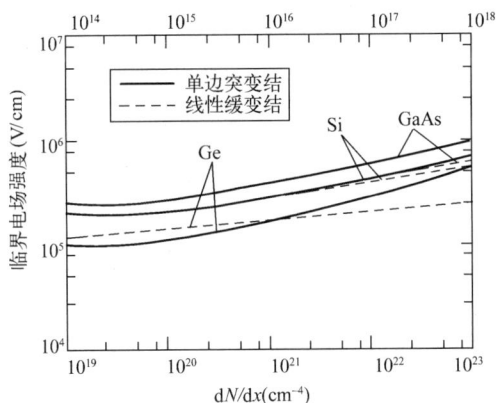

图 2-29 临界电场强度与杂质浓度(单边突变结)或杂质浓度梯度(线性缓变结)的关系曲线(300 K)

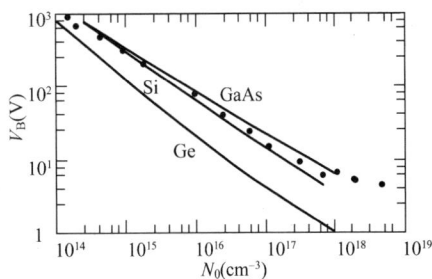

图 2-30 单边突变结的 V_B 与 N_0 的关系曲线

对于实际的硅扩散结,若杂质分布为余误差函数分布,则 V_B 与衬底的杂质浓度 N_0 及结深处的杂质浓度梯度 a 的关系曲线如图 2-32 所示。从图中可看出,当 a 较小时,曲线与图 2-31 的线性缓变结的情况相似。这是因为,即使反向电压较高时,势垒区所占范围较宽,但其中的 a 却仍接近一固定值。当 a 较大时,图中曲线都接近于水平线,说明这时可近似为单边突变结,而 V_B 已与结深处的 a 值无关了。

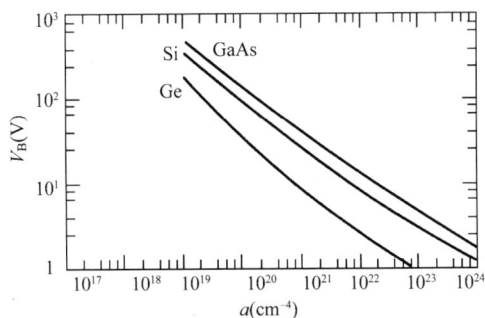

图 2-31 线性缓变结的 V_B 与 a 的关系曲线

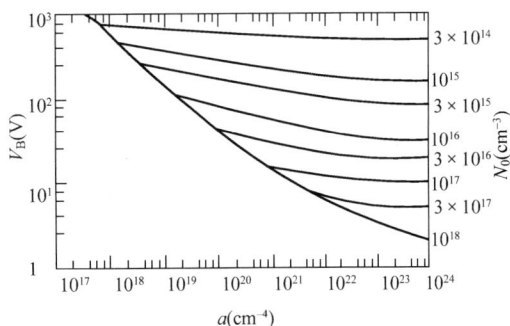

图 2-32 硅扩散结的 V_B 与 N_0 及 a 的关系曲线

对于单边突变结，势垒区主要向杂质浓度低的一侧扩展。该侧的杂质浓度越低，则势垒区宽度 x_d 就越大。由于电场分布曲线下的三角形面积代表外加电压的大小，即 $V = x_d E_{max}/2$，所以当外加电压相同时，电场分布曲线下的面积应该相等。因此，杂质浓度越低，三角形的底 x_d 越大，三角形的高 E_{max} 就越小，E_{max} 就越不容易达到发生雪崩击穿所要求的 E_c 值，如图 2-33 所示。换句话说，当轻掺杂一侧的掺杂浓度减小时，就必须在更高的反向电压下才能使 E_{max} 达到 E_c 值，或满足条件 $\int_0^{x_d} \alpha_i dx = 1$，所以击穿电压就会提高。由此可见，对于单边突变结，可通过适当降低轻掺杂一侧的掺杂浓度，使势垒区拉宽来提高雪崩击穿电压。

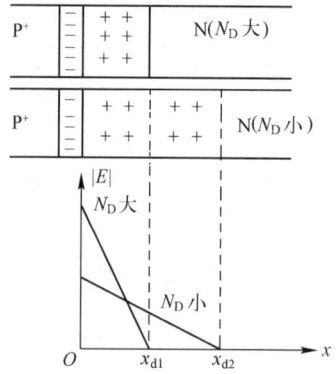

图 2-33 在同一电压下 P^+N 结的最大电场强度与势垒区厚度及 N 区杂质浓度的关系

对于线性缓变结，在相同的反向电压下，杂质浓度梯度 a 越小，则势垒区宽度 x_d 就越大，E_{max} 的值就越小。因此当 a 减小时，就必须用更高的反向电压才能使 E_{max} 达到 E_c，所以 V_B 就会提高。因此，对于扩散结，可以通过控制扩散时间及扩散温度来控制 a，从而改变 V_B。

式（2-124）说明，在其他条件相同时，半导体材料的禁带宽度 E_G 越大，V_B 就越高。这是因为载流子必须在电场中获得超过 E_G 的能量，才能在与价带电子碰撞时使其电离到达导带，从而发生雪崩倍增效应。E_G 越大，所需的电场强度与反向电压就越高。

3. 雪崩击穿电压与温度的关系

式（2-124）只适用于室温。一般来说，V_B 是与温度有关的。随着温度的提高，半导体的晶格振动加强，载流子与晶格碰撞损失的能量也增加，从电场积累能量的速率就会变慢，要达到能发生碰撞电离的动能就需要更强的电场。所以 V_B 随着温度的提高而增大。定义 V_B 的温度系数为

$$\left(\frac{\Delta V_B}{V_B \Delta T} \times 100 \right) \% / ℃$$

表示当温度变化 1℃ 时 V_B 的相对变化量。V_B 的温度系数一般是正的。

4. 雪崩击穿电压的测量

V_B 的测量方法与 PN 结正向导通电压 V_F 的测量方法类似，通常将反向电流增大到某一规定值时的反向电压定义为 V_B。

5. 结的结构对雪崩击穿电压的影响

（1）高阻区厚度的影响

在实际制造 PN 结器件时，为了减小串联电阻，应尽量减薄高阻区（即低掺杂区，例如 P^+N 结的 N 区）的厚度。具体可以先在低阻 N^+ 型衬底上生长一薄层高阻 N 型外延层，然后在此外延层上制作 PN 结，形成 P^+NN^+ 结构。现以图 2-34 所示的 P^+NN^+ 结构为例来分析这种情况下的击穿电压。已知单边突变结的电场分布是一条斜直线，当最大电场达到 E_c 时发生雪崩击穿。如果高阻 N 区的厚度 W 足够厚，以至当发生雪崩击穿时势垒区宽度 x_{dB} 未超出 N 区的范围，那么雪崩击穿电压 V_B 为图 2-34 中的三角形面积，即

$$V_B = E_c \frac{x_{dB}}{2} \tag{2-125}$$

但是如果 N 区的厚度 $W < x_{dB}$，那么在反向电压还未达到式（2-125）给出的 V_B 值时，势垒区就已经扩展到了 N 区与 N^+ 区的交界面。当反向电压进一步增加时，势垒区的正空间电荷区将侵入

N^+ 区。由泊松方程知势垒区中电场强度的斜率正比于电离杂质浓度。由于 N^+ 区的施主杂质浓度极高,所以势垒区进入 N^+ 区后其电场斜率极陡,势垒区极薄,如同在 P^+ 区中的情形一样。若忽略 N^+ 区中的势垒区宽度,则当最大电场强度达到 E_c 而发生雪崩击穿时,V_B 就是图 2-34 中灰色的梯形区域面积。通过对这块面积的计算可得

$$V'_B = V_B - V_B \left(\frac{x_{dB} - W}{x_{dB}} \right)^2 = V_B \frac{2x_{dB}W - W^2}{x_{dB}^2} \tag{2-126}$$

图 2-35 表示 V_B 受到高阻区厚度的限制而下降的情况。图中实线是未受限制的情形,即当 $W > x_{dB}$ 时 $V'_B = V_B$。虚线则表示当 $W < x_{dB}$ 时 $V'_B < V_B$ 的情形。

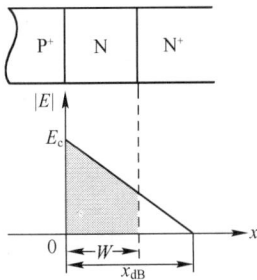

图 2-34　N 区厚度较小时 V_B 下降

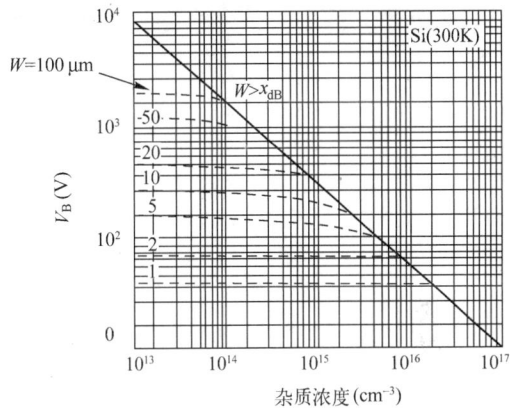

图 2-35　硅 P^+NN^+ 结或 P^+PN^+ 结的 V_B 受到高阻区厚度的限制而下降

（2）结面曲率半径的影响

前面在分析击穿机理时,把 PN 结的交界面当作一个平面。事实上,在用平面工艺制造 PN 结时,杂质不但从表面向内部做纵向扩散,同时由于沿水平方向也存在杂质浓度梯度,杂质也会沿水平方向做横向扩散,如图 2-36（a）所示。因此实际形成的 PN 结的结面并不是真正的平面。例如,用矩形窗口掩模形成的结面,将包含平面、柱面和球面三部分,如图 2-36（b）所示。对应于扩散窗口 $ABCD$ 正下方的结面为平面,对应于扩散窗口的四个边（AB、BC、CD、DA）的结面可以近似为四分之一圆柱面,对应于扩散窗口的四个角（A、B、C、D）的结面可以近似为八分之一球面。

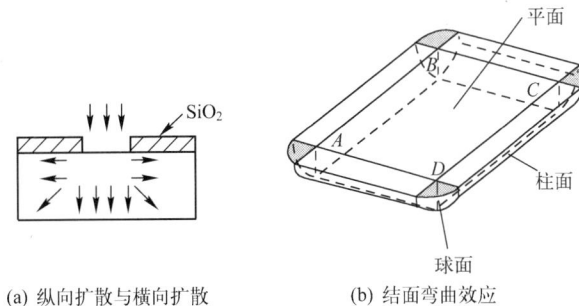

（a）纵向扩散与横向扩散　　（b）结面弯曲效应

图 2-36　定域扩散所得 PN 结的边缘为曲面

结面弯曲对 PN 结的击穿特性有很大的影响。由于势垒区宽度在曲率半径小的地方会变窄,使该处的电场更加集中。因此在相同的电压下,结面弯曲处的电场强度会比在结面平坦处更早达到雪崩击穿的临界电场强度,从而使实际 PN 结比理想的平面结提前发生雪崩击穿,使 V_B 降低。显然,结深 x_j 越浅,则曲率半径 r_j 越小,结面弯曲越明显,对 V_B 的影响就越大。图 2-37 给出的

是不同曲率半径 r_j 下硅平面结、柱面结和球面结的击穿电压与杂质浓度的关系。可以看出，击穿电压随曲率半径的减小而降低。

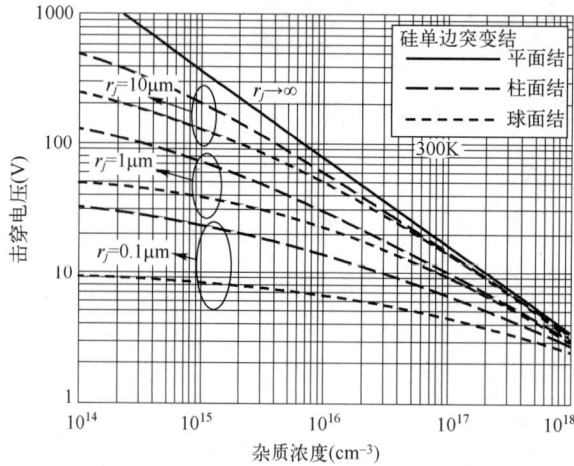

图 2-37　不同曲率半径 r_j 下硅平面结、柱面结和
球面结的击穿电压与杂质浓度的关系

为了减小结面弯曲对 V_B 的影响，在实践中常常采用加大结深的办法，以使结面的曲率半径增大，从而提高实际 PN 结的 V_B。高反压器件除了应采用较低的掺杂浓度，还应采用深结扩散，就是这个道理。此外还可采用台面结构，也就是将扩散结的结面弯曲部分腐蚀掉，只保留中间的平面部分。但在这种结构中，PN 结会在台面的侧面暴露出来，需要很好地解决钝化问题。

2.4.3　齐纳击穿

1. 齐纳击穿原理

根据量子理论，电子具有波动性，可以有一定的概率穿过位能比电子动能高的势垒区，这种现象称为隧道效应，如图 2-38 所示。关于隧道效应的分析，参见附录 A。

在图 2-39 中，PN 结势垒区内价带中点 A 处的电势与导带中点 B 处的电势相等，两点之间的距离 d 就是隧道的长度。注意隧道长度并不等于势垒区宽度。当 PN 结上的反向电压增大时，势垒区内的强电场将使能带的倾斜度增大，从而使隧道长度缩短。而势垒区宽度则随反向电压的增加而展宽。

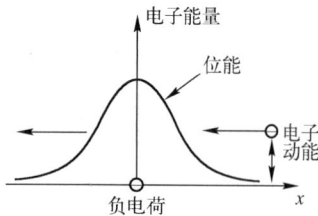

图 2-38　隧道效应

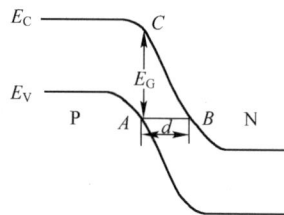

图 2-39　隧道长度 d 的计算

本来，P 区的价带电子必须具有能量 E_G 才能从点 A 被激发到导带中的点 C，然后漂移到点 B。然而根据量子理论，只要 d 足够小，不具有能量 E_G 的电子也有机会从点 A 通过隧道效应直接到点 B。假定 ACB 构成三角形势垒，由附录 A 的量子力学计算可得到隧道电流密度为

$$J \propto \exp\left[-\frac{4}{3}\left(\frac{2m^*}{\hbar^2}\right)^{1/2} E_G^{1/2} d\right] \tag{2-127}$$

式(2-127)中，m^* 为载流子的有效质量，$\hbar = h/2\pi$，h 为普朗克常数。式(2-127)说明，隧道电流密度随着隧道长度 d 的减小而呈指数式上升。

隧道长度 d 的大小与 PN 结势垒区内的电场强度有关。从图 2-39 可知，如果将能带弯曲的斜率近似用 E_G/d 来表示，而能带的弯曲是由电场引起的，即

$$\frac{\mathrm{d}E_C}{\mathrm{d}x} = qE = \frac{E_G}{d}$$

可得

$$d = \frac{E_G}{qE}$$

在势垒区中 $E_{\max}$ 处，隧道长度达到最小值，得 $d_{\min} = \dfrac{E_G}{qE_{\max}}$。

当反向电压 V 增加到使势垒区中 $E_{\max}$ 达到一个临界值时，d 也小到了一个临界值，这时大量的 P 区价带电子通过隧道效应流入 N 区导带，使隧道电流急剧增加。这种现象称为齐纳击穿或"隧道"击穿。对于锗、硅 PN 结，发生齐纳击穿的最大电场临界值分别约为 200 kV/cm 和 1200 kV/cm。

齐纳击穿的反向伏安特性曲线如图 2-40 所示。由于隧道长度反比于最大电场强度，后者又正比于反向电压，因此齐纳击穿时的反向伏安特性有下面的近似关系[9]

$$I \propto \exp(-\text{常数}/V) \tag{2-128}$$

齐纳击穿同样受结面曲率半径的影响，在曲率半径较小的地方，齐纳击穿电压也会降低。

齐纳击穿电压与温度的关系和雪崩击穿电压的相反。由于齐纳击穿电压主要取决于隧道长度 $d = E_G/(qE)$，而多数半导体材料的 E_G 随温度的提高而减小，所以齐纳击穿电压随温度的提高而下降，温度系数是负的。

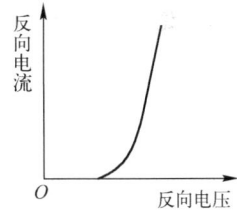

图 2-40　齐纳击穿的反向伏安特性曲线

2. 两种击穿的比较

当一个实际的 PN 结发生击穿时，如何判断属于齐纳击穿还是属于雪崩击穿呢？

由两种击穿发生的条件：

$$\text{雪崩击穿：} \int_0^{x_d} \alpha_i \mathrm{d}x = 1 \qquad \text{齐纳击穿：} d_{\min} = \frac{E_G}{qE_{\max}} \text{足够小}$$

可以看出，一般来说，当势垒区较宽时，即约化浓度 N_0 或杂质浓度梯度 a 较小时，容易发生雪崩击穿。反之，则容易发生齐纳击穿。例如，当突变结低掺杂一侧的掺杂浓度很高或缓变结的杂质浓度梯度很大时，虽然 $E_{\max}$ 很大，但势垒区很窄，势垒区中电场很强的范围更窄，所以有可能在电离率积分还不到 1 时，$E_{\max}$ 已超过了齐纳击穿的临界电场而先发生隧道击穿。

可以用击穿电压 V_B 对禁带宽度 E_G 之比值作为区分不同击穿机理的判据[9]：$V_B < 4E_G/q$ 时为隧道击穿，$V_B > 6E_G/q$ 时为雪崩击穿。对于硅，这分别相当于约 5 V 和 7 V 的击穿电压。若击穿电压介于上述两值之间，则两种机理兼有。

从击穿电压附近的伏安特性来讲，两种击穿也不相同。对于雪崩击穿，根据实验，可将雪崩倍增因子

$$M = \frac{1}{1 - \int_0^{x_d} \alpha_i \mathrm{d}x}$$

近似地写为[10]

$$M = \frac{1}{1 - (V/V_B)^S} \tag{2-129}$$

式(2-129)中的 S 值随杂质分布情况及电压而变。为了计算方便,一般采用表2-2所给的近似数据。

因此,若未发生雪崩倍增时的反向电流为 I_0,则发生倍增效应后的反向电流为

$$I = I_0 M = \frac{I_0}{1 - (V/V_B)^S} \qquad (2\text{-}130)$$

表2-2　S 的值

	P⁺N 结	PN⁺ 结
Si	4	2
Ge	3	6

按照这个规律,当反向电压 V 接近 V_B 时电流将迅速增长。实际上,由于 S 值还与 V 有关,V 较小时 S 也较小,V 增大时 S 也增大,所以当 V 接近 V_B 时,电流的增长是极为迅速的。

而对于隧道击穿,电流的增长则相对来说较为缓慢。

综上所述,可将两种击穿机理的比较列于表2-3。

表2-3　两种击穿机理发生的条件及性质

	齐 纳 击 穿			雪 崩 击 穿		
	单边突变结的 N（cm⁻³）	线性缓变结的 a（cm⁻⁴）	击穿电压 V_B(V)	单边突变结的 N（cm⁻³）	线性缓变结的 a（cm⁻⁴）	击穿电压 V_B(V)
硅	$>6\times10^{17}$	$>5\times10^{23}$	<4.5	$<3\times10^{17}$	$<1\times10^{23}$	>6.7
锗	$>10\times10^{17}$	$>2\times10^{23}$	<2.7	$<1\times10^{17}$	$<4\times10^{22}$	>4.0
温度系数	负温度系数			正温度系数		
反向特性	击穿前电流几乎不随电压而变			击穿前电流随电压有微小变化		

可以利用 PN 结在反向击穿时电流急剧增大这种特性来作为稳压二极管。当电路中两点间的开路电压超过 PN 结击穿电压 V_B 时,就会有大量电流被并联在该两点间的稳压二极管所旁路,通过电源内阻的分压作用使这两点间的电压下降到接近固定的 V_B 值。

对于 6 V 以下的硅稳压二极管,掺杂浓度应很高,以利于发生隧道击穿,因此常采用合金法来制造。对于 12 V 以上的硅稳压二极管,则掺杂浓度应当稍低,因此常采用扩散法来制造。对于电压介于上述两值之间的稳压二极管,则两种方法均可采用。

由于雪崩击穿具有正温度系数而齐纳击穿具有负温度系数,为了使稳压二极管的击穿电压尽量不受温度的影响,可以通过适当选择 PN 结的杂质浓度分布,使其击穿电压处于两种击穿机理兼有的范围,使两种击穿电压的温度系数互相抵消。

2.4.4　热击穿

以上两种击穿机理都是所谓"电击穿",它们的特点是,击穿是非破坏性的,也就是可逆的。特别是稳压二极管,本身就工作在击穿状态下。对电击穿的讨论,是在假定 PN 结处于恒定温度的条件下进行的。事实上,除了上述电击穿,还有所谓"热击穿"。而热击穿是破坏性的,也就是不可逆的。

当 PN 结外加反向电压 V 时,就有反向饱和电流 I_0 流过,造成的功率损耗为 $P_C = VI_0$。由于外加反向电压主要降在 PN 结的势垒区上,所以 PN 结损耗的功率,实际上由载流子在势垒区中的电场下加速,再通过碰撞把能量交给晶格,使晶格的热能增加,从而使 PN 结的温度升高。PN 结的温度用结温 T_j 来表示。

由式(2-54)可知,I_0 正比于 n_i^2,而 n_i^2 将随 T_j 的上升而迅速增加,所以 I_0 具有正温度系数。T_j 的升高会使 I_0 增加,这样就在电流与结温之间形成了正反馈。结温升高使电流增加,电流增加使

功率损耗增加,功率损耗增加使结温上升,从而导致电流进一步增加。如果这一过程不受控制地进行下去,将使电流与温度无限增加,最终导致 PN 结器件被烧毁,这就是热击穿。这里"击穿"两字是根据电流无限增加这一现象而采用的,实际上热击穿与雪崩击穿之类的电击穿在物理机理上毫无共同之处。热击穿的英文名称是 Thermal runaway,可译为"热失控",意思是指因为温度的缘故,使器件的功能消失了。

幸好,实际上这一过程是可以受到控制的。当由 PN 结的功率损耗转换来的热量使结温 T_j 上升而超过环境温度 T_a 后,温差 $(T_j - T_a)$ 的存在会使热量从温度高的 PN 结通过传热物体向周围环境流去。单位时间内传走的热能记为 P_{Td},与温差成正比,即

$$P_{Td} = \frac{T_j - T_a}{R_T} \tag{2-131}$$

式(2-131)中,R_T 称为传热物体的热阻,用来衡量热量散发到周围环境中去时所遇到的阻力的大小。R_T 越小,则散热的本领越大。R_T 取决于传热物体的热导率与几何形状。对于一定形状的均匀物质,R_T 正比于传热路径的长度 L,反比于传热路径的横截面积 A,可写成

$$R_T = \rho_T \frac{L}{A} = \frac{L}{\kappa A} \tag{2-132}$$

式(2-132)中,比例系数 ρ_T 或 κ 分别代表传热物体的热阻率或热导率,它们只取决于传热物体是何种物质而与其形状无关。

当 $P_C > P_{Td}$ 时,T_j 上升;当 $P_C < P_{Td}$ 时,T_j 下降;当 $P_C = P_{Td}$,即

$$VI_0 = \frac{T_j - T_a}{R_T} \tag{2-133}$$

时达到热平衡,PN 结上损耗的功率与传走的热能相等,T_j 维持不变。

对于一定的 T_j,$T_j - T_a$ 是一个常数,所以式(2-133)实际上是"$xy =$ 常数"类型的双曲线,称为热耗双曲线。图 2-41(a)中的各细虚线代表对应于不同结温的热耗双曲线。

假设 PN 结电流主要是扩散电流,则由式(2-55),电流与电压之间的关系是

$$I = I_0 \left[\exp\left(\frac{qV}{kT}\right) - 1 \right]$$

而由式(2-54),上式中的反向饱和电流 I_0 与结温 T_j 有如下关系

$$I_0 \propto n_i^2 \propto \exp\left(-\frac{E_G}{kT_j}\right)$$

图 2-41(a)中的粗虚线代表由上式所决定的对应于不同结温的反向电流与反向电压之间的关系。

显然,PN 结的实际反向伏安特性应该同时满足上式和式(2-133);也就是说,实际反向伏安特性应该由图 2-41(a)中细虚线与粗虚线的交点连接而成,如图 2-41(a)中的实线所示。注意在曲线的 AB 段,电压随电流的增加而下降。

PN 结二极管在反向电压下工作时的电路如图 2-42 所示。图 2-42 中,E 代表外加直流电压,V 代表二极管上的反向电压。从电路的观点来看,反向电流为

$$I_0 = \frac{E - V}{R}$$

这个关系在 V-I 坐标系中为一条斜线,称为负载线,如图 2-41(b)中的虚线所示。另一方面,二极管的 I_0-V 又要满足图 2-41(a)中的实线。若将此曲线画在图 2-41(b)中,则实际 I_0 与 V 之值应由负载线和曲线之交点来决定,此交点称为工作点。

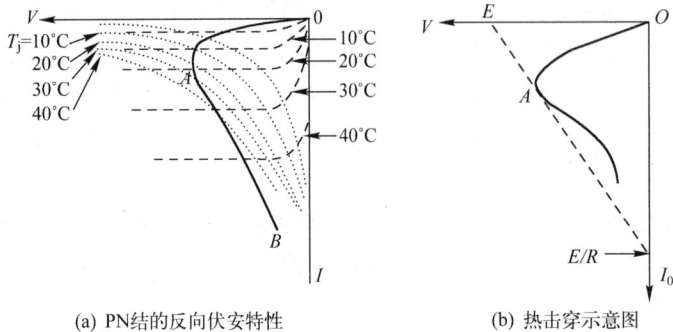

(a) PN 结的反向伏安特性

(b) 热击穿示意图

图 2-41　PN 结的热击穿

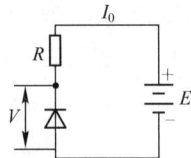

图 2-42　反向电压下的电路

如果 PN 结二极管的工作点是图 2-41(b)中的交点 A，则 I_0 的任一微小增量 ΔI 都会使 V 降低，从而使 I_0 继续增大。这样就发生了一个恶性循环，电流越来越大，结温越来越高，最终导致热击穿。

防止热击穿最有效的措施是降低热阻 R_T。此外，半导体材料的禁带宽度 E_G 越大，则 I_0 越小，热稳定性就越好。因此，硅 PN 结的热稳定性优于锗 PN 结。

由于 PN 结的反向电流 I_0 极小，所以功率损耗 P_C 也极小，一般并不容易发生热击穿。实际上，热击穿往往发生在已经出现电击穿因而反向电流比较大的情况下；或者发生在正向时，因为正向电流不但很大，而且也有正的温度系数。

2.5　PN 结的势垒电容与变容二极管

图 2-11(b) 二极管符号，只能代表 PN 结的直流特性。当 PN 结上加有交流小信号电压时，它在电路中除表现出前述的直流特性外，还表现出有电容并联在上面，如图 2-43 所示。

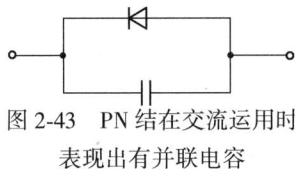

图 2-43　PN 结在交流运用时
表现出有并联电容

2.5.1　势垒电容的定义

当 PN 结上有外加电压 V 后，N 区和 P 区之间的电位差为 $V_{bi}-V$。这个电位差是靠冶金结两侧的空间电荷所产生的电场而建立起来的。在 2.1.2 节中已经证明，冶金结两侧的电荷量大小相等、符号相反。一侧的正电荷所发出的电力线完全终止在另一侧的负电荷上。如果两侧的电荷量不相等，则从一侧发出的电力线必有剩余的穿到对方空间电荷区之外的地方，赶走那里的多子，使空间电荷区扩大。这个过程将一直持续到空间电荷区的正、负电荷相等时为止。

当外加电压发生 ΔV 的变化时，空间电荷区（即势垒区）宽度发生变化，使冶金结两侧的空间电荷也发生相应的 $+\Delta Q$ 与 $-\Delta Q$ 的变化，如图 2-44 所示。空间电荷区中电荷的这种变化，显然是由多子进入或离开空间电荷区引起的，或者说是多子电流对空间电荷区充、放电的结果。将

$$C_T = \lim_{\Delta V \to 0} \left| \frac{\Delta Q}{\Delta V} \right| = \left| \frac{dQ}{dV} \right| \qquad (2\text{-}134)$$

称为 PN 结的势垒区微分电容，简称势垒电容。它是微分电荷与微分电压之比。

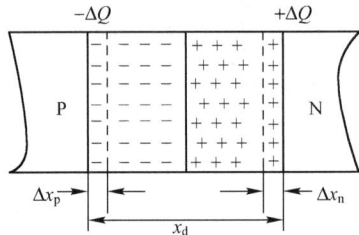

图 2-44　外加电压改变 ΔV 时势垒区
宽度及两边电荷的变化

在耗尽近似下，势垒电容与势垒区宽度之间有非常简单的关系，如图 2-44 所示。设当势垒区上的电位差为 $V_{bi}-V$ 时，势垒区宽度为 x_d。当电压 V 增加 ΔV 时，P 区一侧与 N 区一侧的势垒区宽度各减小 Δx_p 与 Δx_n。结两侧电荷的变化量就是 Δx_p 与 Δx_n 范围内的电荷。这些电荷和电位的变化有怎样的关系呢？发生变化前的电位差 $V_{bi}-V$ 由两部分构成，即由图中虚线内的电荷所产生的电位差和由 Δx_p 与 Δx_n 范围内的电荷 $-\Delta Q$ 与 $+\Delta Q$ 产生的电位差。后一个电位差即 ΔV，它和 ΔQ 的关系是很容易求出的。$-\Delta Q$ 与 $+\Delta Q$ 虽然由空间分布的电荷所构成，但由于 Δx_p 与 Δx_n 远小于 x_d，所以可将这些电荷看作集中在无限薄层中的面电荷。于是，PN 结就像一个普通的平行板电容器一样。若 PN 结的结面积为 A，那么势垒电容就相当于一个极板面积为 A，极板间隔为 x_d，板间介质的介电常数为半导体介电常数 ε_s 的平行板电容器。于是可立即得到

$$C_T = A\frac{\varepsilon_s}{x_d} \tag{2-135}$$

式 (2-135) 对突变结、线性缓变结和其他任意杂质分布的 PN 结都适用。所以只要知道了 PN 结的结面积 A 和势垒区宽度 x_d 后，就可以很容易地求出其势垒电容 C_T。必须指出的是，由于 x_d 是随外加电压 V 变化的，因此 C_T 是 V 的函数，这点和普通电容器不同。

有时也将单位面积的势垒电容简称为势垒电容。

2.5.2 突变结的势垒电容

突变结在无外加电压时的势垒区宽度已在 2.1.2 节中分析过。在所得到的计算势垒区宽度的式 (2-16) 中，只要将 V_{bi} 换为 $V_{bi}-V$，就可适用于有外加电压时的情形。

也可根据势垒电容的定义来推导突变结的势垒电容。对于突变结，其势垒区 N 区一侧的正电荷量为

$$Q = A x_n q N_D \tag{2-136}$$

式 (2-136) 中，势垒区 N 区一侧的宽度 x_n 可将式 (2-14) 中的 V_{bi} 换为 $V_{bi}-V$ 而得到，即

$$x_n = \left[\frac{2\varepsilon_s N_A}{q N_D (N_A+N_D)}(V_{bi}-V)\right]^{1/2} \tag{2-137}$$

显然，x_n 随着正向电压的增加而减小，随着反向电压的增加而增大。将式 (2-137) 代入式 (2-136)，再根据式 (2-134)，即可得到突变结势垒电容

$$C_T = \left|\frac{dQ}{dV}\right| = A\left[\frac{\varepsilon_s q N_0}{2(V_{bi}-V)}\right]^{1/2} \tag{2-138}$$

式中

$$N_0 = \frac{N_A N_D}{N_A+N_D} \tag{2-139}$$

此外，根据式 (2-16)，当有外加电压时，势垒区总宽度为

$$x_d = x_n + x_p = \left[\frac{2\varepsilon_s(V_{bi}-V)}{q N_0}\right]^{1/2} \tag{2-140}$$

将式 (2-140) 代入式 (2-135) 的平行板电容器公式，同样可以得到式 (2-138)。

由于采用了耗尽近似，式 (2-138) 在反偏下精度较高，在零偏或正偏下精度较低。

当反向电压很大时，可以略去 V_{bi}，这时势垒电容与 $|V|^{1/2}$ 成反比。

对于单边突变结，例如 PN$^+$ 结，式 (2-140) 和式 (2-138) 可简化为

$$x_d = \left[\frac{2\varepsilon_s(V_{bi}-V)}{q N_A}\right]^{1/2} \tag{2-141}$$

$$C_T = A \left[\frac{\varepsilon_s q N_A}{2 (V_{bi} - V)} \right]^{1/2} \tag{2-142}$$

对 P$^+$N 单边突变结,也可得到类似的结果。总之,对于单边突变结,势垒电容的值取决于轻掺杂一侧的杂质浓度。

图 2-45 示出了锗、硅突变结的势垒区宽度 x_d、势垒电容 C_T 与结电位差 $V_{bi} - V$ 及杂质浓度之比的关系曲线。图中的 N_0 代表轻掺杂一侧的杂质浓度或衬底杂质浓度。对非单边突变结,该图仍可使用,只是 N_0 由式(2-139)给出。

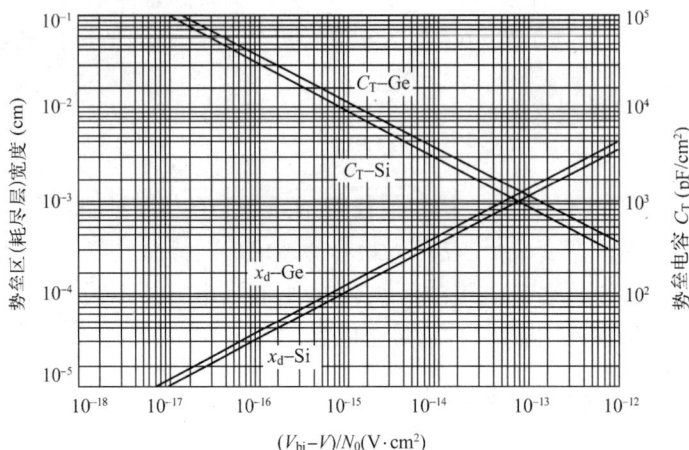

图 2-45 锗、硅突变结势垒区宽度、势垒电容与结电位差及杂质浓度之比的关系曲线

2.5.3 线性缓变结的势垒电容

将 2.1.4 节式(2-35)中的 V_{bi} 换为 $V_{bi} - V$,就可得到有外加电压时线性缓变结的势垒区宽度。其结果是

$$x_d = \left[\frac{12 \varepsilon_s (V_{bi} - V)}{aq} \right]^{1/3} \tag{2-143}$$

代入式(2-135),得

$$C_T = A \frac{\varepsilon_s}{x_d} = A \left[\frac{aq \varepsilon_s^2}{12 (V_{bi} - V)} \right]^{1/3} \tag{2-144}$$

同样地,上式在反偏下精度较高,但在零偏或正偏下由于空间电荷区中自由载流子的影响增大而使误差较大。考虑到空间电荷区中自由载流子的影响后,式(2-144)中的 V_{bi} 应由被称为梯度电压的 V_g 替代。V_g 的表达式为[11]

$$V_g = \frac{2}{3} \cdot \frac{kT}{q} \ln \left[\frac{a^2 \varepsilon_s \left(\frac{kT}{q} \right)}{8 q n_i^3} \right] \tag{2-145}$$

当反向电压很大时,可以略去 V_{bi} 或 V_g,这时势垒电容与 $|V|^{1/3}$ 成反比。

线性缓变结的势垒电容与外加反向电压是 $-1/3$ 次方关系,而突变结的势垒电容与外加反向电压是 $-1/2$ 次方关系。实际上,测量 PN 结的电容-电压关系常可作为了解 PN 结中杂质分布的一种实验手段。测量时先在结上加一个称为偏压的反向直流电压,同时再叠加一个小信号交流电压。通过调节偏压的大小可以改变势垒区宽度,从而调节势垒电容的大小。由于 PN 结存在电容,交流电压与交流电流之间存在 90° 的相位关系。势垒电容的测量可用测量电容的一般方法进行,但是偏压必须是负的。因为在正偏压下,PN 结有很大的同相电流流过。

2.5.4 实际扩散结的势垒电容

在用杂质扩散工艺制造的 PN 结中,杂质由扩散的方式进入半导体。从表面到冶金结面的距离称为结深,用 x_j 表示。杂质浓度的分布主要有下面两种形式。

(1)恒定表面浓度扩散

如果在扩散过程中半导体表面的杂质浓度 $N(0)$ 始终维持一个恒定值,则所得到的杂质浓度分布为余误差分布,即

$$N(x) = N(0)\,\mathrm{erfc}\left(\frac{x}{2\sqrt{Dt}}\right) \tag{2-146a}$$

式(2-146a)中,D 为杂质的扩散系数;t 为扩散时间。扩散过程中,进入半导体的杂质总量及结深将随扩散时间的增加而增加。

(2)恒定杂质总量扩散

如果先在半导体表面上预淀积一定量的杂质,然后再进行主扩散,但在扩散过程中不再提供新的杂质源,使进入半导体的杂质总量保持不变,则所得到的杂质浓度分布为高斯分布,即

$$N(x) = N(0)\exp\left(-\frac{x^2}{4Dt}\right) \tag{2-146b}$$

扩散过程中,杂质表面浓度将随扩散时间的增加而下降,结深则随扩散时间的增加而增加。

图 2-46 表示的是两种扩散方式得出的归一化杂质分布与 $x/(2\sqrt{Dt})$ 的关系。可以看出两条曲线较为相似,进一步分析表明,如果主扩散的扩散长度 $\sqrt{Dt}$ 超过预淀积扩散长度的三倍以上,则高斯分布的指数函数是两步扩散的一个很好的近似。

用离子注入工艺也能制造 PN 结,其杂质浓度分布也是高斯分布,但是其浓度峰值不在表面而在体内。

设衬底是均匀掺杂的,其浓度为 N_0,如图 2-47 中的虚线所示。经扩散工艺由表面($x=0$ 处)向体内掺进反型杂质,其浓度分布如图 2-47 中的实线所示。两曲线相交处为冶金结界面,该界面离开表面之距离称为结深 x_j。显然,在 $x < x_j$ 处为一种导电类型,在 $x > x_j$ 处为另一种导电类型,两边的杂质浓度为两曲线的纵坐标之差。

因为耗尽区中正、负电荷量相等,所以耗尽区在 x_j 的两侧占有相同的杂质总量,即 x_j 两侧曲线下面积相等。耗尽区的势垒 $q(V_{bi}-V)$ 越高,则面积越大。从图 2-47 可以看出,当 $V_{bi}-V$ 为某一较小值而对应面积为浅灰色区域时,杂质分布可近似看作线性缓变结。当 $V_{bi}-V$ 很大而对应面积为浅灰色与深灰色区域之和时,由于结左侧的杂质浓度很大,耗尽区主要向结右侧扩展,可近似看作单边突变结。

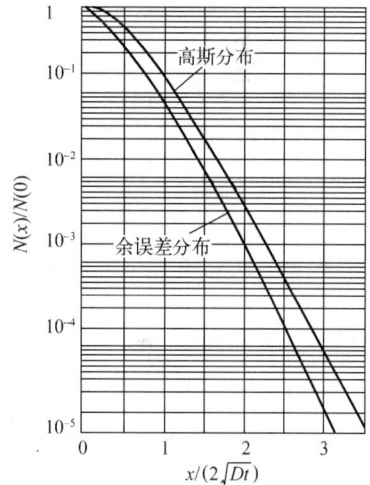

图 2-46 归一化杂质分布与 $x/(2\sqrt{Dt})$ 的关系

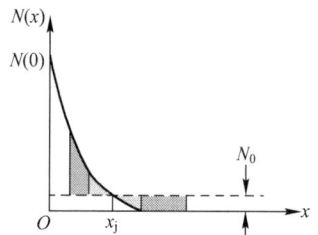

图 2-47 扩散结杂质分布示意图

2.5.5 变容二极管

变容二极管是经过特殊掺杂设计制作的 PN 结二极管,顾名思义,它是通过改变外加反向偏

压来使势垒电容发生变化的。其主要应用在电调谐、变频调制等电路中,它与普通二极管在掺杂、结构、封装上都有很大的区别。

由式(2-135)可知,只要耗尽层近似成立,对任何掺杂分布的 PN 结,其势垒电容与相距为耗尽层宽度的平板电容相等。

图 2-48 为几种不同掺杂分布 PN 结及所对应的势垒电容示意图。实际使用的变容二极管,为了获得大的电容变比,以得到大的调谐范围,其掺杂分布都采用超突变结,如图 2-48(c)所示,施主杂质浓度分布与突变结及缓变结的相反,离结稍远处会明显下降。这可以用于解释图 2-48(d)的三种结的 $C\text{-}V$ 特性。由于 PN 结一边的杂质浓度远大于另一边($N_A \gg N_D$),$C\text{-}V$ 关系主要由杂质浓度底的一边决定。由式(2-135)可知,$C\text{-}V$ 关系实际上是耗尽层宽度与外加电压变化的关系,由于突变结离结稍远处的杂质浓度小于缓变结,外加电压变化将引起势垒宽度更大的变化,所以突变结的 $C\text{-}V$ 特性比缓变结陡峭;而超突变结的施主杂质浓度离结稍远处更低,所以其电容随反向电压的变化最大。目前常见的产品为电压从 -2 V 到 -12 V 变化时,电容从 40 pF 变化到 4 pF。最大与最小电容的比达到十倍。

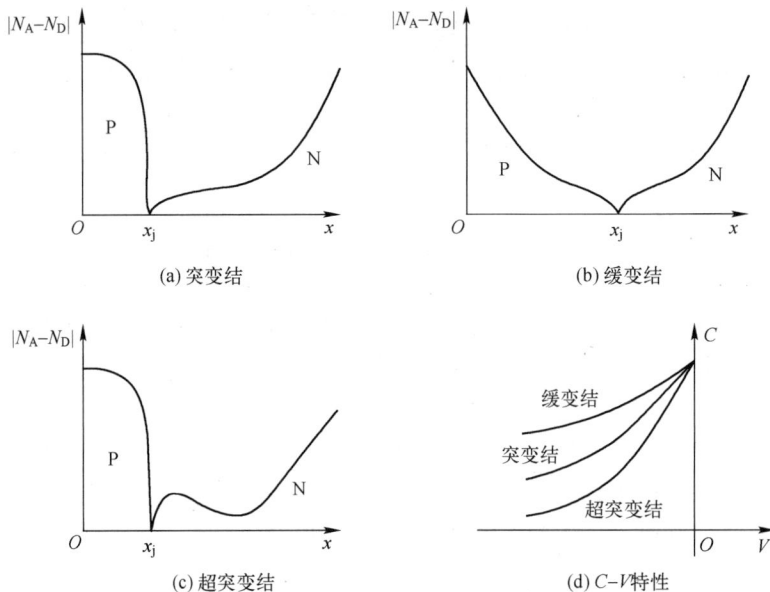

(a) 突变结

(b) 缓变结

(c) 超突变结

(d) $C\text{-}V$ 特性

图 2-48　几种不同掺杂分布 PN 结及所对应的势垒电容示意图

1. 不同掺杂分布 PN 结势垒电容的泊松方程求解

如将杂质浓度分布情况适当简化,可以得到图 2-49,其中包括突变结、缓变结和超突变结几种情况,杂质浓度低的 N 区的杂质浓度分布可表示为

$$N_D = Bx^m \tag{2-147}$$

$m=0$ 和 $m=1$ 分别是突变结和线性缓变结情形。当 $m<0$ 时称为超突变结。超突变结杂质浓度分布可以用外延、合金扩散、双扩散或离子注入工艺来达到。

忽约 $x<0$ 的重掺杂 P 区,则空间电荷区从 $x=0$ 到 $x=d$,泊松方程可以写为:

$$\frac{\mathrm{d}^2 V}{\mathrm{d}x^2} = -\frac{\rho(x)}{\varepsilon_0 \varepsilon_{Si}} = -\frac{q}{\varepsilon_0 \varepsilon_{Si}} Bx^m \tag{2-148}$$

将上式积分两次,利用边界条件 $x=0$,$V(0)=0$;$x=d$,$V(d)=V_{bi}-V$;电场强度 $E(d)=0$ 得到耗尽层厚度和势垒电容

$$d = \left[\frac{\varepsilon_s(m+2)(V_{bi}-V)}{qB}\right]^{\frac{1}{m+2}} \qquad (2\text{-}149)$$

$$C_j = A\left[\frac{qB(\varepsilon_s)^{m+1}}{(m+2)(V_{bi}-V)}\right]^{\frac{1}{m+2}} = C_{j0}\left(1-\frac{V}{V_{bi}}\right)^{-\frac{1}{m+2}} \qquad (2\text{-}150)$$

可以看出,PN 结势垒电容的非线性和杂质浓度的分布有密切的关系。杂质浓度分布越陡且斜率为正(m 越大),则电容随外加偏压的变化就越小。而对于 $m<0$ 的超突变结,其电容的变化最大。

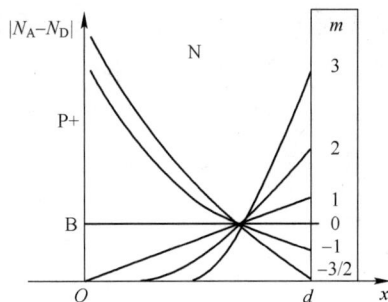

图 2-49　N 区杂质浓度分布

2. 硅调谐变容二极管制作工艺

调谐变容二极管是采用超突变结杂质浓度分布的 PN 结,它被用于频率调制电路中,其工作原理是改变 PN 结反向偏压,使电容改变,从而改变电路谐振频率,达到利用电压调节频率的目的。

下面分析线性调制的条件,已知 LC 谐振电路的振荡频率为

$$f = \frac{1}{2\pi\sqrt{LC}} \qquad (2\text{-}151)$$

线性调制需满足 f 与外加反向偏压 V 成正比:

$$f = AV \qquad (2\text{-}152)$$

得到

$$C = \frac{1}{(2\pi)^2 LA^2V^2} \propto V^{-2} \qquad (2\text{-}153)$$

上式即是变容二极管调频器获得线性调制的条件。即当电容 C 与电压 V 的平方成反比时,振荡频率就与调制电压成正比。由式(2-150)可知只要采用的变容二极管满足 $m=-3/2$,谐振电路即可实现线性调制。也就是说,要达到线性调制,变容二极管 N 区杂质浓度分布应满足

$$N_D = Bx^{-3/2} \qquad (2\text{-}154)$$

上式的杂质浓度分布是实现线性调制的理论上的最佳分布,但要在工艺上精确实现是比较困难的。图 2-50 是一种硅调谐变容二极管的管芯结构和杂质浓度分布。

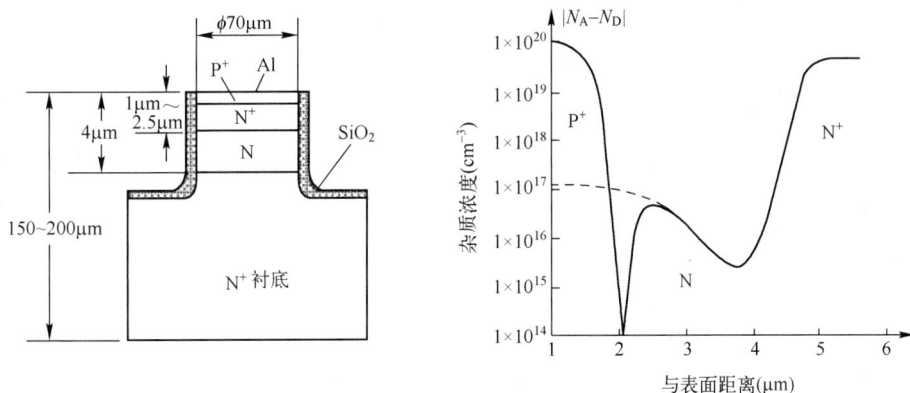

图 2-50　一种硅调谐变容二极管的管芯结构和杂质浓度分布

图 2-50 的杂质浓度分布是采用双扩散法获得的,即在扩散 P+区之前,先在厚度为 4 μm 的 N 型外延层上扩散一次施主杂质,以形成梯度为负的杂质浓度分布。为了控制负梯度的大

小和获得较大的结深,采用限定源扩散。先在 1060℃ 下通液态源(POCl₃) 10 分钟,升温至 1100°,扩散 20 分钟,控制其结深为 2.5 μm,表面浓度约为 10^{17} cm⁻³。PN 结面积 $A = 3.8 \times 10^{-5}$ cm²。这种管芯典型的性能是:反向偏压从 0 变到 20 V 时,结电容从 3.16 pF 变到 0.14 pF,电容变化约 23 倍。

2.6　PN 结的交流小信号特性与扩散电容

在 PN 结的实际应用中,有一种情形是在正向直流偏压上叠加一个小信号交流电压。这种情形常出现在双极晶体管的发射结上。设加在 PN 结上的电压是

$$V = V_0 + v = V_0 + V_1 e^{j\omega t} \tag{2-155}$$

式(2-155)中,V_0 是直流偏压,$v = V_1 e^{j\omega t}$ 是叠加在直流偏压上的振幅为 V_1、角频率为 ω 的小信号交流电压。本节将证明,在式(2-155)的电压作用下,PN 结的正向电流也有类似的形式,即

$$I = I_F + i = I_F + I_1 e^{j\omega t}$$

从而可求得 PN 结的小信号交流导纳 $Y = I_1/V_1$。Y 的实部是 PN 结的小信号电导,Y 的虚部包含了 PN 结的扩散电容。

本节讨论的 PN 结正向电流只包括扩散电流而不包括势垒区复合电流。

2.6.1　交流小信号下的扩散电流

首先来求 N 区中的空穴分布与空穴扩散电流。根据结定律的式(2-44),在 N 型中性区与势垒区的边界($x = 0$ 处)上,有

$$p_n(0,t) = p_{n0} \exp\left[\frac{q}{kT}(V_0 + V_1 e^{j\omega t})\right] \tag{2-156}$$

对于小信号,$V_1 \ll kT/q$。这时可利用近似公式 $\exp(\xi) \approx 1 + \xi$(当 ξ 很小时),将上式变为

$$p_n(0,t) = p_0(0) + p_1(0) e^{j\omega t} \tag{2-157}$$

式(2-157)中

$$p_0(0) = p_{n0} \exp\left(\frac{qV_0}{kT}\right) \tag{2-158}$$

$$p_1(0) = p_{n0} \frac{qV_1}{kT} \exp\left(\frac{qV_0}{kT}\right) = p_0(0) \frac{qV_1}{kT} \tag{2-159}$$

于是可知边界上的少子空穴浓度也由直流分量和小信号交流分量组成。注意,上式中的下角标 "0" 不是代表平衡状态,而是代表直流;下角标 "1" 则代表交流小信号。

在角频率 ω 不是特别高的情况下,可以假设在 N 型中性区内任意位置 x 处,空穴浓度仍可分为直流分量和小信号交流分量,即

$$p_n(x,t) = p_0(x) + p_1(x) e^{j\omega t} \tag{2-160}$$

将式(2-160)代入空穴扩散方程[式(1-90)],并将所得方程分拆成与时间无关的不含 $e^{j\omega t}$ 的项和与时间有关的含 $e^{j\omega t}$ 项的两个扩散方程,即

$$0 = D_p \frac{d^2 p_0(x)}{dx^2} - \frac{p_0(x) - p_{n0}}{\tau} \tag{2-161a}$$

$$j\omega p_1 e^{j\omega t} = D_p \frac{d^2 p_1(x)}{dx^2} e^{j\omega t} - \frac{p_1(x)}{\tau} e^{j\omega t} \tag{2-161b}$$

第一个扩散方程实际上就是前面已经求解过的空穴的定态扩散方程(式(2-48)),所对应的电流密度也就是前面已经求出的空穴的直流正向扩散电流密度,只是这里为了强调直流分量,在电流密度与电压符号上增加了下角标"0",即

$$J_{dp0} = \frac{qD_p}{L_p} p_{n0} \exp\left(\frac{qV_0}{kT}\right)$$

用同样的方法可得电子的直流正向扩散电流密度为

$$J_{dn0} = \frac{qD_n}{L_n} n_{p0} \exp\left(\frac{qV_0}{kT}\right)$$

以上两式相加,并乘以结面积 A,就是 PN 结正向电流中的直流分量,即

$$I_F = Aq\left(\frac{D_p p_{n0}}{L_p} + \frac{D_n n_{p0}}{L_n}\right)\exp\left(\frac{qV_0}{kT}\right) \tag{2-162}$$

对第二个扩散方程[式(2-161b)],先将等号两边的 $e^{j\omega t}$ 约去,再改写为

$$\frac{d^2 p_1(x)}{dx^2} = \frac{p_1(x)(1+j\omega\tau)}{L_p^2}$$

则其在形式上和空穴的定态扩散方程[式(2-48)]相似,只是那里的 L_p^2 应换成这里的 $L_p^2/(1+j\omega\tau)$。因此只需将式(2-48)的解[式(2-50)]中的 L_p 换成 $L_p(1+j\omega\tau)^{-1/2}$,就可得到式(2-161b)的解。此外,式(2-50)中的 $\Delta p(x_n)$ 现在应换成新的边界条件,即式(2-159);又由于现在 N 区边界的位置为 $x=0$,故式(2-50)中的 x_n 应换成 0。于是可得到 N 区中空穴浓度的小信号交流分量为

$$p_1(x) = p_0(0)\frac{qV_1}{kT}\exp\left[\frac{-x(1+j\omega\tau)^{1/2}}{L_p}\right] \tag{2-163}$$

将式(2-163)代入忽略漂移电流的空穴电流密度方程,可得从 P 区注入 N 区的空穴扩散电流密度的小信号交流分量的振幅为

$$J_{p1} = -qD_p\frac{dp_1(x)}{dx}\bigg|_{x=0} = \frac{qD_p p_0(0)}{L_p} \cdot \frac{qV_1}{kT}(1+j\omega\tau)^{1/2} \tag{2-164}$$

再乘以与时间有关的因子 $e^{j\omega t}$ 及结面积 A,可得空穴电流的小信号交流分量

$$i_{p1} = \frac{AqD_p p_0(0)}{L_p} \cdot \frac{qV_1}{kT}(1+j\omega\tau)^{1/2}e^{j\omega t} \tag{2-165a}$$

用同样的方法可得到流经 PN 结的电子电流的小信号交流分量

$$i_{n1} = \frac{AqD_n n_0(0)}{L_n} \cdot \frac{qV_1}{kT}(1+j\omega\tau)^{1/2}e^{j\omega t} \tag{2-165b}$$

式(2-165b)中

$$n_0(0) = n_{p0}\exp\left(\frac{qV_0}{kT}\right) \tag{2-166}$$

以上两式相加,即可得 PN 结正向电流中的小信号交流分量

$$i = Aq\left(\frac{D_p p_{n0}}{L_p} + \frac{D_n n_{p0}}{L_n}\right)\exp\left(\frac{qV_0}{kT}\right) \cdot \frac{qV_1}{kT}(1+j\omega\tau)^{1/2}e^{j\omega t}$$

利用正向电流直流分量 I_F 的表达式(2-162),i 也可表示成

$$i = I_F \cdot \frac{qV_1}{kT}(1+j\omega\tau)^{1/2}e^{j\omega t} = I_1 e^{j\omega t} \tag{2-167}$$

于是得到 PN 结总的正向电流为

$$I = I_F + i = I_F + I_1 e^{j\omega t}$$

式中
$$I_1 = I_F \cdot \frac{qV_1}{kT}(1+j\omega\tau)^{1/2} \tag{2-168}$$

2.6.2 交流导纳与扩散电容

PN 结的小信号交流导纳为

$$Y = \frac{I_1}{V_1} = \frac{qI_F}{kT}(1+j\omega\tau)^{1/2} \tag{2-169}$$

式(2-169)中，qI_F/kT 代表当 $\omega \to 0$ 时的 PN 结小信号电导，即直流电流的增量与直流电压的增量之比，故称为 PN 结的直流增量电导，用 g_D 表示，即

$$g_D = \frac{qI_F}{kT} \tag{2-170}$$

根据 g_D 的上述定义，g_D 也可由下式算出

$$g_D = \frac{dI_F}{dV_0} \tag{2-171}$$

在 $\omega \ll 1/\tau$ 的低频下，由于 $(1+j\omega\tau)^{1/2} \approx 1+j\omega\tau/2$，$Y$ 的表达式成为

$$Y = g_D + j\omega \frac{g_D\tau}{2} \tag{2-172}$$

式(2-172)表明，Y 是电导 g_D 与一个电容并联的结果。这个电容称为 PN 结的扩散电容，用 C_D 表示，即

$$C_D = \frac{1}{2}g_D\tau = \frac{qI_F\tau}{2kT} \tag{2-173}$$

现以 P$^+$N 结为例，对扩散电容的物理意义进行定性的说明：当外加正向电压有一个增量 ΔV 时，从 P 区注入 N 区的非平衡空穴增加，使 N 区内出现一个正电荷增量($+\Delta Q$)。与此同时，有相同数量的非平衡电子从 N 区欧姆接触处流入 N 区，以与增加的空穴维持电中性，使 N 区内出现一个相同大小的负电荷增量($-\Delta Q$)。也就是说，电压的变化 ΔV 引起了一对大小相等、符号相反的非平衡载流子电荷储存于 N 区，它们各从两端欧姆接触处而来，这相当于一个电容。对于 P$^+$N 结，从 N 区注入 P 区的非平衡电子极少，因此储存在 P 区的非平衡载流子电荷可以忽略。

如果是 PN$^+$ 结，则扩散电容上的电荷主要是储存在 P 区的非平衡载流子电荷，而储存在 N 区的非平衡载流子电荷可以忽略。这就是说，扩散电容上的电荷主要储存在低掺杂区中。

如果不是单边结，则 P 区与 N 区中各有一对大小相等、符号相反的非平衡载流子电荷的储存，各区中电荷的大小反比于该区的掺杂浓度。

与势垒电容不同的是，前者为中性区内的非平衡载流子电荷随外加电压的变化而变化，后者为势垒区边缘的电离杂质电荷随外加电压的变化而变化。此外，前者只存在于正偏下，不能当作电容器使用，后者在正偏与反偏下都存在，在反偏下可当作电容器使用。作为电容器使用的二极管称为变容二极管。两者都是外加电压的函数，但是随外加电压变化的规律不同。

扩散电容的这种概念只适用于低频。在高频下，难以对 Y 的各分量进行简单的解释。

2.6.3 二极管的交流小信号等效电路

PN 结二极管上除了有以前介绍过的势垒电容 C_T，还有本小节介绍的直流增量电导 g_D 和扩

散电容 C_D。三者是并联关系。另外,实际 PN 结二极管上还并联着漏电导 g_1,串联着由中性区体电阻、欧姆接触电阻及引线电阻形成的寄生电阻 r_s。前三个元件是小信号参数,后两个寄生元件则在直流或小信号下均存在。

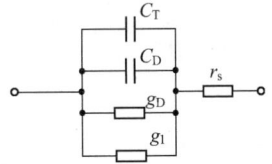

图 2-51　实际二极管的交流小信号等效电路

综上所述,实际 PN 结二极管的交流小信号等效电路如图 2-51 所示。

2.7　PN 结的开关特性

由于 PN 结二极管具有单向导电性,所以可当作开关使用。当二极管处于正向导通状态时,相当于开关闭合,称为"开"态。当二极管处于反向截止状态时,相当于开关断开,称为"关"态。作为开关使用的二极管称为开关二极管。

理想开关应具有如下特性。直流特性方面,"开"态时电压应为零,"关"态时电流应为零。这样,无论开态还是关态,直流功耗都为零。瞬态特性方面,打开的瞬间应立即出现定态电流,关断的瞬间电流应立即消失。

2.7.1　PN 结的直流开关特性

图 2-52(a)所示为处于开态的二极管。由于二极管上的电压很小、电流很大,所以寄生元件中的漏电导 g_1 可以忽略而串联电阻 r_s 不能忽略。

理想情况下,二极管上的正向压降 $V_f=0$,正向电流 $I_f=E_1/R_L$。

实际情况下,$V_f=V_F+I_f r_s$,$I_f=(E_1-V_F)/(R_L+r_s)$。式中,V_F 代表 PN 结的正向导通电压。

当 $E_1\gg V_F+I_f r_s$ 时,$I_f\approx E_1/R_L$。这时 I_f 只取决于外电路。可见,要使二极管在开态时接近理想情况,就应尽量减小 V_F 与 r_s。

在常用的正向电流范围内,硅管的正向压降约为 0.7 V。正向压降和 PN 结轻掺杂一侧的杂质浓度有关。杂质浓度越小,一定正向电压下的电流越大,而一定电流下的正向电压就越小。在硅管中,通过改变掺杂浓度可使正向压降变化约 0.1 V。图 2-53 是硅二极管在两种掺杂浓度下的正向伏安特性曲线。曲线 1 为 $N_A=6\times10^{17}$ cm^{-3} 和 $N_D=2.5\times10^{17}$ cm^{-3};曲线 2 为 $N_A=6\times10^{17}$ cm^{-3} 和 $N_D=2.5\times10^{15}$ cm^{-3}。

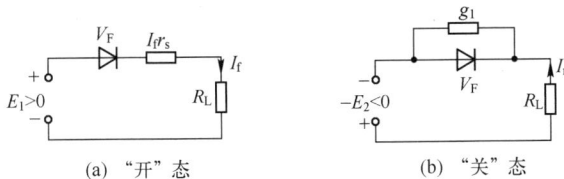

图 2-52　最简单的二极管开关电路

(a)"开"态　　　(b)"关"态

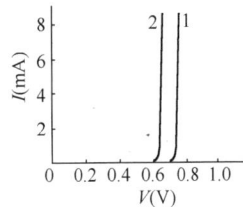

图 2-53　硅二极管的正向伏安特性曲线

当正向电流很大时,串联电阻 r_s 上的压降可能大于 V_F。r_s 主要由半导体中性区电阻及欧姆接触电阻构成。在制造开关二极管时,应尽量减小欧姆接触电阻,且不能用过厚的半导体衬底。

图 2-52(b)所示为处于关态的二极管。由于二极管上的电压很大、电流很小,所以寄生元件中的串联电阻 r_s 可以忽略而漏电导 g_1 不能忽略。

理想情况下,二极管的反向电流 $I_r = 0$。

实际情况下,$I_r = I_0 + (E_2 - I_r R_L)g_1$,或 $I_r = (I_0 + E_2 g_1)/(1 + R_L g_1)$。式中,$I_0$ 代表 PN 结的反向饱和电流与势垒区产生电流之和。当 g_1 很小时,$I_r = I_0$。硅管的 I_0 为纳安数量级。

为了减小反向电流,在工艺上应严格控制各种漏电因素,尽量减小漏电导 g_1。

2.7.2 PN 结的瞬态开关特性

以下的分析不考虑 PN 结寄生元件的作用。

开关二极管常用于脉冲电路中。如果加在开关电路上的脉冲电压波形为如图 2-54(a)所示的理想阶跃脉冲波形,则实际二极管的电流波形如图 2-54(b)所示。由图可以看出,当电压由 E_1 突然变为 $-E_2$ 后,电流并不是立刻成为 $-I_0$,而是在一段时间 t_s 内,反向电流维持在 $-E_2/R_L$,二极管仿佛仍然处于导通状态而并不关断。t_s 段时间结束后,反向电流的值才开始逐渐变小。再经过 t_f 时间,二极管的电流才恢复为正常情况下的 $-I_0$。t_s 称为存储时间,t_f 称为下降时间。$t_r \equiv t_s + t_f$,称为反向恢复时间。以上过程称为反向恢复过程。

实际上,当电压由 E_1 突然变为 $-E_2$ 时,电流从 E_1/R_L 变到 $-E_2/R_L$ 也不是突然的,也会有一个过程。同样,当电压由 $-E_2$ 突然变为 E_1 时,电流也不是从 $-I_0$ 突然变到 E_1/R_L 的,而是有一个所谓的上升过程。但相比之下,反向恢复时间更长,是影响开关速度的主要因素。

反向恢复过程的存在使二极管不能在快速连续的脉冲下当作开关使用。如果反向脉冲的持续时间比反向恢复时间 t_r 短,则二极管在正、反向下都处于导通状态,起不到开关的作用。

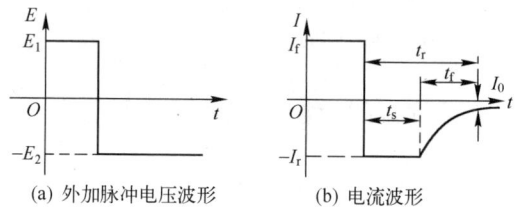

(a) 外加脉冲电压波形　　(b) 电流波形

图 2-54　开关二极管对脉冲电压的响应

从理论上讲,PN 结二极管的瞬态特性可通过求解少子的连续性方程得到,解的具体形式与外加信号及初始条件有关。而在实际工作中,一般并不采用求解少子连续性方程的方法。这是因为:(1)只有在某些特殊情况及理想的外加信号形式下才能得到解析解,而且这种解在大多数情况下最多也只能是近似的;(2)实际上二极管的瞬态过程不仅取决于中性区少子电荷的存储,也取决于势垒区中电荷的存储。了解瞬态过程最好的方法是直接研究储存电荷的物理过程。

2.7.3 反向恢复过程

现在以 P^+N 结二极管为例来说明引起反向恢复过程的原因。这里设 N 区的厚度远大于少子的扩散长度。

对于 P^+N 结,正向电流主要是从 P^+ 区向 N 区注入的空穴电流。与此同时,电子从 N 区的欧姆接触处流入 N 区,以便与增加的空穴维持电中性。电荷的运动规律主要由少子,即非平衡空穴决定。非平衡空穴在 N 区扩散时,其浓度分布的规律由式(2-49)给出。本小节将坐标的原点设在 N 区与势垒区的交界点处,因此应将式(2-49)中的 x_n 换成 0,得到

$$\Delta p_n(x) = p_{n0}\left[\exp\left(\frac{qV}{kT}\right) - 1\right]\exp\left(-\frac{x}{L_p}\right) \tag{2-174}$$

在正向电压期间,少子浓度的分布如图 2-55 中的曲线 1 所示。由于 V 比 kT/q 大得多,$p_n(0) \gg p_{n0}$,这时有大量非平衡少子储存于 N 区中,其总电荷为

$$\Delta Q = Aq\int_0^\infty \Delta p_n(x)\,\mathrm{d}x = AL_p q p_{n0}\left[\exp\left(\frac{qV}{kT}\right) - 1\right] \tag{2-175}$$

式(2-175)中,A 为结面积。图 2-55 中的曲线 1 与图中虚线所围的面积就是 $\Delta Q/(Aq)$。

此外,空穴的正向扩散电流可由式(2-52a)乘以结面积 A 后得到,即

$$I_{\mathrm{f}}=\frac{AqD_{\mathrm{p}}}{L_{\mathrm{p}}}p_{\mathrm{n0}}\left[\exp\left(\frac{qV}{kT}\right)-1\right] \qquad (2\text{-}176)$$

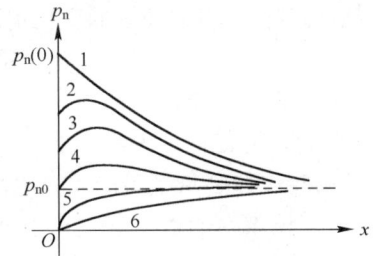

图 2-55　反向恢复过程
中少子浓度的分布

比较式(2-175)与式(2-176),可以在电荷量 ΔQ 与正向电流 I_{f} 之间建立一个简单的关系

$$\Delta Q=\frac{L_{\mathrm{p}}^2}{D_{\mathrm{p}}}I_{\mathrm{f}}=\tau_{\mathrm{p}}I_{\mathrm{f}} \qquad (2\text{-}177)$$

或
$$I_{\mathrm{f}}=\Delta Q/\tau_{\mathrm{p}} \qquad (2\text{-}178)$$

式(2-177)的物理意义很明显:单位时间内进入 N 区的空穴电荷量为 I_{f},每个非平衡空穴在 N 区存在的平均时间为 τ_{p}。这就是说,在任一时刻前的 τ_{p} 时间段所注入的空穴均是存在的,比 τ_{p} 时间段更前注入的空穴则已因复合而消失。因此 N 区内的非平衡空穴电荷量 ΔQ 就是在 τ_{p} 期间进入的空穴电荷总数 $\tau_{\mathrm{p}}I_{\mathrm{f}}$。

当开关电路中的外加电压由 E_1 突然变为 $-E_2$ 后,正是这个存储在 N 区中的非平衡少子电荷 ΔQ 为反向电流提供了电荷来源。式(2-177)将作为后面求解电荷方程的初始条件。

至于式(2-178),就是空穴连续性方程的积分形式在定态时的简化形式,即 1.6 节例 1.6 中的式(1-96)。两式的正负号不同是因为电流的参考方向不同。

在反向恢复过程中,设 PN 结上的电压为 $V(t)$,则根据图 2-56,反向电流为 $I_{\mathrm{r}}=\dfrac{E_2+V(t)}{R_{\mathrm{L}}}$。

N 区中非平衡少子浓度的分布如图 2-55 所示。图 2-55 的曲线 1 表示电压由 E_1 突然变为 $-E_2$ 时的一瞬间,这时 N 区内的非平衡少子的浓度分布还未来得及发生变化,仍保持在"开"态时的形状,此时边界上的少子浓度、PN 结上的电压及反向电流分别为

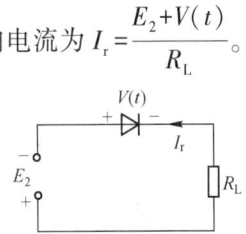

图 2-56　反向恢复过程中
的开关电路

$$p_{\mathrm{n}}(0)=p_{\mathrm{n0}}\exp\left[\frac{qV(t)}{kT}\right],\ V(t)=V_{\mathrm{F}},\ I_{\mathrm{r}}=\frac{E_2+V(t)}{R_{\mathrm{L}}}=\frac{E_2+V_{\mathrm{F}}}{R_{\mathrm{L}}}$$

曲线 1 至曲线 4 为存储时间期间,即 t_{s} 期间。在此期间,反向电流不断将 N 区中的少子从 N 区往 P 区抽走;与此同时,少子自身也因复合而不断减少。少子浓度的分布将随着时间从图 2-55 的曲线 1 依次变到曲线 2、3、4。到曲线 4 时,边界上的少子浓度下降到平衡少子浓度。从存储时间的起点到终点,各物理量的变化情况为

$$p_{\mathrm{n}}(0)=p_{\mathrm{n0}}\exp\left[\frac{qV(t)}{kT}\right]\rightarrow p_{\mathrm{n0}},\ V(t)=V_{\mathrm{F}}\rightarrow 0,\ I_{\mathrm{r}}=\frac{E_2+V_{\mathrm{F}}}{R_{\mathrm{L}}}\rightarrow\frac{E_2}{R_{\mathrm{L}}}$$

由于少子浓度与结电压是指数式关系,在从曲线 1 下降到曲线 4 的过程中,结电压 $V(t)$ 的变化很小,$V(t)$ 始终远小于 E_2。若将 $V(t)$ 略去,则可认为此期间的反向电流一直维持在

$$I_{\mathrm{r}}=E_2/R_{\mathrm{L}} \qquad (2\text{-}179)$$

所以这期间的反向电流只受电路条件的限制,与二极管参数无关,二极管仿佛一直处于导通状态而并不关断。以上就是在存储时间内发生的过程。

图 2-55 的曲线 4 至曲线 6 为下降时间期间,即 t_{f} 期间。在此期间,边界上的少子浓度下降到了平衡少子浓度以下,直到接近于零。根据结定律,结电压变成负值,且其绝对值随着时间而变大,直到接近于 $-E_2$。反向电流也不再是常数 E_2/R_{L},而是随时间减小,直到降到 I_0。从下降时间

的起点到终点,各物理量的变化情况为

$$p_n(0)=p_{n0}\to 0,\quad V(t)=0\to -E_2,\quad I_r=E_2/R_L\to I_0$$

以上就是在下降时间内发生的过程。

N 区内存储的非平衡少子电荷,从物理意义上讲,就是存储在 PN 结扩散电容上的电荷。将少子从 N 区往 P 区抽走的反向电流,就是扩散电容的放电电流。实际上,在下降过程中,由于结电压的变化较大,PN 结势垒电容也会放电,并引起相应的电流。下面为了计算简便,忽略势垒电容的影响。

2.7.4 存储时间与下降时间

1. 存储时间的计算

本小节采用电荷控制方程对存储时间 t_s 做近似的计算。电荷控制方程的优点是物理概念清楚,所得公式简单且便于应用。计算时仍以 P^+N 结二极管为例。

在 1.6 节的例 1.6 中,已经得到空穴连续性方程的积分形式即空穴电流的电荷控制方程

$$I_p=-\frac{dQ_p}{dt}-\frac{\Delta Q_p}{\tau_p} \tag{1-95}$$

为与本节的符号相一致,现将上式中的 I_p 写为 I_r,将 ΔQ 写为 Q,得

$$I_r=-\frac{dQ}{dt}-\frac{Q}{\tau_p} \tag{2-180}$$

或

$$\frac{dQ}{dt}=-I_r-\frac{Q}{\tau_p} \tag{2-181}$$

式(2-181)是一个关于 N 区中非平衡少子电荷随时间变化的微分方程。应当指出,式(2-181)实际上也适用于正向情形。正向定态时,$dQ/dt=0$,并将 $-I_r$ 写为 I_f,立即可得式(2-178)。

现在把这个式子用于反向情形。式(2-181)的物理意义极为明显:少子存储电荷的下降有两个原因,一个是反向电流的抽取,一个是少子自身的复合。

初始条件是式(2-177),即当 $t=0$ 时,$Q(0)=\tau_p I_f$。由此可得到式(2-181)的解为

$$Q(t)=\tau_p(I_f+I_r)\exp\left(-\frac{t}{\tau_p}\right)-\tau_p I_r \tag{2-182}$$

可见少子电荷是随时间按指数规律下降的。

存储时间 t_s 是边界上的非平衡少子浓度达到零所需的时间。如果用式(2-182)求 t_s,就需要知道这个时候的少子电荷 $Q(t_s)$。下面对这个问题进行一个粗略的分析。

反向电流是由 N 区少子空穴向势垒区方向扩散引起的,根据空穴扩散电流公式

$$I_r=AqD_p\frac{dp_n}{dx}\bigg|_{x=0}=D_p\left[\frac{d}{dx}(Aqp_n)\right]_{x=0}$$

由于 I_r 在存储时间内不变,所以 Aqp_n 在 $x=0$ 处的斜率也始终不变。为了计算简便,假设少子电荷分布与距离的关系曲线如图 2-57 的直线 2、3、4 所示。从 $x=0$ 到虚线的部分都是斜率为 I_r/D_p 的直线,虚线是代表初始分布的曲线 1 在 $x=0$ 处的切线。过虚线以后,少子电荷仍按斜线分布,并设在 $x=2L_p$ 处,储存电荷降为零。$Q(t_s)$ 就是图中阴影区的面积,它很容易从三角形面积公式求出。三角形的高 h 可从直线 4 与虚线交点的纵坐标算出,为

$$h=\frac{I_rI_f}{I_r+I_f}\cdot\frac{L_p}{D_p}$$

从而阴影区的面积为

$$Q(t_s)=\tau_p\frac{I_rI_f}{I_r+I_f} \tag{2-183}$$

将式(2-183)代入式(2-182)即可解出

$$t_s = \tau_p \ln\left[\frac{I_r + I_f}{I_r + I_f I_f / (I_r + I_f)}\right] \qquad (2\text{-}184)$$

由式(2-184)可见,存储时间 t_s 与少子寿命 τ_p 有关,也与电流 I_r、I_f 有关,但关系较小。在实际工作中常通过测量 t_s 来确定 τ_p,这是测量少子寿命的一种简便方法。

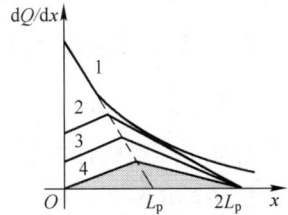

图 2-57 少子电荷分布与
距离的关系曲线

2. 下降时间的计算

在下降过程中,二极管处于反偏,结上电压 $V(t)$ 及其变化不可忽略,反向电流 $I_r = (E_2 - V)/R_L$ 不是常数,所以问题比较复杂。为了计算简单起见,假设在整个反向恢复过程中反向电流保持 $I_r = E_2/R_L$ 不变。反向恢复过程结束时 $Q = 0$,因此用 $t = t_r$ 时,$Q = 0$ 代入式(2-182),即可解出反向恢复时间,即

$$t_r = \tau_p \ln\left(\frac{I_f + I_r}{I_r}\right) \qquad (2\text{-}185a)$$

因为 $t_r = t_s + t_f$,所以再结合式(2-184),即可得

$$t_f = t_r - t_s = \tau_p \ln\left[1 + \frac{I_f}{I_r + I_f}\right] \qquad (2\text{-}185b)$$

实际的下降时间比用上式计算出来的偏长,因为实际上抽出电荷的反向电流是逐渐减小的,而不是像推导上式时假设的不变。

3. 减小反向恢复时间的方法

(1) 从电路角度考虑,应使用尽可能小的正向电流 I_f,尽可能大的反向抽取电流 I_r。I_f 小,则正向时存储在中性区的少子电荷就少。I_r 大,则反向时对存储电荷的抽取就快。但实际上 I_f、I_r 常受到电路中其他条件的限制。

(2) 从器件角度考虑,应降低少子寿命 τ_p。τ_p 小,则一方面可使正向时存储的少子电荷 $Q = \tau_p I_f$ 减少;另一方面在反向时可加快少子的复合。

在半导体材料中引入复合中心可以降低少子寿命。金在硅中是有效的复合中心,因此在开关管中常采用掺金的方法来提高开关管的响应速度。金在高温下的扩散系数比Ⅲ、Ⅴ族元素大几个数量级,低温下在硅中的溶解度却很小。因此一般采用高温扩散、快速冷却的方法,使高温下进入硅的金来不及析出,就冻结在硅里面。金浓度与 t_r 关系的经验公式如下

$$t_r = \frac{2.53 \times 10^7}{\text{金浓度}(1/\text{cm}^3)} \qquad (2\text{-}186)$$

也可采用掺铂、电子辐照、中子辐照等方法来引入复合中心,降低少子寿命。

(3) 减薄轻掺杂区厚度,即采用"薄基区二极管"结构。非平衡少子电荷主要存储在轻掺杂区,减薄轻掺杂区厚度可以减少存储电荷。此外,由 2.2.7 节可知,在其他条件相同时,薄基区二极管的反向抽取电流要比厚基区的大得多。

2.8 功率 FRD

功率 FRD 是功率快恢复二极管的缩写,它既能在反向阻断状态下承受高压,又能在正向导通时流过较高的电流密度,还能拥有良好的反向恢复特性,适合在电力电子电路中作为与高压功率器件配套的续流二极管使用。

2.8.1 基本结构与应用

功率 FRD 一般呈现为 PIN 结构。如图 2-59 所示,它以 P⁺ 区接阳极,以 N⁺ 区接阴极,两区之间夹有一定厚度的轻掺杂区(即 I 区)。

功率 FRD 一般与高压功率器件反并联使用,器件导通时它关断,器件关断时它导通。

当器件逐渐关断时,导通的功率 FRD 为器件所接感性负载提供了一个续流通路,避免感性负载中的持续大电流流过正在耐受高压的器件,起到保护器件的作用。

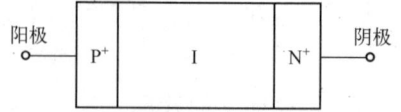

图 2-58 功率 FRD 的结构

当器件逐渐导通时,理论上功率 FRD 应尽快关断,以减小其上的功率损耗。然而,因为前面介绍的 PN 结反向恢复过程的存在,会造成功率 FRD 难以理想地快速关闭。同时,为避免引起电路高频工作时的波形振荡等问题,通常还需要对功率 FRD 的反向恢复特性做一定的设计与控制。

为研究功率 FRD 在电路应用中的特性表现,尤其是掌握它在反向恢复过程中的特性机理,建立如图 2-59 所示的简化电路来模拟实际应用。图中,功率 FRD 作为待检测设计单元位于电感 L 的下方,开关 S 模拟功率器件,电流源 I_F 模拟功率器件驱动的感性负载,V_R 代表电压源,R_p 为寄生大电阻,R_s 为寄生小电阻。接下来,将基于该简化电路介绍功率 FRD 在开关过程各阶段中的特性表现。

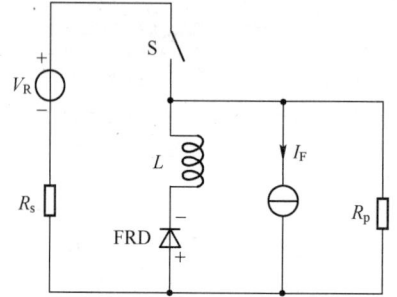

图 2-59 模拟功率 FRD 实际应用的简化电路

2.8.2 特性表现

图 2-60 示出了功率 FRD 在 S 开关过程中各阶段的伏安特性。其中,t_0 以前 S 处于闭合稳态,t_0 时将 S 断开,t_2 时又将 S 再次闭合。图中细线表示功率 FRD 中的电流,粗线表示功率 FRD 上的电压,参考方向如图 2-59 所示。

1. 反向阻断阶段

在 t_0 以前,S 处于稳定的闭合状态,功率 FRD 也处于稳定的反向阻断状态。此时,它两端承受的反向偏压近似等于 V_R,两端流过的反向电流为反向泄漏电流 I_R。

如 2.4.2 节所述,PN 结的雪崩击穿电压主要取决于其轻掺杂一侧的电场分布。若在阳极 P⁺ 和阴极 N⁺ 间设置轻掺杂的 I 区,当 I 区完全耗尽时,根据泊松方程,I 区

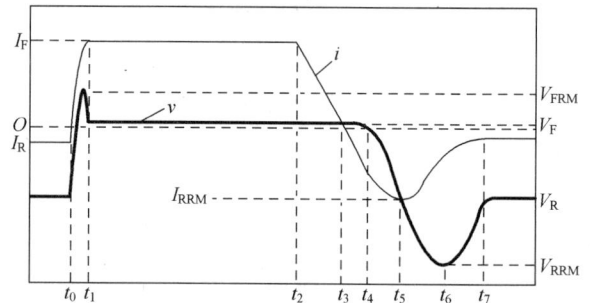

图 2-60 功率 FRD 各阶段的伏安特性

将得到穿通型电场分布。穿通型电场分布可以在一定 I 区厚度下提高反向阻断电压,也可以在一定反向阻断电压下减少 I 区厚度从而降低导通损耗,这就是功率 FRD 通常采用 PIN 结构的主要原因。

反向泄漏电流 I_R 由空间电荷区的产生电流与扩散电流组成。其中空间电荷区的产生电流由任意在耗尽 I 区内产生的电子空穴对被电场扫出形成,其大小与耗尽 I 区内的电子空穴对产生率有关。而扩散电流主要是因为距离 PN 结结面较近处产生的少子会扩散到耗尽 I 区的边缘,在电场作用下被扫入 PN 结的另一侧所致。由于功率 FRD 的 I 区极易耗尽,空间电荷区的

产生电流出现在整个 I 区宽度范围内,而扩散电流仅发生在阳极 P⁺和阴极 N⁺附近,所以 I_R 通常由空间电荷区的产生电流决定,因此与空间电荷产生寿命成反比。

2. 正向恢复阶段

t_0 时将 S 断开于是模拟感性负载的电流源 I_F 上的电流将在极短时间内转换到功率 FRD 所在支路,此时功率 FRD 从反向阻断状态向正向导通状态转变,为正向恢复阶段。

在该阶段中,因为 di/dt 非常高,少子注入的速率低于电流变化的速率,使得 I 区电导调制并不充分,整个 I 区呈现较低的电导,此时功率 FRD 上的正向压降可能超过其稳态工作时的正向导通压降,即发生电压过冲。这说明形成充分的电导调制是需要一定时间的。因此,在正向恢复阶段,可以观察到功率 FRD 上的正向电压会先上升至正向峰值电压 V_{FRM},再下降到正向导通压降 V_F。

3. 正向导通阶段

t_1 以后,功率 FRD 进入稳定的正向导通状态,大量阳极 P⁺的多子空穴与阴极 N⁺的多子电子注入 I 区,形成电导调制。实际上,当 I 区的电导调制充分以后,正向导通压降 V_F 与正向导通电流密度 I_F 之间的关系将脱离欧姆定律的限制,使 V_F 可以在更高 I_F 下始终维持较低水平。此时 I 区电子和空穴的最大浓度分别位于 I 区与阴极 N⁺和 I 区与阳极 P⁺的交界处,载流子浓度由两侧向中心处下降的梯度取决于其扩散长度和寿命。扩散长度越小,寿命越短,意味着浓度下降梯度越大,I 区中平均载流子浓度越小,导致 V_F 增大。因此,若通过减小载流子寿命来提高开关速度,还要考虑该方法会使 I 区平均载流子浓度减小进而使 V_F 变大,应全面合理地设计载流子寿命、扩散长度和 I 区厚度。

4. 反向恢复阶段

t_2 时,将 S 再度闭合,功率 FRD 将在电压源作用下逐渐关断,I_F 将从功率 FRD 所在支路逐渐转换到 S 所在支路。此时功率 FRD 进入反向恢复状态,而该状态也分为若干阶段。

$t_2 \sim t_4$:反向恢复刚开始时,如图 2-61(a)所示,I 区内仍存在大量电子空穴对,其压降很小。此时,由电压源和功率 FRD 所在回路的基尔霍夫电压方程可知,电感 L 上电压大小保持为约等于 V_R,使 L 上电流也即功率 FRD 上正向电流线性减小。t_3 时刻,当功率 FRD 上正向电流减小至 0 后,I 区内的电子空穴对将被逐渐抽取,形成反向电流。在反向电流抽取 I 区电子空穴对的初期,功率 FRD 上的压降依然很小,L 上电压大小依然约等于电源电压,所以流过功率 FRD 的反向电流线性增大。

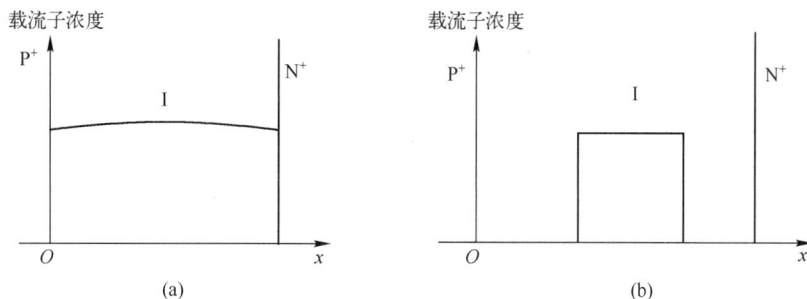

(a)

(b)

图 2-61　功率 FRD 载流子浓度分布图

$t_4 \sim t_5$:当反向电流抽取了一定量的 I 区中电子空穴对后,功率 FRD 开始反向承压,导致 L 上电压大小偏离 V_R 并持续减小,L 上 di/dt 持续减小。因此自 t_4 起,功率 FRD 上的反向电流增速开始降低。t_5 时刻 di/dt 减小到 0,反向电流达到峰值 I_{RRM},功率 FRD 承压约等于 V_R。这一阶段 I 区载流子分布如图 2-61(b)所示。

$t_5 \sim t_7$：由于电感 L 上电流的连续性，反向电流越过峰值以后将继续存在，I 区将被继续耗尽。这将导致功率 FRD 上电压超过 V_R，使得电感 L 上电压反向、电流减小，从而导致功率 FRD 的反向电流减小。控制这一阶段电流的变化率对于功率 FRD 的应用来讲至关重要，该电流变化率主要受到反向电压的影响。一方面随着 I 区载流子被持续抽取，耗尽区逐渐拓宽，使反向电压趋于增大；另一方面随着反向电流减小，耗尽 I 区内空穴电流对电场的影响逐渐减弱，电场斜率逐渐减小，使反向电压趋于减小。这两方面因素最终导致功率 FRD 上的反向电压先增大后减小，出现反向电压峰值 V_{RRM}。若 V_{RRM} 过大，反向电流将急剧变化，造成"硬恢复"现象，容易引起电路振荡，在实际设计中应尽量避免。

2.8.3 功率 FRD 的优化方法

功率 FRD 关注的反向恢复特性包括反向恢复时间、反向恢复软度和漏电流峰值等，在实际应用中，这些特性将显著影响电路的性能。为了优化功率 FRD 的反向恢复特性，常见思路有调整阳极注入效率和控制少子寿命等，例如通过控制阳极 P^+ 的发射效率来控制注入 I 区的少子浓度，或使用重金属掺杂、电子辐照和局域离子注入等技术来控制 I 区中少子寿命。

此外，需要说明的是，为方便原理的讲述，以上仅以图 2-58 为示意介绍了一种功率 FRD 的最简化元胞结构及特性，实际功率 FRD 芯片还包含结终端区，而其特性也一样重要。被誉为"中国功率半导体领路人"的陈星弼院士就曾对结终端区进行过长期深入的研究，他提出的"优化横向变掺杂技术"可以在最小芯片面积下实现最大耐受电压，显著提高了功率芯片的性价比。一颗小小的功率 FRD，包含着各样的材料、工艺与结构设计，凝聚了一代又一代半导体人的奋斗和努力，它在带给我们更加美好生活的同时，也督促着我们新一代半导体人继续努力、发挥智慧让它变得更加优秀。

2.9 SPICE 中的二极管模型

SPICE 是一个被广泛使用的集成电路模拟程序，能对模拟电路、数字电路和数/模混合电路进行直流分析、交流分析、瞬态分析、温度分析、噪声分析、灵敏度分析、统计分析和电路的最坏情况分析等。在进行电路模拟时，首先要建立起电路中电子器件的模型，并要求这些模型能准确描述器件在直流、大信号和小信号工作状态下的特性。对电路模拟来说，主要关心的是器件的外部特性，而不是器件内部的物理过程，所以在器件模型中既可以包括有物理意义的公式和参数，也可以包括经验公式和经验参数，同时还要求器件参数易于获得与验证。本节简要介绍 SPICE 中的二极管模型。

本节中的参数符号将尽量与 SPICE 中使用的符号一致，有些符号与本书中的有所不同。例如本节中将用 C_D 代表 PN 结总电容，用 C_j 代表 PN 结势垒电容。而前面则是分别用 C_T 和 C_D 代表 PN 结的势垒电容和扩散电容。

1. 直流模型

在 SPICE 中，将二极管直流模型分为正偏、反偏和击穿三个工作区来进行处理。这里的正偏区是指 $V_D > -10kT/q$，这时二极管的非线性电流表达式为

$$I_D = I_S \left[\exp\left(\frac{qV_D}{nkT} \right) - 1 \right] \tag{2-187}$$

式 (2-187) 中，I_D 和 V_D 代表二极管上的电流和电压；I_S 代表反向饱和电流；n 代表发射系数，它反映耗尽区中产生复合效应的大小。

在较高的正偏下,用 r_S 来等效寄生串联电阻和大注入效应,这时本征二极管两端的电压为

$$V_D = V'_D - r_S I_D \qquad (2\text{-}188)$$

反偏区是指 $-BV < V_D < -10kT/q$,这时二极管的非线性电流表达式为

$$I_D = -I_S \qquad (2\text{-}189)$$

当 $V_D < -BV$ 时为击穿区,这时二极管的非线性电流表达式为

$$I_D = -I_S\left[\exp\left(\frac{-q(BV+V_D)}{nkT}\right)\right] \qquad (2\text{-}190)$$

式(2-190)中,BV 代表反向击穿电压。

2. 大信号模型

SPICE 中的二极管大信号模型如图 2-62 所示。

二极管的大信号模型中有两种形式的电荷存储。一种是注入中性区的非平衡载流子形成的电荷存储 $\tau_D I_D$,另一种是耗尽区中的电离杂质形成的电荷存储。二极管中的总电荷 Q_D 的表达式为

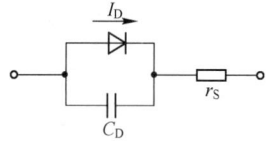

图 2-62　二极管大信号模型

$$Q_D = \begin{cases} \tau_D I_D + C_j(0)\displaystyle\int_0^{V_D}\left(1-\frac{V}{\phi_0}\right)^{-m}\mathrm{d}V, & V_D < F_C\phi_0 \\[2mm] \tau_D I_D + C_j(0)F_1 + \dfrac{C_j(0)}{F_2}\displaystyle\int_{F_C\phi_0}^{V_D}\left(F_3+\frac{mV}{\phi_0}\right)\mathrm{d}V, & V_D \geqslant F_C\phi_0 \end{cases} \qquad (2\text{-}191)$$

式(2-191)中,τ_D 代表渡越时间;ϕ_0 代表 PN 结内建电势;m 代表梯度因子;F_C 为正偏势垒电容公式中的系数,其值为 0 到 1,默认值为 0.5;$C_j(0)$ 代表零偏势垒电容;F_1、F_2、F_3 为常数,有

$$F_1 = \frac{\phi_0}{1-m}\left[1-(1-F_C)^{1-m}\right], \qquad F_2 = (1-F_C)^{1+m}, \qquad F_3 = 1-F_C(1+m)$$

因此二极管的电容

$$C_D \equiv \frac{\mathrm{d}Q_D}{\mathrm{d}V_D} = \begin{cases} \tau_D\dfrac{\mathrm{d}I_D}{\mathrm{d}V_D} + C_j(0)\left(1-\dfrac{V_D}{\phi_0}\right)^{-m}, & V_D < F_C\phi_0 \\[2mm] \tau_D\dfrac{\mathrm{d}I_D}{\mathrm{d}V_D} + \dfrac{C_j(0)}{F_2}\left(F_3+\dfrac{mV_D}{\phi_0}\right), & V_D \geqslant F_C\phi_0 \end{cases} \qquad (2\text{-}192)$$

3. 小信号模型

二极管的交流小信号线性化模型如图 2-63 所示。

小信号电导定义为

$$g_D = \frac{\mathrm{d}I_D}{\mathrm{d}V_D}\bigg|_{工作点} = \frac{qI_S}{nkT}\exp\left(\frac{qV_D}{nkT}\right)\bigg|_{工作点} \qquad (2\text{-}193)$$

利用 g_D 的定义得

$$C_D = \frac{\mathrm{d}Q_D}{\mathrm{d}V_D}\bigg|_{工作点} = \begin{cases} \tau_D g_D + C_j(0)\left(1-\dfrac{V_D}{\phi_0}\right)^{-m}, & V_D < F_C\phi_0 \\[2mm] \tau_D g_D + \dfrac{C_j(0)}{F_2}\left(F_3+\dfrac{mV_D}{\phi_0}\right), & V_D \geqslant F_C\phi_0 \end{cases} \qquad (2\text{-}194)$$

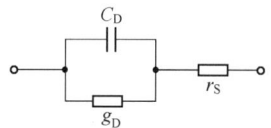

图 2-63　二极管的交流
小信号线性化模型

4. 噪声模型

二极管在交流时的噪声模型如图 2-64 所示。

电阻 r_S 上产生的热噪声为

$$i_{nrs} = \left(\frac{4kT\Delta f}{r_S}\right)^{1/2} \qquad (2\text{-}195)$$

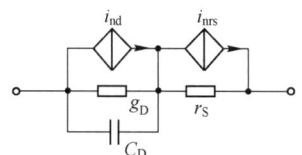

图 2-64　二极管的交流
噪声模型

二极管的闪烁噪声为
$$i_{\text{nd}} = \left(2qI_{\text{D}}\Delta f + \frac{K_{\text{f}}I_{\text{D}}^{\text{AF}}}{f} \right)^{1/2} \tag{2-196}$$

式(2-195)和式(2-196)中,f 代表频率,Δf 代表频带宽度,K_{f} 代表闪烁噪声系数,AF 代表闪烁噪声指数因子。

5. 温度效应

在 SPICE 中考虑了二极管的温度效应,其中反向饱和电流 I_{S} 与温度的关系为

$$I_{\text{S}}(T) = I_{\text{S}}(T_{\text{nom}}) \left(\frac{T}{T_{\text{nom}}} \right)^{X_{\text{TI}}/n} \exp\left[-\frac{E_{\text{G}}(T_{\text{nom}})}{nkT}\left(1 - \frac{T}{T_{\text{nom}}} \right) \right] \tag{2-197}$$

式(2-197)中,T_{nom} 为标称温度,其值为 300 K;$I_{\text{S}}(T_{\text{nom}})$ 和 $E_{\text{G}}(T_{\text{nom}})$ 分别为标称温度下的反向饱和电流和禁带宽度;X_{TI} 为反向饱和电流的温度指数因子。

PN 结内建电势 ϕ_0 与温度的关系为

$$\phi_0(T) = \frac{T}{T_{\text{nom}}}\phi_0(T_{\text{nom}}) - \frac{2kT}{q}\ln\left(\frac{T}{T_{\text{nom}}} \right)^{1.5} - \left[\frac{T}{T_{\text{nom}}}E_{\text{G}}(T_{\text{nom}}) - E_{\text{G}}(T) \right]/q \tag{2-198}$$

对于硅
$$E_{\text{G}}(T) = E_{\text{G}}(0) - \frac{\alpha T^2}{\beta + T} \tag{2-199}$$

式(2-199)中,$E_{\text{G}}(0) = 1.16 \text{ eV}, \alpha = 7.02\times10^{-4} \text{ eV/K}, \beta = 1108 \text{ K}$。

零偏势垒电容 C_{j} 与温度的关系为

$$C_{\text{j}}(T) = C_{\text{j}}(T_{\text{nom}}) \left[1 + m\left(A(T - T_{\text{nom}}) - \frac{\phi_0(T) - \phi_0(T_{\text{nom}})}{\phi_0(T_{\text{nom}})} \right) \right] \tag{2-200}$$

式中,常数 $A = 4\times10^{-4} k^{-1}$。

本章习题

2-1　试由高斯定理推导出突变结的内建电场,即式(2-5a)与式(2-5b)。

2-2　图 2-4 中两直线与横坐标所围的三角形面积为内建电势 V_{bi}。试根据这个特点与直线的斜率直接导出式(2-17)和式(2-19)。

2-3*　某硅突变结的 $N_{\text{A}} = 1\times10^{16} \text{ cm}^{-3}, N_{\text{D}} = 5\times10^{16} \text{ cm}^{-3}$,试计算平衡状态下的:(1) 内建电势 V_{bi};(2) P 区耗尽区宽度 x_{p}、N 区耗尽区宽度 x_{n} 及总的耗尽区宽度 x_{d};(3) 最大电场强度 E_{max}。

2-4*　某单边突变结在平衡状态时的势垒区宽度为 x_{d0},试求外加反向电压应为内建电势 V_{bi} 的多少倍时,才能使势垒区宽度分别达到 $2x_{\text{d0}}$ 和 $3x_{\text{d0}}$。

2-5*　试证明突变结的耗尽区宽度与掺杂浓度之间有如下关系:$\dfrac{x_{\text{p}}}{x_{\text{n}}} = \dfrac{N_{\text{D}}}{N_{\text{A}}}$。

2-6*　一块同一导电类型的半导体,当掺杂浓度不均匀时,也会存在内建电场和内建电势。设一块 N 型硅的两个相邻区域的施主杂质浓度分别为 N_{D1} 和 N_{D2},试推导出这两个区域之间的内建电势公式。如果 $N_{\text{D1}} = 1\times10^{20} \text{ cm}^{-3}, N_{\text{D2}} = 1\times10^{16} \text{ cm}^{-3}$,则室温下内建电势为多少?

2-7*　试推导出杂质浓度为指数分布 $N = N_0\exp(-x/\lambda)$ 的中性区的内建电场表达式。若具有这种杂质浓度分布的硅的表面杂质浓度为 $10^{18} \text{ cm}^{-3}, \lambda = 0.4 \text{ μm}$,试求其内建电场的大小。再将此电场与某突变 PN 结的耗尽区中最大电场做比较,该突变 PN 结的 $N_{\text{A}} = 10^{18} \text{ cm}^{-3}, N_{\text{D}} = 10^{15} \text{ cm}^{-3}$。

2-8*　图 2-65 所示为硅 PIN 结的杂质浓度分布图,PIN 结中的符号 I 代表本征区。

(1) 试推导出该 PIN 结的内建电场表达式和各耗尽区长度的表达式,并画出内建电场分布图。

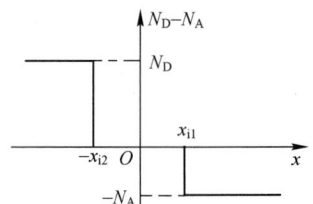

图 2-65

（2）将此 PIN 结的最大电场与不包含 I 区的 PN 结的最大电场进行比较。设后者的 P 区与 N 区的掺杂浓度分别与前者的 P 区与 N 区的相同。

2-9　能否用电压表直接测量 PN 结的内建电势 V_{bi}？如果不能，试解释其原因。

2-10　某硅中的杂质浓度分布如图 2-66 所示，施主杂质和受主杂质的浓度分别为

$$N_D(x) = 10^{16}\exp\left(-\frac{x}{2\times10^{-4}}\right)\text{cm}^{-3}, \quad N_A(x) = N_A(0)\exp\left(-\frac{x}{10^{-4}}\right)\text{cm}^{-3}$$

（1）如果要使结深 $x_j = 1\ \mu\text{m}$，则受主杂质的表面浓度 $N_A(0)$ 应为多少？

（2）试计算结深处的杂质浓度梯度 a 的值。

（3）若将此 PN 结近似为线性缓变结，设 $V_{bi} = 0.7\ \text{V}$，试计算平衡时的耗尽区最大电场 E_{max}，并画出内建电场分布图。

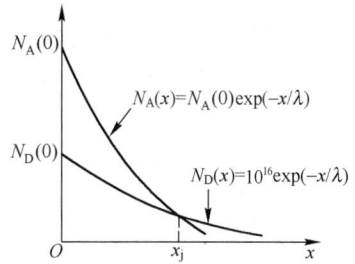

图 2-66

2-11　在平衡 PN 结的空间电荷区中，本征费米能级是位置 x 的函数，即 $E_i(x) = (E_i)_p - q\Psi(x)$，试证明空间电荷区内的载流子浓度为

$$p(x) = p_{p0}\exp\left[-\frac{q\Psi(x)}{kT}\right], \quad n(x) = n_{p0}\exp\left[\frac{q\Psi(x)}{kT}\right]$$

式中

$$p_{p0} = n_i\exp\left[\frac{(E_i)_p - E_F}{kT}\right], \quad n_{p0} = n_i\exp\left[\frac{E_F - (E_i)_p}{kT}\right]$$

并用对数坐标画出空间电荷区内载流子浓度随 x 变化的曲线。

2-12　试计算电阻率为 $1\ \Omega\cdot\text{cm}$ 的 N 型硅的费米能级 E_F 相对于导带底 E_C 的位置。假设硅中电子迁移率为 $1450\ \text{cm}^2\text{V}^{-1}\text{s}^{-1}$，本征载流子浓度为 $1.5\times10^{10}\ \text{cm}^{-3}$，禁带宽度为 $1.1\ \text{eV}$，温度为 $300\ \text{K}$。

2-13　在什么条件下采用耗尽近似时精确度较高？在什么条件下采用耗尽近似时精确度较低？为什么？

2-14　某硅突变结的 $N_D = 1.5\times10^{15}\ \text{cm}^{-3}$，$N_A = 1.5\times10^{19}\ \text{cm}^{-3}$，试求 n_{n0}、p_{n0}、p_{p0} 和 n_{p0} 的值，并求当外加 $0.4\ \text{V}$ 正向电压和 $0.4\ \text{V}$ 反向电压时的 $n_p(-x_p)$ 和 $p_n(x_n)$ 的值。

2-15* 某硅突变结的 $N_D = 1.5\times10^{15}\ \text{cm}^{-3}$，$N_A = 1.5\times10^{19}\ \text{cm}^{-3}$，试求室温下的大注入转折电压 V_{KN} 和 V_{KP}，并求当外加 $0.85\ \text{V}$ 正向电压时的 $n_p(-x_p)$ 和 $p_n(x_n)$ 的值。

2-16* 分别画出突变 PN 结在平衡、正偏和反偏状态下的能带图。

2-17* 画出 PIN 结在平衡状态下的能带图。

2-18* 分别画出突变 PN 结在平衡、正偏和反偏状态下的少子浓度分布图。

2-19　载流子的扩散系数 D 与迁移率 μ 之间的关系一般由下式给出：$\dfrac{D}{\mu} = \dfrac{1}{q}\cdot\dfrac{\mathrm{d}E_F}{\mathrm{d}(\ln n)}$。

试证明当半导体材料为非简并，故玻尔兹曼分布可用时，以上关系可简化为爱因斯坦关系，即 $\dfrac{D}{\mu} = \dfrac{kT}{q}$。

2-20* 试证明在一个 P 区电导率 σ_p 远大于 N 区电导率 σ_n 的 PN 结中，当外加正向电压时空穴电流远大于电子电流。

2-21　试证明结两侧的杂质浓度相等的对称 PN 结当外加正向电压时，势垒区内的复合在中间界面上最强。

2-22* 已知某 PN 结的反向饱和电流为 $I_0 = 10^{-11}\text{A}$。

（1）若以正向电流达到 $10\ \text{mA}$ 作为正向导通的开始，试求该 PN 结的正向导通电压 V_F 之值。

（2）若此 PN 结存在寄生串联电阻 $r_{cs} = 10\ \Omega$，则在同样的测试条件下，V_F 值将变为多少？

（3）若第（1）题中的 PN 结的结面积 A 扩大 100 倍，仍以正向电流达到 $10\ \text{mA}$ 作为正向导通的开始，则所测得的 V_F 变为多少？要使两种情形下的 V_F 值相同，应该如何调整测试条件？

2-23　在小注入情形下，固定 PN 结的正向电流，求正向电压与温度的关系，并求其随温度的相对变化率。大注入情形下，情况又如何？

2-24* 试求 PN 结正向扩散电流与温度的关系，并求其随温度的相对变化率。

2-25　实际测得的 PN 结的反向饱和电流 I_0 与热力学温度 T 之间的关系如图 2-67 所示，试说明图中直线的斜率代表什么？

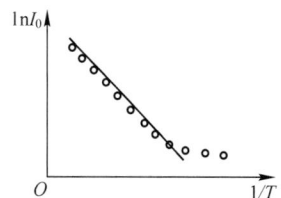

图 2-67

2-26　已知 $n_i^2 = N_C N_V \exp(-E_G/kT) = CkT^3\exp(-E_{G0}/kT)$，式中 N_C、N_V 分别为

导带底、价带顶的有效状态密度，E_{C0} 为绝对零度下的禁带宽度。低温时反向饱和电流以势垒区产生电流为主。试求反向饱和电流 I_0 与温度的关系，并求 I_0 随温度的相对变化率 $(\mathrm{d}I_0/\mathrm{d}T)/I_0$，同时画出电压一定时的 I_0-T 曲线。

2-27 锗、硅 PN 结在室温下温度每提高 $10^\circ\mathrm{C}$，反向饱和电流分别增加多少？

2-28 设 $\alpha_{in} = \alpha_{ip} = \alpha_i$，一个原始载流子经过势垒区产生 $\int_0^{x_d} \alpha_i \mathrm{d}x$ 对新的载流子。雪崩击穿条件是 $\int_0^{x_d} \alpha_i \mathrm{d}x = 1$，这意味着一个原始载流子经过势垒区产生一对新的载流子。但"雪崩"二字顾名思义为产生了不计其数的载流子，如何解释这个表面上的矛盾呢？

2-29 当一个很大的脉冲式反向偏压加在某对称 PN 结上时，在势垒区内电场最大处附近的一个极小范围内（设为 $x = -\Delta_1$ 到 $x = +\Delta_1$）发生了 $\int_{-\Delta_1}^{\Delta_1} \alpha_i \mathrm{d}x = 1.2$，且在 $|x| > \Delta_1$ 区域内 $\alpha_i(x) = 0$。脉冲持续时间为 10 ps。该 PN 结的反向饱和电流为 1 nA。设在脉冲期间，两种载流子渡越过势垒区的时间相同，均为 1 ns，而渡越过雪崩区（从 $-\Delta_1$ 到 $+\Delta_1$）的时间极短，以致二次载流子一旦产生即被扫出，不能再产生碰撞电离效应。试求脉冲结束的瞬间，势垒区中的载流子数量。如果脉冲结束后外加正向偏压，试讨论载流子此后的运动情形。

2-30 实际中常以 PN 结耗尽区内的最大电场 E_{max} 达到临界击穿电场 E_c 作为雪崩击穿的条件。某硅单边突变结的 $E_c = 3.5 \times 10^5 \mathrm{V \cdot cm^{-1}}$，开始发生雪崩击穿时的耗尽区宽度 $x_{dB} = 5.72~\mu\mathrm{m}$，求该 PN 结的雪崩击穿电压 V_B。若对该 PN 结外加反向电压 $V = 0.25V_B$，则其耗尽区宽度和最大电场分别为多少？

2-31* 某 $\mathrm{P^+N^-N^+}$ 结的雪崩击穿临界电场 $E_c = 32~\mathrm{V/\mu m}$，当 $\mathrm{N^-}$ 区的长度足够长时，击穿电压 V_B 为 144 V。试求当 $\mathrm{N^-}$ 区的长度缩短为 $3~\mu\mathrm{m}$ 时的击穿电压为多少？

2-32 若将碰撞电离率表示为 $\alpha_i = C_i E^7$，试证明线性缓变 PN 结的雪崩击穿电压为

$$V_B = \frac{4}{3}\left[\left(\frac{\varepsilon_s}{qa}\right)^2\left(\frac{6.29}{C_i}\right)\right]^{1/5}$$

2-33 讨论 PN 结势垒电容和扩散电容的形成机理及特点。

2-34* 已知某硅单边突变结的内建电势为 0.6 V，当外加反向电压为 3.0 V 时测得势垒电容为 10 pF，试计算当外加 0.2 V 正向电压时的势垒电容。

2-35 某结面积为 $10^{-5}~\mathrm{cm^2}$ 的硅单边突变结，当 $V_{bi} - V = 1.0~\mathrm{V}$ 时测得其结电容为 1.3 pF，试计算该 PN 结低掺杂一侧的杂质浓度为多少？

2-36 如果需要一个当反向电压 $V \gg V_{bi}$ 时与 V^{-1} 成正比变化的 PN 结势垒电容，试定性讨论该 PN 结应该有怎样的杂质浓度分布形式。

2-37* 已知某硅 PN 结当外加 0.3 V 正向电压时的扩散电容为 35 pF，试计算当外加 0.4 V 正向电压时的扩散电容。

2-38* 某 PN 结当正向电流为 10 mA 时，室温下的小信号电导与小信号电阻各为多少？当温度为 $100^\circ\mathrm{C}$ 时，它们的值又为多少？

2-39 某单边突变 $\mathrm{P^+N}$ 结的 N 区杂质浓度 $N_D = 10^{16}~\mathrm{cm^{-3}}$，N 区少子扩散长度 $L_p = 10~\mu\mathrm{m}$，结面积 $A = 0.01~\mathrm{cm^2}$，外加 0.6 V 的正向电压。试计算当 N 区厚度分别为 $100~\mu\mathrm{m}$ 和 $3~\mu\mathrm{m}$ 时存储在 N 区中的非平衡少子的数目。

2-40 减薄轻掺杂区的厚度可以减小 PN 结的反向恢复时间 t_r。试推导出轻掺杂区厚度 $W \ll L_p$ 的 $\mathrm{P^+N}$ 薄基区二极管的反向恢复时间 t_r 的表达式。

本章参考文献见二维码 2-1。

二维码 2-1

第3章 双极结型晶体管

3.1 双极结型晶体管基础

由第 2 章知道,当 PN 结处于正偏时,电子从 N 区注入 P 区,空穴从 P 区注入 N 区,形成正向电流。正向电流的电荷来源是多子,所以正向电流很大。当 PN 结处于反偏时,电子从 P 区被拉向 N 区,空穴从 N 区被拉向 P 区,形成反向电流。反向电流的电荷来源是少子,所以反向电流很小。如果能够在反偏的 PN 结附近设法提供大量的少子,就能使反向电流提高。给反偏 PN 结提供少子的一种方法是在它附近制作一个正偏的 PN 结。如果两个 PN 结靠得很近,则由正偏 PN 结注入过来的少子还来不及复合,就被反偏 PN 结所收集而形成较大的反向电流。反向电流的大小取决于正偏 PN 结注入过来的少子的多少,而后者取决于加在正偏 PN 结上的偏压的大小。通过改变一个 PN 结的偏压来控制其附近另一个 PN 结的电流的方法称为双极晶体管效应。这是电子器件发展历史上最重要的思想之一,由此而发明的双极结型晶体管获得了诺贝尔物理学奖。

3.1.1 双极结型晶体管的结构

双极结型晶体管的英文名称为 Bipolar Junction Transistor,英文缩写为 BJT,中文则常简称为双极晶体管,或晶体管。它是由两个方向相反的 PN 结构成的三端器件,有两种基本结构:PNP 型晶体管和 NPN 型晶体管,如图 3-1 所示。晶体管的两个 PN 结分别称为发射结和集电结,三个区域分别称为发射区、基区和集电区。三个区分别与金属电极接触并从上面引出导线,供连接电路使用。这三个连接点分别称为发射极、基极和集电极。

以"E""B""C"为下角标的字母所代表的含义,见表 3-1。

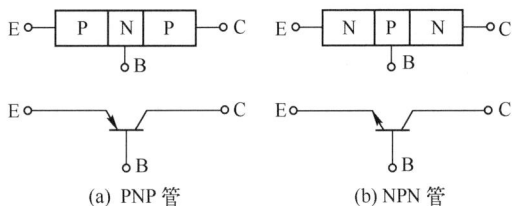

(a) PNP 管　　　　(b) NPN 管

图 3-1　双极结型晶体管基本结构
及电路符号

表 3-1　以"E""B""C"为下角标的字母的含义

字　　母	英　　文	本书中的含义
E	Emitter	发射区或发射极或发射结
B	Base	基区或基极
C	Collector	集电区或集电极或集电结

例如,W_B、N_B、D_B、L_B、I_B 分别代表基区宽度、基区杂质浓度、基区少子扩散系数、基区少子扩散长度和基极电流等。

1948 年贝尔实验室发明的世界上第一只点接触晶体管是由两根细金属丝与一块 N 型锗基片相接触而形成的。锗基片是基区,金属丝分别是发射极与集电极。1951 年出现了如图 3-1 所示由两个 PN 结构成的晶体管。为了区别于点接触晶体管,将其称为结型晶体管。20 世纪 60 年代场效应管诞生后,由于在场效应管中只有一种载流子起作用,而在结型晶体管中有两种载流子同时起作用,所以又将场效应管称为单极型器件,将结型晶体管称为双极型器件。

早期的双极结型晶体管是采用锗合金工艺制作的。这种晶体管的基区杂质都为均匀分布,所以称为均匀基区晶体管,且多数是 PNP 型的。自 20 世纪 60 年代初硅平面工艺兴起后,采用氧化、光刻、扩散（或离子注入）等工艺制作的硅平面晶体管就逐渐占据了绝对的优势地位。硅平面晶体管无论是分立器件还是集成电路中居于多数的纵向器件，基区杂质都为非均匀分布，称为缓变基区晶体管，且多数是 NPN 型的。此外，硅集成电路中的横向 PNP 管与衬底 PNP 管为均匀基区晶体管。

用合金工艺制作的均匀基区晶体管的基本结构如图 3-1 所示。用平面工艺制作的缓变基区晶体管（称为平面晶体管，简称平面管）的基本结构如图 3-2 所示，基区与发射区是依次用杂质扩散工艺完成的，因此也称为双扩散晶体管。缓变基区晶体管中杂质浓度的纵向（x 方向）分布如图 3-3 所示。图 3-3(a) 为 N_E、N_B、N_C 各自的杂质浓度分布，图 3-3(b) 为经补偿后的净施主或净受主杂质浓度分布。x_{je} 与 x_{jc} 分别代表发射结的结深与集电结的结深。以后在分析晶体管的工作原理时，为方便起见，常采用图 3-1 的结构。

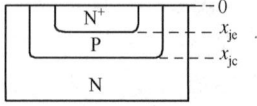

图 3-2　平面晶体管的基本结构

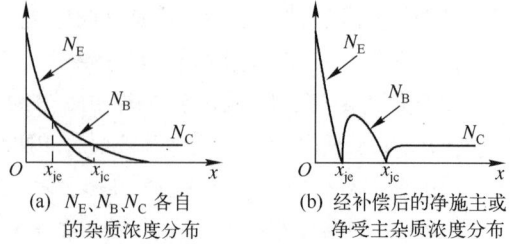

(a) N_E、N_B、N_C 各自的杂质浓度分布　(b) 经补偿后的净施主或净受主杂质浓度分布

图 3-3　平面晶体管中杂质浓度的纵向分布

3.1.2　偏压与工作状态

已知 PN 结根据外加偏压有两种工作状态，外加正偏时为导通状态，外加反偏时为截止状态。晶体管有两个 PN 结，每个结上均可外加正偏或反偏，所以晶体管共有四种工作状态。

下面先对加在晶体管各电极之间的电压参考极性和流经晶体管各电极的电流参考方向做出规定。直流电压用下角标的字母顺序表示参考极性，第一个字母代表参考高电位的电极，第二个字母代表参考低电位的电极。对于 PNP 管，两个结上的电压分别为 $V_{EB} = V_E - V_B$ 和 $V_{CB} = V_C - V_B$。对于 NPN 管，两个结上的电压分别为 $V_{BE} = V_B - V_E$ 和 $V_{BC} = V_B - V_C$。电压大于零表示正偏，电压小于零表示反偏。

直流电流的参考方向为：对于 PNP 管，发射极电流以流入为正，基极电流和集电极电流以流出为正。对于 NPN 管，发射极电流以流出为正，基极电流和集电极电流以流入为正。

晶体管的四种工作状态也称为四个工作区。发射结正偏、集电结反偏称为正向放大区，或正向有源区，也可简称为放大区或有源区；发射结与集电结均正偏称为饱和区；发射结与集电结均反偏称为截止区；发射结反偏、集电结正偏称为反向放大区，或反向有源区。模拟电路中的晶体管主要工作在放大区，起放大和振荡等作用。数字电路中的晶体管主要工作在饱和区与截止区，起开关作用，前者为开态，后者为关态。

当采用以上的电流参考方向时，放大区晶体管的三个电流都是正的。

晶体管的品种极多。按使用范围大体上有如下几种分法。

（1）低频管、中频管、高频管。

（2）小功率管、中功率管、大功率管。

（3）低噪声管、开关管、大电流管、高反压管等。

3.1.3　少子浓度分布与能带图

1. 少子浓度分布

第 2 章已经介绍了 PN 结的少子浓度分布图与能带图，现在很容易将其推广到有两个 PN 结的晶体管中去。图 3-4 是均匀基区 PNP 晶体管在平衡时及在四个工作区中时的少子浓度分布图。

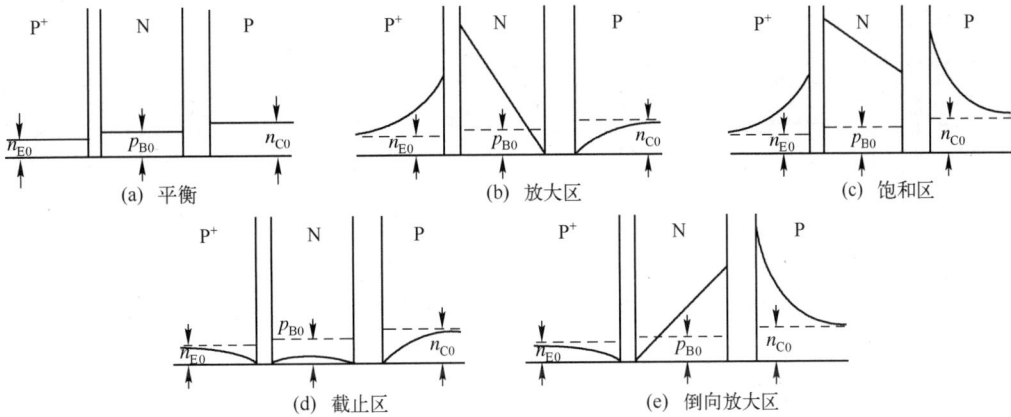

图 3-4 均匀基区 PNP 晶体管的少子浓度分布图

先来看平衡时的少子浓度分布图,这也是画其他工作区的少子浓度分布图的基础。以均匀基区 PNP 管为例,并设 $N_E > N_B > N_C$,则 $n_{E0} = n_i^2/N_E$,$p_{B0} = n_i^2/N_B$,$n_{C0} = n_i^2/N_C$,且 $n_{E0} < p_{B0} < n_{C0}$,如图 3-4(a)所示。

分析晶体管在四个工作区的少子浓度分布时,应先根据边界条件确定各区边界上的少子浓度。

在发射区的左侧与电极接触处,少子浓度为 $n_E = n_{E0}$。

在发射区的右侧与发射结势垒区的交界处,少子浓度为 $n_E = n_{E0} \exp\left(\dfrac{qV_{EB}}{kT}\right)$。

在基区的左侧与发射结势垒区的交界处,少子浓度为 $p_B = p_{B0} \exp\left(\dfrac{qV_{EB}}{kT}\right)$。

在基区的右侧与集电结势垒区的交界处,少子浓度为 $p_B = p_{B0} \exp\left(\dfrac{qV_{CB}}{kT}\right)$。

在集电区的左侧与集电结势垒区的交界处,少子浓度为 $n_C = n_{C0} \exp\left(\dfrac{qV_{CB}}{kT}\right)$。

在集电区的右侧与电极接触处,少子浓度为 $n_C = n_{C0}$。

以上各式中的发射结电压 V_{EB} 和集电结电压 V_{CB} 既可为正也可为负。

发射区和集电区内的少子浓度分布,都与相应电压下的 PN 结少子浓度分布相同,可参照 2.2.3 节中的式(2-49)和图 2-16,画出相应的少子浓度分布图。

晶体管的基区通常很薄,按照 2.2.6 节关于薄基区二极管的结论,均匀基区晶体管的基区少子浓度应随距离进行线性变化,因此只需将基区左右边界上的少子浓度值用一条直线连接起来,即可得到基区中的少子浓度分布图。

平面晶体管的发射区一般也很薄,这时其少子浓度分布也是一条直线。

2. 能带图

图 3-5 是均匀基区 PNP 晶体管在平衡时及在四个工作区中的能带图。平衡时能带图的特点是,在各个区中有统一的且不随距离变化的费米能级,如图 3-5(a)所示。

当晶体管的两个 PN 结上加有电压时,其势垒的变化规律是,正向电压使势垒高度降低,反向电压使势垒高度升高。根据这个规律可以画出其在四个工作区中的能带图。

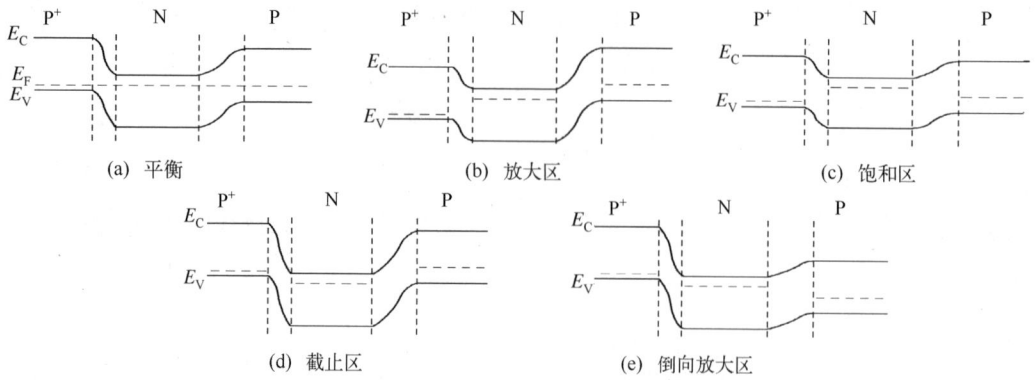

(a) 平衡　　　　　　　　　(b) 放大区　　　　　　　　　(c) 饱和区

(d) 截止区　　　　　　　　　(e) 倒向放大区

图 3-5　均匀基区 PNP 晶体管的能带图

3.1.4　晶体管的放大作用

晶体管具有放大电信号的作用,因而得到广泛的应用。晶体管放大电路有两种基本类型:以发射极作为输入端、以集电极作为输出端、以基极作为公共端的共基极放大电路,如图 3-6 所示;以基极作为输入端、以集电极作为输出端、以发射极作为公共端的共发射极放大电路,如图 3-7 所示。

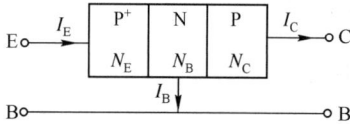

图 3-6　PNP 管的共基极电路

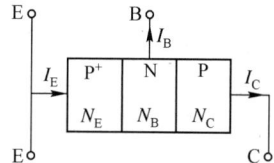

图 3-7　PNP 管的共发射极电路

1. 晶体管中的电流传输

下面以 PNP 管共基极放大电路为例,分析处于放大区的晶体管内部各种电流成分的传输过程。如图 3-8 所示,晶体管的输入电流是发射极电流 I_E。由于发射结为正偏,在忽略势垒区复合电流时,I_E 就是发射结正向扩散电流。I_E 由两部分组成,即

$$I_E = I_{pE} + I_{nE}$$

式中,I_{pE} 代表由从发射区注入基区的空穴形成的空穴扩散电流,I_{nE} 代表由从基区注入发射区的电子形成的电子扩散电流,这些电子将在发射区中全部与多子空穴复合掉。若 $N_E \gg N_B$,则 $I_{pE} \gg I_{nE}$。如果基区宽度 W_B 足够厚,即 $W_B \gg L_B$,则晶体管的两个 PN 结之间没有相互作用,从发射区注入基区的空穴将在基区中全部与电子复合掉,转化成电子电流从基极流出。集电结则因处于反偏而只有极小的反向饱和电流。这就只是两个反向串联的二极管而不是晶体管了。实际上晶体管的基区必须足够薄,即 $W_B \ll L_B$。这时,从发射区注入基区的空穴在基区中只复合了极少一部分,绝大部分还未来得及复合就已扩散到了集电结边上,被集电结势垒区的强电场拉入集电区,形成集电极电流 I_C,从集电极流出。图 3-8 中的 I_{pC} 代表到达集电结势垒区边上的基区少子电流,也就是 I_C。

从图 3-8 可以看出,基极电流 I_B 也由两部分组成,即

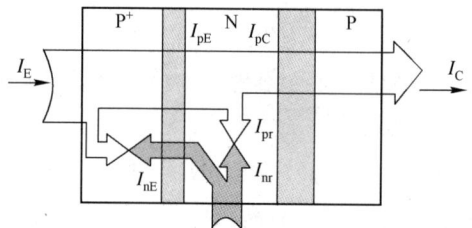

图 3-8　晶体管内部各种电流成分的传输过程

$$I_B = I_{nE} + I_{nr}$$

式中，I_{nE}代表从基区注入发射区的电子形成的电子扩散电流，它是发射极电流的一部分，但却与集电极电流无关。I_{nr}代表为补充与注入基区的空穴复合时损失掉的电子而流入基区的电子形成的电流，它与空穴在渡越基区时发生少量复合而形成的空穴复合电流I_{pr}相等。

输入电流I_E流过晶体管成为输出电流I_C后，发生了I_{nE}与I_{nr}两部分亏损，使I_C小于I_E，即

$$I_C = I_{pE} - I_{pr} = I_E - I_{nE} - I_{nr}$$

要提高晶体管的电流传输效率，就应尽量减少这两部分亏损。具体来说，要减小I_{nE}，就应使$N_E \gg N_B$。要减小I_{nr}，就应使$W_B \ll L_B$。这样I_C虽然仍小于I_E，但十分接近于I_E。

2. 电流放大系数的定义

电流放大系数也称为电流增益，是双极晶体管的重要直流参数之一。下面以PNP管为例对几种直流电流放大系数给出定义。

共基极电路中，发射极电流I_E是输入电流，集电极电流I_C是输出电流。发射结正偏、集电结零偏（即输出端短路）时的I_C与I_E之比称为共基极直流短路电流放大系数，记为α，即

$$\alpha \equiv \left. \frac{I_C}{I_E} \right|_{V_{EB}>0, V_{CB}=0} \tag{3-1a}$$

发射结正偏、集电结反偏时的I_C与I_E之比称为共基极静态电流放大系数，记为h_{FB}，即

$$h_{FB} \equiv \left. \frac{I_C}{I_E} \right|_{V_{EB}>0, V_{CB}<0} \tag{3-1b}$$

共发射极电路中，I_B是输入电流，I_C是输出电流。发射结正偏、集电结零偏时的I_C与I_B之比称为共发射极直流短路电流放大系数，记为β，即

$$\beta \equiv \left. \frac{I_C}{I_B} \right|_{V_{EB}>0, V_{CB}=0} \tag{3-2a}$$

发射结正偏、集电结反偏时的I_C与I_B之比称为共发射极静态电流放大系数，记为h_{FE}，即

$$h_{FE} \equiv \left. \frac{I_C}{I_B} \right|_{V_{EB}>0, V_{CB}<0} \tag{3-2b}$$

下一节将对α与β进行深入的讨论。事实上后面将会看到，α与h_{FB}及β与h_{FE}在数值上几乎没有什么区别，但是采用α与β的定义后，无论是对α与β本身的推导还是对晶体管直流电流电压方程的推导，都要更方便一些。

除了上面所定义的直流电流放大系数，还有直流小信号电流放大系数（也称为增量电流放大系数）和高频小信号电流放大系数。直流小信号电流放大系数的定义是

$$\alpha_0 \equiv \left. \frac{dI_C}{dI_E} \right|_{V_{EB}>0, V_{CB}<0} \tag{3-3}$$

$$\beta_0 \equiv \left. \frac{dI_C}{dI_B} \right|_{V_{EB}>0, V_{CB}<0} \tag{3-4}$$

关于直流小信号电流放大系数和高频小信号电流放大系数，将在本章的3.8节中进行讨论。

从前面的讨论可知，共基极电路中，电流流过晶体管后反而减小了，即$\alpha < 1$。晶体管如何能对电信号起放大作用呢？由于晶体管输出端的集电结为反偏，输出电阻很大，因此可采用较大的负载电阻R_L。另一方面，晶体管输入端的发射结为正偏，输入电阻很小。当晶体管的输入电压V_{EB}有一个微小的变化时，可以通过I_E及与之十分接近的I_C的变化，使负载电阻R_L上的电压出现一个较大的变化。显然，共基极电路的电压放大系数可以远大于1，而电流放大系数虽然小于1却十分接近于1，所以功率放大系数是大于1的。由此可见，共基极电路中的晶体管实际上是通过输入端到输出端电阻的变化而电流基本不变来实现功率放大功能的。正因为如此，双极晶

体管的英文名称开始时为 Transresistor(转移电阻器)，后来简化为 Transistor。

根据晶体管端电流之间的关系 $I_{\mathrm{B}} = I_{\mathrm{E}} - I_{\mathrm{C}}$，以及 α 与 β 的定义，可得 α 与 β 之间的关系为

$$\beta = \frac{\alpha}{1-\alpha} \tag{3-5}$$

$$\alpha = \frac{\beta}{1+\beta} \tag{3-6}$$

对于大多数晶体管，α 的范围为 $0.95 \sim 0.995$，β 的范围为 $20 \sim 200$。

3.2　均匀基区晶体管的电流放大系数[1~11]

在均匀基区晶体管中，基区杂质分布是均匀的，少子在基区中的运动只有扩散运动，因此这类晶体管又称为扩散晶体管。本节的分析以 PNP 管为例。

3.2.1　基区输运系数

1. 基区输运系数的定义

晶体管的放大作用是依靠基区中非平衡少子的输运实现的。但是正如上一节所述，基区少子在输运过程中会因复合而引起电流的亏损。基区输运系数就是用于定量描述这种亏损的大小的。

基区中到达集电结的少子电流 I_{pC} 与从发射结刚注入基区的少子电流 I_{pE} 之比称为基区输运系数，记为 β^*，即

$$\beta^* \equiv \frac{I_{\mathrm{pC}}}{I_{\mathrm{pE}}} \equiv \frac{J_{\mathrm{pC}}}{J_{\mathrm{pE}}} \tag{3-7}$$

2. 用电流密度方程求基区输运系数

由于少子在基区的复合，使 $J_{\mathrm{pC}} < J_{\mathrm{pE}}$，$\beta^* < 1$，但 β^* 应很接近于 1。为了获得 β^* 的表达式，先来推导 J_{pE} 与 J_{pC}。基区中平衡少子浓度很小，相对于非平衡少子浓度可以略去，因此在以下的推导中，用 p 来代替 Δp 表示基区非平衡少子浓度。将坐标原点放在基区的左边界，即基区与发射结势垒区的交界点。根据结定律，基区非平衡少子浓度 $p_{\mathrm{B}}(x)$ 的边界条件为

$$p_{\mathrm{B}}(0) = p_{\mathrm{B0}}\left[\exp\left(\frac{qV_{\mathrm{EB}}}{kT}\right) - 1\right]$$

$$p_{\mathrm{B}}(W_{\mathrm{B}}) = p_{\mathrm{B0}}\left[\exp\left(\frac{qV_{\mathrm{CB}}}{kT}\right) - 1\right] = 0$$

上面第二式的第二个等号是因为 $V_{\mathrm{CB}} = 0$。此边界条件与薄基区二极管的边界条件相同。

由 2.2.6 节，在薄基区中，少子浓度近似为线性分布，即

$$p_{\mathrm{B}}(x) = p_{\mathrm{B}}(0)\left(1 - \frac{x}{W_{\mathrm{B}}}\right) \tag{3-8}$$

但是当将式(3-8)代入空穴的扩散电流密度方程

$$J_{\mathrm{p}} = -qD_{\mathrm{B}}\frac{\mathrm{d}p_{\mathrm{B}}}{\mathrm{d}x}$$

后，结果却是空穴电流密度在基区中处处相等，包括 $x = 0$ 处的 J_{pE} 和 $x = W_{\mathrm{B}}$ 处的 J_{pC}，这样，基区输运系数就是 1。出现这种情况的原因是，基区输运系数是用来衡量少子在基区中复合的大小的，而少子浓度分布的近似公式(3-8)的近似之处恰恰就是忽略了基区中的少子复合。为了获得推导基区输运系数所需的 J_{pE} 与 J_{pC}，必须采用基区少子浓度分布的精确表达式，即

$$p_B(x) = p_B(0) \cdot \frac{\sinh\left(\frac{W_B - x}{L_p}\right)}{\sinh\left(\frac{W_B}{L_p}\right)} \qquad (3-9)$$

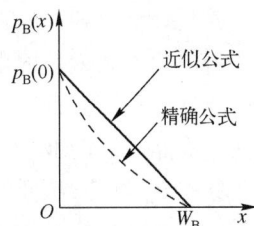

图 3-9 基区非平衡
少子的分布曲线

根据近似公式(3-8)和精确公式(3-9)画出的基区非平衡少子的分布曲线如图 3-9 所示。在近似公式中由于忽略了基区少子复合,少子浓度为斜直线分布,浓度梯度处处相等,所以少子电流密度也处处相等。在精确公式中考虑了基区少子复合,少子浓度分布比斜直线略往下凹,浓度梯度随 x 而略微下降,使少子电流密度也随 x 而略微减少。所减少的少子电流通过复合而转化成了多子电流,构成了基极电流的一部分,因此总电流仍是连续的。当然基区少子的复合毕竟极其微弱,所以精确公式的曲线与近似公式的斜直线是非常接近的。

将式(3-9)代入空穴的扩散电流密度方程,并分别取 $x=0$ 和 $x=W_B$,得

$$J_{pE} = \frac{qD_B p_B(0)}{L_B} \cdot \frac{\cosh\left(\frac{W_B}{L_B}\right)}{\sinh\left(\frac{W_B}{L_B}\right)}, \quad J_{pC} = \frac{qD_B p_B(0)}{L_B} \cdot \frac{1}{\sinh\left(\frac{W_B}{L_B}\right)}$$

再将以上两式代入基区输运系数的定义式(3-7)中,得

$$\beta^* = \frac{1}{\cosh\left(\frac{W_B}{L_B}\right)} = \mathrm{sech}\left(\frac{W_B}{L_B}\right)$$

由于 $W_B \ll L_B$,可以利用近似公式(ξ 很小时):$\mathrm{sech}\,\xi \approx 1 - \xi^2/2$,得

$$\beta^* = 1 - \frac{1}{2}\left(\frac{W_B}{L_B}\right)^2 \qquad (3-10)$$

3. 用电荷控制法求基区输运系数

下面再用另一种方法,即电荷控制法来推导基区输运系数。由第 1 章 1.6 节的例 1.6,定态时空穴电流的电荷控制方程为

$$I_p = -\Delta Q_p / \tau_p \qquad (1-96)$$

具体到本节的情形,I_p 是净流出基区的空穴电流,即 $I_p = I_{pC} - I_{pE}$;ΔQ_p 是基区非平衡少子电荷,利用图 3-9 容易得到

$$\Delta Q_p = Aq \int_0^{W_B} p_B(x)\,\mathrm{d}x = \frac{1}{2} Aq p_B(0) W_B \qquad (3-11)$$

再将 τ_p 写为基区少子寿命 τ_B,则式(1-96)成为

$$I_{pC} = I_{pE} - \frac{Aq p_B(0) W_B}{2\tau_B} \qquad (3-12)$$

根据式(2-81a),得 $\qquad\qquad I_{pE} = \dfrac{AqD_B p_B(0)}{W_B} \qquad (3-13)$

则式(3-12)可进一步写为 $\qquad I_{pC} = I_{pE} - I_{pE}\dfrac{W_B^2}{2D_B\tau_B}$

于是根据基区输运系数的定义可得

$$\beta^* = \frac{I_{pC}}{I_{pE}} = 1 - \frac{W_B^2}{2D_B\tau_B} = 1 - \frac{1}{2}\left(\frac{W_B}{L_B}\right)^2 \qquad (3-10)$$

式(3-10)中的 $W_B^2/(2L_B^2)$ 项代表基区复合损失率。为提高 β^*，应减小 W_B，增大 D_B 和 τ_B。晶体管出现不久就发展出了制备高纯锗单晶与高纯硅单晶的技术。只有在单晶体中，少子寿命才可能达到几百微秒以上，少子扩散系数也才可能比较大。最早的合金管的 W_B 达几百微米，而现在平面晶体管的 W_B 已可轻易达到亚微米量级。基区掺杂浓度也不宜过高，否则会使基区少子迁移率 μ_B 下降，从而使基区少子扩散系数 D_B 下降。

一般合格晶体管的 β^* 值应大于 0.95，$W_B^2/(2L_B^2)$ 值即基区复合损失率应小于 5%。几个相关的典型值为：$W_B=1\ \mu m$，$L_B=10\ \mu m$，$\beta^*=0.995$。

4. 表面复合的影响

上面只考虑了少子在基区体内的复合损失，但实际上在基区表面也会发生少子的复合。当存在表面复合时，一部分少子会流到表面而消失。这部分少子电流的大小取决于表面复合速率 s。从理论上计算表面复合的影响是相当复杂的。由发射结进入基区的少子，其运动方向会逐渐发散开来，特别是在发射区的边缘，如图 3-10 所示。在平面晶体管中，包括表面复合的影响在内的基区输运系数可近似计算如下：

当发射结的结面为圆形，直径为 d_E 时，有

$$\beta^*=1-\frac{1}{2}\left(\frac{W_B}{L_B}\right)^2-\frac{4sW_B^2}{d_E D_B} \tag{3-14a}$$

当发射结的结面为长条形，宽度为 s_e 时，有

$$\beta^*=1-\frac{1}{2}\left(\frac{W_B}{L_B}\right)^2-\frac{2sW_B^2}{s_e D_B} \tag{3-14b}$$

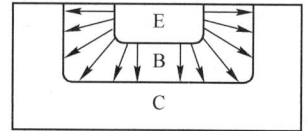

图 3-10　发射区截面有限
对少子运动方向的影响

现在用作放大的平面晶体管，体内复合已经非常小，表面复合可能是影响 β^* 的重要因素。生产中必须严格控制表面处理工艺，以减小表面复合。

3.2.2　基区渡越时间

少子在基区内从发射结渡越到集电结所需的平均时间，称为少子的基区渡越时间，记为 τ_b。在 $t=0$ 到 $t=\tau_b$ 这段时间内，注入基区中的少子电荷为 ΔQ_p，因此

$$I_{pE}\tau_b=\Delta Q_p \tag{3-15}$$

将式(3-13)和式(3-11)代入式(3-15)，得

$$\tau_b=\frac{\Delta Q_p}{I_{pE}}=\frac{W_B^2}{2D_B} \tag{3-16}$$

在不考虑表面复合时，基区输运系数可以借助于 τ_b 而表示为

$$\beta^*=1-\frac{W_B^2}{2D_B\tau_B}=1-\frac{\tau_b}{\tau_B} \tag{3-17}$$

式(3-17)的物理意义是，$1/\tau_B$ 代表少子在单位时间内的复合概率，τ_b 代表少子渡越基区所需的平均时间，因而 τ_b/τ_B 代表少子在渡越基区的过程中被复合掉的概率，而 $1-\tau_b/\tau_B$ 则代表少子在渡越基区时未被复合掉的概率，也就是到达集电结的少子电流与注入基区的少子电流之比。

3.2.3　发射结注入效率

1. 发射结注入效率的定义

当发射结加正向偏压时，发射极电流 I_E 中包括从发射区注入基区的少子形成的电流 I_{pE} 和从基区注入发射区的少子形成的电流 I_{nE}，其中 I_{nE} 仅在基极和发射极之间流动，对集电极电流 I_C

无贡献。这就是使 I_C 发生亏损的另一个原因。用发射结注入效率来定量描述这种亏损的大小。

在发射结正偏,集电结零偏的条件下 I_{pE} 与 I_E 之比称为发射结注入效率,简称注入效率或发射效率,记为 γ,即

$$\gamma \equiv \frac{I_{pE}}{I_E} = \frac{J_{pE}}{J_{pE}+J_{nE}} = \frac{1}{1+\dfrac{J_{nE}}{J_{pE}}} \tag{3-18}$$

因为 $I_{pE} < I_E$,所以 $\gamma < 1$。实际上 γ 非常接近于 1,也即 $J_{nE} \ll J_{pE}$。于是可利用近似公式(ξ 很小时):$1/(1+\xi) \approx 1-\xi$,将 γ 写为

$$\gamma = 1 - \frac{J_{nE}}{J_{pE}} \tag{3-19}$$

2. 用杂质浓度表示的注入效率

设基区与发射区均很薄,即 $W_B \ll L_B$,$W_E \ll L_E$,则利用薄基区二极管的电流密度公式[式(2-81a)和式(2-81b)],J_{pE} 和 J_{nE} 可分别表示为

$$J_{pE} = \frac{qD_B p_{B0}}{W_B}\left[\exp\left(\frac{qV_{EB}}{kT}\right)-1\right] \tag{3-20}$$

$$J_{nE} = \frac{qD_E n_{E0}}{W_E}\left[\exp\left(\frac{qV_{EB}}{kT}\right)-1\right] \tag{3-21}$$

式(3-20)和式(3-21)中,D_E 和 n_{E0} 分别表示发射区少子扩散系数和发射区平衡少子浓度。如果发射区很厚,即 $W_E \gg L_E$,则只需用 L_E 代换式(3-21)中的 W_E 即可。将以上两式代入式(3-19),并利用 $p_{B0} = n_i^2/N_B$,$n_{E0} = n_i^2/N_E$ 的关系,得到注入效率为

$$\gamma = 1 - \frac{D_E W_B N_B}{D_B W_E N_E} \tag{3-22}$$

为了提高注入效率,除了使 W_B 减小,还应使 $N_E \gg N_B$,即发射区应重掺杂,基区应轻掺杂,这样才能使 γ 接近于 1。

3. 用方块电阻表示的注入效率

注入效率的表达式也可用发射区与基区的电阻率 ρ_E 与 ρ_B 来表示。由电阻率 ρ 与掺杂浓度 N 之间的关系,$\rho = 1/(q\mu N)$,可得 $N_B = \dfrac{1}{q\mu_n \rho_B}$,$N_E = \dfrac{1}{q\mu_p \rho_E}$,将其代入式(3-22),并利用爱因斯坦关系

$$\frac{D_E}{\mu_n} = \frac{D_B}{\mu_p} = \frac{kT}{q}$$

得到

$$\gamma = 1 - \frac{W_B \rho_E}{W_E \rho_B} \tag{3-23}$$

借助于方块电阻的概念,注入效率的表达式还有更简单的形式。方块电阻的概念将在后面详细介绍,这里先利用其结论。根据后面的式(3-88),对于均匀掺杂的发射区和基区,其方块电阻分别为 $R_{\square E} = \rho_E/W_E$ 和 $R_{\square B1} = \rho_B/W_B$。于是注入效率可表示为

$$\gamma = 1 - \frac{R_{\square E}}{R_{\square B1}} \tag{3-24}$$

几个相关的典型值是,$R_{\square E} = 10\ \Omega$,$R_{\square B1} = 1000\ \Omega$,$\gamma = 0.99$。

3.2.4 电流放大系数

由 α 的定义及 β^* 与 γ 的定义,可得

$$\alpha = \frac{I_C}{I_E} = \frac{I_{pC}}{I_{pE}} \cdot \frac{I_{pE}}{I_E} = \beta^* \gamma = \left(1 - \frac{\tau_b}{\tau_B}\right)\left(1 - \frac{R_{\square E}}{R_{\square B1}}\right)$$

式中,右边两个括号中的第二项都是远小于 1 的,所以当将括号展开后,可以忽略这两项的乘积,得

$$\alpha = 1 - \frac{\tau_b}{\tau_B} - \frac{R_{\square E}}{R_{\square B1}} = 1 - \delta \qquad (3\text{-}25)$$

式中

$$\delta = \frac{\tau_b}{\tau_B} + \frac{R_{\square E}}{R_{\square B1}}$$

称为亏损因子。再由 α 与 β 的关系,可得

$$\beta = \frac{\alpha}{1-\alpha} = \frac{1-\delta}{\delta} \approx \delta^{-1} = \left(\frac{\tau_b}{\tau_B} + \frac{R_{\square E}}{R_{\square B1}}\right)^{-1} \qquad (3\text{-}26)$$

亏损因子中,τ_b/τ_B 项反映了基区复合损失,$R_{\square E}/R_{\square B1}$ 项反映了基区多子注入发射区引起的损失。注意到 $I_B = I_C/\beta = \delta I_C$ 这个关系,就不难理解,$(\tau_b/\tau_B)I_C$ 就是由基区复合引起的基极电流,$(R_{\square E}/R_{\square B1})I_C$ 就是由基区多子注入发射区引起的基极电流。

两种损失中,如果有一种相对于另一种可以忽略,则 α 与 β 的表达式还可得到简化。例如,当 $(\tau_b/\tau_B) \ll (R_{\square E}/R_{\square B1})$ 时,则有 $\alpha \approx 1 - \frac{R_{\square E}}{R_{\square B1}}$,$\beta \approx \frac{R_{\square B1}}{R_{\square E}}$;反之,则有 $\alpha \approx 1 - \frac{\tau_b}{\tau_B}$,$\beta \approx \frac{\tau_B}{\tau_b}$。

以上分析虽然是以 PNP 管为例进行的,但是所得到的结论,如式(3-16)、式(3-17)、式(3-24)、式(3-25)和式(3-26)等,同样也适用于 NPN 管。

3.3 缓变基区晶体管的电流放大系数

缓变基区晶体管通常是用双扩散工艺制作的平面管。在缓变基区晶体管中,由于基区杂质分布不均匀,基区内会产生内建电场。少子在基区中不但有扩散运动,还有漂移运动,甚至以漂移运动为主,因此这种晶体管又称为漂移晶体管。

本节的分析以 NPN 管为例,发射结与集电结上的电压为 V_{BE} 与 V_{BC}。

3.3.1 基区内建电场的形成

在 NPN 缓变基区晶体管的基区中,受主杂质浓度 N_B 是 x 的函数。室温下杂质全电离,因此多子空穴有与受主杂质近似相同的浓度分布。空穴浓度的不均匀导致空穴从高浓度处向低浓度处扩散,而电离杂质却固定不动,于是在杂质浓度高的地方空穴浓度低于杂质浓度,带负电荷;在杂质浓度低的地方空穴浓度高于杂质浓度,带正电荷。空间电荷的分离就形成了内建电场。这个过程与 PN 结中内建电场的形成过程完全相同。内建电场将引起空穴的漂移运动。在平衡状态下,基区中空穴的扩散运动与漂移运动相互抵消,空穴电流密度为零,即

$$J_p = q\mu_p E p_B(x) - q D_p \frac{\mathrm{d}p_B(x)}{\mathrm{d}x} = 0$$

从上式解出基区内建电场后,再利用爱因斯坦关系,得

$$E = \frac{kT}{q} \cdot \frac{1}{p_B(x)} \cdot \frac{\mathrm{d}p_B(x)}{\mathrm{d}x}$$

虽然内建电场是由基区多子浓度分布与基区电离杂质浓度分布之间的差异所产生的,但实际上两者之间的差异极小,所以在处理与浓度有关的问题时可以忽略这种差异。当有外加电压

后,只要满足小注入条件,两者之间的差异仍然极小。忽略这种差异,将 $p_B(x) = N_B(x)$ 代入上式,得

$$E = \frac{kT}{q} \cdot \frac{1}{N_B(x)} \cdot \frac{\mathrm{d}N_B(x)}{\mathrm{d}x}$$ (3-27)

当 $\mathrm{d}N_B/\mathrm{d}x < 0$ 时,$E < 0$,这时电场方向与 x 轴相反,这个电场促使注入基区的少子(电子)向集电结漂移,与扩散运动的方向相同,因此对基区少子来说是加速场。反之,当 $\mathrm{d}N_B/\mathrm{d}x > 0$ 时,电场的作用与上述相反,就是减速场。实际双扩散晶体管基区中的杂质分布比较复杂,由于杂质总是从高浓度处向低浓度处扩散的,所以在基区的大部分区域中 $\mathrm{d}N_B/\mathrm{d}x < 0$,为加速场。但在靠近发射结的小部分区域中,由于基区杂质与发射区杂质的相互补偿,使 $\mathrm{d}N_B/\mathrm{d}x > 0$,成为减速场。为了便于分析,可以将基区的杂质浓度分布用如下形式的指数函数来近似表示

$$N_B(x) = N_B(0) \exp\left(-\frac{\eta x}{W_B}\right)$$ (3-28)

式(3-28)中,η 是反映杂质浓度变化大小的一个常数,称为自建场因子,或基区漂移系数。

在 $x = W_B$ 处 $\qquad N_B(W_B) = N_B(0) \exp(-\eta)$

由此得 $$\eta = \ln \frac{N_B(0)}{N_B(W_B)}$$ (3-29)

将式(3-28)代入式(3-27),得

$$E = -\frac{kT}{q} \cdot \frac{\eta}{W_B}$$ (3-30)

所以当杂质浓度为指数分布时,内建电场是不随 x 变化的常数。

当基区中存在内建电场时,其能带不是水平而是倾斜的,如图 3-11 所示。能带的变化量为 $q|E|W_B = \eta kT$。由于基区为同一种导电类型,例如 P 型,则费米能级必须处处在禁带中央之下。在非重掺杂情况下,费米能级也不会进入价带。因此,能带变化的总量最多只能到 $E_G/2$,即 η 的最大值为 $E_G/2kT$。室温下此值对锗为 13,对硅为 21。但是由于其他因素,实际上 η 值一般在 4~8 之间。

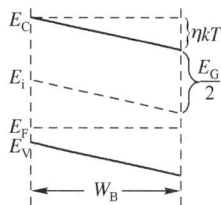

图 3-11 P 型基区有内建电场时的能带

3.3.2 基区少子电流密度与基区少子浓度分布

1. 基区少子电流密度

当非平衡少子(电子)从发射结注入基区时,就产生了电流密度 J_{nE}。根据电子电流密度方程[式(1-76)],再结合前面对电流参考方向的规定,即 NPN 管的发射极电流为从右向左,与 x 轴的方向相反,因此

$$J_{nE} = -q\mu_n n_B E - q D_B \frac{\mathrm{d}n_B}{\mathrm{d}x}$$ (3-31)

与上节的 PNP 均匀基区晶体管相比,这里多了含有电场 E 的漂移项。将式(3-27)代入,并利用爱因斯坦关系,得到

$$J_{nE} = -\frac{q D_B}{N_B}\left(n_B \frac{\mathrm{d}N_B}{\mathrm{d}x} + N_B \frac{\mathrm{d}n_B}{\mathrm{d}x}\right) = -\frac{q D_B}{N_B} \cdot \frac{\mathrm{d}(n_B N_B)}{\mathrm{d}x}$$ (3-32)

将式(3-32)两边同乘以 $N_B \mathrm{d}x$,再从 $x = 0$ 到 $x = W_B$ 积分。由于基区很薄,少子在基区中的复合很少,积分时可假设 J_{nE} 是不随 x 减小的常数。再假设 D_B 也是不随载流子浓度和杂质浓度而变的常数,于是 J_{nE} 和 D_B 都可提到积分号之外。实际上即使 D_B 是变量,只需假设 D_B 是一种平均值就仍可放在积分号外。于是得

$$J_{nE} \int_0^{W_B} N_B \mathrm{d}x = -q D_B \left[(n_B N_B)_{x = W_B} - (n_B N_B)_{x = 0} \right]$$

因 $V_{BC} = 0$，故由边界条件可知在 $x = W_B$ 处，$n_B(W_B) = 0$，于是得到从发射区注入基区的少子形成的电流密度为

$$J_{nE} = \frac{qD_B n_B(0) N_B(0)}{\int_0^{W_B} N_B(x)\,dx} = \frac{qD_B n_i^2}{\int_0^{W_B} N_B(x)\,dx}\left[\exp\left(\frac{qV_{BE}}{kT}\right) - 1\right] \tag{3-33a}$$

可以用同样的方法得到 J_{pE}。在一般的平面晶体管中，发射区厚度与基区厚度为同一数量级，也比少子扩散长度小得多，而且在发射区与电极接触处，由于非平衡少子的复合速度极快，使非平衡少子浓度为零。这样一来，发射区中的少子边界条件、少子分布和少子运动就和基区中的情形完全类似，于是只需将式(3-33a)的相关符号做相应改动，就可得到

$$J_{pE} = \frac{qD_E n_i^2}{\int_0^{W_E} N_E(x)\,dx}\left[\exp\left(\frac{qV_{BE}}{kT}\right) - 1\right] \tag{3-33b}$$

2. 基区少子浓度分布

下面求基区少子浓度分布 $n_B(x)$。求 $n_B(x)$ 的目的不是为了将其代入电流密度方程得到基区少子电流，而是为了利用 $n_B(x)$ 求出基区少子电荷并进一步求出基区渡越时间。将式(3-33a)中的积分下限由 0 改为基区中任意位置 x，得

$$J_{nE} = \frac{qD_B n_B(x) N_B(x)}{\int_x^{W_B} N_B(x')\,dx'} \tag{3-34}$$

可得

$$n_B(x) = \frac{J_{nE}}{qD_B N_B(x)}\int_x^{W_B} N_B(x')\,dx' \tag{3-35}$$

将式(3-28)的 $N_B(x)$ 代入式(3-35)，并完成积分后，可得到

$$n_B(x) = \frac{J_{nE} W_B}{qD_B} \cdot \frac{1 - \exp\left[-\eta\left(1 - \dfrac{x}{W_B}\right)\right]}{\eta} \tag{3-36}$$

式(3-36)既适用于缓变基区晶体管，也适用于均匀基区晶体管。对于均匀基区晶体管，有

$$\lim_{\eta \to 0} n_B(x) = \frac{J_{nE} W_B}{qD_B}\left(1 - \frac{x}{W_B}\right) = n_B(0)\left(1 - \frac{x}{W_B}\right)$$

内建电场对少子浓度分布的影响体现在式(3-36)等号右边的乘号后因子中。为了看出它的影响，以 $n_B(x) qD_B/(J_{nE} W_B)$ 作为纵坐标，以 x/W_B 作为横坐标，而以 η 作为参数，将归一化的少子浓度分布示于图 3-12 中。图中 $\eta = 0$ 的直线代表均匀基区。从图中可以看到，对于缓变基区晶体管，因为内建电场的存在，达到同样电流密度所需的少子浓度梯度较低。在基区的大部分区域内，少子浓度较高，浓度梯度却很低，由于内建电场是常数，这意味着在基区的大部分区域内，漂移电流较大，扩散电流较小，少子电流以漂移电流为主。只是到了集电结附近，少子浓度很快下降，浓度梯度增大，使漂移电流减小，扩散电流增大，少子电流才转而以扩散电流为主。这种情况在 η 较大时尤为明显。

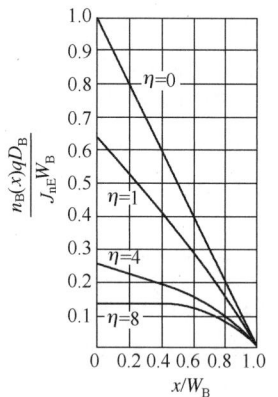

图 3-12 归一化的少子浓度分布

3.3.3 基区渡越时间与输运系数

1. 基区渡越时间

由 3.2.2 节知，基区渡越时间 τ_b 等于基区非平衡少子电荷除以基区少子电流，即

$$\tau_{b} = \frac{\Delta Q_{n}}{I_{nE}} = \frac{Aq\int_{0}^{W_{B}} n_{B}(x)\,dx}{AJ_{nE}} \tag{3-37}$$

将式(3-36)的 $n_{B}(x)$ 代入式(3-37),并完成积分后得

$$\tau_{b} = \frac{W_{B}^{2}}{2D_{B}} \cdot \frac{2}{\eta}\left[1 - \frac{1}{\eta} + \frac{\exp(-\eta)}{\eta}\right] \tag{3-38}$$

由于 $\lim\limits_{\eta \to 0}\tau_{b} = \frac{W_{B}^{2}}{2D_{B}}$,可知式(3-38)同样既适用于缓变基区晶体管,也适用于均匀基区晶体管。

对于一般的缓变基区晶体管,$\eta = 4 \sim 8$。作为近似计算,式(3-38)右边的方括号中可以只保留前两项,得

$$\tau_{b} = \frac{W_{B}^{2}}{2D_{B}} \cdot \frac{2}{\eta}\left(1 - \frac{1}{\eta}\right) \tag{3-39}$$

当 η 为 4、6、8 时,上式右边与 η 有关的因子分别为 3/8、10/36、14/64,基区渡越时间只有 $\eta = 0$ 时的 1/2 ~ 1/4。这表明,由于缓变基区晶体管的基区内建电场对少子是加速场,使渡越时间大为缩短。

实用上为了简便起见,有时将渡越时间更粗略地表示为

$$\tau_{b} = \frac{W_{B}^{2}}{\eta D_{B}} = \frac{W_{B}}{\mu_{B}|E|} \tag{3-40}$$

上面最后一个等式是利用了式(3-30)及爱因斯坦关系得到的。式(3-40)很容易根据物理概念直接推出:当 η 足够大时,少子在基区完全做漂移运动,漂移速度为 $(\mu_{B}|E|)$,经过的距离为 W_{B},所以渡越时间为 $(W_{B}/\mu_{B}|E|)$。

2. 基区输运系数

基区渡越时间 τ_{b} 缩短后,少子在基区的复合减少,使基区输运系数增大。根据 3.2.2 节对基区输运系数的物理意义的叙述,可借助于 τ_{b} 得到缓变基区晶体管的基区输运系数 β^{*},即

$$\beta^{*} = 1 - \frac{\tau_{b}}{\tau_{B}} = 1 - \frac{W_{B}^{2}}{2L_{B}^{2}} \cdot \frac{2}{\eta}\left(1 - \frac{1}{\eta}\right) \tag{3-41}$$

由于平面晶体管的 W_{B} 容易做得很小,加上基区中存在加速场,因此平面晶体管的 β^{*} 与 1 非常接近。

3.3.4 注入效率与电流放大系数

1. 注入效率

发射结注入效率 γ 与从发射区注入基区的少子形成的电流密度 J_{nE} 和从基区注入发射区的少子形成的电流密度 J_{pE} 之比有关。

根据后面要介绍的非均匀材料方块电阻表达式(3-90),非均匀基区和非均匀发射区的方块电阻表达式分别为

$$R_{\square B1} = \frac{1}{q\mu_{p}\int_{0}^{W_{B}} N_{B}(x)\,dx} \tag{3-42a}$$

$$R_{\square E} = \frac{1}{q\mu_{n}\int_{0}^{W_{E}} N_{E}(x)\,dx} \tag{3-42b}$$

注意式(3-33a)和式(3-42a)的坐标原点在基区与发射结势垒区交界处,而式(3-33b)和式(3-42b)的坐标原点在发射区表面。利用爱因斯坦关系 $D_B = D_n = (kT/q)\mu_n$ 和 $D_E = D_p = (kT/q)\mu_p$,可得

$$J_{nE} = qkT\mu_p\mu_n R_{\Box B1} n_i^2 \left[\exp\left(\frac{qV_{BE}}{kT}\right) - 1 \right] \tag{3-43a}$$

$$J_{pE} = qkT\mu_p\mu_n R_{\Box E} n_i^2 \left[\exp\left(\frac{qV_{BE}}{kT}\right) - 1 \right] \tag{3-43b}$$

式(3-43a)和式(3-43b)的优点是可以适用于任意掺杂分布,因为不管掺杂为何种分布,都已体现在式(3-42a)、式(3-42b)中了,而与式(3-43a)、式(3-43b)无关。实际上,均匀基区也是其中的一个特例。

根据注入效率 γ 的定义,并利用式(3-43a)和式(3-43b),可得缓变基区晶体管的 γ,其最终表达式与均匀基区的相同,即

$$\gamma = 1 - \frac{J_{pE}}{J_{nE}} = 1 - \frac{R_{\Box E}}{R_{\Box B1}} \tag{3-44}$$

2. 电流放大系数

求得基区输运系数和发射结注入效率后,就可以进一步得到缓变基区晶体管的亏损因子与电流放大系数,即

$$\delta = \frac{\tau_b}{\tau_B} + \frac{R_{\Box E}}{R_{\Box B1}} = \frac{W_B^2}{2L_B^2} \cdot \frac{2}{\eta}\left(1 - \frac{1}{\eta}\right) + \frac{R_{\Box E}}{R_{\Box B1}} \tag{3-45}$$

$$\alpha = 1 - \delta = 1 - \frac{W_B^2}{2L_B^2} \cdot \frac{2}{\eta}\left(1 - \frac{1}{\eta}\right) - \frac{R_{\Box E}}{R_{\Box B1}} \tag{3-46}$$

$$\beta = \delta^{-1} = \left[\frac{W_B^2}{2L_B^2} \cdot \frac{2}{\eta}\left(1 - \frac{1}{\eta}\right) + \frac{R_{\Box E}}{R_{\Box B1}} \right]^{-1} \tag{3-47}$$

上面三个式子既适用于 NPN 管也适用于 PNP 管。

以上是关于晶体管电流放大系数的基本理论。下面几节将讨论影响电流放大系数的几个效应。为了使有关公式尽量简单,但又不影响这些效应的实质,以下讨论将以均匀基区晶体管为例进行,所得结论同样适用于缓变基区晶体管。

3.3.5 小电流时放大系数的下降

从上面的结果来看,α 与 β 似乎与电流的大小无关。然而实际测量表明,α 与 β 会随电流 I_E 的变化而变化。图 3-13 表示某硅晶体管的 α 与 I_E 的关系。可以看出,当电流很小时,α 随电流的减小而下降;当电流很大时,α 随电流的增加而下降。α 的微小变化会引起 β 较大的同样规律的变化,如图 3-14 所示。

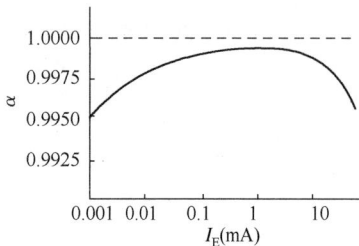

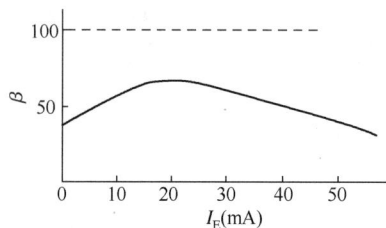

图 3-13 某硅晶体管的 α 与 I_E 的关系　　　图 3-14 某硅晶体管的 β 与 I_E 的关系

晶体管在小电流时 α 与 β 下降的原因是,小电流时发射结势垒区复合电流占总发射极电流的比例增大,从而使注入效率 γ 降低。由 2.2 节可知,当发射结外加正向电压时,总的发射结正向电流中,除了扩散电流 I_{pE} 和 I_{nE},还有势垒区复合电流 I_{rE}。前面在推导注入效率 γ 时,将这个 I_{rE} 忽略掉了。当考虑到 I_{rE} 时,γ 应改为

$$\gamma = \frac{I_{nE}}{I_E} = \frac{I_{nE}}{I_{nE}+I_{pE}+I_{rE}} = \frac{1}{1+\dfrac{I_{pE}}{I_{nE}}+\dfrac{I_{rE}}{I_{nE}}} \tag{3-48}$$

式(3-48)中的 I_{rE} 和 I_{nE} 可分别由 2.2 节的式(2-63)和式(2-81b)导出。设发射结面积为 A_E,并考虑到 $n_{B0} = n_i^2/N_B$,有

$$I_{rE} = \frac{A_E q n_i x_d}{2\tau}\exp\left(\frac{qV_{BE}}{2kT}\right), \quad I_{nE} = \frac{A_E q D_B n_i^2}{W_B N_B}\exp\left(\frac{qV_{BE}}{kT}\right)$$

则

$$\frac{I_{rE}}{I_{nE}} = \frac{K_1}{n_i}\exp\left(-\frac{qV_{BE}}{2kT}\right) = \frac{K}{\sqrt{I_{nE}}} \tag{3-49}$$

式(3-49)中,K_1 和 K 是与 V_{BE} 及 T 关系很小的常数。当 V_{BE} 处于正常范围时,$I_{nE} \gg I_{rE}$,势垒区复合电流 I_{rE} 可以忽略,这时的 γ 就是式(3-44)。随着 V_{BE} 的减小,由于 I_{nE} 比 I_{rE} 减小得更快,所以 I_{rE}/I_{nE} 将增大。当 I_{rE}/I_{nE} 增大到能与 I_{pE}/I_{nE} 相比拟而不能忽略但仍远小于 1 时,式(3-48)成为

$$\gamma = 1 - \frac{I_{pE}}{I_{nE}} - \frac{I_{rE}}{I_{nE}} = \left(1 - \frac{R_{\square E}}{R_{\square B1}}\right) - \frac{K}{\sqrt{I_{nE}}} \tag{3-50}$$

式(3-50)等号右边的前二项是不考虑势垒区复合电流时的注入效率,后一项表示注入效率随 V_{BE} 下降而下降的部分。由于 V_{BE} 很小意味着电流 I_E 很小,所以 γ 随 V_{BE} 下降而下降就导致了 α 与 β 随 I_E 下降而下降。

当 V_{BE} 继续下降时,I_{rE}/I_{nE} 继续增大。当 $I_{nE} \ll I_{rE}$ 时,势垒区复合电流占优势。从式(3-48)可知,这时注入效率 γ 极低。在极微小的正向电流下 γ 甚至可能接近于零。

总之,α 与 β 是 I_E 的函数,当 I_E 从零开始增加时,α 与 β 先是增加。在正常的电流范围内,例如图 3-13 中的 1 mA 到 10 mA,可以认为放大系数是常数。至于当 I_E 很大时 α 与 β 随电流的增加而下降,则由后面要介绍的大注入效应和基区扩展效应所致。

3.3.6 发射区重掺杂的影响

1. 发射区重掺杂效应

现代平面晶体管的基区宽度 W_B 可以做得很小,再加上基区中有加速场,从而可使基区输运系数 β^* 非常接近于 1,注入效率就成了决定放大系数的主要因素。为了保证足够的注入效率,常常对发射区进行重掺杂,使发射区方块电阻很小。

但实际上,当发射区掺杂浓度过重时会引起发射区重掺杂效应,即过分加重发射区掺杂不但不能提高注入效率,反而会使其下降。造成发射区重掺杂效应的原因是发射区禁带变窄和俄歇复合增强。

(1) 发射区禁带变窄

N 型区重掺杂时,杂质能级因相互靠近而形成能带,并与导带发生交叠,加上电子与空穴之间的相互作用,使禁带宽度 E_G 变窄。理论计算表明[12],禁带宽度减小之值 ΔE_G 为

$$\Delta E_G = \frac{3q^2}{16\pi\varepsilon_s}\left(\frac{q^2 N_E}{\varepsilon_s kT}\right)^{1/2} \tag{3-51}$$

室温下，式(3-51)对硅为

$$\Delta E_G = 22.5 \left(\frac{N_E}{10^{18}}\right)^{1/2} \text{ [meV]} \quad (3-52)$$

如图 3-15 所示，可见式(3-52)与实验结果是一致的。

当发射区因重掺杂而使禁带变窄后，发射区的本征载流子浓度 n_{iE} 也会发生相应的变化，即

$$n_{iE}^2 = N_C N_V \exp\left(-\frac{E_G - \Delta E_G}{kT}\right) = n_i^2 \exp\left(\frac{\Delta E_G}{kT}\right) \quad (3-53)$$

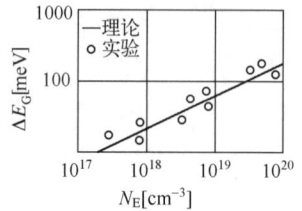

图 3-15　硅中禁带宽度变窄的理论与实验结果的比较

从而使从基区注入发射区的空穴电流密度，即

$$J'_{pE} = qkT\mu_p\mu_n R_{\square E} n_{iE}^2 \left[\exp\left(\frac{qV_{BE}}{kT}\right) - 1\right] = J_{pE} \exp\left(\frac{\Delta E_G}{kT}\right) \quad (3-54)$$

比发射区未重掺杂时扩大了 $\exp(\Delta E_G/kT)$ 倍。由于基区不能重掺杂，所以基区的本征载流子浓度 n_i 和从发射区注入基区的电子的电流密度 J_{nE} 都没有变化。这样就使注入效率 γ 下降了，即

$$\gamma = 1 - \frac{J'_{pE}}{J_{nE}} = 1 - \frac{R_{\square E}}{R_{\square B1}} \exp\left(\frac{\Delta E_G}{kT}\right) \quad (3-55)$$

当发射区掺杂浓度 N_E 增加时，$R_{\square E}/R_{\square B1}$ 虽然减小，但 $\exp(\Delta E_G/kT)$ 增大。当 N_E 不太大时，$R_{\square E}/R_{\square B1}$ 的减小作用超过 $\exp(\Delta E_G/kT)$ 的增大作用，γ 随 N_E 的增加而先增大。但是当 N_E 大于 5×10^{19} cm^{-3} 时，$\exp(\Delta E_G/kT)$ 的增大作用超过了 $R_{\square E}/R_{\square B1}$ 的减小作用，γ 反而下降，从而使 α 与 β 下降。

(2) 俄歇复合增强

在轻掺杂的半导体中，非平衡载流子主要通过复合中心进行复合。在重掺杂的半导体中，一种被称为俄歇(Auger)复合的复合机构大为增强。俄歇复合是一种电子与空穴直接复合、而将能量交给另一载流子的三粒子过程，和碰撞电离过程正好相反。由于是三粒子过程，在重掺杂的 N 型区中，空穴的俄歇复合概率与多子电子浓度的平方成正比，因此由俄歇复合决定的少子寿命为

$$\tau_A = \frac{1}{G_n n^2}$$

同理，在重掺杂的 P 型区中，由俄歇复合所决定的少子寿命为

$$\tau_A = \frac{1}{G_p p^2}$$

在硅中，室温时的 $G_n \approx 1.7\times10^{-31}$ cm^6/s，$G_p \approx 1\sim2\times10^{-31}$ cm^6/s。

这样，影响少子寿命的除了由复合中心决定的复合率，还需要加上俄歇复合的复合率。由于多子浓度与掺杂浓度几乎相等，这使得发射区的少子寿命在重掺杂时大为下降。此外，掺杂过重还会使载流子的扩散系数减小。发射区少子寿命与少子扩散系数的减小使发射区少子扩散长度减小，使从基区注入发射区的少子形成的电流增大，从而导致注入效率 γ 下降。

实验发现[4]，当发射区的磷浓度超过 5×10^{19} cm^{-3} 时，γ 已不再提高，再增加杂质浓度，γ 反而会下降。

2. 基区陷落效应

发射区的磷掺杂浓度很高时，会使发射区正下方的集电结结面向下扩展，形成如图 3-16 所示的基区，这个现象称为基区陷落效应。由于发射结的结面也会发生这种陷落效应，故又称为发射区陷落效应。

造成陷落效应的原因,在于磷(P)的原子半径(1.10 Å)和硅的原子半径(1.17 Å)的不一致。当硅中的磷浓度较高时,由于应力关系,会产生较多的位错,有利于形成空位,从而使该处有较高的杂质扩散系数。因此,发射区下的硼与磷都存在增强扩散。由于陷落效应,使得结深不易控制,难以将基区宽度做得很薄。

位错的存在不仅会发生陷落效应,而且由于杂质沿位错扩散较快,会造成结面不平坦,使个别地方的发射区与基区穿通或易于击穿。另外,有些重金属杂质也易于凝聚在位错附近,造成击穿电压下降。

为了避免陷落效应,目前微波晶体管的发射区多采用砷(As)扩散来代替磷扩散。砷的原子半径(1.18 Å)与硅的相近,没有陷落效应。此外,砷扩散后的杂质分布接近于矩形,如图 3-17 所示,在基区中靠近发射结附近的施主与受主的补偿区域极小,使基区中的减速场区域极窄。砷扩散后的基区电阻也较小。总之,砷是一种较理想的发射区掺杂杂质。

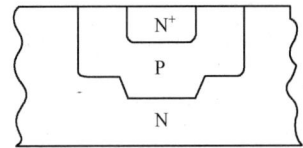

图 3-16 基区陷落效应

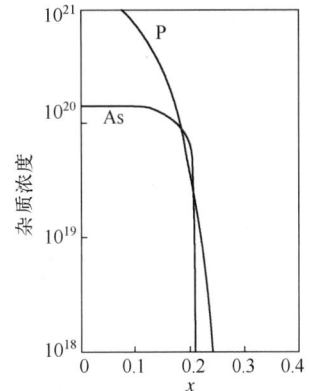

图 3-17 砷、磷扩散的杂质分布
(x 为离表面的距离)

3. LEC 晶体管

LEC(Low Emitter Concentration)晶体管是低发射区杂质浓度晶体管的缩写。这是为了解决发射区掺杂与注入效率的上述矛盾而出现的一种晶体管,其结构如图 3-18 所示。LEC 晶体管的发射区分为两部分,靠近金属电极的是 N^+ 区,靠近基区的是掺杂甚至低于基区的 N^- 区。由于靠近基区的是 N^- 区,似乎会使注入效率 γ 下降。实际上,由于以下两个原因,从基区注入发射区的少子形成的电流不但没有增加,反而有所下降。第一个原因是 N^- 区掺杂较轻,使该区的少子寿命和少子扩散长度增长。第二个原因是,在 N^+ 区和 N^- 区之间由于浓度差会产生一个内建电场 E_E,即

$$E_E = \frac{kT}{qW_E}\ln\left(\frac{N_E^+}{N_E^-}\right) \tag{3-56}$$

其方向是从 N^+ 区指向 N^- 区,阻止空穴由 N^- 区向 N^+ 区扩散。这两个原因大大降低了从基区注入发射区的少子空穴在发射区的扩散速度,从而大大降低了空穴扩散电流 J_{pE}。因此注入效率 γ 不但没有降低,反而有所提高。利用 LEC 结构很容易制得 $\beta > 10000$ 的高增益晶体管,而普通平面管的 β 很少能超过几百。

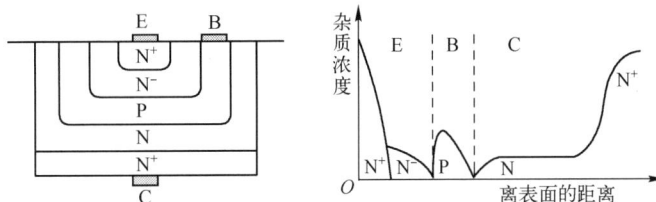

图 3-18 LEC 晶体管的结构及杂质分布

此外,LEC 晶体管还有下面一些优点:第一,在普通平面管中,注入基区的电流中有相当大的一部分是沿表面流动的横向电流。而在 LEC 晶体管中,非工作基区的掺杂可以较重,使横向电流大大减少,因而基区输运系数得以大大提高。第二,LEC 晶体管的发射结是 PN^- 结,与普通平面管的 PN^+ 结相比,击穿电压显著提高。LEC 晶体管的发射结击穿电压可以高达 100 V,而普通平面管则很少能超过 20 V。第三,LEC 结构的发射结势垒电容也可得到减小。

3.3.7 异质结双极晶体管

已知发射区禁带宽度变窄会使注入效率下降。容易推测,如果能使基区的禁带宽度变窄,就能使注入效率提高。采用异质结可以达到这个目的。所谓异质结是指结两侧由不同的半导体材料制成的 PN 结。在异质结双极晶体管(简称 HBT)中,通常将发射结做成异质结,即用宽禁带材料制作发射区,用窄禁带材料制作基区。若以 $\gamma_{同}$ 和 $\gamma_{异}$ 分别代表同质结晶体管和异质结晶体管的注入效率,则

$$\gamma_{同} = 1 - \frac{R_{\square E}}{R_{\square B1}}, \quad \gamma_{异} = 1 - \frac{R_{\square E}}{R_{\square B1}} \exp\left(\frac{\Delta E_{G}}{kT}\right)$$

式中,$\Delta E_{G} = E_{GB} - E_{GE}$,$E_{GB}$、$E_{GE}$ 分别代表基区与发射区的禁带宽度。当基区的禁带宽度小于发射区的禁带宽度时,$E_{GB} < E_{GE}$,$\Delta E_{G} < 0$,就能使 $\gamma_{异} > \gamma_{同}$。

常见的 HBT 结构是用 GaAs 制作基区,用 $Al_x Ga_{1-x} As$ 制作发射区。另一种 HBT 结构是用 SiGe 制作基区,用 Si 制作发射区。

异质结双极晶体管能提高注入效率,使 β 得到几个数量级的提高。或者在不降低注入效率的情况下,大幅度提高基区掺杂浓度,从而降低基极电阻,并为进一步减薄基区宽度提供条件。此外,在 SiGe HBT 中,可以通过基区中半导体材料组分的不均匀分布,得到缓变的基区禁带宽度。类似于缓变的基区掺杂浓度,缓变的基区禁带宽度也将在基区中产生一个对少子起加速作用的内建电场,降低少子的基区渡越时间。对 HBT 的进一步详细分析见 5.4 节。

3.4 双极结型晶体管的直流电流电压方程

上面推导晶体管的电流放大系数时,晶体管的偏置状态是发射结正偏、集电结零偏。但在实际使用晶体管时,各种偏置状态都可能出现。本节将讨论晶体管的两个结上均为任意直流电压时,晶体管的直流电流与直流电压之间的普遍关系,即双极结型晶体管(以下简称晶体管)的直流电流电压方程。推导这个方程的前提是各种电流均由少子引起。实际上,还存在势垒区产生复合电流,这是多子电流。在交流下还有势垒电容及扩散电容的充、放电电流,这也是多子电流。这些将在以后陆续补充进来。

电压与电流的参考方向仍遵照 3.1.2 节中的规定。以 NPN 晶体管为例,发射结和集电结上的电压分别为 V_{BE} 和 V_{BC}。结电压大于零表示正偏,结电压小于零表示反偏。发射极电流以流出为正,基极电流和集电极电流以流入为正。当电流出现负值时,表示其实际方向与参考方向相反。

3.4.1 集电结短路时的电流

PN 结为零偏时的状态,是分析其他各种偏置状态的基础,因此先来讨论集电结为零偏时的状态。

下面的推导以非均匀基区 NPN 晶体管的相关公式为基础进行,而均匀基区晶体管只是非均匀基区晶体管的特殊情形。当集电结上的电压为零时,发射极电流 I_E 为式(3-33a)与式(3-33b)之和再乘以发射结面积 A_E,即

$$I_E = A_E (J_{nE} + J_{pE}) = I_{ES} \left[\exp\left(\frac{q V_{BE}}{kT}\right) - 1 \right] \tag{3-57a}$$

式中

$$I_{ES} = A_E q n_i^2 \left(\frac{D_B}{\int_0^{W_B} N_B dx} + \frac{D_E}{\int_0^{W_E} N_E dx} \right)$$

对于基区来说,"集电结零偏"与"集电区不存在、基区的右侧与金属电极接触",这两种情况的少子边界条件是相同的,基区右边界处的少子浓度都等于平衡少子浓度。所以式(3-57a)实际上就是单独一个发射结构成的 PN 结二极管的伏安特性表达式,该式对发射结电压 V_{BE} 并无任何限制,既可以正偏也可以反偏。I_{ES} 代表发射结反偏(且反向电压的值远大于 kT/q,下同)、集电结零偏时的发射极电流,相当于由单独一个发射结构成的 PN 结二极管的反向饱和电流。在晶体管中,I_{ES} 称为基极与集电极短路的发射极电流。

利用 α 的定义及晶体管三个电流之间的关系,可得

$$I_E = I_{ES}\left[\exp\left(\frac{qV_{BE}}{kT}\right)-1\right] \tag{3-57a}$$

$$I_C = \alpha I_{ES}\left[\exp\left(\frac{qV_{BE}}{kT}\right)-1\right] \tag{3-57b}$$

$$I_B = (1-\alpha)I_{ES}\left[\exp\left(\frac{qV_{BE}}{kT}\right)-1\right] \tag{3-57c}$$

3.4.2 发射结短路时的电流

当 $V_{BE}=0$,而 $V_{BC}\neq 0$ 时,如果把晶体管的发射区作为"集电区",把集电区作为"发射区",则可以得到一个倒过来应用的晶体管。这种晶体管又称为倒向(晶体)管。发射结短路就相当于倒向管的"集电结"短路,因此晶体管在本小节的偏置状态就相当于倒向管在上一小节的偏置状态。于是仿照式(3-57),可得

$$I_C = -I_{CS}\left[\exp\left(\frac{qV_{BC}}{kT}\right)-1\right] \tag{3-58a}$$

$$I_E = -\alpha_R I_{CS}\left[\exp\left(\frac{qV_{BC}}{kT}\right)-1\right] \tag{3-58b}$$

$$I_B = (1-\alpha_R)I_{CS}\left[\exp\left(\frac{qV_{BC}}{kT}\right)-1\right] \tag{3-58c}$$

式中,I_{CS} 代表集电结反偏、发射结零偏时的集电极电流,相当于由单独一个集电结构成的 PN 结二极管的反向饱和电流。在晶体管中,I_{CS} 称为基极与发射极短路的集电极电流。α_R 代表倒向管的共基极直流短路电流放大系数。

倒向晶体管的 I_{CS} 及 α_R 与正向晶体管的 I_{ES} 及 α 在数值上很不相同。在实际晶体管中,通常 α_R 比 α 小得多。这是因为:①集电结的面积一般比发射结的大。在正向管中,从发射结注入基区的少子几乎能够全部被集电结所收集,但在倒向管中,从集电结注入基区的少子只有一部分能被发射结所收集;②除合金管外,集电区的掺杂浓度一般低于基区,使倒向管的注入效率降低;③在缓变基区晶体管中,基区内建电场对倒向管的基区少子起减速作用。

3.4.3 晶体管的直流电流电压方程

现在来考虑发射结和集电结均为任意偏置的情况。当 V_{BE}、V_{BC} 均不为零时,基区少子的边界条件为

$$n(0) = n_{BQ}\left[\exp\left(\frac{qV_{BE}}{kT}\right)-1\right], \quad n(W_B) = n_{B0}\left[\exp\left(\frac{qV_{BC}}{kT}\right)-1\right]$$

这相当于下列两种情况的边界条件的叠加。

边界条件 1：发射结电压任意，集电结零偏，有

$$n_F(0) = n_{B0}\left[\exp\left(\frac{qV_{BE}}{kT}\right) - 1\right], \quad n_F(W_B) = 0$$

边界条件 2：发射结零偏，集电结电压任意，有

$$n_R(0) = 0, \quad n_R(W_B) = n_{B0}\left[\exp\left(\frac{qV_{BC}}{kT}\right) - 1\right]$$

求解电子扩散方程并结合边界条件 1 所得到的电子分布 n_F 就相当于上述正向管(集电结零偏)中的情况，求解电子扩散方程并结合边界条件 2 所得到的电子分布 n_R 就相当于上述倒向管(发射结零偏)中的情况。扩散方程是线性常系数方程，其解具有线性叠加性，所以这两个解的叠加，即 $n(x) = n_F(x) + n_R(x)$，就是两个结上的电压均为任意值时的基区少子分布，如图 3-19 所示。图中的少子分布是直线，这是均匀基区中的情形。对于非均匀基区，少子分布应为如图 3-12 所示的曲线。但这里的结论仍然是成立的。

由此可见，当 V_{BE}、V_{BC} 均不为零时，晶体管的电流就是上述两种情况的电流的叠加。由于 $I_B = I_E - I_C$，这三个电流中只有两个是独立的，所以只需列出其中两个电流的方程。对于共基极电路，应选取 I_E 和 I_C。将式(3-57a)与式(3-58b)相加，式(3-57b)与式(3-58a)相加，得

图 3-19　基区电子的实际分布为正向和倒向分布之和

$$I_E = I_{ES}\left[\exp\left(\frac{qV_{BE}}{kT}\right) - 1\right] - \alpha_R I_{CS}\left[\exp\left(\frac{qV_{BC}}{kT}\right) - 1\right] \quad (3\text{-}59a)$$

$$I_C = \alpha I_{ES}\left[\exp\left(\frac{qV_{BE}}{kT}\right) - 1\right] - I_{CS}\left[\exp\left(\frac{qV_{BC}}{kT}\right) - 1\right] \quad (3\text{-}59b)$$

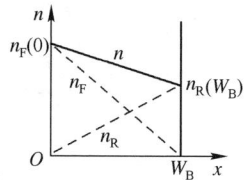

这就是晶体管的共基极直流电流电压方程，也称为埃伯斯-莫尔(Ebers-Moll)方程，简称为 E-M 方程。根据这两个方程，在 I_E、I_C、V_{BE}、V_{BC} 四个变量中任意给定两个变量，就可以求出另外两个变量。

如果选取 I_B 和 I_C，则所得为共发射极直流电流电压方程，即

$$I_B = (1-\alpha)I_{ES}\left[\exp\left(\frac{qV_{BE}}{kT}\right) - 1\right] + (1-\alpha_R)I_{CS}\left[\exp\left(\frac{qV_{BC}}{kT}\right) - 1\right] \quad (3\text{-}59c)$$

$$I_C = \alpha I_{ES}\left[\exp\left(\frac{qV_{BE}}{kT}\right) - 1\right] - I_{CS}\left[\exp\left(\frac{qV_{BC}}{kT}\right) - 1\right] \quad (3\text{-}59b)$$

倒向管与正向管之间存在着一个重要的互易关系，即

$$\alpha I_{ES} = \alpha_R I_{CS} \quad (3\text{-}60)$$

这个关系对任何结构的晶体管都适用，其证明见参考文献[13]。

3.4.4　晶体管的输出特性

1. 共基极输出特性

在晶体管放大电路中，一般以电流作为输入信号，电路应用中也常把晶体管称为电流控制器件。根据式(3-59a)和式(3-59b)可做出如下解释：输出端一般接有负载电阻 R_L，并希望 R_L 上的电流 I_C 随输入信号而线性变化。如果输入信号是电压 V_{BE} 的变化，那么受控的 I_C 不是按线性关系而是按指数规律随输入信号而变化的，有严重的失真。而且，当温度与偏压稍有变化时，I_C 就会有剧烈变化，很不稳定。但如果输入信号是电流 I_E 的变化，则受控的 I_C 与输入信号呈线性关系。

晶体管的共基极输出特性是指以输入端电流 I_E 作为参量，输出端电流 I_C 与输出端电压 V_{BC}

之间的关系。这实际上就是在共基极直流电流电压方程中,以 I_E 和 V_{BC} 作为已知量,求 I_C 随 I_E 和 V_{BC} 的变化关系。

由共基极直流电流电压方程消去 V_{BE},得

$$I_C = \alpha I_E - (1-\alpha\alpha_R)I_{CS}\left[\exp\left(\frac{qV_{BC}}{kT}\right)-1\right]$$

令

$$I_{CBO} = (1-\alpha\alpha_R)I_{CS} \qquad (3-61)$$

则

$$I_C = \alpha I_E - I_{CBO}\left[\exp\left(\frac{qV_{BC}}{kT}\right)-1\right] \qquad (3-62)$$

当 $V_{BC}=0$ 时,$I_C=\alpha I_E$,这与电流放大系数 α 的定义相一致。

在放大区,$V_{BE}>0$,$V_{BC}<0$。集电结上的反向电压通常比 kT/q 大得多,否则 I_C 稍有变化,在 R_L 上产生的压降就会使 $V_{BC}>0$,影响稳定工作。在这种情况下,式(3-62)可简化为

$$I_C = \alpha I_E + I_{CBO} \qquad (3-63)$$

式(3-63)中,I_{CBO} 代表发射极开路($I_E=0$)、集电结反偏($V_{BC}<0$)时的集电极电流,称为共基极反向截止电流。硅管的 I_{CBO} 很小,一般小于 0.1 μA,因此常被略去。注意前面在推导电流放大系数 α 时是按照 $V_{BC}=0$ 的条件进行的,而晶体管在实际用于放大时通常满足 $V_{BC}<0$。这也正是 α 和 h_{FB} 这两种电流放大系数的差别所在(见 3.1.4 节)。现在可以看到,α 和 h_{FB} 之间的关系是

$$h_{FB} = \frac{I_C}{I_E} = \alpha + \frac{I_{CBO}}{I_E}$$

V_{BC} 等于零或小于零,在 I_C 中造成的差别仅仅是一个与输入电流 I_E 无关的极其微小的通常可以忽略的电流 I_{CBO},所以 α 和 h_{FB} 在数值上几乎没有什么区别。

从式(3-63)可见,在放大区,当忽略 I_{CBO} 时,I_C 与 I_E 之间满足线性关系,而且 I_C 几乎不随 V_{BC} 变化。

表示 I_C 与 V_{CB} 之间关系的曲线称为共基极输出特性曲线,或称为集电极特性曲线。以 I_E 为参变量,可以画出一系列曲线族。NPN 晶体管的共基极输出特性曲线如图 3-20 所示。通常在这种曲线族中,参变量 I_E 是从零开始做等差级数增加的,因此 α 的值可由同一横坐标下某一 I_E 值的曲线与 $I_E=0$ 的曲线的纵坐标之差除以该 I_E 值得到。与 $I_E=0$ 对应的曲线就是 I_{CBO},但因其值太小而几乎与横坐标重叠。当 I_E 在中等大小时,各条曲线几乎是等距离的,说明 α 随电流的变化很小。当 I_E 很小或很大时,曲线的间距会变小,这反映了 α 在小电流或大电流时的下降。

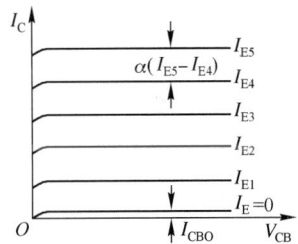

图 3-20　NPN 晶体管的共基极输出特性曲线

在 $V_{BC}<0$ 的区域,各曲线是水平的,说明 α 不随 V_{CB} 变化。

2. 共发射极输出特性

在电路应用中,更多地采用共发射极接法。在晶体管的制造过程中,也经常以观测共发射极输出特性作为检验管芯质量的重要方法。共发射极特性受一些因素的影响往往比共基极特性表现得更灵敏。例如,由于 α 一般都极接近于 1,α 的微小变化是不易直接从对 α 的测定中察觉的,但 α 的微小变化却可以使 β 出现大幅度的变化。

晶体管的共发射极输出特性是指以输入端电流 I_B 做参量,输出端电流 I_C 与输出端电压 V_{CE} 之间的关系。

由共发射极电流电压方程消去 V_{BE},得

$$I_C = \frac{\alpha}{1-\alpha}I_B - \frac{I_{CBO}}{1-\alpha}\left[\exp\left(\frac{qV_{BC}}{kT}\right)-1\right]$$

$$I_{CEO} = \frac{I_{CBO}}{1-\alpha} = (1+\beta) I_{CBO} \approx \beta I_{CBO} \qquad (3\text{-}64)$$

并根据 β 与 α 的关系及 $V_{BC} = V_{BE} - V_{CE}$ 的关系,得

$$I_C = \beta I_B - I_{CEO} \left[\exp\left(\frac{qV_{BE} - qV_{CE}}{kT} \right) - 1 \right] \qquad (3\text{-}65)$$

严格地讲,输出特性方程中本不应含有 V_{BE}。但是如将上式中的 V_{BE} 消去,所得到的式子会很复杂且难以给出简单解释。而保留 V_{BE} 并不会对讨论有很大的妨碍。

当 $V_{BC} = 0$,即 $V_{CE} = V_{BE}$ 时,$I_C = \beta I_B$,这与 β 的定义相一致。

在放大区,$V_{BE} > 0$,$V_{BC} < 0$。通常集电结的反偏压比 kT/q 大得多,此时可将式(3-65)的指数项略去,从而得到

$$I_C = \beta I_B + I_{CEO} \qquad (3\text{-}66)$$

式(3-66)中,I_{CEO} 代表基极开路($I_B = 0$)、集电结反偏($V_{BC} < 0$)时从发射极穿透到集电极的电流,称为集–发电流,或称为共发射极反向截止电流、共发射极穿透电流。I_{CEO} 虽然比 I_{CBO} 大了约 β 倍,但仍是一个极小的通常可以忽略的电流。所以在共发射极电路中,V_{BC} 等于零或小于零对 I_C 也无多大的影响。同样地,β 与 h_{FE} 的关系为

$$h_{FE} = \frac{I_C}{I_B} = \beta + \frac{I_{CEO}}{I_B}$$

所以 β 与 h_{FE} 在数值上也几乎没有什么区别。

从式(3-66)可见,当 $V_{BC} < 0$ 时,I_C 与 I_B 之间满足线性关系,而且 I_C 不随 V_{CE} 变化。

图 3-21 是 NPN 晶体管的共发射极输出特性曲线,这是以 I_B 为参变量的一组曲线族。$I_B = 0$ 对应的曲线就是 I_{CEO},根据式(3-64),它比 I_{CBO} 大约 β 倍,但仍因其值太小而几乎与横坐标重叠。

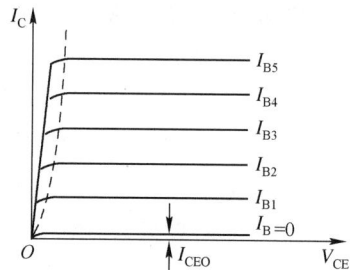

图 3-21 NPN 晶体管的共发射极
输出特性曲线

图 3-21 中的虚线代表 $V_{BC} = 0$,或 $V_{CE} = V_{BE}$,即放大区与饱和区的分界线。在虚线右侧,$V_{BC} < 0$,或 $V_{CE} > V_{BE}$,为放大区。在虚线左侧,$V_{BC} > 0$,或 $V_{CE} < V_{BE}$,为饱和区。

图中相邻曲线间距的大小,可反映 β 的大小。

3.4.5 基区宽度调变效应

由式(3-66)可见,I_C 与 V_{CE} 无关。但在实测的晶体管输出特性曲线中,I_C 在放大区随 V_{CE} 的增加而略有增加,如图 3-23 所示。这是由基区宽度调变效应(也称为厄尔利效应)造成的。当 V_{CE} 增加时,集电结上的反向偏压增加,集电结势垒区宽度增宽。势垒区的右侧向中性集电区扩展,左侧向中性基区扩展。这使得中性基区宽度 W_B 减小,如图 3-22 所示。W_B 的减小使基区少子浓度梯度增加,必然导致电流放大系数和集电极电流的增大。

现在来讨论当 V_{BE} 为定值时,I_C 随 V_{CE} 的变化率[14,15]。如果忽略基区中的复合与 I_{CEO},则 I_C 可由式(3-33a)表示为

$$I_C = \frac{A_E q D_B n_i^2}{\int_0^{W_B} N_B(x)\,\mathrm{d}x} \left[\exp\left(\frac{qV_{BE}}{kT} \right) - 1 \right] \qquad (3\text{-}67)$$

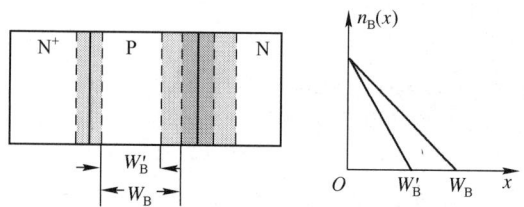

图 3-22 基区宽度调变效应

将式(3-67)对 V_{CE} 求偏微分,并注意到式中只有

W_B 是随 V_{CE} 变化的,得到

$$\left.\frac{\partial I_C}{\partial V_{CE}}\right|_{V_{BE}} = I_C \frac{N_B(W_B)}{\int_0^{W_B} N_B \mathrm{d}x}\left(-\frac{\mathrm{d}W_B}{\mathrm{d}V_{CE}}\right) \tag{3-68}$$

式(3-68)是在 V_{BE} 为常数的条件下得到的。事实上由于基区复合很小,多数晶体管的基极电流 I_B 主要由从基区向发射区注入少子的电流组成。因此 V_{BE} 不变也就意味着 I_B 不变,从而得

$$\left.\frac{\partial I_C}{\partial V_{CE}}\right|_{I_B} = I_C \frac{N_B(W_B)\left(-\dfrac{\mathrm{d}W_B}{\mathrm{d}V_{CE}}\right)}{\int_0^{W_B} N_B \mathrm{d}x} = \frac{I_C}{V_A} = \frac{1}{r_o} \tag{3-69}$$

式(3-69)中, V_A 称为厄尔利电压, r_o 称为共发射极增量输出电阻,有

$$V_A = \frac{\int_0^{W_B} N_B \mathrm{d}x}{N_B(W_B)\left(-\dfrac{\mathrm{d}W_B}{\mathrm{d}V_{CE}}\right)} \tag{3-70}$$

$$r_o = \frac{\partial V_{CE}}{\partial I_C} = \frac{V_A}{I_C} \tag{3-71}$$

当 V_{CE} 增加时, W_B 减小,因此 V_A 是正的。式(3-71)表明在晶体管的输出端并联着一个增量输出电阻 r_o。

因 $V_{CE} = V_{BE} + V_{CB}$,故当 V_{BE} 为定值时, $\mathrm{d}V_{CE} = \mathrm{d}V_{CB}$, V_{CB} 是集电结上的反向电压。当 V_{CB} 变化时,集电结势垒区中基区一侧的电荷变化量为

$$\mathrm{d}Q_{TC} = A_C q N_B(W_B)(-\mathrm{d}W_B)$$

上式中, A_C 是集电结面积。根据集电结势垒电容的定义,有

$$C_{TC} \equiv \frac{\mathrm{d}Q_{TC}}{\mathrm{d}V_{CB}} = A_C q N_B(W_B)\left(-\frac{\mathrm{d}W_B}{\mathrm{d}V_{CB}}\right) \tag{3-72}$$

此外,中性基的平衡多子总电荷可表示为

$$Q_{BBO} = A_E q \int_0^{W_B} N_B \mathrm{d}x \tag{3-73}$$

于是厄尔利电压可表示为

$$V_A = \frac{Q_{BBO}}{C_{TC}} \cdot \frac{A_C}{A_E} \tag{3-74}$$

实际上当集电结电压 V_{CB} 变化时, Q_{BBO} 及 C_{TC} 也会发生变化,所以 V_A 是 V_{CB} 的函数。通常把 $V_{CB} = 0$ 时的 V_A 之值称为厄尔利电压。

对于均匀基区晶体管,式(3-70)中的积分等于 $N_B W_B$。又因基区宽度 W_B 的减少量就是势垒区宽度 x_{dB} 的增加量,即 $-\mathrm{d}W_B = \mathrm{d}x_{dB}$, x_{dB} 是由式(2-15)给出的 P 区一侧势垒区宽度 x_p。这时 V_A 的表达式可简化为

$$V_A = \frac{W_B}{\left(-\dfrac{\mathrm{d}W_B}{\mathrm{d}V_{CB}}\right)} = \frac{W_B}{\left(\dfrac{\mathrm{d}x_{dB}}{\mathrm{d}V_{CB}}\right)} = \frac{2W_B V_{bi}}{x_{dB}} \tag{3-75}$$

从式(3-69)可知,对应于 I_B 为不同常数时的各条 I_C-V_{CE} 曲线在 V_{CE} 接近于零时的切线均交于横坐标轴上的 $-V_A$ 处,如图 3-23 所示。显然, V_A 越大,则增量输出电阻 r_o 越大,

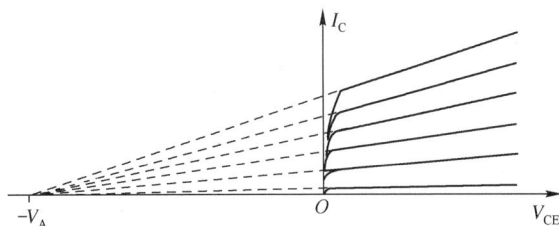

图 3-23　厄尔利效应及厄尔利电压

I_C-V_{CE} 曲线越平坦,晶体管的输出特性就越接近于理想情况。

由式(3-75)可知,增大 V_A 的措施是增大基区宽度 W_B、减小势垒区宽度 x_{dB},即增大基区掺杂浓度。但这些都是与提高电流放大系数相矛盾的。

3.5 双极结型晶体管的反向特性

晶体管在使用时集电结经常为反偏,随着反偏的增大可能出现雪崩倍增效应和基区穿通效应。这些效应首先表现在集电结反偏时反向电流 I_{CBO} 和 I_{CEO} 发生的变化。这两种电流又称为反向截止电流,因为它们是在晶体管无输入电流时就存在的。测量反向截止电流随反向电压的变化常作为检验晶体管半成品及成品的质量标准之一。

本节的推导以 NPN 晶体管为例进行。

3.5.1 反向截止电流

3.4.4 节已经给出了两种反向截止电流的表达式,即

$$I_{CBO} = (1 - \alpha \alpha_R) I_{CS} \tag{3-61}$$

$$I_{CEO} = \frac{I_{CBO}}{1 - \alpha} = (1 + \beta) I_{CBO} \tag{3-64}$$

它们都是从晶体管的直流电流电压方程导出的。本节将对它们的物理意义给出解释。

1. 浮空电势与 I_{CBO}

在解释 I_{CBO} 之前,先介绍浮空电势的概念。当发射极开路、集电结反偏时,基区中部分少子被集电结上的反偏扫入集电区。但因 $I_E = 0$,基区少子得不到补充,使在基区与发射结势垒区边界处,$n_B(0) < n_{B0}$。根据结定律,这时在发射结上存在一个反向电压,这就是浮空电势。"浮空"两字是指无外接电路。浮空电势可以从晶体管的共基极直流电流电压方程导出。令式(3-59a)的 $I_E = 0$,得

$$\left[\exp\left(\frac{qV_{BE}}{kT} \right) - 1 \right] = \alpha_R \frac{I_{CS}}{I_{ES}} \left[\exp\left(\frac{qV_{BC}}{kT} \right) - 1 \right]$$

考虑到 $V_{BC} < 0$ 及互易关系 $\alpha I_{ES} = \alpha_R I_{CS}$,得

$$\left[\exp\left(\frac{qV_{BE}}{kT} \right) - 1 \right] = -\alpha_R \frac{I_{CS}}{I_{ES}} = -\alpha$$

从上式可得浮空电势

$$V_{BE} = \frac{kT}{q} \ln(1 - \alpha) < 0 \tag{3-76}$$

I_{CBO} 代表发射极开路、集电结反偏时的集电极电流。由于发射结上存在浮空电势,使两个结都反偏,而发射极电流为零。利用上一节所述的电流叠加方法,I_{CBO} 可按图 3-24 所示的方式叠加得到,即:集电结反偏、发射结反偏时的任一极电流[图 3-24(c)]等于集电结反偏、发射结零偏时的该极电流[图 3-24(a)]与集电结零偏、发射结反偏时的该极电流[图 3-24(b)]之和。

这里的条件是两管的发射极电流经过叠加后应为零。由于图 3-24(a)中晶体管的发射极电流是 $\alpha_R I_{CS}$,所以图 3-24(b)中晶体管的发射极电流必须是 $-\alpha_R I_{CS}$。对应于这个发射极电流的集电极电流是 $\alpha(-\alpha_R I_{CS})$。而图 3-24(a)中晶体管的集电极电流是 I_{CS}。将两管的集电极电流叠加起来,得

$$I_{CBO} = (1-\alpha\alpha_R)I_{CS} \qquad\qquad (3-61)$$

这里对式(3-61)给予了一个物理模型。

2. I_{CEO}

I_{CEO}代表基极开路、集电结反偏时的集电极电流。图3-25(a)中晶体管的集电结为反偏而发射极开路,有电流I_{CBO}从集电极流入,从基极流出。为了使叠加后的基极电流为零,图3-25(b)中的晶体管必须有电流I_{CBO}从基极流入。这个基极电流引起的集电极电流为βI_{CBO}。所以,在叠加后的图3-25(c)中,基极开路,两种集电极电流叠加的结果就是上一节的式(3-64),即

$$I_{CEO} = (1+\beta)I_{CBO}$$

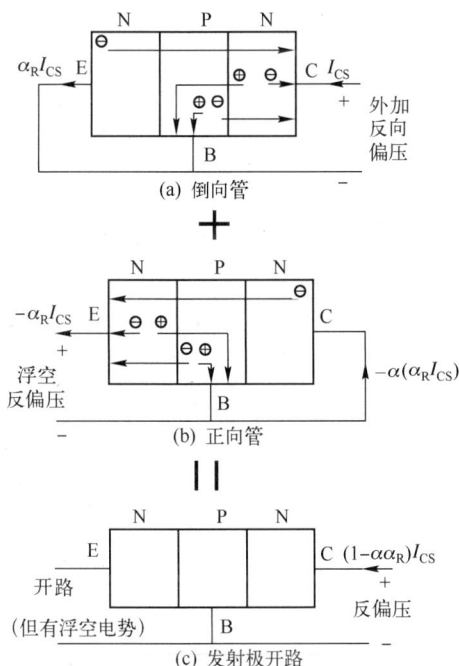

图3-24 发射结开路相当于两种情况合成

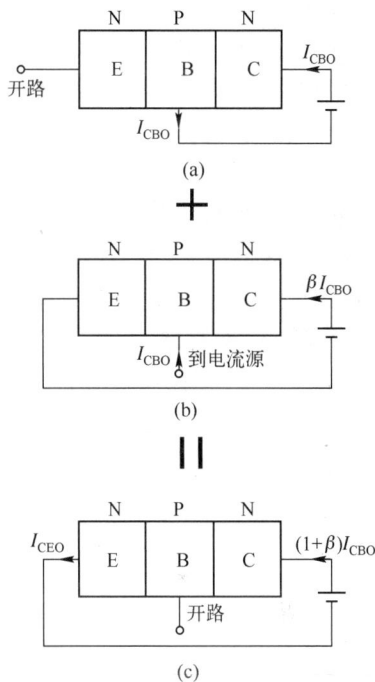

图3-25 I_{CEO}与I_{CBO}的关系可用叠加性说明

3. 发射结反向电流

虽然晶体管工作在放大区时发射结为正偏,但是作为开关用途的晶体管,当处于关态时发射结为反偏。用作丙类放大的晶体管的发射结有时也处于反偏。此外,也常常通过检测发射结反向电流和发射结击穿电压来判断发射结质量的好坏。

常见的发射结反向电流有I_{ES}和I_{EBO}。I_{ES}已在前面介绍过。I_{EBO}代表集电极开路、发射结反偏时的发射极电流,其测试方法如图3-26所示。用类似的方法可以得到I_{EBO}与I_{ES}之间的关系,即

$$I_{EBO} = (1-\alpha\alpha_R)I_{ES} \qquad\qquad (3-77)$$

4. 对反向截止电流的讨论

已经从2.2.1节知道,PN结反向电流由扩散电流和势垒区产生电流两部分组成。上面讨论的反向电流都是由中性区产生的少子向结扩散而形成的扩散电流。锗PN结在常温下反向电流主要是由扩散电流构成的。但对于硅PN结来说,势垒区产生电流往往比扩散电流还大,而且当反向电压远大于kT/q时,扩散电流趋于饱和,而产生电流则因与势垒区宽度有关,将随着反偏的

增加而增加,如图 3-27 所示。

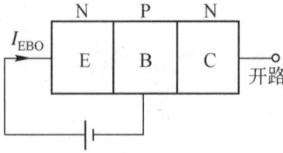

图 3-26 I_{EBO} 的测试方法

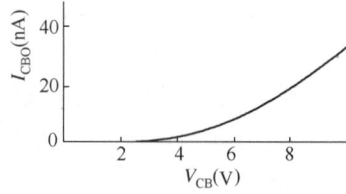

图 3-27 NPN 硅管的反向电流

势垒区产生的载流子,一经势垒区中强大电场扫入中性区,就构成多子电流。这些多子不会引起浓度差而发生扩散,多子的流动也只需要极小的电场。到达基区的多子可以直接流入基极,成为 I_{CBO} 的一部分。这部分电流并不遵循 $I_{CBO}=(1-\alpha\alpha_R)I_{CS}$ 的关系,因为这个关系是从少子的运动方程得到的。同理,上一节的电流电压方程也不适用于势垒区产生电流。但是式(3-64)所描述的 I_{CEO} 与 I_{CBO} 之间的关系对这种电流却是成立的。

反向电流从理论上讲应该越小越好。因为它不受控制,对放大信号无用,并且限制了晶体管可以工作的电流幅度。更重要的是,它会随着温度而剧烈变化,影响晶体管的稳定工作。

不管是中性区的少子扩散电流,还是势垒区的多子产生电流,从本质上说都是由复合中心引起的。这种复合中心可以出现在体内,也可以出现在表面。制造晶体管用的半导体材料,一般都是少子寿命较高的。但在制造过程中,如果清洗等工作不仔细,引入了杂质或缺陷,就会因复合中心增加而使寿命降低,反向电流增大。此外,若表面处理不当,使表面态数量增大,也会引起很大的反向电流,而且这种电流极不稳定。平面工艺中的氧化方法,可使硅平面管的表面态大为减少,现已达到令人满意的地步。

3.5.2 共基极接法中的雪崩击穿电压

当集电结反向电压增加到接近雪崩击穿电压 V_B 时,集电结势垒区中会发生载流子的雪崩倍增效应,使流出势垒区的电流增大到原始电流的 M 倍。根据 2.4.3 节的式(2-129),雪崩倍增因子 M 可用下面的经验公式给出

$$M=\frac{1}{1-\left(\frac{\pm V_{CB}}{V_B}\right)^s}$$

式中,V_B 是雪崩击穿电压,$\pm V_{CB}$ 是加在集电结上的实际电压,NPN 管取 $+V_{CB}$,PNP 管取 $-V_{CB}$。S 之值由 2.4.3 节的表 2-2 给出。例如,对于硅 NPN 平面管,集电结为 P^+N 结,故 S 应取 4。

共基极放大电路中的集电极电流为

$$I_C=\alpha I_E+I_{CBO} \tag{3-78}$$

式(3-78)右边的两部分电流都是流经集电结势垒区的原始电流。发生雪崩倍增时晶体管电流示意图($M=4/3$)如图 3-28 所示。当势垒区中发生雪崩倍增时,这两部分电流都会扩大 M 倍。所以发生雪崩倍增后,α 与 I_{CBO} 都应乘以 M,集电极电流成为

$$I_C=\alpha M I_E+M I_{CBO}=A I_E+I'_{CBO} \tag{3-79}$$

式(3-79)中,A 代表包括雪崩倍增效应在内的总的

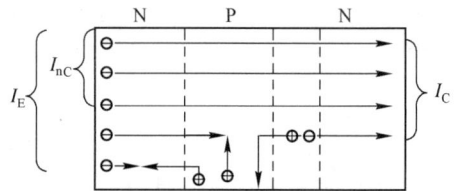

图 3-28 发生雪崩倍增时晶体管
电流示意图($M=4/3$)

共基极电流放大系数。雪崩倍增所增加的电流是多子电流,用 A 是为了与少子电流的放大系数

α 相区别。I'_{CBO} 代表经雪崩倍增后的反向截止电流。

由式(2-129)可知
$$A = \alpha M = \frac{\alpha}{1 - \left(\dfrac{V_{CB}}{V_B}\right)^s} \tag{3-80}$$

例 3.1 某硅 NPN 晶体管的 $\gamma = 0.98$，$\beta^* = 0.99$，则在低电压下，$\alpha = \gamma\beta^* = 0.9702$。取 $S = 4$。当 $V_{CB} = 0.4V_B$ 时，$M = 1.026$，$A = 0.9955$，电流放大系数与反向截止电流均增加了 0.026 倍。

晶体管的击穿电压常用 BV 加下角标表示。当外加反向电压等于此值时，相应的反向电流趋于无穷大。

发射极开路时，使 $I'_{CBO} \to \infty$ 的集电结反向电压 V_{CB} 称为共基极集电结雪崩击穿电压，记为 BV_{CBO}。

显然，当 $V_{CB} \to V_B$ 时，$M \to \infty$，$I'_{CBO} \to \infty$。由上面的讨论可知，共基极集电结雪崩击穿电压就是集电结的 PN 结雪崩击穿电压 V_B，即
$$BV_{CBO} = V_B \tag{3-81}$$

现在讨论雪崩倍增效应对共基极输出特性曲线的影响。当发生雪崩倍增时，集电极电流的表达式由式(3-78)变为式(3-79)。图 3-29 所示为包括击穿特性在内的晶体管共基极输出特性曲线族。

图 3-29 中，最下面的 $I_E = 0$ 的这条线代表了反向截止电流 I'_{CBO} 与 V_{CB} 的关系。在反向电压 V_{CB} 未达到雪崩击穿前，I_{CBO} 很小，几乎与横轴重合。当 V_{CB} 临近雪崩击穿电压时，I'_{CBO} 急剧增加。

当 V_{CB} 较大而发生雪崩倍增效应时，根据式(3-79)，对应于同一 I_E 的 I_C 变大，曲线向上弯。

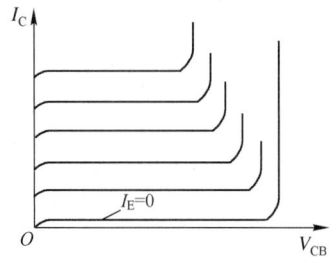

图 3-29 包括击穿特性在内的晶体管共基极输出特性曲线族

3.5.3 共发射极接法中的雪崩击穿电压

在共发射极接法中，无雪崩倍增时的集电极电流为
$$I_C = \beta I_B + I_{CEO} = \frac{\alpha}{1-\alpha}I_B + \frac{I_{CBO}}{1-\alpha}$$

发生雪崩倍增时，如 3.5.2 节所分析的，α 与 I_{CBO} 都扩大 M 倍，因此集电极电流为
$$I_C = \frac{\alpha M}{1-\alpha M}I_B + \frac{MI_{CBO}}{1-\alpha M} = BI_B + I'_{CEO} \tag{3-82}$$

式(3-82)中，B 代表包括雪崩倍增效应在内的总的共发射极电流放大系数。I'_{CEO} 代表经雪崩倍增后的反向截止电流。

因为 α 本来就很接近于 1，所以只要有稍许的雪崩倍增，αM 就会更接近于 1，从而使 I_C 迅猛增加。

例 3.2 与例 3.1 中的晶体管相同，$\alpha = 0.9700$，$\beta = 32.5$，$S = 4$。当 $V_{CB} = 0.4V_B$ 时，$M = 1.026$，$A = 0.9955$，$B = A/(1-A) = 220$。这时电流放大系数与反向截止电流均扩大到 6.8 倍。可见雪崩倍增效应对共发射极接法的影响要比对共基极接法的影响大得多。

基极开路时，使 $I'_{CEO} \to \infty$ 的集电极与发射极间电压 V_{CE} 称为集电极-发射极击穿电压，或共发射极集电结雪崩击穿电压，记为 BV_{CEO}。

共发射极接法的击穿电压比共基极接法低得多。这是因为根据式(3-79)，共基极接法发生

雪崩击穿的条件是 $M \to \infty$，而根据式（3-82），共发射极接法发生雪崩击穿的条件是 $\alpha M \to 1$，或 $M \to 1/\alpha$，M 只需比 1 略大。

下面讨论 BV_{CEO} 与 BV_{CBO} 的关系。当 $M = 1/\alpha$ 时，$V_{CE} = BV_{CEO}$，将此关系代入 M 中，得

$$M = \frac{1}{\alpha} = \frac{1}{1 - \left(\dfrac{BV_{CEO}}{V_B}\right)^s}$$

由上式可解出 BV_{CEO}，并考虑到 $V_B = BV_{CBO}$，得

$$BV_{CEO} = BV_{CBO} \sqrt[s]{1-\alpha} = \frac{BV_{CBO}}{\sqrt[s]{1+\beta}} \approx \frac{BV_{CBO}}{\sqrt[s]{\beta}} \tag{3-83}$$

例 3.3 仍然用例 3.1 中的晶体管，即 $\beta = 32.5$，$S = 4$。则由式（3-83）可知，BV_{CEO} 只有 BV_{CBO} 的约 42%，若 $BV_{CBO} = 100V$，则 BV_{CEO} 只有 42 V。而这时的 $M = 1.032$，只比 1 略微大一点。

图 3-30 所示为 I_C 随 V_{CE} 变化的曲线。曲线中会出现一段负阻区，即在雪崩击穿发生后出现一段电流上升，电压反而下降，增量电阻为负值的区域，然后才维持一个相对恒定的电压。通常把电压的最高值称为 BV_{CEO}，而把出现负阻区后维持恒定的那个较低的电压称为维持电压，记为 V_{sus}。

出现负阻特性的原因是，小电流下电流放大系数 α 的下降。已知共发射极接法的雪崩击穿条件是 $M \to 1/\alpha$。当基极开路时，集电极电流只有 I_{CEO}，这个电流是极小的。所以刚开始发生雪崩击穿时的 α 值很小，满足击穿条件所对应的 M 值就较大，因此击穿电压较高。随着电流的增加，α 上升到正常值，为维持击穿条件所需的 M 值随之下降到正常值，击穿电压也就下降到维持电压 V_{sus}。这就解释了雪崩击穿后出现电流上升、电压下降的负值区的原因。

图 3-31 所示为包括击穿特性在内的晶体管共发射极输出特性曲线。图中与 $I_B = 0$ 对应的 I_{CEO} 曲线具有负阻特性。对于 $I_B > 0$ 的其他曲线，因为集电极电流在击穿前已经达到正常值，所以没有负阻特性。

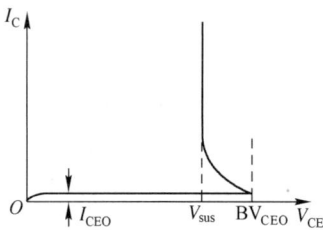

图 3-30　I_{CEO} 的负阻特性图

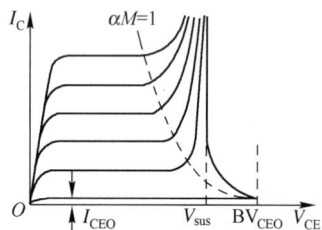

图 3-31　包括击穿特性在内的晶体管
共发射极输出特性曲线

3.5.4　发射极与基极间接有外电路时的反向电流与击穿电压

在测量集电极与发射极之间的反向电流时，有时在基极与发射极之间接一个电阻 R，这时的集电极反向截止电流称为 I_{CER}。实际上，当 $R \to \infty$ 和 $R \to 0$ 时的 I_{CER} 分别就是 I_{CEO} 和 I_{CS}，所以 I_{CER} 的大小介于 I_{CEO} 和 I_{CS} 之间。

电阻 R 在此起分流的作用。流过 R 的电流在基区为多子电流，它对集电极电流并无贡献，只是降低了晶体管的注入效率，也就是使 α 下降。用 BV_{CER} 表示 $I_{CER} \to \infty$ 时的击穿电压。由于 R 的作用是降低 α，使满足击穿条件 $M \to 1/\alpha$ 的 M 值增大，因此 BV_{CER} 略大于 BV_{CEO}。

在基极与发射极之间除接有电阻外有时还接有与电阻相串联的反向电压，例如在开关电路

中。这时的集电极反向截止电流称为 I_{CEX}，当 $I_{CEX} \to \infty$ 时的击穿电压称为 $\mathrm{BV_{CEX}}$。和单纯接电阻的差别是它能分得更多的电流，因此 $\mathrm{BV_{CEX}}$ 较 $\mathrm{BV_{CER}}$ 高。

以上这些发生在集电结上的击穿，其击穿电压值一般都大于 7 V，所以都是雪崩击穿。

3.5.5 发射结击穿电压

集电极开路($I_C = 0$)、发射结反偏($V_{BE} < 0$)时的发射极电流称为 I_{EBO}。$I_{EBO} \to \infty$ 时的发射结反向电压称为 $\mathrm{BV_{EBO}}$。

在通常的晶体管中，$N_E \gg N_B \gg N_C$。因为击穿电压主要取决于低掺杂一侧的掺杂浓度，所以 $\mathrm{BV_{CBO}}$ 取决于 N_C，$\mathrm{BV_{EBO}}$ 取决于 N_B，且 $\mathrm{BV_{CBO}} \gg \mathrm{BV_{EBO}}$。

$\mathrm{BV_{EBO}}$ 值的典型范围是 $4 \sim 10$ V。所以发射结的击穿既可能是雪崩击穿，也可能是隧道击穿，或者两种击穿兼有。

3.5.6 基区穿通效应

1. 基区穿通电压

当集电结上的反向电压增加时，集电结耗尽区向两侧扩展，基区宽度 W_B 随之减小。对于基区很薄且基区掺杂较轻的晶体管，当集电结反偏达到某一值 V_{pt} 时，虽然还没有发生集电结的雪崩击穿，但 W_B 已减小到零，这时在发射区与集电区之间，只有耗尽区而无中性基区。这个现象称为基区穿通，V_{pt} 称为基区穿通电压。

对于均匀基区，可利用耗尽区宽度公式(2-15)求得 V_{pt}。当 $V_{bi} + V_{CB} = V_{bi} + V_{pt}$ 时，基区一侧的耗尽区宽度 x_{dB} 等于 W_B，即

$$W_B = \left[\frac{2\varepsilon_s N_C}{q N_B (N_C + N_B)} (V_{bi} + V_{pt}) \right]^{1/2}$$

由上式解出 V_{pt}，并忽略 V_{bi}，得

$$V_{pt} = \frac{q N_B (N_C + N_B)}{2\varepsilon_s N_C} W_B^2 \tag{3-84}$$

从式(3-84)可见，防止基区穿通的措施是提高 W_B 与 N_B。这与防止基区宽度调变效应的措施是一致的，但与提高电流放大系数相矛盾。

下面讨论基区穿通对晶体管反向截止电流的影响。

2. 基区穿通对 I_{CBO}-V_{CB} 特性的影响

I_{CBO} 是发射极开路、集电结上加反向电压 V_{CB} 时的集电极电流。当 V_{CB} 较小时，基区尚未穿通，开路的发射极上存在一个其值不大的浮空电势。这个浮空电势对发射结来说是反向电压，所以集电结与发射结均为反偏。当 V_{CB} 增大到 V_{pt} 时，基区发生穿通。但此时的 V_{CB} 还低于集电结的雪崩击穿电压，而发射结为反偏，发射极又是开路的，所以基区刚穿通时的集电极电流 I_{CBO} 仍然很小。基区穿通以后，如果 V_{CB} 继续增加，由于耗尽区不可能再扩展，其中的电离受主杂质电荷也不可能再增加，所以 V_{CE} 将保持为 V_{pt} 不变。对于平面晶体管，V_{CB} 超过 V_{pt} 的部分 $V_{CB} - V_{pt}$ 将加在发射结的侧面上，使发射结浮空电势增大。当 $V_{CB} - V_{pt}$ 达到发射结的雪崩(或隧道)击穿电压 $\mathrm{BV_{EBO}}$ 时，发射结发生击穿。雪崩倍增产生的空穴从基极流出，产生的电子进入发射区后再穿过与发射区相连的集电结耗尽区从集电极流出，使 I_{CBO} 急剧增加，如图 3-32 所示。

根据 $\mathrm{BV_{CBO}}$ 的定义，当发生基区穿通以后，有

$$BV_{CBO} = V_{pt} + BV_{EBO} \tag{3-85}$$

实际的 BV_{CBO} 应为式（3-81）和式（3-85）中较小的一个。

当 I_E 不为零时，I_C 中除 I_{CBO} 外，还有一股从发射极到集电极的电流 αI_E。

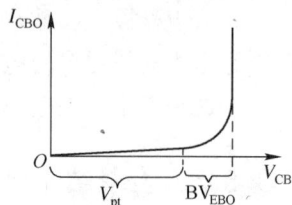

图 3-32 基区穿通对平面管击穿特性的影响

3. 基区穿通对 $I_{CEO} - V_{CE}$ 特性的影响

在上面讨论的共基极接法中，测量 I_{CBO} 时集电结和发射结都反偏，发射极又是开路的，所以在基区穿通之初 I_{CBO} 并不大。只有当发射结上的反偏达到击穿电压时，I_{CBO} 才急剧增加。

但是在共发射极接法中，情况就不同了。当基极开路、集电极和发射极之间加 V_{CE} 时，这个电压的极性对集电结为反偏，对发射结为正偏。又由于发射极和集电极是通过外电路连通的，发射区的载流子可以源源不断地到达集电区，发射区缺少的电荷由外电路来补充，因此电流可以不受限制。

先来分析当 V_{CE} 足够大但基区尚未穿通时发射结上的电压。利用晶体管的共发射极电流电压方程，令式（3-59c）的 $I_B = 0$，可解出 V_{BE}，并考虑到集电结为反偏，得

$$V_{BE} = \frac{kT}{q} \ln\left[\frac{(1-\alpha_R)I_{CS}}{(1-\alpha)I_{ES}} + 1 \right] > 0$$

对于基区两侧对称的结构，例如集成电路中的横向晶体管和以后要介绍的 MOS 场效应晶体管，$\alpha = \alpha_R$，$I_{CS} = I_{ES}$，则 $V_{BE} = (kT/q)\ln 2$。对于室温下的硅，此值约为 0.018 V。对于平面纵向晶体管，V_{BE} 要略大一些。可见发射结虽为正偏，但 V_{BE} 并未达到 PN 结的正向导通电压 V_F。对于室温下的硅，V_F 约为 0.7 V。

所以 V_{CE} 分为两部分，发射结上降掉一个很小的正向电压 V_{BE}，其余绝大部分是集电结上的反向电压 V_{CB}。当 V_{CE} 增加到 $V_{CE} = V_{pt} + V_{BE}$ 时，基区发生穿通，但由于此时发射结尚未导通，I_{CEO} 仍很小。当 V_{CE} 继续增加时，V_{CB} 将保持 V_{pt} 不变，因此只要 V_{CE} 稍微增加一点，使 V_{BE} 达到正向导通电压 V_F，就会有大量发射区载流子注入穿通的基区再到达集电区，使 I_{CEO} 急剧增加。

根据 BV_{CEO} 的定义，可得

$$BV_{CEO} = V_{pt} + V_F \approx V_{pt} \tag{3-86}$$

实际的 BV_{CEO} 应为式（3-83）和式（3-86）中较小的一个。

当 I_B 不为零时，I_C 中除上述电流 I_{CEO} 外，还有 βI_B。

4. 基区局部穿通

实际上，一般只有集成电路中的横向晶体管容易发生基区穿通。因为在这种晶体管中，集电区与发射区是同时形成的，两者有相同的掺杂浓度，因此基区掺杂浓度小于集电区掺杂浓度，集电结耗尽区主要向基区扩展。在更为常用的纵向晶体管中，基区是在集电区上进行杂质扩散形成的，因此基区掺杂浓度大于集电区掺杂浓度，集电结耗尽区主要向集电区扩展，一般不容易发生基区穿通。

在纵向晶体管中有时会出现所谓的局部穿通。这是由于材料的缺陷或不均匀性、光刻时形成的针孔、小岛或磷扩散时形成的合金斑点等工艺因素，造成发射结结面不平坦，出现如图 3-33 中所示的"尖峰"所致的。"尖峰"处的基区很薄，其穿通电压 $V_{pt(尖)}$ 较小，所以这部分基区首先发生穿通。在共基极接法中，当 V_{CB} 进一步增大时，由于尖峰的截面积极小，相当于一个很大的电阻 $R_{尖峰}$，V_{CB} 超过 $V_{pt(尖)}$ 的部分 $[V_{CB} - V_{pt(尖)}]$ 都降在了这个电阻上，使尖峰之外其他发射区的浮空反向电压并不增加很多，即

$$V_{CB} = V_{pt(尖)} + I_{CBO} \cdot R_{尖峰}$$

表现在 I_{CBO}-V_{CB} 曲线上就是从 $V_{pt(尖)}$ 开始的一段斜率较小的斜线段,如图 3-34 所示。当 V_{CB} 继续增大到使集电结发生雪崩击穿时,I_{CBO} 急剧增加,这就是图 3-34 中的第二段垂直线段。

在共发射极接法中,局部穿通也会造成类似的结果。

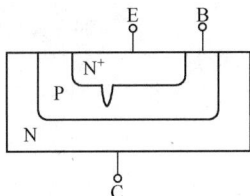

图 3-33　发射结结面有尖峰的情况

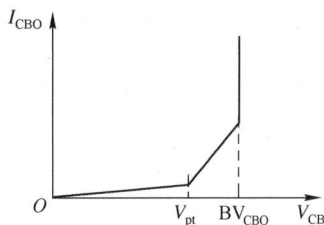

图 3-34　局部穿通时的 I_{CBO}-V_{CB} 曲线

3.6　基极电阻

基区中有两种电流。一种是来自发射结穿过基区后进入集电区的少子电流,其流动方向垂直于两个结面。另一种是由基区少子复合和从基区向发射区注入少子而形成的多子电流,这些多子电流构成了基极电流 I_B,其流动方向平行于两个结面,与少子电流的方向相垂直。

本节的讨论以 NPN 平面管为例。在 P 型区中,把有少子电流流过的区域称为工作基区(或有源基区、内基区),如图 3-35 中正对着发射结下方的灰色区域。把其余的 P 型区域称为非工作基区(或无源基区、外基区)。非工作基区的作用是把基极电流从工作基区引到基极引线上来,它不属于本征晶体管的范围。

如果把基极电流 I_B 从基极引线流经非工作基区到达工作基区所产生的电压降,当作是由一个电阻产生的,则称这个电阻为基极电阻,或基区扩展电阻,用 $r_{bb'}$ 表示。第一个下角标"b"代表基极,第二个下角标"b′"代表工作基区。由于基区很薄,基极电阻的截面积很小,使基极电阻的数值相当可观,对晶体管的特性会产生明显的影响。

基极电阻大致由下面四个部分串联构成。

① 非工作基区与基极金属的欧姆接触电阻 r_{con}。

② 基极接触处到基极接触孔边缘的基区电阻 r_{cb}(下面称此为基极接触区下的基区电阻)。

③ 基极接触孔边缘到工作基区边缘的基区电阻 r_b。

④ 工作基区的基区电阻 $r_{b'}$。

$$r_{bb'} = r_{con} + r_{cb} + r_b + r_{b'} \tag{3-87}$$

这些电阻均与基极金属电极的结构及基区的形状有关。其中 $r_{b'}$ 和 r_{cb} 的计算比较复杂。

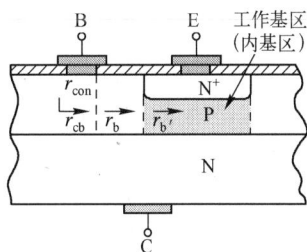

图 3-35　晶体管的工作基区和非工作基区

3.6.1　方块电阻

在讨论晶体管的基极电阻之前,需要先介绍方块电阻的概念。所谓方块电阻,是指一个正方形薄层材料当电流方向与其某个边相平行时的电阻,如图 3-36 所示。方块电阻用 $R_\square$ 来表示,单位为 Ω,但在生产中也常将方块电阻的单位用 $\Omega/\square$ 来表示。

对于均匀材料,方块电阻 $R_\square$ 的计算公式为

$$R_\square = \rho \frac{L}{LW} = \frac{\rho}{W} = \frac{1}{\sigma W} \tag{3-88}$$

式(3-88)中，ρ 与 σ 分别代表薄层材料的电阻率与电导率，L 与 W 分别代表正方形的边长与厚度。对于半导体材料，$\sigma = q\mu N$。所以均匀半导体材料的方块电阻为

$$R_\square = \frac{1}{q\mu NW} \quad (3\text{-}89)$$

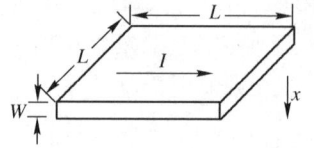

图 3-36　方块电阻的示意图

对于在厚度方向（x 方向）上不均匀的半导体材料，可以将这个正方形看成是由无数个厚度为 $\mathrm{d}x$ 的极薄正方形一层一层重叠起来而构成的，每个这种极薄正方形的电导为

$$\mathrm{d}G = q\mu N(x)\mathrm{d}x$$

总的方块电阻 $R_\square$ 由这无数个极薄正方形电导并联构成。再假设迁移率与掺杂浓度无关，则可得

$$R_\square = \frac{1}{q\mu \int_0^W N(x)\,\mathrm{d}x} \quad (3\text{-}90)$$

可以看出，$R_\square$ 与正方形的面积无关，而与材料的掺杂浓度和厚度有关。或者说，$R_\square$ 只决定于单位面积下的杂质总量。知道了薄层半导体材料的 $R_\square$（该材料本身不一定是正方形的）后，可以由此推算出该薄层材料中的杂质总量和多子电荷总量，即

$$N_{总} = A\int_0^W N(x)\,\mathrm{d}x = \frac{A}{q\mu R_\square} \quad (3\text{-}91)$$

$$Q_{多} = A\int_0^W qN(x)\,\mathrm{d}x = \frac{A}{\mu R_\square} \quad (3\text{-}92)$$

式(3-91)与式(3-92)中，A 代表薄层材料的面积。

测量 $R_\square$ 是实际生产中检验扩散或外延结果的一种重要手段。具体测量时并不需要从半导体材料上切一个方块下来，而只需用四探针仪器在材料表面进行测量，再经过一定的换算后就可以得到 $R_\square$ 的值。

对于长度为 L、宽度为 Z 的矩形薄层材料，其电阻是 $R_\square$ 乘以电流方向上的方块个数，即

$$R = \rho\frac{L}{ZW} = \frac{L}{Z}R_\square = （方块个数）\times R_\square \quad (3\text{-}93)$$

式(3-93)也是集成电路版图设计时确定电阻尺寸的依据。

制造 NPN 平面管的工艺过程是，先在作为集电区的 N 型半导体上扩散受主杂质，通常是硼，将 N 区的指定部分转变为 P 区，形成第一个 PN 结，即集电结，如图 3-37 所示。这个 P 区是为以后作为基区用的，所以这次扩散也称为基区扩散。杂质扩散的基本要求有两个，一是要有一定的深度，二是要有一定的杂质浓度。

如果忽略集电结势垒区的厚度，则 P 区的厚度是从 P 区表面到 PN 结面的深度，也就是集电结的结深，用 x_{jc} 来表示。这也是非工作基区的厚度。根据厚度方向上不均匀半导体材料的方块电阻公式(3-90)，非工作基区的方块电阻为

$$R_{\square B2} = \frac{1}{q\mu_\mathrm{p}\int_0^{x_{\mathrm{jc}}} N_\mathrm{B}(x)\,\mathrm{d}x} \quad (3\text{-}94)$$

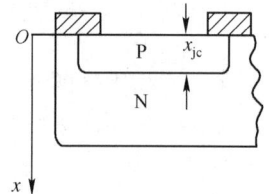

图 3-37　N 型硅片经过受主杂质扩散后的结果

式(3-94)中，$R_{\square B2}$ 的下角标"2"是为了区别于工作基区方块电阻的下角标"1"。基区掺杂浓度 N_B 应理解为扩散进去的受主杂质与下面 N 区中的施主杂质补偿后的有效杂质浓度。

基区扩散之后再在 P 区做一次高浓度的施主杂质磷或砷的扩

散,使 P 区的一部分转变成 N⁺区,这就是发射区,所以这次扩散也称为发射区扩散。发射区扩散的结果也是用结深 x_{je} 及方块电阻 $R_{\square E}$ 来检验的。x_{je} 是发射结的结深,即 N⁺区的厚度。发射区的方块电阻为

$$R_{\square E} = \frac{1}{q\mu_n \int_0^{x_{je}} N_E(x)\,\mathrm{d}x} \tag{3-95}$$

式(3-95)中,N_E 代表补偿后的发射区有效杂质浓度。

对于工作基区来说,若忽略发射结及集电结的势垒区厚度,则其厚度应该从 $x=x_{je}$ 起到 $x=x_{jc}$ 止,即 $W_B=x_{jc}-x_{je}$。所以工作基区的方块电阻为

$$R_{\square B1} = \frac{1}{q\mu_p \int_{x_{je}}^{x_{jc}} N_B(x)\,\mathrm{d}x} \tag{3-96a}$$

在本书的有些地方,将坐标原点放在基区与发射结势垒区的交界处,则工作基区的范围为从 $x=0$ 起到 $x=W_B$,这时工作基区的方块电阻为

$$R_{\square B1} = \frac{1}{q\mu_p \int_0^{W_B} N_B(x)\,\mathrm{d}x} \tag{3-96b}$$

工作基区的厚度比非工作基区的薄,而且工作基区的平均杂质浓度也比非工作基区的小,所以 $R_{\square B1}$ 比 $R_{\square B2}$ 大得多。

由于非工作基区的作用仅仅是为多子电流提供一条通道,为了降低这部分电阻,通常在基极接触区单独进行一次高浓度、深结深的硼扩散。若分别用 x_{jc}^+ 和 N_B^+ 来代表这个区域的结深和杂质浓度分布,则此区域的方块电阻为

$$R_{\square B3} = \frac{1}{q\mu_p \int_0^{x_{jc}^+} N_B^+(x)\,\mathrm{d}x} \tag{3-97}$$

图 3-38 示出了平面晶体管中各区的方块电阻。

对于矩形的基区和发射区,只要知道了相应的方块电阻之值,就可以用式(3-93)计算出相应的电阻 R。

下面在推导基极电阻时,先从比较简单的 r_{con} 和 r_b 做起。

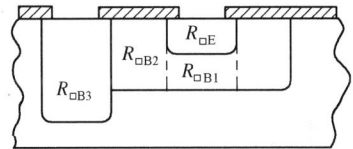

图 3-38　平面晶体管中各区的方块电阻

3.6.2　基极接触电阻和接触孔边缘到工作基区边缘的电阻

表面掺杂的硅可以与铝之类的金属形成良好的欧姆接触。表面掺杂浓度越高,接触电阻越小。单位面积的欧姆接触电阻称为欧姆接触系数 C_Ω,单位为 $\Omega\cdot cm^2$。C_Ω 除了与掺杂浓度有关,还与作为金属电极的材料种类有关,见表 3-2。表中的 C_Ω 以 $10^{-4}\,\Omega\cdot cm^2$ 为单位。有了 C_Ω 就容易算出接触电阻 r_{con}。

基极电阻的公式与基极的形状有关,下面讨论两种典型形状。

1. 双基极条

在双基极条晶体管中,发射区的左右对称地设置两个基极接触孔,其俯视图和剖面图如图 3-39 所示。设发射区的长度和宽度分别为 l 和 s_e,基极接触孔的长度和宽度分别为 l 和 s_b,基极接触孔与发射区之间的间距为 d。

表 3-2　硅与几种金属的欧姆接触系数 C_Ω

硅的导电类型	硅的表面电阻率（Ω·cm）	Al	Mo	Ni	Cr	To	金属+RSi
N 型	1×10^{-3} 1×10^{-2} 1×10^{-1}	9×10^{-2} 6^Δ	8×10^{-2} 5^Δ	2×10^{-2} 2	3×10^{-2} 3^Δ	1×10^{-2} 4	2×10^{-2} 2×10^{-1} 45^Δ
P 型	2×10^{-3} 4×10^{-2} 8×10^{-2} 5×10^{-1}	3×10^{-2} 1 20	6×10^{-2} 3^Δ 80^Δ	2×10^{-2} 4^Δ 45^Δ 100^Δ	4×10^{-2} 8^Δ 200^Δ	1×10^{-2}	2×10^{-2} 1×10^{-1} 3 15

注:标有 Δ 者为整流接触,其系数与电流大小有关,这里给出的是典型值。

（1）双基极条的 r_{con}

在双基极条晶体管中,基极电流等分地从两个基极接触孔流入。两个基极接触孔的面积之和是 $2ls_b$,因此基极接触电阻为

$$r_{con}=\frac{C_\Omega}{2ls_b} \qquad (3\text{-}98)$$

（2）双基极条的 r_b

基极接触孔边缘下方到工作基区边缘的基区电阻 r_b,是发射区两侧两个基区电阻并联的结果。非工作基区的方块电阻为 $R_{\square B2}$,根据式(3-93),双基极条的 r_b 为

$$r_b=\frac{d}{2l}R_{\square B2} \qquad (3\text{-}99)$$

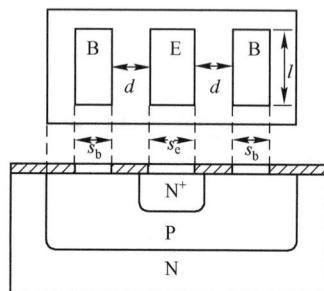

图 3-39　双基极条晶体管的
俯视图和剖面图

2. 圆环形基极

圆环形基极晶体管的发射极是一个圆形,基极是与它同心的圆环形,其俯视图和剖面图如图 3-40 所示。设发射极的直径为 S_E,圆环形基极的内圆直径和外圆直径分别为 d_B 和 d_S。

（1）圆环形基极的 r_{con}

圆环形基极的面积可表示为外圆面积与内圆面积之差,所以基极接触电阻为

$$r_{con}=\frac{4C_\Omega}{\pi(d_S^2-d_B^2)} \qquad (3\text{-}100)$$

（2）圆环形基极的 r_b

接触孔边缘下方到工作基区边缘的基区电阻 r_b,可从电流的分布情形来计算。I_B 从接触孔边缘呈辐射状流入。由于对称性,同心圆筒为等电位面。内、外半径分别为 r 和 $(r+dr)$、厚度为 dr 的同心圆筒的电阻,可由式(3-93)计算得到,dr 段的电阻为 $\frac{dr}{2\pi r}R_{\square B2}$,$r_b$ 所在的区域是从半径 $S_E/2$ 到半径 $d_B/2$ 的圆环。r_b 是该区域内各 dr 段电阻串联的结果,因此

$$r_b=\int_{S_E/2}^{d_B/2}\frac{R_{\square B2}}{2\pi r}dr=\frac{R_{\square B2}}{2\pi}\ln\frac{d_B}{S_E} \qquad (3\text{-}101)$$

下面来推导稍微复杂一些的 r_b 和 r_{cb}。

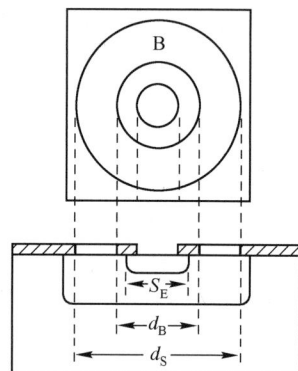

图 3-40　圆环形基极的
俯视图和剖面图

3.6.3　工作基区的电阻和基极接触区的电阻

在工作基区中,基极电流并不是集中终止于某一点,而是终止于整个工作基区。以双基极条为例,工作基区中的基极电流分布如图 3-41 所示。设发射极条宽度(即工作基区宽度)为 s_e。如果把图 3-41 中的左半工作基区像图 3-42 那样分成 3 份,则每份的宽度是 $s_e/6$,相当于分成 3 个面积为原来面积的 1/6 的小晶体管。假设 3 个小晶体管的发射结电压及基极电流 $I_B/6$ 都相等。左边第 1 个小晶体管的 $I_B/6$ 经本身的工作基区直接流入发射结。第 2 个小晶体管的 $I_B/6$ 需经过第一个小晶体管的工作基区才能到达发射结,因此要多经过一个电阻,使这个小晶体管的发射结电压略低于第 1 个小晶体管。从而,它的发射极电流及基极电流也略低于第 1 个的。第 3 个小晶体管的发射结电压、发射极电流和基极电流就更低。所以发射结电压、发射极电流和基极电流在整个晶体管中的分布都是不均匀的。对于基极电流来说,从第 1 个小晶体管流入的是 3 个小晶体管的基极电流之和,为 $I_B/2$,它的基极电流最大。但从经过的工作基区的电阻来讲,第 3 个小晶体管经过的电阻最大,第 2 个次之,第 1 个最小。所以严格地说,不可能只用一个基极电阻这样的集中参数来反映晶体管的性能,而应该用分布参数,或用计算机进行模拟计算。

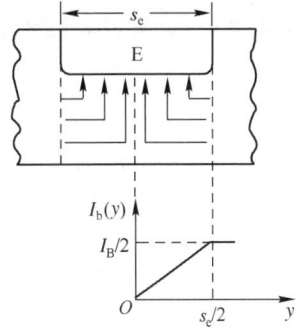

图 3-41　工作基区中的基极电流分布

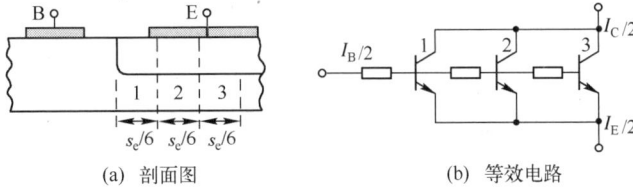

(a) 剖面图　　　　　(b) 等效电路

图 3-42　将左半工作基区分为 3 个小晶体管的示意图

但是,通常人们仍然采用集中参数的办法来处理工作基区的电阻。对于了解一些现象的物理机理,以及对于一些简化的工程计算及电路研究而言,采用一个基极电阻来近似地描述基极电流产生的压降的问题,已经足够了。

计算这个基极电阻的标准有几种。例如,一种标准规定,整个晶体管的基极电流流过这个基极电阻所产生的功率和用分布参数算出的功率相等。另一种标准规定,将发射极基极间的外加电压减去基极电流在这个基极电阻上的压降,作为加于发射结的电压(各点都一样),由此算出的发射极电流,与用分布参数算出的发射极电流相等。本书采用第一种标准。实际上,对于这里所计算的简单图形而言,上述两种标准得到的结果是一样的。

1. 双基极条

(1) 双基极条的 $r_{b'}$

从图 3-41 可知,基极电流在工作基区中的分布是左右对称的,所以只需计算基极电流在右半个工作基区中产生的功率,再乘以 2 即可得到整个工作基区的功率。

基极电流从工作基区的左右两边流入,每边各流入 $I_B/2$。设基极电流在流入发射结时沿 y 方向是均匀分布的,因此工作基区内的基极电流是 y 的线性函数,即

$$I_b(y) = \frac{I_B}{s_e} y \tag{3-102}$$

工作基区的方块电阻是$R_{\square B1}$，发射区的条长是l，dy段的电阻为$R_{\square B1}dy/l$，则$I_b(y)$在dy段上产生的功率为

$$dP_{b'} = I_b^2(y)R_{\square B1}\frac{dy}{l} = \frac{I_B^2 R_{\square B1}}{s_e^2 l}y^2 dy$$

将上式从$y=0$到$y=s_e/2$积分，再乘以2，即为工作基区消耗的功率

$$P_{b'} = 2\int_0^{s_e/2}\frac{I_B^2 R_{\square B1}}{s_e^2 l}y^2 dy = I_B^2\frac{s_e}{12l}R_{\square B1} \tag{3-103}$$

按第一种标准，这个功率和I_B在工作基区基极电阻$r_{b'}$上产生的功率相等，即

$$I_B^2\frac{s_e}{12l}R_{\square B1} = I_B^2 r_{b'}$$

因此

$$r_{b'} = \frac{s_e}{12l}R_{\square B1} \tag{3-104}$$

（2）双基极条的r_{cb}

再来讨论基极接触区中的基区电阻r_{cb}。该区域的方块电阻为$R_{\square B3}$，其重掺杂区及$I_b(y)$分布如图3-43所示。左侧基极接触区的基极电流为

$$I_b(y) = \frac{I_B}{2s_b}y \tag{3-105}$$

采用和推导工作基区电阻类似的方法，可得双基极条的基极接触区的r_{cb}为

$$r_{cb} = \frac{s_b}{6l}R_{\square B3} \tag{3-106}$$

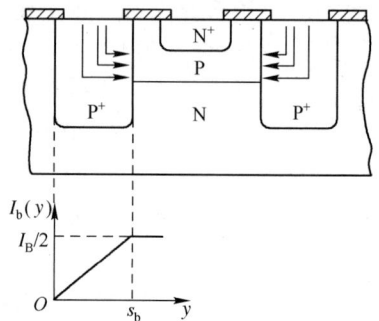

图3-43　基极接触区下的重掺杂区及$I_b(y)$分布

2. 圆环形基极

（1）圆环形基极的$r_{b'}$

参考图3-40，发射结的总面积为$\pi S_E^2/4$。设流入发射结的基极电流密度是均匀分布的，则工作基区中流入半径为$r(r<S_E/2)$的圆内的基极电流是

$$I_b(r) = I_B\frac{4r^2}{S_E^2} \tag{3-107}$$

工作基区的方块电阻是$R_{\square B1}$，半径为r的圆周的周长是$2\pi r$，半径为r、宽度为dr的圆环的电阻是$\dfrac{dr}{2\pi r}R_{\square B1}$，则基极电流$I_b(r)$在圆环上产生的功率为

$$dP_{b'} = I_b^2(r)\frac{dr}{2\pi r}R_{\square B1} = \frac{8I_B^2 R_{\square B1}}{\pi S_E^4}r^3 dr$$

工作基区的功率为上式的积分，即

$$P_{b'} = \frac{8I_B^2 R_{\square B1}}{\pi S_E^4}\int_0^{S_E/2}r^3 dr = \frac{I_B^2}{8\pi}R_{\square B1} \tag{3-108}$$

因此，圆环形基极晶体管的工作基区电阻为

$$r_{b'} = \frac{1}{8\pi}R_{\square B1} \tag{3-109}$$

（2）圆环形基极的r_{cb}

由于圆环形基极的周长比较长，而且浓硼区的方块电阻$R_{\square B3}$很小，所以圆环形基极晶体管

的基极接触区电阻 r_{cb} 一般可以略去。

总结以上推导，两种基极结构的基极电阻分别是

双基极条：

$$r_{bb'} = \frac{C_\Omega}{2ls_b} + \frac{s_b}{6l}R_{\square B3} + \frac{d}{2l}R_{\square B2} + \frac{s_e}{12l}R_{\square B1} \qquad (3-110)$$

圆环形基极：

$$r_{bb'} = \frac{4C_\Omega}{\pi(d_S^2 - d_B^2)} + \frac{1}{2\pi}\left(\ln\frac{d_B}{S_E}\right)R_{\square B2} + \frac{1}{8\pi}R_{\square B1} \qquad (3-111)$$

式（3-110）和式（3-111）中，$R_{\square B3} < R_{\square B2} < R_{\square B1}$，三者分别是 10 Ω、100 Ω、1000 Ω 的数量级。在基极电阻的简化公式中，可以只取以上两式等号右边的最后两项。

实际晶体管中常见的基极结构还有单基极条和多基极条。多基极条又称为梳状图形，由许多平行的基极条与发射极条构成。每相邻两条基极条中间夹一条发射极条，构成部分晶体管。对于部分晶体管而言，每个基极条向两边的部分晶体管等分地提供相同的电流，每个部分晶体管的工作基区又从两边基极条得到相同的基极电流。对单基极条和多基极条的基极电阻的推导，读者可参照双基极条的方法自己进行。

3.7　双极结型晶体管的功率特性

本节主要讨论晶体管在大电流、高电压及大功率条件下的一些效应，这是在大功率晶体管的设计及使用中必须考虑的问题。

3.7.1　大注入效应

前面对晶体管直流特性的分析都是在基区少子为"小注入"的前提下进行的。随着电流的增加，当注入基区的非平衡少子浓度增加到可以与基区的平衡多子浓度（或 N_B）相比拟甚至超过它时，小注入的分析已不再适用。2.3.3 节已分析了均匀掺杂的突变结的大注入效应，本节将进一步讨论晶体管当基区为任意注入强度和任意掺杂分布时的直流特性。

本节的分析以 NPN 晶体管为例。基区中的载流子浓度为

小注入时　　$n_B \ll p_{B0} = N_B$，$\quad p_B = N_B + n_B \approx N_B$

大注入时　　$n_B \gg p_{B0} = N_B$，$\quad p_B = N_B + n_B \approx n_B$

当基区发生大注入时，基区中会形成一个内建电场。此外，若基区掺杂不均匀，也会产生一个内建电场。基区少子除扩散运动外，还要在这些内建电场下进行漂移运动。

在本节的分析中，将以工作基区多子总电荷量 Q_{BB} 作为一个重要的参量。这种分析方法称为葛谋-潘（Gummel-Poon）模型，其优点是能够适用于基区任意注入强度和任意掺杂分布。

发射极电流的参考方向取从右向左，与 x 轴的方向相反，如图 3-44 所示。

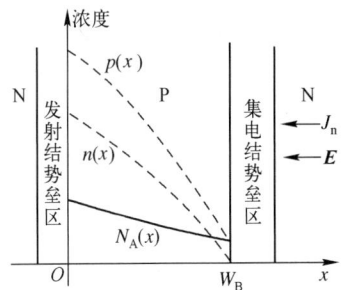

图 3-44　大注入下基区中各种浓度的分布

1. 任意注入下的基区内建电场

在前面的分析中，无论是求缓变基区中的内建电场，还是求大注入时的内建电场，都是通过设多子电流密度为零得到的。现在仍然采用这个方法。令基区多子电流密度为零，即

$$J_p = -q\mu_p En + qD_p\frac{dp}{dx} = 0 \qquad (3-112)$$

可得基区内建电场为
$$E = \frac{kT}{q} \cdot \frac{1}{p} \cdot \frac{\mathrm{d}p}{\mathrm{d}x} \tag{3-113}$$

将 $p = N_B + n$ 代入上式得

$$E = \frac{kT}{q} \cdot \frac{1}{n + N_B}\left(\frac{\mathrm{d}N_B}{\mathrm{d}x} + \frac{\mathrm{d}n}{\mathrm{d}x}\right) \tag{3-114}$$

式(3-114)适用于基区任意注入强度与任意掺杂分布。可见,基区内建电场由两部分组成,一部分由杂质的浓度梯度产生,另一部分由注入非平衡载流子的浓度梯度产生。

在小注入下,$p = N_B$,代入式(3-113)得

$$E = \frac{kT}{q} \cdot \frac{1}{N_B} \cdot \frac{\mathrm{d}N_B}{\mathrm{d}x} \tag{3-115}$$

这就是 3.3.1 节中的式(3-27)。这时内建电场仅由基区掺杂分布不均匀所产生。若基区掺杂为均匀分布,即杂质浓度梯度为零,则 $E = 0$。

随着注入强度的增加,式(3-114)的 $\mathrm{d}n/\mathrm{d}x$ 部分越来越大。达到大注入时,$p = n$,代入式(3-113),得

$$E = \frac{kT}{q} \cdot \frac{1}{n} \cdot \frac{\mathrm{d}n}{\mathrm{d}x} \tag{3-115}$$

式(3-115)说明,当载流子浓度梯度很大时,它足以掩蔽前一个电场,类似于良导体可以掩蔽外电场。显然,大注入与小注入的内建电场是不同的。

2. 任意注入下的电流电压关系

把式(3-113)代入基区少子电流密度方程

$$J_n = -q\mu_n E n - qD_n \frac{\mathrm{d}n}{\mathrm{d}x} \tag{3-116}$$

并利用爱因斯坦关系,得

$$J_n = -kT\mu_n \frac{n}{p} \cdot \frac{\mathrm{d}p}{\mathrm{d}x} - qD_n \frac{\mathrm{d}n}{\mathrm{d}x} = -\frac{qD_n}{p} \cdot \frac{\mathrm{d}(pn)}{\mathrm{d}x} \tag{3-117}$$

将 D_n 写为 D_B,采用与 3.3.2 节推导式(3-33a)同样的方法,由式(3-117)得到

$$J_n \int_0^{W_B} p\,\mathrm{d}x = -qD_B\left[(pn)_{x=W_B} - (pn)_{x=0}\right] \tag{3-118}$$

若为小注入,将 $p = N_B$ 代入式(3-118),所得即为适用于基区为任意掺杂分布的式(3-33a)。在非小注入的条件下,多子浓度 p 将随注入强度而变,这是问题的关键所在。

利用 2.2.4 节中式(2-59)的关系,可得

$$p(0) \cdot n(0) = n_i^2 \exp\left(\frac{qV_{BE}}{kT}\right) \tag{3-119}$$

$$p(W_B) \cdot n(W_B) = n_i^2 \exp\left(\frac{qV_{BC}}{kT}\right) \tag{3-120}$$

将以上两式代入式(3-118),再用发射结面积 A_E 乘以 J_n,得到从发射结注入基区的电子形成的电流为

$$I_n = (A_E q n_i)^2 D_B \frac{\exp\left(\dfrac{qV_{BE}}{kT}\right) - \exp\left(\dfrac{qV_{BC}}{kT}\right)}{A_E q \displaystyle\int_0^{W_B} p\,\mathrm{d}x} \tag{3-121}$$

式(3-121)的分母代表任意注入强度、任意掺杂分布时的工作基区多子总电荷量,用 Q_{BB} 表示,即

$$Q_{BB} = A_E q \int_0^{W_B} p \, dx \qquad (3\text{-}122)$$

则
$$I_n = \frac{(A_E q n_i)^2 D_B}{Q_{BB}} \left[\exp\left(\frac{qV_{BE}}{kT}\right) - \exp\left(\frac{qV_{BC}}{kT}\right) \right] \qquad (3\text{-}123)$$

这种将基区少子电流 I_n 表示成与工作基区多子总电荷量 Q_{BB} 有关的方程，就是"葛谋–潘"模型。基区任意注入强度与任意掺杂分布的影响都已包括在 Q_{BB} 中。

小注入时，$p = N_B$，上式的分母成为常数。这时
$$A_E \int_0^{W_B} p \, dx = A_E \int_0^{W_B} N_B \, dx \qquad (3\text{-}124)$$

代表工作基区的总掺杂数，称为葛谋数（Gummel Number）。而
$$Q_{BBO} = A_E q \int_0^{W_B} N_B \, dx \qquad (3\text{-}125)$$

代表小注入下工作基区的多子总电荷量。有的文献也将 Q_{BBO} 称为葛谋数。

由工作基区方块电阻的公式（3-96b），可知葛谋数与工作基区方块电阻存在如下关系
$$Q_{BBO} = \frac{A_E}{\mu_p R_{\square B1}} \qquad (3\text{-}126)$$

3. 任意注入下的基区渡越时间与输运系数

由 3.2.2 节可知，基区少子渡越时间 τ_b 可由下式求得
$$\tau_b = \frac{\text{基区少子电荷总量 } Q_B}{\text{少子电流 } I_n}$$

式中，基区少子电荷总量为
$$Q_B = A_E q \int_0^{W_B} n \, dx \qquad (3\text{-}127)$$

在推导电流放大系数所用的偏压条件下，$V_{BE} \gg kT/q$，$V_{BC} = 0$，式（3-121）可简化为
$$I_n = A_E q n_i^2 D_B \frac{\exp\left(\dfrac{qV_{BE}}{kT}\right)}{\displaystyle\int_0^{W_B} p \, dx} \qquad (3\text{-}128)$$

将式（3-127）与式（3-128）代入 τ_b 的表达式，得
$$\tau_b = \frac{\displaystyle\int_0^{W_B} p \, dx \cdot \int_0^{W_B} n \, dx}{D_B n_i^2 \exp\left(\dfrac{qV_{BE}}{kT}\right)} = \frac{\displaystyle\int_0^{W_B} p \, dx \cdot \int_0^{W_B} n \, dx}{D_B p(0) n(0)} \qquad (3\text{-}129)$$

后一个等式是利用式（3-119）的结果。

再将式（3-129）代入基区输运系数的公式，得
$$\beta^* = 1 - \frac{\tau_b}{\tau_B} = 1 - \frac{\displaystyle\int_0^{W_B} p \, dx \cdot \int_0^{W_B} n \, dx}{D_B \tau_B p(0) n(0)} \qquad (3\text{-}130)$$

式（3-129）和式（3-130）可适用于基区任意注入强度与任意掺杂分布。但实际上它们不存在解析解，只能用计算机求数值解。由此算得的归一化渡越时间与归一化注入强度 ξ 的关系示于图 3-45 中[16]。图中
$$\xi = \frac{J_n W_B}{N_B(0) q D_n} \qquad (3\text{-}131)$$

是一个无量纲的纯数，$\xi<1$ 代表小注入。渡越时间以 $W_B^2/(2D_B)$ 归一化，因此也是纯数。图中以由非均匀杂质浓度决定的内建场因子 η 为参数。

式(3-129)和式(3-130)虽然无解析解，但在小注入和大注入两种极端情况下可得到简化。对于基区小注入并且均匀掺杂，得

$$\tau_b = \frac{N_B W_B \cdot \frac{1}{2} n(0) W_B}{D_B p(0) n(0)} = \frac{W_B^2}{2D_B}$$

$$\beta^* = 1 - \frac{W_B^2}{2D_B \tau_B} = 1 - \frac{W_B^2}{2L_B^2}$$

在大注入下，将大注入时的内建电场式(3-115)代入少子电流密度方程(3-116)，并利用爱因斯坦关系，得

$$J_n = -2qD_n \frac{dn}{dx} \tag{3-132}$$

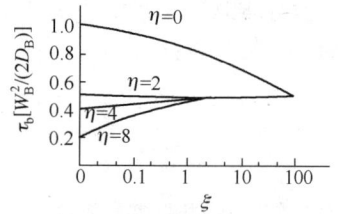

图 3-45　归一化渡越时间与归一化注入强度的关系

这时不管基区掺杂是否均匀，基区少子电流从形式上看好像完全由扩散电流构成，与均匀基区晶体管小注入时的情况相同，只是扩散系数 D_B 扩大了一倍。这就是 Webster 效应。扩散系数的加倍导致渡越时间的减半。于是可知在大注入下，渡越时间与基区输运系数分别为

$$\tau_b = \frac{W_B^2}{4D_B} \tag{3-133}$$

$$\beta^* = 1 - \frac{\tau_b}{\tau_B} = 1 - \frac{W_B^2}{4L_B^2} \tag{3-134}$$

以上结果与图 3-45 所示是一致的。

将式(3-133)同缓变基区晶体管小注入时的渡越时间[式(3-38)]

$$\tau_b = \frac{W_B^2}{2D_B} \cdot \frac{2}{\eta} \left[1 - \frac{1}{\eta} + \frac{\exp(-\eta)}{\eta} \right]$$

相比较，可以发现，当 $\eta=2.56$ 时，式(3-133)与式(3-38)相等。所以对于缓变基区晶体管，当 $\eta<2.56$ 时，大注入使渡越时间缩短；当 $\eta>2.56$ 时，大注入使渡越时间延长。

4. 任意注入下的结定律

所谓结定律，是指中性区与势垒区边界上的少子浓度与结上外加电压之间的关系。前面已经分别得到了小注入和大注入下的结定律，现在将导出一个适用于任意注入强度的统一的结定律。由式(3-113)，并利用电中性条件 $p(0)=n(0)+N_B(0)$，可以解出 $n(0)$，即

$$n(0) = \frac{N_B(0)}{2} \left\{ \left[1 + \frac{4n_i^2}{N_B^2(0)} \exp\left(\frac{qV_{BE}}{kT}\right) \right]^{\frac{1}{2}} - 1 \right\} \tag{3-135}$$

在小注入下，指数项很小，由近似公式 $(1+\xi)^{1/2} \approx 1+\xi/2$（$\xi$ 很小时），得

$$n(0) = \frac{n_i^2}{N_B} \exp\left(\frac{qV_{BE}}{kT}\right)$$

这就是小注入下的结定律，$n(0)$ 与 V_{BE} 关系的指数因子为 $q/(kT)$。

在大注入下，指数项远大于1，可得

$$n(0) = n_i \exp\left(\frac{qV_{BE}}{2kT}\right)$$

这就是大注入下的结定律，$n(0)$ 与 V_{BE} 关系的指数因子降为 $q/(2kT)$。

5. 任意注入下的发射结注入效率

已知在推导电流放大系数所用的偏压条件下，从发射区注入基区的电子形成的电流为

$$I_n = A_E q n_i^2 D_B \frac{\exp\left(\dfrac{qV_{BE}}{kT}\right)}{\displaystyle\int_0^{W_B} p\, dx} = \frac{(A_E q n_i)^2 D_B}{Q_{BB}} \exp\left(\frac{qV_{BE}}{kT}\right) \qquad (3\text{-}136)$$

任意注入下的基区多子浓度为 $p = N_B + n$，因此式(3-136)分母中的工作基区多子总电荷量 Q_{BB} 可表示为

$$Q_{BB} = Q_{BBO} + Q_B = Q_{BBO} + I_n \tau_b \qquad (3\text{-}137)$$

将式(3-137)代入式(3-136)，得

$$I_n = \frac{(A_E q n_i)^2 D_B}{Q_{BBO} + I_n \tau_b} \exp\left(\frac{qV_{BE}}{kT}\right) \qquad (3\text{-}138)$$

用同样的方法可得到当发射区为任意注入强度与任意掺杂分布时，从基区注入发射区的少子空穴电流。但因为发射区为重掺杂，在同样的发射结电压下，即使对基区已经是大注入，但对发射区仍然是小注入，所以 $Q_{EE} = Q_{EEO}$。因此

$$I_p = \frac{(A_E q n_i)^2 D_E}{Q_{EEO}} \exp\left(\frac{qV_{BE}}{kT}\right) \qquad (3\text{-}139)$$

由式(3-139)和式(3-138)可得 I_p 与 I_n 的比值，并进而得到注入效率为

$$\gamma = 1 - \frac{I_p}{I_n} = 1 - \frac{D_E(Q_{BBO} + I_n \tau_b)}{D_B Q_{EEO}} \qquad (3\text{-}140)$$

上式适用于基区任意注入强度与任意掺杂分布。

在小注入下，$I_n \tau_b \ll Q_{BBO}$，得

$$\gamma = 1 - \frac{D_E Q_{BBO}}{D_B Q_{EEO}} = 1 - \frac{R_{\square E}}{R_{\square B1}}$$

在大注入下，$I_n \tau_b \gg Q_{BBO}$，$\tau_b = W_B^2 / 4 D_B$，并在忽略基区复合时可将 I_n 写成 I_C，得

$$\gamma = 1 - \frac{D_E I_n \tau_b}{D_B Q_{EEO}} = 1 - \frac{D_E W_B^2}{4 D_B^2 Q_{EEO}} I_C \qquad (3\text{-}141)$$

从式(3-141)可见，当发生大注入后，γ 随 I_C 增加而下降。

6. 电流放大系数随工作点的变化

利用式(3-134)和式(3-141)，可得大注入下

$$\beta = \frac{\alpha}{1-\alpha} \approx \left[\frac{W_B^2}{4 L_B^2} + \frac{D_E W_B^2 I_C}{4 D_B^2 Q_{EEO}}\right]^{-1} \qquad (3\text{-}142)$$

式(3-142)说明，在大注入时，β 将随着 I_C 的增加而下降。当 I_C 很大时，上式右边方括号中的第一项可以忽略，这时 β 与 I_C 成反比，即

$$\beta = \frac{4 D_B^2 Q_{EEO}}{D_E W_B^2 I_C} \qquad (3\text{-}143)$$

图 3-46[17] 是一个典型 NPN 管的 β 与 I_C 关系曲线。从

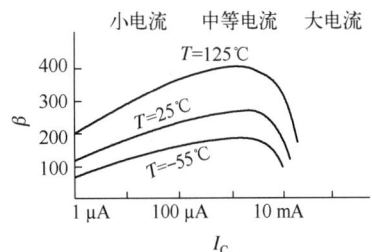

图 3-46 典型 NPN 管
β 与 I_C 关系曲线

图中可以看出,室温下当 I_C 从 0.4 mA 增加到约 5 mA 时,β 基本上不变。但在更大的电流下,β 随 I_C 的增大而下降,反映了大注入效应。

图 3-46 中小电流时 β 的下降,是由于基极电流中发射结势垒区复合电流的比例增大所致。

I_B、I_C 与 V_{BE} 的关系曲线如图 3-47 所示。I_C 取决于少子电流,因此在 V_{BE} 很大时斜率才下降。当 $V_{BE}<0.7$ V 时,在 I_C 变动达八个数量级的范围内,斜率为 $q/(kT)$ 的关系始终不变。但 I_B 就不是这样,当 V_{BE} 在 0.4 V 以下时为 $q/(2kT)$ 关系,在 0.67 V~0.77 V 时是 $q/(kT)$ 关系,当 V_{BE} 继续增大后又是 $q/(2kT)$ 关系。通常把 I_B 与 V_{BE} 的关系写成

$$I_B = 常数 \cdot \exp\left(\frac{qV_{BE}}{n^* kT}\right) \qquad (3-144)$$

式(3-144)中,n^* 的数值介于 1 与 2 之间。其实图 3-47 中 $\ln I_C$ 与 $\ln I_B$ 的纵坐标之差,就是 $\ln\beta$。

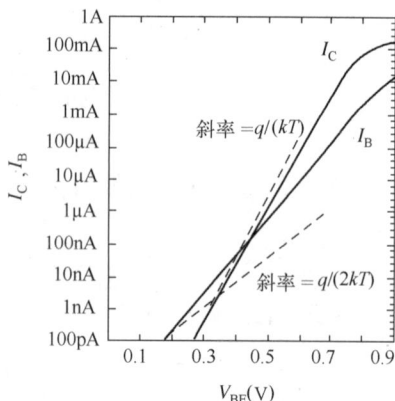

图 3-47　I_B、I_C 与 V_{BE} 的关系曲线

3.7.2　基区扩展效应

在 3.4.5 节中介绍了基区宽度调变效应,即当集电结反向电压增加时,基区宽度会减小。本节将介绍一种相反的效应,即当集电结电压不变、集电极电流增加时,基区宽度会展宽。

前面的讨论中常用到 $x=W_B$ 处少子浓度为零的假设。根据电流密度方程,在一定的电流密度下,当载流子的浓度为零时,其漂移速度应当为无穷大。但是实际上,不管集电结势垒区中的电场强度有多高,载流子的漂移速度也是有限的,最大只能达到饱和漂移速度,所以载流子浓度不可能为零。当载流子以一定的浓度和一定的速度越过势垒区时,载流子的电荷会对势垒区中的电场分布产生影响,其重要后果之一,就是当电流很大时,中性基区会变宽。这个现象称为基区扩展效应,或克尔克(Kirk)效应。基区扩展的机理有两种,强电场下的基区扩展与弱电场下的基区扩展。

基区扩展使少子的基区渡越时间延长,会影响晶体管的电流放大系数及频率特性[18]、[19]。基区扩展效应主要发生在集电区掺杂浓度 N_C 较轻的情况下,所以在大功率、高反压的硅外延平面晶体管中,这种效应最为明显。下面的讨论以纵向杂质分布为 $N^+PN^-N^+$ 结构的硅管为例。

1. 少子电荷对集电结电场分布的影响

从发射结经过基区到达集电结的电子,在集电结势垒区中成为一种空间电荷。以前只考虑势垒区中的电离施主与电离受主对空间电荷的作用。但是当电流很大时,电子电荷的作用就不可忽略了。它们会改变势垒区中的空间电荷,从而改变势垒区中的电场分布。

设集电结为 PN⁻ 单边突变结,集电结势垒区主要位于轻掺杂的 N⁻ 区一侧。随着电子电流密度 J_C 的增加,势垒区中的电子浓度 n 也随之增加。当 n 增加到可与 N_C 比拟而不应再忽略时,势垒区中的空间电荷密度成为 $q(N_C-n)$。取电场的参考方向与 x 轴的方向相反,则该区的泊松方程为

$$\frac{dE}{dx} = -\frac{q(N_C-n)}{\varepsilon_s} \qquad (3-145)$$

作为定性讨论,假设电子浓度 n 在势垒区中为均匀分布,因此电场分布仍为一条斜直线。斜直线的斜率的值将随 n 的增加而变小,但只要集电结上的反向电压 V_{CB} 保持不变,则斜直线下面

的面积就不会改变。

随着 n 的增加，势垒区宽度将展宽，其右边界将向右移动，如图 3-48 中的曲线①至曲线③所示。接着势垒区将扩展到 N^+ 区，如图 3-48 中的曲线④所示。当 J_C 和 n 继续增加到使 $n=N_C$ 时，N^- 区的电离施主杂质电荷恰好被电子电荷中和掉，N^- 区中的电场斜率为零，电场分布成为一条水平直线，如图 3-48 中的曲线⑤所示。当 J_C 大于曲线⑤所对应的电流后，$n>N_C$，N^- 势垒区中的空间电荷成为负值，电场斜率则由负转正，如图 3-48 中的曲线⑥所示。

当 J_C 增大到某一临界值 J_{CH} 时，集电结势垒区全部退出基区，其左边界移到了集电结的冶金结界面处。由于这时 N^- 势垒区中的空间电荷为负值，该区将起 P 区的作用，使原来的 N^-N^+ 结现在相当于一个 PN^+ 结，其电场分布如图 3-48 中的曲线⑦所示。J_{CH} 称为强电场下的临界电流密度。

在上述电流逐步增大的过程中，势垒区在基区或重掺杂 N^+ 集电区内的边界虽有移动，但因这两个区的掺杂浓度高于 N^- 区，且电场曲线下的面积不变，因此移动很小。

下面来看一些具体的数据。如果硅集电结势垒区中的电场足够强，在各处都超过 $10\ kV/cm$，则电子在势垒区中的漂移速度将会达到饱和速度 $v_{max}=10^7\ cm/s$。电子浓度 n 和电流 J_C 的关系为 $n=J_C/qv_{max}$。当 J_C 为 $10^3\ A/cm^2$ 时，n 会达到 $10^{15}\ cm^{-3}$。由于 N^- 区的掺杂浓度通常小于 $10^{16}\ cm^{-3}$，而大功率管在大电流下运用时，电流密度会达到甚至超过 $10^3\ A/cm^2$。可见少子电荷在势垒区中的影响确实是不能忽略的。

2. 强电场下的基区纵向扩展

当 J_C 增加到使势垒区中的电场分布达到图 3-48 的曲线⑦时，基区仅有极小的扩展，即原来在基区一侧的极薄势垒区现在退出了基区。但是当 $J_C>J_{CH}$ 后，电场的斜率将继续增大，电场分布变得更为陡峭，而曲线下的面积又不变，因此三角形的底边将会缩短。这时势垒区左边界将从集电结的冶金结界面向右明显移动，使中性基区的宽度明显增加，如图 3-49 的曲线⑧所示。

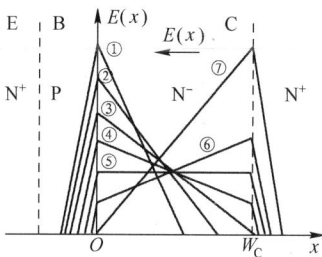

图 3-48 耗尽层中的电场分布和少子电流的关系 　　图 3-49 $J_C=J_{CH}$ 及 $J_C>J_{CH}$ 时的电场分布

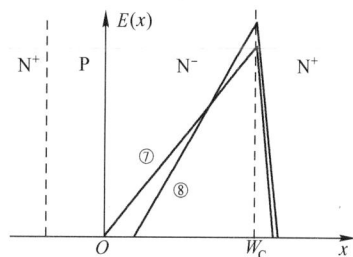

下面来推导强电场下的临界电流密度 J_{CH} 和基区扩展量 ΔW_B。在计算 PN^+ 单边突变结势垒区宽度的式(2-133)中，将 $(n-N_C)$ 当成 P 区的有效受主浓度 N_A，当 $n=J_{CH}/qv_{max}$ 时，势垒区宽度恰好等于 P 区(原来的 N^- 区)厚度 W_C，即

$$W_C=\left[\frac{2\varepsilon_s(V_{bi}+V_{CB})}{q\left(\dfrac{J_{CH}}{qv_{max}}-N_C\right)}\right]^{1/2} \tag{3-146}$$

由式(3-146)可解出临界电流密度 J_{CH}，再略去 V_{bi} 后，得

$$J_{CH}=qv_{max}\left[\frac{2\varepsilon_s V_{CB}}{qW_C^2}+N_C\right] \tag{3-147}$$

当 $J_C > J_{CH}$ 后,设势垒区在基区一侧收缩 ΔW_B,即基区宽度增加 ΔW_B,则应以 $(W_C - \Delta W_B)$ 代替式(3-147)的 W_C,可得

$$J_C = q v_{max} \left[\frac{2\varepsilon_s V_{CB}}{q(W_C - \Delta W_B)^2} + N_C \right]$$

于是可求得基区扩展量为

$$\Delta W_B = W_C \left[1 - \left(\frac{J_{CH} - q v_{max} N_C}{J_C - q v_{max} N_C} \right)^{\frac{1}{2}} \right] \qquad (3\text{-}148)$$

可见当 $J_C > J_{CH}$ 后,J_C 的增加将使基区明显扩展。这个效应发生在晶体管的工作基区部分,因此晶体管内各区的剖面图如图 3-50 所示。

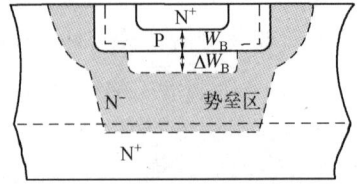

图 3-50　基区纵向扩展时晶体管内各区的剖面图

3. 弱电场下的基区纵向扩展[19]

如果集电结上的反向电压较低,而 N^- 区的厚度 W_C 较大,则 N^- 区不易被势垒区全部占满。这时常常先发生弱电场下的基区扩展。设 N^- 区还没有被耗尽的区域的厚度为 d_1,在 J_C 作用下,此区域上的电压降为

$$V_1 = J_C \rho_C d_1 \qquad (3\text{-}149)$$

式(3-149)中,ρ_C 代表 N^- 区的电阻率。随着 J_C 的增大,V_1 越来越大,使结上的实际反偏($V_{CB} - V_1$)越来越小,势垒区厚度也越来越小。当电流密度达到某一临界值 J_{CL} 时,$V_{CB} - V_1 = 0$,结上的偏压为零。如果忽略内建电势 V_{bi},也即忽略势垒区的厚度,则 $d_1 = W_C$,因此由式(3-149),得

$$J_{CL} = \frac{V_{CB}}{\rho_C W_C} = q \mu_n N_C \frac{V_{CB}}{W_C} \qquad (3\text{-}150)$$

式(3-150)中,J_{CL} 称为弱电场下的临界电流密度。

当 J_C 超过 J_{CL} 后,集电结为正偏。于是在 N^- 区中的 ΔW_B 范围内有从 P 型基区注入过来的非平衡空穴及为保持电中性而从发射区经基区到这里来的同样浓度的非平衡电子,如图 3-51 所示。

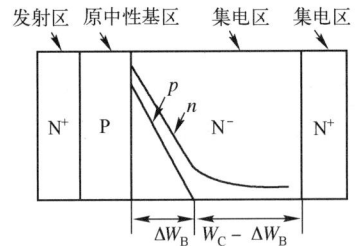

图 3-51　弱电场下的基区扩展及此区中电子与空穴的浓度分布

由于 N^- 区的掺杂浓度很低,很容易发生大注入,使 ΔW_B 区域内的电子与空穴浓度都比 N^- 区的掺杂浓度大,因此这个区域的电阻率远远小于其余的 N^- 区。这个区域的压降及结上的正偏压都是远远小于 V_{CB} 的,V_{CB} 主要降在图中标出的 $(W_C - \Delta W_B)$ 区域内的电阻上。于是有

$$V_{CB} \approx J_C \rho_C (W_C - \Delta W_B) \qquad (3\text{-}151)$$

由式(3-151)可解出基区扩展量 ΔW_B,再利用 J_{CL} 的表达式(3-150),得

$$\Delta W_B = W_C - \frac{V_{CB}}{J_C \rho_C} = W_C \left(1 - \frac{J_{CL}}{J_C} \right) \qquad (3\text{-}152)$$

可见,ΔW_B 随 J_C 的增加而增加。

在实际的大电流情况下,是发生强电场下的基区扩展效应,还是弱电场下的基区扩展效应,可根据两种临界电流密度的大小来判别。由式(3-147)和式(3-150)可见,在 V_{BC}/W_C 较小,即 N^- 型外延层很厚而反向电压又很低时,$J_{CL} < J_{CH}$,将先发生弱电场下的基区扩展效应。

"强""弱"电场的划分只是两种极端情形。即使在强电场条件下,基区侧面附近的电场仍为弱电场。严格的计算应根据泊松方程及载流子的 v-E 特性用计算机进行模拟。然而上面的简单分析对于进行粗略的估计还是很有用的。

4. 基区横向扩展

以上讨论的基区纵向扩展,只发生在发射结正下方的工作基区中。实际上,当发生基区纵向扩展时,基区在集电结势垒区边上的少子浓度已很高,因此必然向周围的非工作基区扩散,使基区有效面积变大,如图 3-52 中标有箭头的虚线所示。这种现象称为"基区的横向扩展",又称为基区扩展的"二维模型"。

在讨论基区的横向扩展时,首先假设 $J_{CL}<J_{CH}$。其次,为了简化理论推导,假设当集电极电流 I_C 大于 $A_E J_{CL}$ 时,纵向电流密度仍维持在临界电流密度 J_{CL} 不变,增加的电流全部由基区的横向扩展来承担,即

$$I_C = A_C J_{CL} > A_E J_{CL} \equiv I'_C$$

式中,A_E 代表发射结面积,A_C 代表集电结的有效面积,I'_C 代表未发生基区横向扩展时的基区纵向扩展临界电流。显然 $A_C = \left(\dfrac{I_C}{I'_C}\right) A_E$。

对于长条形发射区,可以忽略基区在长度方向上的扩展。其宽度则从发射结宽度 s_e 扩展到集电结有效宽度 s_c。于是有

$$\frac{s_c}{s_e} = \frac{A_C}{A_E} = \frac{I_C}{I'_C} \tag{3-153}$$

由于基区的横向扩展,发射结边缘部分的少子在渡越基区时的距离和时间都会增加,从而使输运系数和电流放大系数随电流的增加而下降。

在交流小信号的情况下,集电极电流中包括固定的直流偏置成分和变动的交流小信号成分。当集电极电流中的直流偏置已经使工作基区由于横向扩展而变成图 3-53 所示的梯形时,根据以上电流密度不变的假设,对于叠加在直流偏置上的交流小信号电流来说,基区宽度不是 W_B 而是梯形斜边的长度 W_1,即

$$W_1 = \left[W_B^2 + \left(\frac{s_c - s_e}{2} \right)^2 \right]^{1/2} = \left[W_B^2 + \frac{s_e^2}{4} \left(\frac{I_C}{I'_C} - 1 \right)^2 \right]^{1/2} \tag{3-154}$$

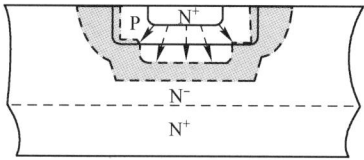

图 3-52   基区有横向扩展时少子的运动情况

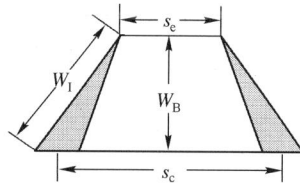

图 3-53   交流信号对应的基区宽度

实际上基区的纵向扩展与横向扩展是同时存在的,把两种扩展完全分开是不符合实际情况的。但以上的分析可作为一种重要的参考。由于三种临界电流密度各不相同,因此在一定的电流范围内,可能以一种基区扩展为主。

5. 基区扩展对 β 的影响

当发生基区纵向扩展时,式(3-143)中的 W_B 应改为有效基区厚度。设 $J_{CL}<J_{CH}$,即先发生弱电场下的基区扩展,则将式(3-152)代入式(3-143),得

$$\beta = \frac{4 D_B^2 Q_{EEO}}{D_E \left[W_B + W_C \left(1 - \dfrac{I_{CL}}{I_C} \right) \right]^2 I_C} \tag{3-155}$$

当 $I_C \gg I_{CL}$ 时,分母中的方括号成为 $[W_B + W_C]^2$,这时 β 仍与 I_C 成反比,但其值进一步减小。

若发生基区横向扩展,则由式(3-154),得

$$\beta = \frac{4D_{\mathrm{B}}^2 Q_{\mathrm{EEO}}}{D_{\mathrm{E}}\left[W_{\mathrm{B}}^2 + \dfrac{s_{\mathrm{e}}^2}{4}\left(\dfrac{I_{\mathrm{C}}}{I_{\mathrm{C}}'} - 1\right)^2\right]I_{\mathrm{C}}} \tag{3-156}$$

3.7.3 发射结电流集边效应

1. 发射结电流集边效应及其举例

在讨论基极电阻时曾经指出,由于基极电流通过基极电阻时产生的压降,使晶体管发射结上不同区域的偏压不相等。由于发射极电流与发射结偏压之间有 $\exp(qV_{\mathrm{BE}}/kT)$ 的关系,所以发射结偏压只要略有差异,发射极电流就会有很大的变化。当晶体管的工作电流很大时,基极电流通过基极电阻产生的压降也就很大,这会使得发射极电流在发射结上的分布极不均匀。实际上发射极电流的分布是离基极接触处越近电流越大,离开基极接触处较远的地方电流很快下降到很小的值。这个现象称为发射结电流集边效应,又称为基极电阻自偏压效应。电流集边效应使得整个发射结中只有靠近基极接触处的边界附近才是有效工作区。

由于下列原因,对这个效应的精确全面分析是很复杂的[20~23]。

(1) 注入基区的少子不是均匀的一维分布,而是存在着二维运动。

(2) 注入强度各处不同,原则上就不能事先一概当作小注入或大注入。

(3) 电流不均匀使其引起的温度分布也不均匀,这就引入了又一个复杂化因素。

(4) 如果存在基区扩展效应,那么各处的有效基区宽度实际上也不同。

下面将介绍的近似计算方法,所得结果对于了解这一效应以及设计一般晶体管已经够用。

以图 3-54 所示的 NPN 单基极条晶体管为例,设长条状发射极的条长为 l,则工作基区内 $\mathrm{d}y$ 段上的电阻为 $(\mathrm{d}y/l)R_{\square\mathrm{B}1}$,基极电流 $I_{\mathrm{B}}(y)$ 在 $\mathrm{d}y$ 段电阻上产生的压降为

$$\mathrm{d}V = -I_{\mathrm{B}}(y)\frac{\mathrm{d}y}{l}R_{\square\mathrm{B}1} \tag{3-157}$$

由于在发射结上除了外加的 V_{BE} 外还增加了基极电阻上的电压 V,所以集电结零偏时的发射极电流密度应为

$$J_{\mathrm{E}} = J_{\mathrm{ES}}\exp\left[\frac{q(V_{\mathrm{BE}}+V)}{kT}\right] \tag{3-158}$$

对上式求微分,并将式(3-157)代入,得

$$\mathrm{d}J_{\mathrm{E}} = J_{\mathrm{E}}\frac{q}{kT}\mathrm{d}V = -\frac{J_{\mathrm{E}}q}{kT}I_{\mathrm{B}}(y)\frac{\mathrm{d}y}{l}R_{\square\mathrm{B}1} \tag{3-159}$$

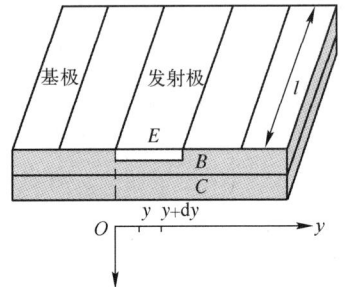

图 3-54 长条状的发射极、基极情况

在 $\mathrm{d}y$ 段内,发射极电流(图中为垂直向上)为该处的发射极电流密度 $-J_{\mathrm{E}}(y)$ 乘以这段面积 $l\mathrm{d}y$,即 $(-J_{\mathrm{E}}l\mathrm{d}y)$。若设 $J_{\mathrm{E}} = \beta J_{\mathrm{B}}$,则 $\mathrm{d}y$ 段内对应的基极电流(图中为水平向右)为

$$-\mathrm{d}I_{\mathrm{B}} = \frac{J_{\mathrm{E}}l\mathrm{d}y}{\beta} \tag{3-160}$$

由式(3-160)可得

$$\frac{\mathrm{d}I_{\mathrm{B}}}{\mathrm{d}y} = -\frac{l}{\beta}J_{\mathrm{E}}(y) \tag{3-161}$$

对式(3-161)再求导一次,并将式(3-159)代入,可得到一个关于 I_{B} 的二阶微分方程,即

$$\frac{\mathrm{d}^2 I_{\mathrm{B}}}{\mathrm{d}y^2} = \frac{qI_{\mathrm{B}}R_{\square\mathrm{B}1}}{kTl}\cdot\frac{\mathrm{d}I_{\mathrm{B}}}{\mathrm{d}y} \tag{3-162}$$

假设发射极条很宽,则边界条件为:在 $y \to \infty$ 处, $J_C = 0$, $(\mathrm{d}I_B/\mathrm{d}y) = 0$, $I_B = 0$ 。将方程(3-162)两边同乘以 $\mathrm{d}y$,从任意点 y 到无穷远处积分,并结合以上边界条件,得

$$\frac{\mathrm{d}I_B}{\mathrm{d}y} = \frac{qR_{\square B1}}{2kTl} I_B^2 \qquad (3\text{-}163)$$

再将式(3-163)两边同乘以 $(\mathrm{d}y/I_B^2)$,并从 0 到任意点 y 积分,得

$$I_B(y) = \left(\frac{1}{I_B(0)} + \frac{qR_{\square B1}}{2kTl} y \right)^{-1} \qquad (3\text{-}164)$$

从式(3-161)解出 $J_E(y)$,并将式(3-164)代入,可得随 y 变化的发射极电流密度分布为

$$J_E(y) = -\frac{\beta}{l} \cdot \frac{\mathrm{d}I_B}{\mathrm{d}y} = J_E(0) \left(1 + \frac{y}{y_0} \right)^{-2} \qquad (3\text{-}165)$$

式中

$$J_E(0) = \frac{q\beta R_{\square B1} I_B^2(0)}{2kTl^2} \qquad (3\text{-}166)$$

$$y_0 = \frac{2kTl}{qR_{\square B1} I_B(0)} = \left[\frac{2kT\beta}{qR_{\square B1} J_E(0)} \right]^{1/2} \qquad (3\text{-}167)$$

从式(3-165)看出,在发射极条靠近基极接触区的左边界 $y = 0$ 处,发射极电流密度 $J_E(0)$ 最大。 $J_E(y)$ 随着离条边距离 y 的增加而下降。在 $y = y_0$ 处,电流密度下降到只有边上的 1/4。

2. 发射结有效宽度

已知 $J_E(y)$ 后,可求得总的发射极电流为

$$I_E = l \int_0^\infty J_E(y) \mathrm{d}y = l y_0 J_E(0) \qquad (3\text{-}168)$$

由式(3-168)可见,由于电流的集边效应,可以把发射结的宽度等效为 y_0 。即近似认为发射结上只在 0 到 y_0 的范围内才有电流存在,其电流密度是均匀的,都等于边界上的值 $J_E(0)$ 。在 y_0 以外的其余发射结上,电流为零,如图 3-55 所示。所以称 y_0 为发射结有效宽度。

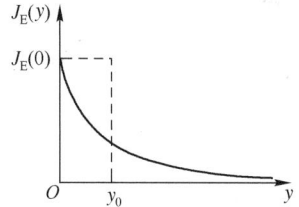

图 3-55 发射结有效
宽度的示意图

从式(3-167)可以看出, $R_{\square B1}$ 越大, I_B 越大,则 y_0 越小。原因很简单, $R_{\square B1}$ 越大, I_B 越大,基极电阻上的电压降就越大,则发射结上电压的不均匀性就越大,从而加剧电流集边效应。

在单基极条的情况下,如果发射极条宽 s_e 大于 y_0 ,那么实际上起发射少子作用的条宽只有 y_0 。对于双基极条和多基极条,如果 s_e 大于 $2y_0$,那么实际有效宽度只有 $2y_0$ 。由于大多数晶体管都是双基极条或多基极条结构,因此有的文献也将 y_0 称为发射结有效半宽度。

对于大电流晶体管,为了充分利用芯片面积,发射极应做成细条,条宽应设计为 $2y_0$ 的数量级。对于高频大功率晶体管来说,这点尤其重要,因为如果发射极条过宽,中间的大部分面积只起增加结电容的作用,反而使晶体管的高频特性变坏。

式(3-167)在大注入情形下可以得到简化。在大注入下,基区少子扩散系数为 $2D_B$,浓度分布如同均匀基区那样为线性,故有

$$J_E(0) = 2qD_B \frac{n(0)}{W_B} \qquad (3\text{-}169)$$

注意式(3-169)中, $n(0)$ 中的 0 代表 $x = 0$,而 $J_E(0)$ 中的 0 代表 $y = 0$ 。此外,大注入时基区中两种载流子浓度相等,基区电导率为

$$\sigma = q(\mu_n + \mu_p)n \qquad (3\text{-}170)$$

这时工作基区方块电阻为

$$R_{\square B1} = \frac{1}{\int_0^{W_B} \sigma \, dx} = \left[\frac{W_B}{2} q (\mu_n + \mu_p) n(0) \right]^{-1} \tag{3-171}$$

将大注入时的 $J_E(0)$ 与 $R_{\square B1}$ 代入式(3-167)中,得到

$$y_0 = \left[\frac{2kT\beta}{qR_{\square B1} J_E(0)} \right]^{1/2} = \left[\frac{W_B^2 \beta}{2} \left(1 + \frac{\mu_p}{\mu_n} \right) \right]^{1/2} = KW_B \beta^{1/2} \tag{3-172}$$

式中

$$K = \left[\frac{1}{2} \left(1 + \frac{\mu_p}{\mu_n} \right) \right]^{1/2} \tag{3-173}$$

的数量级为 1。可见在大注入下,发射结电流的分布不变,只是 y_0 成为式(3-172)。

3. 电流集边效应对 β 及 $r_{bb'}$ 的影响

前面在讨论弱电场下基区纵向扩展效应对电流放大系数 β 的影响时,得到了式(3-155)。但该式尚未考虑电流集边效应。在分析电流集边效应的影响时,先将该式中的 I_C 写成电流密度的形式 $I_C = A_E J_C$。当 $I_C \gg I_{CL}$ 时,式(3-155)成为

$$\beta = \frac{4D_B^2 Q_{EEO}}{D_E [W_B + W_C]^2 A_E J_C} \tag{3-174}$$

式(3-174)说明,由于电流集边效应,晶体管发射结上不同区域的电流放大系数 β 也是不相等的。下面来做一个粗略的估计,认为集电极电流均匀地分布在长度为 l 宽度为 y_0 的面积之内,即

$$J_C = \frac{I_C}{l y_0}$$

将式(3-172)的 y_0 代入上式,在发生基区纵向扩展时该式中的 W_B 应改为 $(W_B + W_C)$,得

$$J_C = \frac{I_C}{lK(W_B + W_C)\beta^{1/2}} \tag{3-175}$$

式(3-175)与式(3-174)结合得到

$$\beta \propto (W_B + W_C)^{-2} I_C^{-2} \tag{3-176}$$

这时 β 与 I_C^2 成反比。

下面讨论电流集边效应对基极电阻 $r_{bb'}$ 的影响。由于电流集边效应,使工作基区局限在发射结边缘下面,基极电流流经的路程缩短,因此 $r_{bb'}$ 将减小。以双基极条为例,假设发射极电流是均匀地分布在发射结两侧的有效宽度 y_0 范围内的,则工作基区电阻的表达式(3-104)中的发射极条宽度 s_e 应以 $2y_0$ 代替,成为

$$r_{b'} = \frac{y_0}{6l} R_{\square B1} \tag{3-177}$$

如果 $2y_0$ 小于条宽 s_e,则工作基区的电阻将减小。

4. 发射极单位长度的电流容量

晶体管在正常使用时,通常以不发生大注入效应和各种基区扩展效应作为集电极电流的上限。这个上限是对应于这些效应的各种临界电流密度中最小的一个,设为 J_{CR}。由于电流集边效应,可以假设电流都集中在发射结边缘宽度为 y_0 的区域内。将单位发射极长度内不发生这些效应的最大电流称为发射极单位长度的电流容量,记为 i_0,即

$$i_0 = J_{CR} y_0 \tag{3-178}$$

将式(3-167)的 y_0 代入式(3-178),并取 $J_E(0) = J_{CR}$,得

$$i_0 = \left(\frac{2J_{CR} kT\beta}{qR_{\square B1}} \right)^{1/2} \tag{3-179}$$

如果发射极总长度为 L_E，则晶体管的最大工作电流为

$$I_{Cmax} = i_0 L_E \tag{3-180}$$

在设计晶体管时，应先依据具体情况确定 i_0，然后即可根据对最大工作电流 I_{Cmax} 的要求确定发射极总长度 L_E，即

$$L_E = I_{Cmax}/i_0 \tag{3-181}$$

对于单基极条，L_E 就是发射极条的长度。对于双基极条、多基极条等大多数晶体管结构，L_E 是发射极的总周长。所以通常也将 i_0 称为发射极单位周长的电流容量。

下面介绍几种确定 i_0 的具体方法。

（1）对于首先需要防止大注入效应的情况，若以 $n(0) < 0.1 N_B(0)$ 作为不发生大注入效应的标准，则由式（3-33a）和式（3-43a），可得

$$J_n = qkT\mu_p\mu_n R_{\square B1} n(0) N_B(0) = 0.1 qkT\mu_p\mu_n R_{\square B1} N_B^2(0) \tag{3-182}$$

将此电流密度作为 J_{CR}，代入式（3-179），得

$$(i_0)_{\text{大}} = N_B(0)kT\left(\frac{\beta\mu_p\mu_n}{5}\right)^{1/2} \tag{3-183}$$

显然，$N_B(0)$ 越大，则单位周长的电流容量越大。但是为了保证注入效率，$N_B(0)$ 又不能太大，而 $\beta\mu_p\mu_n$ 也没有多大的变化余地。因此，在晶体管的设计中，根据经验将单位周长的电流容量做如下规定：

对于用于开关的晶体管，由于对放大性能随电流变化的要求不高，因此对 i_0 的要求比较宽，通常规定 i_0 小于 5 A/cm。

对于用于一般放大的晶体管，i_0 的范围为 0.5~1.5 A/cm。

对于用于线性放大的晶体管，由于要求电流变化时放大性能的变化必须很小，所以对 i_0 的要求比较严，通常规定 i_0 应小于 0.5 A/cm。

（2）对于高频大功率外延平面管，由于在大电流下容易发生基区扩展效应，影响频率特性，因此最大电流密度应以不发生基区扩展为标准。在 3.8 节中将说明，在高频下，式（3-179）中的 β 应以 $|\beta_\omega| = f_T/f$ 来代替，式中 f_T 代表晶体管的特征频率。将此 $|\beta_\omega|$ 及不发生弱场下基区纵向扩展的临界电流密度 J_{CL} 代入式（3-179），得

$$(i_0)_{\text{基}} = \left(\frac{2J_{CL}kTf_T}{qR_{\square B1}f}\right)^{1/2} \tag{3-184}$$

在高频下，当集电极电流一定时，基极电流随着 f 的增加而增大，因此单位周长的电流容量与频率 f 有关，且随着 f 的增加而减小。设计高频大功率晶体管时，一般采用的 i_0 经验值为 0.4 A/cm 左右。

5. 发射极金属电极的最大长度

发射极电极的金属条也有一定的方块电阻，即

$$R_{\square M} = \rho_M/W_M \tag{3-185}$$

式（3-185）中，ρ_M 与 W_M 分别代表金属条的电阻率与厚度。和基极电流自偏压效应类似，当发射极电流流过金属条时会产生压降，使金属电极条根部的发射结偏压增大，顶端的发射结偏压减小，结果造成发射极电流集中在金属条的根部，如图 3-56 所示。这就是说，发射极金属电极条存在一个有效长度 l_M。

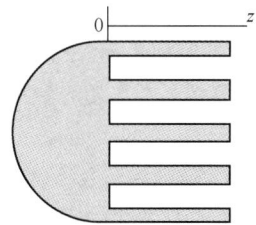

图 3-56　梳状发射极的金属条

对 l_M 的推导与对发射极有效宽度 y_0 的推导完全类似，只需将式（3-167）进行如下改动：首先，将原式中的 $R_{\square B1}$ 改为 $R_{\square M}$；其次，将原式中代表发射极边缘电流密度的 $J_E(0)$，用金属条根部

的电流密度来代替。该处单位周长的电流为 i_0，设金属条的宽度为 d_M，由于每一金属条有两条边，所以该处的电流密度为 $2i_0/d_M$；最后，式（3-167）中反映基极电流与集电极电流差别的 β 应换为 1。经上述变换后，就可得到金属电极条电阻自偏压效应引起的发射极金属电极有效长度 l_M。再将式（3-185）代入，得

$$l_M = \left(\frac{kTW_M d_M}{q\rho_M i_0}\right)^{1/2} \tag{3-186}$$

l_M 可作为设计发射极金属电极条时可采用的最大长度。当金属条长超过 l_M 时，超过部分并不能有效地起到发射极的作用，只会增加发射极电容，影响高频性能。

由于光刻工艺中对金属条的横向腐蚀作用，金属条厚度 W_M 也不能很大。若设 $W_M = d_M$，则由式（3-186），可得发射极金属电极条的有效长宽比为

$$\frac{l_M}{d_M} = \left(\frac{kT}{q\rho_M i_0}\right)^{1/2} \tag{3-187}$$

电极条的宽度越窄，则长度也应越短。对于铝金属条，$\rho_M = 2.8 \times 10^{-6}\,\Omega\cdot\text{cm}$，再将 $kT/q = 26\text{mV}$ 代入式（3-187），得

$$\frac{l_M}{d_M} = 304\left(\frac{1}{i_0}\right)^{1/2} \tag{3-188}$$

式（3-188）中，i_0 以（A/cm）为单位。在设计微波晶体管时，通常取发射极金属电极条的有效长宽比为 10~20。

3.7.4 晶体管的热学性质

大功率晶体管本身消耗的功率很大，使晶体管的温度升高。晶体管的许多参数都会随温度而变化，特别是温度的升高会反过来会使功耗增加或产生其他破坏性的影响。因此，对于大功率晶体管，热学性质是很重要的一个方面，而且热学性质与电学性质之间存在着错综复杂的关系。

1. 晶体管参数与温度的关系

（1）反向截止电流与温度的关系

晶体管的各项参数中，随温度变化最为剧烈的是反向截止电流，例如 I_{CBO} 和 I_{CEO}。对于硅晶体管，I_{CBO} 的主要成分是势垒区中的产生电流，它与 n_i 成正比。而

$$n_i = \sqrt{N_C N_V}\exp\left(\frac{E_G}{2kT}\right) \tag{3-189}$$

式（3-189）指数项中的 T 是 I_{CBO} 随温度变化的决定性因素。其他各种因素如 N_C、N_V、E_G 等虽也与温度有关，但相对而言可以忽略。因此，就与温度的关系而言，硅晶体管的 I_{CBO} 可表示为

$$I_{CBO} = 常数 \times \exp\left(-\frac{E_G}{2kT}\right) \tag{3-190}$$

于是可得到 I_{CBO} 的相对温度系数为

$$\frac{1}{I_{CBO}}\cdot\frac{\mathrm{d}I_{CBO}}{\mathrm{d}T} = \frac{E_G}{2kT^2} \tag{3-191}$$

将硅的禁带宽度 E_G 的数值代入上式，得室温下式（3-191）右端为 10%/℃。因此对硅晶体管，温度每升高 1℃，I_{CBO} 增加 10%。或温度每升高 7℃，I_{CBO} 增加约 1 倍。

由于 $I_{CEO} = I_{CBO}/(1-\alpha)$，所以 I_{CEO} 有与 I_{CBO} 相同的温度关系。

（2）I_E 及 I_C 与温度的关系

晶体管工作在放大区时，发射结为正偏压，在 I_E 及 I_C 与温度的关系中，决定性的因子除 n_i^2

外,还有 $\exp(qV_{BE}/kT)$,即

$$I_E,I_C \propto n_i^2 \exp\left(\frac{qV_{BE}}{kT}\right) \propto \exp\left(\frac{-E_G+qV_{BE}}{kT}\right) \tag{3-192}$$

当 V_{BE} 不变时,用和上面一样的推导方法可得到

$$\frac{1}{I_E}\cdot\frac{\partial I_E}{\partial T}\bigg|_{V_{BE}} = \frac{1}{I_C}\cdot\frac{\partial I_C}{\partial T}\bigg|_{V_{BE}} = \frac{E_G-qV_{BE}}{kT^2} \tag{3-193}$$

将硅的禁带宽度 E_G 的数值和常用的发射结正向电压 V_{BE} 的数值代入上式,得

$$\frac{1}{I_E}\cdot\frac{\partial I_E}{\partial T}\bigg|_{V_{BE}} = \frac{1}{I_C}\cdot\frac{\partial I_C}{\partial T}\bigg|_{V_{BE}} \approx 5.4\%/\text{℃}$$

在大注入时,式(3-192)指数因子的分母应乘以2,因此相对温度系数的值将降低一半。

由于 I_E 及 I_C 有较大的正温度系数,双极晶体管特别是大功率双极晶体管的温度稳定性是一个很严重的问题。

(3)当 I_E、I_C 不变时,V_{BE} 与温度的关系

由式(3-192)可知,当温度升高时,若要使 I_E、I_C 保持不变,则发射结正向电压 V_{BE} 必定会下降。将式(3-192)的 I_E 对温度 T 求微分,由于 I_E 保持不变,该微分应为零,即

$$dI_E = I_E\left(\frac{E_G-qV_{BE}}{kT^2}+\frac{q}{kT}\cdot\frac{\partial V_{BE}}{\partial T}\right)dT = 0 \tag{3-194}$$

由式(3-194)可解得

$$\frac{\partial V_{BE}}{\partial T}\bigg|_{I_E} = -\frac{E_G-qV_{BE}}{qT} \tag{3-195}$$

式(3-195)的值约为$-2\text{mV}/\text{℃}$。利用 PN 结正向电压的这种温度特性,可以制作半导体结型温度传感器。

(4)β 与温度的关系

NPN 晶体管的共发射极电流放大系数 β 可表示为

$$\beta = \frac{1}{\delta} = \left(\frac{J_{pE}}{J_{nE}}+\frac{\tau_b}{\tau_B}\right)^{-1}$$

当发射区杂质浓度超过 $5\times10^{19}\ \text{cm}^{-3}$ 时,将会产生发射区禁带宽度变窄效应。由 3.3.6 节知

$$J_{pE} \propto n_{iE}^2 = n_i^2\exp\left(\frac{\Delta E_G}{kT}\right), \quad J_{nE} \propto n_i^2, \quad \frac{J_{pE}}{J_{nE}} = \frac{n_{iE}^2}{n_i^2} = \exp\left(\frac{\Delta E_G}{kT}\right)$$

可见,当温度升高时,$\exp(\Delta E_G/kT)$ 与 (J_{pE}/J_{nE}) 下降,发射区禁带宽度变窄效应减弱,使 β 增大,如图 3-57 所示[24](图中为归一化的 β)。实际采用的发射区杂质浓度常常已进入发射区禁带宽度变窄效应起作用的范围,所以当温度升高时 β 增大。这是决定 β 随温度变化的主要因素。β 的相对温度系数为

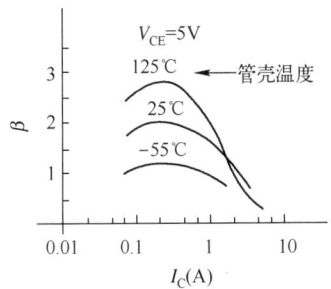

图 3-57 β 随温度的变化

$$\frac{d\beta}{\beta dT} = \frac{\dfrac{J_{pE}}{J_{nE}}}{\dfrac{J_{pE}}{J_{nE}}+\dfrac{\tau_b}{\tau_B}}\cdot\frac{\Delta E_G}{kT^2} < \frac{\Delta E_G}{kT^2} \approx 1\%/\text{℃} \tag{3-196}$$

(5)雪崩击穿电压与温度的关系

雪崩击穿电压随温度的增加而缓慢增加。这是由于温度提高后,载流子与光学波声子散射的概率增加,使得在相同的电场强度下,载流子在两次碰撞之间积累的能量不如低温时的多。

2. 结温与热阻

上面提到的温度并不是指晶体管所处的环境温度 T_a，而是指晶体管的结温 T_j。直流下，晶体管的两个结及基极电阻上消耗的功率分别为 $I_E V_{BE}$、$I_C V_{BC}$ 和 $I_B^2 r_{bb'}$。一般来说，加在晶体管上的电压主要降在反偏的集电结上，所以三者中以集电结耗散功率 $P_C = I_C V_{BC}$（或 $I_C V_{CE}$）为最大，集电结是晶体管的主要热源，结温 T_j 也指的是集电结的温度。但由于晶体管的工作区域很薄，其中的温度变化不大，因此 T_j 也是晶体管的工作区域的实际温度。

当 T_j 高于 T_a 时，热能将会从集电结通过硅片到焊片，再到管座与管壳，最后通过散热板散发到周围环境中去，如图 3-58(a) 所示。单位时间内从集电结传导到周围环境的热能 P_{Td} 与温差成正比，可写成

$$P_{Td} = \Delta T / R_T = (T_j - T_a) / R_T \tag{3-197}$$

式(3-197)中，R_T 称为热阻，取决于传热物体的热导率与几何形状，其计算公式为式(2-132)，即

$$R_T = \rho_T \frac{L}{A} = \frac{L}{\kappa A}$$

式(3-197)类似于电路中的欧姆定律公式 $I = V/R$。单位时间内传导的热能 P_{Td} 相当于单位时间内传导的电荷量 I，温差 ΔT 相当于电位差 V，热阻 R_T 相当于电阻 R。因此可以把热能传导的路径画成和电路类似的图形，称为等效热路，如图 3-58(b) 所示。等效热路中各物理量之间的关系也和电路中的完全一样。当在传热路径上有 n 种不同传热物体串联着时，总的热阻为

$$R_T = \sum_{i=1}^{n} R_{Ti} \tag{3-198}$$

图 3-58(b) 中，R_{T1} 代表硅片的热阻；R_{T2} 代表焊片的热阻；R_{T3} 代表管壳的热阻；R_{T4} 代表散热板的热阻；R_{T5} 代表从散热板到周围环境的热阻；T_c 代表管壳温度。其中，从集电结到管壳（即从 T_j 到 T_c）之间的热阻，即 R_{T1}、R_{T2} 与 R_{T3} 之和，称为内热阻。

热平衡时，单位时间内产生的耗散功率 P_C 与单位时间内传走的热能 P_{Td} 相等，即

$$P_C = P_{Td} = (T_j - T_a) / R_T \tag{3-199}$$

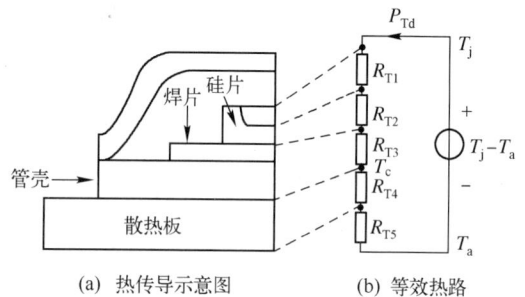

图 3-58　功率管热传导示意图及其等效热路

这时结温 T_j 保持不变。对于同样的 P_C，R_T 越小，则热平衡时的 T_j 就越低。

晶体管在使用时有各种限制，例如各种击穿电压或穿通电压构成对电压的限制，各种临界电流密度构成对电流密度的限制，下一节要介绍的各种截止频率构成对频率的限制。这里又加上一个限制，即最高允许结温。对于硅管，最高允许结温在 150℃ 到 200℃ 的范围。超过这个范围后，一方面漏电流太大，另一方面本征载流子浓度大大增加，会使轻掺杂区变成本征区。

由于结温受到限制，在一定的热阻下耗散功率也受到限制。如果用 P_{CM} 代表最大允许耗散功率，T_{jM} 代表最高允许结温，则显然有

$$P_{CM} = (T_{jM} - T_a) / R_T \tag{3-200}$$

当 T_{jM} 无法改变时，提高 P_{CM} 的主要措施就是降低热阻 R_T。对于大功率晶体管，除了要尽量降低热阻，还要在使用时外加具有良好的导热性和大的表面积的散热板，必要时还可采取风冷、水冷、油冷等措施，以降低散热板热阻 R_{T4} 与散热板到周围环境的热阻 R_{T5}。

大功率晶体管的集电极常接在高电压上，需要与散热板之间有良好的电绝缘，所以管座应该既是热的良导体又是电的绝缘体。但是实际上大多数热的良导体同时也是电的良导体，既导热良好又电绝缘的可用材料不多，可用于晶体管制造中的有 BeO、云母、金刚石、硅油等。

3. 热击穿

当忽略基极电流及正偏的发射结对耗散功率的作用时,晶体管的耗散功率可表示为

$$P_C = I_C V_{CE} \tag{3-201}$$

一方面,由于 I_C 具有正温度系数,在一定的偏压下,I_C 与 P_C 之间的正反馈将使结温 T_j 不断上升。另一方面,当 T_j 超过环境温度 T_a 后,温差 $(T_j - T_a)$ 的存在会使热量从温度高的集电结通过 P_{Td} 向周围环境流去。当 $P_C > P_{Td}$ 时,T_j 上升;当 $P_C < P_{Td}$ 时,T_j 下降;当 $P_C = P_{Td}$ 时达到热平衡,集电结上损耗的功率与传走的热能相等,T_j 维持不变。

图 3-59 给出了两种情况下晶体管的热稳定分析示意图。下面对这两种情况进行简要的讨论。

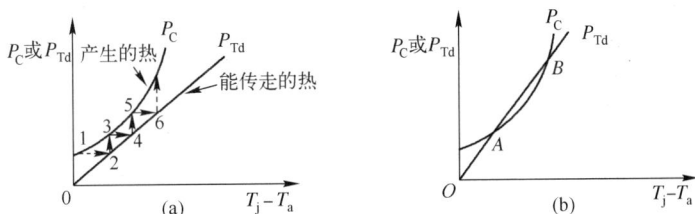

图 3-59　晶体管的热稳定分析示意图

图 3-59(a)所示为热阻 R_T 较大时的情况,这时 $P_{Td} - T_j$ 直线的斜率较小,P_C 线与 P_{Td} 线无交点,P_C 始终大于 P_{Td},所以 T_j 不断上升,最终发生热击穿。值得注意的是,这种情况下的起始功率并不一定比前面所讲的最大耗散功率 P_{CM} 大。

图 3-59(b)所示为热阻 R_T 较小时的情况,这时 $P_{Td} - T_j$ 直线的斜率较大,P_C 线与 P_{Td} 线有两个交点 A 与 B。尽管点 A 与点 B 都满足 $P_C = P_{Td}$,所以都是热平衡点,但两个点的热稳定性却截然不同。

与 PN 结不同的是,反偏 PN 结的耗散功率为 $I_0 V$,而晶体管中反偏集电结的耗散功率为 $I_C V_{CE}$,后者比前者大得多,所以晶体管的热击穿问题要比 PN 结严重得多。

4. 热稳定条件

比较图 3-59(b)中的点 A 与点 B 可以发现,在点 A,有 $dP_C/dT_j < dP_{Td}/dT_j$,当温度出现极小的扰动而离开平衡点时,系统会自动回到平衡状态,所以点 A 是稳定的平衡点。

而在点 B,则是 $dP_C/dT_j > dP_{Td}/dT_j$,当温度出现极小的扰动而离开平衡点时,系统的温度要么向下滑到点 A,要么向上不断升高,直到发生热击穿。所以点 B 是不稳定的平衡点。

由于 $dP_{Td}/dT_j = 1/R_T$,因此可以定义一个热反馈因子 S,即

$$S \equiv R_T \frac{dP_C}{dT_j} \tag{3-202}$$

S 又称为热稳定因子。由上面的分析可知,$S < 1$ 是稳定的,$S > 1$ 则是不稳定的。由式(3-202)可见,防止热击穿的最有效的措施是降低热阻 R_T。

下面讨论当晶体管的 V_{CE} 为恒定时的热稳定条件。若用 V_{CE} 代表偏置电压,则由于集电极回路的负载上要产生压降,晶体管的实际耗散功率 P_C 将小于 $I_C V_{CE}$。因此,如果把 $I_C V_{CE}$ 当作耗散功率得到的结果是稳定的,那么实际情况也将是稳定的。

根据前面的讨论,要达到热稳定应满足两个条件:首先要达到热平衡,即图 3-59(b)中的 P_C 线与 P_{Td} 线要有交点,使 $P_C = P_{Td}$;其次在交点上 S 应小于 1。根据第一个条件,得

$$I_C V_{CE} = \Delta T / R_T \tag{3-203}$$

为了分析如何满足第二个条件,先将式(3-201)代入式(3-202)并令 $S < 1$,得

$$S = R_T V_{CE} I_C \left(\frac{1}{I_C} \cdot \frac{\mathrm{d}I_C}{\mathrm{d}T_j} \right) < 1 \qquad (3\text{-}204)$$

式(3-204)的括号代表 I_C 的相对温度系数，可用 B 来表示，即

$$B = \frac{\mathrm{d}I_C}{I_C \mathrm{d}T_j} \qquad (3\text{-}205)$$

将代表热平衡条件的式(3-203)代入代表热稳定条件的式(3-204)，得到热稳定条件为

$$S = B\Delta T < 1 \qquad (3\text{-}206)$$

晶体管在不同偏置条件下的 B 值会不同，因此热稳定条件也会不同。下面分别加以叙述。

（1）V_{BE} 恒定时

当用恒压源来作为发射结电压的偏置时，由式(3-193)，得

$$B_1 = \frac{\partial I_C}{I_C \, \partial T_j} \bigg|_{V_{BE}} = 5.4\%/\mathrm{^\circ C} \qquad (3\text{-}207)$$

这时 I_C 随温度的变化是比较剧烈的，其 B 值比较大。这时若 ΔT 稍大一点，即结温 T_j 稍高一点，就会因不能满足式(3-206)而发生热击穿。

（2）I_B 恒定时

当用恒流源来作为基极电流的偏置时，由于 $I_C = \beta I_B$，而 $I_B =$ 常数，因此得

$$B_2 = \frac{1}{I_C} \cdot \frac{\partial I_C}{\partial T_j} \bigg|_{I_B} = \frac{\mathrm{d}\beta}{\beta \mathrm{d}T_j} < \frac{\Delta E_G}{kT_j^2} \qquad (3\text{-}208)$$

由前面关于 β 随温度变化的讨论已知，β 的相对温度系数比 I_C 的小得多，通常不到 $1\%/\mathrm{^\circ C}$，所以这种偏置的热稳定性是比较好的。

（3）I_E 恒定时

当用恒流源来作为发射极电流的偏置时，由于 $I_C = \alpha I_E$，而 $I_E =$ 常数，因此得

$$B_3 = \frac{1}{I_C} \cdot \frac{\partial I_C}{\partial T_j} \bigg|_{I_E} = \frac{\mathrm{d}\alpha}{\alpha \mathrm{d}T_j} < \frac{J_{pE}}{J_{nE}} \cdot \frac{\Delta E_G}{kT_j^2} \qquad (3\text{-}209)$$

α 的变化远比 β 的变化小，所以这种偏置是最稳定的。

（4）基极开路时

前面讨论的三种情形都属于晶体管工作在放大区，故忽略了 I_C 中的 I_{CEO}。基极开路是在开关电路或晶体管的测试中出现的情形，这时 $I_B = 0$，$I_C = I_{CEO}$。所以，得

$$B_4 = \frac{1}{I_{CEO}} \cdot \frac{\mathrm{d}I_{CEO}}{\mathrm{d}T_j} \qquad (3\text{-}210)$$

在硅晶体管中这一因子约为 $10\%/\mathrm{^\circ C}$，因此这是最不稳定，最容易发生热击穿的情况。

（5）发射极串联有镇流电阻时

虽然情况(3)是最稳定的，但是不太容易实现。实际中常采用在发射极上串联一个镇流电阻的做法，如图 3-60 所示。这个电阻可以起到负反馈的作用。

由图 3-60 可见，当发射极回路中串联有镇流电阻 R_E 时，加在晶体管发射结上的实际电压是

$$V_{BE} = E_B - I_E R_E \approx E_B - I_C R_E \qquad (3\text{-}211)$$

当温度升高使 I_C 增大时，V_{BE} 会减小，反过来使 I_C 减小。这就是负反馈作用。

由式(3-192)及式(3-211)，I_C 与温度的关系可表示为

$$I_C \propto \exp\left(\frac{qV_{BE} - E_G}{kT_j} \right) = \exp\left(\frac{qE_B - qI_C R_E - E_G}{kT_j} \right)$$

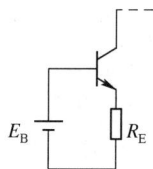

图 3-60　发射极
有镇流电阻时

由此可求得其 B_5 与热稳定因子 S 分别为

$$B_5 = \frac{1}{T_j}\left(\frac{E_G - qV_{BE}}{kT_j + qI_CR_E}\right) \approx \frac{1}{T_j}\left(\frac{E_G - qV_{BE}}{qI_CR_E}\right) \tag{3-212}$$

$$S = B_5\Delta T = \left(1 - \frac{T_a}{T_j}\right)\left(\frac{E_G - qV_{BE}}{qI_CR_E}\right) \tag{3-213}$$

式(3-212)的后一个近似式是由于通常 $(I_CR_E) \gg (kT/q)$。由式(3-213)可知,R_E 越大,则 B_5 与 S 的值越小,晶体管就越稳定。但 R_E 过大会降低电路的功率放大能力并增加功耗。

式(3-213)等号右边的第一个括号的值小于 1,所以只需选取 R_E 使第二个括号的值等于 1,即可保证 S 小于 1。当发射结正偏时,第二个括号分子上两项的差约为 0.4eV,所以可按下式来选取 R_E 的值

$$R_E = 0.4/I_C \tag{3-214}$$

需要指出的是,提高热稳定性不只是为了防止热击穿。由于晶体管的各项参数都会随温度变化,热稳定性提高后,在一定偏置下结温的变动减小,从而也使晶体管的各项参数得到稳定。

3.7.5 二次击穿和安全工作区

二次击穿是造成功率晶体管特别是高频功率晶体管突然损坏或早期失效的重要原因。在电感性负载电路和大电流开关电路中,二次击穿更是功率晶体管毁坏的主要原因。二次击穿已成为影响功率晶体管安全使用和可靠性的一个重要因素。为了避免二次击穿,晶体管的使用电压和功率受到了很大的限制。因此二次击穿问题是晶体管的设计者、制造者和使用者十分关注的问题。

1. 二次击穿现象

当晶体管的 V_{CE} 逐渐增大到某一数值时,集电极电流急剧上升,会出现通常的雪崩击穿,这个首次出现的击穿现象称为一次击穿,如图 3-61 中所示。一次击穿是非破坏性的。

当 V_{CE} 再稍有增大,使 I_C 增大到某一临界值(图 3-61 中点 A 所对应的 I_{SB})时,晶体管上的压降突然降低,电流仍继续增大,这个现象称为二次击穿。在二次击穿过程中,从高电压、低电流区急速地过渡到低电压、大电流区,出现明显的负阻现象,同时晶体管发生不可恢复的损坏。整个二次击穿过程发生在毫秒和微秒量级的时间内。如果没有保护电路,晶体管会很快被烧毁。保护电路的反应时间也必须小于上述时间。

开始发生二次击穿的电流称为二次击穿临界电流 I_{SB},对应的电压称为二次击穿临界电压 V_{SB},对应的功率 $P_{SB} = I_{SB}V_{SB}$ 称为二次击穿临界功率。

不同基极电流 I_B 下的 I_{SB} 和 V_{SB} 是不同的。把不同 I_B 下的点 P_{SB} 用曲线联系起来,就构成二次击穿临界线,即图 3-62 中的虚线。P_{SB} 越大,晶体管的抗二次击穿能力就越强。

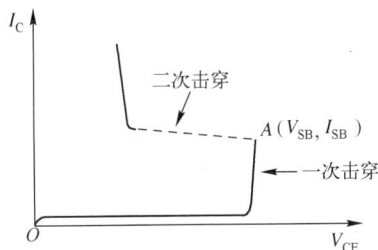

图 3-61 二次击穿示意图

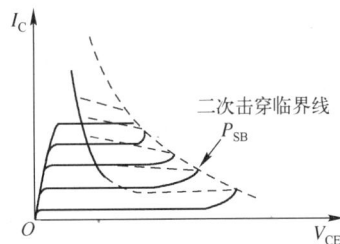

图 3-62 二次击穿临界线示意图

对大量晶体管的二次击穿现象进行分析后发现,在 $I_B > 0$、$I_B = 0$ 及 $I_B < 0$ 时,都有可能发生二次击穿,但击穿的机理不同。图 3-63 中的曲线 F、O、R 分别代表这三种不同状态下二次击穿的

$I_C\text{-}V_{CE}$ 曲线,可以看到, $P_{SBF} > P_{SBO} > P_{SBR}$ 。

如果所加功率是脉冲式的,脉冲宽度越小,则二次击穿临界功率越大,如图 3-64 所示。从图中还可看出,晶体管的特征频率 f_T 越低,则临界功率越大。

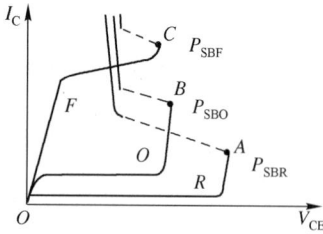

图 3-63　三种工作状态下二次击穿的 $I_C\text{-}V_{CE}$ 曲线　　　　图 3-64　P_{SB} 与特征频率的关系

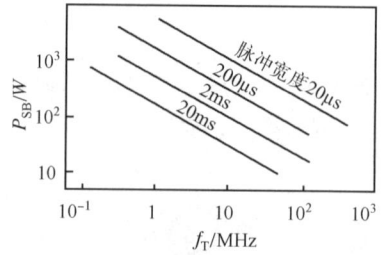

目前认为,引起二次击穿的主要原因是电流集中型二次击穿和雪崩注入型二次击穿。

2. 正向二次击穿

正向二次击穿是指在 $I_B>0$ 时发生的二次击穿。其原因是电流集中在一条细丝之内,因此又称为电流集中型二次击穿。

晶体管内的电流分布不可能是完全均匀的。前面介绍的电流集边效应就是不均匀的重要因素之一。此外,发射结的掺杂不均匀及各种晶格缺陷等,都有可能使得电流的初始分布不均匀。由于电流具有正温度系数,这种初始的不均匀在一定的条件下可能产生恶性循环,使电流分布的不均匀越来越严重,最后导致电流集中在一个极小的区域内。

为了说明这个现象,不妨将一个功率晶体管看成是由 VT_{r1} 、 VT_{r2} 、 VT_{r3} 三个子晶体管并联而成的,如图 3-65(a)所示。图 3-65(b)是其等效电路。由于存在镇流电阻 R_E ,总的发射极电流不会发生变化。如果由于某种偶然原因,使 VT_{r1} 的电流比 VT_{r2} 和 VT_{r3} 的略大,则 VT_{r1} 的耗散功率和结温也会略高于 VT_{r2} 和 VT_{r3} 的。由于电流的正温度系数,这使得 I_{E1} 增大。又由于总的发射极电流为常数,所以 I_{E2} 和 I_{E3} 就会减小。这样一来, VT_{r1} 的耗散功率和结温不断升高,而 VT_{r2} 和 VT_{r3} 的耗散功率和结温不断降低。如此循环的结果,就是使全部电流都集中在 VT_{r1} 上。如果把一个功率晶体管看成是由无穷多个面积无穷小的子晶体管并联而成的,那么,最后电流就会集中在一条细丝之中。

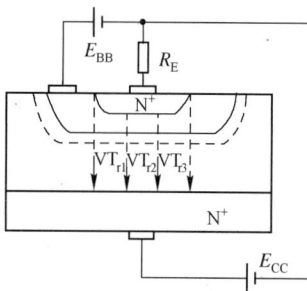

(a) 将一个功率晶体管看成三个子晶体管的并联　　　　　　　　(b) 等效电路

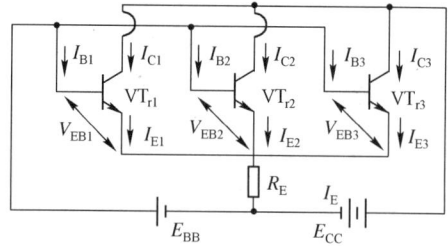

图 3-65　说明电流集中型二次击穿过程的简单模型

细丝中的电流密度特别大,由电子与空穴同时导电,称为微等离子体区。由于微等离子体区的电流密度极大,其温度很快达到本征温度。所谓本征温度是指在该温度下本征激发的载流子浓度与杂质浓度相等。当掺杂浓度从 10^{14} cm^{-3} 增加到 10^{16} cm^{-3} 时,对应的本征温度从 250℃ 增加到 450℃ 。当微等离子体区的温度超过本征温度后,载流子数量随温度上升而急剧增加,使电流变得更大。这也是一种温度的正反馈，其结果是形成一个"过热点"。过热点的温度足以使该处的半导体或与该处接触的金属熔化，造成永久性的破坏。还有一种更常见的情况是，即使温度不足以引起金属或半导体熔化，但由于各点温度不同所产生的应力也足以导致晶格的严重损伤。

发射极电流集边效应或其他微缺陷固然是引起电流集中的可能机构。但原则上讲，并不是一定要有这些因素才会出现电流集中。理论上可以证明[25]，只要存在电流控制的负阻特性，即图 3-61 所示的这类 I–V 特性，电流集中就是一个必然的现象。这种集中在一个极小区域的大电流又称为丝状大电流。当无特殊机构而出现丝状大电流时，其发生地点是随机的。而一旦发生以后，则是稳定的，不会从电流集中再回到电流均匀分布状态。

解决电流集中效应的方法是采用多个发射极镇流电阻。功率晶体管一般都是由许多个子晶体管并联而成的，例如梳状结构晶体管，可以在每个子晶体管的小发射极条上串联一个小镇流电阻 R_E。其结构和等效电路分别如图 3-66（a）和图 3-66（b）所示。如果由于某种不均匀性而使某一个子晶体管的电流比其他的大，那么这个子晶体管的发射极镇流电阻上的压降将增大，发射结上的正向偏压将减小，使得这个子晶体管的发射结电流自动减小。这种负反馈作用消除了电流集中，使总电流能比较均匀地分布在各个小发射极上，从而防止二次击穿的发生。

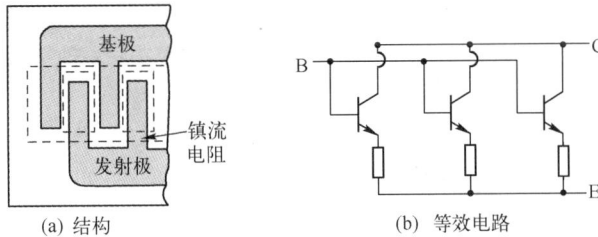

(a) 结构　　　　　　　(b) 等效电路

图 3-66　具有镇流电阻的功率晶体管

镇流电阻的接法有两种。一种是在每个小发射极条的根部附近，用扩散层或金属合金制作一个电阻膜，小发射极条上的金属电极在电阻膜上留一个缺口，用电阻膜将这个缺口补上，如图 3-67 所示。这种接法的镇流电阻称为横向镇流电阻，因为电阻上的电流是横向流动的。这种接法虽然能有效防止电流在各个子晶体管之间的集中，但却仍然无法防止电流在一个子晶体管内部的集中。

另一种接法是在发射极接触区与金属电极之间夹一层作为镇流电阻的多晶硅层，如图 3-68 所示。多晶硅的电阻率是由多晶硅层的掺杂浓度和晶粒的几何形状来确定的。这种接法的镇流电阻称为纵向镇流电阻，因为电阻上的电流是纵向流动的。这种接法中镇流电阻是均匀地分配到发射结上的，因此不但能防止电流在各个子晶体管之间的集中，而且也能防止电流在一个子晶体管内部的集中。

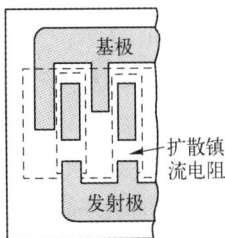

图 3-67　扩散镇流电阻

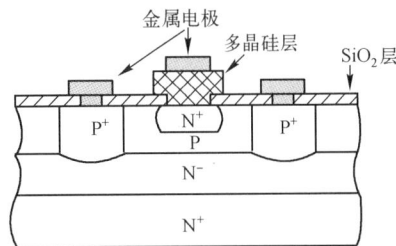

图 3-68　具有多晶硅镇流电阻的晶体管截面示意图

多晶硅层除了起镇流电阻的作用还可以作为固-固扩散的扩散源。此外,多晶硅层还可以阻止由铝金属化尖峰穿过氧化层针孔而引起的发射极电极层与基区的穿通,避免晶体管的失效。

3. 反向二次击穿

反向二次击穿又称为雪崩注入型二次击穿。现以 $N^+PN^-N^+$ 结构的晶体管为例,先讨论 $I_B = 0$ 的情形。

当 V_{CE} 较小,集电结内还没有发生雪崩倍增时,N^- 势垒区中电场分布曲线的斜率为

$$\frac{dE}{dx} = \frac{qN_C}{\varepsilon_s}$$

如图 3-69(a) 中的直线①所示,相应的 I_C 如图 3-69(b) 中的点①所示。

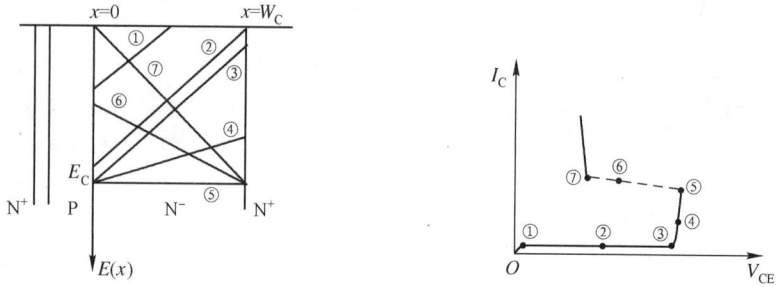

(a) 基极开路时,集电结内电场随 V_{CB} 变化的示意图   (b) 雪崩注入二次击穿 V_{CE}-I_C 特性

图3-69　雪崩注入型二次击穿的机理

随着 V_{CE} 的增大,电场分布曲线的斜率不变,电场最大值 $|E_{max}|$ 增大,如图3-69(a) 中的直线②、③和图 3-69(b) 中的点②、③所示。

当达到图 3-69(a) 中的直线③和图 3-69(b) 中的点③时,位于 $x = 0$ 处的最大电场强度达到雪崩倍增临界电场强度 E_c,开始发生雪崩倍增,在 $x = 0$ 处产生大量的电子-空穴对。由雪崩倍增产生的电子要渡越集电结耗尽区后才能进入集电区,这使得集电结耗尽区中的空间电荷密度发生改变,电场分布曲线的斜率变为 $q(N_C - n)/\varepsilon_s$,斜率减小了。此时的电场分布与相应的电流如图 3-69(a) 中的直线④和图 3-69(b) 中的点④所示。由于碰撞电离率强烈地依赖于电场强度,因此可以认为,发生雪崩倍增后,不管电流有多大,最大电场强度都几乎维持在临界值 E_c 附近不变。

当 V_{CE} 进一步增大时,一方面 I_C 增大,另一方面电场分布曲线的斜率减小,而最大电场强度则近似不变。当 V_{CE} 增大到使 n 与 N_C 相等时,电场分布曲线斜率为零,原集电结耗尽区成为电中性,如图 3-69(a) 中的直线⑤和图 3-69(b) 中的点⑤所示。此时通过集电结的电流密度为

$$J_C = qnv_{max} = J'_{C0} = qN_C v_{max} \tag{3-215}$$

当雪崩倍增产生的电子使 $n > N_C$ 后,$J_C > J'_{C0}$。同时电场分布曲线的斜率变负,电场分布曲线的倾斜方向反过来,使曲线下的面积减小,即结电压减小,如图 3-69(a) 中的直线⑥和图 3-69(b) 中的点⑥所示。电流增加而电压减小就意味着出现了负阻,所以点⑤就是开始出现负阻的临界点,也是二次击穿的临界点。

当电流继续增加时,曲线下的面积继续变小,即电压继续减小,直到图 3-69(a) 中的直线⑦和图 3-69(b) 中的点⑦的情形。应当注意,出现负阻现象以后,电场强度的最大值移到了 N^+ 区附近。这时由雪崩倍增产生的电子可直接进入 N^+ 区,而雪崩倍增产生的空穴则将经过 N^- 区到 P 区。N^- 区中出现的这些空穴,中和了一部分从发射区经基区而来的电子的电荷,使得在点⑦之后,电流虽然继续增大,而电场分布的变化却很小。

根据上面所述可知,雪崩注入型二次击穿的临界电流为

$$I_{SB} = A_C J'_{C0} = A_C q N_C v_{max} \quad (3-216)$$

式(3-216)中,A_C 代表集电结面积。雪崩注入型二次击穿的临界电压为

$$V_{SB} = E_c W_C \quad (3-217)$$

式(3-217)中,W_C 代表 N^- 集电区厚度。对于硅,$E_c \approx 10^5 V/cm$。

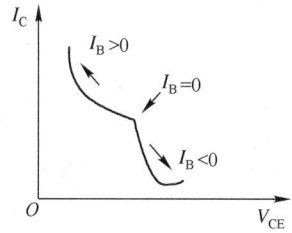

图 3-70 雪崩注入二次击穿临界线

下面讨论 $I_B < 0$ 的情形。实验发现,在 $I_B < 0$ 的情况下,随着 $|I_B|$ 的增加,I_{SB} 会下降,V_{SB} 则略有升高,如图 3-70 所示。

从对发射结电流集边效应的讨论可知,当 $I_B > 0$ 时电流集中在发射结边缘。当 $I_B < 0$ 时,由于基极电流在基极电阻上产生的压降的极性与 $I_B > 0$ 时正好相反,使得发射结中心的正向偏压大于边缘部位的正向偏压,因而使发射极电流集中在发射结中心,使集电结的有效面积 $A_{C(eff)}$ 减小。根据式(3-216),当 $I_B < 0$ 时的二次击穿临界电流为

$$I_{SB} = A_{C(eff)} q N_C v_{max} \quad (3-218)$$

所以,$I_B < 0$ 时的 I_{SB} 要比 $I_B = 0$ 时的 I_{SB} 小。

晶体管三个端电流之间的关系是 $I_E = I_B + I_C$,所以 $I_B < 0$ 时的 I_E 比 $I_B = 0$ 时的小。发生二次击穿的先决条件是首先发生一次击穿,即首先要满足 $\alpha M \to 1$ 的条件。由于小电流下 α 会变小,使 $I_B < 0$ 时满足一次击穿条件的 M 值比 $I_B = 0$ 时的大,所以 $I_B < 0$ 时的 V_{SB} 要比 $I_B = 0$ 时的 V_{SB} 略大。

实际上,当 $I_B > 0$ 时也有可能出现雪崩注入型二次击穿。但是因为当 $I_B > 0$ 时 I_C 较大,使热稳定因子 $S = R_T V_{CE} I_C B$ 容易大于 1,所以 $I_B > 0$ 时发生的二次击穿一般是电流集中型的。反过来,当 $I_B < 0$ 时,热稳定因子很小,所发生的二次击穿一般是雪崩注入型的。

消除雪崩注入型二次击穿的方法主要有以下几种:

(1)采用双层外延,在 N^+ 衬底区与 N^- 外延层之间增加一个中等掺杂浓度的 N 型外延层,形成 $N^+ P N^- N N^+$ 结构,如图 3-71(a)所示。外延层厚度的增加可提高一次击穿电压,同时可使未耗尽的外延层是 N 区而不是 N^- 区,因此可使串联电阻 r_{cs} 不致过大而影响输出功率。

(2)在集电结上并联一个"穿通二极管"[26]、[27]。当 V_{CE} 还未达到一次击穿电压时,该二极管已经穿通,将大量电流旁路掉,并使集电极电压难以再增加,从而避免集电结的一次击穿。

(3)使发射区中心部分掺杂浓度较低,结深也较浅[28],如图 3-71(c)所示。这可防止在 $I_B < 0$ 时电流向发射结中心集中。

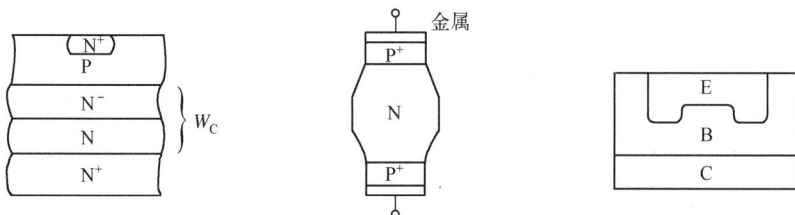

(a) 双层外延结构　　　　(b) 穿通二极管结构　　　　(c) 中心低浓度浅发射区结构

图 3-71 改善雪崩注入型二次击穿的几种晶体管结构

4. 晶体管的安全工作区

要使晶体管在工作时不致损坏,并且有较高的稳定性和寿命,则对晶体管的工作电压和工作

电流要施加各种限制。以共发射极接法为例,对 V_{CE} 和 I_C 概括起来有以下五种限制。

①集电极最大电流 I_{Cmax};②最大耗散功率 P_{CM};③正向(电流集中型)二次击穿的临界功率线 P_{SBF};④反向(雪崩注入型)二次击穿的临界功率线 P_{SBR};⑤发射极-集电极击穿电压 BV_{CEO}。

所谓安全工作区,就是在 V_{CE}-I_C 坐标平面中,能同时满足以上各种限制的区域,如图3-72所示。晶体管的安全工作区一般由制造厂商给出,在使用晶体管时应注意避免非稳态下工作点落到此区之外。

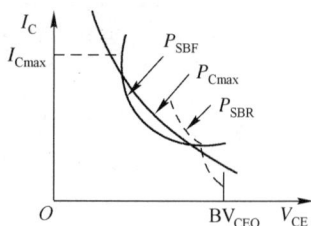

图 3-72　晶体管的安全工作区

3.8　电流放大系数与频率的关系

在用晶体管对高频信号进行放大时,首先要用直流电压或直流电流使晶体管工作在放大区,即发射结正偏、集电结反偏。例如,在基极与发射极之间连接一个固定的恒流源,使发射极有一定的正向电流;同时在集电极基极回路中加一个较大的直流负电压。这些直流电流或直流电压称为"偏置"或"工作点"。然后把欲放大的高频信号叠加在输入端的直流偏置上,从输出端得到的放大了的信号也是叠加在输出端的直流偏置上的。本节讨论的晶体管都被偏置于放大区,然后再考虑叠加在直流偏置上的高频信号的变化情况。

信号电压的振幅通常远小于 kT/q,这样的信号称为小信号。本节所讨论的信号电压都满足小信号条件。在2.6.1节中已经证明,在小信号应用下,晶体管内与信号有关的各电压、电流和电荷量,都由直流偏置和高频小信号两部分组成,其高频小信号的振幅都远小于相应的直流偏置。本节将证明,各高频小信号电量之间近似地互为线性关系。

对高频小信号的有关符号做出如下规定,以小写符号大写下标代表总瞬时值,以大写符号大写下标代表直流分量,以小写符号小写下标代表高频小信号分量,以大写符号小写下标代表高频小信号分量的振幅。以基极电流为例,它们分别是

总瞬时值 $\qquad\qquad\qquad\qquad\qquad i_B = I_B + i_b$

直流分量 $\qquad\qquad\qquad\qquad\qquad I_B$

高频小信号分量 $\qquad i_b = I_b e^{j\omega t}$,式中,$e^{j\omega t}$ 代表单位正弦信号,ω 代表信号的角频率

高频小信号分量的振幅 $\qquad\qquad I_b$

由于各小信号电量的振幅都远小于相应的直流偏置,而且是叠加在直流偏置上的,所以可将小信号作为总瞬时值的微分来处理。仍以基极电流为例,即 $i_b = di_B$。由于 di_B 是无穷小量,所以在只涉及总瞬时值的时候可以用直流分量来代替总瞬时值,即 $i_b = di_B = dI_B$。

3.8.1　高频小信号电流在晶体管中的变化

用 γ_ω、β_ω^*、α_ω 和 β_ω 分别代表高频小信号的发射结注入效率、基区输运系数、共基极电流放大系数和共发射极电流放大系数,它们都是角频率 ω 的函数,而且都是复数。它们的定义将会在后面给出。对于极低的频率或直流小信号,即 $\omega \to 0$ 时,它们分别成为 γ_0、β_0^*、α_0 和 β_0。当信号频率提高时,电流放大系数的幅度会下降,相位会滞后。图3-73示出了晶体管电流放大系数的幅频特性。由图可知,随着频率的不断提高,晶体管的电流放大能力将会不断降低甚至丧失。晶体管的工作频率的极限,最初只到音频范围。但是随着科学技术的发展和人们认识的深化,现在已到了微波波段。

本节将分析影响晶体管的高频小信号电流放大系数的各种因素,导出高频小信号电流放大系数的表达式,给出标志晶体管对高频电流的放大能力的参数。虽然现在的高频晶体管几乎都是 NPN 型的,但为了描述电流时的方便,本节的分析以 PNP 晶体管为例,而所得结果其实并无 PNP 或 NPN 之分。

与直流时相比,在高频下,晶体管两个 PN 结的电容不能再忽略。对于正偏的发射结,有势垒电容 C_{TE} 和扩散电容 C_{DE},对于反偏的集电结,只有势垒电容 C_{TC},如图 3-74 所示。

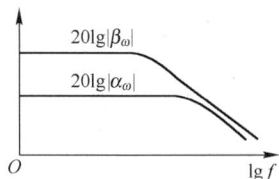

图 3-73　晶体管电流放大系数的幅频特性

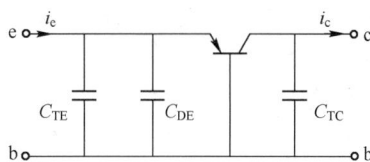

图 3-74　晶体管中的电容

当发射结上的电压发生周期性变化时,发射结势垒区的宽度及势垒区中的正负空间电荷也会随之发生相应的周期性变化,电荷的变化需要有多子电流去填充或抽取,这就是发射结势垒电容 C_{TE} 的充、放电电流。发射结上电压的变化也会引起注入基区的少子电荷的周期性变化,从而需要从基极流入或流出做同样变化的多子电荷以维持电中性,这就是发射结扩散电容 C_{DE} 的充、放电电流。当集电极电流流经集电区串联电阻时,会通过串联电阻上电压的变化使集电结上的电压发生周期性变化,从而引起集电结势垒区宽度及空间电荷的相应变化,也需要多子电流去填充或抽取,这就是集电结势垒电容 C_{TC} 的充、放电电流。

当晶体管中的电荷与电流做上述变化时,要消耗掉一部分从发射极流入的电流和需要一定的时间。消耗掉的电流转变成了基极电流。信号的频率越高,电荷与电流的变化就越频繁,消耗掉的电流就越大,从而使流出集电极的电流随频率的提高而减小。

以共基极接法的 PNP 管为例,当忽略一些次要因素后,高频小信号电流从流入发射极的 i_e 到流出集电极的 i_c,主要经历四个阶段的变化,如图 3-75 所示。第一次变化是从 i_e 变到注入基区的少子电流 i_{pe}。i_{pe} 与 i_e 相比,除了要减少从基区注入发射区的少子形成的 i_{ne} 这部分电流(这一点与直流时相同,体现在 γ_0 小于 1 上),还要受发射结势垒电容

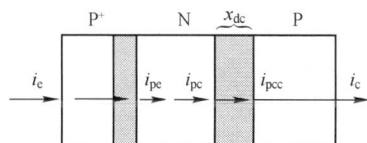

图 3-75　高频小信号电流在晶体管中的变化

C_{TE} 的作用而发生相应的变化。i_{pe} 渡越过基区到达集电结边缘时变成 i_{pc}。i_{pc} 与 i_{pe} 相比,除了要减少在基区中因复合而损失掉的部分(这一点与直流时相同,体现在 β_0^* 小于 1 上),还要受发射结扩散电容 C_{DE} 的作用而发生相应的变化。由于集电结势垒区较厚,对高频电流有一定影响,使 i_{pc} 在越过集电结势垒区后变成 i_{pcc}。最后,i_{pcc} 在受到集电结势垒电容 C_{TC} 的作用后变成 i_c 从集电极流出。

把输出端对高频小信号短路(即 $v_{cb}=0$,但 $V_{CB}<0$)条件下的 i_c 与 i_e 之比称为共基极高频小信号短路电流放大系数,记为 α_ω,即

$$\alpha_\omega = \frac{i_c}{i_e}\bigg|_{v_{cb}=0} = \frac{i_{pe}}{i_e}\cdot\frac{i_{pc}}{i_{pe}}\cdot\frac{i_{pcc}}{i_{pc}}\cdot\frac{i_c}{i_{pcc}} \tag{3-219}$$

下面将对式(3-219)右边的四个因子逐一进行分析。由于基区对晶体管频率特性的作用特别重要,将首先用较多的篇幅来讨论上式等号右边的第二个因子。

3.8.2 基区输运系数与频率的关系

1. 高频小信号基区输运系数的定义

类似于直流基区输运系数 β^* 的定义,把基区中到达集电结的高频小信号少子电流 i_{pc} 与从发射结刚注入基区的高频小信号少子电流 i_{pe} 之比,称为高频小信号基区输运系数,记为 β_ω^*,即

$$\beta_\omega^* = i_{pc}/i_{pe} \tag{3-220}$$

早期求 β_ω^* 是从求解连续性方程入手的。为了便于分析,假设少子的运动是一维的。但即使这样所得的解析解仍然比较复杂,所以在实际应用时常根据具体情况对解析解取近似的简化式。这种方法与下面将要介绍的电荷控制法相比,其优点是能适用于基区宽度并非远远小于少子扩散长度的情形。不过,晶体管的基区宽度一般都远小于少子扩散长度。

现在更多地采用电荷控制法[29]来对晶体管进行分析。电荷控制法的优点是:①物理图像较清楚,物理意义较明显;②数学上更简便,且易于应用到非一维的少子运动情况;③易于兼顾晶体管中的其他效应,如大注入效应、耗尽区的充放电等;④对非均匀基区晶体管,原则上不需要对杂质进行指数式分布的假设。

基区输运系数随频率的变化主要由少子的基区渡越时间所引起。因此,先从渡越时间的作用着手来进行分析。

2. 渡越时间的作用

从发射结注入基区的少子,由于渡越基区需要时间 τ_b,将对输运过程产生三方面的影响。

(1) 复合损失使 $\beta_0^* < 1$

在讨论直流输运系数时已经知道,渡越基区的少子将因复合而损失掉一部分。少子的寿命为 τ_B,单位时间内的复合概率为 $1/\tau_B$,在基区的逗留时间为 τ_b,因此少子在基区逗留期间的复合损失占少子总数的 τ_b/τ_B,而到达集电结的未复合少子占进入基区的少子总数的 $1-\tau_b/\tau_B$。这就是直流输运系数。由于这种损失对直流信号和高频信号都是一样的,所以在高频输运系数 β_ω^* 中也应含有这个因子,这就是 β_0^*,即

$$\beta_0^* = 1 - \frac{\tau_b}{\tau_B} \tag{3-221}$$

以后在推导 β_ω^* 时为了突出高频下的特殊矛盾,暂不考虑基区的复合作用,仅在最后的结果中乘以因子 $\beta_0^* = 1 - \tau_b/\tau_B$。

(2) 时间延迟使相位滞后

由于从集电结流出基区的少子比从发射结流进基区的少子在时间上延迟了 τ_b,所以对角频率为 ω 的信号来说,从集电结输出的信号电流就比从发射结输入的信号电流在相位上滞后了 $\omega\tau_b$。为了反映这种相位滞后,在高频小信号的复数输运系数 β_ω^* 中应包含 $\exp(-j\omega\tau_b)$ 因子,其中 $\omega\tau_b$ 为相位移。

(3) 渡越时间的分散使 $|\beta_\omega^*|$ 减小

由于存在少子的渡越时间,使高频小信号的 β_ω^* 在幅度上小于直流时的 β_0^*。频率越高,小得越多。这是因为,少子在靠扩散运动渡越基区时,各个粒子实际所需的时间并不一样。扩散运动在本质上是微观粒子杂乱无章的热运动的结果,不同粒子在基区中走过的是一条各不相同的曲折反复的道路,所以各粒子实际的基区渡越时间是参差不齐的,这称为渡越时间的分散。同一时刻由发射结进入基区的粒子,其渡越时间的分布,可根据扩散方程算得,如图3-76中的实线所示。τ_b 所代表的实质上是大量粒子在渡越基区时所需的不同时间的平均值。τ_b 越小,则渡越时

间的分散也越小,如图 3-76 中的虚线所示。

显然,图 3-76 所示的曲线也可以用来表示,在 $t=0$ 时从发射结注入一个窄脉冲少子电流后,在集电结所收到的少子电流的形状。τ_b 越大,则电流持续的时间越长,而电流的峰值则越小。

若发射极电流为一个直流偏置叠加一个交流信号,那么在发射极电流为峰值时注入基区的少子中,当峰值到达集电结时,一部分已经提前到达,另有一部分则还未到达,因此 i_{pc} 的峰值必定小于 i_{pe} 的峰值。同样地,当发射极电流为谷值时注入基区的少子到达集电结时,同时到达的还有在此之前和之后注入的少子的一部分,因此 i_{pc} 的谷值必定大于 i_{pe} 的谷值。显然,由于渡越时间的分散,使得 i_{pc} 的变动幅度有被拉平的倾向。在 τ_b 远低于信号周期时,i_{pc} 还没有明显的变化,因此 $|\beta_\omega^*|$ 的下降不多。但如果 τ_b 远大于信号周期,则任一瞬间的 i_{pc} 都是几个周期内注入少子的平均贡献,这使得 i_{pc} 的峰值与谷值相差无几,可使 $|\beta_\omega^*|$ 变得很小。

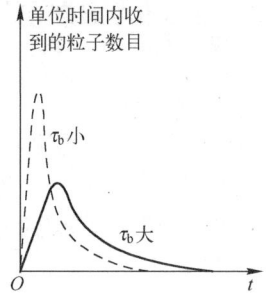

图 3-76　集电结收到的少子数随时间的分布

3. 用电荷控制法求 β_ω^*

在直流状态下,若 τ_b 代表少子的平均渡越时间,则 $1/\tau_b$ 的意义之一是,它代表注入基区的每个少子在单位时间内被集电结取走的概率。若基区少子总电荷为 Q_B,则单位时间内被集电结取走的电荷也就是集电结少子电流,为

$$I_{pC} = Q_B / \tau_b \tag{3-222}$$

在电荷控制法中,假设上式对交流状态也适用,即

$$i_{pc} = q_b / \tau_b \tag{3-223}$$

式(3-223)中,q_b 代表基区少子电荷的高频小信号分量。

对这点可论证如下。如果基区中任何地方的少子都同样有 $1/\tau_b$ 的概率被集电结取走,则式(3-222)无论是对直流,还是对其他形式的信号电流,都是正确的。实际上,由于基区宽度比扩散长度小得多,所以基区中任何地方的少子,到达集电结的概率确实都几乎相等。例如基区中某粒子虽然原来比较靠近集电结,但由于杂乱无章的热运动,可能会曲折反复地在基区中来回游荡多次,才能到达集电结边缘而被势垒区中的强电场拉走。另一粒子虽然原来远离集电结,但可能经过较短时间的游荡后,所处条件却与前一粒子的差不多。这就是说,由于基区很薄而热运动速度又非常快,不管少子在基区中的什么地方,被集电结取走的机会几乎都是相等的。图 3-77 的曲线 1 代表在 $t=0$ 时向基区注入一群少子后,求解少子连续性方程得到的集电结在单位时间内收到的少子百分数与集电结收到少子的时间的分布。曲线 2 代表在基区各处的少子到达集电结边缘的概率均为 $1/\tau_b$ 的前提下,渡越时间的分布。可以看出,这两者虽然有差别,但很接近。这说明采用一个与地点无关的固定概率 $1/\tau_b$,已经在很大程度上照应了渡越时间的分散。从而可以得出曲线 3 的近似模型。

所谓电荷控制法,就是假设流出某体积表面的少子电流,只取决于该体积内的少子总电荷及少子总电荷的变化率,而和少子在该体积内的具体分布方式无关,从而可采用像 τ_b 之类的时间常数。由式(1-95)及电荷控制法的物理意义,可得基区少子的高频小信号电荷的电荷控制方程为

$$i_{pe} - i_{pc} = \frac{dq_b}{dt} + \frac{q_b}{\tau_b} \tag{3-224}$$

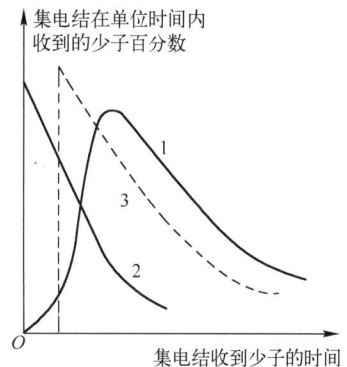

图 3-77　两种情况下渡越时间的分布

由于暂不考虑少子的复合损失,故可先略去上式等号右边的第二项,得

$$\frac{\mathrm{d}q_{\mathrm{b}}}{\mathrm{d}t} = i_{\mathrm{pe}} - i_{\mathrm{pc}} \tag{3-225}$$

假设在交流状态下式(3-223)也适用,即

$$q_{\mathrm{b}} = \tau_{\mathrm{b}} i_{\mathrm{pc}} \tag{3-226}$$

将上式对 t 求导,考虑到 $i_{\mathrm{pc}} = I_{\mathrm{pc}} \mathrm{e}^{\mathrm{j}\omega t}$,故

$$\frac{\mathrm{d}q_{\mathrm{b}}}{\mathrm{d}t} = \tau_{\mathrm{b}} \frac{\mathrm{d}i_{\mathrm{pc}}}{\mathrm{d}t} = \tau_{\mathrm{b}} \frac{\mathrm{d}I_{\mathrm{pc}} \mathrm{e}^{\mathrm{j}\omega t}}{\mathrm{d}t} = \mathrm{j}\omega\tau_{\mathrm{b}} i_{\mathrm{pc}}$$

于是可得

$$\frac{i_{\mathrm{pc}}}{i_{\mathrm{pe}}} = \frac{1}{1 + \mathrm{j}\omega\tau_{\mathrm{b}}} \tag{3-227}$$

式(3-227)还没有计入少子在基区的复合损失。已经指出,复合损失对直流和高频都是一样的,所以只需再乘以代表复合损失的式(3-221)的 β_0^*,便可得到角频率为 ω 时的高频小信号基区输运系数,即

$$\beta_\omega^* = \frac{\beta_0^*}{1 + \mathrm{j}\omega\tau_{\mathrm{b}}} \tag{3-228}$$

若将式(3-228)写成幅模与相角分开的形式,则为

$$\beta_\omega^* = \frac{\beta_0^*}{\sqrt{1 + \omega^2\tau_{\mathrm{b}}^2}} \mathrm{e}^{-\mathrm{j}(\arctan\omega\tau_{\mathrm{b}})} \tag{3-229}$$

在频率不太高时,$\omega\tau_{\mathrm{b}} \ll 1$,$\arctan\omega\tau_{\mathrm{b}} \approx \omega\tau_{\mathrm{b}}$,式(3-229)变为

$$\beta_\omega^* = \frac{\beta_0^*}{\sqrt{1 + \omega^2\tau_{\mathrm{b}}^2}} \mathrm{e}^{-\mathrm{j}\omega\tau_{\mathrm{b}}} \tag{3-230}$$

可以看到,当 $\omega \to 0$ 时,$\beta_\omega^* = \beta_0^*$,少子通过基区时仅因复合而产生损失。随着频率的提高,输运系数的相角产生了 $\omega\tau_{\mathrm{b}}$ 的相移,输运系数的幅度则下降。

4. 延迟时间

实际上,当发射结刚向基区注入少子时,集电结并不能立刻得到 $q_{\mathrm{b}}/\tau_{\mathrm{b}}$ 的电流,即式(3-223)是不够准确的。电荷控制法虽然已被广泛采用,但仍因为这个问题而被提出了质疑[30]。实际上,通过对此问题的深入研究已经做出了肯定的答复。详细论证比较复杂,可见参考文献[31]。现对此问题另做一简明的阐述:先以均匀基区为例。设当 $t = 0$ 时,由发射结突然向基区注入总量为 Q_0 的少子电荷,暂时假设基区宽度为无限长,而复合损失又可略去。那么在任意时刻 t 的少子电荷分布,可通过求解扩散方程并结合这种初始条件来得到。在数学形式上,这其实就和杂质在预淀积后再做主扩散时的分布形式一样,为高斯分布。如用 q_1 表示单位宽度内的少子电荷,则

$$q_1 = \frac{Q_0}{\sqrt{\pi D_{\mathrm{B}} t}} \exp\left(-\frac{x^2}{4D_{\mathrm{B}} t}\right) \tag{3-231}$$

图 3-78 示出了 $t = 0$、$0.1\tau_{\mathrm{b}}$、$0.18\tau_{\mathrm{b}}$、$0.3\tau_{\mathrm{b}}$ 时刻的电荷分布。

显然,$t = 0.18\tau_{\mathrm{b}}$ 时,最接近于图 3-78 中以虚线表示的定态时的线性分布,即

$$q_1 = \frac{2Q_0}{W_{\mathrm{B}}}\left(1 - \frac{x}{W_{\mathrm{B}}}\right) \tag{3-232}$$

再求各个时刻从 $x = 0$ 到 W_{B} 的基区内的总电荷 Q,可得

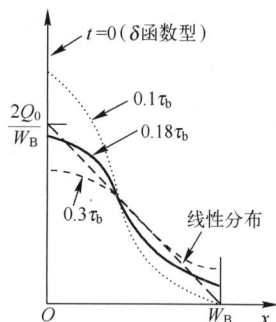

图 3-78　注入脉冲后,少子
经各个时间的分布

$$\frac{q_1}{Q_0} = \left[1 - \mathrm{erfc}\left(\frac{1}{\sqrt{2t/\tau_b}} \right) \right] \tag{3-233}$$

式(3-233)等号右边在 $t=0$ 时为1。在 $t=0.18\tau_b$ 时为 0.982。这表明,到 $t=0.18\tau_b$ 时为止,在 $x=0$ 到 W_B 范围内的少子电荷仍为总的少子电荷的 98.2%。也就是说,到 $t=0.18\tau_b$ 时为止,少子电荷基本上未跑出基区之外。

从 $t=0$ 到 $t=0.18\tau_b$,少子电荷在 $x=W_B$ 处一直接近于零。这说明在这段时间内,实际上符合在 $x=W_B$ 处少子电荷为零的边界条件。

通过以上分析可知,当少子从发射结注入基区后,只需经过

$$\tau_{dB} = 0.18\tau_b = 0.18\frac{W_B^2}{2D_B} \tag{3-234}$$

的时间就能达到和定态一样的分布。τ_{dB} 称为延迟时间,在延迟时间内,集电结还取不到少子电流。延迟时间内发生的过程,是使少子达到定态时的线性分布。

5. 基区输运系数的准确式子

虽然少子在基区内逗留的平均时间是 τ_b,但是在开始的 τ_{dB} 这段时间内,它们并不能被集电结取走。它们被集电结取走的平均时间实质上是

$$\tau_b' = \tau_b - \tau_{dB} = \tau_b/1.22 \tag{3-235}$$

从渡越时间的分散讲,考虑 τ_{dB} 及 τ_b' 两个时间常数后,计算所得的渡越时间分布如图 3-77 的曲线 3 所示,它和曲线 1 所代表的真实情形更为接近。

若考虑到单位时间内被集电结取走的电荷的概率不是 $1/\tau_b$,而是 $1/\tau_b'$,则式(3-223)应改为

$$i_{pc} = q_b/\tau_b' \tag{3-236}$$

相应地,表示基区输运系数的式(3-228)应修正如下:①由于存在一个延迟时间 τ_{dB},与式(3-228)相比,集电极电流比发射极电流要多滞后一个相角 $\omega\tau_{dB}$,因此式(3-228)的等号右边应增加一个因子 $\exp(-j\omega\tau_{dB})$;②式(3-228)右边分母中的 τ_b 应以 τ_b' 来代替。于是,输运系数的更准确的表达式为

$$\beta_\omega^* = \frac{\beta_0^*}{1 + j\omega\tau_b'} e^{-j\omega\tau_{dB}} \tag{3-237}$$

令

$$m = \frac{\tau_b - \tau_b'}{\tau_b'} = \frac{\tau_{dB}}{\tau_b'} \tag{3-238}$$

称为超相移因子或者剩余相因子。对于均匀基区晶体管,$m=0.22$。则式(3-237)又可写为

$$\beta_\omega^* = \frac{\beta_0^*}{1 + j\omega\frac{\tau_b}{1+m}} e^{-j\omega\frac{m}{1+m}\tau_b} \tag{3-239}$$

β_ω^* 的幅模 $|\beta_\omega^*|$ 随频率的提高而降低。把当 $|\beta_\omega^*|$ 下降到 $(\beta_0^*/\sqrt{2})$ 时所对应的角频率与频率分别称为 β_ω^* 的截止角频率与截止频率,记为 ω_{β^*} 与 f_{β^*}。由式(3-239)及式(3-237)可知

$$\omega_{\beta^*} = \frac{1}{\tau_b'} = \frac{1+m}{\tau_b} \tag{3-240a}$$

$$f_{\beta^*} = \frac{\omega_{\beta^*}}{2\pi} = \frac{1+m}{2\pi\tau_b} \tag{3-240b}$$

利用截止频率,式(3-239)可写为

$$\beta_\omega^* = \frac{\beta_0^*}{1 + j\frac{\omega}{\omega_{\beta^*}}} e^{-jm\frac{\omega}{\omega_{\beta^*}}} = \frac{\beta_0^*}{1 + j\frac{f}{f_{\beta^*}}} e^{-jm\frac{f}{f_{\beta^*}}} \tag{3-241}$$

参考文献[31]的理论分析表明,用改进了的电荷控制法得到的式子,基本上和式(3-237)一致,这两个式子在 ω 从 0 到 ω_{β^*} 的范围内都和解连续性方程得到的 β_ω^* 很一致。而晶体管在实际使用中,一般来讲,信号角频率低于、甚至远低于 ω_{β^*}。从这个意义上来讲,电荷控制法的准确性是毋庸置疑的。

6. 缓变基区晶体管的情形

在缓变基区晶体管中,少子在基区中除了扩散运动还有漂移运动。如果漂移速度远大于扩散速度(D_B/W_B),则少子渡越基区主要靠漂移运动来实现。将这种情况下的渡越时间 τ_b 用 τ_s 来表示,即

$$\tau_b = \tau_s = \frac{W_B}{\mu E} = \frac{W_B}{\mu \cdot \frac{kT}{q} \cdot \frac{\eta}{W_B}} = \frac{W_B^2}{\eta D_B} \tag{3-242}$$

式(3-242)中的后两个等式,是将基区杂质浓度为指数分布时的自建电场公式(式(3-30))代入而求得的。

当少子完全以漂移运动渡越基区时,显然没有渡越时间的分散,即少子电流幅度不会变化,渡越时间只起信号延迟的作用,即 $\tau_{dB} = \tau_b = \tau_s, \tau_b' = 0$。

从少子浓度的空间分布来看,假设没有扩散运动,且暂不考虑复合,则少子浓度在基区中的变化相当于一种无衰减的行波,如图 3-79 中的实线所示。β_ω^* 的幅模 $|\beta_\omega^*| = 1$,相移因子为 $\mathrm{e}^{-\mathrm{j}\omega\tau_{dB}} = \mathrm{e}^{-\mathrm{j}\omega\tau_b}$。

但是实际上总存在一定的扩散运动,因而渡越时间多少有些分散,使高频下的 $|\beta_\omega^*|$ 减小。这一情况可以从图 3-79 来理解。此图表示发射极电流中有正弦成分时,某瞬间基区少子浓度的分布。由于少子向集电

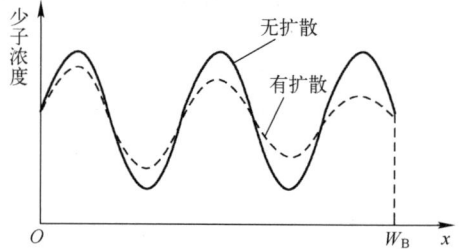

图 3-79 基区中少子浓度的行波式分布

结漂移,浓度分布曲线也随着时间的增加而向集电结移动,形成一个前进波。但随着波的前进,波峰少子将向波谷扩散,使峰与谷的差距逐渐减小,结果使少子分布如图中虚线所示。集电结所得信号取决于峰、谷之差,因此输出信号小于发射结的注入信号。

扩散运动促进了少子的前进运动,因而使 τ_{dB} 减小。而 τ_b' 也将不再是 0。具体的计算表明[32],对于内建场因子为 η 的缓变基区晶体管,τ_{dB} 及 τ_b' 可以近似表示如下

$$\tau_{dB} = \frac{0.22 + 0.098\eta}{1.22 + 0.098\eta} \tau_b \tag{3-243}$$

$$\tau_b' = \tau_b - \tau_{dB} = \frac{1}{1.22 + 0.098\eta} \tau_b \tag{3-244}$$

内建电场越强,τ_{dB} 在 τ_b 中所占的比例越大。在电场极强、η 很大的极端情况下,以上两式变为式(3-242)。

将式(3-243)与式(3-244)代入式(3-237),可得缓变基区晶体管的输运系数 β_ω^*、超相移因子 m 及 β_ω^* 的截止角频率 ω_{β^*} 分别为

$$\beta_\omega^* = \frac{\beta_0^*}{1 + \mathrm{j}\omega\tau_b'} \mathrm{e}^{-\mathrm{j}m\omega\tau_b'} = \frac{\beta_0^*}{1 + \mathrm{j}\frac{\omega}{\omega_{\beta^*}}} \mathrm{e}^{-\mathrm{j}m\frac{\omega}{\omega_{\beta^*}}} \tag{3-245}$$

$$m = 0.22 + 0.098\eta \tag{3-246}$$

$$\omega_{\beta^*} = \frac{1}{\tau_b'} = \frac{1.22 + 0.098\eta}{\tau_b} = \frac{1 + m}{\tau_b} \tag{3-247}$$

由式(3-246)可知,内建电场越强,m 越大。

在低频时,$\omega \ll \omega_{\beta^*}$,$\arctan(\omega/\omega_{\beta^*}) \approx \omega/\omega_{\beta^*}$,由式(3-247),相移因子为

$$e^{-j(1+m)\frac{\omega}{\omega_{\beta^*}}} = e^{-j\omega(1+m)\tau_b'} = e^{-j\omega\tau_b}$$

则式(3-245)可近似写为

$$\beta_\omega^* \approx \frac{\beta_0^*}{1+j\omega\tau_b} \tag{3-248}$$

或

$$\beta_\omega^* \approx \beta_0^* e^{-j\omega\tau_b} \tag{3-249}$$

可见,不管有无漂移场,相移只与渡越时间有关。当 $\omega\tau_b < \pi/8$ 时,以上两式的相移误差在 5% 之内。

实际上,在用扩散工艺制作的缓变基区晶体管中,基区的大部分区域为少子的加速场,但发射结附近又为少子的减速场。因此,为了简单起见,有时可忽略漂移场的作用。有些文献则以 $W_B^2/(5D_B)$ 作为 τ_b 的近似式,这是个经验公式。

3.8.3 高频小信号电流放大系数

在早期的晶体管中,由于基区宽度 W_B 很大,渡越时间 τ_b 长达 μs 的数量级,β_ω^* 的截止频率仅几十千赫。这种晶体管的频率特性完全取决于基区宽度 W_B。但是随着晶体管制造工艺技术的日益提高,现在微波晶体管的 W_B 已远在 1 μm 以下,τ_b 只有几个 ps。在很高的工作频率下,原来可以忽略的 PN 结势垒电容充放电时间、少子渡过集电结势垒区的时间等就必须考虑了。

1. 发射结势垒电容充放电时间常数

现在来推导式(3-219)等号右边的第一个因子 i_{pe}/i_e。类似于直流注入效率的定义,把从发射区注入基区的少子电流中的高频小信号分量 i_{pe} 与发射极电流中的高频小信号分量 i_e 之比称为高频小信号注入效率,记为 γ_ω,即

$$\gamma_\omega = i_{pe}/i_e \tag{3-250}$$

由 2.6.3 节关于 PN 结高频小信号等效电路的讨论可知,当暂时不考虑发射结扩散电容 C_{DE} 和其他寄生参数时,发射结的高频小信号等效电路是发射结增量电阻

$$r_e = \frac{dv_{EB}}{di_E} = \frac{v_{eb}}{i_e} = \frac{kT}{qI_E} \tag{3-251}$$

和发射结势垒电容 C_{TE} 的并联,如图 3-80 所示。r_e 与发射极偏置电流 I_E 成反比,室温下当 $I_E = 1$ mA 时 $r_e = 26\ \Omega$。但与 PN 结不同的是,由于基区极薄,流过 r_e 的电流并不是从基极流出,而是被集电结势垒区中的强电场拉入集电区后从集电极流出。

先假设直流小信号注入效率 $\gamma_0 = 1$,即忽略从基区注入发射区的少子的电流 i_{ne},则从发射区注入基区的少子小信号电流 i_{pe} 在 r_e 上产生的小信号电压是

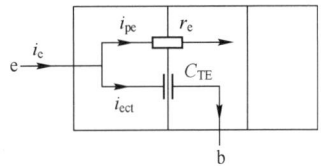

图 3-80 发射极支路的小信号
等效电路

$$v_{eb} = r_e i_{pe} \tag{3-252}$$

由这个电压引起的发射结势垒电容 C_{TE} 的充放电电流为

$$i_{ect} = C_{TE}\frac{dv_{eb}}{dt} = C_{TE}\frac{dV_{eb}e^{j\omega t}}{dt} = j\omega C_{TE} v_{eb}$$

发射极小信号电流 i_e 中的一部分用于对 C_{TE} 充放电,另一部分就是注入基区的少子电流 i_{pe}。所以 i_e 应该是这两部分电流之和。结合以上两式,i_e 可表示为

$$i_e = i_{pe} + j\omega C_{TE} v_{eb} = i_{pe}(1+j\omega r_e C_{TE}) = i_{pe}(1+j\omega\tau_{eb}) \tag{3-253}$$

式中

$$\tau_{eb} = r_e C_{TE} \tag{3-254}$$

代表 C_{TE} 的充放电时间常数。由式（3-253）可得

$$\frac{i_{pe}}{i_e} = \frac{1}{1 + j\omega\tau_{eb}}$$

实际上在发射区向基区注入少子的同时，基区也在向发射区注入少子，这使得直流小信号注入效率 γ_0 略小于1。假设由基区向发射区注入少子所造成的影响，对直流和直流小信号都相同，都可以用 $\gamma_0 = 1 - (R_{\square E}/R_{\square B1})$ 来表示，则上式还应再乘以 γ_0。于是可得高频小信号的注入效率为

$$\gamma_\omega = \frac{i_{pe}}{i_e} = \frac{\gamma_0}{1 + j\omega\tau_{eb}} \tag{3-255}$$

由上式可见，当 $\omega \to 0$ 时，$\gamma_\omega = \gamma_0$。

C_{TE} 对高频小信号注入效率的影响的物理意义是，C_{TE} 的存在意味着 i_e 必须先付出对势垒区充放电的多子电流 i_{ect} 后，才能建立起一定的 i_{pe}。这一过程需要的时间是 τ_{eb}，这使得 i_{pe} 的相位滞后于 i_e 的相位。此外，由于 i_{pe} 是 i_e 在时间 τ_{eb} 内的某种平均表现，因此 i_{pe} 随时间变化的波动幅度被削弱，使其幅度小于 i_e 的幅度。显然，这会使高频下的注入效率下降。

2. 发射结扩散电容充放电时间常数

式（3-219）等号右边的第二个因子 i_{pc}/i_{pe} 就是高频小信号的基区输运系数 β_ω^*，这已经在前面进行了详细讨论。在本节的开头曾提到，从 i_{pe} 到 i_{pc}，除了要受到基区中的复合损失，还要受到发射结扩散电容 C_{DE} 的作用。本节就是从 C_{DE} 的角度再次推导基区输运系数。

与发射结增量电阻 r_e 并联的还有 C_{DE}，它反映了高频下基区中的少子电荷随结电压的变化，如图3-81所示。当发射结上的电压 v_{eb} 有微小的变化时，基区少子分布将从图3-82 的曲线1变为曲线2，使基区少子电荷有微小的增加 q_b。这些少子电荷是由发射极提供的。为了维持电中性，应有同样数量的多子电荷从基极流入基区，这相当于发射极与基极之间

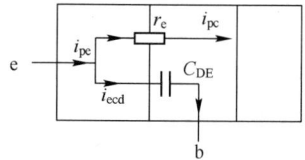

图 3-81 发射结小信号等效电路

存在一个电容，这就是发射结扩散电容 C_{DE}。前面推导基区输运系数时直接基于基区中的少子电荷，下面的推导则基于 C_{DE}，实际上这是同一事物的两种表现形式。

当发射区向基区注入少子电荷时，基区也有少子电荷注入发射区，同时有同样数量的多子电荷 q_e 从发射极流入发射区以维持电中性。发射区内的这些电荷也是 C_{DE} 上电荷的一部分。为了提高注入效率，发射区掺杂浓度远大于基区掺杂浓度，所以发射区内的这些电荷可以忽略。由以上分析，可得

$$C_{DE} = \frac{q_b + q_e}{v_{eb}} \approx \frac{q_b}{v_{eb}} \tag{3-256}$$

根据电荷控制法的基本假设

$$q_b = \tau_b i_{pc} \tag{3-226}$$

将式（3-226）代入式（3-256），得

$$C_{DE} = \frac{\tau_b i_{pc}}{v_{eb}} \tag{3-257}$$

若暂时忽略基区中的复合损失，即假设直流小信号输运系数为1时，式（3-252）也可写为

$$v_{eb} = r_e i_{pc} \tag{3-258}$$

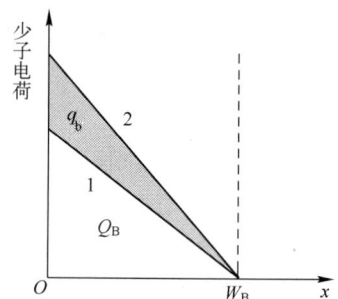

图 3-82 高频下基区中的少子电荷随结电压的变化

由这个电压引起的 C_{DE} 的充放电电流为

$$i_{ecd} = C_{DE} \frac{\mathrm{d}v_{eb}}{\mathrm{d}t} = \mathrm{j}\omega C_{DE} v_{eb} \qquad (3\text{-}259)$$

发射结注入基区的少子电流 i_{pe} 中，一部分用于对 C_{DE} 充放电，另一部分到达集电结成为 i_{pc}，所以 i_{pe} 应为这两部分电流之和。结合式（3-259）和式（3-258），i_{pe} 可表示为

$$i_{pe} = i_{pc} + \mathrm{j}\omega C_{DE} v_{eb} = i_{pc}(1 + \mathrm{j}\omega C_{DE} r_e) \qquad (3\text{-}260)$$

于是可得

$$\frac{i_{pc}}{i_{pe}} = \frac{1}{1 + \mathrm{j}\omega C_{DE} r_e} \qquad (3\text{-}261)$$

式中

$$C_{DE} r_e = \frac{q_b}{v_{eb}} r_e = \frac{\tau_b i_{pc}}{r_e i_{pc}} r_e = \tau_b \qquad (3\text{-}262)$$

可见，发射结扩散电容的充放电时间常数就是基区渡越时间。

实际上基区中存在复合，因此式（3-261）应再乘以 β_0^*，得到高频小信号输运系数为

$$\beta_\omega^* = \frac{\beta_0^*}{1 + \mathrm{j}\omega\tau_b}$$

这与用电荷控制法得到的高频小信号输运系数［式（3-228）］完全一致。从 C_{DE} 的角度推导输运系数当然也有其局限性。由于在推导过程中采用了反映简单的电荷控制关系的式（3-226），没有计入延迟时间 τ_{dB} 的作用，所以得到的是不含超相移因子的近似式。

应当指出，高频下少子的实际输运过程很复杂，将发射结等效为 r_e 与 C_{DE} 的并联这种做法，只适用于 $\omega < 1/\tau_b$ 的低频情况。严格的计算表明[33]，即使对于均匀基区晶体管，在低频下其共基极电路中的 C_{DE} 也只有式（3-257）等号右边的三分之二，即

$$C_{DE} = \frac{2}{3} \cdot \frac{\tau_b}{r_e} \qquad (3\text{-}263)$$

这是因为，基区少子电荷的变化，既与注入电流 i_{pe} 有关，又与抽出电流 i_{pc} 有关，但 C_{DE} 只反映了发射极的充放电电流。对于共发射极电路而言，C_{DE} 反映了基极的充放电电流，即基区多子电荷的变化，它与基区少子电荷相等。因此，在共发射极电路的输入回路中，发射结扩散电容就是式（3-257）。

对于内建场因子为 η 的缓变基区晶体管，其低频下的共基极发射结扩散电容为[33]

$$C_{DE} = \frac{qI_B}{kT} \cdot \frac{W_B^2}{2D_B} \left[\frac{2}{\eta}\left(1 - \frac{1 - \mathrm{e}^{-\eta}}{\eta}\right) \right] \qquad (3\text{-}264)$$

可以从物理意义上再对 C_{DE} 对高频小信号输运系数的影响给出一个简单的解释。由于集电结处的少子小信号电流 i_{pc} 取决于基区少子电荷 q_b，即 C_{DE} 上的电荷。而后者是由发射结流入基区的少子电流 i_{pe} 建立的，建立过程需要的时间是 τ_b。就是说，i_{pe} 必须先付出对 C_{DE} 充放电的电流 i_{ecd} 后，才能建立起一定的 i_{pc}。因此 i_{pc} 的相位滞后于 i_{pe} 的相位，使 β_ω^* 有负的相角。而且因为 i_{pc} 是 i_{pe} 在时间 τ_b 内的某种平均表现，因此 i_{pc} 随时间变化的波动幅度被削弱，使 $|\beta_\omega^*|$ 随着 ω 的提高而下降。

3. 集电结耗尽区延迟时间

式（3-219）等号右边第三个因子 i_{pcc}/i_{pc} 反映基区少子电流通过集电结耗尽区时发生的变化，即由 i_{pc} 变为 i_{pcc}。由于集电区掺杂浓度较低，集电结又为反偏，所以集电结耗尽区较厚。少子通过集电结耗尽区需要一定的时间，设这个时间为 τ_t。当 τ_t 远远小于上述的 τ_b 及 τ_{eb} 时，其作用可以忽略。但在微波晶体管中，τ_b 及 τ_{eb} 都很小，τ_t 与它们相比已经不能算很短了，因此必须考虑它的作用。

当集电结的反偏足够大时,集电结耗尽区中的电场强度很强,可以认为大部分区域的电场都超过了速度饱和临界电场值 $10\ kV/cm$,使载流子的漂移速度达到了几乎不随电场强度而变化的饱和值 v_{max}。硅中电子的 v_{max} 约为 $1×10^7\ cm/s$,空穴的 v_{max} 约为 $7.5×10^6\ cm/s$。以 x_{dc} 代表集电结耗尽区的宽度,则少子越过集电结耗尽区的时间近似为

$$\tau_t \approx x_{dc}/v_{max} \tag{3-265}$$

当少子以有限速度通过耗尽区时,将改变耗尽区内空间电荷的分布,从而改变耗尽区内电场的分布。运动的空间电荷,在其所在处产生徙动电流,在其所在处前后产生位移电流,在耗尽区外感应出传导电流。不同区域的不同形式的电流保证了电流的连续性。

为了求得电流与运动电荷的关系,假设在耗尽区内的 x 处,有厚度为 dx、电荷面密度为 $Q_1 = \rho dx$ 的极薄的一层电荷以速度 v_{max} 沿 x 轴方向运动。这个电荷在其前方产生附加电场 E_f,在其后方产生附加电场 E_b,如图 3-83 所示。$x<0$ 及 $x>x_{dc}$ 的区域分别为中性基区及集电区。在耗尽区内,取一个包含电荷的平行于 x 轴的圆柱体,圆柱体的长度为 dx、截面积为 A。根据高斯定理,有

$$\int_{\text{(圆柱体表面)}} \varepsilon_s E \cdot dA = A\rho dx$$

由于在圆柱体的柱面上没有电力线穿过,可得

$$\varepsilon_s(E_f + E_b) = \rho dx \tag{3-266a}$$

在耗尽区两侧的基区与集电区,由外电路维持恒定的电位差,因此,由运动电荷产生的附加电场不会引起附加电位差 ΔV,即

$$\Delta V = E_f(x_{dc} - x) - E_b x = 0 \tag{3-266b}$$

将式(3-266a)和式(3-266b)联立,可解出

$$E_f = \frac{\rho dx}{\varepsilon_s} \cdot \frac{x}{x_{dc}} \tag{3-267a}$$

$$E_b = \frac{\rho dx}{\varepsilon_s} \cdot \frac{(x_{dc} - x)}{x_{dc}} \tag{3-267b}$$

电荷 ρdx 运动时,将使 E_f、E_b 随时间变化,引起位移电流密度 $\varepsilon_s(\partial E/\partial t)$。由式(3-267a)式(3-267b)可算出在运动电荷前后的位移电流密度相等,为

$$\varepsilon_s \frac{\partial E_f}{\partial t} = -\varepsilon_s \frac{\partial E_b}{\partial t} = \frac{\rho dx}{x_{dc}} \cdot \frac{\partial x}{\partial t} = \frac{\rho dx}{x_{dc}} v_{max} \tag{3-268}$$

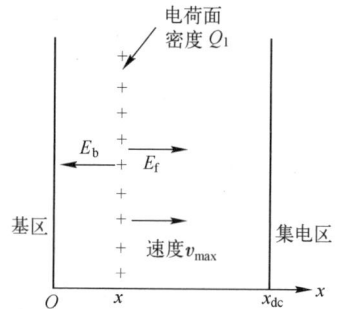

图 3-83　耗尽层中运动电荷产生的电场

由 ρdx 产生的 E_f 的电力线将终止在耗尽区边缘的中性集电区上。因此图中 x_{dc} 处必须有附加的负电荷来终止这些附加的电力线,对于 P 型的集电区,就是有空穴离开那里流向集电极,这就是传导电流。将式(3-268)的位移电流密度乘以集电结截面积 A_C,即可得到由 ρdx 产生的流出集电结的电流为

$$di_{pcc} = \frac{A_C \rho dx}{x_{dc}} v_{max} \tag{3-269}$$

在基区与集电结耗尽区的交界处($x=0$),由 i_{pc} 引起的从基区流入集电结耗尽区的空间电荷密度为

$$\rho(0, t) = \frac{i_{pc}(t)}{A_C v_{max}} \tag{3-270}$$

经过时间 t 后,此电荷到达 $x = v_{max} t$ 处。于是在任意位置 x 处,任意时刻 t 的电荷密度是

$$\rho(x,t)=\rho\left(0,t-\frac{x}{v_{\max}}\right)=\frac{i_{pc}\left(t-\dfrac{x}{v_{\max}}\right)}{A_C v_{\max}} \tag{3-271}$$

考虑到 i_{pc} 的复数形式为 $I_{pc}e^{j\omega t}$，将其代入式（3-271），得

$$\rho(x,t)=\frac{i_{pc}(t)}{A_C v_{\max}}e^{-j\omega x/v_{\max}} \tag{3-272}$$

将式（3-272）代入式（3-269）后，在整个耗尽区内进行积分，并利用式（3-265），可得到

$$i_{pcc}=\frac{A_C v_{\max}\displaystyle\int_0^{x_{dc}}\rho(x,t)\,dx}{x_{dc}}=i_{pc}\left(\frac{1-e^{-j\omega\tau_t}}{j\omega\tau_t}\right) \tag{3-273}$$

当 $\omega\tau_t\ll 1$ 时，利用近似公式 $\sinh\xi\approx\xi$，（ξ 很小时），可将式（3-273）等号右边括号中的分式简化为

$$\frac{1-e^{-j\omega\tau_t}}{j\omega\tau_t}=\frac{2\sinh\left(j\dfrac{\omega\tau_t}{2}\right)}{e^{j\omega\tau_t/2}j\omega\tau_t}=e^{-j\omega\tau_t/2}$$

于是可得式（3-219）等号右边的第三个因子为

$$\frac{i_{pcc}}{i_{pc}}=e^{-j\omega\tau_t/2}=e^{-j\omega\tau_d} \tag{3-274}$$

式中

$$\tau_d=\frac{\tau_t}{2}=\frac{x_{dc}}{2v_{\max}} \tag{3-275}$$

称为集电结耗尽区延迟时间。

可见，信号电流通过集电结耗尽区时将进一步延迟 $\omega\tau_d$ 的相角。当 $\omega\tau_d\ll 1$ 时，也可以将式（3-274）用式（3-276）来代替，即

$$\frac{i_{pcc}}{i_{pc}}=\frac{1}{1+j\omega\tau_d} \tag{3-276}$$

现在再从物理意义上把集电结耗尽区渡越时间 τ_t 对电流输运的影响简述一下。由于电流 i_{pcc} 是由基区经集电结耗尽区到集电区的多子（在基区为少子，在集电区为多子）形成的，因此 i_{pcc} 在时间上似乎应比 i_{pc} 延迟 τ_t。然而实际上当载流子在耗尽区内运动时，在耗尽区外的中性区内会产生感应电流，因此 i_{pcc} 比 i_{pc} 只延迟了 $\tau_d=\tau_t/2$ 的时间。而且由于 i_{pcc} 是由 i_{pc} 引起的耗尽区运动电荷在 τ_t 时间内的平均表现，因此其瞬时值随时间变化的波动被削弱，即 $|i_{pcc}|<|i_{pc}|$。

4. 集电结势垒电容经集电区充放电的时间常数

最后来讨论式（3-219）等号右边的第四个因子 i_c/i_{pcc}。平面管的集电区通常由轻掺杂的外延层制成，存在一定的体电阻 r_{cs}。当 i_c 流过 r_{cs} 时将产生附加的电压降 $i_c r_{cs}$，如图3-84所示。这时虽然外集电极对高频小信号短路，$v_{cb}=0$，但在 c'、b 之间的本征集电结上却有高频小信号电压，即

$$v_{c'b}=v_{c'c}+v_{cb}=i_c r_{cs} \tag{3-277}$$

c' 为紧靠势垒区的本征集电极，或称为内集电极。电压 $i_c r_{cs}$ 将会对集电结势垒电容 C_{TC} 进行充放电，充放电电流为

$$i_{cc}=-C_{TC}\frac{dv_{c'b}}{dt}=-C_{TC}r_{cs}\frac{di_c}{dt}$$

$$=-j\omega C_{TC}r_{cs}i_c=-j\omega\tau_c i_c \tag{3-278}$$

式中

$$\tau_c=C_{TC}r_{cs} \tag{3-279}$$

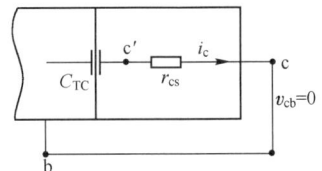

图3-84 集电区的小信号
等效电路

称为集电结势垒电容经集电区充放电的时间常数。

因此,集电极电流的高频小信号分量应包括两部分电流,即

$$i_c = i_{pcc} + i_{cc} = i_{pcc} - j\omega\tau_c i_c \tag{3-280}$$

由式(3-280)可得式(3-219)等号右边的第四个因子为

$$\frac{i_c}{i_{pcc}} = \frac{1}{1 + j\omega\tau_c} \tag{3-281}$$

由式(3-281)可见,i_c 比 i_{pcc} 又滞后了 $\arctan\omega\tau_c \approx \omega\tau_c$ 的相角,而且 i_c 的幅度也减小了。

上述关系可从另外的角度解释其物理意义如下:因为集电区电阻 r_{cs} 的存在,集电结耗尽区内空间电荷在耗尽区外感应出的电流 i_{pcc} 并不能立刻形成 i_c,而需要先在 r_{cs} 上建立起一个附加电压 $v_{c'b} = i_c r_{cs}$ 后才能形成 i_c,即 C_{TC} 上要有附加的充电电荷。用 i_{pcc} 对 C_{TC} 充电的时间常数为 τ_c。这样一来,i_c 比 i_{pcc} 在时间上延迟 τ_c,即相角滞后 $\omega\tau_c$。同时,因为 i_c 是 i_{pcc} 在 τ_c 时间内的某种平均表现,使 i_c 在幅度上也减小了。

5. 共基极高频小信号短路电流放大系数及其截止频率

将式(3-255)、式(3-245)、式(3-276)和式(3-281)代入式(3-219),得

$$\alpha_\omega = \frac{\alpha_0 e^{-jm\omega\tau_b'}}{(1 + j\omega\tau_{eb})(1 + j\omega\tau_b')(1 + j\omega\tau_c)(1 + j\omega\tau_d)} \tag{3-282}$$

可以看出,当 $\omega \to 0$ 时,$\alpha_\omega \to \alpha_0 = \gamma_0\beta_0^*$。$\alpha_0$ 代表极低频率或直流小信号共基极短路电流放大系数,也称为共基极增量电流放大系数。

α_0 与直流电流放大系数 α 有联系也有区别。已知在共基极放大区,集电极电流可表示为 $I_C = \alpha I_E + I_{CBO}$,式中 α 在电流很小或很大时都会下降。由于小信号电流很小,又是叠加在直流偏流上的,所以可以把小信号电流作为电流的微分来处理。于是小信号电流放大系数

$$\alpha_0 = \frac{dI_C}{dI_E} = \alpha + I_E \frac{d\alpha}{dI_E}$$

在中等的偏流范围内,α 不随电流而变化,这时 $d\alpha/dI_E = 0$,因此 $\alpha_0 = \alpha$。当偏流很小时,$d\alpha/dI_E > 0$,$\alpha_0 > \alpha$。当偏流很大时,$d\alpha/dI_E < 0$,$\alpha_0 < \alpha$。晶体管在正常使用时,应该被偏置在使放大系数与电流无关的偏流范围内,这时小信号电流放大系数与直流电流放大系数相同。

可以对式(3-282)进行简化近似。若 $\omega(\tau_{eb} + \tau_b' + \tau_c + \tau_d) \ll 1$,则将式(3-282)的分母展开时,可略去含 ω 的高次项,得

$$\alpha_\omega = \frac{\alpha_0 e^{-jm\omega\tau_b'}}{1 + j\omega(\tau_{eb} + \tau_b' + \tau_c + \tau_d)} \tag{3-283}$$

τ_{eb}、τ_b、τ_c 及 τ_d 之和代表载流子从流入发射极开始到从集电极流出为止的总渡越时间,称为信号延迟时间,记为 τ_{ec},即

$$\tau_{ec} = \tau_{eb} + \tau_b + \tau_c + \tau_d \tag{3-284}$$

再根据式(3-238)

$$\tau_b' = \tau_b - m\tau_b'$$

则式(3-283)可写为

$$\alpha_\omega = \frac{\alpha_0 e^{-jm\omega\tau_b'}}{1 + j\omega(\tau_{ec} - m\tau_b')} \tag{3-285}$$

将式(3-285)写成幅模与相角分开的形式,并利用 $\arctan\omega(\tau_{ec} - m\tau_b') \approx \omega(\tau_{ec} - m\tau_b')$,可得

$$\alpha_\omega = \frac{\alpha_0 e^{-j\omega\tau_{ec}}}{\sqrt{1 + \omega^2(\tau_{ec} - m\tau_b')^2}} \tag{3-286}$$

式(3-286)表明,α_ω 的总相移是 $-\omega\tau_{ec}$。在直流状态或极低频率时,$\alpha_\omega = \alpha_0$,相移为零。随着频率的提高,α_ω 的幅度减小,相移滞后。

将 $|\alpha_\omega|$ 下降到 $\alpha_0/\sqrt{2}$（即下降 3 dB）时所对应的角频率与频率分别称为 α_ω 的截止角频率与截止频率,记为 ω_α 与 f_α。从式(3-286)可得

$$\omega_\alpha = \frac{1}{\tau_{ec} - m\tau'_b} \tag{3-287a}$$

$$f_\alpha = \frac{1}{2\pi(\tau_{ec} - m\tau'_b)} \tag{3-287b}$$

利用截止频率 f_α,可将式(3-285)写为

$$\alpha_\omega = \frac{\alpha_0 e^{-jm\omega\tau'_b}}{1 + j\dfrac{\omega}{\omega_\alpha}} = \frac{\alpha_0 e^{-jm\omega\tau'_b}}{1 + j\dfrac{f}{f_\alpha}} \tag{3-288}$$

对于 f_α 不是特别高的一般高频晶体管,例如 f_α 小于 500 MHz 的晶体管,基区宽度 W_B 一般都大于 1 μm。此时 $\tau'_b \gg \tau_{eb} + \tau_c + \tau_d$, $\tau_{ec} - m\tau'_b \approx \tau'_b$, α_ω 的频率特性主要由 W_B 和基区输运系数 β^*_ω 决定,即

$$\alpha_\omega = \frac{\alpha_0 e^{-jm\omega\tau'_b}}{1 + j\omega\tau'_b} = \frac{\alpha_0 e^{-jm\frac{\omega}{\omega_\alpha}}}{1 + j\dfrac{\omega}{\omega_\alpha}} \tag{3-289}$$

式中

$$\omega_\alpha = 1/\tau'_b = \omega_{\beta^*} \tag{3-290}$$

这时 α_ω 与 β^*_ω 的区别仅在于用 $\alpha_0 = \gamma_0\beta^*_0$ 代替 β^*_0。

而对于 f_α 大于 500 MHz 的微波晶体管, W_B 一般小于 1 μm,这时 τ_b 只占 τ_{ec} 中的很小一部分, $m\tau'_b$ 就更小了,因此可以忽略 $m\tau'_b$,得

$$\alpha_\omega = \frac{\alpha_0}{1 + j\omega\tau_{ec}} = \frac{\alpha_0}{1 + j\dfrac{\omega}{\omega_\alpha}} \tag{3-291}$$

$$\omega_\alpha = 1/\tau_{ec} \tag{3-292}$$

6. 共发射极高频小信号短路电流放大系数及其截止频率

集电结对高频小信号短路(即 $v_{cb} = 0$,但 $V_{CB} < 0$)条件下的 i_c 与 i_b 之比称为共发射极高频小信号短路电流放大系数,记为 β_ω,即

$$\beta_\omega = \left.\frac{i_c}{i_b}\right|_{v_{cb} = 0} \tag{3-293}$$

根据晶体管三个电极上的高频小信号电流之间的关系

$$i_b = i_e - i_c = \frac{1 - \alpha_\omega}{\alpha_\omega} i_c \tag{3-294}$$

可推得高频小信号下的 β_ω 与 α_ω 之间的关系与直流状态下是一样的,即

$$\beta_\omega = \frac{\alpha_\omega}{1 - \alpha_\omega} \tag{3-295}$$

将式(3-285)代入式(3-295)得

$$\beta_\omega = \frac{\alpha_0 e^{-jm\omega\tau'_b}}{1 - \alpha_0 e^{-jm\omega\tau'_b}} \cdot \frac{1}{1 + j\dfrac{\omega(\tau_{ec} - m\tau'_b)}{1 - \alpha_0 e^{-jm\omega\tau'_b}}} \tag{3-296}$$

若忽略 $m\tau'_b$,可得

$$\beta_\omega = \frac{\alpha_0}{1 - \alpha_0} \cdot \frac{1}{1 + j\dfrac{\omega\tau_{ec}}{1 - \alpha_0}} \tag{3-297}$$

式(3-297)中，$\alpha_0/(1-\alpha_0)$就是极低频率或直流小信号共发射极短路电流放大系数，也称为共发射极增量电流放大系数，记为β_0。又由于式(3-297)等号右边第二个因子中的$1/(1-\alpha_0)\approx\beta_0$，则

$$\beta_\omega=\frac{\beta_0}{1+j\omega\beta_0\tau_{ec}} \tag{3-298}$$

将式(3-298)写成幅模与相角分开的形式，当$\omega\ll1/(\beta_0\tau_{ec})$时，可利用近似公式$\arctan\omega\beta_0\tau_{ec}\approx\omega\beta_0\tau_{ec}$，得到

$$\beta_\omega=\frac{\beta_0 e^{-j\omega\beta_0\tau_{ec}}}{\sqrt{1+(\omega\beta_0\tau_{ec})^2}} \tag{3-299}$$

式(3-299)表明，β_ω的总相移是$-\omega\beta_0\tau_{ec}$。对直流小信号或极低的频率，$\beta_\omega=\beta_0$，相移为零。随着频率的提高，β_ω的幅度减小，相移滞后。

将$|\beta_\omega|$下降到$\beta_0/\sqrt{2}$（即下降3 dB）时所对应的角频率与频率分别称为β_ω的截止角频率与截止频率，记为ω_β与f_β。从式(3-299)可得

$$\omega_\beta=\frac{1}{\beta_0\tau_{ec}} \tag{3-300a}$$

$$f_\beta=\frac{1}{2\pi\beta_0\tau_{ec}} \tag{3-300b}$$

利用截止频率f_β，可将式(3-298)写为

$$\beta_\omega=\frac{\beta_0}{1+j\dfrac{\omega}{\omega_\beta}}=\frac{\beta_0}{1+j\dfrac{f}{f_\beta}} \tag{3-301}$$

α_ω的截止角频率ω_α与β_ω的截止角频率ω_β之间有如下关系。

在f_α小于500 MHz的一般高频晶体管中，基区宽度W_B较宽，τ_{ec}的各项中以τ_b为主，由式(3-300a)、式(3-290)及式(3-238)，可得

$$\omega_\beta=\frac{1}{\beta_0\tau_b}=\frac{\omega_\alpha}{\beta_0(1+m)} \tag{3-302}$$

在f_α大于500 MHz的微波晶体管中，W_B较窄，τ_b只占τ_{ec}中的很小一部分，因此可以忽略$m\tau_b'$。由式(3-292)和式(3-300a)，可得

$$\omega_\beta=\omega_\alpha/\beta_0 \tag{3-303}$$

f_α与f_β之间也有同样的关系。

β_ω的截止频率比α_ω的截止频率低得多。这并不是因为i_c与i_e的振幅的比值随频率增加而迅速减小，而是因为i_c的相角滞后越来越大。下面用图3-85的电流复矢量图来说明这个问题。图中$\overrightarrow{OA}$、$\overrightarrow{OP}$、$\overrightarrow{PA}$分别代表I_e、I_c、I_b的复数值。$\overrightarrow{P'A}=(1-a)I_e$是$\omega\to0$时的$I_b$，本身很小。但$\omega$增加时，点$P$从点$P'$沿半圆移动，虽然起初$\overrightarrow{OP}$的幅度变化不大，但$\overrightarrow{PA}$的幅度迅速增加，从而$\beta_\omega$迅速下降。当$\overrightarrow{PA}=\sqrt{2}\cdot\overrightarrow{P'A}$时，$\beta_\omega$下降到$\beta_0/\sqrt{2}$，这时的角频率即为$\omega_\beta$。由于$\overrightarrow{PP'}$近似垂直于$\overrightarrow{OA}$，而且$\overrightarrow{PP'}\approx\overrightarrow{OP'}\cdot\omega\tau_{ec}=a_0I_e\omega\tau_{ec}$，故$\overrightarrow{PP'}=\overrightarrow{P'A}$（即$\overrightarrow{PA}=\sqrt{2}\cdot\overrightarrow{P'A}$）代表

$$\omega=\omega_\beta\left(=\frac{1-a_0}{a_0\tau_{ec}}=\frac{1}{\beta_0\tau_{ec}}\right)=\frac{\omega_\alpha}{\beta_0} \tag{3-304}$$

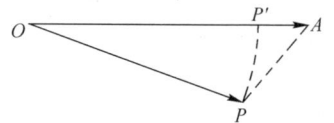

图 3-85　角频率为ω时的电流复矢量图

3.8.4 晶体管的特征频率

1. β_ω 随频率的变化

从式(3-301)可知,当 $f \ll f_\beta$ 时,得

$$\beta_\omega = \beta_0 \qquad (3\text{-}305)$$

这时 β_ω 与频率几乎无关。

当 $f = f_\beta$ 时,得 $\qquad |\beta_\omega| = \beta_0 / \sqrt{2} \qquad (3\text{-}306)$

当 $f \gg f_\beta$ 时,得 $\qquad |\beta_\omega| = \beta_0 f_\beta / f \qquad (3\text{-}307)$

这时电流放大系数与频率成反比,频率每提高一倍,电流放大系数下降一半,或下降 $10 \lg 2 = 3$ dB。这种关系叫作每倍频程(Oct)下降 3 dB,记为 3 dB/Oct。由于功率正比于电流的平方,所以对于晶体管的功率放大系数(也称为功率增益)而言,频率每提高一倍,功率增益降为四分之一,或下降 $20 \lg 2 = 6$ dB,记为 6 dB/Oct,如图 3-86 所示。

当频率 f 接近 f_α 时,上述 $20\lg|\beta_\omega|$ 的 6 dB/Oct 关系不再正确,$20\lg|\beta_\omega|$ 的衰减比 6 dB/Oct 略快,如图 3-86 中实线所示。原因在此不再赘述。

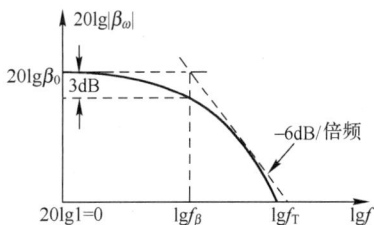

图 3-86　$|\beta_\omega|$ 随 f 的变化

2. 特征频率的定义

把电流放大系数(电流增益)$|\beta_\omega|$ 降到 1 时所对应的频率,称为晶体管的特征频率,用 f_T 表示。根据式(3-307)及式(3-300b),当 $|\beta_\omega| = 1$ 时

$$f_T = \beta_0 f_\beta = \frac{1}{2\pi\tau_{ec}} \qquad (3\text{-}308)$$

式(3-308)说明晶体管的电流放大能力完全取决于总的渡越时间 τ_{ec}。因为 τ_{ec} 越小,高频下各种充、放电消耗的电流就越少,即一定 $|i_c|$ 下的 $|i_b|$ 越小。

在 f_α 低于 500 MHz 的晶体管中,$\tau_{ec} \approx \tau_b$,f_T 可简化为

$$f_T = \frac{1}{2\pi\tau_b} \qquad (3\text{-}309)$$

或根据式(3-290)及式(3-238)得到

$$f_T = \frac{f_\alpha}{1+m} \qquad (3\text{-}310)$$

可见,这时 f_T 比 f_α 略小。

在微波晶体管中,可以忽略 $m\tau'_b$,根据式(3-303),得

$$f_T = f_\alpha \qquad (3\text{-}311)$$

即这时 f_T 与 f_α 相等。

高频晶体管的工作频率一般在 $f_\beta < f < f_T$ 的范围内。若 $f < f_\beta$,则可选用 f_β 更低的晶体管,因为 f_β 越高,则晶体管的制造成本与价格也越高。若 $f > f_T$,则晶体管就失去了电流放大能力。

3. 特征频率的测量

在实际测量晶体管的特征频率时,一般并不需要按定义测到使 $|\beta_\omega|$ 下降到 1 时的频率,而是在 $f_\beta < f < f_T$ 的频率范围内测量 $|\beta_\omega|$ 值,然后根据式(3-307)及式(3-308)就可以计算出

$$f_T = |\beta_\omega| f \qquad (3\text{-}312)$$

式(3-312)中，$|\beta_\omega|>1$ 而 $f<f_T$，这样可以降低对测量仪器和信号源的要求。

式(3-312)说明，高频下的电流增益 $|\beta_\omega|$ 与频率 f 的乘积，是一个与频率无关而完全取决于晶体管本身的常数。当提高工作频率时，$|\beta_\omega|$ 就会下降；要增加 $|\beta_\omega|$，就只能降低频率。因此常数 f_T 又称为电流增益–带宽乘积。

4. 特征频率随电流的变化

由式(3-308)可得

$$\frac{1}{2\pi f_T}=\tau_{ec}=\tau_{eb}+\tau_b+\tau_d+\tau_c \tag{3-313}$$

式(3-313)中，$\tau_{eb}=r_e C_{TE}=[kT/(qI_E)]C_{TE}$。随着 I_E 或 I_C 的减小，τ_{eb} 增大，使 f_T 下降。所以 f_T 在小电流时随电流的减小而下降。反过来，当 I_E 或 I_C 很大时，τ_{eb} 的影响就很小了，甚至可以略去。

在大电流下，当基区发生纵向扩展时，基区将向轻掺杂的集电区扩展 ΔW_B。为了维持电中性，将会有相同数量的基区多子进入该区。由于该区的掺杂浓度 N_C 很低，所以一般情况下会发生大注入，因此该区的少子分布是如图 3-87 所示的扩散系数为 $2D_C$ 的一条斜线。由此可得少子经过 ΔW_B 这段附加中性基区所需的渡越时间为

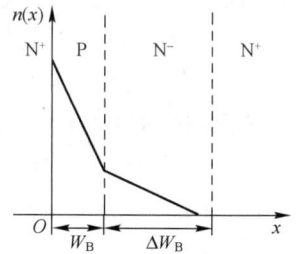

图 3-87 基区纵向扩展为 ΔW_B 时的少子分布示意图

$$(\Delta\tau_b)_{大注入}=\frac{(\Delta W_B)^2}{4D_C}$$

如果对 W_B 这段基区是小注入，则少子经过这段基区的渡越时间为 $W_B^2/(\eta D_B)$。对于均匀基区，式中的 η 应换为 2。如果是大注入，则这段基区的渡越时间一律为 $W_B^2/(4D_B)$。因此大注入下总的基区渡越时间为

$$\tau_b=\frac{W_B^2}{4D_B}+\frac{(\Delta W_B)^2}{4D_C} \tag{3-314}$$

即基区纵向扩展，使渡越时间增加了。实际上 ΔW_B 可能比 W_B 大得多。

与此同时，由于出现了 ΔW_B 的附加中性基区，使集电结势垒区厚度减小。假设原来厚度为 W_C 的轻掺杂集电区全部耗尽，则基区纵向扩展后使集电结势垒区厚度成为 $W_C-\Delta W_B$。于是集电结势垒区延迟时间变为

$$\tau_d=\frac{W_C-\Delta W_B}{2v_{max}} \tag{3-315}$$

因此，当同时发生大注入及基区纵向扩展时，f_T 与 ΔW_B 的关系如下

$$\frac{1}{2\pi f_T}=\tau_{eb}+\frac{W_B^2}{4D_B}+\frac{(\Delta W_B)^2}{4D_C}+\frac{W_C-\Delta W_B}{2v_{max}}+\tau_c \tag{3-316}$$

可以看出，随着电流 I_C 的增大，τ_b 增加而 τ_d 减小。但 τ_b 的增加一般要比 τ_d 的减小大得多，因此，当 I_C 很大时，f_T 将随着 I_C 的增加应下降。

对于发生基区横向扩展效应的情形，τ_d 不发生变化，应把求 τ_b 式中的 W_B 改为 W_1，由式(3-154)可得大注入下

$$\tau_b=\frac{W_B^2}{4D_B}+\frac{s_e^2}{16D_B}\left(\frac{I_C}{I_C'}-1\right)^2 \tag{3-317}$$

所以基区横向扩展时，I_C 越大，则 τ_b 越大，f_T 越小。

综上所述，当电流 I_C 较小时，因 τ_{eb} 随 I_C 的减小而增加，使 f_T 随 I_C 的减小而下降。当 I_C 较大时，因基区扩展效应，τ_b 随 I_C 的增加而增加，使 f_T 随 I_C 的增加而下降。图 3-88 为某晶体管 f_T 与 I_C 关系的实测曲线[18]。上面的理论与实验结果在定性上是

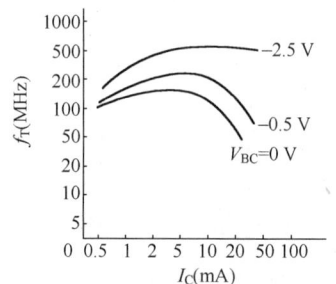

图 3-88 某晶体管 f_T 与 I_C 关系的实测曲线

相符的。

从实验结果还可以看出，f_T 随着集电结反向电压 V_{BC} 的减小而下降。这主要是因为 V_{BC} 减小时集电结耗尽区变薄，C_{TC} 增加，从而 τ_c 增加。另外，V_{BC} 减小时，易出现"弱电场"的基区扩展效应，使 f_T 开始下降的电流值变小。

上面的理论与实验结果在定量上还不完全相符。这是因为，当有基区扩展效应时，PN⁻结为正向偏置，有附加电荷储存于扩展区及中性区，引起电容充、放电效应。这使得渡越时间增加，f_T 进一步降低[34]。

3.8.5 影响高频电流放大系数与特征频率的其他因素

1. C_{TC} 对 β_ω 的影响

前面只考虑了 C_{TC} 通过 r_{cs} 的充、放电作用，其影响体现在时间常数 τ_c 上。这对共基极短路电流放大系数 α_ω 的计算是正确的。但在共发射极电路中，若输出端短路，则意味着 $v_{ce}=0$，这时 $v_{cb}=v_{ce}+v_{eb}=v_{eb}\neq 0$，$C_{TC}$ 上还有输入端电压 v_{eb} 的充、放电作用。

如图 3-89 所示，当共发射极接法的输出端短路时，C_{TC} 实质上并联在 C_{TE} 上，成为输入回路电容的一部分。输入信号对 C_{TE} 的充放电时间常数本来为 $r_e C_{TE}$，由于 C_{TC} 的并联效果，现在时间常数应改为 $r_e(C_{TE}+C_{TC})$，增加了一个集电结势垒电容经基区的充放电时间常数 $r_e C_{TC}$，用 τ_{bc} 来表示，即

$$\tau_{bc}=r_e C_{TC} \tag{3-318}$$

因此，在共发射极电路中，当输出端短路时，在 τ_{ec} 的表达式中应增加一项 τ_{bc}，成为

$$\tau_{ec}=\tau_{eb}+\tau_b+\tau_d+\tau_c+\tau_{bc} \tag{3-319}$$

在共基极电路中，C_{TC} 是被短路的，如图 3-90 所示，因此不需要考虑 τ_{bc}。

2. $r_{bb'}$ 对 α_ω 的影响

在共发射极电路中，$r_{bb'}$ 的作用只是使输入电压发生变化，并不影响电流间的关系，如图 3-91(a) 所示。而在共基极电路中，$r_{bb'}$ 起着耦合输入回路的作用。这里只定性讨论 $r_{bb'}$ 在高频下的影响。当 ω 很高时，C_{TC}、C_{DE}、C_{TE} 的容抗都接近于零，这相当于图 3-91(b) 中晶体管的 e、b'、c 三点相互短接。由于 b' 与 b 之间接有电阻 $r_{bb'}$，使 $i_c=i_e$，于是表观的电流放大系数为 1。

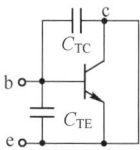

图 3-89　C_{TC} 在共发射极
电路中的作用

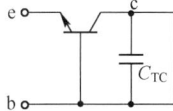

图 3-90　C_{TC} 在共基极
电路中的作用

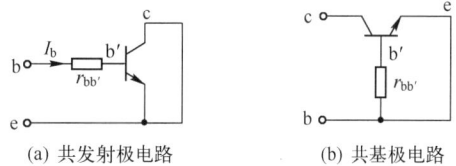

图 3-91　$r_{bb'}$ 对短路电流放大
系数的影响

(a) 共发射极电路

(b) 共基极电路

分析表明[35]，当 $\tau_{ec}\ll r_{bb'}C_{TC}$ 时，表观的共基极短路电流放大系数在 $\omega\ll 1/(r_{bb'}C_{TC})$ 时与前面所求的 α_ω 一致，在 $\omega\gg\omega_\alpha$ 时 $\alpha_\omega=1$。

3. 发射区延迟时间

以上所述各种时间常数，对于描述一般晶体管的 τ_{ec} 已经足够。但是对于微波晶体管，还需补充下面的一些时间常数。

在微波晶体管中，基区宽度 W_B 已经可以做到 1 μm 以下，使注入效率成为决定共发射极短

路电流放大系数的主要因素,这时

$$\alpha_0 \approx \gamma_0 \tag{3-320}$$

$$\beta_0 \approx \frac{\gamma_0}{1-\gamma_0} \approx \frac{1}{1-\gamma_0} \tag{3-321}$$

由于有少子从基区注入发射区,发射区内少子电荷的储存和基区内少子电荷的储存一样,也会对晶体管的频率特性产生影响。当信号电流为 i_e 时,基区少子电荷储存 q_b 引起的发射结扩散电容为 $C_{DE} = q_b/(i_e r_e) = \tau_b/r_e$,相应的充放电时间常数为 $\tau_b = C_{DE} r_e = q_b/i_e$。在考虑发射区少子储存 q_e 对晶体管频率特性的影响时,同样可以引入一个时间常数 τ_e,它近似等于发射区储存电荷 q_e 与 i_e 之比,称为发射区延迟时间,即

$$\tau_e = q_e/i_e \tag{3-322}$$

本节的公式推导虽然一直是以 PNP 晶体管为例进行的,但实际的高频晶体管通常都是 NPN 型的。为了提高 NPN 硅平面管的工作频率,一般采用浅结扩散,即基区的硼扩散结深 x_{jc} 与发射区的砷扩散结深 x_{je} 均很小。由砷扩散所得的发射区杂质不是高斯函数分布或余误差函数分布,而是较为均匀的到结深附近突然下降的所谓"平顶"分布,如图 3-17 所示。

以下推导仍以 PNP 管为例。在上述"平顶"分布下,发射区内的杂质浓度 N_E 随距离没有明显的变化,不会产生内建电场,注入发射区的少子只进行扩散运动。在浅结情况下,发射区厚度远小于少子扩散长度。发射区的电极接触是良好的欧姆接触,电极接触处的非平衡少子浓度等于零。于是注入发射区的少子分布和均匀基区中的少子分布类似,为斜线分布。为了方便起见,中性发射区的厚度近似用 x_{je} 来代替。与这种分布对应的发射区"少子渡越时间"为

$$\frac{q_e}{i_{ne}} = \frac{x_{je}^2}{2D_E} \tag{3-323}$$

i_{ne} 与 i_e 的关系取决于注入效率,即 $i_{ne} = (1-\gamma_0)i_e$,结合式(3-321),得

$$i_{ne} \approx i_e/\beta_0 \tag{3-324}$$

根据发射区延迟时间 τ_e 的定义式(3-322),以及式(3-323)、式(3-324),得

$$\tau_e = \frac{q_e}{i_e} = \frac{x_{je}^2}{2D_E\beta_0} \tag{3-325}$$

对 τ_{ec} 与 f_T 而言,τ_e 具有和 τ_b 同样的作用,因此在微波晶体管中,应当将 τ_e 包含在 τ_{ec} 中,于是式(3-319)应修改为

$$\tau_{ec} = \tau_e + \tau_{eb} + \tau_b + \tau_d + \tau_c + \tau_{bc} \tag{3-326}$$

4. 基区渡越时间 τ_b 的修正[36]

前面在分析注入基区的少子浓度时,认为不管少子电流有多大,集电结边缘处的少子浓度恒为零。事实上,虽然集电结耗尽区中的电场很强,使到达那里的少子以较快的速度离开基区,但其速度毕竟是有限的,最大值为 v_{max}。根据空穴电流密度 J_p 与载流子速度的关系,在强电场中,有

$$J_p = qpv_{max}$$

因此在集电结边缘,少子浓度 p 不可能为零。这对基区少子的分布是有影响的。

对于均匀基区晶体管,假设 $p(W_B) = 0$ 时的基区少子浓度分布如图 3-92 中斜线 1 所示。但根据上面的论述,集电结边缘处的少子浓度应为 $p(W_B) = J_p/qv_{max}$,故其浓度分布应如斜

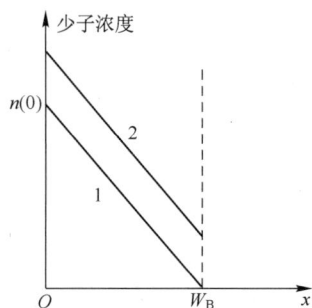

图 3-92　集电结耗尽区边缘少子浓度不为零时的基区少子浓度分布

线 2 所示。由于在同样的电流密度下，少子浓度梯度应相等，即斜线 2 与斜线 1 的斜率相等。这使斜线 2 下的面积增加，说明基区储存的少子电荷增加，即基区渡越时间增加。

基区渡越时间的增加量容易根据图 3-92 算出。因为少子电流一定时，渡越时间正比于少子电荷，而后者又正比于少子浓度分布曲线下的面积。因此渡越时间的增加量 $\Delta\tau_b$ 与渡越时间 τ_b 之比为"斜线 1 与斜线 2 之间的面积"与"斜线 1 下的面积"之比，即

$$\frac{\Delta\tau_b}{\tau_b} = \frac{\left(\dfrac{J_p}{qv_{max}}\right)W_B}{p(0)\left(\dfrac{W_B}{2}\right)} = \frac{2D_B}{W_B v_{max}} \tag{3-327}$$

后一等式是因为扩散电流密度 $J_p = qD_B p(0)/W_B$。由于 $\tau_b = W_B^2/2D_B$，由上式可得

$$\Delta\tau_b = W_B/v_{max} \tag{3-328}$$

对于缓变基区晶体管，理论分析表明[37]，基区渡越时间的增量为

$$\Delta\tau_b = \frac{1}{v(W_B)} \int_0^{W_B} \frac{N_B(W_B)}{N_B(x)} dx$$

如果基区杂质浓度 $N_B(x)$ 采用正比于 $\exp(-\eta x/W_B)$ 的指数分布，$x = W_B$ 处的载流子速度 $v(W_B)$ 取为 v_{max}，可得

$$\Delta\tau_b = \frac{W_B(1-e^{-\eta})}{v_{max}\eta} \tag{3-329}$$

5. 高频晶体管的 f_T 与 τ_{ec}

由式（3-308）知，f_T 只决定于 τ_{ec}，即

$$f_T = \frac{1}{2\pi\tau_{ec}}$$

为了研究高频晶体管的物理参数、纵向几何结构参数与 f_T 的关系，把组成 τ_{ec} 的各个时间常数的表达式加在一起，得

$$\tau_{ec} = \tau_e + (\tau_{eb} + \tau_{bc}) + (\tau_b + \Delta\tau_b) + \tau_d + \tau_c$$
$$= \frac{x_{je}^2}{2D_E\beta_0} + r_e(C_{TE} + C_{TC}) + \left(\frac{W_B^2}{\eta D_B} + \frac{W_B}{v_{max}}\right) + \frac{x_{dc}}{2v_{max}} + r_{cs}C_{TC} \tag{3-330}$$

式（3-330）并无 PNP 管或 NPN 管之分。

表 3-3 列出了一个 C 波段低噪声小信号 NPN 晶体管的设计参数。根据这些参数，利用式（3-330）可算得

$$\tau_{ec} = \tau_e + (\tau_{eb} + \tau_{bc}) + (\tau_b + \Delta\tau_b) + \tau_d + \tau_c$$
$$= [1.2 + 3.9 + 0.9 + (4.2 + 1.2) + 7.5 + 0.8] \times 10^{-12}(s)$$
$$f_T = \frac{1}{2\pi\tau_{ec}} = 8.1(GHz)$$

从这个计算结果可以看出微波晶体管中各时间常数的重要性。

在上面的计算中还有一些因素没有计入，例如，由于集电极电容是分布电容，并通过基极电阻来充放电，结果使 τ_{ec} 增加约 1 ps；由于基极内引线键合处的电容 $C_{bc(pad)}$ 是与 C_{TC} 并联的，且通过 r_e、$r_{bb'}$ 及键合处的电阻 $r_{bc(pad)}$ 充放电，又使 τ_c 增加约 1.76 ps。考虑到这些因素后，实际的 f_T 要低于上面的结果，约为 7 GHz。

表 3-3　C 波段低噪声小信号 NPN 晶体管的设计参数

参　数	符　号	值	参　数	符　号	值
发射结结深	x_{je}	0.12 μm	集电结耗尽区电容	C_{TC}	0.07 pF
基区宽度	W_B	0.1 μm	共发射极短路电流放大系数	β_0	40
集电结耗尽区宽度	x_{dc}	1.2 μm	发射极电流	I_E	2 mA
发射区空穴扩散系数	D_E	1.5 cm^2/s	发射结面积	A_E	120 μm^2
基区电子扩散系数	D_B	8.0 cm^2/s	集电结面积	A_C	860 μm^2
电子极限速度	v_{max}	8.0×10^6 cm/s	衬底电阻率	ρ_s	0.01 Ω·cm
内建场因子	η	3	衬底厚度	d_s	0.1 mm
发射结耗尽区电容	C_{TE}	0.3 pF			

3.9　高频小信号电流电压方程与等效电路

当晶体管偏置于放大区用于高频放大时,若满足小信号条件,则各小信号电流、电压之间的关系是一个线性方程,其中的系数是不随信号大小变化的常数。这些系数称为电路参数。

当选取的自变量不同时,描述各变量之间关系的方程形式就不同,电路参数也就不同。常用的参数有所谓的 h 参数、Z 参数、Y 参数、S 参数等。这些参数之间的线性变换关系属于其他课程的内容,本书只介绍 Y 参数。Y 参数的物理意义比较明显,且与器件的几何参数和物理参数有比较直接的联系。

在推导电流、电压关系与 Y 参数时,仍采用电荷控制法。这种方法比较容易处理大注入效应,还可适用于基区及发射区杂质为任意分布的一般情形。

上述各种参数实质上可以说是描述电量之间关系的一种模型,而等效电路则是另一种模型。两者异曲同工。但在实际解决电量关系问题时,后者显得更为直观和方便。

本节推导高频小信号电流电压方程和 Y 参数的基本步骤是,先利用电荷控制方程得到晶体管三个电极上的电流与晶体管内部各种电荷之间的电流电荷关系,再推导出这些电荷与结电压之间的电荷电压关系,将后者代入前者就可得到晶体管的电流电压方程。本节的推导以均匀基区 NPN 管为例进行。两个结上的电压取为 v_{BE} 及 v_{CB},三个电极上电流的参考方向均以流入为正。

3.9.1　小信号的电荷控制模型

实际上前面已介绍过晶体管在放大区时的各种电流电荷关系。这里再用新的形式把它们总结归纳一下,并进行一点补充。

1. 基极电流 i_B 的电荷控制方程

如图 3-93 所示的 NPN 晶体管,发射结为正偏,集电结为反偏。这时基极电流的高频小信号分量 i_B 用来提供以下六种多子电荷。

（1）用来补充与基区少子复合的多子电荷,其电流为 q_B/τ_B,τ_B 为基区少子寿命。

（2）从基区注入发射区并在那里复合的多子电荷,其电流为 q_E/τ_E,τ_E 为发射区少子寿命。

（3）当发射结电压变化时,用来对发射结势垒区进行充放电,其电流为 dq_{TE}/dt。

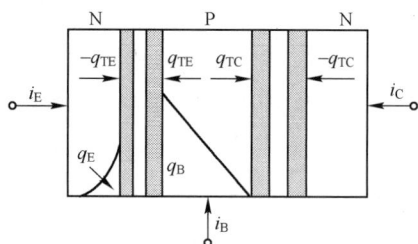

图 3-93　晶体管中各种电荷的示意图

（4）当集电结电压变化时，用来对集电结势垒区进行充放电。当 V_{CB} 增加时，集电结势垒区变宽，在基区一侧应有空穴被排斥出来，从基极流出。这个电流与基极电流的参考方向相反，所以应取负号，为 $-dq_{TC}/dt$。

（5）当基区少子电荷变化时，需要有相同数量的多子电荷的变化以维持电中性，其电流为 dq_B/dt。

（6）当发射结电压变化时，注入到发射区的电荷也发生变化，此电荷归根到底来自基极，其电流为 dq_E/dt。

由此可得到基极电流 i_B 的电荷控制方程，即

$$i_B = \frac{q_B}{\tau_B} + \frac{q_E}{\tau_E} + \frac{d(q_{TE}-q_{TC})}{dt} + \frac{d(q_B+q_E)}{dt} \tag{3-331a}$$

上面第（1）与第（2）种电流是直流与高频共同存在的，其余 4 种电流是高频时特有的。其中第（3）种电流与发射结势垒电容 C_{TE} 有关，第（4）种电流与集电结势垒电容 C_{TC} 有关，第（5）种电流与发射结扩散电容 C_{DE} 及厄尔利效应有关，第（6）种电流也与 C_{DE} 有关，但这一项电流很小。

关于上面第（5）种电流，在这里再进行一点补充。使 q_B 发生变化的原因有两种，一种由发射结电压的变化 v_{be} 所引起，这实质上就是 C_{DE} 上的电荷的变化。另一种由集电结电压的变化 v_{cb} 所引起。当 v_{CB} 增加 v_{cb} 时，集电结势垒区变厚，中性基区的宽度减少 ΔW_B，使基区少子电荷 q_B 发生变化，这实质上就是厄尔利效应的结果。所以，dq_B/dt 可写成由发射结电压和集电结电压两个电压的变化引起的变化之和，即

$$\frac{dq_B}{dt} = \frac{dq_{B(E)}}{dt} + \frac{dq_{B(C)}}{dt} \tag{3-332}$$

式（3-332）中，第一个电流由基极流向发射极，第二个电流由基极流向集电极。

由于式（3-331a）是线性方程，当把基极电流和各种电荷分为直流偏置与小信号分量时，其中的小信号分量仍满足同样的方程，所以基极电流的小信号分量 i_b 的电荷控制方程为

$$i_b = \frac{q_b}{\tau_B} + \frac{q_e}{\tau_E} + \frac{d(q_{te}-q_{tc})}{dt} + \frac{d(q_b+q_e)}{dt} \tag{3-331b}$$

2. 集电极电流 i_c 的电荷控制方程

对集电极电流，直接考察其高频小信号分量 i_c。i_c 由以下三部分组成。

（1）从发射区注入基区的少子小信号电荷，渡越过基区后被集电结抽出而形成的高频小信号电流（q_b/τ_b）。

（2）集电结电压变化时，用来对集电结势垒区的充放电，其电流为 dq_{tc}/dt。

（3）上述厄尔利效应引起的充放电，其电流为 $-dq_{b(C)}/dt$。

由此可得到集电极电流的小信号分量 i_c 的电荷控制方程，即

$$i_c = \frac{q_b}{\tau_b} + \frac{dq_{tc}}{dt} - \frac{dq_{b(C)}}{dt} \tag{3-333}$$

3. 发射极电流 i_e 的电荷控制方程

由基尔霍夫第一定律，$i_e+i_c+i_b=0$，以及式（3-331b）、式（3-332）和式（3-333），可得到发射极电流的小信号分量 i_e 的电荷控制方程，即

$$i_e = -q_b\left(\frac{1}{\tau_B}+\frac{1}{\tau_b}\right) - \frac{q_e}{\tau_E} - \frac{dq_{te}}{dt} - \frac{dq_{b(E)}}{dt} - \frac{dq_e}{dt} \tag{3-334}$$

实际上，对于共基极接法，只需要式（3-334）和式（3-333）；对于共发射极接法，只需要式（3-331b）和式（3-333）。

3.9.2　小信号的电荷电压关系

本节推导小信号电荷 q_e、q_b、q_{te}、q_{tc} 与两个结上的小信号电压 v_{be} 及 v_{cb} 之间的关系。

1. 发射区少子的高频小信号电荷 q_e

q_e 是由发射结电压的变化 v_{be} 引起的，所以

$$q_e = dq_E = \frac{\partial q_E}{\partial V_{BE}}\bigg|_{V_{CB}} dV_{BE} = \frac{\partial q_E}{\partial V_{BE}} v_{be} \tag{3-335}$$

由于从基区注入到发射区的少子的电流为 $I_{pE} = q_E/\tau_E$，故有

$$q_E = I_{pE}\tau_E = (1-\gamma_0) I_E \tau_E \tag{3-336}$$

代入式（3-335），再结合发射极增量电阻 r_e 的定义式（3-251），得

$$q_e = (1-\gamma_0)\tau_E \frac{\partial I_E}{\partial V_{BE}} v_{be} = (1-\gamma_0)\tau_E \frac{v_{be}}{r_e} \tag{3-337}$$

2. 基区少子的高频小信号电荷 q_b

前面已说明，q_b 由发射结和集电结两个结电压的变化所引起，所以仿照式（3-335），得

$$q_b = \frac{\partial q_B}{\partial V_{BE}}\bigg|_{V_{CB}} v_{be} + \frac{\partial q_B}{\partial V_{CB}}\bigg|_{V_{BE}} v_{cb} = q_{b(E)} + q_{b(C)} \tag{3-338}$$

式（3-338）等号右边的第一项实际上就是发射结扩散电容 C_{DE} 上电荷的变化，即

$$\frac{\partial q_B}{\partial V_{BE}}\bigg|_{V_{CB}} v_{be} = C_{DE} v_{be} \tag{3-339}$$

q_B 随 V_{BE} 变化的曲线如图 3-94 所示。当 V_{BE} 略有增加时，根据结定律，发射结势垒区边上的基区少子浓度也略有增加。因 V_{CB} 不变，故基区宽度不变，所以基区少子浓度分布由图 3-94 中下面一条斜线变为上面一条斜线，使 q_B 增加。

式（3-339）也可以再次利用前面的式（3-222）得到。由该式知 $q_B = \tau_b I_C$，再结合式（3-257），得

$$\frac{\partial q_B}{\partial V_{BE}}\bigg|_{V_{CB}} v_{be} = \tau_b \frac{\partial I_C}{\partial V_{BE}} v_{be} = \frac{\tau_b i_c}{v_{be}} v_{be} = C_{DE} v_{be}$$

式（3-338）等号右边的第二项代表 q_B 随集电结电压 V_{CB} 的变化。将 $q_B = \tau_b I_C$ 代入，注意到 τ_b 和 I_C 都与 V_{CB} 有关，得

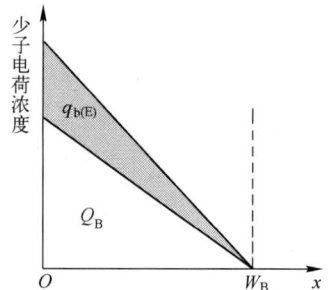

图 3-94　q_B 随 V_{BE} 的变化曲线

$$\frac{\partial q_B}{\partial V_{CB}}\bigg|_{V_{BE}} = \tau_b \frac{\partial I_C}{\partial V_{CB}}\bigg|_{V_{BE}} + I_C \frac{\partial \tau_b}{\partial V_{CB}}\bigg|_{V_{BE}} \tag{3-340}$$

由 3.4.5 节对厄尔利效应的讨论可知，式（3-340）右边的第一个微分为

$$\frac{\partial I_C}{\partial V_{CB}}\bigg|_{V_{BE}} = \frac{I_C}{V_A} = \frac{1}{r_o}$$

式中，V_A 代表厄尔利电压，r_o 代表集电极增量输出电阻。

对于式（3-340）等号右边的第二个微分，由于 τ_b 总是与 W_B^2 成正比，则

$$\frac{\partial \tau_{\mathrm{b}}}{\partial V_{\mathrm{CB}}}\bigg|_{V_{\mathrm{BE}}} = \frac{2\tau_{\mathrm{b}}\left(\dfrac{\partial W_{\mathrm{B}}}{\partial V_{\mathrm{CB}}}\right)}{W_{\mathrm{B}}} \tag{3-341}$$

由式(3-75),式(3-341)结果为$-2\tau_{\mathrm{b}}/V_{\mathrm{A}}$。将以上各关系式代入式(3-340),并利用$\tau_{\mathrm{b}}=r_{\mathrm{e}}C_{\mathrm{DE}}$,得

$$\frac{\partial q_{\mathrm{B}}}{\partial V_{\mathrm{CB}}}\bigg|_{V_{\mathrm{BE}}} = \tau_{\mathrm{b}}\frac{I_{\mathrm{C}}}{V_{\mathrm{A}}} - 2\tau_{\mathrm{b}}\frac{I_{\mathrm{C}}}{V_{\mathrm{A}}} = -\frac{r_{\mathrm{e}}}{r_{\mathrm{o}}}C_{\mathrm{DE}} \tag{3-342}$$

q_{B}随V_{CB}的变化曲线示于图3-95。当V_{CB}略有增加时,由于厄尔利效应,基区变窄。因V_{BE}不变,发射结势垒区边上的基区少子浓度也不变,所以基区少子浓度分布由图3-95中上面一条斜线变为下面一条斜线,使q_{B}减少。

将式(3-339)和式(3-342)代入式(3-338),得到基区少子的高频小信号电荷q_{b}为

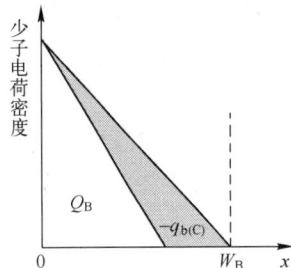

图3-95　q_{B}随V_{CB}的变化曲线

$$q_{\mathrm{b}} = C_{\mathrm{DE}}v_{\mathrm{be}} - \frac{r_{\mathrm{e}}}{r_{\mathrm{o}}}C_{\mathrm{DE}}v_{\mathrm{cb}} \tag{3-343}$$

3. 发射结势垒区电荷 q_{te}

由 PN 结势垒电容的定义,可得

$$q_{\mathrm{te}} = C_{\mathrm{TE}}v_{\mathrm{be}} \tag{3-344}$$

4. 集电结势垒区电荷 q_{tc}

类似地,可得

$$q_{\mathrm{tc}} = C_{\mathrm{TC}}v_{\mathrm{cb}} \tag{3-345}$$

3.9.3　高频小信号电流电压方程

将四个电荷电压方程,即式(3-337)、式(3-343)、式(3-344)及式(3-345)代入基极电流i_{b}的电荷控制方程式(3-331b),得

$$i_{\mathrm{b}} = \left(\frac{C_{\mathrm{DE}}}{\tau_{\mathrm{B}}} + \frac{1-\gamma_0}{r_{\mathrm{e}}}\right)v_{\mathrm{be}} + (C_{\mathrm{DE}}+C_{\mathrm{TE}})\frac{\mathrm{d}v_{\mathrm{be}}}{\mathrm{d}t} + \frac{(1-\gamma_0)\tau_{\mathrm{E}}}{r_{\mathrm{e}}}\cdot\frac{\mathrm{d}v_{\mathrm{be}}}{\mathrm{d}t} - \frac{r_{\mathrm{e}}C_{\mathrm{DE}}}{\tau_{\mathrm{B}}r_{\mathrm{o}}}v_{\mathrm{cb}} - \left(\frac{r_{\mathrm{e}}}{r_{\mathrm{o}}}C_{\mathrm{DE}}+C_{\mathrm{TC}}\right)\frac{\mathrm{d}v_{\mathrm{cb}}}{\mathrm{d}t} \tag{3-346}$$

式(3-346)可进行简化。式(3-346)等号右边的第一个系数,利用式(3-262)及亏损因子δ的定义,可简化为

$$\frac{1}{r_{\mathrm{e}}}\left[\frac{\tau_{\mathrm{b}}}{\tau_{\mathrm{B}}} + (1-\gamma_0)\right] = \frac{\delta}{r_{\mathrm{e}}} \approx \frac{1}{\beta_0 r_{\mathrm{e}}} \tag{3-347}$$

式(3-346)等号右边的第二个系数代表两个电容C_{DE}和C_{TE}的并联,为使书写简便,用一个电容C_{π}来表示,即$C_{\pi}\equiv C_{\mathrm{DE}}+C_{\mathrm{TE}}$。

式(3-346)等号右边的第三个系数可利用式(3-262)化为

$$\frac{(1-\gamma_0)\tau_{\mathrm{E}}}{r_{\mathrm{e}}} = (1-\gamma_0)\frac{\tau_{\mathrm{E}}}{\tau_{\mathrm{b}}}C_{\mathrm{DE}} \tag{3-348}$$

由于$\gamma_0\approx1$,这个系数远远小于第二个系数,故可以略去。

式(3-346)等号右边的第四个系数仍可利用式(3-262)化为

$$\frac{r_{\mathrm{e}}C_{\mathrm{DE}}}{\tau_{\mathrm{B}}r_{\mathrm{o}}} = \frac{\tau_{\mathrm{b}}}{\tau_{\mathrm{B}}r_{\mathrm{o}}} \approx \frac{1}{\beta_0 r_{\mathrm{o}}} \tag{3-349}$$

式(3-346)等号右边的第五个系数也是两个电容的并联,用电容C_{μ}来表示,即$C_{\mu}\equiv(r_{\mathrm{e}}/r_{\mathrm{o}})C_{\mathrm{DE}}+C_{\mathrm{TC}}$。

再令 $r_\pi \equiv \beta_0 r_e, r_\mu \equiv \beta_0 r_o$，于是式(3-346)的基极电流为

$$i_b = \frac{1}{r_\pi} v_{be} + C_\pi \frac{\mathrm{d} v_{be}}{\mathrm{d} t} - \frac{1}{r_\mu} v_{cb} - C_\mu \frac{\mathrm{d} v_{cb}}{\mathrm{d} t} \tag{3-350}$$

将式(3-343)等号右边的第二项及式(3-345)代入集电极电流 i_c 的电荷控制方程式(3-333)，并利用 $C_\mu \equiv (r_e/r_o) C_{DE} + C_{TC}$，得

$$i_c = \frac{q_b}{\tau_b} + C_\mu \frac{\mathrm{d} v_{cb}}{\mathrm{d} t} \tag{3-351}$$

注意式(3-351)等号右边第一项中的渡越时间 τ_b 与集电结电压 v_{cb} 有关而不是常数，因此不能简单地直接将式(3-343)的 q_b 代入，而必须将 q_b/τ_b 作为一个整体来处理。利用式(3-222)，得

$$\frac{q_b}{\tau_b} = \mathrm{d}\left(\frac{q_B}{\tau_b}\right) = \frac{\partial I_C}{\partial V_{BE}}\bigg|_{V_{CB}} v_{be} + \frac{\partial I_C}{\partial V_{CB}}\bigg|_{V_{BE}} v_{cb} \tag{3-352}$$

式(3-352)第二个等号右边第一项的系数代表集电极电流受发射结电压变化的影响，称为晶体管的转移电导，或跨导，用 g_m 表示，即

$$g_m = \frac{\partial I_C}{\partial V_{BE}}\bigg|_{V_{CB}} \tag{3-353}$$

根据跨导的定义，由晶体管的直流电流电压方程(式(3-59b))，当集电结反偏时，容易得到

$$g_m = \frac{q I_C}{kT} \tag{3-354}$$

当晶体管的输出端接有负载电阻时，晶体管的小信号电压增益将正比于 g_m，所以 g_m 也是反映晶体管的放大能力的一个重要参数，特别是在第 5 章要介绍的 MOSFET 中更是如此。

根据发射极增量电阻 r_e 的表达式，可知 g_m 与 r_e 之间的关系为

$$g_m = \frac{q I_C}{kT} = \alpha_0 \frac{q I_E}{kT} = \frac{\alpha_0}{r_e} \approx \frac{1}{r_e} \tag{3-355}$$

由于一般情况下 I_C 近似等于 I_E，故 g_m 与 r_e 可近似互为倒数。例如，在 1 mA 的偏置电流下，室温下的 r_e 之值为 26 Ω，而 g_m 之值则为 $(26\,\Omega)^{-1}$。

式(3-352)第二个等号右边的第二项反映了厄尔利效应，根据式(3-341)，该项系数应为集电极增量输出电阻 r_o 的倒数。将以上结果代入式(3-351)，得

$$i_c = g_m v_{be} + \frac{1}{r_o} v_{cb} + C_\mu \frac{\mathrm{d} v_{cb}}{\mathrm{d} t} \tag{3-356}$$

由式(3-350)和式(3-356)，当将各小信号电流和小信号电压写成用振幅表示的形式时，可得晶体管的共发射极高频小信号电流电压方程为

$$I_b = \left(\frac{1}{r_\pi} + \mathrm{j}\omega C_\pi\right) V_{be} - \left(\frac{1}{r_\mu} + \mathrm{j}\omega C_\mu\right) V_{cb} \tag{3-357a}$$

$$I_c = g_m V_{be} + \left(\frac{1}{r_o} + \mathrm{j}\omega C_\mu\right) V_{cb} \tag{3-357b}$$

由 $i_e + i_b + i_c = 0$，并注意到 $r_\pi \gg 1/g_m, r_\mu \gg r_o$，可求得发射极电流的小信号分量，并进而得到用振幅表示的共基极高频小信号电流电压方程为

$$I_e = -(g_m + \mathrm{j}\omega C_\pi) V_{be} - \frac{1}{r_o} V_{cb} \tag{3-358a}$$

$$I_c = g_m V_{be} + \left(\frac{1}{r_o} + \mathrm{j}\omega C_\mu\right) V_{cb} \tag{3-358b}$$

式(3-358a)和式(3-358b)中的各电路参数为

$$r_\pi = \beta_0 r_e = \beta_0 \frac{kT}{qI_E} \tag{3-359}$$

$$C_\pi = C_{DE} + C_{TE} \tag{3-360}$$

$$r_\mu = \beta_0 r_o = \beta_0 \frac{V_A}{I_C} \tag{3-361}$$

$$C_\mu = \frac{r_e}{r_o} C_{DE} + C_{TC} \tag{3-362}$$

$$g_m = \frac{qI_C}{kT}$$

这些电路参数的值都取决于晶体管本身、直流偏置及温度,而与信号无关。当晶体管的工作点和温度确定后,它们都是常数。所以在小信号运用时,各信号量之间为线性关系。

对于直流小信号或极低的频率,只需将式(3-357)和式(3-358)中的所有电容都去掉,就可以得到相应的直流小信号电流电压方程。例如晶体管的共发射极直流小信号电流电压方程为

$$I_b = \frac{1}{r_\pi} V_{be} - \frac{1}{r_\mu} V_{cb} \tag{3-357c}$$

$$I_c = g_m V_{be} + \frac{1}{r_o} V_{cb} \tag{3-357d}$$

3.9.4 小信号等效电路

晶体管内部的作用虽然很复杂,但从外部看,只有输入端的电流电压和输出端的电流电压这四个信号量。晶体管用在电路中时,重要的只是这四个量之间的关系。特别是在小信号运用时,这些信号量之间为线性关系。如果用另外一些元件构成一个电路,使这个电路输入、输出端上信号量之间的关系和晶体管的完全一样,则这个电路就称为晶体管的等效电路。在分析含有晶体管的电路问题时,用等效电路来代替晶体管是很方便的。但要注意的是,等效电路是对外等效、对内不等效,所以等效电路不能用来研究晶体管的内部物理过程。

1. 混合 π 等效电路[38]

(1) 原始形式的共发射极高频小信号等效电路

根据共发射极高频小信号电流电压方程的式(3-357a)和式(3-357b),即

$$I_b = \left(\frac{1}{r_\pi} + j\omega C_\pi \right) V_{be} - \left(\frac{1}{r_\mu} + j\omega C_\mu \right) V_{cb}$$

$$I_c = g_m V_{be} + \left(\frac{1}{r_o} + j\omega C_\mu \right) V_{cb}$$

可得到原始形式的共发射极高频小信号等效电路,如图 3-96(a)所示。从电流电压方程获得等效电路的具体方法如下:由于发射极是公共电极,式(3-357a)的基极电流是四项电流之和,这表明在基极与发射极之间有四个相互并联的电压控制电流源。其中前两个电流源的控制电压是基极与发射极之间的电压 V_{be},所以这两个电流源实际上分别是电阻 r_π 和电容 C_π。式(3-357b)则表明在集电极与发射极之间有三个相互并联的电压控制电流源。

(2) 等效电路的转换

这个原始等效电路有太多的受控源,而且有的受控源的控制电压是 V_{cb},既不是输入电压也不是输出电压,因此使用起来很不方便。为此,先对原始等效电路进行转换。

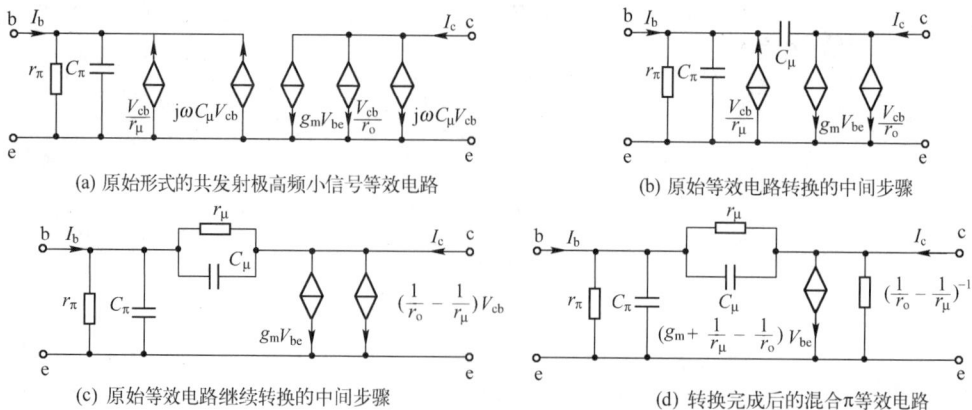

(a) 原始形式的共发射极高频小信号等效电路　　(b) 原始等效电路转换的中间步骤

(c) 原始等效电路继续转换的中间步骤　　(d) 转换完成后的混合π等效电路

图 3-96　共发射极高频小信号混合 π 等效电路

首先,利用图 3-97 所示的电流源的转换关系。图 3-97(a) 中节点 2、3 之间的电流源 I_g 和节点 3、1 之间的相同电流源可以转换为图 3-97(b) 中节点 2、1 之间的电流源 I_g。利用这个方法,原始等效电路中 c、e 之间的 $j\omega C_\mu V_{cb}$ 和 e、b 之间的 $j\omega C_\mu V_{cb}$ 可以转换为 c、b 之间的 $j\omega C_\mu V_{cb}$。这个电流源的控制电压恰好是 c、b 之间的电压 V_{cb},因此这个电流源实际上就是 c、b 之间的电容 C_μ。结果如图 3-96(b) 所示。

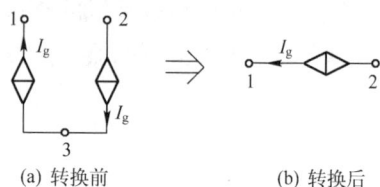

(a) 转换前　　(b) 转换后

图 3-97　电流源的转换关系

图 3-96(b) 中,b、e 之间的电容 $C_\pi \equiv C_{DE} + C_{TE}$ 的物理意义十分明显,它就是发射结扩散电容 C_{DE} 和发射结势垒电容 C_{TE} 的并联。c、b 之间的电容 $C_\mu \equiv (r_e/r_o)C_{DE} + C_{TC}$ 中,C_{TC} 的物理意义也十分明显,为集电结势垒电容。至于 $(r_e/r_o)C_{DE}$,则表示当集电结电压变化时,通过基区宽度的变化而引起的基区少子电荷的变化。

再将图 3-96(b) 中 c、e 之间的 V_{cb}/r_o 改写成 $V_{cb}(1/r_o + 1/r_\mu - 1/r_\mu)$,将其中的 V_{cb}/r_μ 与 e、b 之间的 V_{cb}/r_μ 转换成 c、b 之间的 V_{cb}/r_μ。它实际上就是 c、b 之间并联在电容 C_μ 上的电阻 r_μ。结果如图 3-96(c) 所示。

接下来的转换要利用晶体管三个电极间电压的关系,即 $V_{cb} = V_{ce} - V_{be}$。将 c、e 之间剩下的 $V_{cb}(1/r_o - 1/r_\mu)$ 改写成 $(V_{ce} - V_{be})(1/r_o - 1/r_\mu)$,从而分成分别受输出端电压 V_{ce} 和输入端电压 V_{be} 控制的两个电流源。其中 $V_{ce}(1/r_o - 1/r_\mu)$ 是 c、e 之间的电阻 $(1/r_o - 1/r_\mu)^{-1}$。$(-V_{be})(1/r_o - 1/r_\mu)$ 可以与 c、e 之间的 $g_m V_{be}$ 合并成一个电流源 $(g_m - 1/r_o + 1/r_\mu)V_{be}$。结果如图 3-96(d) 所示。现在等效电路中只有一个受控源,控制电压是输入电压 V_{be}。这个等效电路称为混合 π 等效电路。混合两字是指电路中的电流源受到电压的控制,"π" 是指电路的几何图形与 "π" 字相似。

（3）等效电路的简化与基极电阻的作用

图 3-96(d) 还可再进行简化。由于 $g_m \gg 1/r_o \gg 1/r_\mu$,c、e 之间的电阻 $(1/r_o - 1/r_\mu)^{-1}$ 可简化成电阻 r_o,电流源 $(g_m - 1/r_o + 1/r_\mu)V_{be}$ 可简化成 $g_m V_{be}$。结果如图 3-98(a) 所示。

除上述参数外,在混合 π 等效电路中还可以很方便地把基极电阻 r_{bb} 加进去。这时控制电流源的电压应当是 b'、e 之间的本征发射结上的电压 $V_{b'e}$,而不是加在外引出电极上的 V_{be},所以电流源应当改为 $g_m V_{b'e}$。另外,集电结势垒电容 C_{TC} 实际上是一个分布电容。为了更准确一些,可以把 C_μ 分成两个电容。一个是工作区的电容,连接于 b' 与 c 之间,记为 $C_{\mu 1}$;另一个是非工作区的电容,连接于 b 与 c 之间,记为 $C_{\mu 2}$。这样得到的混合 π 等效电路如图 3-98(b) 所示。

应当指出,由于上面的混合 π 等效电路未包括 τ_c、τ_d 等的作用,所以只能适用于特征频率 f_T 低于 500 MHz 的一般高频晶体管。

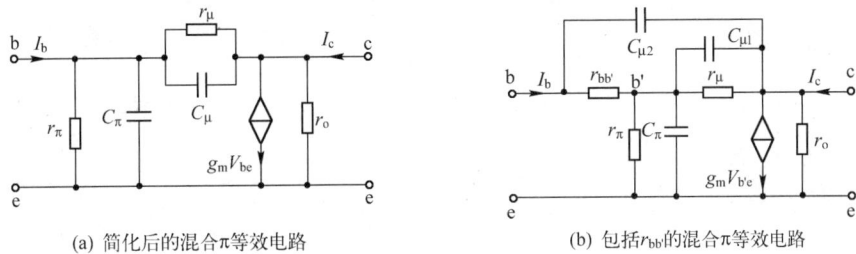

(a) 简化后的混合π等效电路　　　　(b) 包括$r_{bb'}$的混合π等效电路

图 3-98　等效电路的简化及基极电阻的作用

由于混合 π 等效电路中含有与角频率有关的容抗,所以在不同的频率范围,电路还可进行不同的简化。对于电阻与电容的并联,当频率较低时可忽略电容,当频率较高时可忽略电阻。具体来说,对于 r_π、C_π 并联支路和 r_μ、C_μ 并联支路,其分界频率分别为

$$f_\pi = \frac{1}{2\pi r_\pi C_\pi} \tag{3-363}$$

$$f_\mu = \frac{1}{2\pi r_\mu C_\mu} \tag{3-364}$$

将 r_π 与 C_π 的表达式代入式(3-363),得

$$f_\pi = \frac{1}{2\pi\beta_0 r_e(C_{DE}+C_{TE})} = \frac{1}{2\pi\beta_0(\tau_b+\tau_{eb})} \approx f_\beta \tag{3-365}$$

例 3.4　某高频晶体管的 $\beta_0 = 58$,偏置为 $V_{CE} = 10$ V、$I_C = 10$ mA,其混合 π 参数为:$r_e = 2.6$ Ω,$r_0 = 17$ kΩ,$r_\pi = 150$ Ω,$r_\mu = 986$ kΩ,$C_\pi = 200$ pF,$C_\mu = 6$ pF,由这些参数可算出:$f_\pi = f_\beta = 5.3$ MHz,$f_\mu = 27$ kHz,$f_T = 307$ MHz。因此,在 $f < f_\mu = 27$ kHz 的低频段,C_π 与 C_μ 均可忽略。这时等效电路成为直流小信号混合 π 等效电路。在 $f_\mu < f < f_\pi$ 的中频段,C_π 与 r_μ 可以忽略。在 $f > f_\pi = 5.3$ MHz 的高频段,r_π 与 r_μ 均可忽略。

各个频段下的等效电路都是相当简单的。例如低频段的直流小信号混合 π 等效电路如图 3-99(a)所示。这个等效电路还可以继续简化。b 与 c 之间的 r_μ 是一个相当大的电阻(在例 3.4 中接近 1 MΩ)。若忽略此电阻,则 $V_{be} = I_b r_\pi = I_b\beta r_e$,c 与 e 之间的电流源成为 $g_m V_{be} = \beta I_b$。简化后的混合 π 等效电路如图 3-99(b)所示。

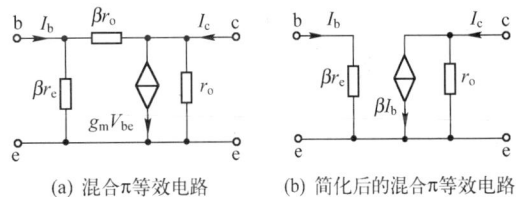

(a) 混合π等效电路　　(b) 简化后的混合π等效电路

图 3-99　低频段的直流小信号混合
π 等效电路及其简化形式

从例 3.4 可以看出,$f_\mu < f_\pi = f_\beta < f_T$。高频晶体管的工作频率一般介于 f_β 与 f_T 之间,此时 r_π 与 r_μ 均可忽略。

2. T 形等效电路

T 形等效电路也是一种常用的等效电路,用它来推导下节要介绍的功率增益较为方便。

T 形等效电路可以从图 3-98(b)的混合 π 等效电路直接转化而来。首先,只要不是工作在大电流、高反压下,图 3-98(b)中反映厄尔利效应的 r_0 一般可以略去。其次,把 $C_{\mu1}$ 与 $C_{\mu2}$ 仍然合为一个电容 C_μ。然后,将电流源的方向倒过来,同时将 $g_m V_{b'e}$ 改写成 $g_m V_{eb'}$。最后,将混合 π 等效电路的布局重新安排成共基极形式,如图 3-100(a)所示。

接着利用与图 3-97 相反的电流源转换方式,将 e、c 之间的电流源 $g_m V_{eb'}$ 转换成 e、b' 之间和 b'、c 之间的两个相同的电流源。其中 e、b' 之间的 $g_m V_{eb'}$ 就是电阻$(1/g_m) \approx r_e$。由于 r_e 远小于与其并联的电阻 r_π,故 r_π 可以略去。结果如图 3-100(b)所示。

将图 3-100(b)中 b'、c 之间的 r_μ、C_μ 并联支路用一个阻抗 $Z_{cb'}$ 来代表,即

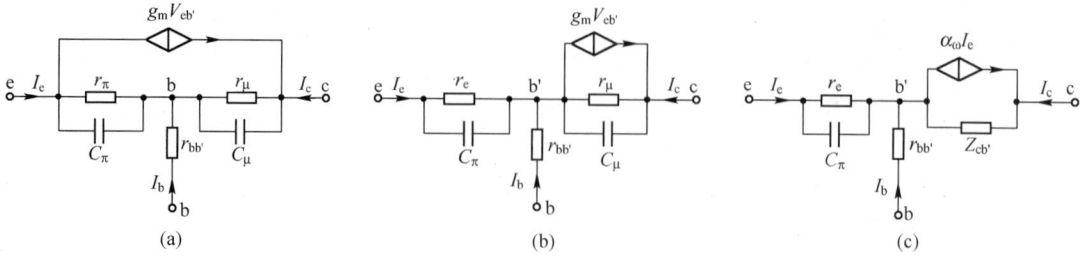

图 3-100　混合 π 等效电路转换成共基极 T 形等效电路的过程

$$Z_{cb'} = \left(\frac{1}{r_\mu} + j\omega C_\mu \right)^{-1} \tag{3-366}$$

然后再对 b′、c 之间的电流源 $g_m V_{eb'}$ 进行转换。根据前面的转换过程，这个电流源显然应当与流过 r_e 的电流 I_{e1} 相等，于是有

$$g_m V_{eb'} = I_{e1} = \frac{I_e}{1 + j\omega r_e (C_{DE} + C_{TE})} = \frac{I_e}{1 + j\omega(\tau_b + \tau_{eb})} \tag{3-367}$$

对于特征频率低于 500 MHz 的一般高频晶体管，组成信号延迟时间的四个时间常数中，以基区渡越时间 τ_b 为主，故有 $\tau_b + \tau_{eb} \approx \tau_{ec}$，再对式（3-367）乘以接近于 1 的 α_0，得

$$g_m V_{eb'} \approx \frac{\alpha_0}{1 + j\omega\tau_{ec}} I_e = \alpha_\omega I_e \tag{3-368}$$

这样，就得到了图 3-100（c）的共基极 T 形等效电路。

　　如果希望得到共发射极 T 形等效电路，可以先将发射极支路与基极支路的位置进行对调。同时，还应将输出端回路中含有 $\alpha_\omega I_e$ 的电流源转换成含有 $\beta_\omega I_b$ 的电流源，图 3-101 示出了电流源的转换过程。其方法主要是采用了两端网络的等效发电机定理及 $I_e = -(I_b + I_c)$ 的关系。转换后与电流源并联的阻抗 $Z_{cb'}$ 也要发生相应的变化，由 $Z_{cb'}$ 变为 Z_c，即

$$Z_c = \frac{Z_{cb'}}{1 + \beta_\omega} \tag{3-369}$$

得到的共发射极 T 形等效电路如图 3-102 所示。

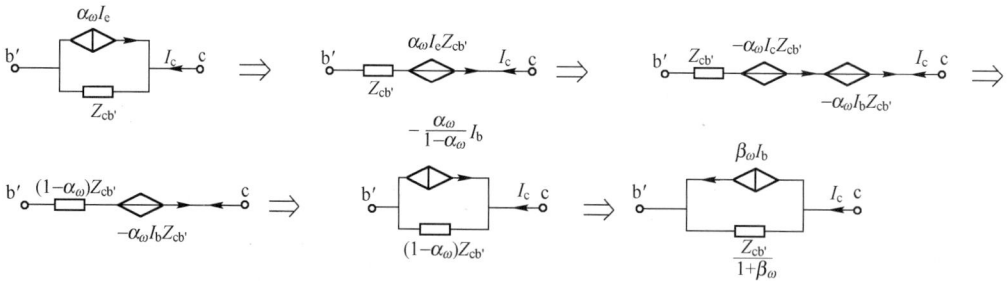

图 3-101　输出端回路电流源的转换过程

　　图 3-102 同样只适用于特征频率 f_T 低于 500 MHz 的一般高频晶体管。当 f_T 超过 500 MHz 时，τ_e、τ_d 等时间常数的比重越来越大，τ_b 已不再是 τ_{ec} 的主要成分。为了提高 f_T 及输出阻抗，晶体管的结构正朝着使结电容越来越小的方向发展。同时，用一个集中参量 C_{TC} 来表示本来是分布参量的集电结电容也显得越来越不够准确。

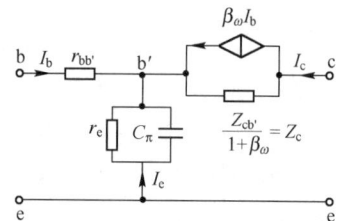

图 3-102　共发射极 T 形等效电路

此外,在高频下内引线(即晶片到管壳的连线)和外引线(即管脚)的电感也不能忽略。因为即便小到 1 nH 的电感,在 500 MHz 下也有 3 Ω 的感抗。在高频下由于集肤效应,引线电阻也不能忽略。此外,引线之间的分布电容、引线与管壳之间的分布电容等均应考虑。就像传输线一样,当线的长度远小于信号的波长时,可用集中参数的 T 形等效电路来表示分布参数。由此所得的等效电路比较复杂,见参考文献[39]。

3.10 功率增益和最高振荡频率

所谓对信号进行放大,从本质上讲应该是对信号功率的放大。晶体管对信号功率的放大能力,称为晶体管的功率增益。晶体管的功率增益随着频率的提高而下降。当频率超过"最高振荡频率 f_M"时,晶体管就会失去功率放大能力。特征频率 f_T 代表的是共发射极接法的晶体管有电流放大能力的频率极限,而 f_M 则代表晶体管有功率放大能力的频率极限。f_M 与 f_T 有关,但并不相等。

3.10.1 高频功率增益与高频优值

1. 最大功率增益

在推导晶体管的高频功率增益时,要利用图 3-102 的共发射极 T 形等效电路。下面先对这个等效电路进一步简化。首先,e、b' 之间的 r_e、C_π 并联支路的分界频率为

$$\frac{1}{2\pi r_e C_\pi} = \frac{1}{2\pi r_e (C_{DE}+C_{TE})} = \frac{1}{2\pi (\tau_b+\tau_{eb})} \approx f_T$$

通常 $f<f_T$,C_π 可以略去。这时输入端回路是 $r_{bb'}$ 与 r_e 的串联。又由于通常 r_e 远小于 $r_{bb'}$,所以 e、b' 之间可近似为短路。

其次,高频晶体管的工作频率一般满足 $f>f_\beta>f_\mu$,因此 $Z_{cb'}$ 中与 C_μ 并联的 r_μ 可以略去,得

$$\frac{1}{Z_{cb'}} = \frac{1}{r_\mu} + j\omega C_\mu \approx j\omega\left(\frac{r_e}{r_o}C_{DE}+C_{TC}\right) \approx j\omega C_{TC} \tag{3-370}$$

当 $f>f_\beta$ 时,结合式(3-308),β_ω 可表示为

$$\beta_\omega = \frac{\beta_0}{1+j\dfrac{f}{f_\beta}} \approx \frac{\beta_0 f_\beta}{jf} = -j\frac{f_T}{f} \tag{3-371}$$

于是与电流源并联的阻抗 Z_c 的倒数成为

$$\frac{1}{Z_c} = \frac{1+\beta_\omega}{Z_{cb'}} = \left(1-j\frac{f_T}{f}\right)j\omega C_{TC} = j\omega C_{TC}+2\pi f_T C_{TC} \tag{3-372}$$

可见,Z_c 相当于一个电阻 $(2\pi f_T C_{TC})^{-1}$ 和一个电容 C_{TC} 的并联。

由以上讨论可知,在共基极等效电路中,输出阻抗 $Z_{cb'}$ 可近似为一个由电容组成的电抗元件,即集电结势垒电容 C_{TC} 的电抗。但是在共发射极等效电路中,Z_c 中还含有并联的纯电阻 $(2\pi f_T C_{TC})^{-1}$。这可以从物理上解释如下:当 c、e 间有外加电压 V_{ce} 时,由于集电结电容 C_{TC} 的存在,c、b 间将有一大小为 $j\omega C_{TC}V_{ce}$,相位比 V_{ce} 超前 $90°$ 的电流流到基区。它经过放大而产生一个集电极电流。在高频下放大倍数为 $(-jf_T/f)$,因此输出电流又滞后了 $90°$,结果就和 V_{ce} 同相,表现为一个纯电阻。此电阻的值就是 $(\omega C_{TC}f_T/f)^{-1}$,即 $(2\pi f_T C_{TC})^{-1}$。

为了从晶体管获得功率输出,应当在输出端接上负载阻抗 Z_L。经简化后并接有 Z_L 的共发射极高频等效电路,如图 3-103 所示。

当 Z_L 等于 Z_c 的共轭复数 Z_c^* 时,输出功率达到最大。显然,这时电流源 $\beta_\omega I_b$ 的电流有一半流经负载。利用式(3-371),可得流过负载的集电极电流的幅模为

$$|I_c| = \left|\frac{\beta_\omega I_b}{2}\right| = \frac{f_T I_b}{2f}$$

因此最大输出功率为

$$P_{omax} = \frac{|I_c|^2}{\mathrm{Re}(1/Z_L)} = \left(\frac{f_T I_b}{2f}\right)^2 \frac{1}{2\pi f_T C_{TC}} = \frac{f_T I_b^2}{8\pi C_{TC} f^2} \qquad (3\text{-}373)$$

输入回路的电流为 I_b,电阻为 $r_{bb'}$,因此输入功率为

$$P_{in} = r_{bb'} I_b^2 \qquad (3\text{-}374)$$

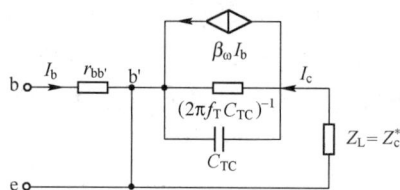

图 3-103　接有负载阻抗 Z_L 的共发射极高频等效电路

于是可得最大功率增益

$$K_{pmax} = \frac{P_{omax}}{P_{in}} = \frac{f_T}{8\pi r_{bb'} C_{TC} f^2} \qquad (3\text{-}375)$$

由式(3-375)可知,信号的频率越高,最大功率增益越低。频率每提高一倍,最大功率增益降为原来的四分之一,即 $10 \lg 4/\mathrm{Oct} = 6\,\mathrm{dB/Oct}$。

2. 高频优值

将最大功率增益与频率平方的乘积称为晶体管的高频优值,记为 M,即

$$M = K_{pmax} f^2 = \frac{f_T}{8\pi r_{bb'} C_{TC}} \qquad (3\text{-}376)$$

M 值只取决于晶体管本身而与频率无关,它是综合衡量晶体管的功率放大能力和频率特性的一个重要参数。当工作频率提高时,功率增益就会下降;要增加功率增益,就只能降低频率。因此 M 又称为功率增益–带宽乘积。

3.10.2　最高振荡频率

特征频率 f_T 是共发射极接法的晶体管有电流放大能力的最高频率。当信号频率超过 f_T 后,晶体管虽然失去了电流放大能力,但如果输出阻抗比输入阻抗大得多,则晶体管仍具有电压放大能力。实际上,真正能否对信号起放大作用要看最大功率增益 K_{pmax} 是否大于 1。

把晶体管的最大功率增益 K_{pmax} 下降到 1 时所对应的频率称为最高振荡频率,记为 f_M。当整个环路的功率增益大于 1 时,晶体管可以在正反馈条件下发生振荡。反之,晶体管就不可能产生振荡。在式(3-375)中令 $K_{pmax} = 1$,即可解出最高振荡频率

$$f_M = M^{\frac{1}{2}} = \left(\frac{f_T}{8\pi r_{bb'} C_{TC}}\right)^{1/2} \qquad (3\text{-}377)$$

如果考虑到键合电容 $C_{bc(pad)}$ 和杂散电容 C_x,则式(3-377)中的 C_{TC} 应改写为 C_{ob},即

$$C_{ob} = C_{TC} + C_{bc(pad)} + C_x$$

集电结势垒电容 C_{TC} 实际上是一个分布变量,但上面推导 K_{pmax} 时所用的等效电路没有反映出这种情况,因此不能用于很高的频率。当频率超过几百兆赫时,可将 $r_{bb'}$ 分成 r_{b1} 及 r_{b2},将 C_{TC} 分成 C_{TC1} 及 C_{TC2},其中 C_{TC1} 接在 c 及 r_{b1} 与 r_{b2} 的连接点之间,C_{TC2} 仍连于 c、b′ 之间,这时

$$f_M = \left[\frac{f_T}{8\pi (r_{b1} C_{TC1} + r_{b2} C_{TC2})}\right]^{1/2} \qquad (3\text{-}378)$$

当频率在几千兆赫以上时,就得考虑管壳的寄生参量对功率增益的影响,其中最重要的是发射极引线电感 L_e 的作用。L_e 原本是串联在发射极上的,当发射极增量电阻 r_e 近似为短路后,L_e 就连接在了 e、b′ 之间,如图 3-104 所示。

当负载阻抗为输出阻抗的共轭复数时,负载上流过的电流为

$$I_e = \frac{\beta_\omega I_b}{2} = \frac{-if_T}{2f} I_b$$

这个电流也要流过 L_e,并在其感抗 $j\omega L_e$ 上产生与 I_b 同相的电压

$$j\omega L_e \left(\frac{-if_T}{2f}\right) I_b = \pi f_T L_e I_b$$

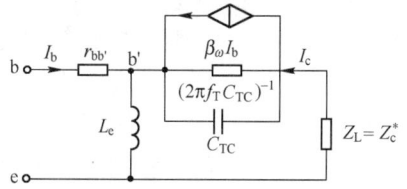

图 3-104　L_e 对功率增益的影响

因此在输入回路中,除基极电阻上消耗的功率 $|I_b|^2 r_{bb'}$ 外,还有 I_b 与上述电压消耗的功率 $|I_b|^2 \pi f_T L_e$。所以在 K_{pmax}、M 及 f_M 的公式中,应该用($r_{bb'} + \pi f_T L_e$)来代替 $r_{bb'}$ [40],分别得到

$$K_{pmax} = \frac{f_T}{8\pi (r_{bb'} + \pi f_T L_e) C_{TC} f^2} \tag{3-379}$$

$$f_M = M^{1/2} = \left[\frac{f_T}{8\pi (r_{bb'} + \pi f_T L_e) C_{TC}}\right]^{1/2} \tag{3-380}$$

3.10.3　高频晶体管的结构

晶体管的工作频率,从 20 世纪 50 年代初的音频范围到现在的微波频段,是一个极其巨大的进步。取得这样的成就应归功于对晶体管原理的研究,更重要的是应归功于半导体工艺的发展。微波晶体管一般是用平面工艺制作的 NPN 管。在 NPN 管中,由于基区少子是迁移率较高的电子,从而可在相同结构下得到比 PNP 管更小的基区渡越时间。用平面工艺可将晶体管的尺寸做得很小。所谓尺寸小,主要是指基区宽度小和发射极条宽小。此外,用平面工艺可制成缓变基区晶体管,基区内建电场的存在可进一步降低基区渡越时间。

由式(3-376)可知,为了提高晶体管的高频优值 M,应提高晶体管的特征频率 f_T,降低基极电阻 $r_{bb'}$,降低集电势垒电容 C_{TC}。由 3.6 节的讨论可知,要减小 $r_{bb'}$,应将发射区和基极接触孔做成长条状,这样,在同样的面积下,基极电流的通路就会宽而短,$r_{bb'}$ 就可做得很小。对于长条状的基极与发射极图形,其基极接触孔下的基极电阻、基极接触孔边缘到工作基区边缘的基极电阻及工作基区基极电阻,均与条长 l 成反比(因条长 l 是基极电阻的宽度),与条宽 s 成正比(因条宽 s 是基极电阻的长度)。因此条长越长,条宽越窄,各条之间的距离越短,则 $r_{bb'}$ 就越小。在 3.7.3 节中已指出,由于发射结电流集边效应,为了提高晶体管的使用电流,必须采用长条状的图形或其他复杂图形。只有用于很小电流的晶体管,才采用圆环形基极。

要减小 C_{TC},应减小基区的面积,即 C_{TC} 与条长 l 及条宽 s 均成正比。所以对于 $r_{bb'}$ 与 C_{TC} 的乘积来说,与条长 l 无关,与条宽 s 的平方成正比。由此可见采用细线条结构的重要性。

采用电子束曝光和干法腐蚀技术,可以得到条宽小于 $0.1\ \mu m$ 的精细图形。

为了降低基极电阻,应采用非工作基区重掺杂(浓硼扩散)及深结深等措施。基极接触孔下采用重掺杂,也有利于降低接触电阻。

由式(3-308)及式(3-330),即

$$f_T = \frac{1}{2\pi \tau_{ec}}$$

$$\tau_{ec} = \frac{x_{je}^2}{2D_E \beta_0} + r_e (C_{TE} + C_{TC}) + \left(\frac{W_B^2}{\eta D_B} + \frac{W_B}{v_{max}}\right) + \frac{x_{dc}}{2v_{max}} + r_{cs} C_{TC} \tag{3-381}$$

可知,要提高特征频率 f_T,应尽量把上式中的各项都做得很小。

电容 C_{TE} 和 C_{TC} 应尽量小,这和上述尽量减小条宽的要求是一致的。

基区宽度 W_B 应足够小,目前已可达到 $0.1 \sim 0.2\ \mu\mathrm{m}$。窄基区一般是通过浅结扩散得到的。发射区一般采用砷扩散或砷离子注入得到。砷扩散有微弱的负基区陷落效应,这是有好处的,因为它可以使工作基区的宽度略小于非工作基区的宽度。结果是使 W_B 减小的同时非工作基区的基极电阻也减小。但是当 W_B 已经减小到使 τ_b 只是 τ_{ec} 的很小一部分时,继续减小 W_B 对减小 τ_{ec} 的作用已不大,反而使 $r_{bb'}$ 增加,工艺难度加大。

基区掺杂浓度及浓度梯度的选取均应尽可能使内建电场达到最佳状态,使式(3-381)中第三项含 η 的因子达到最小。用离子注入工艺掺砷及掺硼就能得到较为理想的杂质分布。为了减小 $r_{bb'}$ 应尽量提高非工作基区的掺杂浓度,但工作基区的杂质浓度却不宜过高,否则会使注入效率下降,基区少子迁移率下降,渡越时间增加,发射结电容增大,发射结击穿电压下降等。

式(3-381)最后一项 $r_{cs}C_{TC}$ 中,r_{cs} 是集电区的半导体体电阻,要减小 r_{cs},应采用重掺杂的衬底作为集电区。但集电区重掺杂后,会使 C_{TC} 增大,集电结雪崩击穿电压 BV_{CBO} 下降。为了解决这一矛盾,可以在重掺杂的 N^+ 衬底上用外延工艺生长一层轻掺杂的 N^- 型外延层,在外延层上制作晶体管。外延层的厚度应比集电结结深 x_{jc} 与集电结耗尽区宽度 x_{dc} 之和略大,这样,集电结耗尽区位于 N^- 型外延层中,可以减小 C_{TC},提高雪崩击穿电压。外延层与重掺杂衬底的典型厚度分别为 $10\ \mu\mathrm{m}$ 与 $150\ \mu\mathrm{m}$,这样就有效地减小了 r_{cs}。但外延层的掺杂浓度也不能太低,否则会使集电结耗尽区宽度 x_{dc} 太大,式(3-381)的倒数第二项就会很大。设计者应根据对晶体管的具体要求做出折中的安排。

从发射区来看,设计上及工艺上应满足的基本要求是:首先,发射结结深 x_{je} 应足够浅,现在已可做到 $0.1\ \mu\mathrm{m}$ 以下。x_{je} 的理论下限决定于注入效率,工艺上则受到发射极金属接触微合金的限制。采用多层金属和难熔金属做电极是一种较好的方法。其次,共发射极短路电流放大系数 β_0 应比较大。这就要求发射区的掺杂浓度较基区的为浓。但发射区掺杂浓度过重时又会引起发射区能带变窄与少子扩散系数下降,反而使注入效率降低。第三,发射极增量电阻 r_e 应尽可能小。因为 $r_e = kT/(qI_E)$,所以可采用较大的偏置电流 I_E。应当注意,有不少电阻与 r_e 串联着,包括金属电极电阻、接触电阻、发射极镇流电阻等,这些电阻实际上都应包括在式(3-381)的 r_e 中。

在频率很高的晶体管中,发射极引线电感会影响高频功率增益,见式(3-379)。与此有关的一个重要进展是发展了梁式引线技术。这种引线实质上是很宽的金属条,其厚度达 $10\ \mu\mathrm{m}$,因此它本身可做管芯的机械支撑,同时又避免了一般金属管壳在很高频率下的寄生效应。由于引线较宽,使引线的电感大为减小。梁式引线工艺还提高了晶体管的可靠性。

3.11 双极结型晶体管的开关特性

数字电路包括数字集成电路大量使用晶体管或二极管作为开关。专门用作开关的二极管或晶体管称为开关二极管或开关晶体管。在 2.7 节中已经介绍过开关二极管,但是由于二极管没有放大作用,而且输入、输出是同一个回路,因此其性能远不如开关晶体管。

本节的讨论以 NPN 管为例。如图 3-105 所示,当外接信号电压为正时,$V_{CE} = E_C - I_C R_L$。如果 I_B 很大,则 I_C 也很大。当 V_{CE} 接近于零时,I_C 达到最大值,即 $I_C = E_C/R_L$,这相当于开关的"开"态,如

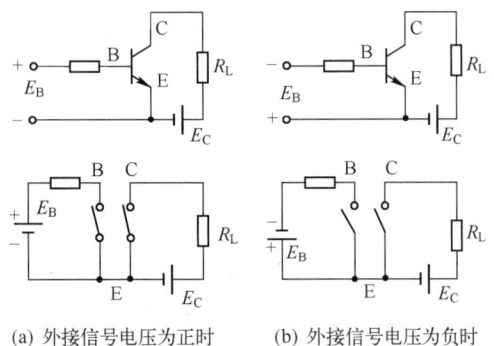

(a) 外接信号电压为正时   (b) 外接信号电压为负时

图 3-105　晶体管的开关作用

图 3-105(a)所示。这时在负载电阻上可得到一个较大的负电压。

当外接信号电压为负或零时,晶体管处于截止区,I_B 很小,I_C 也很小,V_{CE} 接近于 E_C。这相当于开关的"关"态,如图 3-105(b)所示。图 3-105 的上图为电路图,下图为等效电路。

由此可知,晶体管开关电路的输出回路受到输入回路的控制,且当输入一个正脉冲电压时,集电极将输出一个放大了的负脉冲电压。所以晶体管很适合用作开关。

理想开关应具有如下直流特性:输出端受输入信号的控制而处于导通或关断两种状态之一;导通时开关上的电压为零;关断时流过开关的电流为零;输入端及开关本身均不消耗功率。

实际晶体管与理想开关在直流特性上的主要区别是:开态时 V_{CE} 虽很小但不为零;关态时 I_C 虽很小但也不完全为零。为了尽量减小这两个影响,应采用大幅度变化的信号,造成 V_{CE} 和 I_C 的大幅度变化。这种情况称为晶体管的大信号运用。为此,先分析晶体管的静态大信号特性。

3.11.1 晶体管的静态大信号特性

晶体管的静态大信号特性可以利用埃伯斯-莫尔模型(Ebers-Moll 模型,EM 模型)来进行分析。

1. 埃伯斯-莫尔模型

3.4 节中已经得到当晶体管的两个结均为任意电压时的共基极电流电压方程,即埃伯斯-莫尔方程。现在将电流的参考方向定为三个电流均以流入晶体管为正,得

$$I_E = -I_{ES}\left[\exp\left(\frac{qV_{BE}}{kT}\right) - 1\right] + \alpha_R I_{CS}\left[\exp\left(\frac{qV_{BC}}{kT}\right) - 1\right] \tag{3-382a}$$

$$I_C = \alpha I_{ES}\left[\exp\left(\frac{qV_{BE}}{kT}\right) - 1\right] - I_{CS}\left[\exp\left(\frac{qV_{BC}}{kT}\right) - 1\right] \tag{3-382b}$$

在 α、α_R 与 I_{ES}、I_{CS} 之间存在一个重要的互易关系,即

$$\alpha I_{ES} = \alpha_R I_{CS} \tag{3-383}$$

令

$$I_F = I_{ES}\left[\exp\left(\frac{qV_{BE}}{kT}\right) - 1\right] \tag{3-384a}$$

$$I_R = I_{CS}\left[\exp\left(\frac{qV_{BC}}{kT}\right) - 1\right] \tag{3-384b}$$

分别代表流过单独的发射结与集电结的 PN 结电流,则式(3-382)可简化为

$$I_E = -I_F + \alpha_R I_R \tag{3-385a}$$

$$I_C = \alpha I_F - I_R \tag{3-385b}$$

基极电流 I_B 的表达式可以利用 $I_E + I_B + I_C = 0$ 的关系导出。

从上面的公式可得到如图 3-106 所示的埃伯斯-莫尔等效电路。等效电路中发射极和集电极支路均由一个二极管和一个受控电流源并联构成,其中二极管的反向饱和电流分别为 I_{ES} 和 I_{CS}。受控电流源在形式上分别受另一支路的二极管电流控制,实质上受另一个 PN 结上的电压控制。受控电流源的存在反映了由一个 PN 结注入的少子越过基区而被另一个 PN 结收集这个重要事实,即由于基区很薄而导致的两个 PN 结之间的耦合作用。如果基区很厚,则两个 PN 结之间无耦合作用,$\alpha = \alpha_R = 0$,等效电路退化为两个独立的背靠背串联的 PN 结二极管。

在三个电极上分别存在三个串联电阻 R_E、r_{CS} 和 $r_{bb'}$,这些电阻是各电极上的半导体体电阻、金半接触电阻和引线电阻等寄生电阻之和。计入这些电阻后的等效电路如图 3-107 所示。在以下的讨论中,只有当这些电阻的影响不能忽略时,才将它们计入。

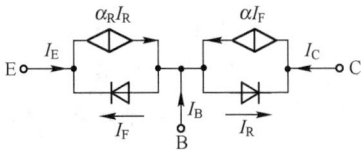

图 3-106　埃伯斯-莫尔等效电路

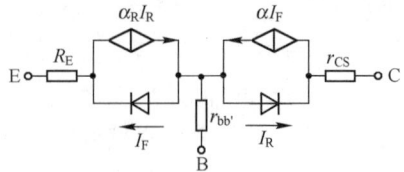

图 3-107　包括串联电阻的埃伯斯-莫尔等效电路

根据每个结上是正偏或反偏,晶体管有四个工作区,如图 3-108 所示。开关晶体管主要工作在截止区和饱和区。在截止区、放大区和倒向放大区,晶体管的两个 PN 结至少有一个为反偏,埃伯斯-莫尔方程和等效电路还可分别进一步简化。

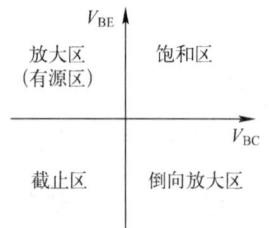

图 3-108　NPN 管各工作区的划分

在截止区,两个结均为反偏,$V_{BE}<0,V_{BC}<0$。式(3-384)成为

$$I_F = -I_{ES} \tag{3-386a}$$

$$I_R = -I_{CS} \tag{3-386b}$$

再由式(3-385)及互易关系,得截止区简化的埃伯斯-莫尔方程为

$$I_E = I_{ES} - \alpha_R I_{CS} = (1-\alpha)I_{ES} \tag{3-387a}$$

$$I_C = -\alpha I_{ES} + I_{CS} = (1-\alpha_R)I_{CS} \tag{3-387b}$$

这时两个二极管的电流均是与电压无关的固定值。截止区的简化等效电路如图 3-109(a)所示。

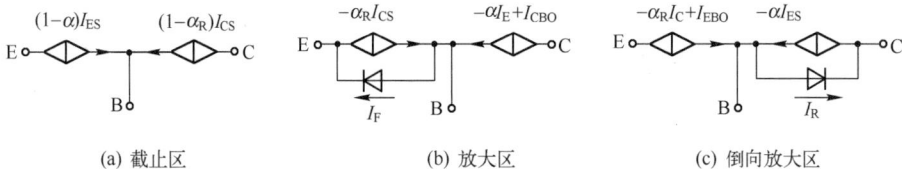

(a) 截止区　　　　　　(b) 放大区　　　　　　(c) 倒向放大区

图 3-109　各工作区的简化埃伯斯-莫尔等效电路

在放大区,$V_{BE}>0,V_{BC}<0$。简化的埃伯斯-莫尔方程为

$$I_E = -I_F - \alpha_R I_{CS} \tag{3-388a}$$

$$I_C = \alpha I_F + I_{CS} = -\alpha I_E + I_{CBO} \tag{3-388b}$$

式中

$$I_{CBO} = (1-\alpha\alpha_R)I_{CS} \tag{3-389}$$

放大区的简化等效电路如图 3-109(b)所示。

在倒向放大区,$V_{BE}<0,V_{BC}>0$。简化的埃伯斯-莫尔方程为

$$I_E = I_{ES} + \alpha_R I_R = -\alpha_R I_C + I_{EBO} \tag{3-390a}$$

$$I_C = -I_R - \alpha I_{ES} \tag{3-390b}$$

式中

$$I_{EBO} = (1-\alpha\alpha_R)I_{ES} \tag{3-391}$$

倒向放大区的简化等效电路如图 3-109(c)所示。

以上埃伯斯-莫尔方程与等效电路中的受控电流源实质上都是受电压控制的,I_F 受 V_{BE} 控制,I_R 受 V_{BC} 控制。有时需要把埃伯斯-莫尔模型中的受控电流源表示成受端电流 I_E、I_C 控制的形式。由式(3-385b)和式(3-385a)解出 I_R 和 I_F,分别代入式(3-385a)和式(3-385b),得

$$I_E = -\alpha_R I_C - (1-\alpha\alpha_R)I_F \tag{3-392a}$$

$$I_C = -\alpha I_E - (1-\alpha\alpha_R)I_R \tag{3-392b}$$

再将式(3-384)代入以上两式,并利用式(3-389)和式(3-391),得

$$I_E = -\alpha_R I_C - I_{EBO}\left[\exp\left(\frac{qV_{BE}}{kT}\right) - 1\right] \tag{3-393a}$$

$$I_C = -\alpha I_E - I_{CBO}\left[\exp\left(\frac{qV_{BC}}{kT}\right) - 1\right] \tag{3-393b}$$

式(3-393a)和式(3-393b)的等效电路如图 3-110 所示。此等效电路中的每条支路仍由二极管和受控电流源并联构成,但其中的受控电流源分别受端电流 I_C 和 I_E 控制,二极管的反向饱和电流则由原来的 I_{ES} 和 I_{CS} 分别变为 I_{EBO} 和 I_{CBO}。图 3-110 的电路和图 3-106 的电路是完全等效的。在实际应用中,当信号源为电压时,使用图 3-106 较为方便;当信号源为电流时,使用图 3-110 较为方便。

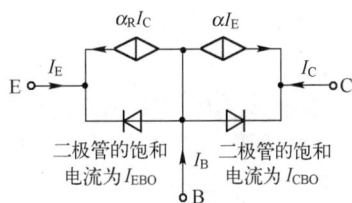

图 3-110 以电流源为控制元件的埃伯斯–莫尔等效电路

2. 共发射极输入特性

所谓共发射极输入特性,是指以输出端电压 V_{CE} 为参量、输入端电流 I_B 与输入端电压 V_{BE} 之间的关系。利用 $I_E + I_B + I_C = 0$ 的关系,由式(3-382),可得

$$I_B = (1-\alpha)I_{ES}\left[\exp\left(\frac{qV_{BE}}{kT}\right) - 1\right] + (1-\alpha_R)I_{CS}\left[\exp\left(\frac{qV_{BC}}{kT}\right) - 1\right] \tag{3-394}$$

再利用 $V_{BC} = V_{BE} - V_{CE}$ 的关系,可将上式写为

$$I_B = (1-\alpha)I_{ES}\left[\exp\left(\frac{qV_{BE}}{kT}\right) - 1\right] + (1-\alpha_R)I_{CS}\left[\exp\left(q\,\frac{V_{BE}-V_{CE}}{kT}\right) - 1\right] \tag{3-395}$$

当 $V_{CE} = 0$ 时,式(3-395)代表两个反向饱和电流分别为 $(1-\alpha)I_{ES}$ 及 $(1-\alpha_R)I_{CS}$ 的 PN 结二极管的电流之和,其等效电路是两个并联的二极管,如图 3-111(a)所示。输入特性曲线与 PN 结二极管的伏安特性曲线相同,如图 3-112 中标有"0"的曲线所示。

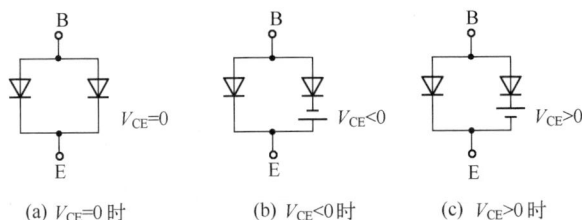

(a) $V_{CE}=0$ 时   (b) $V_{CE}<0$ 时   (c) $V_{CE}>0$ 时

图 3-111 不同 V_{CE} 值下的等效电路

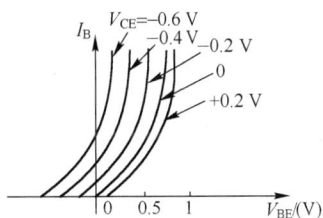

图 3-112 不同 V_{CE} 值下的输入特性曲线

当 $V_{CE}<0$ 时,相当于在第二个二极管支路中串入一个正向电压源 $|V_{CE}|$,如图 3-111(b)所示。第二个二极管的电流大大增加,使总电流 I_B 中以第二个二极管的电流为主。因此,为了维持同样的电流,V_{BE} 可以减小约 $|V_{CE}|$ 的数值,即输入特性曲线向左平移 $|V_{CE}|$。这就是图 3-112 中 $V_{CE} = -0.2\,\text{V}$、$-0.4\,\text{V}$ 等的情形,相邻两条曲线之间的横坐标距离约为 0.2 V。

当 $V_{CE}>0$ 时,相当于在第二个二极管支路中串入一个反向电压源 V_{CE},如图 3-111(c)所示。第二个二极管的电流大大减小,使总电流 I_B 中以第一个二极管的电流为主。为维持同样的电流,V_{BE} 应略微增加一些,即输入特性曲线略微向右平移。例如图 3-112 中 $V_{CE} = +0.2\,\text{V}$ 的曲线,这时相邻两条曲线之间的横坐标距离比 0.2 V 小得多。

3. 共发射极输出特性

所谓共发射极输出特性,是指以输入端电流 I_B 为参量、输出端电流 I_C 与输出端电压 V_{CE} 之间的关系。3.4 节中已经讨论了晶体管在正向放大区的共发射极输出特性,现在利用埃伯斯–莫尔模型对晶体管在四个工作区的共发射极输出特性进行全面的分析。

由式(3-393b),并利用 $I_E + I_B + I_C = 0$、$V_{BC} = V_{BE} - V_{CE}$、$\beta = \alpha/(1-\alpha)$ 和 $I_{CEO} = I_{CBO}/(1-\alpha)$ 的关系,得

$$I_C = \beta I_B - I_{CEO}\left[\exp\left(q\frac{V_{BE}-V_{CE}}{kT}\right)-1\right] \tag{3-396}$$

在放大区，$V_{BC}<0$，即 $V_{CE}-V_{BE}>0$。若 $V_{CE}-V_{BE}>4kT/q$（室温下约 0.1 V），则式（3-396）为

$$I_C = \beta I_B + I_{CEO} \tag{3-397}$$

当以 V_{CE} 为横坐标时，放大区的范围为 $V_{CE}>V_{BE}$。所以在输出特性曲线中，放大区的左边界为 $V_{CE}=V_{BE}$，即图 3-113 第一象限中的虚线。此线也称为临界饱和线。对于硅管，在一般的电流下，V_{BE} 约为 0.7 V。所以在图 3-113 中，放大区是第一象限中 V_{CE} 约大于 0.7 V 的区域。

对于倒向晶体管，由式（3-393a）可得

$$\begin{aligned}I_C &= -\frac{\alpha_R}{1-\alpha_R}I_B + \frac{I_{EBO}}{1-\alpha_R}\left[\exp\left(\frac{qV_{BE}}{kT}\right)-1\right]\\&= -\beta_R I_B + I_{ECO}\left[\exp\left(\frac{qV_{BE}}{kT}\right)-1\right]\end{aligned} \tag{3-398}$$

式中，$\beta_R = \dfrac{\alpha_R}{1-\alpha_R}$，$I_{ECO} = \dfrac{I_{EBO}}{1-\alpha_R}$。

在倒向放大区，$V_{BE}<0$，式（3-398）可简化为

$$I_C = -\beta_R I_B - I_{ECO} \tag{3-399}$$

倒向晶体管的输出特性曲线位于第三象限，其形状与第一象限的正向放大区输出特性曲线相类似，但 $\beta_R \ll \beta$。

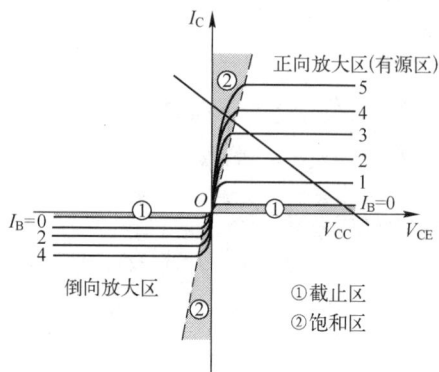

图 3-113　NPN 管的埃伯斯-莫尔输出特性曲线

在截止区，$V_{BE}<0$，$V_{BC}<0$，前面已经得到式（3-387b），即

$$I_C = -\alpha I_{ES} + I_{CS} = (1-\alpha_R)I_{CS}$$

这时的电流几乎与 V_{CE} 的大小无关。

也可以把 $I_B=0$ 的曲线定义为放大区与截止区的分界线。因为当 $I_B=0$ 时，V_{BE} 也很小，可近似地认为 $V_{BE}=0$。因此用电流定义的截止区（$I_B<0$、$V_{BC}<0$）与用电压定义的截止区（$V_{BE}<0$、$V_{BC}<0$）实际上是差不多的。当 $I_B=0$ 时，正向管与倒向管的 I_C 分别为

$$I_C = \frac{I_{CBO}}{1-\alpha} = I_{CEO} \qquad (V_{BE}>V_{BC}) \tag{3-400a}$$

$$I_C = \frac{I_{EBO}}{1-\alpha_R} = -I_{ECO} \qquad (V_{BE}<V_{BC}) \tag{3-400b}$$

以正向管为例，当 $I_B>0$，即 $I_C>I_{CEO}$ 时为放大区；当 $I_B<0$，即 $I_C<I_{CEO}$ 时为截止区，即图 3-113 第一象限中靠近横坐标的灰色区域。同理，倒向管的截止区是图 3-113 第三象限中靠近横坐标的灰色区域。

在饱和区，$V_{BE}>0$，$V_{BC}>0$。当 $V_{BE}>V_{BC}$ 时为正向管的饱和区，当 $V_{BE}<V_{BC}$ 时为倒向管的饱和区。以下主要讨论正向管的饱和区。将饱和区的 V_{CE} 称为饱和电压，记为 V_{CES}。

当 V_{BE} 与 V_{BC} 均比 $4kT/q$ 大时，由式（3-393a）与式（3-393b）得到

$$V_{BE} = \frac{kT}{q}\ln\left(\frac{I_E + \alpha_R I_C}{-I_{EBO}}\right) \tag{3-401a}$$

$$V_{BC} = \frac{kT}{q}\ln\left(\frac{I_C + \alpha I_E}{-I_{CBO}}\right) \tag{3-401b}$$

由以上两式可得饱和电压为

$$V_{CES} = V_{BE} - V_{BC} = \frac{kT}{q}\ln\left(\frac{I_{CBO}}{I_{EBO}}\cdot\frac{I_E + \alpha_R I_C}{I_C + \alpha I_E}\right) \tag{3-402}$$

利用式(3-389)、式(3-391)及互易关系式(3-383),式(3-402)中的

$$\frac{I_{CBO}}{I_{EBO}} = \frac{I_{CS}}{I_{ES}} = \frac{\alpha}{\alpha_R} \tag{3-403}$$

再利用 $I_E + I_B + I_C = 0$ 的关系,将式(3-402)中的 I_E 消去,得

$$V_{CES} = \frac{kT}{q} \ln \left[\frac{1 + \frac{I_C}{I_B}(1-\alpha_R)}{\alpha_R \left(1 - \frac{I_C}{\beta I_B}\right)} \right] \tag{3-404}$$

应该注意的是,式(3-404)中的 I_C 并不等于 βI_B。在饱和区,当 I_B 增加时,I_C 几乎不变,因此 V_{CES} 将随 I_B 的增加而减小。

式(3-404)中的 V_{CES} 是本征饱和压降,通常很小,典型值为 0.1 V,而且随 I_C 与 β 的变化也很小,在许多情况下可忽略。然而,以上的讨论忽略了各个电极上的串联电阻。在外延平面管中,集电极串联电阻 r_{CS} 上的压降 $I_C r_{CS}$ 可能比 V_{CES} 还要大。为了反映 r_{CS} 的影响,可以在等效电路的集电极支路中串入电阻 r_{CS}。这时式(3-404)应改为

$$V_{CES} = \frac{kT}{q} \ln \left[\frac{1 + \frac{I_C}{I_B}(1-\alpha_R)}{\alpha_R \left(1 - \frac{I_C}{\beta I_B}\right)} \right] + I_C r_{CS} \tag{3-405}$$

图 3-113 中的虚线与纵坐标之间的灰色区域是饱和区,虚线是放大区与饱和区的分界线,即临界饱和线或饱和边缘。临界饱和线之所以不与纵坐标重合,是因为 V_{CE} 包括 V_{BC}、V_{BE} 及集电极串联电阻 r_{CS} 上的压降,即

$$V_{CE} = V_{BE} - V_{BC} + I_C r_{CS} \tag{3-406}$$

因此临界饱和时 $V_{BC} = 0$ 并不代表 $V_{CE} = 0$。临界饱和时

$$V_{CE} = V_{BE} + I_C r_{CS} \tag{3-407}$$

3.11.2 晶体管的直流开关特性

1. 晶体管的开关作用

图 3-114 所示为简单的晶体管开关电路及输入波形。流过负载电阻 R_L 的电流为

$$I_C = \frac{E_C - V_{CE}}{R_L} \tag{3-408}$$

式(3-408)称为负载方程,根据负载方程画出的曲线称为负载线。图 3-115 画出了晶体管的输出特性曲线与负载线。晶体管的工作点 (I_C, V_{CE}) 必须同时满足输出特性方程与负载方程,因此晶体管的工作点应该是输出特性曲线与负载线的交点。

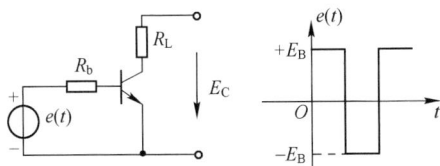

图 3-114 简单晶体管开关电路及输入波形

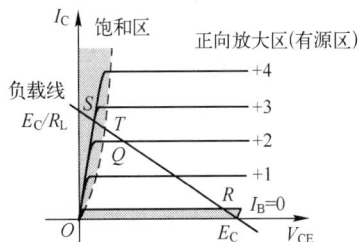

图 3-115 晶体管输出特性曲线与负载线

当输入为负脉冲电压 $e(t) = -E_B$ 时,$V_{BE} < 0$,$V_{BC} < 0$,晶体管处于截止区,即关断状态,这时

$$I_C = (1 - \alpha_R) I_{CS} \approx 0$$

$$V_{CE} = E_C - I_C R_L \approx E_C$$

晶体管的工作点为图 3-115 中的点 R。

当输入为正脉冲电压 $e(t) = +E_B$ 时,$V_{BE} > 0$。晶体管可能处于放大区,也可能处于饱和区,取决于 V_{BC} 的正负或 I_B 的大小。由图 3-114 可得 V_{BC} 为

$$V_{BC} = V_{BE} - E_C + I_C R_L = V_{BE} - E_C + \beta I_B R_L \tag{3-409}$$

如果 I_B 较小,使

$$\beta I_B R_L < E_C - V_{BE} \tag{3-410}$$

则 $V_{BC} < 0$,晶体管处于放大区,$I_C = \beta I_B$,其工作点为图 3-115 中的点 Q。这时晶体管的 V_{CE} 较大。以放大区作为导通状态的开关称为非饱和开关。

当 I_B 增大时,V_{BC} 的绝对值减小。当 I_B 增大到使 $\beta I_B R_L = E_C - V_{BE}$ 时,$V_{BC} = 0$,晶体管处于放大区与饱和区的交界点,即临界饱和点,如图 3-115 中的点 T。

如果 I_B 继续增大到使

$$\beta I_B R_L > E_C - V_{BE} \tag{3-411}$$

则 $V_{BC} > 0$,晶体管处于饱和区,其工作点为图 3-115 中的点 S。这时晶体管的 V_{CE} 为饱和压降 V_{CES}。如前所述,V_{CES} 的数值很小,所以饱和区的集电极电流为

$$I_C = \frac{E_C - V_{CES}}{R_L} \approx \frac{E_C}{R_L} \tag{3-412}$$

这时 I_C 达到最大值,其值取决于电路的 E_C 及 R_L,而与晶体管的 I_B 及 β 无关。

以饱和区作为导通状态的开关称为饱和开关,它很接近于理想开关的导通状态。饱和开关的优点是:①导通状态时的压降很小,因此晶体管的功耗很小;②抗干扰性好。当 E_B、I_B、β、E_C 等发生微小变动时,只要电路条件满足式(3-411),则晶体管始终在饱和区,V_{CES} 始终在 0.1 V 左右,I_C 也始终保持 E_C/R_L 不变。当式(3-411)两端的差别较大时,这一优点尤为明显。

2. 饱和区的特性

在饱和区工作的晶体管可以看成正向、倒向两个晶体管合成的结果。正向管的两个结上的电压分别为 $V_{BE} > 0$ 和 $V_{BC} = 0$;倒向管的两个结上的电压分别为 $V_{BE} = 0$ 和 $V_{BC} > 0$。两管合成后,$V_{BE} > 0$,$V_{BC} > 0$,晶体管处于饱和区。

图 3-116 表示饱和区晶体管中的非平衡少子浓度分布曲线。由于正向管的 $\gamma \approx 1$,故发射区的非平衡少子(空穴)浓度几乎为零。而倒向管的 $\gamma_R < 1$,集电区的非平衡少子(空穴)浓度不能忽略,它甚至高于基区的非平衡少子(电子)浓度。

当晶体管处于临界饱和时,$V_{BE} > 0$,$V_{BC} = 0$,合成管的集电极电流为

$$I_C = \beta I_B \tag{3-413}$$

这时倒向管的两个结上电压均为零,倒向管无电流。

进入饱和区后,$V_{BC} > 0$,倒向管产生电流。倒向管的集电极电流和正向管的集电极电流方向相反,使合成管的 I_C 不变。倒向管的基极电流和正向管的基极电流方向一致,使合成管的 I_B 增加。所以在饱和区

$$I_C < \beta I_B \tag{3-414}$$

从临界饱和开始,当 I_B 增加时,称为饱和深度的加大。

在"深饱和"的情况下,V_{BC} 值仅比 V_{BE} 值小 0.1 V 左右,因此,深饱和时晶体管的饱和压降为

$$V_{CES} = V_{BE} - V_{BC} + I_C r_{CS} = 0.1 + I_C r_{CS} \tag{3-415}$$

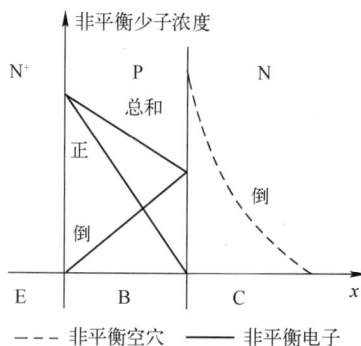

图 3-116 饱和区晶体管中的非平衡少子浓度分布曲线

--- 非平衡空穴　　—— 非平衡电子

这时，V_{CES} 只与 I_C 有关而与 I_B 无关，这反映在图 3-113 中，就是对应于不同 I_B 的各条曲线在最左侧汇集成一条曲线。

深饱和时的发射结压降称为正向压降，记为 V_{BES}，即

$$V_{BES} = V_{BE} + I_B r_{bb'} \approx 0.8 + I_B r_{bb'} \tag{3-416}$$

式中，0.8 V 是深饱和时本征发射结上的压降。

3. 驱动电流与饱和深度

当基极电流 I_B 由负变正并不断增大时，晶体管的工作点从图 3-115 中截止区的点 R 沿负载线经放大区的点 Q 移动到临界饱和线上的点 T，即 I_B 驱动着晶体管从关态进入开态，因此将这种情况下的 I_B 称为驱动电流。使晶体管达到临界饱和的驱动电流称为临界饱和基极电流，记为 I_{BS}。相应的集电极电流称为临界饱和集电极电流，记为 I_{CS}。I_{CS} 与 I_{BS} 之间仍满足

$$I_{CS} = \beta I_{BS} \tag{3-417}$$

此外，由于临界饱和时的 V_{CE} 通常远小于 E_C，故 I_{CS} 又可表示为

$$I_{CS} = \frac{E_C - V_{CE}}{R_L} \approx \frac{E_C}{R_L} \tag{3-418}$$

当 I_B 继续增大而超过 I_{BS} 后，晶体管的工作点为图 3-115 中饱和区内的点 S。这时 V_{CES} 的变化很小，从临界饱和时的约 0.7 V 降到深饱和时的约 0.1 V。I_C 也几乎没有什么变化。这就是说，当 $I_B > I_{BS}$ 后，I_B 的增加几乎不能使 I_C 增加，而只是加深晶体管的饱和程度。所以将 $I_B - I_{BS}$ 称为过驱动电流，即

$$I_B - I_{BS} = I_B - \frac{I_{CS}}{\beta} \approx I_B - \frac{E_C}{\beta R_L} \tag{3-419}$$

过驱动电流越大，晶体管的饱和程度越深。为了定量表示晶体管饱和程度的深浅，可定义晶体管的饱和度（或称驱动因子）S 为

$$S = \frac{I_B}{I_{BS}} = \beta \frac{I_B}{I_{CS}} \tag{3-420}$$

临界饱和时，过驱动电流为零，$S = 1$。进入饱和后，$S > 1$。S 越大，晶体管的饱和程度越深。为了减小 V_{CES}，提高抗干扰能力，在开关电路中常常采用过驱动电流，使晶体管处于深饱和，饱和度一般为 $S = 2 \sim 6$。

由式(3-420)可见，如果晶体管的 β 过小，则在一定的 I_B 下，会降低晶体管的饱和度，甚至使晶体管进不了饱和区，使开态的 V_{CE} 增加。

过驱动电流的作用是维持超量储存电荷。如图 3-117 所示，基区中的斜线 1 对应于临界饱和，基区中的斜线 2 和集电区中的曲线对应于过驱动，线下的面积代表非平衡少子电荷。基区中斜线 2 与斜线 1 之间面积的电荷称为基区超量储存电荷，用 Q'_B 表示；集电区中曲线下面积的电荷称为集电区超量储存电荷，用 Q'_C 表示，如图中的灰色区域所示。

超量储存电荷将因复合而不断减少，过驱动电流的作用就是补充超量储存电荷的复合损失，即

$$I_B - I_{BS} = \frac{Q'_B}{\tau_B} + \frac{Q'_C}{\tau_C} \tag{3-421}$$

式中，τ_B、τ_C 分别代表基区、集电区的少子寿命。在平面晶体管中，由于基区掺杂浓度 N_B 高于集电区掺杂浓度 N_C，且基区宽度 W_B 较小，因此一般有 $Q'_C \gg Q'_B$，超量储存电荷主要储存在集电区中。

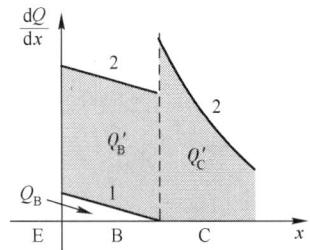

图 3-117　超量储存电荷

如果饱和度 S 太深,则 V_{CES} 的下降并不多,而超量储存电荷却会大量增加,这会使下面将要讨论的储存时间延长,降低晶体管的开关速度。

3.11.3 晶体管的瞬态开关特性[41~45]

和开关二极管一样,开关晶体管的输出波形在时间上也并不和输入的脉冲信号完全一致,而有一个延迟的过程,称为过渡过程。

1. 开关应用的过渡过程

在图 3-118(a)所示的开关电路中,当外加正脉冲电压 e_s 时,输入端的电压为 e_s-E_B。实际的集电极电流 i_C 的波形示于图 3-118(b)中。可以看出,在外加脉冲信号到来后,输出电流 i_C 要经过一段时间 t_d 才开始上升。t_d 称为延迟时间。然后再经过一段时间 t_r 才上升到饱和值 I_{CS},t_r 称为上升时间。脉冲电压消失后,i_C 会在一段时间 t_s 内几乎维持原值 I_{CS} 不变,t_s 称为储存时间。然后再经过一段时间 t_f,i_C 才下降到接近于零,t_f 称为下降时间。

晶体管从"关"到"开"经历了 t_d 与 t_r 两段时间,这两段时间合起来称为开启时间 t_{on},即 $t_{on} \equiv t_d + t_r$。从"开"到"关"经历了 t_s 与 t_f 两段时间,这两段时间合起来称为关断时间 t_{off},即 $t_{off} \equiv t_s + t_f$。t_{on} 与 t_{off} 合起来称为开关时间。

显然,开关时间的存在限制了晶体管在高速脉冲下的开关速度,所以必须弄清楚产生这些时间的原因,以便找出缩短它们的方法。

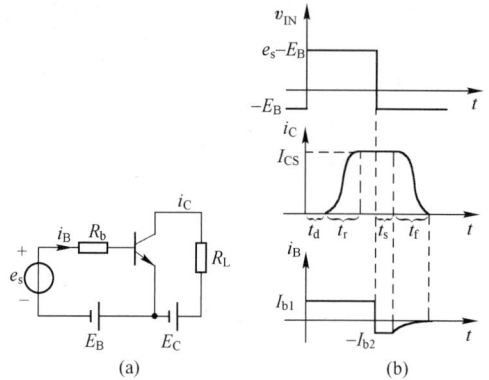

图 3-118 晶体管对脉冲信号的过渡过程

2. 延迟过程

在正向脉冲信号到来以前,晶体管的两个 PN 结上都是反向电压,即

$$V_{BE} = -E_B$$
$$V_{BC} = -E_C - E_B \qquad (3\text{-}422)$$

正向脉冲到来后,驱动电流 i_B 首要先对两个 PN 结的势垒电容充电,使两个 PN 结上的电压上升,如图 3-119 所示。使发射结电压由 $-E_B$ 上升到正向导通电压 V_F 所需的时间就是延迟时间 t_d。集电结上的电压也发生相同的改变量 $V_F + E_B$,从 $-E_C - E_B$ 上升到 $-E_C + V_F$。这一过程中,发射结尚未导通,没有或只有极少量的少子注入基区,故集电极电流几乎为零。

根据图 3-118 所示的电路,在延迟期间,i_B 可表示为

$$i_B = \frac{e_s - E_B - V_{BE}}{R_b} \qquad (3\text{-}423)$$

由于 $V_{BE} < 0.7\text{V}$,E_B 一般也很小,而 e_s 在实际情况下常为几伏,因此有

$$i_B \approx e_s / R_b \equiv I_{b1} \qquad (3\text{-}424)$$

这时势垒电容的充电电流为常数 I_{b1}。

势垒电容 C_{TE} 与 C_{TC} 都是结电压 V 的函数,现定义

$$\overline{C}_T \equiv \frac{1}{V_2 - V_1} \int_{V_1}^{V_2} C_T(V)\,\mathrm{d}V \qquad (3\text{-}425)$$

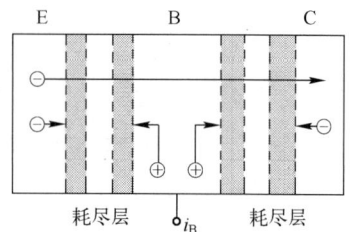

图 3-119 延迟过程中结电容的充电情形

为其平均电容。在时间 t_d 内,i_B 对 $\overline{C}_{TE}$ 与 $\overline{C}_{TC}$ 的充电电荷量为 $I_{b1}t_d$,而 $\overline{C}_{TE}$ 与 $\overline{C}_{TC}$ 上的电压改变量

都是 V_F+E_B，所以

$$I_{b1}t_d = (V_F+E_b)(\overline{C}_{TE}+\overline{C}_{TC}) \tag{3-426}$$

下面来求势垒电容的平均值。由 2.5 节，PN 结势垒电容 C_T 与结电压 V 的关系可写成

$$C_T(V) = C_T(0)\left(1-\frac{V}{V_{bi}}\right)^{-m} \tag{3-427}$$

式(3-427)中，m 称为结电容的梯度因子，突变结的 $m=1/2$，线性缓变结的 $m=1/3$；$C_T(0)$ 代表电压为零时的电容。将式(3-427)代入式(3-425)，可得

$$\overline{C}_T = \frac{C_T(0)V_{bi}}{(1-m)(V_2-V_1)}\left[\left(1-\frac{V_1}{V_{bi}}\right)^{1-m}-\left(1-\frac{V_2}{V_{bi}}\right)^{1-m}\right] \tag{3-428}$$

对于发射结，$V_1=-E_B$，$V_2=V_F\approx V_{bi}$，代入式(3-428)，得

$$\overline{C}_{TE} \approx \frac{C_{TE}(0)}{(1-m)}\left(1+\frac{E_B}{V_{bi}}\right)^{-m}$$

实际上，E_B 约为 V_{bi} 的 1.5～4 倍，在 m 为 1/2 到 1/3 的范围内，可将上式的分母近似取为 1，而误差不会超过 25%。因此

$$\overline{C}_{TE} \approx C_{TE}(0) \tag{3-429}$$

对于集电结，$V_1=-E_C-E_B$，$V_2=-E_C+V_F$，通常 $E_C\gg E_B$，$E_C\gg V_F$，因此可以直接用反向电压 E_C 时的微分电容来代替平均电容，即

$$\overline{C}_{TC} \approx C_{TC}(-E_C) \tag{3-430}$$

将式(3-429)和式(3-430)代入式(3-426)，得

$$t_d \approx \frac{C_{TE}(0)+C_{TC}(-E_C)}{I_{b1}}(V_F+E_B) \tag{3-431}$$

3. 上升过程

延迟过程结束后，发射结导通，晶体管进入放大区，i_C 逐渐上升。经过上升时间 t_r 后，晶体管到达临界饱和点，i_C 上升到临界饱和值 I_{CS}。在上升过程中，发射结电压 V_{BE} 只略有增加，所以基极电流 i_B 几乎维持 I_{b1} 不变。上升时间 t_r 是驱动电流 I_{b1} 对下面几种电荷充电所需的时间。

（1）当 V_{BE} 超过 0.6 V 后，发射结开始明显地将少子注入基区，从而使 i_C 逐渐增加。根据基区渡越时间 τ_b 的定义，基区储存的少子电荷为

$$q_B = i_C\tau_b \tag{3-432}$$

基极电流的一部分用来增加与不断增加的 q_B 等量的多子电荷，以维持基区的电中性，这相当于对发射结扩散电容 C_{DE} 的充电，如图 3-120 所示。

（2）i_C 增加的过程实际上也是 V_{BE} 增加的过程，虽然其增加的幅度比 i_C 要小得多。V_{BE} 的变化意味着对发射结势垒电容 C_{TE} 的充电。由 3.8 节可知，C_{TE} 上电荷的增加量为

$$dq_E = C_{TE}dv_{BE} = C_{TE}r_edi_C = \tau_{eb}di_C \tag{3-433}$$

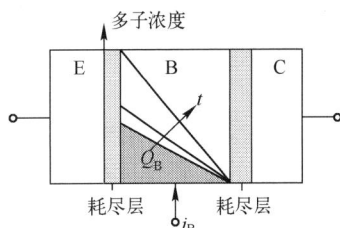

图 3-120 上升过程中基区多子电荷的增加

（3）i_C 流过输出回路的负载电阻 R_L 及集电区串联电阻 r_{CS} 时，将产生压降。这个压降会使集电结上的反向电压降低，即

$$v_{BC} = v_{BE}-E_C+i_C(r_{CS}+R_L)$$

V_{BC} 的变化意味着对集电结势垒电容 C_{TC} 的充电，相应的充电电荷为

$$dq_C = C_{TC}dv_{BC} = C_{TC}(r_{CS}+R_L)di_C = (\tau_C+C_{TC}R_L)di_C \tag{3-434}$$

（4）基极电流除对上述各电容充电外，还要补充与基区少子复合而损失的多子，并向发射区

注入少子。在放大区,这部分基极电流为

$$i_C/\beta \tag{3-435}$$

综上所述,驱动电流 I_{b1} 包括对三种电荷的充电电流及式(3-435)所代表的电流之和,即

$$I_{b1} = \frac{dq_B}{dt} + \frac{dq_E}{dt} + \frac{dq_C}{dt} + \frac{i_C}{\beta} \tag{3-436}$$

将式(3-432)、式(3-433)和式(3-434)代入式(3-436)后,可得到 i_C 的微分方程为

$$I_{b1} = (\tau_{eb} + \tau_b + \tau_c + C_{TC}R_L)\frac{di_C}{dt} + \frac{i_C}{\beta} \tag{3-437}$$

式(3-437)中, C_{TC} 与结电压有关,为简单起见,可采用平均电容 $\overline{C}_{TC}$。

若忽略上升过程刚开始时的集电极电流,则初始条件为 $t=0$ 时 $i_C=0$。于是可解得随时间上升的 i_C 为

$$i_C(t) = \beta I_{b1}\left\{1 - \exp\left[-\frac{t}{\beta(\tau_{eb} + \tau_b + \tau_c + \overline{C}_{TC}R_L)}\right]\right\} \tag{3-438}$$

根据上升时间 t_r 的定义,当 $t=t_r$ 时, $i_C(t_r) = I_{CS}$,可求得

$$t_r = \beta(\tau_{eb} + \tau_b + \tau_C + \overline{C}_{TC}R_L)\ln\frac{\beta I_{b1}}{\beta I_{b1} - I_{CS}} \tag{3-439}$$

在 t_r 的起始时刻, $V_{BC} = -E_C + V_F$;在 t_r 的结束时刻,晶体管进入饱和区边缘, $V_{BC} = 0$。由式(3-428)可得,在 E_C 远大于 V_F 及 V_{bi} 的条件下, C_{TC} 从 $V_1 = -E_C + V_F$ 到 $V_2 = 0$ 的近似平均值:

对突变结有

$$\overline{C}_{TC} = 2C_{TC}(-E_C)$$

对线性缓变结有

$$\overline{C}_{TC} = 1.5C_{TC}(-E_C)$$

平面晶体管的集电结介于突变结和线性缓变结之间,因此可以近似地取

$$\overline{C}_{TC} \approx 1.7C_{TC}(-E_C) \tag{3-440}$$

已知晶体管的特征频率

$$\frac{1}{2\pi f_T} = \tau_{eb} + \tau_b + \tau_d + \tau_c \tag{3-441}$$

若忽略式(3-441)中的 τ_d,再将式(3-441)和式(3-440)代入式(3-439),可求出

$$t_r = \beta\left[\frac{1}{2\pi f_T} + 1.7C_{TC}(-E_C)R_L\right]\ln\left(\frac{\beta I_{b1}}{\beta I_{b1} - I_{CS}}\right) \tag{3-442}$$

4. 储存时间

上升过程结束时,晶体管处于临界饱和状态, i_C 达到临界饱和值 I_{CS}。由于一般情况下驱动电流 I_{b1} 大于临界饱和基极电流 $I_{BS} \approx E_C/(\beta R_L)$,因此晶体管将被继续驱动进入深饱和区,这时 i_C 仅有微弱的增加。过驱动电流 $I_{b1} - I_{BS}$ 虽然只使 i_C 有微弱的增加,但在基区与集电区中却引进了超量储存电荷 Q'_B 与 Q'_C。在一般平面管中 $Q'_C \gg Q'_B$,因此从式(3-421)可得

$$Q'_C = \tau_C(I_{b1} - I_{BS}) \tag{3-443}$$

当输入回路的正脉冲消失后,输入回路中只剩下电压源 $-E_B$。但由于发射结两旁储存的非平衡少子的消失需要一个过程,因此在这期间 V_{BE} 不会立即转为负值,而仍保持在 $0.6 \sim 0.7\,V$ 左右。从图 3-118 的输入电路看,此时存在一个较大的反向基极电流,即

$$i_B = -I_{b2} = -\frac{E_B + V_{BE}}{R_b} \tag{3-444}$$

I_{b2} 称为反向抽取电流,或泄放电流。只要超量储存电荷还没有消失,集电结上就有正向电压,因此从输出电路看,由于 E_C 远大于两个结上的正向电压,所以 i_C 也维持在稍大于 I_{CS} 的值不变。可见,在超量储存电荷消失的过程中, i_B 与 i_C 均保持不变。这就解释了为什么在图 3-118 中的 i_C

和 i_B 波形图上,当脉冲电压改变极性后,在一段时间内 i_C 仍维持原来的 I_{CS} 值,i_B 则出现一个较大的负值($-I_{b2}$),它们都不立即接近于零的原因。

超量储存电荷一方面被抽取电流 I_{b2} 不断地抽出,一方面在半导体中因复合而不断消耗。当超量储存电荷全部消失时,晶体管从深饱和区退回到临界饱和点,基区少子达到临界饱和时的分布状态。从这时起,两个结上的电压及 i_B、i_C 才开始减小。因此,所谓储存时间 t_s,就是超量储存电荷消失所需的时间,也是晶体管从深饱和区退回到临界饱和点所需的时间。

在储存时间 t_s 期间,由于 i_C 维持在 I_{CS} 不变,因此应有基极电流 I_{CS}/β 从基极流入。另一方面,有抽取电流 I_{b2} 从基极流出。这个情况可以理解为,基极上有两个电流,一个是流入的 I_{CS}/β,另一个是流出的 $I_{b2}+I_{CS}/\beta$。流入的部分维持 I_{CS} 不变,流出的部分则使超量储存电荷 Q'_C 消失。Q'_C 消失的另一个途径是在集电区内的复合,单位时间内损失 Q'_C/τ_C。因此,在储存时间期间,Q'_C 满足以下的微分方程

$$\frac{\mathrm{d}Q'_C}{\mathrm{d}t}=-\frac{Q'_C}{\tau_C}-\left(I_{b2}+\frac{I_{CS}}{\beta}\right) \tag{3-445}$$

如果以储存时间开始时作为初始时刻,则由式(3-443)可得初始条件为

$$Q'_C(0)=\tau_C(I_{b1}-I_{BS})=\tau_C\left(I_{b1}-\frac{I_{CS}}{\beta}\right)$$

由此可解出 $Q'_C(t)$。再根据当 $t=t_s$ 时,$Q'_C(t_s)=0$,即可解出储存时间 t_s,即

$$t_s=\tau_C\ln\left(\frac{\beta I_{b1}+\beta I_{b2}}{I_{CS}+\beta I_{b2}}\right) \tag{3-446}$$

5. 下降过程

晶体管从深饱和区退到临界饱和点之后,就开始了下降过程。i_C 开始从临界饱和值 I_{CS} 下降,到下降过程结束时几乎降为零。所以下降过程就是晶体管从临界饱和点经过放大区进入截止区的过程。在推导下降时间 t_f 时,规定 t_f 为 i_C 从 I_{CS} 降到 0 所需的时间。

下降过程是上升过程的逆过程,因此这里完全可以借用上升过程的理论。但在上升过程中基极电流几乎保持 I_{b1} 不变,而在下降过程中基极电流是变化的,如图 3-118 所示。为了简单起见,假设下降过程中基极电流维持 $-I_{b2}$ 不变,则只需分别用 $-I_{b2}$ 和 $-t_f$ 代替式(3-442)中的 I_{b1} 和 t_r,就可得到

$$t_f=\beta\left[\frac{1}{2\pi f_T}+1.7C_{TC}(-E_C)R_L\right]\ln\left(\frac{\beta I_{b2}+I_{CS}}{\beta I_{b2}}\right) \tag{3-447}$$

以上得到的各个时间都是理论上的结果。实际上,各个时间在结束时都是一个逐渐过渡的过程。为了测量和使用的方便,也可对 t_{on} 及 t_{off} 定义如下:t_{on} 为从脉冲信号加入后,到 i_C 达到 $0.9I_{CS}$ 的时间;t_{off} 为脉冲信号去除后,i_C 从 I_{CS} 降到 $0.1I_{CS}$ 的时间。

6. 提高开关速度的措施

如前所述,实际应用中常使晶体管在开态时处于深饱和状态。这将造成超量储存电荷过大,储存时间过长。在组成开关时间的四个时间中,一般以储存时间的比例最高。所以提高开关速度应主要从减少储存时间着手。为了缩短储存时间,从晶体管制造工艺的角度,应采取以下措施。

(1)由式(3-446)可知,应当尽量降低集电区少子寿命 τ_C[41]。集电区少子寿命降低后,一方面可使导通期间的超量储存电荷 $Q'_C=\tau_C(I_{b1}-I_{BS})$ 大为减少,另一方面可在储存时间期间加快超量储存电荷的复合。在硅管中发展了采用掺金来降低少子寿命的工艺方法。先在硅片背面蒸镀一层很薄的金膜,然后在一定的温度下进行金扩散。金在硅中是很好的复合中心,而且金在 N

型硅中对少子的复合作用约比在 P 型硅中强一倍。因此在 NPN 晶体管中掺金后,可显著降低集电区的少子寿命。

掺金的缺点是,少子寿命的降低会使 PN 结的反向漏电流增加,放大系数 β 下降。金还起着施主或者受主的作用,会使电阻率增加。因此有些开关管并不采用掺金工艺。

掺铂或进行中子辐照等也可以在半导体中引入复合中心,从而降低少子寿命,同时可以避免掺金的上述缺点。

(2)降低少子寿命的另一种方法是提高集电区掺杂浓度 N_C。N_C 提高后可使多子浓度增大,从而使少子寿命缩短。但提高 N_C 会使集电结的击穿电压 BV_{CBO} 和 BV_{CEO} 降低,因此掺了金的开关管一般就不再采用这个方法。

(3)采用较薄的外延层也可使超量储存电荷减少。如果外延层厚度 W_C 远小于该区的少子扩散长度 L_C,那么类似于均匀基区晶体管中的情形,空穴电荷在外延层的数量与渡越时间 $W_C^2/2D_C$ 有关,D_C 为外延层中空穴的扩散系数。当 $W_C^2/(2D_C) \ll L_C^2/D_C = \tau_C$ 时,式(3-446)中的 τ_C 应被 $W_C^2/2D_C$ 代替。

对于已经掺金的开关管,τ_C 已经很小,$L_C < 10\,\mu m$,要使 $W_C < 10\,\mu m$ 是困难的,而且 W_C 小了会降低击穿电压。所以采用了掺了金的开关管一般也不再采用减薄外延层的方法。

(4)在集成电路中,可以采用肖特基钳位二极管来阻止晶体管进入深饱和,这样可从根本上解决储存时间过长的问题。所谓肖特基二极管,是指由金属与半导体接触构成的二极管。其伏安特性和 PN 结类似,但正向导通电压与金属种类有关,可比 PN 结的低。

如图 3-121 所示,将肖特基二极管并联在晶体管的集电结上。这个肖特基二极管是在制造晶体管的同时制造并连接好的。当集电结为反偏时,肖特基二极管也为反偏,流过的电流极小,对晶体管没有什么影响。当输入信号电压上升到约 0.4 V 以上时,肖特基二极管导通,旁路掉一部分基极电流,使真正进入晶体管的驱动电流 I_{b1} 减小。从电压的观点来看,当肖特基二极管导通后,就将晶体管的集电结电压 V_{BC} 钳位于约 0.4 V,使 V_{BC} 无法继续增加到深饱和所需的约 0.7 V。

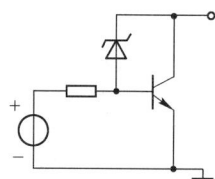

图 3-121　带肖特基钳位
二极管的开关管

当 V_{BC} 被钳制在约 0.4 V 时,注入集电结两侧的少子很少,使超量储存电荷很少,因此储存时间大为缩短。

对于其余三个时间 t_d、t_r 和 t_f,由式(3-431)、式(3-442)与式(3-447)可知,缩短这些时间的主要措施是减小势垒电容 C_{TE}、C_{TC},提高特征频率 f_T。注意这些电容是总电容而不是单位面积的电容,所以应当尽量减小结面积。但结面积太小会影响晶体管的最大工作电流 I_{Cmax}。提高 f_T 的主要措施是减小基区宽度。由于各时间常数中以储存时间 t_s 最为突出,而 t_s 与 f_T 并无直接关系,因此 f_T 高的高频晶体管并不一定是开关速度快的优良的开关管。

以上是从制造工艺的角度来看,提高开关速度应当采取的措施。实际在应用中,外电路对开关速度也有很大的影响,这可从式(3-431)、式(3-442)、式(3-446)和式(3-447)中看出来。例如增大驱动电流 I_{b1} 可以减小 t_d 和 t_r,但会增大 t_s;增大抽取电流 I_{b2} 可以减小 t_s 和 t_f;增大集电极临界饱和电流 I_{CS} 可以减小饱和度 S,从而减小 t_s,但会增大 t_r 和 t_f。由于总的开关时间中以 t_s 为主,所以 I_{b1} 不宜太大,而 I_{b2} 却是越大越好,这就对电阻 R_b 提出了相互矛盾的要求,为此可采用有源泄放网络。

在测量晶体管的开关参数时应当先明确测试条件。通常先根据最大使用电流来选择适当的 I_{CS} 值,然后取 $I_{b1} = I_{b2} = I_{CS}/10$ 作为测试各开关时间的条件。

3.12 肖克莱二极管

电子器件的重要应用之一是在关断的高阻状态和导通的低阻状态之间进行切换。肖克莱二极管是指一种四层半导体PNPN开关器件[46]。通过对BJT施加基极驱动促使器件处于导通状态，且基极驱动必须在晶体管处于导通状态的整个时间内施加。但是在一些应用中，有时要求器件保持在阻断状态，直到被控制信号切换到低阻态，但该信号并不一定需要保持器件处于导通状态，这时候就要用到肖克莱二极管。肖克莱二极管常用于可控硅(SCR)触发器、松弛振荡器和锯齿振荡器。

3.12.1 不同偏压条件下的肖克莱二极管

1. 热平衡状态

图3-122为热平衡状态下的肖克莱二极管及能带图，左端A为阳极，右端K为阴极。由左到右各半导体区的掺杂浓度分别为N_{A1}、N_{D1}、N_{A2}和N_{D2}。四个不同掺杂的区域构成三个PN结J1、J2、J3。为了保证不发生穿通，默认各区长度均大于少子扩散长度，且N_1区足够长。

根据2.1节关于PN结的理论，当AK间外加电压为0V时，由于各区掺杂浓度的差异，载流子会进行扩散运动，在J1、J2、J3各结处形成结面两侧一正一负的空间电荷区，内建电场方向都由N区指向P区，这个电场又使得载流子进行与扩散方向相反的漂移运动。随着扩散的进行，各结的空间电荷区逐渐变宽，内建电场增强，载流子的漂移运动也增强，最终使得漂移电流与扩散电流相等，流经PN结的净电流为0，也就是流经肖克莱二极管结构的电流为0，达到热平衡状态。

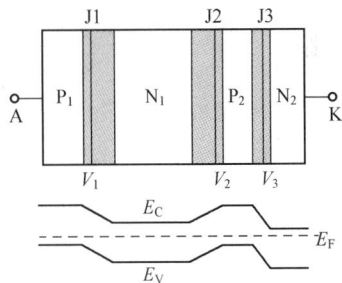

图3-122 热平衡状态下的肖克莱二极管及能带图

2. $V_{AK}>0$ 的情况

图3-123为$V_{AK}>0$时的肖克莱二极管及能带图。当A端接正电压，K端接负电压时，假设J1、J2和J3结上的偏压分别是V_1、V_2和V_3。此时J1和J3结正偏，正向电压下的PN结电流为正向扩散电流和势垒区复合电流，在常用的正向电压范围内，硅PN结的正向电流以正向扩散电流为准(详细比较见2.2节，此处不再赘述)。

对于J1结来说从N_1区到P_1区电子所面临的势垒高度从qV_{bi}降为$q(V_{bi}-V_1)$，从P_1区到N_1区空穴所面临的势垒高度也从qV_{bi}降为$q(V_{bi}-V_1)$，同时电场曲线与横轴所围面积也从V_{bi}降为$V_{bi}-V_1$，由泊松方程可知掺杂浓度未变时，电场斜率不变，

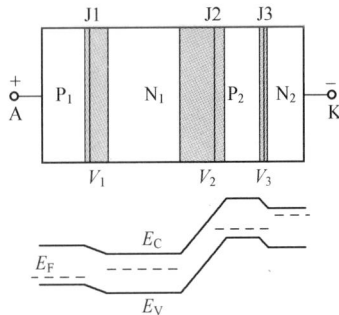

图3-123 $V_{AK}>0$时的肖克莱二极管及能带图

那么外加正向电压V_1后，势垒区电场最大值与耗尽区宽度均按相同比例减小，电场减小打破了原来漂移和扩散之间的平衡，使得扩散作用占主要地位，也可以说原来平衡时的势垒高度qV_{bi}正好可以阻止载流子的扩散，而外加正向电压后势垒高度降低为$q(V_{bi}-V_1)$后就无法再阻止载流子扩散，于是有电子从N_1区扩散到P_1区，空穴从P_1区扩散到N_1区，构成流经J1结的正向电流。对于J3结来说同理。

J2结反偏，反向电压下的PN结电流为反向扩散电流和势垒区产生电流之和，对于硅PN结来说室温下以势垒区产生电流为主。J2结的势垒高度由qV_{bi}增加到$q(V_{bi}+V_2)$，势垒区的电场强

度增强，使得漂移运动大于原先的扩散运动，在势垒区中，由复合中心热激发产生电子空穴对，电子被拉向 N_1 区，空穴被拉向 P_2 区，由此形成势垒区产生电流 J_g。

以下以空穴为例分析肖克莱二极管中载流子的运动过程。J1 结正偏导致扩散运动增强，使得空穴由浓度较高的 P_1 区流向浓度较低的 N_1 区，在 N_1 区边扩散边复合之后又被 J2 结的反向电场扫入 P_2 区，最后又从浓度较高的 P_2 区扩散流向 N_1 区。电子的运动同理。综上所述，流经 J1 结和 J3 结的电流主要为扩散电流，流经 J2 结的主要为势垒区的产生电流。根据式（2-56），流经 J1 结的扩散电流密度为

$$J_{d1} = J_{01} \exp\left(\frac{qV_1}{kT}\right) = qn_i^2 \left[\frac{D_p}{L_p N_{D1}} + \frac{D_n}{L_n N_{A1}}\right] \exp\left(\frac{qV_1}{kT}\right) \tag{3-448}$$

同理，流经 J3 结的扩散电流密度为

$$J_{d3} = J_{03} \exp\left(\frac{qV_3}{kT}\right) = qn_i^2 \left[\frac{D_p}{L_p N_{D2}} + \frac{D_n}{L_n N_{A2}}\right] \exp\left(\frac{qV_3}{kT}\right) \tag{3-449}$$

J2 结反偏，势垒区净产生，根据式（2-64）流经 J2 结的势垒区产生电流密度为

$$J_{g2} = \frac{qn_i x_{d2}}{2\tau} = \frac{qn_i}{2\tau} \sqrt{\frac{2\epsilon_s (V_{bi2} + V_2)}{qN_{D1}}} \tag{3-450}$$

其中 V_{bi2} 是 J2 结的内建电势。

由电流的连续性可知，流经三个结的电流密度应相等。令它们均等于 J_{AK}，即

$$J_{01} \exp\left(\frac{qV_1}{kT}\right) = \frac{qn_i}{2\tau} \sqrt{\frac{2\epsilon_s (V_{bi} + V_2)}{qN_{D1}}} = J_{03} \exp\left(\frac{qV_3}{kT}\right) = J_{AK} \tag{3-451}$$

由此可分别得到用 J_{AK} 所表示的三个结偏压的表达式

$$V_1 = \frac{kT}{q} (\ln J_{AK} - \ln J_{01}) \tag{3-452a}$$

$$V_2 = \frac{2\tau^2 N_{D1}}{q\epsilon_s n_i^2} J_{AK}^2 - V_{bi2} \tag{3-452b}$$

$$V_3 = \frac{kT}{q} (\ln J_{AK} - \ln J_{03}) \tag{3-452c}$$

显然这三个结偏压之和等于外加偏压，即

$$V_1 + V_2 + V_3 = V_{AK} \tag{3-453}$$

将式（3-452）代入式（3-453），可得

$$\ln J_{AK}^2 = \frac{q}{kT} (V_{AK} + V_{bi2}) + \ln J_{01} + \ln J_{03} - \frac{2\tau^2 N_{D1}}{kT\epsilon_s n_i^2} J_{AK}^2 \tag{3-454}$$

为了求出该方程的解析表达式，需进行变量代换并简化，令

$$J_{AK}^2 = W \tag{3-455}$$

$$A = \frac{q}{kT} (V_{AK} + V_{bi2}) + \ln J_{01} + \ln J_{03} \tag{3-456}$$

$$B = \frac{2\tau^2 N_{D1}}{kT\epsilon_s n_i^2} \tag{3-457}$$

则式（3-454）可化简为： $$\ln W = A - BW \tag{3-458}$$

对上式进行变形 $$W = e^A \cdot e^{-BW} \tag{3-459}$$

$$BW \cdot e^{BW} = B \cdot e^A \tag{3-460}$$

令 $BW=x$, $B \cdot e^A = y$, 则上式变为

$$x \cdot e^x = y \tag{3-461}$$

$$x = \text{LambertW}(y) \tag{3-462}$$

其中 LambertW(x) 函数是函数 $f(x)=x \cdot e^x$ 的反函数[47], 那么

$$J_{AK} = \sqrt{\frac{x}{B}} = \sqrt{\frac{kT\epsilon_s n_i^2}{2\tau^2 N_{D1}} \text{LambertW}(y)} \tag{3-463}$$

因此正偏时三个 PN 结上的偏压分别可表示为

$$V_1 = \frac{kT}{2q} \ln\left[\frac{kT\epsilon_s n_i^2}{2\tau^2 N_{D1}} \text{LambertW}(y)\right] - \frac{kT}{q} \ln J_{01} \tag{3-464}$$

$$V_2 = \frac{kT}{q} \text{LambertW}(y) - \frac{kT}{q} \ln \frac{N_{A2} N_{D1}}{n_i^2} \tag{3-465}$$

$$V_3 = \frac{kT}{2q} \ln\left[\frac{kT\epsilon_s n_i^2}{2\tau^2 N_{D1}} \text{LambertW}(y)\right] - \frac{kT}{q} \ln J_{03} \tag{3-466}$$

正向阻断时, 肖克莱二极管的 J-V 特性曲线如图 3-124 所示。

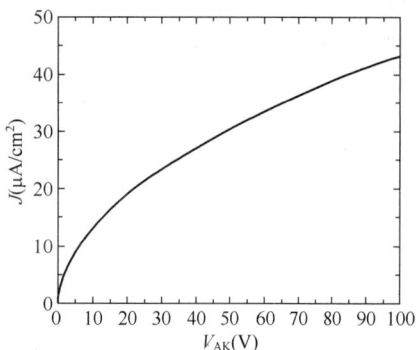

图 3-124　正向阻断时肖克莱二极管的 J-V 特性曲线

3. $V_{AK}<0$ 的情况

图 3-125 为 $V_{AK}<0$ 时的肖克莱二极管及能带图。仍然假设 J1、J2 和 J3 结上的偏压分别是 V_1、V_2 和 V_3。此时 J1 和 J3 结反偏, J2 结正偏, 流经 J1 和 J3 结的电流主要为势垒区产生电流, 流经 J2 结的主要为扩散电流。类比正偏状态下的分析可以得到流经 J1 结的势垒区产生电流密度为

$$J_{g1} = \frac{qn_i x_{d1}}{2\tau} = \frac{qn_i}{2\tau}\sqrt{\frac{2\epsilon_s(V_{bi1}-V_1)}{qN_{D1}}} \tag{3-467}$$

同理, 流经 J3 结的势垒区产生电流密度为

$$J_{g3} = \frac{qn_i x_{d3}}{2\tau} = \frac{qn_i}{2\tau}\sqrt{\frac{2\epsilon_s(V_{bi3}-V_3)}{qN_{A2}}} \tag{3-468}$$

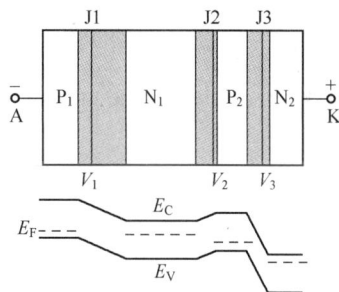

图 3-125　$V_{AK}<0$ 时的肖克莱二极管及能带图

式中 V_{bi1} 和 V_{bi3} 分别为 J1 结和 J3 结的内建电势。J2 结正偏, 流经 J2 结的扩散电流密度为

$$J_{d2} = J_{02} \exp\left(\frac{-qV_2}{kT}\right) = qn_i^2\left[\frac{D_p}{L_p N_{D1}} + \frac{D_n}{L_n N_{A2}}\right]\exp\left(\frac{-qV_2}{kT}\right) \tag{3-469}$$

同样地, 令这三个电流密度等于 J_{AK}, 可得到用 J_{AK} 表示的三个结偏压的表达式

$$V_1 = -\frac{2\tau^2 N_{D1}}{q\epsilon_s n_i^2} J_{AK}^2 + V_{bi1} \tag{3-470a}$$

$$V_2 = -\frac{kT}{q}(\ln J_{AK} - \ln J_{02}) \tag{3-470b}$$

$$V_3 = -\frac{2\tau^2 N_{A2}}{q\epsilon_s n_i^2} J_{AK}^2 + V_{bi3} \tag{3-470c}$$

令三个结偏压之和等于外加偏压, 分别代入分压表达式, 整理后得到

$$\ln J_{AK} = \frac{q(V_{bi1}+V_{bi3}-V_{AK})}{kT} + \ln J_{02} - \frac{2\tau^2(N_{D1}+N_{A2})}{kT\epsilon_s n_i^2} J_{AK}^2 \tag{3-471}$$

令
$$W = J_{AK}^2 \tag{3-472}$$

$$A = \frac{q(V_{bi1} + V_{bi3} - V_{AK})}{kT} + \ln J_{02} \tag{3-473}$$

$$B = \frac{2\tau^2(N_{D1} + N_{A2})}{kT\epsilon_s n_i^2} \tag{3-474}$$

则式（3-471）可简化为：
$$\frac{1}{2}\ln W = A - BW \tag{3-475}$$

对上式变形可得
$$W = e^{2A} \cdot e^{-2BW} \tag{3-476}$$

$$2BW \cdot e^{2BW} = 2B \cdot e^{2A} \tag{3-477}$$

令 $2BW = x$，$2B \cdot e^{2A} = y$，则原式变为
$$x \cdot e^x = y \tag{3-478}$$

$$x = \text{LambertW}(y) \tag{3-479}$$

那么有
$$J_{AK} = \sqrt{\frac{x}{2B}} = \sqrt{\frac{kT\epsilon_s n_i^2}{4\tau^2(N_{D1} + N_{A2})}\text{LambertW}(y)} \tag{3-480}$$

因此反偏时三个 PN 结上的偏压分别可表示为

$$V_1 = -\frac{kTN_{D1}}{2q(N_{D1} + N_{A2})}\text{LambertW}(y) + \frac{kT}{q}\ln\frac{N_{A1}N_{D1}}{n_i^2} \tag{3-481}$$

$$V_2 = -\frac{kT}{2q}\ln\left[\frac{kT\epsilon_s n_i^2}{4\tau^2(N_{D1} + N_{A2})}\text{LambertW}(y)\right] + \frac{kT}{q}\ln J_{02} \tag{3-482}$$

$$V_3 = -\frac{kTN_{A2}}{2q(N_{D1} + N_{A2})}\text{LambertW}(y) + \frac{kT}{q}\ln\frac{N_{A2}N_{D2}}{n_i^2} \tag{3-483}$$

图 3-126 为反向阻断时肖克莱二极管的 $J\text{-}V$ 特性曲线。

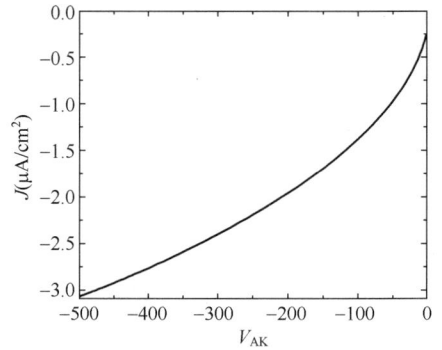

图 3-126 反向阻断时肖克莱
二极管的 $J\text{-}V$ 特性曲线

3.12.2 肖克莱二极管击穿机理分析

图 3-127 显示了由四层 $P_1N_1P_2N_2$ 构成的肖克莱二极管在正向阻断时的内部各种电流成分的传输过程。如果在 AK 电极之间施加正向电压，J1 结和 J3 结正偏（势垒边界分别为 D1、D2 和 D5、D6），J2 结反偏（势垒边界为 D3、D4），电压主要降在 J2 结上。图中除 J_{E1} 和 J_{E2} 分别代表流入 P_1 和流出 N_2 区的电流外，其余所有表示电流的符号都是指流经各边界处的电子电流或空穴电流。在此只考虑一维 PNPN 结构，文中所有电流均用电流密度代替。

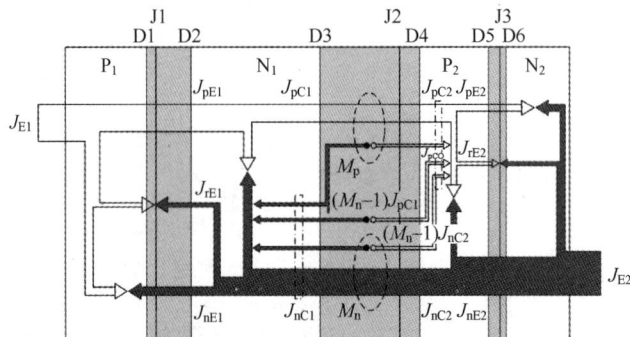

图 3-127 肖克莱二极管在正向阻断时的内部各种电流成分的传输过程

流出边界 D4 的空穴电流 J_{pC2} 主要包含：

（1）从 P_1 区注入 N_1 区的少子空穴，边扩散边复合，到达边界 D3 时，被集电结 J2 的电场拉进并扫出边界 D4 时的空穴电流。可知该空穴电流等于流经边界 D3 时的空穴电流 J_{pC1}（可类比 PNP 三极管来理解）。

（2）上述空穴在渡越 J2 势垒区到达 D4 过程中，原始空穴电流 J_{pC1} 因雪崩倍增效应产生的再生空穴，该空穴电流为 $(M_p-1)J_{pC1}$（M_p 为空穴雪崩倍增因子）。

（3）从 N_2 区注入到 P_2 区的电子，边扩散边复合，进入边界 D4 到达 D3 的过程中，原始电子电流 J_{nC2} 因雪崩倍增效应产生的再生空穴，空穴电流为 $(M_n-1)J_{nC2}$（M_n 为电子雪崩倍增因子）。

（4）公共集电结 J2 势垒区产生的空穴流经边界 D4 时产生的空穴电流 J_{pC0}。而流出边界 D4 的电子电流则由 J_{pC2} 构成。

那么集电结 J2 势垒区边界 D4 处的总电流可写为

$$J_{C2} = J_{pC2} + J_{nC2} = [M_p J_{pC1} + (M_n-1)J_{nC2} + J_{pC0}] + J_{nC2}$$
$$= M_p J_{pC1} + M_n J_{nC2} + J_{pC0} \tag{3-484}$$

J_{C2} 同时也是流过器件的总电流

$$J_{C2} = J_{E2} = J \tag{3-485}$$

$$J_{E2} - J_{nC2} = J_{pC2} \tag{3-486}$$

这说明从 E2 极进入的电子流在经过 N_2 区和 P_2 区直到边界 D4 时，所有的电子流的损失（包括在 N_2 区、发射结 J3 势垒区及 P_2 区中的所有复合）完全由边界 D4 进入 P_2 区或 N_2 区的所有空穴流来补充。由于

$$J_{E1} = J_{E2} = J = M_p J_{pC1} + M_n J_{nC2} + J_{pC0} \tag{3-487}$$

可以得到

$$1 = M_p J_{pC1}/J_{E1} + M_n J_{nC2}/J_{E1} + J_{pC0}/J$$
$$= M_p \gamma_1 \beta_1^* + M_n \gamma_2 \beta_2^* + J_{pC0}/J \tag{3-488}$$

其中 γ 代表注入效率，β^* 代表输运系数。从而有

$$J = J_{pC0}/(1 - M_p \gamma_1 \beta_1^* - M_n \gamma_2 \beta_2^*) = J_{pC0}/(1 - \alpha_1 - \alpha_2) \tag{3-489}$$

从上式我们可以得到当 $\alpha_1 + \alpha_2 = 1$ 且 $J_{pC0} \neq 0$ 时，流过器件的总电流趋近为无穷大，满足雪崩击穿条件。

实际情况下，J2 结的势垒区产生的空穴电流总是存在的。由于 J_{pC0} 之外的所有电流已经可以建立稳态电流，因此该空穴电流一旦流入 P_2 基区就会提供一个净基极电流，必能引起额外的电子从 N_2 区向 P_2 区注入，一部分与 J_{pC0} 的空穴完全复合，剩余部分由边界 D4 进入 J2 势垒区到达 D3。该电子流在渡越势垒区时，不仅会因雪崩倍增效应产生一个空穴流到达边界 D4，也会引起额外的空穴从 P1 向 N1 区注入到达边界 D3，进入 J2 势垒区并在边界 D4 又引入一个新的空穴流。

由此可见，若 J2 势垒区产生电流 J_{pC0} 之外的电流能够建立一个稳定的电流条件，则 J_{pC0} 的存在必然会导致两个发射结 J1 和 J3 向 J2 势垒区提供新的原始电流提供雪崩倍增以产生更多的空穴流，若该正反馈过程不受控制而无限进行下去，将使肖克莱二极管结构发生雪崩击穿，产生无穷大的电流。因此 $\alpha_1 + \alpha_2 = 1$ 且 $J_{pC0} = 0$ 是肖克莱二极管处于正向阻断阶段时，建立载流子再生机制的唯一条件。图 3-128 为由仿真得到的肖克莱二极管的正向阻断特性曲线。

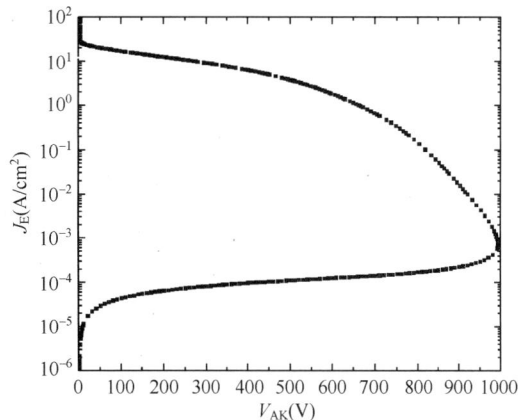

图 3-128　肖克莱二极管的正向阻断特性曲线

3.13 SPICE 中的双极晶体管模型

SPICE2 中有两种双极晶体管模型:埃伯斯-莫尔(Ebers-Moll,EM)模型和葛谋-潘(Gummel-Poon,GP)模型。

3.11 节已经介绍了简单的 EM 直流模型,其特点是物理概念比较清楚,数学推导比较简单,但是计算的精确性却比较差。要提高模型的计算精度,就必须解决以下一些重要问题。

(1) 在进行大信号分析和交流小信号分析时,必须考虑势垒电容和扩散电容的作用;在进行大信号分析时还必须考虑这些电容随偏置的变化。

(2) 当晶体管的工作点从截止区经放大区到饱和区做大幅度变化时,必须考虑小电流下的势垒区产生复合电流、大注入效应、结电压变化时的基区宽度调制效应、大电流下的基区扩展效应、基极电阻随电流的变化等。

在 EM 直流模型的基础上引入一些反映电荷储存的元件,所形成的就是电荷控制模型和 EM 大信号模型,它可以解决上述第一个问题。在此基础上再引入其他一些参数,就可得到 GP 模型,它可以解决上述第二个问题。在 EM 模型和 GP 模型中还可以引入寄生串联电阻、温度效应、噪声效应等。

本节中的参数符号将尽量与 SPICE 中使用的符号相一致,有些符号将与本书其他地方的有所不同。例如基区渡越时间 τ_b,在本节中分别用正向基区渡越时间 τ_F 和倒向基区渡越时间 τ_R 来表示。

3.13.1 埃伯斯-莫尔(EM)模型

1. 用连接电流表示的 EM 模型

在 3.11.1 节中已得到,小注入条件下,当忽略基区宽度调变效应时,埃伯斯-莫尔方程为

$$I_E = -I_F + \alpha_R I_R \tag{3-490a}$$

$$I_C = \alpha_F I_F - I_R \tag{3-490b}$$

$$I_B = (1-\alpha_F)I_F + (1-\alpha_R)I_R \tag{3-490c}$$

式中

$$I_F = I_{ES}\left[\exp\left(\frac{qV_{BE}}{kT}\right)-1\right] \tag{3-491a}$$

$$I_R = I_{CS}\left[\exp\left(\frac{qV_{BC}}{kT}\right)-1\right] \tag{3-491b}$$

α_F、α_R 与 I_{ES}、I_{CS} 之间存在一个重要的互易关系,即

$$\alpha_F I_{ES} = \alpha_R I_{CS} \equiv I_S \tag{3-492}$$

式中,I_S 称为晶体管的传输饱和电流。

式(3-490)称为电流注入模式的 EM 模型,其等效电路如图 3-129 所示。

将式(3-490c)右边的第一项用 I_{BE} 表示,第二项用 I_{BC} 表示,即

$$I_{BE} = (1-\alpha_F)I_{ES}\left[\exp\left(\frac{qV_{BE}}{kT}\right)-1\right] \tag{3-493a}$$

$$I_{BC} = (1-\alpha_R)I_{CS}\left[\exp\left(\frac{qV_{BC}}{kT}\right)-1\right] \tag{3-493b}$$

则埃伯斯-莫尔方程成为

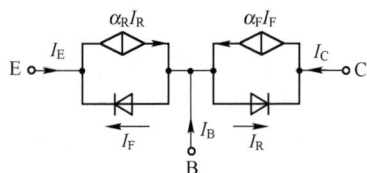

图 3-129　电流注入模式
的 EM 模型

$$I_E = I_S \left[\exp\left(\frac{qV_{BC}}{kT}\right) - \exp\left(\frac{qV_{BE}}{kT}\right) \right] - I_{BE} \qquad (3\text{-}494\text{a})$$

$$I_C = I_S \left[\exp\left(\frac{qV_{BE}}{kT}\right) - \exp\left(\frac{qV_{BC}}{kT}\right) \right] - I_{BC} \qquad (3\text{-}494\text{b})$$

$$I_B = I_{BE} + I_{BC} \qquad (3\text{-}494\text{c})$$

利用 $\beta = \alpha/(1-\alpha)$ 的关系, I_{BE} 和 I_{BC} 又可表示为

$$I_{BE} = \frac{I_S}{\beta_F} \left[\exp\left(\frac{qV_{BE}}{kT}\right) - 1 \right] \qquad (3\text{-}495\text{a})$$

$$I_{BC} = \frac{I_S}{\beta_R} \left[\exp\left(\frac{qV_{BC}}{kT}\right) - 1 \right] \qquad (3\text{-}495\text{b})$$

式中, β_F 和 β_R 分别代表晶体管的共发射极直流正向电流增益和倒向电流增益。令

$$I_{CC} = I_S \left[\exp\left(\frac{qV_{BE}}{kT}\right) - 1 \right] \qquad (3\text{-}496\text{a})$$

$$I_{EC} = I_S \left[\exp\left(\frac{qV_{BC}}{kT}\right) - 1 \right] \qquad (3\text{-}496\text{b})$$

$$I_{CT} = I_{CC} - I_{EC} \qquad (3\text{-}497)$$

则式(3-494)形式的埃伯斯-莫尔方程为

$$I_E = -I_{CT} - \frac{I_{CC}}{\beta_F} \qquad (3\text{-}498\text{a})$$

$$I_C = I_{CT} - \frac{I_{EC}}{\beta_R} \qquad (3\text{-}498\text{b})$$

$$I_B = \frac{I_{CC}}{\beta_F} + \frac{I_{EC}}{\beta_R} \qquad (3\text{-}498\text{c})$$

式中, I_{CT} 称为连接电流(有时也将 $-I_{CT}$ 称为连接电流),代表当无基区复合损失与注入效率损失,即晶体管的共发射极电流增益为无穷大时的发射极电流和集电极电流。发射极电流和集电极电流中的另外两个电流分别是以 I_S/β_F 和 I_S/β_R 为反向饱和电流的两个二极管的电流。

这种用连接电流表示的 EM 模型称为传输模式的 EM 模型,它有 3 个模型参数,即 I_S、β_F 和 β_R,其等效电路如图 3-130 所示。

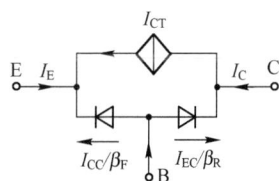

图 3-130 传输模式
的 EM 模型的等效电路

2. 串联电阻效应和基区宽度调变效应

为了提高 EM 模型的精度,在晶体管的三个电极上引入了串联电阻 r_C、r_E 和 r_B,分别接在相应的内电极与外电极之间。在 EM 模型中,假定这三个电阻都是与偏置大小无关的常数。

基区宽度调变效应是指集电结电压的变化引起集电结耗尽区宽度的变化,从而造成基区宽度的变化。可以用厄尔利电压 V_{AF} 来描述正向基区宽度调变效应,即

$$V_{AF} = \left[\frac{1}{W_B(0)} \cdot \frac{dW_B}{dV_{BC}} \Big|_{V_{BC}=0} \right]^{-1} \qquad (3\text{-}499)$$

式(3-499)中, $W_B(0)$ 代表 $V_{BC} = 0$ 时的基区宽度。

基区宽度调变效应将影响到与基区宽度有关的各参数,即 I_S、β_F 及正向基区渡越时间 τ_F。在 SPICE2 的双极晶体管 EM 模型中,这些参数与 V_{BC} 的关系是

$$I_S(V_{BC}) = \frac{I_S(0)}{1 + V_{BC}/|V_{AF}|} \approx I_S(0)\left(1 - \frac{V_{BC}}{|V_{AF}|}\right) \tag{3-500}$$

$$\beta_F(V_{BC}) = \frac{\beta_F(0)}{1 + V_{BC}/|V_{AF}|} \approx \beta_F(0)\left(1 - \frac{V_{BC}}{|V_{AF}|}\right) \tag{3-501}$$

$$\tau_F(V_{BC}) = \tau_F(0)\left(1 + \frac{V_{BC}}{|V_{AF}|}\right)^2 \tag{3-502}$$

综上所述,描述 EM 直流模型的参数有 7 个:I_S、β_F、β_R、r_C、r_E、r_B 和 V_{AF}。包括串联电阻的 EM 直流模型如图 3-131 所示。

3. 电荷控制模型

为了获得 EM 大信号模型,需要考虑晶体管中的电荷存储效应,为此先介绍电荷控制模型。电荷控制模型的要点是将电荷作为控制变量,而不是将电压或电流作为控制变量。利用电荷控制模型,可大大简化晶体管的分析与设计。

前面在进行晶体管的直流分析和高频小信号分析时,都已使用过电荷控制法。这里要使用的方法与进行高频小信号分析时使用的方法基本相同,只是进行高频小信号分析时仅限于放大区,这里要进行的大信号分析将涉及各个工作区。

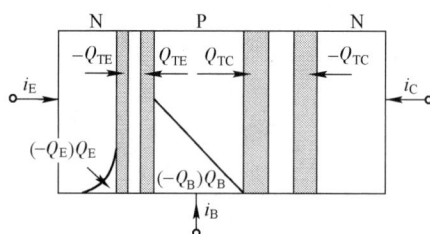

先考虑放大区。图 3-132 画出了电荷控制模型中放大区的各种电荷分布。$-Q_B$ 代表从发射区注入基区的非平衡少子电子的电荷量,Q_B 代表基区中与这些电子保持电中性的非平衡空穴的电荷量。由于注入效率小于 1,基区也向发射区注入少子空穴电荷,用 Q_E 代表这部分电荷量。$-Q_E$ 代表与这部分电荷保持电中性的非平衡电子电荷量。此外,两个 PN 结的势垒区中也有电荷,其电荷量分别用 Q_{TE} 与 Q_{TC} 代表。

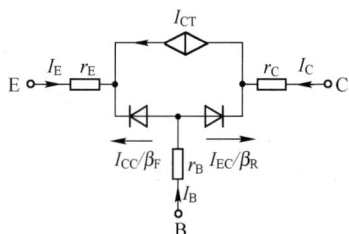

图 3-131 包括串联电阻的 EM 直流模型　　图 3-132 电荷控制模型中放大区的各种电荷分布

用 Q_F 代表 Q_B 与 Q_E 之和,即

$$Q_F \equiv Q_B + Q_E \tag{3-503}$$

Q_B 与 Q_E 都是通过发射结注入引起的电荷,它们都正比于 $\exp(qV_{BE}/kT) - 1$,因此 Q_F 与 V_{BE} 之间也有同样的关系,可写为

$$Q_F = Q_{FO}\left[\exp\left(\frac{V_{BE}}{kT}\right) - 1\right] \tag{3-504}$$

由此可见,Q_F 正比于 Q_B 与 Q_E。

根据电荷控制模型,在定态时,有

$$I_C = Q_B/\tau_F \tag{3-505}$$

式(3-505)中,τ_F 为正向基区渡越时间。由于 Q_F 正比于 Q_B,所以 I_C 又可借助于一个时间常数 τ_{BEF} 而与 Q_F 联系起来,即

$$I_C = \frac{Q_F}{\tau_{BEF}} = \frac{Q_B + Q_E}{\tau_{BEF}} \tag{3-506}$$

式(3-506)与式(3-505)应相等,由此可得

$$\tau_{\mathrm{BEF}} = \tau_{\mathrm{F}} \frac{Q_{\mathrm{F}}}{Q_{\mathrm{B}}}$$

由于 $Q_{\mathrm{F}} > Q_{\mathrm{B}}$,因此 $\tau_{\mathrm{BEF}} > \tau_{\mathrm{F}}$。

在定态下,基极电流 I_{B} 提供的多子电荷用于两个部分。一部分与从发射区注入基区的少子电荷复合,这部分电荷与 Q_{B} 成正比;另一部分通过基区注入发射区,成为发射区中的少子,并在那里与多子复合,这部分电荷与 Q_{E} 成正比。由于 Q_{B}、Q_{E} 均与 Q_{F} 成正比,因此 I_{B} 也与 Q_{F} 成正比,可以写成

$$I_{\mathrm{B}} = Q_{\mathrm{F}}/\tau_{\mathrm{BF}} \tag{3-507}$$

由式(3-506)与式(3-507)可知,τ_{BF} 与 τ_{BEF} 之间存在如下的简单关系

$$\frac{\tau_{\mathrm{BF}}}{\tau_{\mathrm{BEF}}} = \frac{I_{\mathrm{C}}}{I_{\mathrm{B}}} = \beta \tag{3-508}$$

τ_{BEF} 及 τ_{BF} 与注入效率及少子复合率有关,当然可以通过对物理机理的分析来求得它们与器件基本参数的关系。但实际上,它们更容易通过测量直接获得。而且,电荷控制法主要是用来研究电路问题及解决晶体管的设计问题的。因此对这些量将不再进一步的详细分析。

下面讨论非定态的情形。在非定态下,集电极电流除了式(3-506)所表示的收集到的基区少子电流,还要用来使 Q_{TC} 发生变化,因此

$$i_{\mathrm{C}} = \frac{Q_{\mathrm{F}}}{\tau_{\mathrm{BEF}}} - \frac{\mathrm{d}Q_{\mathrm{TC}}}{\mathrm{d}t} \tag{3-509}$$

在非定态下,基极电流除了式(3-507)所表示的用来补充基区和发射区中的复合,还要用来使 Q_{B}、Q_{E}、Q_{TE}、Q_{TC} 发生变化,因此

$$i_{\mathrm{B}} = \frac{Q_{\mathrm{F}}}{\tau_{\mathrm{BF}}} + \frac{\mathrm{d}Q_{\mathrm{F}}}{\mathrm{d}t} + \frac{\mathrm{d}Q_{\mathrm{TE}}}{\mathrm{d}t} + \frac{\mathrm{d}Q_{\mathrm{TC}}}{\mathrm{d}t} \tag{3-510}$$

式(3-510)与3.9.1节中建立的高频小信号基极电流的电荷控制方程式(3-331a)在实质上完全相同。

再利用 $i_{\mathrm{E}} + i_{\mathrm{C}} + i_{\mathrm{B}} = 0$ 的关系,可得

$$i_{\mathrm{E}} = -Q_{\mathrm{F}}\left(\frac{1}{\tau_{\mathrm{BEF}}} + \frac{1}{\tau_{\mathrm{BF}}}\right) - \frac{\mathrm{d}Q_{\mathrm{F}}}{\mathrm{d}t} - \frac{\mathrm{d}Q_{\mathrm{TE}}}{\mathrm{d}t} \tag{3-511}$$

这样就得到了三个端电流与各电荷之间的电流-电荷方程。这些电流-电荷方程都是线性方程。三个端电流中只有两个是独立的,若取 i_{E} 与 i_{C},则可得到共基极电流-电荷方程。相应的等效电路如图3-133所示。根据式(3-504)可知,式(3-511)等号右边第一项的电流电压关系与二极管的伏安特性相同,所以可等效为基极与发射极之间的一个二极管,其反向饱和电流为

$$Q_{\mathrm{FO}}\left(\frac{1}{\tau_{\mathrm{BEF}}} + \frac{1}{\tau_{\mathrm{BF}}}\right) \tag{3-512}$$

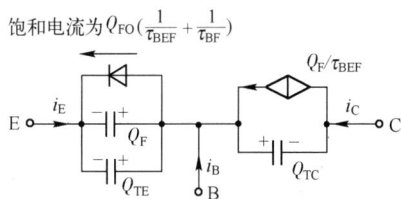

图3-133 工作于正向放大区的 NPN 晶体管的电荷控制模型的等效电路

式(3-509)、式(3-510)和式(3-511)中的其余电荷在等效电路中分别用电容器上的电荷表示。

4. 大信号电荷控制模型

以上电流-电荷方程和等效电路只适用于正向放大区。当晶体管在大信号下工作时,其工

作区还包括截止区与饱和区。根据基区电荷的叠加性,任一工作区下的基区电荷都可看作正向管与倒向管叠加的结果。对于倒向管,可以引入一个与正向管中的 Q_F 类似的电荷 Q_R。

对于正向管,V_{BE} 任意,$V_{BC}=0$,这时 $\mathrm{d}Q_{TC}=0$,$Q_F=Q_B+Q_E$。

对于倒向管,V_{BC} 任意,$V_{BE}=0$,这时 $\mathrm{d}Q_{TE}=0$,$Q_R=Q_B+Q_C$。

将图 3-133 分别应用于正向管与倒向管,并将两者叠加起来,即可得到 NPN 晶体管的大信号电荷控制模型,其等效电路如图 3-134 所示。图中 τ_{BCR} 和 τ_{BR} 是倒向管与正向管的 τ_{BEF} 和 τ_{BF} 相类似的时间常数。

实际上,上述电荷控制模型和图 3-129 的电流注入模式的 EM 模型相比,只是增加了两个结的势垒电容和扩散电容的作用而已,这些电容的值均与结电压有关。

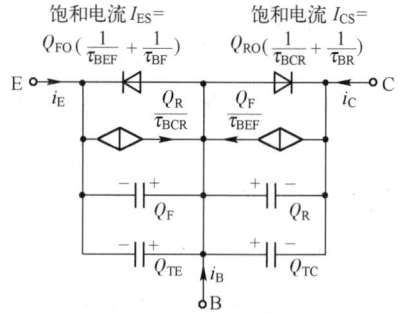

图 3-134　NPN 晶体管的大信号
电荷控制模型的等效电路

5. EM 大信号模型

在图 3-131 的 EM 直流模型的基础上,引入三种类型的非线性电容:发射结、集电结的势垒电容 C_{JE}、C_{JC},发射结、集电结的扩散电容 C_{DE}、C_{DC},和集电区与衬底之间的势垒电容 C_{JS},就可得到 EM 大信号模型,如图 3-135 所示。

图 3-135 中,各电容的表达式如下

$$C_{JE} = C_{JE}(0)\left(1-\frac{V_{BE}}{\phi_E}\right)^{-m_E} \tag{3-513}$$

$$C_{JC} = C_{JC}(0)\left(1-\frac{V_{BC}}{\phi_C}\right)^{-m_C} \tag{3-514}$$

$$C_{DE} = \frac{qI_S}{kT}\tau_F\exp\left(\frac{qV_{BE}}{kT}\right) \tag{3-515}$$

$$C_{DC} = \frac{qI_S}{kT}\tau_R\exp\left(\frac{qV_{BC}}{kT}\right) \tag{3-516}$$

$$C_{JS} = C_{JS}(0)\left(1-\frac{V_{CS}}{\phi_S}\right)^{-m_S} \tag{3-517}$$

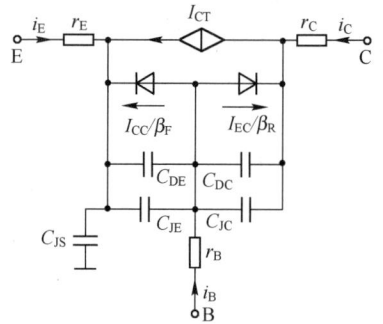

图 3-135　EM 大信号模型

式中,$C_{JE}(0)$、$C_{JC}(0)$、$C_{JS}(0)$ 分别代表各结的零偏势垒电容;ϕ_E、ϕ_C、ϕ_S 分别代表各结的内建电势;m_E、m_C、m_S 分别代表各结电容的梯度因子;τ_F 和 τ_R 分别代表正向和倒向基区渡越时间。当正偏电压 $V>F_C\phi_0$ 时,所有势垒电容还要进行相应的修改,可参见 2.8.2 节的式(2-194)。

以上的 EM 大信号模型共增加了 12 个模型参数。如再考虑模型的温度效应及噪声特性,还应再增加 E_G、β_F 与 β_R 的温度系数 X_{TB}、反向饱和电流的温度指数因子 X_{TI}、闪烁噪声系数 K_f 及闪烁噪声指数 A_f。

6. EM 小信号模型

当晶体管偏置在放大区,且 $V_{BE}\gg kT/q$,$V_{BC}<0$ 时,则由式(3-494b),可得集电极电流与发射结电压之间的关系为

$$I_C = I_S\exp\left(\frac{qV_{BE}}{kT}\right) \tag{3-518}$$

如果 V_{BE} 有一个小的增量,则 I_C 的变化为

$$\left.\frac{\mathrm{d}I_C}{\mathrm{d}V_{BE}}\right|_{\text{工作点}} = \frac{qI_S}{kT}\exp\left(\frac{qV_{BE}}{kT}\right) = \frac{q}{kT}I_C\bigg|_{\text{工作点}} = g_{mF} \tag{3-519}$$

式(3-519)中,g_{mF} 代表正向跨导。

基极电流随发射结电压的变化可以从式(3-519)直接得到,即

$$\frac{\mathrm{d}I_\mathrm{B}}{\mathrm{d}V_\mathrm{BE}}\bigg|_{\text{工作点}}=\frac{\mathrm{d}(I_\mathrm{C}/\beta_\mathrm{F})}{\mathrm{d}V_\mathrm{BE}}\bigg|_{\text{工作点}}=\frac{1}{\beta_\mathrm{F}}\cdot\frac{qI_\mathrm{S}}{kT}\exp\left(\frac{qV_\mathrm{BE}}{\beta_\mathrm{F}}\right)=\frac{g_\mathrm{mF}}{\beta_\mathrm{F}}=g_\pi \qquad (3\text{-}520)$$

已知集电结电压对集电极电流的影响主要是由于厄尔利效应的结果,即

$$\frac{\mathrm{d}I_\mathrm{C}}{\mathrm{d}V_\mathrm{BC}}\bigg|_{\text{工作点}}=\frac{I_\mathrm{C}}{|V_\mathrm{AF}|}\bigg|_{\text{工作点}}=\frac{g_\mathrm{mF}kT}{q\,|V_\mathrm{AF}|}=g_\mathrm{o} \qquad (3\text{-}521)$$

如果假设 V_BE 为常数,则

$$\frac{\mathrm{d}I_\mathrm{B}}{\mathrm{d}V_\mathrm{BC}}\bigg|_{\text{工作点}}=\frac{\mathrm{d}(I_\mathrm{C}/\beta_\mathrm{R})}{\mathrm{d}V_\mathrm{BC}}\bigg|_{\text{工作点}}=\frac{g_\mathrm{mR}}{\beta_\mathrm{R}}=g_\mu \qquad (3\text{-}522)$$

式(3-522)中,$g_\mathrm{mR}=\dfrac{qI_\mathrm{S}}{kT}\exp\left(\dfrac{qV_\mathrm{BC}}{kT}\right)$,代表倒向跨导。

从式(3-522)可见,由 V_BC 的变化导致的 I_B 的改变,可等效为在集电极与基极之间有一个电导 g_μ,或有一个电阻 r_μ。

将电荷存储元件表示为由工作点确定的小信号线性电容,即

$$C_\pi=\frac{qI_\mathrm{S}}{kT}\tau_\mathrm{F}\exp\left(\frac{V_\mathrm{BE}}{kT}\right)+C_\mathrm{JE}(0)\left(1-\frac{V_\mathrm{BE}}{\phi_\mathrm{E}}\right)^{-m_\mathrm{E}}$$

$$=\tau_\mathrm{F}g_\mathrm{mF}+C_\mathrm{JE}(V_\mathrm{BE}) \qquad (3\text{-}523)$$

$$C_\mu=\frac{qI_\mathrm{S}}{kT}\tau_\mathrm{R}\exp\left(\frac{V_\mathrm{BC}}{kT}\right)+C_\mathrm{JC}(0)\left(1-\frac{V_\mathrm{BC}}{\phi_\mathrm{C}}\right)^{-m_\mathrm{C}}$$

$$=\tau_\mathrm{R}g_\mathrm{mR}+C_\mathrm{JC}(V_\mathrm{BC}) \qquad (3\text{-}524)$$

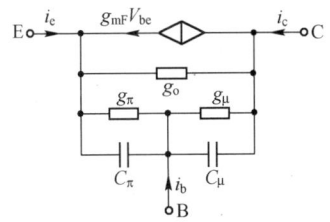

图 3-136　EM 小信号模型的等效电路

EM 小信号模型的等效电路如图 3-136 所示。

3.13.2　葛谋-潘(GP)模型[48]

EM 大信号模型在大信号运用时仍存在不足之处,主要是未包括下面几个效应:小电流时 β 值的下降、大注入效应、基区宽度调变效应、基区扩展效应等。在大信号运用时,必须建立一个包括上述各效应在内的模型。这就是 GP 模型。这个模型的参数较多,有的参数需要通过测量来确定,而且是非线性的,所以一般只能用计算机来求各种具体电路条件下的数值解。

1. 小电流时 β 值的下降

小电流时 β 值的下降,是因为基极电流 I_B 中在正常电流下可以忽略的势垒区产生复合电流在小电流时变得不可忽略,因此在 I_B 中应增加下面两个势垒区产生复合电流,即

$$I_\mathrm{LE}=C_2I_\mathrm{S}\left[\exp\left(\frac{qV_\mathrm{BE}}{n_\mathrm{EL}kT}\right)-1\right] \qquad (3\text{-}525)$$

$$I_\mathrm{LC}=C_4I_\mathrm{S}\left[\exp\left(\frac{qV_\mathrm{BC}}{n_\mathrm{CL}kT}\right)-1\right] \qquad (3\text{-}526)$$

这需要增加 4 个模型参数 C_2、C_4 和 n_EL、n_CL。其中 C_2 和 C_4 分别代表正向和倒向小电流非理想基极电流系数;n_EL 和 n_CL 分别代表非理想小电流发射结发射系数和集电结发射系数。这相当于在图 3-131 的 EM 直流模型中增加两个非理想二极管,如图 3-137 所示。

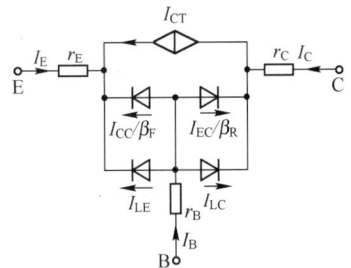

图 3-137　包括势垒区复合电流的 GP 模型

根据 2.2.4 节中的简单推导,式(3-525)和式(3-526)中的 n_EL 与 n_CL 均等于 2,但这只是近似的,实际上 n_EL 与 n_CL 是大于 1 的某个值。这四个模型参数可以从测量结电压很小时的电流电压

关系中提取出来。当 V_{BE} 很小时，发射结电流主要是势垒区复合电流，将 $\ln I_B$-V_{BE} 曲线外推到 $V_{BE}=0$ 可得到 $C_2 I_S$，由低电压下的斜率可得到 n_{EL}。用类似的方法可得到 $C_4 I_S$ 和 n_{CL}。

2. 大注入效应与厄尔利效应

以下在讨论大注入效应与厄尔利效应时，模型中暂不包括势垒区产生复合电流和寄生串联电阻。将 3.7.1 节中的式(3-123)，即

$$I_n = \frac{(A_E q n_i)^2 D_B}{Q_{BB}}\left[\exp\left(\frac{qV_{BE}}{kT}\right)-\exp\left(\frac{qV_{BC}}{kT}\right)\right]$$

与表示连接电流的式(3-497)及式(3-496)相比，可得到

$$I_S = \frac{(A_E q n_i)^2 D_B}{Q_{BB}} \qquad (3-527)$$

式(3-527)中，Q_{BB} 代表基区多子总电荷量。大注入效应与厄尔利效应所影响的就是 Q_{BB}，因此只要在 Q_{BB} 中将这两种效应包括进去，则 GP 模型中就包括了这两种效应。

在小注入下，基区多子浓度等于基区掺杂浓度，即 $p=N_B$，从而有

$$Q_{BB} = Q_{BBO} = A_E q \int_0^{W_B} N_B \, dx \qquad (3-528)$$

这时 Q_{BB} 是一个常数，记为 Q_{BBO}，即基区平衡多子电荷量，也即葛谋数。

在大注入下，基区多子浓度 $p=N_B+n$ 将随注入程度而变化，Q_{BB} 不再是常数。当出现厄尔利效应时，基区宽度发生变化，也会使 Q_{BB} 发生变化。在非定态下，Q_{BB} 还是时间的函数。

以下用 I_S 代表小注入并且无厄尔利效应时的传输饱和电流，即

$$I_S = \frac{(A_E q n_i)^2 D_B}{Q_{BBO}}$$

将上式中分母的 Q_{BBO} 用 Q_{BB} 代替，可得到大注入并且有厄尔利效应的传输饱和电流，即

$$\frac{(A_E q n_i)^2 D_B}{Q_{BB}} = \frac{Q_{BBO}}{Q_{BB}}I_S = \frac{I_S}{q_B} \qquad (3-529)$$

式中

$$q_B = Q_{BB}/Q_{BBO} \qquad (3-530)$$

代表归一化的基区多子总电荷量。

将式(3-494)中的 I_S 用式(3-529)代替，并利用式(3-495)，可得到包括大注入效应与厄尔利效应，但未包括势垒区产生复合电流和寄生串联电阻的 GP 直流模型，即

$$I_E = \frac{I_S}{q_B}\left[\exp\left(\frac{qV_{BC}}{kT}\right)-\exp\left(\frac{qV_{BE}}{kT}\right)\right] - \frac{I_S}{q_B\beta_F}\left[\exp\left(\frac{qV_{BE}}{kT}\right)-1\right] \qquad (3-531a)$$

$$I_C = \frac{I_C}{q_B}\left[\exp\left(\frac{qV_{BE}}{kT}\right)-\exp\left(\frac{qV_{BC}}{kT}\right)\right] - \frac{I_S}{q_B\beta_R}\left[\exp\left(\frac{qV_{BC}}{kT}\right)-1\right] \qquad (3-531b)$$

$$I_B = \frac{I_S}{q_B\beta_F}\left[\exp\left(\frac{qV_{BE}}{kT}\right)-1\right] + \frac{I_S}{q_B\beta_R}\left[\exp\left(\frac{qV_{BC}}{kT}\right)-1\right] \qquad (3-531c)$$

GP 模型能将大注入效应与厄尔利效应包括进去，关键的参数就是 q_B。下面来推导 q_B。

根据基区渡越时间的定义，在电流 I_{CC} 和 I_{EC} 的作用下，正向管和倒向管中的基区非平衡少子电荷量分别是 $I_{CC}\tau_F$ 和 $I_{EC}\tau_R$。根据基区电荷量的叠加性，可得到基区非平衡少子总电荷量为

$$Q_B = I_{CC}\tau_F + I_{EC}\tau_R \qquad (3-532)$$

将式(3-496)的 I_{CC} 和 I_{EC} 代入式(3-532)，并利用式(3-529)，得

$$Q_B = \frac{I_S}{q_B}\tau_F\left[\exp\left(\frac{qV_{BE}}{kT}\right)-1\right] + \frac{I_S}{q_B}\tau_R\left[\exp\left(\frac{qV_{BC}}{kT}\right)-1\right] \qquad (3-533)$$

式(3-533)表示的基区非平衡少子电荷是由于电流 I_{CC} 和 I_{EC} 向基区注入少子而引起的。为了维持电中性,基区中会出现相同数量的非平衡多子电荷。

势垒区与基区的边界在结电压变化时会发生移动,使基区中有附加的电荷变化,可表示为

$$C_{TE}V_{BE}+C_{TC}V_{BC}\frac{A_E}{A_C} \tag{3-534}$$

因此,基区多子总电荷量 Q_{BB} 应为基区平衡多子电荷 Q_{BBO}、基区非平衡多子电荷 Q_B 与附加电荷之和,即

$$Q_{BB}=Q_{BBO}+C_{TE}V_{BE}+C_{TC}V_{BC}\frac{A_E}{A_C}+\frac{I_S\tau_F}{q_B}\tau_F\left[\exp\left(\frac{qV_{BE}}{kT}\right)-1\right]+\frac{I_S}{q_B}\tau_R\left[\exp\left(\frac{qV_{BC}}{kT}\right)-1\right] \tag{3-535}$$

这就是静态下的基区多子电荷方程。为了使上式更便于处理,引进下面一些参数,即

$$I_{KF}=Q_{BBO}/\tau_F \tag{3-536}$$

$$I_{KR}=Q_{BBO}/\tau_R \tag{3-537}$$

$$|V_{AF}|\equiv\frac{Q_{BBO}}{C_{TC}}\cdot\frac{A_C}{A_E} \tag{3-538}$$

$$|V_{AR}|\equiv Q_{BBO}/C_{TE} \tag{3-539}$$

式中,根据 3.4.5 节中的式(3-74),$|V_{AF}|$ 是正向管的厄尔利电压;$|V_{AR}|$ 是倒向管的厄尔利电压;I_{KF} 与 I_{KR} 分别称为正向转折电流与倒向转折电流,其意义将在后面讨论。

将式(3-535)除以 Q_{BBO},再利用 $|V_{AF}|$、$|V_{AR}|$、I_{KF} 与 I_{KR} 的定义,得到

$$q_B=q_1+\frac{q_2}{q_B} \tag{3-540}$$

式中,q_1、q_2 为辅助变量,即

$$q_1=1+\frac{V_{BE}}{|V_{AR}|}+\frac{V_{BC}}{|V_{AF}|} \tag{3-541}$$

$$q_2=\frac{I_S}{I_{KF}}\left[\exp\left(\frac{qV_{BE}}{kT}\right)-1\right]+\frac{I_S}{I_{KR}}\left[\exp\left(\frac{qV_{BC}}{kT}\right)-1\right] \tag{3-542}$$

显然,q_1 中包括了厄尔利效应。假设 $|V_{AF}|\to\infty$,$|V_{AR}|\to\infty$,即忽略厄尔利效应,则 $q_1=1$。q_2 中则包括了大注入效应。

3. 发射系数的影响

在电流 I_{CC} 和 I_{EC} 的公式中再增加 n_F 和 n_R 两个参数,分别称为正向电流发射系数和倒向电流发射系数,则

$$I_{CC}=\frac{I_S}{q_B}\left[\exp\left(\frac{qV_{BE}}{n_FkT}\right)-1\right] \tag{3-543a}$$

$$I_{EC}=\frac{I_S}{q_B}\left[\exp\left(\frac{qV_{BC}}{n_RkT}\right)-1\right] \tag{3-543b}$$

再将势垒区产生复合电流包括进去,得到不包括寄生串联电阻的 GP 直流模型为

$$I_E=\frac{I_S}{q_B}\left[\exp\left(\frac{qV_{BC}}{n_RkT}\right)-\exp\left(\frac{qV_{BE}}{n_FkT}\right)\right]-\frac{I_S}{q_B\beta_F}\left[\exp\left(\frac{qV_{BE}}{n_FkT}\right)-1\right]-\frac{C_2I_S}{q_B}\left[\exp\left(\frac{qV_{BE}}{n_{EL}kT}\right)-1\right] \tag{3-544a}$$

$$I_C=\frac{I_S}{q_B}\left[\exp\left(\frac{qV_{BE}}{n_FkT}\right)-\exp\left(\frac{qV_{BC}}{n_RkT}\right)\right]-\frac{I_S}{q_B\beta_R}\left[\exp\left(\frac{qV_{BC}}{n_RkT}\right)-1\right]-\frac{C_4I_S}{q_B}\left[\exp\left(\frac{qV_{BC}}{n_{CL}kT}\right)-1\right] \tag{3-544b}$$

$$I_B=\frac{I_S}{q_B\beta_F}\left[\exp\left(\frac{qV_{BE}}{kT}\right)-1\right]+\frac{I_S}{q_B\beta_R}\left[\exp\left(\frac{qV_{BC}}{kT}-1\right)\right]+$$

$$\frac{C_2 I_S}{q_B}\left[\exp\left(\frac{qV_{BE}}{n_{EL}kT}\right)-1\right]+\frac{C_4 I_S}{q_B}\left[\exp\left(\frac{qV_{BC}}{n_{CL}kT}-1\right)\right] \tag{3-544c}$$

4. 基极电阻随电流的变化

在 GP 模型中，基极电阻 r_{BB} 随 I_B 变化的表达式为

$$r_{BB}=r_{BM}+3\left(r_B-r_{BM}\right)\left(\frac{\tan^2 Z-Z}{Z\tan^2 Z}\right) \tag{3-545}$$

式中

$$Z=\frac{-1+\left[1+144\dfrac{I_B}{\pi I_{rB}}\right]^{1/2}}{\dfrac{24}{\pi^2}\left(\dfrac{I_B}{I_{rB}}\right)^{1/2}} \tag{3-546}$$

r_B 代表零偏时的基极电阻，同时新增了 2 个模型参数：r_{BM} 代表大电流时的最小基极电阻；I_{rB} 代表基极电阻向最小值下降到一半时的电流。如果不设定 I_{rB}（即 $I_{rB}=0$），则

$$r_{BB}=r_{BM}+\frac{r_B-r_{BM}}{q_B} \tag{3-547}$$

以上的 GP 直流模型一共包括多少个模型参数呢？首先，它包括 I_S、β_F、β_R 3 个基本参数；其次，它包括 3 个寄生串联电阻 r_C、r_E、r_B，以上这 6 个参数是在 EM 模型中已有的；第三，势垒区产生的复合电流中包含 4 个参数：C_2、C_4、n_{EL}、n_{CL}；第四，在反映大注入效应与厄尔利效应的 q_B 中，含有 4 个参数：I_{KF}、I_{KR}、V_{AF}、V_{AR}；第五，发射系数 n_F 和 n_R；最后是反映基极电阻随电流变化的 2 个参数：r_{BM} 和 I_{rB}。因此，在以上的 GP 直流模型中总共有 18 个模型参数。

5. GP 直流模型的一些简化形式

下面讨论 GP 直流模型在一些特殊情况下的简化形式。在下面的讨论中，不考虑势垒区产生复合电流、寄生串联电阻和发射系数。

在正向放大区，由式（3-531b）可得

$$I_C=I_S\left[\exp\left(\frac{qV_{BE}}{kT}\right)\right]\bigg/q_B \tag{3-548}$$

设 $\dfrac{V_{BE}}{|V_{AR}|}\ll-\dfrac{V_{BC}}{|V_{AF}|}$，则 q_B 中的 q_1 可简化为

$$q_1=1+\frac{V_{BC}}{|V_{AF}|}$$

下面讨论小注入及大注入两种情形，以说明 GP 模型的适用性。

（1）对于小注入，$q_1\gg q_2/q_B$，则

$$q_B\approx q_1=1+\frac{V_{BC}}{|V_{AF}|}$$

式（3-548）成为

$$I_C=\frac{I_S\left[\exp\left(\dfrac{qV_{BE}}{kT}\right)\right]}{1+\dfrac{V_{BC}}{|V_{AF}|}}\approx I_S\exp\left(\frac{qV_{BE}}{kT}\right)\left(1-\frac{V_{BC}}{|V_{AF}|}\right) \tag{3-549}$$

当 V_{CB} 增大时，I_C 增加，并且

$$\frac{\partial I_C}{\partial V_{CB}}\bigg|_{V_{BE}}=I_S\exp\left(\frac{qV_{BE}}{kT}\right)\bigg/|V_{AF}|\approx I_C/|V_{AF}| \tag{3-550}$$

可见，式（3-550）确实包含了厄尔利效应。从式（3-550）还可见，$\ln I_C$ 与 $qV_{BE}/(kT)$ 的关系曲

线的斜率为 1，如图 3-138 中的曲线 1 所示，这正是小注入的特点。

（2）对于大注入，$q_1 \ll q_2/q_B$，则 $q_B \approx q_2/q_B$。由式（3-542）
可知在放大区有

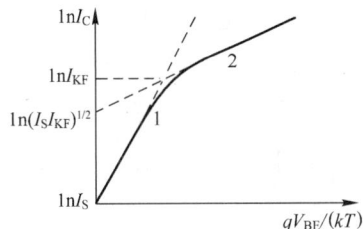

$$q_B = \sqrt{q_2} = \sqrt{\frac{I_S}{I_{KF}}} \exp\left(\frac{qV_{BE}}{2kT}\right) \qquad (3\text{-}551)$$

将式（3-551）代入式（3-548），得

$$I_C = \sqrt{I_S I_{KF}} \exp\left(\frac{qV_{BE}}{2kT}\right) \qquad (3\text{-}552)$$

图 3-138　由 I_C-V_{BE} 关系
曲线说明 I_{KF} 的意义

由上式可见，$\ln I_C$ 与 $qV_{BE}/(kT)$ 的关系曲线的斜率为 $1/2$，如
图 3-138 中的曲线 2 所示，这正是大注入的特点。

下面来求从小注入到大注入的转折点。将式（3-549）中代表厄尔利效应的因子略去，则小注
入时

$$I_C = I_S \exp\left(\frac{qV_{BE}}{kT}\right) \qquad (3\text{-}553)$$

在从小注入到大注入的转折点，I_C 应该既符合适用于小注入的式（3-553）也符合适用于大
注入的式（3-552）。令这两个式子相等，可解出转折点的发射结电压，即

$$V_{BE} = V_{KF} = \frac{kT}{q} \ln \frac{I_{KF}}{I_S} \qquad (3\text{-}554)$$

式（3-554）中，V_{KF} 称为转折电压。当 $V_{BE} < V_{KF}$ 时为小注入；
当 $V_{BE} > V_{KF}$ 时为大注入。将上式代入式（3-552）或
式（3-553），可得从小注入到大注入的转折电流，即

$$I_C = I_{KF} \qquad (3\text{-}555)$$

6. GP 大信号模型

在 GP 直流模型的基础上引入非线性电容，就可得到
GP 大信号模型，如图 3-139 所示。GP 大信号模型等效电
路的拓扑结构与 EM 大信号模型的相类似，其中的非线性
电容的表达式也与 EM 大信号模型的相类似，但 GP 大信号
模型引入了以下 3 处新的效应。

（1）集电结电容的分布特性

为了使集电结电容更接近实际器件中的情况，在 GP 大

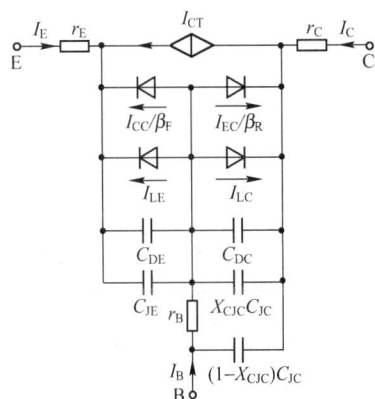

图 3-139　GP 大信号模型

信号模型中把集电结电容 C_{JC} 划分为两个电容：连接在基极内节点与集电极节点之间的 $X_{CJC}C_{JC}$ 和
连接在基极外节点与集电极节点之间的 $C_{JX} = (1-X_{CJC})C_{JC}$。参数 X_{CJC} 的取值范围是 $0 \sim 1$。

（2）渡越时间 τ_F 随偏置的变化

在大电流时，渡越时间 τ_F 不再是常数，而是 V_{BC} 和 I_C 的函数，这反映了大电流对存储电荷的
影响。这一效应可由下面的经验公式来描述

$$\tau_{FF} = \tau_F\left\{1 + X_{TF}\left[\exp\left(\frac{V_{BC}}{1.44V_{TF}}\right)\right]\left(\frac{I_C}{I_C + I_{TF}}\right)^2\right\} \qquad (3\text{-}556)$$

式（3-556）中，τ_F 代表理想的正向渡越时间，同时新增了 3 个模型参数：X_{TF} 为描述 τ_{FF} 随偏置变化
的参数；V_{TF} 为描述 τ_{FF} 随 V_{BC} 变化的电压参数；I_{TF} 为影响 τ_{FF} 的大电流参数。

（3）基区中的分布现象（超相移）

由于少子在基区中的延迟，使从实际器件中测量到的相移比模型预计的要大。为此在

SPICE 中引入了超相移参数 P_{TF}，它被定义为当频率 $f=(1/2\pi\tau_F)$ 时的超相移。

此外，在 GP 大信号模型中，还有 3 个与温度有关的参数和 2 个与噪声有关的参数，它们与 EM 大信号模型中的相同。

7. GP 小信号模型

GP 小信号模型与 EM 小信号模型的电路结构相同，只是小信号参数的值有所不同。

本章习题

3-1* 画出 NPN 缓变基区晶体管在平衡时和在放大区、饱和区及截止区工作时的能带图。

3-2* 画出 NPN 缓变基区晶体管在平衡时和在放大区、饱和区及截止区工作时的少子分布图。

3-3* 某晶体管当 $I_{B1}=0.05\,\text{mA}$ 时测得 $I_{C1}=4\,\text{mA}$，当 $I_{B2}=0.06\,\text{mA}$ 时测得 $I_{C2}=5\,\text{mA}$，试分别求此管当 $I_C=4\,\text{mA}$ 时的直流电流放大系数 β 与增量电流放大系数 β_0。

3-4 试由连续性方程推导出 PNP 均匀基区晶体管的基区少子浓度分布，并将其结果与图 3-9 的直线分布相比较。在什么条件下，基区少子浓度分布可近似地看作直线分布。

3-5 根据题 3-4 的结果，证明基区输运系数的精确表达式为 $\beta^*=\text{sech}(W_B/L_B)$；在什么条件下它与式(3-10)一致。

3-6* 已知某硅 NPN 均匀基区晶体管的基区宽度 $W_B=2\,\mu\text{m}$，基区掺杂浓度 $N_B=5\times10^{16}\,\text{cm}^{-3}$，基区少子寿命 $\tau_B=1\,\mu\text{s}$，基区少子扩散系数 $D_B=15\,\text{cm}^2\text{s}^{-1}$，以及从发射结注入基区的少子电流密度 $J_{nE}=0.1\,\text{A/cm}^2$。试计算基区中靠近发射结一侧的非平衡少子电子浓度 $n_B(0)$、发射结电压 V_{BE} 和基区输运系数 β^*。

3-7* 已知某硅 NPN 缓变基区晶体管的基区宽度 $W_B=0.5\,\mu\text{m}$，基区少子扩散系数 $D_B=20\,\text{cm}^2\text{s}^{-1}$，基区自建场因子 $\eta=10$，试计算该晶体管的基区渡越时间 τ_b。

3-8* 对于基区和发射区都是非均匀掺杂的晶体管，试证明其注入效率 $\gamma=\left(1+\dfrac{Q_{BO}D_E}{Q_{EO}D_B}\right)^{-1}$，式中，$Q_{EO}$ 和 Q_{BO} 分别代表中性发射区和中性基区的杂质电荷总量，D_E 和 D_B 分别代表中性发射区和中性基区的少子有效扩散系数。

3-9* 已知某硅 NPN 均匀基区晶体管的基区宽度 $W_B=0.7\,\mu\text{m}$，基区掺杂浓度 $N_B=10^{17}\,\text{cm}^{-3}$，基区少子寿命 $\tau_B=10^{-7}\text{s}$，基区少子扩散系数 $D_B=18\,\text{cm}^2\cdot\text{s}^{-1}$，发射结注入效率 $\gamma=0.995$，发射结面积 $A_E=10^4\,\mu\text{m}^2$。表面和势垒区复合可以忽略。当发射结上有 0.7 V 的正偏压时，试计算该晶体管的基极电流 I_B、集电极电流 I_C 和共基极电流放大系数 α。

3-10* 已知某硅 NPN 均匀基区晶体管的基区宽度 $W_B=0.5\,\mu\text{m}$，基区掺杂浓度 $N_B=4\times10^{17}\,\text{cm}^{-3}$，基区少子寿命 $\tau_B=10^{-6}\text{s}$，基区少子扩散系数 $D_B=18\,\text{cm}^2\cdot\text{s}^{-1}$，发射结面积 $A_E=10^{-5}\,\text{cm}^2$。

(1) 如果发射区为非均匀掺杂，发射区的杂质总数为 $Q_{EO}/q=8\times10^9$ 个原子，发射区少子扩散系数 $D_E=2\,\text{cm}^2\cdot\text{s}^{-1}$，试计算此晶体管的发射结注入效率 γ。

(2) 试计算此晶体管的基区输运系数 β^*。

(3) 试计算此晶体管的共发射极电流放大系数 β。

(4) 在什么条件下可以按简化公式 $\beta\approx\dfrac{Q_{EO}D_B}{Q_{BO}D_E}$ 来估算 β？在本题中若按此简化公式来估算 β，则引入的百分误差是多少？

3-11 对于工作在放大区的晶体管，当发射面积 A_E 扩大 10 倍时，要使集电极电流 I_C 保持不变，则发射结电压 V_{BE} 应该怎样变化？

3-12 在 N 型硅片上经硼扩散后，得到集电结结深 $x_{jc}=2.1\,\mu\text{m}$，有源基区方块电阻 $R_{\square B1}=800\,\Omega$，再经磷扩散后，得发射结结深 $x_{je}=1.3\,\mu\text{m}$，发射区方块电阻 $R_{\square E}=10\,\Omega$。设基区少子寿命 $\tau_B=10^{-7}\text{s}$，基区少子扩散系数 $D_B=15\,\text{cm}^2\cdot\text{s}^{-1}$，基区自建场因子 $\eta=8$，试求该晶体管的电流放大系数 α 与 β 分别为多少？

3-13 在基区掺杂浓度随距离按指数式变化的缓变基区晶体管中，基区自建电场强度为如式(3-30)所示的常数。如果基区宽度为 $0.3\,\mu\text{m}$ 的晶体管中存在 $500\,\text{V}\cdot\text{cm}^{-1}$ 的均匀基区自建电场，基区中靠近发射结一侧的掺杂

浓度是 $10^{17}\ cm^{-3}$,试问基区中靠近集电结一侧的掺杂浓度为多少?

3-14* 注入晶体管基区的非平衡少子总电荷量为 Q_B,假设发射结注入效率 $\gamma=1$,试推导出用 Q_B 表示的基极电流 I_B、集电极电流 I_C 和电流放大系数 β 的表达式,并将此题的结果与题 3-10 第(4)小问的结果做比较。

3-15* 在材料种类相同、掺杂浓度分布相同、基区宽度相同的条件下,PNP 晶体管和 NPN 晶体管相比,哪种晶体管的发射结注入效率 γ 较大? 哪种晶体管的基区输运系数 β^* 较大?

3-16 $\int_0^{W_B} N_B(x)\,dx$ 代表基区中单位面积的有效杂质总数,称为葛谋数(Gummel Number)。若在式(3-33a)中取 $J_{nE}=J_C$,则可从 I_C-V_{BE} 曲线计算出 Gummel 数。试求出图 3-140 中晶体管的 Gummel 数,该晶体管的 $D_B=35\ cm^2/s$,$n_i=1.5\times10^{10}\ cm^{-3}$,结面积 $A=0.1\ cm^2$。

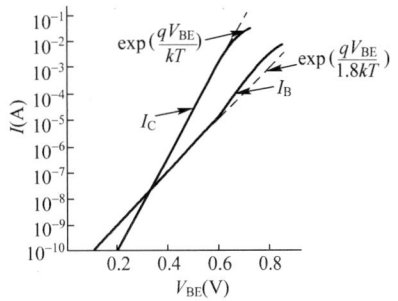

图 3-140

3-17 已知某硅 NPN 均匀基区晶体管的发射区和基区宽度均为 $0.5\ \mu m$,发射区和基区的掺杂浓度分别为 $N_E=10^{20}\ cm^{-3}$ 和 $N_B=10^{17}\ cm^{-3}$,发射区和基区的少子扩散系数分别为 $D_E=1.2\ cm^2/s$ 和 $D_B=18\ cm^2/s$,发射结面积 $A_E=10^4\ \mu m^2$。

(1)由于发射区重掺杂而导致禁带变窄,使发射区的本征载流子浓度变为 $n_{iE}=1.2\times10^{12}\ cm^{-3}$,试求发射区禁带的变窄量 ΔE_G。

(2)该晶体管的发射结注入效率 γ 为多少?

(3)假设基区输运系数 $\beta^*=1$,当该晶体管工作于放大区且集电极电流 $I_C=10\ mA$ 时,发射结上的电压 V_{BE} 为多少?

(4)这时发射结两侧的少子浓度分别为多少?

3-18 倒向晶体管与正向晶体管之间存在如下普遍关系: $\alpha I_{ES}=\alpha_R I_{CS}$。试在均匀掺杂且 $A_E=A_C$ 的特殊情形下,证明上式成立。

3-19 试证明晶体管共发射极输出特性的精确表达式为

$$-V_{CE}=\frac{kT}{q}\ln\frac{-I_{CBO}+\alpha I_B-I_C(1-\alpha)}{-I_{ES}+I_B+I_C(I-\alpha_R)}+\frac{kT}{q}\ln\frac{\alpha_R}{\alpha}$$

并证明当 $I_B\gg I_{ES}$,且 $I_B\gg I_{CBO}/\alpha$ 时,上式可简化为

$$V_{CE}=\frac{kT}{q}\ln\frac{\dfrac{1}{\alpha_R}+\dfrac{I_C}{\beta_R I_B}}{1-\dfrac{I_C}{\beta I_B}}$$

(提示:忽略耗尽区复合电流,首先推导出用电流表示结电压的表达式。)

3-20* 试推导出均匀基区晶体管的厄尔利电压 V_A 和共发射极增量输出电阻 r_o 的表达式。

3-21 试推导出均匀基区晶体管的集电结反向电压 V_{CB} 对基区渡越时间 τ_b 和对电流放大系数 β 的影响的表达式。

3-22* 已知某硅 NPN 均匀基区晶体管的基区宽度 $W_B=2.5\ \mu m$,基区掺杂浓度 $N_B=10^{17}\ cm^{-3}$,集电区掺杂浓度 $N_C=10^{16}\ cm^{-3}$,试计算当 $V_{CB}=0$ 时的厄尔利电压 V_A。

3-23 某 NPN 晶体管的基区杂质浓度为线性分布,在发射结边缘为 $N_B(0)=10^{16}\ cm^{-3}$,在集电结边缘为 $N_B(W_B)=10^{10}\ cm^{-3}$,基区宽度 $W_B=1\ \mu m$,发射区和集电区的杂质浓度均为 $N_D=10^{19}\ cm^{-3}$。

(1)画出平衡时及工作在放大区时的少子浓度分布图。

(2)推导出基区内建电场的表达式,并求出它的最大值。

(3)画出基区内建电场分布图。

(4)分别求出正向管的厄尔利电压 V_A 和倒向管的厄尔利电压 V_B。

(5)计算出该晶体管的 Gummel 数。

3-24 试列举出倒向管的电流放大系数小于正向管的电流放大系数的各种原因。

3-25 测量 PNP 晶体管的 I_{CEO} 时,应该在发射极与集电极之间加一个什么方向的电压? 这时基极与发射极之间有没有"浮空电势"?

3-26　内建电势是测不出来的,这可以用普通物理或半导体物理的知识来解释。现在的问题是,浮空电势测得出来吗?

3-27* 有人在测晶体管的 I_{CEO} 的同时,错误地用一个电流表去测基极与发射极之间的浮空电势,这时他测到的 I_{CEO} 实质上是什么?

3-28　利用普通万用表中(电阻为 $1.2\,k\Omega$ 或 $2.4\,k\Omega$)的测电阻挡就可对晶体管的 I_{CBO} 与 I_{CEO} 进行估计,试解释其理由。

3-29　考虑一偏置在放大区的 NPN 晶体管。在 $t=0$ 时刻,一束强可见光照射到集电结空间电荷区上,使空间电荷区中单位时间内产生 G 对电子空穴对,并粗略地认为基极直流电流 I_B 与 qG 的数量级相同。

（1）如果发射结电压 V_{BE} 和集电结电压 V_{BC} 都保持常数,则当 $t>0$ 时,基极电流 I_B、集电极电流 I_C 和发射极电流 I_E 的值将发生什么变化?

（2）如果基极由恒流源驱动,光照不影响基极电流 I_B 的大小,则情况又将如何?

3-30　对于工作在放大区的 NPN 晶体管,在室温附近,集电极电流 I_C 和基极电流 I_B 都是流入晶体管的。如果使工作在放大区的 NPN 晶体管的 I_C 维持常数,当温度增加时,将会发现 I_B 逐渐减小,最后改变方向。这种现象可以用什么物理效应来解释?（提示:考虑基极中的所有电流成分）

3-31* 某厂在试制晶体管时,由于不注意清洁卫生,在高温扩散时引入了金、镍等杂质,结果得到如图 3-141 所示的晶体管输出特性曲线。你能否说明这个输出特性曲线与标准输出特性曲线的差别在哪里？原因是什么?

3-32* 某厂在试制 NPN 平面管时,发现所得到的输出特性曲线为"靠背椅"式,如图 3-142 所示。你能否用基区表面形成反型层(即所谓"沟道")来解释这种输出特性曲线?

3-33* 某厂在试制某种晶体管时,发现输出特性曲线"过度倾斜",如图 3-143 所示。你能否用制造过程不当,使基区过薄来解释此种现象？如何改进工艺条件来避免此种现象?

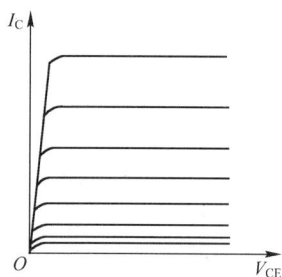 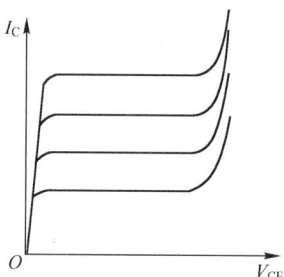 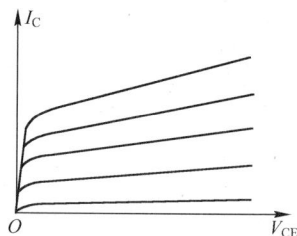

图 3-141　　　　　　　　图 3-142　　　　　　　　图 3-143

3-34* 某厂在试制某种晶体管时,发现输出特性曲线如图 3-144 所示。你能否用集电极有较大的串联电阻(如欧姆接触电阻)来解释此种现象？如何改进工艺条件来避免此种现象?

3-35* 某厂在试制某种晶体管时,发现输出特性曲线如图 3-145 所示。你能否用集电结在表面处有很大的漏电流来解释此种现象?

3-36* 有一个对称的锗 PNP 晶体管, $I_{CBO}=0.1\,\mu A$, $\beta=200$。当该晶体管的两个结上均加正偏压,组成如图 3-146 所示的电路时,试问:

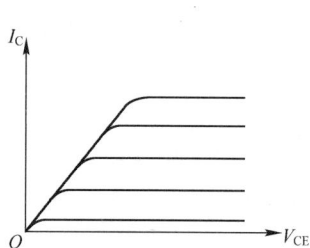 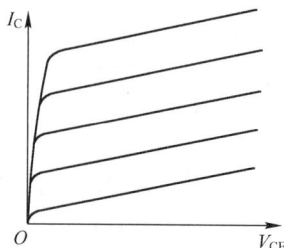 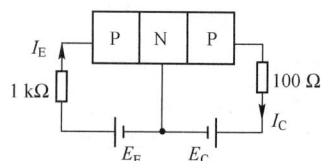

图 3-144　　　图 3-145　　　图 3-146

（1） E_C 为何值时 $I_C=0$?

（2） E_C 为何值时 $I_C>0$?

（3）E_C 为何值时 $I_C<0$?

（4）如果 $I_C>0$，同时 $E_C>0$，集电极电路有功率输出到电源 E_C，则能源在哪里?

（5）写出上面几种情况下两个结上的电压与 E_C 的关系；在情况（1）中，$V_{CB}>0$ 还是 $V_{CB}<0$?

（6）在上面的电路中，如果 $E_C=0$，而 E_E 可变，则 E_E 分别为什么值时能使 $V_{CB}=0$、$V_{CB}>0$、$V_{CB}<0$?

3-37 $\beta=50$ 的某晶体管用于共发射极甲类放大电路，若电源电压 $V_{CC}=12\text{ V}$，则其 BV_{CBO} 值至少应达到多大?

3-38 为什么扩散结结面的弯曲曲率对 BV_{CBO} 的影响比对 BV_{EBO} 的影响更大?

3-39* 提高晶体管的穿通电压 V_{pt} 的措施和提高电流放大系数 β 的措施之间有没有矛盾? 如果有的话造成这种矛盾的原因是什么? 怎样解决这种矛盾?

3-40 某双基极条结构晶体管的发射区和基极接触孔的长度均为 $l=100\ \mu\text{m}$；发射区宽度 s_e、基极接触孔宽度 s_b 及发射区与基极接触孔之间的间距 d 均为 $4\ \mu\text{m}$；基区中三个区域的方块电阻分别为 $R_{\square B1}=2\times10^3\ \Omega$，$R_{\square B2}=5\times10^2\ \Omega$，$R_{\square B3}=10\ \Omega$；基极欧姆接触系数 $C_\Omega=3\times10^{-6}\ \Omega\cdot\text{cm}^2$。试计算该晶体管的基极电阻 $r_{bb'}$，并对组成 $r_{bb'}$ 的四部分电阻的大小做比较。

3-41 某具有圆形发射结和圆环形基极接触区的均匀基区 NPN 晶体管，设非工作基区的电阻可以略去，试推导出用基区掺杂浓度 N_B 而不是用方块电阻表示的基极电阻的表达式。

3-42 基极电阻 $r_{bb'}$ 对集电极电流 I_C 的影响可表示为 $I_C=I_0\exp\left[\dfrac{q(V_{BE}-I_B r_{bb'})}{kT}\right]$，试利用此式及图 3-140 的数据来估算 $r_{bb'}$ 的值。

3-43 以 NPN 管为例，试证明在任何基区注入强度下，基区渡越时间 τ_b 都可以用基区多子浓度 $p(x)$ 表示为

$$\tau_b=\frac{1}{D_B}\int_0^{W_B}\frac{1}{p(x)}\left[\int_x^{W_B}p(x')\,\mathrm{d}x'\right]\mathrm{d}x$$

并由此证明，不管 $p(x)$ 的分布如何，都可以写成 $\tau_b=\dfrac{W_B^2}{\nu D_B}$，式中，$\nu$ 只决定于 $p(x/W_B)$。

3-44 对于发射区是均匀掺杂的晶体管，设发射区宽度为 W_E，发射区少子扩散长度为 L_E。试求在（1）$W_E\gg L_E$ 与（2）$W_E\ll L_E$ 两种情形下的发射区渡越时间 τ_e 与发射区多子总电荷量 Q_{E0}，并证明式（3-136）。

3-45 分别写出基区和发射区的葛谋数与方块电阻之间的关系式。

3-46 设 $\text{N}^+\text{PN}^-\text{N}^+$ 外延晶体管的 $N_B(0)=2\times10^{17}\text{ cm}^{-3}$，$R_{\square B1}=10\text{ k}\Omega$，$W_B=5\ \mu\text{m}$，$N_C=2\times10^{14}\text{ cm}^{-3}$，$W_C=20\ \mu\text{m}$，试求：

（1）当 $n_B(0)=N_B(0)$ 时的集电极电流密度的值；

（2）当 $V_{CB}=40\text{ V}$ 时，开始发生强电场下基区扩展效应的临界电流密度 J_{CH} 的值；

（3）在 $V_{CB}=2\text{ V}$ 时，开始发生弱电场下基区扩展效应的临界电流密度 J_{CL} 的值；

（4）如果 $W_B=2\ \mu\text{m}$，则上述各值又分别为多少?

3-47 试描述直流电流放大系数 β 是怎样随集电极电流 I_C 的变化而变化的，并解释其原因。

3-48* 已知直流电流放大系数 α 及 β 是随集电极电流 I_C 变化的，试分析直流小信号电流放大系数 α_0 与 $\alpha(I_C)$ 的关系，以及 β_0 与 $\beta(I_C)$ 的关系。

3-49 试证明式（3-165）。

3-50 在具有圆形发射结和圆环形基极接触区的晶体管中也会发生发射结电流集边效应。试推导出圆形发射结下电流沿径向的分布与发射结有效宽度的表达式，设发射结的半径为 R_0，基区宽度为 W_B，有源基区电阻率为 ρ_B。

3-51 推导出在发射极电流 I_E 固定的条件下发射结增量电阻 r_e 与温度之间的关系。

3-52 试解释势垒电容、扩散电容与工作点及温度之间的关系。

3-53 某硅大功率晶体管具有如下热学参数：最高允许结温 $T_{jM}=200\text{ ℃}$，当管壳温度为 25℃ 时的最大允许功耗为 1 W，当环境温度为 25℃ 时的最大允许功耗为 200 mW，试求：

（1）该晶体管的热阻、内热阻及管壳与环境之间的热阻分别为多少?

（2）当环境温度为 25℃、功耗为 200 mW 时的管壳温度为多少?

（3）当环境温度为 25℃、功耗为 100 mW 时的结温为多少?

(4) 当管壳温度为75℃时的最大允许功耗为多少？

(5) 当环境温度为100℃时的最大允许功耗为多少？

3-54 在图 3-147 所示的电路中，晶体管的 I_B 是恒定的，I_C 有两个部分：一部分为恒定值 5 mA，另一部分与温度有关，当结温为 25℃ 时其值为 100 μA，结温每上升10℃时扩大一倍。此管的内热阻为 100℃/W。试问：

(1) 如果晶体管的管壳温度固定于 25℃，为了保持热稳定，E_C 的最大值为多少？

(2) 如果 $E_C = 40$ V，则晶体管的结温为多少？

图 3-147

3-55 已知某硅 NPN 晶体管各区的掺杂浓度分别为 $N_E = 10^{20}$ cm^{-3}，$N_B = 10^{17}$ cm^{-3}，$N_C = 10^{14}$ cm^{-3}，两个结上的电压为 $V_{BE} = 0.7$ V、$V_{BC} = -12$ V。试计算：

(1) 发射结和集电结的耗尽区宽度；

(2) 发射结和集电结的单位面积势垒电容。

3-56 当集电结的反偏足够大时，构成集电极电流的载流子是以最大漂移速度 v_{max} 穿过集电结耗尽区的。试证明载流子浓度在穿越集电结耗尽区时保持不变。

3-57 若晶体管的共基极高频小信号电流放大系数为

$$\alpha_\omega = \alpha_0 \exp\left(-\frac{jm\omega}{\omega_\alpha}\right) \Big/ \left(1 + \frac{j\omega}{\omega_\alpha}\right)$$

试证明特征频率可近似表示为 $f_T \approx \dfrac{\omega_\alpha}{2\pi(1+\alpha_0 m)}$。

3-58* 在信号频率为 100 MHz 的条件下测某高频晶体管的 $|\beta_\omega|$，当 $I_C = 1$ mA 时测得为 4；当 $I_C = 4$ mA 时测得为 4.5。试求该晶体管的发射结势垒电容 C_{TE} 和基区渡越时间 τ_b 的值。

3-59* 某高频晶体管的 $\beta_0 = 50$，当信号频率 $f = 30$ MHz 时测得其 $|\beta_\omega| = 5$。试求：

(1) 该晶体管的特征频率 f_T。

(2) 当信号频率 f 分别为 15 MHz 和 60 MHz 时该晶体管的 $|\beta_\omega|$ 值。

3-60 某高频晶体管的 $f_\beta = 20$ MHz，当信号频率 $f = 100$ MHz 时测得其最大功率增益 $K_{pmax} = 24$。试求：

(1) 该晶体管的最高振荡频率 f_M。

(2) 当信号频率 $f = 200$ MHz 时该晶体管的 K_{pmax} 值。

3-61 某硅 NPN 缓变基区晶体管的发射区杂质浓度近似为矩形分布，基区杂质浓度为指数分布，从发射结处的 $N_B(0) = 10^{18}$ cm^{-3}，下降到集电结处的 $N_B(W_B) = 5 \times 10^{15}$ cm^{-3}，基区宽度 $W_B = 2$ μm，基区少子扩散系数 $D_B = 12$ cm^2/s，基极电阻 $r_{bb'} = 75$ Ω，集电区杂质浓度 $N_C = 10^{15}$ cm^{-3}，集电区宽度 $W_C = 10$ μm，发射结面积 A_E 和集电结面积 A_C 均为 5×10^{-4} cm^2。工作点为：$I_E = 10$ mA，$V_{CB} = 6$ V（正偏的势垒电容可近似为零偏势垒电容的 2.5 倍）。试计算：

(1) 该晶体管的四个时间常数 τ_{eb}、τ_b、τ_d、τ_c，并比较它们的大小；

(2) 该晶体管的特征频率 f_T；

(3) 该晶体管当信号频率 $f = 400$ MHz 时的最大功率增益 K_{pmax}；

(4) 该晶体管的高频优值 M；

(5) 该晶体管的最高振荡频率 f_M。

3-62 为了提高晶体管的高频优值 M，在设计晶体管时，应采取哪些措施？

3-63 提高基区掺杂浓度会对晶体管的各种特性，如 γ、α、β、C_{TE}、C_{TC}、BV_{EBO}、BV_{CBO}、V_{pt}、V_A、$r_{bb'}$，以及大注入效应、发射结电流集边效应等产生什么影响？

3-64 减薄基区宽度 W_B 会对晶体管的各种特性，如 β^*、α、β、V_{pt}、V_A、$r_{bb'}$、τ_b、f_T，以及发射结电流集边效应等产生什么影响？

3-65* 某偏置在放大区的 NPN 晶体管的混合 π 参数中，假设 C_π 完全是中性基区载流子储存的结果，C_μ 完全是集电结空间电荷区中电荷变化的结果。试问：

(1) 当电压 V_{CE} 维持常数，而集电极电流 I_C 加倍时，基区中靠近发射结一侧的少子浓度 $n_B(0)$ 将加倍、减半，还是几乎维持不变？基区宽度 W_B 将加倍、减半，还是几乎维持不变？

(2) 由于上述参数的变化，参数 $r_{bb'}$、r_π、g_m、C_π、C_μ 将加倍、减半，还是几乎维持不变？

(3) 当电流 I_C 维持常数，而集电结反向电压的值增加，使基区宽度 W_B 减小一半时，$n_B(0)$ 将加倍、减半，还是几乎维持不变？

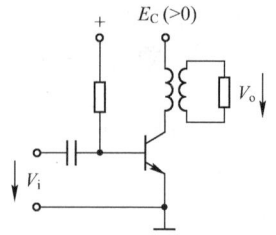

(4) 在第(3)题的条件下,第(2)题中的各参数又将如何变化?

3-66 当晶体管在低频下运用时,可以忽略各种电容的作用。如果再忽略基极电阻 $r_{bb'}$ 的作用,会发现共基极的输出电阻是共发射极输出电阻的 $1/(1-\alpha) \approx \beta$ 倍。试根据物理概念阐述其原因。

3-67 在图 3-98(b)的晶体管混合 π 等效电路中,忽略 $C_{\mu 2}$、r_μ 和 r_o。

(1) 试求出图中电路当输出端短路时的 I_o/I_i 的表达式;

(2) 试证明对应于 I_o/I_i 的数值下降 3 dB 的角频率为 $\omega_\beta = \dfrac{g_m}{(C_{DE}+C_{TE}+C_{TC})\beta_0}$。

3-68* 已知某晶体管的小信号参数为:$\beta_0 = 80$,$|\beta_\omega| = 3$(当 $f = 20\,\text{MHz}$ 时),$C_{TE} = 1\,\text{pF}$,$C_{DE} = 7\,\text{pF}$,$C_{TC} = 0.1\,\text{pF}$,$r_{bb'} = 50\,\Omega$,$r_0 = \infty$。所有参数都是在 $I_C = 10\,\text{mA}$,$V_{CE} = 10\,\text{V}$ 的工作点上测得的。试求该晶体管的 f_β、f_T 及在此工作点下的本征混合 π 参数。

3-69 某 NPN 晶体管的 $r_{bb'} = 100\,\Omega$,$r_{cs} = 100\,\Omega$,$\beta_0 = 100$。当 $I_C = 1\,\text{mA}$,$V_{CB} = 10\,\text{V}$ 时,$r_0 = 50\,\text{k}\Omega$,$C_\mu = 0.15\,\text{pF}$,$f_T = 600\,\text{MHz}$。当 $I_C = 10\,\text{mA}$,$V_{CB} = 10\,\text{V}$ 时,$f_T = 1\,\text{GHz}$。设两个结的 V_{bi} 均为 0.5 V,发射结处于正偏时 C_{TE} 可以认为是常数。

(1) 试求出当 $V_{CB} = 2\,\text{V}$ 而 I_C 分别为 0.1 mA、1 mA、5 mA 时,混合 π 等效电路的全部参数。

(2) 采用对数坐标画出 f_T 与 I_C 关系的曲线,I_C 的变化范围为 1 μA ~ 10 mA。

3-70 怎样将晶体管的混合 π 等效电路转化为 T 形等效电路?

3-71 某硅 NPN 晶体管的发射结与集电结面积 $A_E = A_C = 5 \times 10^{-4}\,\text{cm}^2$,基区宽度 $W_B = 2 \times 10^{-4}\,\text{cm}$,设基区杂质浓度为指数分布,$N_B(0) = 10^{18}/\text{cm}^3$,$N_B(W_B) = 10^{15}/\text{cm}^3$,集电区宽度 $W_C = 10 \times 10^{-4}\,\text{cm}$。工作点为 $I_E = 10\,\text{mA}$,$V_{BE} = 0.8\,\text{V}$,$V_{CB} = 6\,\text{V}$,工作频率为 $f = 100\,\text{MHz}$。试求该晶体管在共发射极运用时的共轭匹配负载。

3-72 针对(1)$W_E \gg L_E$、(2)$W_E \ll L_E$ 两种情形,试用连续性方程推导出从基区注入到发射区的电流与发射结电压之间的关系,包括直流与交流小信号两部分。

3-73 在低频下,晶体管的输出阻抗是纯电阻。当外接负载电阻与输出电阻相等时可得到最大输出功率。根据这个道理,从原则上讲,共基极接法也可以有很大的功率增益。

(1) 试求晶体管在共基极接法时的最大功率增益的表达式,并将其和共发射极接法的最大功率增益相比较。

(2) 实际上,很难在共基极接法中直接把电阻性负载接在输出端上而实现功率放大,试解释其原因。

3-74 当 PN 结的电压远小于 kT/q 时,它的电流-电压特性类似于一个纯线性电阻。依次类推,当 NPN 晶体管的两个结电压均远小于 kT/q 时,它类似于一个三端线性网络。对于线性网络,存在互易定理。试由此证明式(3-383):$\alpha I_{ES} = \alpha_R I_{CS}$。

3-75 试证明式(3-393a)及式(3-393b):

$$I_E = -\alpha_R I_C - I_{EBO}\left[\exp\left(\frac{qV_{BE}}{kT}\right) - 1\right], \qquad I_C = -\alpha I_E - I_{CBO}\left[\exp\left(\frac{qV_{BC}}{kT}\right) - 1\right]$$

3-76 对于 PNP 晶体管,试写出相当于式(3-382a)、式(3-382b)、式(3-384a)、式(3-384b)、式(3-385a)和式(3-385b)的公式,并画出类似于图 3-107 的各图。

3-77 试画出与图 3-110 对应的共发射极等效电路图,其中输出端电流应与 I_B 有关而不是与 I_E 有关。

3-78 试证明式(3-404)。如果 $I_C/I_B = 10$,$\alpha = 0.985$,$\alpha_R = 0.72$,试求 V_{CES} 的值。

3-79 具有相同几何形状、杂质分布和少子寿命的硅 PNP 晶体管和 NPN 晶体管,哪一种晶体管的开关速度快?为什么?

3-80 画出对应于图 3-118 所示 $i_C(t)$ 的四个过程中,晶体管内少子浓度的分布图。

本章参考文献见二维码 3-1。

二维码 3-1

第4章 绝缘栅型场效应晶体管

4.1 MOSFET 基础

场效应晶体管(Field Effect Transistor, FET)是另一类重要的微电子器件。这是一种电压控制型多子导电器件,又称单极型晶体管。与双极晶体管相比,场效应晶体管有以下优点。

(1) 输入阻抗高,这有利于各级间的直接耦合,有利于在大功率晶体管中将各子晶体管并接,有利于输入端与微波系统的匹配。

(2) 温度稳定性好。

(3) 噪声较小。

(4) 在大电流情况下跨导基本上不下降。

(5) 没有少子存储效应,因此开关速度快。

(6) 功耗低。

(7) 制造工艺简单。

场效应晶体管(FET)可分为三大类:结型场效应晶体管(JFET)、肖特基势垒型场效应晶体管(MESFET)和绝缘栅型场效应晶体管(IGFET)。JFET 和 MESFET 的工作原理相同。以 JFET 为例,用一个低掺杂的半导体作为导电沟道,在半导体的一个侧面或相对的两侧制作 PN 结,并加上反向电压。由于 PN 结的势垒区主要向低掺杂的沟道区扩展,于是可利用反偏 PN 结的势垒区宽度随反向电压的变化而变化的特点来控制导电沟道的截面积,从而控制沟道的导电能力。这两种 FET 的不同之处仅在于,JFET 利用 PN 结作为控制栅,而 MESFET 利用金属–半导体结(肖特基势垒结)作为控制栅。IGFET 的工作原理则略有不同,它利用电场能来控制半导体的表面状态,从而控制沟道的导电能力。根据沟道的导电类型的不同,每类 FET 又可分为 N 沟道器件和 P 沟道器件。JFET 和 IGFET 通常用硅材料制作,而 MESFET 一般用砷化镓材料制作。

在这三类场效应晶体管中,无论是对于分立器件还是对于集成电路,都是 IGFET 占主导地位。IGFET 除了具有 JFET 的上述优点,更重要的是在各个器件之间存在着天然的隔离,这使其最适于制作大规模集成电路。本书只介绍 IGFET。

IGFET 的概念早在 20 世纪 30 年代就已经提出,而第一只有性能的 IGFET 是在双极晶体管问世后才出现的,第一只有商业价值的 IGFET 更是迟至 20 世纪 60 年代才出现。造成实际的 IGFET 出现较晚的主要原因,是当时对"绝缘体–半导体"系统的认识尚不完善,以及绝缘体与半导体之间的界面特性较难控制。

IGFET 的栅极可以用金属材料制作,金属栅下面的绝缘层可以用 SiO_2、Si_3N_4 或 Al_2O_3 制作。当采用 SiO_2 作为绝缘层时,这种 IGFET 按其纵向结构被称为金属–氧化物–半导体场效应晶体管,简称 MOSFET。实际上,现在许多 IGFET 的栅极材料已不采用金属,例如在大规模集成电路中通常采用多晶硅或金属硅化物作为栅极,绝缘层也不一定是 SiO_2,但这种 IGFET 仍被习惯地称为 MOSFET。本章以下也只采用 MOSFET 这个名称。

1. MOSFET 的结构[1]

以 N 沟道 MOSFET 为例,图 4-1 是其基本结构的示意图。在 P 型半导体衬底上制作两个 N^+

区,一个称为源区,另一个称为漏区。源区、漏区之间是沟道区,源区、漏区之间的横向距离就是沟道长度。在沟道区的表面上,有一层由热氧化工艺生长的氧化层作为介质,称为绝缘栅。在源区、漏区和绝缘栅上蒸发一层铝作为引出电极,这三个电极分别称为源极 S、漏极 D 和栅极 G。从 MOSFET 的衬底上也可以引出一个电极 B。加在四个电极上的电压分别称为源极电压、漏极电压、栅极电压和衬底偏压,分别记为 V_S、V_D、V_G 和 V_B。其中 V_S、V_D 和 V_B 的极性和大小应该确保源区与衬底之间的 PN 结以及漏区与衬底之间的 PN 结不得处于正向偏置。MOSFET 在工作时,一般都把源极和衬底连接在一起,并且接地,即 $V_S = 0$。这时可以把源极作为电位参考点,则 V_G 和 V_D 可分别写为 V_{GS} 和 V_{DS},分别称为栅源电压和漏源电压。从 MOSFET 的漏极流入的电流称为漏极电流,记为 I_D。

2. MOSFET 的工作原理

在 N 沟道 MOSFET 中,当栅极上没有外加适当的栅极电压时,N⁺源区和 N⁺漏区被两个背靠背的二极管所隔离。这时如果在漏极与源极之间加上漏源电压 V_{DS},除了极其微小的 PN 结反向电流之外,是不会产生其他电流的。当在栅极上加上适当的电压 V_{GS} 时,就会在栅极下面产生一个指向半导体体内的电场。当 V_{GS} 增大到 V_T(称为阈电压)时,由于电场的作用,栅极下面的 P 型半导体表面开始发生强反型,形成连通 N⁺源区和 N⁺漏区的 N 型沟道,如图 4-2 所示。沟道内有大量的可动电子,当在漏极和源极之间加上漏源电压 V_{DS} 后,就能产生漏极电流 I_D。在 V_{DS} 一定的条件下,当 $V_{GS} < V_T$ 时 $I_D = 0$;当 $V_{GS} > V_T$ 时 $I_D > 0$。V_{GS} 越大,N 型沟道内的可动电子数就越多,I_D 也就越大。反之,当 V_{GS} 减小时,N 型沟道内的可动电子数将减少,I_D 也将随之减小。在 V_{DS} 恒定时,I_D 随 V_{GS} 的变化而变化的规律,称为 MOSFET 的转移特性,如图 4-3 所示。

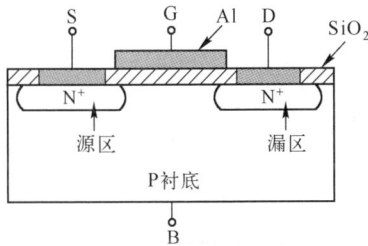

图 4-1 MOSFET 基本结构示意图　　图 4-2 N 沟道增强型 MOSFET　　图 4-3 N 沟道增强型 MOSFET 的
　　　　　　　　　　　　　　　　　　　　　　工作原理　　　　　　　　　　　转移特性曲线

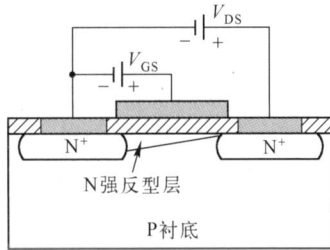

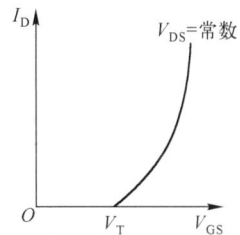

由以上讨论可见,MOSFET 的基本工作原理是,通过改变 V_{GS} 来控制沟道的导电能力,从而控制 I_D。因此,MOSFET 是一种电压控制型器件。

MOSFET 的转移特性反映了 V_{GS} 对 I_D 的控制能力。在 4.3.1 节中将会证明,当 V_{DS} 足够大时,I_D 是 V_{GS} 的二次函数,所以 MOSFET 的转移特性曲线具有抛物线的特点。

在一般的工作条件下,MOSFET 的源极和衬底是连接在一起的,而漏区和衬底之间的 PN 结则处于反向偏置状态。所以,MOSFET 在正常工作时,其源区、漏区和沟道所构成的有源部分与衬底之间是反偏的。这就使整个器件与衬底之间在电学上是完全隔离的,因此制作在同一衬底上的各个器件之间具有天然的隔离。否则,如果漏区和衬底之间的 PN 结处于正向偏置状态,一方面会破坏器件之间的隔离,另一方面会产生一个流经负载电阻 R_L 的正向电流。这个电流的大小与输入信号无关,会使晶体管的功耗增大。如果 MOSFET 的源极未和衬底连接在一起,也应使源区和衬底之间的 PN 结反向偏置。

3. MOSFET 的类型

如果 N 沟道 MOSFET 的阈电压 $V_T > 0$,则当 $V_{GS} = 0$ 时,源区与漏区之间的 P 型半导体表面因为 $V_{GS} < V_T$ 而没有形成强反型层,源极和漏极之间不导电。只有当栅、源之间外加超过阈电压的

较大正电压时,才能产生漏极电流。这种 MOSFET 通常称为 N 沟道增强型 MOSFET,或 N 沟道常关型 MOSFET。

如果 MOSFET 的 P 型半导体衬底的杂质浓度较低,金属半导体功函数差 ϕ_{MS} 较大,氧化层内具有较多的正电荷,则即使 $V_{GS}=0$,氧化层内的正电荷等所产生的电场也足以使源区和漏区之间的半导体表面发生强反型,使漏极与源极之间导电。只有当栅、源之间外加较大的负电压时,才能完全抵消掉氧化层中正电荷等的影响,使强反型层消失。这时,加上漏源电压才不会产生漏极电流。这种 N 沟道 MOSFET 的 $V_T<0$,通常称为 N 沟道耗尽型 MOSFET,或 N 沟道常开型 MOSFET。对于 N 沟道耗尽型 MOSFET,当 $V_{GS}<0$ 且 $|V_{GS}|>|V_T|$ 时,$I_D=0$。N 沟道耗尽型 MOSFET 的转移特性曲线如图 4-4 所示。

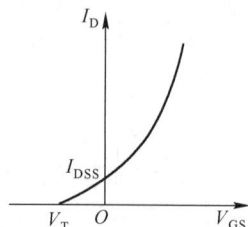

图 4-4　N 沟道耗尽型 MOSFET
的转移特性曲线

P 沟道 MOSFET 的结构及工作原理和 N 沟道 MOSFET 完全相似,不同之处在于如下几点。

（1）衬底为 N 型半导体,源区和漏区为 P^+ 区。

（2）沟道中参加导电的载流子是空穴。

（3）外加 V_{GS} 和 V_{DS} 的极性以及 I_D 的方向都与 N 沟道 MOSFET 的相反。

（4）$V_T<0$ 时称为 P 沟道增强型 MOSFET,$V_T>0$ 时称为 P 沟道耗尽型 MOSFET。

综上所述,MOSFET 共有四种类型。在表 4-1 和表 4-2 中列出了它们的特性并进行了比较。

表 4-1　四种类型的 MOSFET 的符号、输出特性和转移特性

类型	符号	输出特性	转移特性
N沟道增强型			
N沟道耗尽型			
P沟道增强型			
P沟道耗尽型			

表 4-2　四种类型的 MOSFET 特性的比较

类　型	衬底材料	源、漏区	V_{DS}	I_D	V_{GS}	V_T
P 沟道增强型	N	P^+	<0	−	$<V_T$	<0
P 沟道耗尽型	N	P^+	<0	−	$<V_T$	>0
N 沟道增强型	P	N^+	>0	+	$>V_T$	>0
N 沟道耗尽型	P	N^+	>0	+	$>V_T$	<0

在以上介绍的 MOSFET 中,沟道电流都沿水平方向流动,这种 MOSFET 称为横向 MOSFET。集成电路中的 MOSFET 都是横向 MOSFET。在分立器件中,有的 MOSFET 的沟道电流是沿垂直方向流动的,这种 MOSFET 称为纵向 MOSFET。

4. MOSFET 的输出特性

MOSFET 共源极连接时的输出特性也称为漏极特性。以 N 沟道 MOSFET 为例,其输出特性是指当 $V_{GS}>V_T$ 并且恒定时,I_D 随 V_{DS} 的变化而变化的规律。MOSFET 的输出特性可分为四个(或三个)具有不同性质的区域。下面来分析 N 沟道 MOSFET 共源极连接的输出特性(见图 4-5)的各个区域的特点。

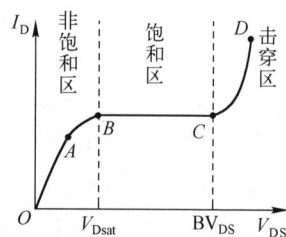

图 4-5　N 沟道 MOSFET
共源极连接的输出特性

（1）当 V_{DS} 是一个很小的正值时,整个沟道长度范围内的电势都近似为零,栅极与沟道之间的电势差在沟道各处近似相等,因此沟道中各点的自由电子浓度也近似相等,如图 4-6(a)所示。这时沟道就像一个其电阻值与 V_{DS} 无关的固定电阻,故 I_D 与 V_{DS} 为线性关系,如图 4-5中的 OA 段直线所示。沟道电阻就是这段直线的斜率的倒数。这一区域称为线性区。

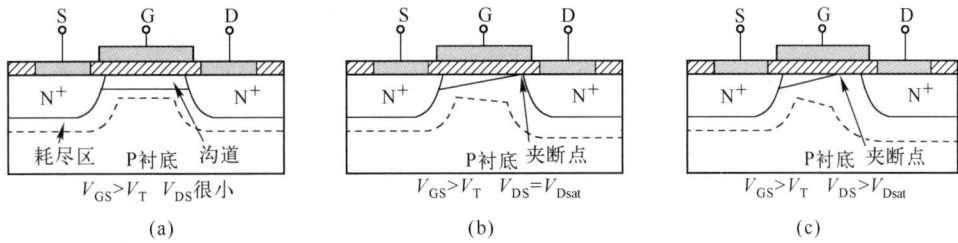

图 4-6 沟道和耗尽区随 V_{DS} 的变化

（2）随着 V_{DS} 的增大,由漏极流向源极的沟道电流也相应增大,使得沿着沟道由源极到漏极的电势由零逐渐增大。越向漏极靠近,沟道电势越高,栅极与沟道之间的电势差就越小。沟道中的电子浓度将随栅极与沟道之间电势差的减小而减小,因此沟道厚度将随着向漏极靠近而逐渐减薄,如图 4-6(b)所示。沟道内自由电子数的减少和沟道的减薄,将使沟道电阻增大。这就是说,与 V_{DS} 很小时不同,当 V_{DS} 较大时,沟道电阻将随 V_{DS} 的增大而增大,使得 I_D 随 V_{DS} 的增加速率变慢,曲线偏离直线关系而逐渐向下弯曲,如图 4-5 中的线段 AB 所示。当 V_{DS} 增大到 V_{Dsat}(称为饱和漏源电压或夹断电压)时,沟道厚度在漏极处减薄到零,沟道在漏极处消失,该处只剩下了耗尽层,这称为沟道被夹断,如图 4-6(b)所示。图 4-5 中的点 B 就代表沟道开始夹断时的工作状态。这一区域称为过渡区。线性区与过渡区可统称为非饱和区,有时也统称为线性区。

（3）当 $V_{DS} > V_{Dsat}$ 时,沟道夹断点向源极方向移动,在沟道与漏区之间隔着一段耗尽区,如图 4-6(c)所示。当沟道中的自由电子到达沟道端头的耗尽区边界时,将立即被耗尽区内的强电场扫入漏区。由于电子在耗尽区内的漂移速度达到了饱和速度,不再随电场的增大而增大,所以这时 I_D 也达到饱和而不再随 V_{DS} 的增大而增大。这一区域称为饱和区,如图 4-5 中的 BC 段直线所示。

实际上当 $V_{DS} > V_{Dsat}$ 以后,沟道的有效长度会随着 V_{DS} 的增大而逐渐缩短,这称为有效沟道长度调制效应。由于有效沟道长度调制效应和静电反馈作用,使得 I_D 随 V_{DS} 的增大而略有增大。

（4）当 V_{DS} 增大到 BV_{DS}(漏源击穿电压)时,反向偏置的漏 PN 结会因雪崩倍增效应而发生击穿,或在漏区与源区之间发生穿通。这时 I_D 将迅速上升,这相当于图 4-5 中的 CD 段。

以 V_{GS} 作为参变量,可以画出对应于不同 V_{GS} 值(通常以等差方式增加)的 I_D-V_{DS} 曲线簇,称为 MOSFET 的输出特性曲线,如图 4-7 所示(图中以 N 沟道 MOSFET 为例)。将各条曲线的夹断点用虚线连接起来,得到的是非饱和区与饱和区的分界线。虚线左侧为非饱和区,虚线右侧为饱和区。

四种类型的 MOSFET 的工作原理相同,其 $|I_D|$ 随 V_{DS} 的增大而变化的规律也相同,如表 4-1 所示。

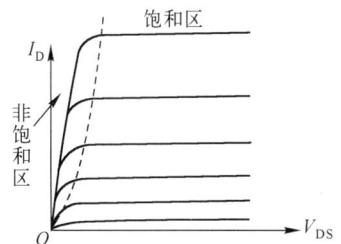

图 4-7 N 沟道 MOSFET 的输出特性曲线

4.2 MOS 结构与 MOSFET 的阈电压

阈电压也称为开启电压,是 MOSFET 的重要参数之一,其定义是使栅下的衬底表面开始发生强反型时的栅极电压,记为 V_T。在推导阈电压的表达式时可以近似地采用一维分析,即认为衬底表面下空间电荷区及沟道内的空间电荷完全由栅极与衬底之间的电压决定,与漏极电压无关。

4.2.1 MOS 结构的阈电压

作为推导 MOSFET 阈电压的工作的一部分,本小节先推导以 P 型半导体为衬底的没有源、漏区的 MOS 结构(如图 4-8 所示)的阈电压。整个推导过程可分为四个步骤。

1. 理想 MOS 结构在 $V_G=0$ 时的情形

若 MOS 结构的金属半导体功函数差 ϕ_{MS} 为零,栅氧化层内的有效电荷面密度 Q_{OX} 为零,则称为理想 MOS 结构。当理想 MOS 结构的外加栅电压 V_G 为零时,半导体中沿垂直方向的能带为水平分布,如图 4-9 所示。

本征费米能级 E_i 与费米能级 E_F 之差除以电子电荷量 q 称为 P 型衬底的费米势 ϕ_{Fp},即

$$\phi_{Fp} = \frac{1}{q}(E_i - E_F) = \frac{kT}{q}\ln\frac{N_A}{n_i} > 0 \tag{4-1}$$

2. 实际 MOS 结构在 $V_G=0$ 时的情形

在实际的 MOS 结构中,通常 $\phi_{MS}<0$,$Q_{OX}>0$。这两个因素都使半导体一侧带负电荷,使半导体中的能带在表面附近向下弯曲,如图 4-10 所示。

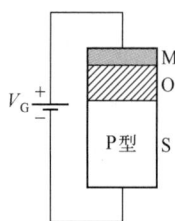

图 4-8 MOS 结构示意图

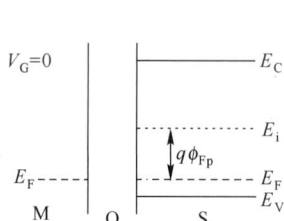

图 4-9 理想 MOS 结构在 $V_G=0$ 时的能带

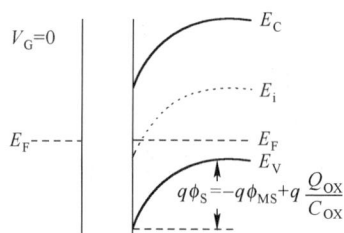

图 4-10 实际 MOS 结构在 $V_G=0$ 时的能带

能带的弯曲量为 $[-q\phi_{MS}+q(Q_{OX}/C_{OX})]$。能带的弯曲量除以电子电荷量 q 为半导体中从表面到体内平衡处的电势差,称为表面势 ϕ_S,即

$$\phi_S = -\phi_{MS} + \frac{Q_{OX}}{C_{OX}} \tag{4-2}$$

式中,$C_{OX} = \varepsilon_{OX}/T_{OX}$,为单位面积的栅氧化层电容;$\varepsilon_{OX}$ 和 T_{OX} 分别为栅氧化层的介电常数和厚度。

3. 实际 MOS 结构在 $V_G=V_{FB}$ 时的情形

如果对实际的 MOS 结构外加一个适当的栅极电压,使它能够正好抵消掉 ϕ_{MS} 和 Q_{OX} 的作用,就可以使栅下的半导体恢复为电中性,使能带分布恢复为平带状态,使半导体的表面势恢复为零,如图 4-11 所示。这样的栅极电压称为平带电压 V_{FB},即

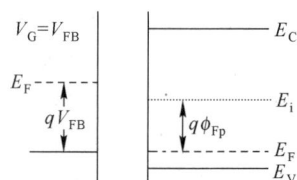

图 4-11 实际 MOS 结构在 $V_G=V_{FB}$ 时的能带

$$V_{FB} = \phi_{MS} - \frac{Q_{OX}}{C_{OX}} \qquad (4\text{-}3)$$

当 $\phi_{MS} < 0$，$Q_{OX} > 0$ 时，V_{FB} 是一个负值。

4. 实际 MOS 结构在 $V_G = V_T$ 时的情形

当实际 MOS 结构的外加 V_G 超过 V_{FB} 后，栅下的半导体又会带负电荷，能带又会向下弯曲，半导体中又会形成表面势。所以，可以认为栅极电压中超过平带电压的部分 $V_G - V_{FB}$，是对沟道区 MOS 电容进行充电的有效栅极电压。有效栅极电压可以分为两部分：一部分是降在栅氧化层上的电压 V_{OX}；另一部分是降在半导体上的电压，即表面势 ϕ_S。故有

$$V_G - V_{FB} = V_{OX} + \phi_S \qquad (4\text{-}4)$$

根据阈电压的定义，当 $V_G = V_T$ 时，栅下的半导体表面发生强反型，即半导体表面处的平衡少子浓度等于体内的平衡多子浓度。根据这个条件可以得到表面发生强反型时的表面势。已知 P 型半导体的体内平衡多子浓度 p_{p0} 和表面平衡少子浓度 n_S 可分别表示为

$$p_{p0} = n_i \exp\left(-\frac{E_F - E_i}{kT}\right) = n_i \exp\left(\frac{q\phi_{Fp}}{kT}\right) \qquad (4\text{-}5)$$

$$n_S = n_i \exp\left(\frac{E_F - E_{iS}}{kT}\right) \qquad (4\text{-}6)$$

式中，E_{iS} 表示半导体表面处的本征费米能级。由于此时未加漏源电压，半导体处于平衡状态，反型层和 P 型中性区有统一的费米能级，即以上两式中的 E_F 是相同的。比较以上两式可知，要使 n_S 与 p_{p0} 相等，就应使 $E_F - E_{iS} = q\phi_{Fp}$，即 E_{iS} 应当比 E_F 低 $q\phi_{Fp}$。此外，由式(4-5)可知，体内的 E_i 比 E_F 高 $q\phi_{Fp}$。所以，当半导体表面发生强反型时，能带在表面附近向下弯曲的弯曲量是 $2q\phi_{Fp}$，如图 4-12 所示。

将表面开始发生强反型时的表面势写为 $\phi_{S,inv}$，则根据以上分析可得

$$\phi_{S,inv} = 2\phi_{Fp} \qquad (4\text{-}7)$$

当式(4-4)中的 $\phi_S = \phi_{S,inv}$ 时，该式中的 V_G 就是阈电压 V_T，于是得

$$V_T = V_{FB} + V_{OX} + 2\phi_{Fp} \qquad (4\text{-}8)$$

下面推导表面发生强反型时栅氧化层上的电压 V_{OX}。设金属栅电极上的电荷面密度为 Q_M，半导体中的电荷面密度为 Q_S，则单位面积的栅氧化层电容为

图 4-12　实际 MOS 结构在 $V_G = V_T$ 时的能带

$$C_{OX} = \frac{dQ_M}{dV_{OX}} = -\frac{dQ_S}{dV_{OX}}$$

在栅氧化层中积分后得 $\quad V_{OX} = \dfrac{Q_M}{C_{OX}} = \dfrac{-Q_S}{C_{OX}} \qquad (4\text{-}9)$

Q_S 又可分为反型层中的电子电荷面密度 Q_n 和耗尽区中的电离受主电荷面密度 Q_A，即

$$Q_S = Q_n + Q_A \qquad (4\text{-}10)$$

当衬底表面刚开始发生强反型时，反型层中的表面电子浓度等于衬底的杂质浓度。但是由于反型层的厚度远小于耗尽区的厚度，所以 $Q_n \ll Q_A$。作为一个很好的近似，可以认为在强反型刚发生时，Q_S 中的 Q_n 可以忽略，即

$$Q_S = Q_n + Q_A \approx Q_A \qquad (4\text{-}11)$$

式中，Q_A 是表面势 ϕ_S 的函数。在强反型刚发生时

$$Q_A(\phi_S) = Q_A(2\phi_{Fp})$$

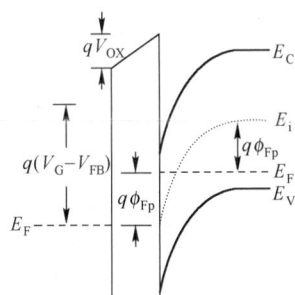

将以上各关系式及平带电压 V_{FB} 的表达式代入式(4-8)，得到 MOS 结构的阈电压公式：

$$V_T = \phi_{MS} - \frac{Q_{OX}}{C_{OX}} - \frac{Q_A(2\phi_{Fp})}{C_{OX}} + 2\phi_{Fp} \tag{4-12}$$

对 Q_A 的进一步推导将在 4.2.2 节进行。

4.2.2 MOSFET 的阈电压

1. 阈电压一般表达式的导出

以 N 沟道 MOSFET 为例。在推导 MOSFET 的阈电压时，将源极与漏极连接起来，其上所加的电压是 V_S，衬底上加有电压 V_B，如图 4-13 所示。

图 4-13 中的 MOSFET 与 MOS 结构的不同之处：

(1) 栅极与衬底之间的电压由 V_G 变为 $V_G - V_B$，因此有效栅极电压应由 $V_G - V_{FB}$ 改为 $V_G - V_B - V_{FB}$。

(2) 有反向电压 $V_S - V_B$ 加在源、漏及反型层与衬底之间的 PN 结上，使半导体处于非平衡状态。由 2.3.2 节可知，在非平衡状态下，表面的电子与体内的空穴不再有统一的费米能级，而是分裂为电子准费米能级 E_{Fn} 与空穴准费米能级 E_{Fp}，且两者之间的关系为

$$E_{Fp} - E_{Fn} = q(V_S - V_B)$$

图 4-13 推导阈电压时所用的 N 沟道 MOSFET 结构示意图

即表面的电子准费米能级 E_{Fn} 比体内的空穴准费米能级 E_{Fp} 低 $q(V_S - V_B)$。

(3) 为了达到强反型，半导体表面附近的能带弯曲量应由 $2q\phi_{Fp}$ 增加到 $q(2\phi_{Fp} + V_S - V_B)$，强反型时的表面势 $\phi_{S,inv}$ 也相应地由 $2\phi_{Fp}$ 增加到

$$\phi_{S,inv} = 2\phi_{Fp} + V_S - V_B \tag{4-13}$$

考虑以上不同之处后，对 MOS 结构的阈电压公式(4-12)进行相应的改变，可得到

$$V_T = V_B + \phi_{MS} - \frac{Q_{OX}}{C_{OX}} - \frac{Q_A(\phi_{S,inv})}{C_{OX}} + \phi_{S,inv} \tag{4-14}$$

接下来推导 Q_A 的具体表达式。根据 2.1.2 节中给出的耗尽区厚度公式，对于均匀掺杂的 P 型衬底，强反型时沟道下的耗尽区厚度为

$$x_{dmax} = \left(\frac{2\varepsilon_s \phi_{S,inv}}{qN_A}\right)^{1/2}$$

因此强反型时耗尽区中的电离受主电荷面密度为

$$Q_A(\phi_{S,inv}) = -qN_A x_{dmax} = -\left[2qN_A\varepsilon_s\phi_{S,inv}\right]^{1/2} \tag{4-15}$$

将式(4-15)及式(4-13)代入式(4-14)，可得 N 沟道 MOSFET 阈电压的一般表达式：

$$V_T = V_S + \phi_{MS} - \frac{Q_{OX}}{C_{OX}} + \frac{(2q\varepsilon_s N_A)^{1/2}}{C_{OX}}(2\phi_{Fp} + V_S - V_B)^{1/2} + 2\phi_{Fp} \tag{4-16}$$

令

$$K = \frac{(2q\varepsilon_s N_A)^{1/2}}{C_{OX}} \tag{4-17}$$

K 称为 P 型衬底的体因子，则式(4-16)可简化为

$$V_T = V_S + \phi_{MS} - \frac{Q_{OX}}{C_{OX}} + K(2\phi_{Fp} + V_S - V_B)^{1/2} + 2\phi_{Fp} \tag{4-18}$$

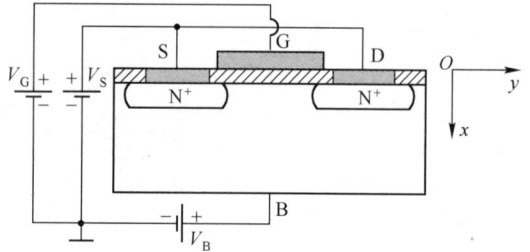

式中,要求 $V_S \geq 0$,$V_B \leq 0$。当 $V_S = 0$,$V_B = 0$ 时,式(4-18)就简化为

$$V_T = \phi_{MS} - \frac{Q_{OX}}{C_{OX}} + K(2\phi_{Fp})^{1/2} + 2\phi_{Fp} \tag{4-19}$$

用类似的方法可以得到 P 沟道 MOSFET 的阈电压,即

$$V_T = V_S + \phi_{MS} - \frac{Q_{OX}}{C_{OX}} - K(-2\phi_{Fn} - V_S + V_B)^{1/2} + 2\phi_{Fn} \tag{4-20}$$

式(4-20)中,ϕ_{Fn} 代表 N 型衬底的费米势,即

$$\phi_{Fn} = \frac{1}{q}(E_i - E_F) = -\frac{kT}{q}\ln\frac{N_D}{n_i} < 0 \tag{4-21}$$

K 代表 N 型衬底的体因子,即

$$K = \frac{(2q\varepsilon_s N_D)^{1/2}}{C_{OX}} \tag{4-22}$$

若将两种衬底的费米势统一写为 ϕ_{FB},则两种沟道的 MOSFET 的阈电压公式可统一写为

$$V_T = V_S + \phi_{MS} - \frac{Q_{OX}}{C_{OX}} \pm K[\pm(2\phi_{FB} + V_S - V_B)]^{1/2} + 2\phi_{FB} \tag{4-23}$$

式(4-23)中,K 与 $2\phi_{FB}$ 前面的符号对 N 沟道取正,对 P 沟道取负。

2. 影响阈电压的因素

将栅氧化层电容 C_{OX} 和体因子 K 的表达式代入式(4-23),并取 $V_S = 0$,$V_B = 0$,得

$$V_T = \phi_{MS} - \frac{T_{OX}}{\varepsilon_{OX}}Q_{OX} \pm \frac{T_{OX}}{\varepsilon_{OX}}(2q\varepsilon_s N_{AD})^{1/2}(\pm 2\phi_{FB})^{1/2} + 2\phi_{FB} \tag{4-24}$$

式(4-24)中,对 N 沟道 MOSFET 取 $N_{AD} = N_A$ 及正号,对 P 沟道 MOSFET 取 $N_{AD} = N_D$ 及负号。

从式(4-24)可以看到,影响阈电压 V_T 的因素有如下几点。

(1) 栅氧化层厚度 T_{OX}

在其他条件都相同时,通常 T_{OX} 越薄,阈电压的绝对值就越小。一般早期 MOSFET 的 T_{OX} 约为 150 nm,目前高性能 MOSFET 的 T_{OX} 可小到 2 nm 以下。

(2) 衬底费米势 ϕ_{FB}

衬底费米势 ϕ_{FB} 的定义是

$$\phi_{Fp} = \frac{kT}{q}\ln\frac{N_A}{n_i} > 0$$

$$\phi_{Fn} = -\frac{kT}{q}\ln\frac{N_D}{n_i} < 0$$

图 4-14 给出了 ϕ_{FB} 与衬底杂质浓度 N 的关系。可以看到,在取对数后,衬底杂质浓度 N_A(或 N_D)对 ϕ_{FB} 的影响是不显著的。在典型的衬底杂质浓度下,ϕ_{FB} 的绝对值约为 0.3 V。

(3) 金属半导体功函数差 ϕ_{MS}

金属半导体功函数差 ϕ_{MS} 与金属的种类、半导体的导电类型及掺杂浓度有关。对于常见的 Al-Si 系统,ϕ_{MS} 可表示为

$$\phi_{MS} = -0.6\,V - \phi_{FB} \tag{4-25}$$

Al-Si 系统的 ϕ_{MS} 与衬底杂质浓度 N 的关系如图 4-15 所示。可以看到,Al-Si 系统的功函数差 ϕ_{MS} 总是负的,N 沟道 MOSFET 的 ϕ_{MS} 值在 $-0.6 \sim -1.0\,V$ 的范围内,典型值为 $-0.9\,V$;P 沟道 MOSFET 的 ϕ_{MS} 值在 $-0.6 \sim -0.2\,V$ 的范围内,典型值为 $-0.3\,V$。衬底杂质浓度对 ϕ_{MS} 的影响也不显著。

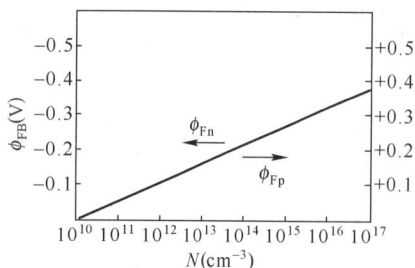

图 4-14　ϕ_{FB} 与衬底杂质浓度 N 的关系

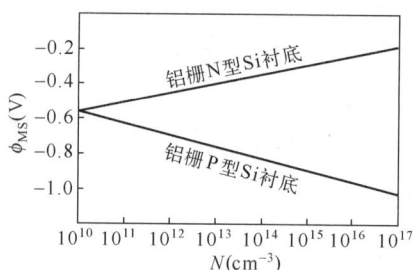

图 4-15　Al-Si 系统的 ϕ_{MS} 与衬底杂质浓度 N 的关系

（4）耗尽区电离杂质电荷面密度 $Q_{电离}$

在 4.3.1 节中将说明，衬底表面一旦形成强反型后，随着 V_{GS} 的增加，沟道下耗尽区的宽度将保持在 x_{dmax} 几乎不变。对于 N 沟道 MOSFET，有

$$Q_A = -qN_A x_{dmax} = -(4q\varepsilon_s N_A \phi_{Fp})^{1/2}$$

对于 P 沟道 MOSFET，有

$$Q_D = qN_D x_{dmax} = (4q\varepsilon_s N_D |\phi_{Fn}|)^{1/2}$$

由于 ϕ_{FB} 与衬底杂质浓度 N 的关系不大，故耗尽区电离杂质电荷面密度近似地与衬底杂质浓度 N 的平方根成正比。图 4-16 示出了强反型后耗尽区电离杂质面密度 $Q_{电离}$ 与衬底杂质浓度 N 之间的关系。

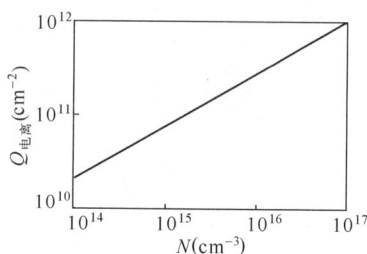

图 4-16　强反型后耗尽区电离杂质面密度 $Q_{电离}$ 与衬底杂质浓度 N 的关系

（5）栅氧化层中的有效电荷面密度 Q_{OX}

对于 Si-SiO$_2$ 系统来说，Q_{OX} 主要包括两部分：Si-SiO$_2$ 界面的固定正电荷密度 Q_{SS} 和界面附近的可动 Na$^+$ 离子。Q_{OX} 总是正的，所以式（4-24）中的第二项总是负的。在一般的工艺条件下，当栅氧化层厚度 $T_{OX} = 150\,\text{nm}$ 时，这一项为 $-1.8 \sim -3.0\,\text{V}$。

影响 Q_{OX} 的因素是：

① 制造工艺。如果在制备栅氧化层时，清洗工作做得不好，混入了带正电荷的杂质离子，就会使 Q_{OX} 增大，尤其是对碱金属离子（如 Na$^+$、K$^+$ 等）的影响最大。

② 晶面。在同样的材料和工艺条件下，Si-SiO$_2$ 界面处的固定电荷密度 Q_{SS} 随晶面的不同而不同，所以在不同晶面上制作的 MOSFET，其阈电压 V_T 也不同。一般来说，原子面密度小的晶面，其 Q_{SS} 也较小。

③ 氧化以后的工艺。在栅氧化层生成以后，往往还要经过其他工艺过程，尤其是可能要经过 300℃ 以上的高温工艺过程。这些工艺过程对栅氧化层的性质会产生一定的影响，可能使栅氧化层内 Q_{SS} 的数值发生变化，从而引起 V_T 的变化。

设计和制造 MOSFET 时一般采用（100）晶面，并且要尽量防止碱金属离子的玷污。

通过以上分析可以看出，对于 P 沟道 MOSFET，由于式（4-24）中的四项都是负的，所以 V_T 总是负值，即由常规铝栅工艺制作的 P 沟道 MOSFET 都是增强型的。Q_{OX} 和 N_D 越大，$|V_T|$ 就越大。对于 N 沟道 MOSFET，式（4-24）中的第一项和第二项是负的，第三项和第四项是正的。当 Q_{OX} 较大和 N_A 较小时，V_T 为负值，MOSFET 为耗尽型；当 Q_{OX} 较小和 N_A 较大时，V_T 为正值，MOSFET 为增强型。还可以看出，对于 N 沟道耗尽型 MOSFET，Q_{OX} 越大则 $|V_T|$ 越大，N_A 越大则 $|V_T|$ 越小；对于 N 沟道增强型 MOSFET，Q_{OX} 越大则 V_T 越小，N_A 越大则 V_T 越大。

调整阈电压的主要措施是通过离子注入来改变衬底杂质浓度，也可在一定范围内改变栅氧化层厚度。

3. 衬底偏置效应(体效应)

衬底与源极之间外加衬底偏压 V_{BS} 后,MOSFET 的特性将发生某些变化。这些变化称为衬底偏置效应或体效应。衬底偏置效应在 MOSFET 的许多电路应用中是相当重要的。为了确保源 PN 结不处于正偏,对于 N 沟道 MOSFET,$V_{BS} < 0$;对于 P 沟道 MOSFET,$V_{BS} > 0$。

V_{BS} 对 N 沟道 MOSFET 转移特性曲线的影响如图 4-17 所示。当外加 V_{BS} 后,转移特性曲线的形状并没有改变,而只是随着 $|V_{BS}|$ 的增大而向右平移。转移特性曲线在横轴上的截距就是阈电压,所以曲线向右平移就意味着阈电压增大。显然,V_{BS} 将影响一切与阈电压有关的参数。例如,从图4-17 还可以看出,当 V_{GS} 一定时,漏极电流 I_D 随着 $|V_{BS}|$ 的增大而减小,或者说,沟道电导随着 $|V_{BS}|$ 的增大而减小。实际上 I_D 与沟道电导的减小正是阈电压增大的结果。

根据式(4-18),当 $V_S = 0$ 时,有

$$V_T = \phi_{MS} - \frac{Q_{OX}}{C_{OX}} + K(2\phi_{Fp} - V_{BS})^{1/2} + 2\phi_{Fp} \tag{4-26}$$

由式(4-26)可以求出外加 V_{BS} 后阈电压的增加量,即

$$\Delta V_T = (V_T)_{V_{BS}<0} - (V_T)_{V_{BS}=0}$$
$$= K(2\phi_{Fp})^{1/2}\left[\left(1 - \frac{V_{BS}}{2\phi_{Fp}}\right)^{1/2} - 1\right] \tag{4-27}$$

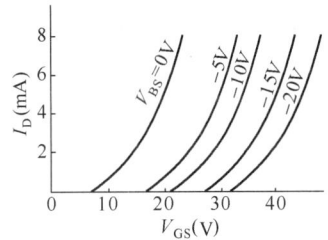

图 4-17　V_{BS} 对 N 沟道 MOSFET 转移特性曲线的影响

由于 $V_{BS} < 0$,所以 $\Delta V_T > 0$,且 ΔV_T 随 $|V_{BS}|$ 的增加而增加。由式(4-27)还可见,ΔV_T 与体因子 K 成正比。根据 K 的表达式还可进一步发现,栅氧化层厚度 T_{OX} 越厚,衬底杂质浓度 N_A 越高,体效应就越严重。图 4-18 画出了 V_{BS} 对 V_T 的影响。

下面从物理概念上讨论引起衬底偏置效应的原因。外加 V_{BS} 将使沟道下面耗尽区的宽度增大。根据电中性条件,Q_M、Q_{OX}、Q_n 和 Q_A 之间存在着如下关系:

$$Q_M + Q_{OX} + Q_n + Q_A = 0$$

式中,Q_M 及 Q_{OX} 为正值,Q_n 及 Q_A 为负值。当 V_{GS} 一定时,Q_M 与 Q_{OX} 为常数,则 Q_n 与 Q_A 之和也应为常数。当外加 V_{BS} 后,耗尽区的宽度及耗尽区内的 $|Q_A|$ 都将增大,这将导致 $|Q_n|$ 的减小,从而导致沟道电导的减小。故在 V_{DS} 和 V_{GS} 一定时,随着 $|V_{BS}|$ 的增大,I_D 将减小。此外,由于 V_{BS} 将导致 $|Q_n|$ 减小,为了获得同样多的 $|Q_n|$,就必须提高 V_{GS},这就意味着 V_T 的提高。

同理,对于 P 沟道 MOSFET,随着 V_{BS} 的增大,转移特性曲线向左平移,说明 V_T 向负方向移动,或 $|V_T|$ 增大。同样地,当 V_{GS} 一定时,P 沟道 MOSFET 的沟道电导和漏极电流的绝对值随着 V_{BS} 的增大而减小。P 沟道 MOSFET 的阈电压的改变量为

图 4-18　V_{BS} 对 V_T 的影响

$$\Delta V_T = (V_T)_{V_{BS}>0} - (V_T)_{V_{BS}=0} = -K(-2\phi_{Fn})^{1/2}\left[\left(1 - \frac{V_{BS}}{2\phi_{Fn}}\right)^{1/2} - 1\right] \tag{4-28}$$

4. 离子注入对阈电压的调整

在制造 MOSFET 时,半导体衬底的掺杂浓度不一定正好满足阈电压的要求,这时需要采用对沟道区进行离子注入的方法来调整阈电压。

离子注入形成的杂质浓度分布是高斯分布,但为了使问题简化,可假设注入的杂质浓度分布为阶梯形分布,如图 4-19 所示。以 N 沟道 MOSFET 为例,设离子注入后的表面浓度和注入深度分别为 $N'_A = N_A + N_I$ 和 R,其中 N_I 表示离子注入所增加的杂质浓度。

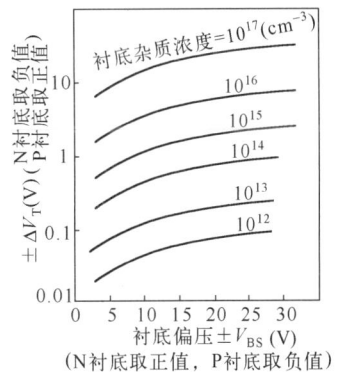

若 R 大于沟道下的衬底耗尽区最大厚度 x'_{dmax}，则情况比较简单，这时耗尽区范围内的杂质浓度分布仍然为均匀分布，只需将阈电压公式中的 N_A 改为 N'_A 即可。

但是在绝大多数实际情况下，R 小于 x'_{dmax}，如图 4-19 所示，这时耗尽区范围内的杂质浓度分布非均匀分布，耗尽区的电离杂质电荷面密度为

$$Q'_A = -qN'_A R - qN_A(x'_{\mathrm{dmax}} - R) \tag{4-29}$$

要注意的是，式(4-29)中的 x'_{dmax} 与杂质均匀分布时的 x'_{dmax} 是不同的。离子注入后，ϕ_{MS}、ϕ_{Fp} 等参数也会有所改变，但它们对衬底杂质浓度的变化不敏感，其变化量极小，通常可以忽略。下面来求式(4-29)中的 x'_{dmax}。图 4-19 中两个区域内的泊松方程分别为

$$\frac{\mathrm{d}^2 V_1(x)}{\mathrm{d}x^2} = \frac{qN'_A}{\varepsilon_s}, \quad 0 \leqslant x \leqslant R$$

$$\frac{\mathrm{d}^2 V_2(x)}{\mathrm{d}x^2} = \frac{qN_A}{\varepsilon_s}, \quad R \leqslant x \leqslant x'_{\mathrm{dmax}}$$

图 4-19 离子注入后当 $R < x'_{\mathrm{dmax}}$ 时的阶梯形杂质浓度分布

当 $V_S = 0$, $V_B = 0$ 时，边界条件是

$$V_1(0) = 2\phi_{\mathrm{Fp}}, \quad V_2(x'_{\mathrm{dmax}}) = 0, \quad \left.\frac{\mathrm{d}V_1}{\mathrm{d}x}\right|_{x=R} = \left.\frac{\mathrm{d}V_2}{\mathrm{d}x}\right|_{x=R}, \quad \left.\frac{\mathrm{d}V_2}{\mathrm{d}x}\right|_{x=x'_{\mathrm{dmax}}} = 0$$

于是可以解得两个区域内的电势分别为

$$V_1(x) = \frac{qN'_A}{2\varepsilon_s}x^2 + \frac{q}{\varepsilon_s}(N_A R - N'_A R - N_A x'_{\mathrm{dmax}})x + 2\phi_{\mathrm{Fp}}, \quad 0 \leqslant x \leqslant R$$

$$V_2(x) = \frac{qN_A}{2\varepsilon_s}x^2 - \frac{qN_A}{\varepsilon_s}x'_{\mathrm{dmax}}x + \frac{qN_A}{2\varepsilon_s}x'^2_{\mathrm{dmax}}, \quad R \leqslant x \leqslant x'_{\mathrm{dmax}}$$

令 $V_1(R) = V_2(R)$，可以解出

$$x'_{\mathrm{dmax}} = \left[\frac{4\varepsilon_s \phi_{\mathrm{Fp}}}{qN_A} - \left(\frac{N'_A}{N_A} - 1\right)R^2\right]^{1/2} \tag{4-30}$$

将式(4-30)代入式(4-29)，可得到经离子注入后的耗尽区电离杂质电荷面密度为

$$Q'_A = Q_I + Q_A\left(1 - \frac{qN_I R^2}{4\varepsilon_s \phi_{\mathrm{Fp}}}\right)^{1/2} \tag{4-31}$$

式中，$Q_I = -qN_I R$ 为离子注入在耗尽区新增的电离杂质电荷面密度，Q_A 为未经离子注入的耗尽区电离杂质电荷面密度。于是可得离子注入调整后的阈电压为

$$V'_T = \phi_{\mathrm{MS}} - \frac{Q_{\mathrm{OX}}}{C_{\mathrm{OX}}} - \frac{Q_I}{C_{\mathrm{OX}}} - \frac{Q_A}{C_{\mathrm{OX}}}\left(1 - \frac{qN_I R^2}{4\varepsilon_s \phi_{\mathrm{Fp}}}\right)^{1/2} + 2\phi_{\mathrm{Fp}} \tag{4-32}$$

阈电压的调整量为

$$\Delta V_T = -\frac{Q_I}{C_{\mathrm{OX}}} - \frac{Q_A}{C_{\mathrm{OX}}}\left[\left(1 - \frac{qN_I R^2}{4\varepsilon_s \phi_{\mathrm{Fp}}}\right)^{1/2} - 1\right] \tag{4-33}$$

当注入的杂质与衬底杂质的类型相同时，$N_I > 0$, $Q_I < 0$, N 沟道 MOSFET 的阈电压向正方向调整；反之，当注入的是对衬底起补偿作用的杂质时，$N_I < 0$, $Q_I > 0$, N 沟道 MOSFET 的阈电压向负方向调整。

4.3 MOSFET 的直流电流电压方程

本节将以 N 沟道 MOSFET 为例，推导 MOSFET 的直流电流电压方程。推导时将采用一维模型，并做以下假设。

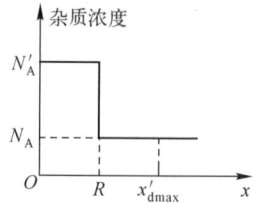

（1）沟道内的电流完全由漂移电流构成，忽略扩散电流。

（2）采用缓变沟道近似，即认为垂直于沟道方向的电场梯度$(\partial E_x/\partial x)$远大于平行于沟道方向的电场梯度$(\partial E_y/\partial y)$，即

$$\left(\frac{\partial E_x}{\partial x}\right) \gg \frac{\partial E_y}{\partial y} \tag{4-34}$$

这表明沟道厚度在沿沟道长度方向上的变化很小，故可采用一维分析。从泊松方程可知，式(4-34)实际上意味着沟道内的载流子电荷都是由栅极电压V_G产生的$\partial E_x/\partial x$所感应出来的，而可忽略由漏极电压V_D产生的$\partial E_y/\partial y$的作用。

（3）沟道内的电子迁移率为常数。

（4）采用强反型近似，即认为当半导体表面的反型层电子浓度达到体内平衡空穴浓度时，沟道才开始导电。

（5）栅氧化层内的有效电荷面密度Q_{OX}为常数，并与能带的弯曲程度无关。

4.3.1 非饱和区直流电流电压方程

1. 漏极电流的一般表达式

当$V_G > V_T$时，栅下的半导体表面发生强反型，形成含有大量自由电子的导电沟道，其形状如图4-20所示。图中L、Z和$b(y)$分别表示沟道长度、沟道宽度和沟道厚度。

当在漏极上加漏极电压$V_D > V_S$后，沟道内产生横向电场E_y，从而产生电子漂移电流。若忽略电子扩散电流，则沟道内的电子电流密度为

$$J_C = -q\mu_n n E_y = q\mu_n n \frac{\mathrm{d}V}{\mathrm{d}y} \tag{4-35}$$

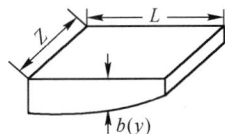

图 4-20　$V_G > V_T$ 时的沟道形状

将式(4-35)在沟道的截面积上积分，并采用电子迁移率为常数的假设，可得漏极电流为

$$I_D = Z\mu_n \int_0^{b(y)} qn\,\mathrm{d}x \frac{\mathrm{d}V}{\mathrm{d}y} = -Z\mu_n Q_n(y) \frac{\mathrm{d}V}{\mathrm{d}y} \tag{4-36}$$

式(4-36)中，$Q_n(y) = -\int_0^{b(y)} qn\,\mathrm{d}x$，表示沟道电子电荷面密度。因为沟道厚度$b$是$y$的函数，所以$Q_n(y)$也是$y$的函数。将式(4-36)两边同乘以$\mathrm{d}y$后沿沟道从源区到漏区进行积分，并考虑到电流的连续性，以及在$y=0$处$V=V_S$，在$y=L$处$V=V_D$，得

$$I_D \int_0^L \mathrm{d}y = Z\mu_n \int_{V_S}^{V_D} [-Q_n(y)]\,\mathrm{d}V$$

$$I_D = \frac{Z}{L}\mu_n \int_{V_S}^{V_D} [-Q_n(y)]\,\mathrm{d}V \tag{4-37}$$

为了完成上面的积分，需要知道$Q_n(y)$的表达式。

2. 沟道电子电荷面密度 Q_n

当衬底表面刚开始强反型时，Q_n远小于耗尽区电离杂质电荷面密度Q_A。在衬底表面发生强反型以后，随着V_G的继续增加，表面势ϕ_S也会有所增加。由于Q_n随ϕ_S的增加呈指数急剧增加，而Q_A仅与ϕ_S的平方根成正比，Q_n的增加比Q_A快得多，故在发生强反型以后Q_n与Q_A相比已不能再忽略不计。此外，迅速增加的表面沟道电子大量屏蔽了从栅极穿过栅氧化层进入半导体的纵向电场，使V_G的增加部分几乎全部降在栅氧化层上。所以，可以近似地认为，在衬底表面发生强反型以后，当V_G继续增加时，半导体中的能带弯曲程度不再增大，ϕ_S维持在$\phi_{s,inv}$不变，耗

尽区宽度也维持在其最大值 x_{dmax} 处不变。

根据式(4-9)，可得 $Q_{\mathrm{S}} = -C_{\mathrm{OX}} V_{\mathrm{OX}}$，根据有效栅极电压的表达式，在衬底表面发生强反型以后，栅氧化层上的电压为

$$V_{\mathrm{OX}} = V_{\mathrm{G}} - V_{\mathrm{B}} - V_{\mathrm{FB}} - \phi_{\mathrm{s,inv}}$$

于是可得
$$Q_{\mathrm{n}} = Q_{\mathrm{S}} - Q_{\mathrm{A}} = -C_{\mathrm{OX}}(V_{\mathrm{G}} - V_{\mathrm{B}} - V_{\mathrm{FB}} - \phi_{\mathrm{s,inv}}) - Q_{\mathrm{A}}(\phi_{\mathrm{s,inv}}) \tag{4-38}$$

由于沟道有一定的电阻，电流在沟道中将产生压降，使沟道中各点的电势 $V(y)$ 不相等。$V(y)$ 将随着 y 的增大而增大，而且 $V(0) = V_{\mathrm{S}}$，$V(L) = V_{\mathrm{D}}$。$V(y)$ 对于反型层与衬底之间的感应 PN 结来说是一个反向偏压，而这个感应 PN 结上本来有一个反向偏压 $-V_{\mathrm{B}}$，因此当 MOSFET 的沟道中有电流流过时，感应 PN 结上所受到的总反向偏压是 $V(y) - V_{\mathrm{B}}$。这个反向偏压是 y 的函数，因而使 $\phi_{\mathrm{s,inv}}$、x_{dmax}、Q_{A} 等都成为 y 的函数，即

$$\phi_{\mathrm{s,inv}} = 2\phi_{\mathrm{Fp}} - V_{\mathrm{B}} + V(y) \tag{4-39}$$

$$x_{\mathrm{dmax}} = \left[\left(\frac{2\varepsilon_{\mathrm{s}}}{qN_{\mathrm{A}}} \right) (2\phi_{\mathrm{Fp}} - V_{\mathrm{B}} + V(y)) \right]^{1/2} \tag{4-40}$$

$$Q_{\mathrm{A}} = -\{ 2\varepsilon_{\mathrm{s}} qN_{\mathrm{A}} [2\phi_{\mathrm{Fp}} - V_{\mathrm{B}} + V(y)] \}^{1/2} \tag{4-41}$$

从而使 Q_{n} 也成为 y 的函数，即

$$Q_{\mathrm{n}} = -C_{\mathrm{OX}}[V_{\mathrm{G}} - V_{\mathrm{FB}} - 2\phi_{\mathrm{Fp}} - V(y)] + \{ 2\varepsilon_{\mathrm{s}} qN_{\mathrm{A}} [2\phi_{\mathrm{Fp}} - V_{\mathrm{B}} + V(y)] \}^{1/2} \tag{4-42}$$

3. 漏极电流的精确表达式

将式(4-42)代入式(4-37)后进行积分，并令

$$\beta \overset{\text{def}}{=\!=} Z\mu_{\mathrm{n}} C_{\mathrm{OX}} / L \tag{4-43}$$

β 称为 MOSFET 的增益因子，可得漏极电流的精确表达式

$$I_{\mathrm{D}} = \beta \left\{ (V_{\mathrm{G}} - V_{\mathrm{FB}} - 2\phi_{\mathrm{Fp}})(V_{\mathrm{D}} - V_{\mathrm{S}}) - \frac{1}{2}(V_{\mathrm{D}}^2 - V_{\mathrm{S}}^2) - \frac{2}{3} \times \frac{(2\varepsilon_{\mathrm{s}} qN_{\mathrm{A}})^{1/2}}{C_{\mathrm{OX}}} \times \right.$$
$$\left. \left[(2\phi_{\mathrm{Fp}} - V_{\mathrm{B}} + V_{\mathrm{D}})^{3/2} - (2\phi_{\mathrm{Fp}} - V_{\mathrm{B}} + V_{\mathrm{S}})^{3/2} \right] \right\} \tag{4-44}$$

必须指出，式(4-44)只适用于非饱和区。

根据式(4-42)，沟道漏端的电子电荷面密度为

$$Q_{\mathrm{n}}(L) = -C_{\mathrm{OX}}[V_{\mathrm{G}} - V_{\mathrm{FB}} - 2\phi_{\mathrm{Fp}} - V_{\mathrm{D}}] + \{ 2\varepsilon_{\mathrm{s}} qN_{\mathrm{A}} [2\phi_{\mathrm{Fp}} - V_{\mathrm{B}} + V_{\mathrm{D}}] \}^{1/2} \tag{4-45}$$

可见，随着漏极电压 V_{D} 的增大，$Q_{\mathrm{n}}(L)$ 的绝对值将下降。把使 $Q_{\mathrm{n}}(L) = 0$ 的漏极电压称为饱和漏极电压或夹断电压，记为 V_{Dsat}。当 $V_{\mathrm{D}} = V_{\mathrm{Dsat}}$ 时，沟道在漏端消失，这称为沟道被夹断。将此条件代入式(4-45)，可解出

$$V_{\mathrm{Dsat}} = V_{\mathrm{G}} - V_{\mathrm{FB}} - 2\phi_{\mathrm{Fp}} - \frac{\varepsilon_{\mathrm{s}} qN_{\mathrm{A}}}{C_{\mathrm{OX}}^2} \left\{ \left[1 + \frac{2C_{\mathrm{OX}}^2}{\varepsilon_{\mathrm{s}} qN_{\mathrm{A}}} (V_{\mathrm{G}} - V_{\mathrm{FB}} - V_{\mathrm{B}}) \right]^{1/2} - 1 \right\} \tag{4-46}$$

由式(4-46)可以看出，V_{Dsat} 与源极电压 V_{S} 无关。

如果 V_{D} 超过 V_{Dsat} 后继续增大，则由式(4-45)可以发现，$Q_{\mathrm{n}}(L)$ 将随 V_{D} 的增加而成为正值，即电子面密度成为负值。而式(4-44)中的 I_{D} 将随 V_{D} 的增加而下降。这在物理上是不可能的，所以式(4-42)与式(4-44)只适用于非饱和区，即沟道被夹断之前。

当无衬底电压和源极电压，即 $V_{\mathrm{B}} = 0$，$V_{\mathrm{S}} = 0$ 时，式(4-44)和式(4-46)分别变为

$$I_{\mathrm{D}} = \beta \left\{ (V_{\mathrm{GS}} - V_{\mathrm{FB}} - 2\phi_{\mathrm{Fp}})V_{\mathrm{DS}} - \frac{1}{2}V_{\mathrm{DS}}^2 - \frac{2}{3} \times \frac{(2\varepsilon_{\mathrm{s}} qN_{\mathrm{A}})^{1/2}}{C_{\mathrm{OX}}} [(2\phi_{\mathrm{Fp}} + V_{\mathrm{DS}})^{3/2} - (2\phi_{\mathrm{Fp}})^{3/2}] \right\} \tag{4-47}$$

$$V_{\mathrm{Dsat}} = V_{\mathrm{GB}} - V_{\mathrm{FB}} - 2\phi_{\mathrm{Fp}} - \frac{\varepsilon_{\mathrm{s}} qN_{\mathrm{A}}}{C_{\mathrm{OX}}^2} \left\{ \left[1 + \frac{2C_{\mathrm{OX}}^2}{\varepsilon_{\mathrm{s}} qN_{\mathrm{A}}} (V_{\mathrm{GS}} - V_{\mathrm{FB}}) \right]^{1/2} - 1 \right\} \tag{4-48}$$

4. 漏极电流的近似表达式

由于式(4-44)及式(4-47)所表示的 MOSFET 电流电压方程过于复杂,一般要对其做近似简化。在 $V_B=0$, $V_S=0$ 的情况下,将式(4-42)中的 $(2\phi_{Fp}+V)^{1/2}$ 在 $V=0$ 附近展开成级数,得

$$(2\phi_{Fp}+V)^{1/2}=(2\phi_{Fp})^{1/2}+\frac{1}{2}(2\phi_{Fp})^{-1/2}V+\cdots \tag{4-49}$$

如果只取上式的第一项,即

$$(2\phi_{Fp}+V)^{1/2}=(2\phi_{Fp})^{1/2}$$

则表示 $V(y)=0$,即假设整个沟道上没有压降,或者说,假设沟道各处的耗尽区宽度都与源处的耗尽区宽度相同。这可以作为零级近似,这时式(4-42)变为

$$Q_n=-C_{OX}\left[V_{GS}-V_{FB}-2\phi_{Fp}-V(y)-\frac{(2\varepsilon_s q N_A 2\phi_{Fp})^{1/2}}{C_{OX}}\right]$$

与式(4-19)进行比较后可知,上式等号右边方括号内的第二、三、五项之和恰好就是阈电压之负数,于是 Q_n 可以被表示成一个极简单的形式:

$$Q_n=-C_{OX}\left[V_{GS}-V_T-V(y)\right] \tag{4-50}$$

将式(4-50)代入式(4-37)并进行积分,可得到漏极电流的近似表达式,即著名的萨之唐方程为

$$I_D=\beta\left[(V_{GS}-V_T)V_{DS}-\frac{1}{2}V_{DS}^2\right] \tag{4-51}$$

式(4-51)表明,I_D 是 V_{DS} 的二次函数,I_D-V_{DS} 特性曲线是开口向下的抛物线。抛物线的顶点是 I_D 的极值点,对应于沟道在漏端被夹断。令 $dI_D/dV_{DS}=0$,可解出饱和漏极电压

$$V_{Dsat}=V_{GS}-V_T \tag{4-52}$$

此外,在式(4-50)中取 $y=L$,当 $V(L)=V_{Dsat}$ 时,$Q_n(L)=0$,同样可以得到式(4-52)。

式(4-50)与式(4-51)同样只适用于非饱和区。

将式(4-52)中的 V_{Dsat} 代入式(4-51),可得

$$I_{Dsat}=\frac{\beta}{2}(V_{GS}-V_T)^2=\frac{Z\mu_n C_{OX}}{2L}(V_{GS}-V_T)^2 \tag{4-53}$$

图 4-21 示出了式(4-51)与式(4-47)的比较[2]。可以看出,在 V_{DS} 较小的范围内,式(4-51)与式(4-47)的结果基本相同,这是因为式(4-51)是在假设沟道中 $V(y)=0$ 的情况下近似得到的。在 V_{DS} 较大的范围内,式(4-51)所得的结果则比式(4-47)的明显偏大。尽管式(4-51)有较大的误差,但因其计算简单,适用于快速估算 MOSFET 的性能,因而获得了广泛的应用。

同理,对于 P 沟道 MOSFET,有

$$I_D=-\beta\left[(V_{GS}-V_T)V_{DS}-\frac{1}{2}V_{DS}^2\right] \tag{4-54}$$

$$I_{Dsat}=-\frac{\beta}{2}(V_{GS}-V_T)^2 \tag{4-55}$$

可见,除了电流的方向不同外,P 沟道 MOSFET 的 I_D 表达式与 N 沟道 MOSFET 的完全相同。

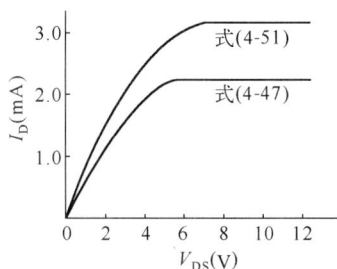

图 4-21 式(4-51)与式(4-47)的比较

5. 沟道中的电势和电场分布

当在 $(2\phi_{Fp}+V)^{1/2}$ 的展开式中只取第一项时,式(4-36)可写成

$$I_D=Z\mu_n C_{OX}(V_{GS}-V_T-V)\frac{dV}{dy} \tag{4-56}$$

式(4-56)与式(4-51)是 I_D 的两种形式的表达式。令这两个公式相等,得

$$\frac{1}{L}\left[(V_{GS}-V_T)V_{DS}-\frac{1}{2}V_{DS}^2\right]dy=(V_{GS}-V_T-V)dV$$

将上式等号两边在整个沟道内进行积分,得到 V 所满足的如下二次方程:

$$V^2-2(V_{GS}-V_T)V+\left[2(V_{GS}-V_T)V_{DS}-V_{DS}^2\right]\frac{y}{L}=0$$

从而可解得沟道中沿 y 方向的电势分布为

$$V(y)=(V_{GS}-V_T)-(V_{GS}-V_T)\left(1-\frac{y}{y_{eff}}\right)^{1/2} \tag{4-57}$$

式中

$$y_{eff}=\frac{L}{1-\eta^2},\qquad \eta=1-\frac{V_{DS}}{V_{GS}-V_T}$$

为与工作点有关的参数。

对 $V(y)$ 求导数可进一步得到沟道中沿 y 方向的电场分布:

$$E_y(y)=\frac{-dV}{dy}=-\frac{V_{GS}-V_T}{2y_{eff}\left(1-\frac{y}{y_{eff}}\right)^{1/2}}=-\frac{V_{DS}}{2L}\cdot\frac{\left(2-\frac{V_{DS}}{V_{GS}-V_T}\right)}{\left(1-\frac{y}{y_{eff}}\right)^{1/2}} \tag{4-58}$$

从式(4-58)可见,沟道电场 $E_y(y)$ 是从源端到漏端逐渐增加的,在沟道漏端达到最大。

当 $V_{DS}=V_{Dsat}$ 时,$\eta=0$,$y_{eff}=L$,沟道电势分布和沟道电场分布分别变为

$$V(y)=(V_{GS}-V_T)-(V_{GS}-V_T)\left(1-\frac{y}{L}\right)^{1/2} \tag{4-59}$$

$$E_y(y)=-\frac{V_{GS}-V_T}{2(L^2-Ly)^{1/2}} \tag{4-60}$$

6. 漏极电流的一级近似表达式

为了提高漏极电流近似表达式的精确度,可以采用一级近似,即在式(4-49)的 $(2\phi_{Fp}+V)^{1/2}$ 展开式中取前两项,得到

$$(2\phi_{Fp}+V)^{1/2}=(2\phi_{Fp})^{1/2}+\frac{1}{2}(2\phi_{Fp})^{-1/2}V$$

再经过类似的推导后可得

$$I_D=\beta\left[(V_{GS}-V_T)V_{DS}-\frac{1}{2}(1+\delta)V_{DS}^2\right] \tag{4-61}$$

$$V_{Dsat}=\frac{V_{GS}-V_T}{1+\delta} \tag{4-62}$$

$$I_{Dsat}=\frac{\beta}{2}\cdot\frac{(V_{GS}-V_T)^2}{1+\delta} \tag{4-63}$$

式中

$$\delta=\frac{(2\varepsilon_s qN_A)^{1/2}}{C_{OX}}\cdot\frac{(2\phi_{Fp})^{-1/2}}{2}=K\frac{(2\phi_{Fp})^{-1/2}}{2} \tag{4-64}$$

图 4-22 示出了式(4-61)与式(4-47)的比较,表明式(4-61)已经与精确方程极为接近。此外,由式(4-64)可以看出,衬底掺杂浓度 N_A 越轻,栅氧化层电容 C_{OX} 越大(即 T_{OX} 越薄),δ 就越小,式(4-51)也就与式(4-61)越接近。

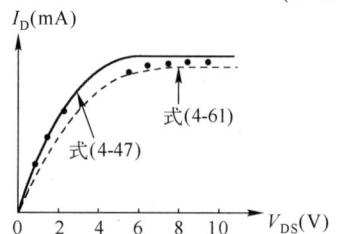

$\beta=250\ \mu A/V^2$　　$2\phi_{FB}+V_{FB}=-2\ V$
$K=2V_{GS}=10\ V$　　•••——实测

图 4-22　式(4-61)与式(4-47)的比较

4.3.2 饱和区的特性

当 MOSFET 进入饱和区以后,前述漏极电流表达式不再适用。

一方面,由式(4-36)可以看出 $I_D = -Z\mu_n Q_n(y)\dfrac{dV}{dy}$

当 $V_{DS} = V_{Dsat}$ 时,沟道在漏端 $y = L$ 处被夹断,在该处 $Q_n(L) = 0$。为了保持电流的连续,该处的电子漂移速度必须趋于无穷大,但这是不可能的;即使该处的横向电场 $E_y(L)$ 趋于无穷大,电子漂移速度也只能达到饱和漂移速度 v_{max}。

另一方面,由式(4-45)和式(4-50)可以发现,当 $V_{DS} > V_{Dsat}$ 后,夹断区域内的电子面密度将成为负值。这是因为在这种情况下,作为一维分析的基础的缓变沟道近似已经不再适用。缓变沟道近似认为,沟道内的载流子电荷都是由 V_{GS} 所产生的 $\partial E_x / \partial x$ 感应出来的,而忽略由 V_{DS} 产生的 $\partial E_y / \partial y$ 的作用。然而实际上,当 $V_{DS} > V_{Dsat}$ 后,夹断区域内仍然有电子,但它们不是由 $\partial E_x / \partial x$ 感应出来的,而是从夹断区左侧的沟道中注入过来的。它们并不终止从栅极发出的电力线,而是终止从漏极发出的电力线。这样,在缓变沟道近似下推导出来的漏极电流表达式显然就不能适用于饱和区了。

当 MOSFET 的沟道长度较长时,漏极电流 I_D 主要取决于源区与夹断点之间的沟道内的载流子输运速度,而受夹断点和夹断区域的影响并不很大。所以可以简单假设:当 $V_{DS} > V_{Dsat}$ 时,随着 V_{DS} 的增大,漏极电流 I_D 保持饱和漏极电流 I_{Dsat} 的值不变。这时 MOSFET 的 $I_D - V_{DS}$ 特性曲线为水平直线,其增量输出电阻为无穷大。但是实际测量发现,当 $V_{DS} > V_{Dsat}$ 时,I_D 并不饱和,而是随着 V_{DS} 的增大而略有增大。也就是说,在饱和区,MOSFET 具有有限的增量输出电阻。对于漏极电流不饱和的原因,这里提出两个模型来加以解释,一是有效沟道长度调制效应,二是静电场的反馈作用[3]。

1. 有效沟道长度调制效应

当 $V_{DS} = V_{Dsat}$ 时,在沟道漏端 $y = L$ 处,$V(L) = V_{Dsat}$,$Q_n(L) = 0$,沟道在此处被夹断。夹断点的电势为 V_{Dsat},沟道上的压降也是 V_{Dsat},夹断点处栅极与沟道间的电势差为 $V_{GS} - V_{Dsat} = V_T$。当 $V_{DS} > V_{Dsat}$ 时,沟道中各点的电势均上升,使 $V(y) = V_{Dsat}$ 及 $Q_n(y) = 0$ 的位置向左移动,即夹断点向左移动。这使得沟道的有效长度缩短。沟道有效长度随 V_{DS} 的增大而缩短的现象称为有效沟道长度调制效应,如图 4-23 所示。

$V_{DS} > V_{Dsat}$ 后,可以将 V_{DS} 分为两部分。其中的 V_{Dsat} 部分降在缩短了的有效沟道上,沟道夹断点处的栅极与沟道间的电势差仍为 $V_{GS} - V_{Dsat} = V_T$。V_{DS} 中的其余部分 $V_{DS} - V_{Dsat}$ 降在夹断点右边的夹断区域上,其长度用 ΔL 来表示。夹断区域可以看作漏 PN 结耗尽区的一部分,其长度将随着 V_{DS} 的增大而扩展,从而使有效沟道长度 $L - \Delta L$ 随 V_{DS} 的增大而缩短。虽然夹断区域内的电场和电势分布都是二维的,但是仍然可以利用一维 PN 结理论中耗尽区宽度与电压之间的关系式,来对沟道长度调制量 ΔL 做近似的估算,即

$$\Delta L = \left[\frac{2\varepsilon_s(V_{DS} - V_{Dsat})}{qN_A} \right]^{1/2} \quad (4-65)$$

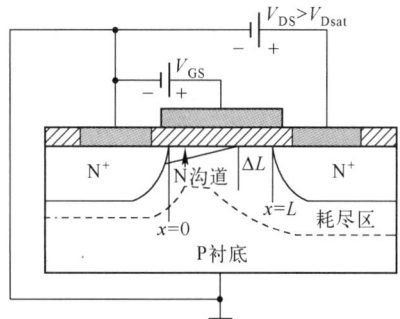

图 4-23 N 沟道 MOSFET 的有效沟道长度调制效应

当有效沟道长度 $L - \Delta L$ 随 V_{DS} 的增大而缩短时,沟道电阻将减小,而有效沟道上的压降仍保持 V_{Dsat} 不变,所以沟道电流就会增大。这就是在饱和区中 I_D 随 V_{DS} 的增大而略有增大的原因

之一。

根据有效沟道长度调制效应的模型,可以对式(4-53)做出修正。作为一级近似,将式(4-53)分母中的沟道长度 L 换成有效沟道长度 $L-\Delta L$,即可得到饱和区的漏极电流表达式为

$$I_D = \frac{1}{2} \times \frac{Z}{L-\Delta L} \mu_n C_{OX} (V_{GS} - V_T)^2 = I_{Dsat} \left(\frac{1}{1-\Delta L/L} \right) \tag{4-66}$$

由式(4-66)及式(4-65)可见,对于 L 较长及衬底掺杂浓度 N_A 较高(因而 ΔL 较小)的 MOS-FET,有效沟道长度调制效应并不显著,漏极电流趋于饱和。反之,对于 L 较短及 N_A 较低(因而 ΔL 较大)的 MOSFET,有效沟道长度调制效应比较显著,ΔL 将随 V_{DS} 的增加而增加,使漏极电流随 V_{DS} 的增加而增加,即漏极电流并不饱和。

在进行电路模拟时,常常需要一个同时适用于非饱和区与饱和区的统一的漏极电流方程,而且要求其导数在两区的分界点上连续。为此,可以在用式(4-65)计算 ΔL 时引入有效漏源电压 $V_{DS,eff1}$ 的概念,即

$$V_{DS,eff1} = (V_{DS}^S + V_{Dsat}^S)^{1/S}$$

式中,S 为一适配因子,$S \geqslant 2$。当 MOSFET 处于非饱和区,即 $V_{DS} < V_{Dsat}$ 时,$V_{DS,eff1} \approx V_{Dsat}$;当 MOSFET 处于饱和区,即 $V_{DS} > V_{Dsat}$ 时,$V_{DS,eff1} \approx V_{DS}$。

同时,在计算漏极电流时引入另一个有效漏源电压 $V_{DS,eff2}$ 的概念,即

$$V_{DS,eff2} = \frac{V_{DS} V_{Dsat}}{(V_{DS}^K + V_{Dsat}^K)^{1/K}}$$

式中,K 为另一适配因子,$K \geqslant 2$。当 $V_{DS} < V_{Dsat}$ 时,$V_{DS,eff2} \approx V_{DS}$;当 $V_{DS} > V_{Dsat}$ 时,$V_{DS,eff2} \approx V_{Dsat}$。于是可以得到统一的漏极电流经验方程:

$$I_D = \frac{Z\mu_n C_{OX}}{L-\Delta L} \left[(V_{GS} - V_T) V_{DS,eff2} - \frac{1}{2} V_{DS,eff2}^2 \right]$$

2. 漏区静电场对沟道区的反馈作用

制作在较低掺杂浓度衬底上的 MOSFET,当 $V_{DS} > V_{Dsat}$ 后,其漏区附近的耗尽区较宽,严重时甚至可以与有效沟道长度相比拟,在沟道长度较短时尤为显著。这时起始于漏区的电力线中的一部分将穿过耗尽区而终止于沟道,如图 4-24 所示。正如前面已经指出的,沟道内的载流子电荷也可以由 V_{DS} 产生的 $\partial E_y / \partial y$ 感应出来。当 V_{DS} 增大时,耗尽区内的电场强度随之增强,使沟道内的电子数也相应增加,以终止增多的电力线。可以将这一过程看作在漏区和沟道之间存在着一个耦合电容 C_{dCT}。当 V_{DS} 增加 ΔV_{DS} 时,通过静电耦合,单位面积沟道区内产生的平均电荷密度的增量为

$$\Delta Q_{AV} = -\frac{C_{dCT} \Delta V_{DS}}{ZL} \tag{4-67}$$

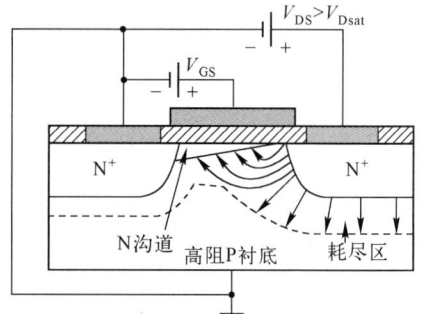

图 4-24　$V_{DS} > V_{Dsat}$ 后 N 沟道 MOSFET 中的电场分布

由于漏区与沟道间的静电耦合,当 V_{DS} 增大时,沟道内的载流子数增多,沟道电导增大,从而使漏极电流增大。这是 MOSFET 的漏极电流在饱和区实际上并不饱和的第二个原因。

在实际的 MOSFET 中,以上两种作用同时存在。在衬底为中等或较高掺杂浓度的 MOSFET 中,使饱和区漏极电流不饱和的主要原因是有效沟道长度调制效应;而在衬底掺杂浓度较低的 MOSFET 中,则以漏区与沟道间的静电耦合作用为主。

4.4　MOSFET 的亚阈区导电

4.3 节讨论了表面处于强反型情况下的沟道导电情况,并近似地认为,当 $V_{GS} \leqslant V_T$ 时 $I_D = 0$。但实际情况并非如此。以 N 沟道 MOSFET 为例,当外加 V_{GS} 使半导体表面附近的能带下弯 $q\phi_{Fp}$ 时,半导体表面处于本征状态。这时的 V_{GS} 称为本征电压 V_i。当 $V_i < V_{GS} < V_T$ 时,表面势 ϕ_S 介于 ϕ_{Fp} 和 $2\phi_{Fp}$ 之间,表面处于弱反型状态,表面电子浓度介于本征载流子浓度和衬底平衡多子浓度之间。

这时半导体表面已经反型,只是电子浓度还很小,所以当外加 V_{DS} 后,MOSFET 也能导电,只是电流很小。这种电流称为亚阈漏极电流,或次开启电流,记为 I_{Dsub}。表面处于弱反型状态的情况就称为亚阈区。亚阈区在 MOSFET 的低压低功耗应用中,以及在数字电路中用作开关或者存储器时,有很重要的意义。应当指出,亚阈区导电和表面强反型时的导电具有完全不同的性质。图4-25 画出了某 MOSFET 的亚阈区特性的实验结果,可以看出,I_{Dsub} 与 V_{GS} 的关系曲线在半对数坐标中是一条直线,这表示 I_{Dsub} 与 V_{GS} 呈指数关系。

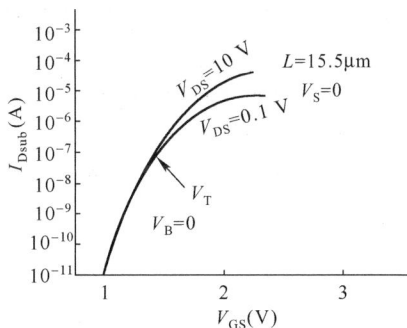

图 4-25　MOSFET 的 I_{Dsub} 与 V_{GS} 的关系曲线

1. MOSFET 的亚阈漏极电流

分析表明[4],在亚阈区导电过程中,表面弱反型层中的电子浓度很小,而电子在沿沟道方向的浓度梯度却很大,所以沟道电流中的漂移电流很小,扩散电流很大。与强反型时的导电情况正相反,可以假设亚阈漏极电流 I_{Dsub} 完全由扩散电流构成(忽略漂移电流)。于是可以采用与推导均匀基区双极晶体管集电极电流 I_C 类似的方法来推导 I_{Dsub}。若将 N 沟道 MOSFET 看成横向 NPN(源-衬底-漏)双极晶体管,则有

$$I_{Dsub} = -AqD_n \frac{dn}{dy} = AqD_n \frac{n(0) - n(L)}{L} \tag{4-68}$$

式中,$A = Zb$ 为 I_{Dsub} 所流经的截面积;$n(0)$ 和 $n(L)$ 分别为沟道源端和沟道漏端处的电子浓度,可分别表示为

$$n(0) = n_{p0} \exp\left(\frac{q\phi_S}{kT}\right) \tag{4-69}$$

$$n(L) = n_{p0} \exp\left[\frac{q(\phi_S - V_{DS})}{kT}\right] \tag{4-70}$$

沟道厚度 b 可以这样来考虑:把它近似看作从半导体表面处垂直向下到电子浓度降为表面浓度的 $1/e$ 处之间的距离。这表示 $x = 0$ 与 $x = b$ 之间的电势差为 kT/q,设此范围内的平均表面纵向电场为 E_s,则有

$$b = \frac{kT}{qE_s} \tag{4-71}$$

根据高斯定律

$$E_s = -\frac{Q_A}{\varepsilon_s} = \left(\frac{2qN_A\phi_S}{\varepsilon_s}\right)^{1/2} \tag{4-72}$$

若定义

$$-\frac{dQ_A}{d\phi_S} = C_D(\phi_S) = \left(\frac{q\varepsilon_s N_A}{2\phi_S}\right)^{1/2} \tag{4-73}$$

其中 $C_D(\phi_S)$ 是沟道下的耗尽层电容,则将式(4-73)及式(4-72)代入式(4-71),可得沟道厚度为

$$b = \frac{kT}{q} \cdot \frac{C_D(\phi_S)}{qN_A} \tag{4-74}$$

再将式(4-74)及式(4-69)、式(4-70)代入式(4-68),得

$$I_{Dsub} = \frac{Z}{L}qD_n\frac{kT}{q} \cdot \frac{C_D(\phi_S)}{qN_A}n_{p0}\exp\left(\frac{q\phi_S}{kT}\right)\left[1-\exp\left(-\frac{qV_{DS}}{kT}\right)\right] \tag{4-75}$$

应用爱因斯坦关系,并注意到 $n_{p0}=p_{p0}\exp[-2q\phi_{Fp}/(kT)]$ 及 $N_A=p_{p0}$,式(4-75)可写成

$$I_{Dsub} = \frac{Z}{L}\mu_n\left(\frac{kT}{q}\right)^2 C_D(\phi_S)\exp\left(-\frac{2q\phi_{Fp}}{kT}\right) \cdot \exp\left(\frac{q\phi_S}{kT}\right)\left[1-\exp\left(-\frac{qV_{DS}}{kT}\right)\right] \tag{4-76}$$

在式(4-76)中,还需推导出 ϕ_S 对 V_{GS} 的依赖关系,这可采用以下方法。根据式(4-4)、式(4-9)和式(4-11),得

$$V_{GS} = V_{FB}+\phi_S-\frac{Q_A(\phi_S)}{C_{OX}} \tag{4-77}$$

式(4-77)中 Q_A 是 ϕ_S 的函数。在表面弱反型时,$\phi_{Fp}<\phi_S<2\phi_{Fp}$,因 ϕ_S 的变化范围不大,故可将 $Q_A(2\phi_S)$ 在 $\phi_S=2\phi_{Fp}$ 附近展开成泰勒级数并取其前两项,得

$$Q_A(\phi_S) = Q_A(2\phi_{Fp})+(\phi_S-2\phi_{Fp})\frac{dQ_A}{d\phi_S} = Q_A(2\phi_{Fp})-(\phi_S-2\phi_{Fp})C_D(\phi_S)$$

由于 $\phi_{Fp}<\phi_S<2\phi_{Fp}$,$C_D(\phi_S)$ 可取 $\phi_S=1.5\phi_{Fp}$ 时的值。将其代入式(4-77),并利用阈电压 V_T 的表达式,可得 ϕ_S 对 V_{GS} 的依赖关系:

$$\phi_S = 2\phi_{Fp}+\frac{V_{GS}-V_T}{n} \tag{4-78}$$

式中,$n=1+C_D/C_{OX}$。可以看出,当 $V_{GS}<V_T$ 时,$\phi_S<2\phi_{Fp}$。

将式(4-78)代入式(4-76),可得

$$I_{Dsub} = \frac{Z}{L}\mu_n\left(\frac{kT}{q}\right)^2 C_D\exp\left[\frac{q}{kT}\left(\frac{V_{GS}-V_T}{n}\right)\right] \cdot \left[1-\exp\left(-\frac{qV_{DS}}{kT}\right)\right] \tag{4-79}$$

2. MOSFET 的亚阈区特性

(1) I_{Dsub} 与 V_{GS} 的关系

当 V_{DS} 不变时,I_{Dsub} 与 V_{GS} 呈指数关系,类似于 PN 结的正向伏安特性。由于因子 n 的存在,I_{Dsub} 随 V_{GS} 的增加要比 PN 结正向电流慢一些。

(2) I_{Dsub} 与 V_{DS} 的关系

当 V_{GS} 不变时,I_{Dsub} 随 V_{DS} 的增加而增加;但当 V_{DS} 大于 kT/q 的若干倍时,I_{Dsub} 变得与 V_{DS} 无关,即 I_{Dsub} 对 V_{DS} 而言会发生饱和。这类似于 PN 结的反向伏安特性。

(3) 亚阈区栅源电压摆幅 S

将亚阈区转移特性的半对数斜率的倒数称为亚阈区栅源电压摆幅,记为 S,即

$$S \overset{\text{def}}{=\!=} \frac{dV_{GS}}{d(\lg I_{Dsub})} = \ln(10)\frac{kTn}{q} = \ln(10)\frac{kT}{q}\left(1+\frac{C_D}{C_{OX}}\right) \tag{4-80}$$

S 是反映 MOSFET 亚阈区特性的一个重要参数。S 的意义是在亚阈区使 I_{Dsub} 扩大一个量级所需要的 V_{GS} 的增量,它代表亚阈区中 V_{GS} 对 I_{Dsub} 的控制能力。当温度 T 一定时,S 的值决定于 n。

衬底杂质浓度 N_A 越高,则 C_D 越大,n 越大,S 就越大;当有衬底偏压 V_{BS} 时,$|V_{BS}|$ 越小,则 C_D 越大,S 就越大;栅氧化层厚度 T_{OX} 越厚,则 C_{OX} 越小,n 越大,S 就越大。S 的增加意味着 V_{GS} 对 I_{Dsub} 的控制能力减弱,会影响到数字电路的关态噪声容限,以及模拟电路的功耗、增益、信号失真和噪声特性等。

3. 阈电压 V_T 的测量

（1）联立方程组法

在测量 V_T 时,如果仍然假设当 $V_{GS} = V_T$ 时 $I_D = 0$,就可以利用饱和漏极电流的表达式,建立如下联立方程组:

$$\begin{cases} I_{Dsat1} = \dfrac{\beta}{2}(V_{GS1} - V_T)^2 \\ I_{Dsat2} = \dfrac{\beta}{2}(V_{GS2} - V_T)^2 \end{cases}$$

对饱和区 MOSFET 进行两次测量,将获得的 V_{GS1}、I_{Dsat1} 和 V_{GS2}、I_{Dsat2} 数据作为已知数,通过求解上面的联立方程组,可以同时求得 MOSFET 的阈电压 V_T 和增益因子 β。

（2）$\sqrt{I_{Dsat}} - V_{GS}$ 法

这个方法实际上是联立方程组法的一个特例。由饱和漏极电流的表达式可知,$\sqrt{I_{Dsat}}$ 与 V_{GS} 呈线性关系。对饱和区 MOSFET 进行两次测量,就可以在 $\sqrt{I_{Dsat}} - V_{GS}$ 坐标系中画出一条直线,该直线在 V_{GS} 轴上的截距就是 V_T。如图 4-26 所示,如果测试条件满足 $I_{Dsat2} = 4 I_{Dsat1}$,则可以利用式（4-81）方便地求出 V_T:

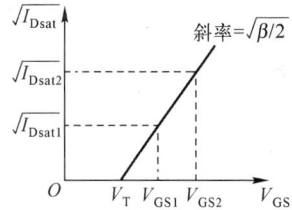

图 4-26　$\sqrt{I_{Dsat}} - V_{GS}$ 法测量 V_T

$$V_T = 2 V_{GS1} - V_{GS2} \tag{4-81}$$

（3）$1\,\mu A$ 法

这个方法类似于对 PN 结击穿电压的测量,在 V_{DS} 足够大且恒定的条件下,逐渐增加 V_{GS},当 I_D 达到某个规定值 I_{DT} 时,就将所对应的 V_{GS} 作为 V_T,如图 4-27 所示。这个方法简单易行,常被早期的工厂所采用,并且将 I_{DT} 定为 $1\,\mu A$。但是要注意的是,在测量击穿电压时,由于 PN 结在击穿后其反向电流的上升斜率极其陡峭,所以对结面积的变化对测量结果的影响极小。但是在 MOSFET 中,I_D 的上升斜率却并

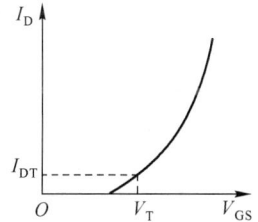

图 4-27　$1\,\mu A$ 法测量 V_T

不太陡。特性曲线 $\sqrt{I_{Dsat}} - V_{GS}$ 的斜率为 $\sqrt{Z \mu_n C_{OX} / 2L}$,不同宽长比的 MOSFET 有不同的斜率,从而导致所测得的阈电压也有所不同。而根据阈电压的理论定义,阈电压是指使栅下的衬底表面开始发生强反型时的栅源电压,与沟道宽长比无关。解决这个问题的办法是根据宽长比来调整测试电流 I_{DT},使 I_{DT} 与宽长比成正比。

4.5　MOSFET 的直流参数与温度特性

4.5.1　MOSFET 的直流参数

1. 阈电压 V_T

这个参数已经在 4.2 节中做过详细讨论,这里不再重复。

2. 饱和漏极电流 I_{DSS}

对于耗尽型 MOSFET，当 $V_{GS}=0$ 时，源区和漏区之间已经导通。将 $V_{GS}=0$ 和 V_{DS} 足够大且恒定条件下的漏极电流饱和值记为 I_{DSS}。根据式（4-53）可得

$$I_{DSS} = \pm \frac{Z}{2L} \mu C_{OX} V_T^2 \tag{4-82}$$

式中，对 N 沟道 MOSFET 取正号，对 P 沟道 MOSFET 取负号。由式（4-82）可见，I_{DSS} 与沟道的宽长比成正比，与栅氧化层厚度 T_{OX} 成反比。

3. 截止漏极电流

对于增强型 MOSFET，当 $V_{GS}=0$ 时，源区和漏区之间不导通，当漏极与源极之间外加 V_{DS} 后，I_D 为零。但实际上由于存在亚阈漏极电流及 PN 结反向饱和电流，因此源区和漏区之间仍有微弱的电流通过。这个电流叫作截止漏极电流。

4. 导通电阻 R_{on}

当 MOSFET 工作在非饱和区且 V_{DS} 很小时，其输出特性曲线是直线，如图 4-5 中的 OA 段所示。这时 MOSFET 相当于一个其电阻值与 V_{DS} 无关的固定电阻。根据式（4-51），在略去 V_{DS}^2 项后得

$$I_D = \beta (V_{GS} - V_T) V_{DS}$$

当 V_{DS} 很小时，V_{DS} 与 I_D 的比值称为导通电阻，记为 R_{on}，即

$$R_{on} \stackrel{\text{def}}{=\!=} \frac{V_{DS}}{I_D} = \frac{1}{\beta (V_{GS} - V_T)} \tag{4-83}$$

从式（4-83）可见，R_{on} 与 $V_{GS} - V_T$ 成反比。又由于 $\beta = \dfrac{Z \mu_n \varepsilon_{OX}}{L T_{OX}}$，可知 R_{on} 与沟道的宽长比成反比，与 T_{OX} 成正比。

5. 栅极电流 I_G

在外加电压的作用下，流过栅极与沟道之间的电流称为栅极电流，记为 I_G。由于在栅极与沟道之间隔着一层绝缘性能良好的 SiO_2 层，所以 I_G 非常小，通常小于 10^{-9} A，这使 MOSFET 有很高的输入电阻。

4.5.2　MOSFET 的温度特性

1. 阈电压与温度的关系[5]

当 $V_S=0$ 时，N 沟道 MOSFET 的阈电压为

$$V_T = \phi_{MS} - \frac{Q_{OX}}{C_{OX}} + \frac{1}{C_{OX}} \left[2\varepsilon_s q N_A (2\phi_{Fp} - V_{BS}) \right]^{1/2} + 2\phi_{Fp}$$

在很大的温度范围内，Q_{OX} 和 ϕ_{MS} 几乎与温度无关，因此上式中与温度关系密切的只有 P 型衬底费米势 ϕ_{Fp}。将 V_T 对 T 取导数，得

$$\frac{dV_T}{dT} = \left[2 + \frac{(2\varepsilon_s q N_A)^{1/2}}{C_{OX} (2\phi_{Fp} - V_{BS})^{1/2}} \right] \frac{d\phi_{Fp}}{dT} \tag{4-84}$$

已知 P 型衬底的费米势为

$$\phi_{\mathrm{Fp}} = \frac{kT}{q}\ln\left(\frac{N_{\mathrm{A}}}{n_{\mathrm{i}}}\right) = \frac{kT}{q}\ln\left(\frac{N_{\mathrm{A}}}{\sqrt{N_{\mathrm{C}}N_{\mathrm{V}}}}\exp\frac{E_{\mathrm{G}}}{2kT}\right) = \frac{kT}{q}\ln\frac{N_{\mathrm{A}}}{\sqrt{N_{\mathrm{C}}N_{\mathrm{V}}}} + \frac{E_{\mathrm{G}}}{2q}$$

式中，N_{C}、N_{V} 及 E_{G} 与温度的关系都不太密切，所以 ϕ_{Fp} 对 T 的导数为

$$\frac{\mathrm{d}\phi_{\mathrm{Fp}}}{\mathrm{d}T} = \frac{k}{q}\ln\left(\frac{N_{\mathrm{A}}}{\sqrt{N_{\mathrm{C}}N_{\mathrm{V}}}}\right)$$

将其代入式(4-84)，得

$$\frac{\mathrm{d}V_{\mathrm{T}}}{\mathrm{d}T} = \left[2 + \frac{(2\varepsilon_{\mathrm{s}}qN_{\mathrm{A}})^{1/2}}{C_{\mathrm{OX}}(2\phi_{\mathrm{Fp}} - V_{\mathrm{BS}})^{\frac{1}{2}}}\right]\frac{k}{q}\ln\left(\frac{N_{\mathrm{A}}}{\sqrt{N_{\mathrm{C}}N_{\mathrm{V}}}}\right) \tag{4-85}$$

从式(4-85)可以看出，由于通常有 $N_{\mathrm{C}}N_{\mathrm{V}} > N_{\mathrm{A}}^2$，因此 N 沟道 MOSFET 阈电压 V_{T} 的温度系数是负值，即随着温度的上升，V_{T} 向负方向移动。从式(4-85)还可以看出，当外加衬底偏压 V_{BS} 后，由于 $V_{\mathrm{BS}} < 0$，将使 V_{T} 的温度系数的绝对值减小。

实验证明，在 $-55\,℃ \sim 125\,℃$ 的范围内，V_{T} 与 T 呈线性关系，并与式(4-85)的结果符合得相当好。

对于 P 沟道 MOSFET，可以用类似的方法得到阈电压 V_{T} 的温度系数表达式。P 沟道 MOSFET 的 V_{T} 具有正的温度系数，即温度上升时，V_{T} 向正方向移动。V_{T} 的温度系数也随衬底偏压 V_{BS} 的增加而减小。

图 4-28 示出了某 P 沟道 MOSFET 的 V_{T} 与 T 的关系曲线。对于 $N_{\mathrm{D}} = 3 \times 10^{15}\,\mathrm{cm}^{-3}$，$T_{\mathrm{OX}} = 90\,\mathrm{nm}$ 的 P 沟道 MOSFET，V_{T} 的温度系数约为 $3.1\,\mathrm{mV/℃}$。

2. 漏极电流与温度的关系

N 沟道 MOSFET 在非饱和区的漏极电流为

$$I_{\mathrm{D}} = \frac{Z}{L}\mu_{\mathrm{n}}C_{\mathrm{OX}}\left[(V_{\mathrm{GS}} - V_{\mathrm{T}})V_{\mathrm{DS}} - \frac{1}{2}V_{\mathrm{DS}}^2\right]$$

式中，与温度关系密切的有 μ_{n} 和 V_{T}。将 I_{D} 对 T 求导数，得

$$\frac{\mathrm{d}I_{\mathrm{D}}}{\mathrm{d}T} = \frac{Z}{L}C_{\mathrm{OX}}\left[(V_{\mathrm{GS}} - V_{\mathrm{T}})V_{\mathrm{DS}} - \frac{1}{2}V_{\mathrm{DS}}^2\right]\frac{\mathrm{d}\mu_{\mathrm{n}}}{\mathrm{d}T} - \frac{Z}{L}\mu_{\mathrm{n}}C_{\mathrm{OX}}V_{\mathrm{DS}}\frac{\mathrm{d}V_{\mathrm{T}}}{\mathrm{d}T} \tag{4-86}$$

因为 μ_{n} 约正比于 $T^{-1.5}$，故 $\mathrm{d}\mu_{\mathrm{n}}/\mathrm{d}T < 0$。又已知对于 N 沟道 MOSFET，$\mathrm{d}V_{\mathrm{T}}/\mathrm{d}T < 0$。所以得出以下结论。

① 当 $V_{\mathrm{GS}} - V_{\mathrm{T}}$ 较小时，$\mathrm{d}I_{\mathrm{D}}/\mathrm{d}T > 0$，漏极电流的温度系数为正，温度上升时 I_{D} 增大。

② 当 $V_{\mathrm{GS}} - V_{\mathrm{T}}$ 较大时，$\mathrm{d}I_{\mathrm{D}}/\mathrm{d}T < 0$，漏极电流的温度系数为负，温度上升时 I_{D} 减小。

③ 若令 $\mathrm{d}I_{\mathrm{D}}/\mathrm{d}T = 0$，由式(4-86)可解得

$$V_{\mathrm{GS}} - V_{\mathrm{T}} - \frac{1}{2}V_{\mathrm{DS}} = \frac{\mu_{\mathrm{n}}\dfrac{\mathrm{d}V_{\mathrm{T}}}{\mathrm{d}T}}{\dfrac{\mathrm{d}\mu_{\mathrm{n}}}{\mathrm{d}T}} \tag{4-87}$$

这时漏极电流的温度系数为零，温度上升时 I_{D} 不变。

由以上分析可知，N 沟道 MOSFET 的漏极电流的温度系数可为正、负或零，主要取决于 V_{GS} 的数值。当 MOSFET 的工作条件满足式(4-87)时，I_{D} 将不随温度的变化而变化。因此，只要适当选择工作条件，MOSFET 就会有很高的温度稳定性。此外，当 $V_{\mathrm{GS}} - V_{\mathrm{T}}$ 较大，即 I_{D} 较大从而功耗较大时，I_{D} 的温度系数为负，这也有利于 MOSFET 的温度稳定性。

在饱和区中，I_{D} 与温度的关系也与上述规律相似。图 4-29 示出了工作在饱和区的 N 沟道 MOSFET 的 $\sqrt{I_{\mathrm{D}}}$-V_{GS} 特性与温度的关系曲线。

对 P 沟道 MOSFET 有类似的结论。

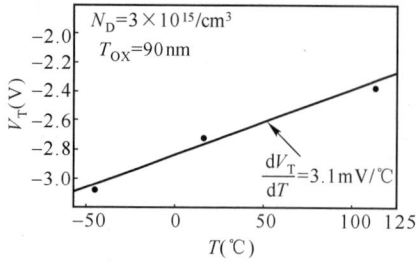

图 4-28　P 沟道 MOSFET 的
V_T 与 T 关系曲线

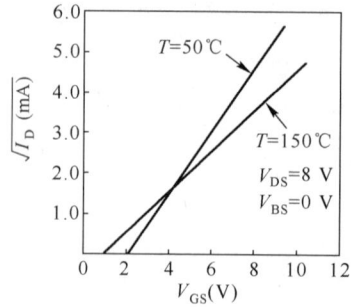

图 4-29　工作在饱和区的 N 沟道 MOSFET 的
$\sqrt{I_D}$-V_{GS} 特性与温度的关系曲线

4.5.3　MOSFET 的击穿电压

1. 漏源击穿电压 BV_{DS}

当 V_{DS} 超过一定限度时，I_D 将迅速上升，如图 4-5 中的 CD 段所示。这种现象称为漏源击穿，使 I_D 迅速上升的 V_{DS} 称为漏源击穿电压，记为 BV_{DS}。在 MOSFET 中产生漏源击穿的机理有两种，一是漏 PN 结的雪崩击穿，二是漏源两区的穿通。

当源极与衬底相连时，V_{DS} 对漏 PN 结是反向电压。当 V_{DS} 增加到一定程度时，漏 PN 结就会发生雪崩击穿。由 2.4.2 节知道，雪崩击穿电压的大小由衬底掺杂浓度和结深决定。但是在结深为 $1\sim3\,\mu m$ 的典型 MOSFET 中，BV_{DS} 的典型值只有 $25\sim40\,V$，远低于 PN 结击穿电压的理论值。这是由于受到了由金属栅极引起的附加电场的影响。

MOSFET 的金属栅电极一般覆盖了漏区边缘的一部分。如果金属栅极的电势低于漏区的电势，就会在漏区与金属栅极之间形成一个附加电场，其分布如图 4-30 所示。这个附加电场使栅极下面漏 PN 结耗尽区中的电场增大，因而击穿首先在该处发生。MOSFET 的这种雪崩击穿是表面的小面积击穿。应该指出，在 MOS 集成电路中，当 N 沟道 MOSFET 处于截止状态时，栅极电压为负值，这将使 BV_{DS} 明显降低。实验表明，当衬底的电阻率大于 $1\,\Omega\cdot cm$ 时，BV_{DS} 就不再与衬底材料的掺杂浓度有关，而主要由栅极电压的极性、大小和栅氧化层的厚度决定。

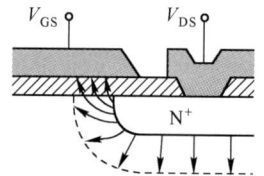

图 4-30　漏 PN 结附近的
电场分布

如果 MOSFET 的沟道长度较短而衬底电阻率较高，则当 V_{DS} 增加到某一数值时，虽然漏区与衬底间尚未发生雪崩击穿，但漏 PN 的耗尽区却已经扩展到与源区相连了，这种现象称为漏源穿通，如图 4-31 所示。发生漏源穿通后，如果 V_{DS} 继续增加，源 PN 结上会出现正偏，使电子从源区注入沟道。这些电子将被耗尽区内的强电场扫入漏区，从而产生较大的漏极电流。使漏源两区发生穿通的漏源电压称为穿通电压，记为 V_{pT}。

与沟道长度调制效应一样，根据一维 PN 结理论，耗尽区宽度与外加电压之间的关系为

$$x_d = \left[\frac{2\varepsilon_s(V_{bi}-V)}{qN}\right]^{1/2}$$

式中，N 为 PN 结高阻一边的杂质浓度。当上式中的电压达到 V_{pT} 时，耗尽区宽度 x_d 将约等于沟道长度 L。

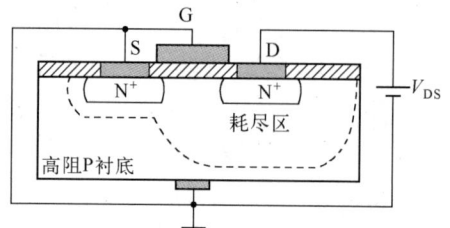

图 4-31　漏源穿通现象

如果略去 V_{bi}，则对于 N 沟道 MOSFET 有

$$V_{pT} = \frac{qN_A}{2\varepsilon_s}L^2 \tag{4-88}$$

由式(4-88)可见,沟道长度越短,衬底电阻率越高,穿通电压就越低。MOSFET 的漏源穿通类似于双极晶体管的基区穿通。但在双极晶体管中,基区掺杂浓度高于集电区,集电结耗尽区主要向集电区扩展,一般不易发生基区穿通。而在 MOSFET 中,由于漏区掺杂浓度高于衬底,耗尽区主要向衬底扩展,所以 MOSFET 的漏源穿通问题比双极晶体管的基区穿通要严重得多。

漏源击穿电压是由漏 PN 结雪崩击穿电压和穿通电压两者中的较小者决定的。例如,当 N 型硅衬底的电阻率为 $10\,\Omega\cdot\mathrm{cm}$,相应的杂质浓度为 $5\times10^{14}\,\mathrm{cm}^{-3}$,漏区的结深为 $1\,\mu\mathrm{m}$ 时,若不考虑栅极附加电场的影响,则 PN 结的雪崩击穿电压约为 100 V。如果沟道长度 $L=10\,\mu\mathrm{m}$,则穿通电压只有 $35\sim40$ V。这时该 P 沟道 MOSFET 的 $\mathrm{BV_{DS}}$ 就由穿通电压决定,只有 $35\sim40$ V。

漏源穿通限制了 MOSFET 的沟道长度不能太短,否则会使 $\mathrm{BV_{DS}}$ 降得太低。因此,在设计 MOSFET 时必须对漏源穿通现象予以足够的重视。

2. 栅源击穿电压 $\mathrm{BV_{GS}}$

在使用 MOSFET 时,栅极上不能外加过高的电压。当 V_{GS} 超过一定限度时,会使栅氧化层发生击穿,使栅极与栅氧化层下面的衬底出现短路,从而造成永久损坏。使栅氧化层发生击穿的栅源电压称为栅源击穿电压,记为 $\mathrm{BV_{GS}}$。

$\mathrm{BV_{GS}}$ 取决于栅氧化层厚度 T_{OX} 和温度。当 T_{OX} 小于 80 nm 时,使栅氧化层发生击穿的临界电场强度 E_B 随 T_{OX} 的变化规律是 $E_B \propto T_{OX}^{-0.21}$；当 T_{OX} 在 $100\sim200$ nm 之间时,E_B 与 T_{OX} 无关,这时 $\mathrm{BV_{GS}}$ 与 T_{OX} 成正比。

与硅的雪崩击穿电压相似,温度较高时 $\mathrm{BV_{GS}}$ 较高。

临界电场强度 E_B 的值一般在 $5\times10^6 \sim 10\times10^6$ V/cm 之间。对于通常的 MOSFET,T_{OX} 大致在 $100\sim200$ nm 之间,其击穿电压的范围如图 4-32 所示。若栅氧化层的质量不同,将导致同样厚度下的击穿电压也不同。对于厚度为 150 nm 的栅氧化层,其击穿电压在 $75\sim150$ V 的范围内。由于栅氧化层质量的变化范围比较大,所以在设计 T_{OX} 时至少要考虑 50%的安全因子。

由栅电极、氧化层、半导体构成的 MOS 电容有两个特点:一是绝缘电阻非常高,高达 10^{15} Ω；二是电容量非常小,只有几皮法。第一个特点使储存在栅电极上的电荷不容易泄放；第二个特点使较小的储存电荷就会产生很高的电压,致使栅氧化层容易被击穿。在运输和存放 MOSFET 时,必须使其栅源之间实现良好的短路,防止因栅极发生静电感应而对器件造成损坏。

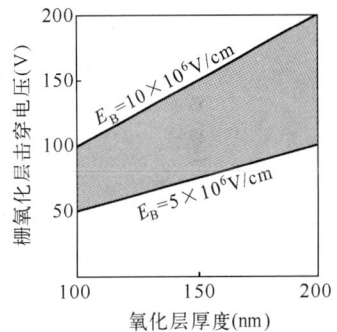

图 4-32 栅氧化层的击穿电压范围

4.6 MOSFET 的小信号参数、高频等效电路及频率特性

4.6.1 MOSFET 的小信号交流参数

1. 跨导 g_m

MOSFET 的跨导 g_m 的定义是

$$g_m \stackrel{\mathrm{def}}{=\!=} \frac{\partial I_D}{\partial V_{GS}}\bigg|_{V_{DS}=\text{常数}} \tag{4-89}$$

跨导是 MOSFET 的转移特性曲线的斜率，它反映了 MOSFET 的 V_{GS} 对 I_D 的控制能力，所以反映了 MOSFET 的增益。

以 N 沟道 MOSFET 为例，按照以上定义，由式（4-51）和式（4-53），非饱和区与饱和区的跨导分别为

$$g_m = \beta V_{DS} \tag{4-90}$$

$$g_{ms} = \beta(V_{GS} - V_T) \tag{4-91}$$

以 V_{GS} 作为参变量，MOSFET 的 g_m-V_{DS} 特性曲线如图 4-33 所示。

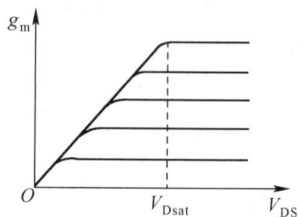

图 4-33　MOSFET 的 g_m-V_{DS} 特性曲线

MOSFET 的跨导的数值一般为几至几十毫西门子。在模拟电路中，MOSFET 一般工作在饱和区。根据式（4-91），为了提高饱和区的跨导 g_{ms}，从电路使用的角度来讲，应该提高 V_{GS}；而从器件设计的角度来讲，应该提高增益因子 β，即提高沟道的宽长比 Z/L，减薄栅氧化层的厚度 T_{OX}。

为了制造大跨导的 MOSFET，在图形设计时应该增大沟道宽长比。但是如果沟道长度太短，则一方面工艺上难以精确控制，另一方面也使沟道长度调制效应等变得显著，使饱和区的实际漏源电导增大。所以，提高跨导的措施首先是增大沟道宽度。

2. 漏源电导 g_{ds}

MOSFET 的漏源电导 g_{ds} 的定义是　$g_{ds} \equiv \dfrac{\partial I_D}{\partial V_{DS}}\bigg|_{V_{GS}=常数}$ $\tag{4-92}$

漏源电导是 MOSFET 的输出特性曲线的斜率，它反映了 MOSFET 的漏极电流 I_D 随 V_{DS} 的变化而变化的情况。

以 N 沟道 MOSFET 为例，按照以上定义，由式（4-51），非饱和区的漏源电导为

$$g_{ds} = \beta(V_{GS} - V_T - V_{DS}) \tag{4-93}$$

可见 g_{ds} 随 V_{DS} 的增大而线性减小。当 V_{DS} 很小时，若略去式（4-93）中的 V_{DS}，得

$$g_{ds} = \beta(V_{GS} - V_T) = 1/R_{on}$$

以 V_{GS} 作为参变量，MOSFET 的 g_{ds}-V_{DS} 特性曲线如图 4-34 所示。

由式（4-93），当 $V_{DS} = V_{Dsat}$ 时，漏源电导 $(g_{ds})_{sat}$ 为零。实际上由于有效沟道长度调制效应和漏区静电场对沟道区的反馈作用等因素，使得饱和区的 $(g_{ds})_{sat}$ 并不为零，而是一个有限的值。在模拟电路中，希望饱和区的 $(g_{ds})_{sat}$ 尽量小。

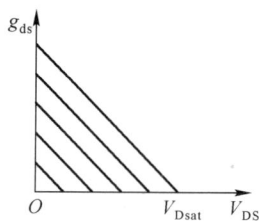

图 4-34　MOSFET 的 g_{ds}-V_{DS} 特性曲线

首先讨论有效沟道长度调制效应对饱和区 $(g_{ds})_{sat}$ 的影响。根据 $(g_{ds})_{sat}$ 的定义，即

$$(g_{ds})_{sat} = \frac{d(I_D)_{饱和}}{dV_{DS}} = \frac{d(I_D)_{饱和}}{d(\Delta L)} \cdot \frac{d(\Delta L)}{dV_{DS}} \tag{4-94}$$

对式（4-66）的 I_D 和式（4-65）的 ΔL 分别求导，得

$$\frac{d(I_D)_{饱和}}{d(\Delta L)} = \frac{I_{Dsat}}{L\left(1 - \dfrac{\Delta L}{L}\right)^2}, \qquad \frac{d(\Delta L)}{dV_{DS}} = \left(\frac{2\varepsilon_s}{qN_A}\right)^{1/2} \frac{1}{2(V_{DS} - V_{Dsat})^{1/2}}$$

将以上两式代入式（4-94），得　$(g_{ds})_{sat} = \left(\dfrac{2\varepsilon_s}{qN_A}\right)^{1/2} \dfrac{LI_{Dsat}}{2(L-\Delta L)^2(V_{DS}-V_{Dsat})^{1/2}}$ $\tag{4-95}$

当沟道长度 L 较短时，沟道长度调制效应较显著，这时饱和区的 $(g_{ds})_{sat}$ 将会很大。因此，为了得到较小的 $(g_{ds})_{sat}$，MOSFET 的沟道长度不能选得太短。

其次讨论漏区静电场对沟道区的反馈作用对饱和区 $(g_{ds})_{sat}$ 的影响。当 V_{DS} 增大 ΔV_{DS} 时，I_D

的增量为

$$\Delta I_D = -Zbq(\Delta n)\mu_n E_y = Z(\Delta Q_{AV})\mu_n E_y$$

式中，b 为沟道厚度，$\Delta Q_{AV} = -bq(\Delta n)$ 为因静电耦合在沟道区内产生的平均电荷面密度的增量。

根据式(4-67)，$\Delta Q_{AV} = -\dfrac{C_{dCT}\Delta V_{DS}}{ZL}$，沟道内的横向电场强度 E_y 可近似取为平均电场强度 E_{AV}，即

$$E_{AV} = -\frac{V_{GS}-V_T}{L-\Delta L} \approx -\frac{V_{GS}-V_T}{L}$$

于是可得漏极电流的增量

$$\Delta I_D = \frac{\mu_n C_{dCT}(V_{GS}-V_T)}{L^2}\Delta V_{DS}$$

最后根据 $(g_{ds})_{sat}$ 的定义可得

$$(g_{ds})_{sat} = \left(\frac{\Delta I_D}{\Delta V_{DS}}\right)_{V_{GS}} = \frac{\mu_n C_{dCT}(V_{GS}-V_T)}{L^2} \tag{4-96}$$

由式(4-96)可见，$(g_{ds})_{sat}$ 正比于 C_{dCT} 和 $(V_{GS}-V_T)$，反比于沟道长度 L 的平方，当 L 较短时，$(g_{ds})_{sat}$ 较大。这也说明沟道长度不应太短。

以上结论同样适用于 P 沟道 MOSFET。

3. 电压放大系数 μ

MOSFET 的电压放大系数 μ 的定义是

$$\mu \overset{def}{=} -\frac{\partial V_{DS}}{\partial V_{GS}}\bigg|_{I_D=常数} \tag{4-97}$$

以 N 沟道 MOSFET 为例，在非饱和区

$$I_D = \beta\left[(V_{GS}-V_T)V_{DS} - \frac{1}{2}V_{DS}^2\right]$$

对上式取全微分，得

$$dI_D = \frac{\partial I_D}{\partial V_{DS}}dV_{DS} + \frac{\partial I_D}{\partial V_{GS}}dV_{GS} = g_{ds}dV_{DS} + g_m dV_{GS}$$

求 μ 时要求 I_D 为常数，即 $dI_D = 0$。令上式为零，并将 g_{ds} 和 g_m 的表达式代入，得

$$\mu = \frac{g_m}{g_{ds}} = \frac{V_{DS}}{(V_{GS}-V_T-V_{DS})} \tag{4-98}$$

在饱和区，g_m 达到最大值。对于 $(g_{ds})_{sat}$，当不考虑有效沟道长度调制效应和漏区静电场对沟道区的反馈作用时，$(g_{ds})_{sat} = 0$，因此饱和区的 μ 趋于无穷大。实际上，$(g_{ds})_{sat}$ 不为零，故饱和区的 μ 亦为有限值。

4.6.2 MOSFET 的小信号高频等效电路

1. 一般推导

本节的思路是先推导出 MOSFET 的小信号 Y 参数，即

$$Y_{11} = \frac{i_g}{v_{gs}}\bigg|_{v_{ds}=0}, \qquad Y_{12} = \frac{i_g}{v_{ds}}\bigg|_{v_{gs}=0}, \qquad Y_{21} = \frac{i_d}{v_{gs}}\bigg|_{v_{ds}=0}, \qquad Y_{22} = \frac{i_d}{v_{ds}}\bigg|_{v_{gs}=0}$$

再利用图 4-35(a)将 Y 参数转化为图 4-35(b)所示的 MOSFET 小信号高频等效电路，图中，$Y_1 = Y_{11}+Y_{12}$，$Y_2 = -Y_{12}$，$Y_o = Y_{22}+Y_{12}$，$Y_m = Y_{21}-Y_{12}$。

推导 MOSFET 的 Y 参数的依据是式(4-99)和式(4-100)两个方程。由式(4-36)和式(4-42)，将 I_D 换成 t 时刻沟道内 y 处的传导电流 $I_c(y,t)$，将沟道直流电势 $V(y)$ 换成 t 时刻沟道内 y 处的 $V_c(y,t)$。当 $V_B=0, V_S=0$ 时，得

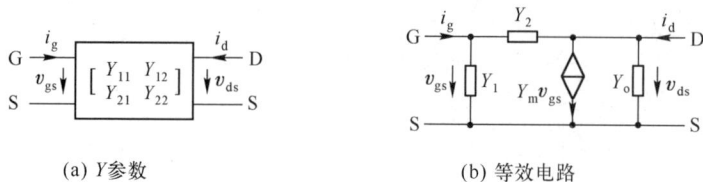

(a) Y 参数　　　　　　　　　　(b) 等效电路

图 4-35　MOSFET 的 Y 参数及其等效电路

$$I_c(y,t) = -Z\mu_n C_{OX} \left\{ V_{GS}(t) - V_{FB} - 2\phi_{Fp} - V_c(y,t) - \frac{(2\varepsilon_s q N_A)^{1/2}}{C_{OX}} [2\phi_{Fp} + V_c(y,t)]^{1/2} \right\} \cdot \frac{\partial V_c(y,t)}{\partial y}$$

(4-99)

根据电流的连续性,有

$$\frac{\partial I_c(y,t)}{\partial y} = Z C_{OX} \frac{\partial}{\partial t} \left\{ V_{GS}(t) - V_{FB} - 2\phi_{Fp} - V_c(y,t) - \frac{(2\varepsilon_s q N_A)^{1/2}}{C_{OX}} [2\phi_{Fp} + V_c(y,t)]^{1/2} \right\} \quad (4\text{-}100)$$

式(4-100)表示在 $y \sim y+dy$ 范围内流入沟道的位移电流。

将 $[2\phi_{Fp} + V_c(y,t)]^{1/2}$ 展开成级数并只取第一项,再令 $V_{GS}(t) - V_T = V'_{GS}(t)$,称为有效栅源电压,则以上两式可分别简化为

$$I_c(y,t) = -Z\mu_n C_{OX} [V'_{GS}(t) - V_c(y,t)] \frac{\partial V_c(y,t)}{\partial y} \quad (4\text{-}101)$$

$$\frac{\partial I_c(y,t)}{\partial y} = Z C_{OX} \frac{\partial}{\partial t} [V'_{GS}(t) - V_c(y,t)] \quad (4\text{-}102)$$

为了得到小信号特性,采用如下的小信号近似,将电流与电压的瞬时值分解为直流分量和小信号交流分量,即

$$I_c(y,t) = I_0 + I_c(y) e^{j\omega t}$$

$$V'_{GS}(y) - V_c(y,t) = V_0(y) + V_c(y) e^{j\omega t}$$

将以上两式代入式(4-101)和式(4-102),得到小信号交流分量的幅度所满足的微分方程,即

$$I_c(y) = Z\mu_n C_{OX} \frac{d}{dy} [V_0(y) V_c(y)] \quad (4\text{-}103)$$

$$\frac{dI_c(y)}{dy} = j\omega Z C_{OX} V_c(y) \quad (4\text{-}104)$$

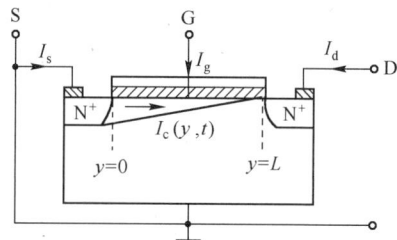

图 4-36　MOSFET 中各电流和各电压之间的关系

将式(4-103)代入式(4-104),可得到一个关于 $V_c(y)$ 的二阶微分方程。经过一系列推导,可分别求出在输入端短路和输出端短路两种情况下的一级近似 $V_c(y)$ 与 $I_c(y)$。再根据图 4-36 所示的 MOSFET 中各电流和各电压之间的关系,可得

$$I_s = I_c(0), \ I_d = -I_c(L), \ I_g = -I_s - I_d = -I_c(0) + I_c(L), \ V_{gs} = V_c(0), \ V_{ds} = V_c(L) - V_c(0)$$

由以上各小信号交流电流与电压的幅度即可求得 Y 参数 Y_{11}、Y_{12}、Y_{21} 与 Y_{22},并进而求得等效电路中的 Y_1、Y_2、Y_o 与 Y_m。本征 MOSFET 的小信号高频近似等效电路如图 4-37(a)所示[6]。等效电路中各元件的数值与偏置条件有关,如图 4-37(b)所示。

2. 饱和区小信号等效电路[7]

模拟电路中的 MOSFET 通常工作在饱和区。下面通过重复积分的方法导出饱和区 MOSFET 的小信号高频等效电路。

对式(4-104)沿沟道方向从 y 到 L 进行积分,得

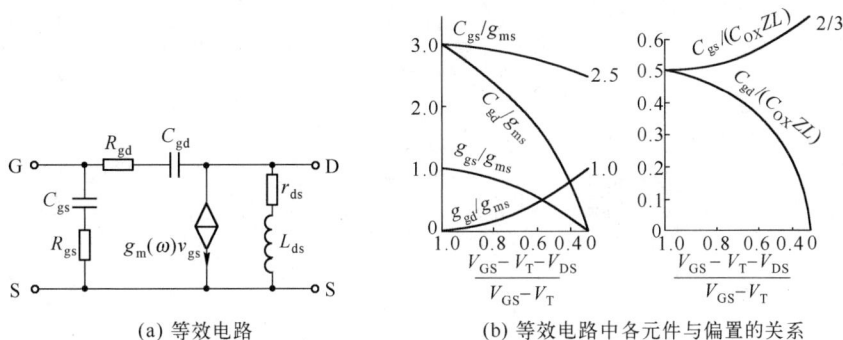

(a) 等效电路　　　　　　　　　　(b) 等效电路中各元件与偏置的关系

图 4-37　本征 MOSFET 的小信号高频近似等效电路及其各元件与偏置的关系

$$\int_y^L dI_c(y) = I_c(L) - I_c(y) = j\omega Z C_{OX} \int_y^L V_c(y') dy' \tag{4-105}$$

定义 $\omega \to 0$ 时为零级近似。从式(4-105)可见,对于零级近似,有 $I_c(L) = I_c(y)$。

在式(4-105)中取 $y = 0$,可得

$$I_c(L) - I_c(0) = j\omega Z C_{OX} \int_0^L V_c(y) dy$$

根据图 4-36 所示的电流方向,上式就是栅极电流的小信号交流分量的幅度,即

$$I_g = -I_s - I_d = -I_c(0) + I_c(L) = j\omega Z C_{OX} \int_0^L V_c(y) dy \tag{4-106}$$

要计算式(4-106)等号右边的积分,需要知道 $V_c(y)$ 的表达式。对式(4-103)从 y 到 L 进行积分,得

$$\int_y^L I_c(y') dy' = Z\mu_n C_{OX} V_0(y') V_c(y') \Big|_y^L$$

求 y_{11}、y_{21} 时要求输出端短路,即 $V_c(L) = 0$,故有

$$\int_y^L I_c(y') dy' = -Z\mu_n C_{OX} V_0(y) V_c(y) \tag{4-107}$$

对于零级近似,因 $I_c(y) = I_c(L)$,则式(4-107)变为

$$(L-y) I_c(L) = -Z\mu_n C_{OX} V_0(y) V_c(y) \tag{4-108}$$

于是从式(4-108)可解得 $V_c(y)$ 的零级近似:

$$V_c(y) = -\frac{I_c(L)}{Z\mu_n C_{OX}} \cdot \frac{(L-y)}{V_0(y)} \tag{4-109}$$

式中,$V_0(y) = V_{GS} - V_T - V(y)$,$V(y)$ 为直流偏置下的沟道电势分布,饱和区的沟道直流电势分布已经由式(4-59)给出,即

$$V(y) = (V_{GS} - V_T) - (V_{GS} - V_T)\left(1 - \frac{y}{L}\right)^{1/2}$$

令 $V'_{GS} = V_{GS} - V_T$ 为有效栅源电压,则

$$V_0(y) = V'_{GS}\left(1 - \frac{y}{L}\right)^{1/2} = V_0(0)\left(1 - \frac{y}{L}\right)^{1/2} \tag{4-110}$$

将式(4-110)代入式(4-109),得

$$V_c(y) = -\frac{I_c(L)}{Z\mu_n C_{OX}} \cdot \frac{L^{1/2}}{V'_{GS}}(L-y)^{1/2} \tag{4-111}$$

在上述零级近似的基础上,可以进行一级近似的计算。将式(4-111)所表示的零级近似 $V_c(y)$ 代入式(4-106),可求得 I_g 的一级近似,即

$$I_g = -\mathrm{j}\omega ZC_{OX}\int_0^L \frac{I_c(L)}{Z\mu_n C_{OX}}\cdot\frac{L^{1/2}}{V'_{GS}}(L-y)^{1/2}\mathrm{d}y$$

$$= -I_c(L)\left(\frac{2}{3}\right)\mathrm{j}\omega\frac{L^2}{\mu_n V'_{GS}} = -I_c(L)\left(\frac{2}{3}\right)\mathrm{j}\omega\tau \tag{4-112}$$

式中，$\tau=\dfrac{L^2}{\mu_n V'_{GS}}$ 是一个与沟道渡越时间同量级的时间常数。

从式(4-112)所表示的 I_g 的一级近似可求得 Y_{11} 的一级近似，即

$$Y_{11} = \frac{I_g}{V_c(0)} = -\frac{I_c(L)}{V_c(0)}\left(\frac{2}{3}\right)\mathrm{j}\omega\tau$$

根据 Y_{21} 的定义
$$Y_{21} = \frac{I_d}{V_c(0)} = -\frac{I_c(L)}{V_c(0)}$$

可得
$$Y_{11} = Y_{21}\left(\frac{2}{3}\right)\mathrm{j}\omega\tau \tag{4-113}$$

Y_{11} 与 Y_{21} 中 $V_c(0)$ 的一级近似可按下述方法求得。由式(4-105)，有

$$I_c(y) = I_c(L) - \mathrm{j}\omega ZC_{OX}\int_y^L V_c(y')\mathrm{d}y'$$

对上式从 0 到 L 积分，得
$$\int_0^L I_c(y)\mathrm{d}y = \int_0^L I_c(L)\mathrm{d}y - \mathrm{j}\omega ZC_{OX}\int_0^L\left\{\int_y^L V_c(y')\mathrm{d}y'\right\}\mathrm{d}y$$

将式(4-111)的 $V_c(y)$ 代入上式，得

$$\int_0^L I_c(y)\mathrm{d}y = I_c(L)L + \mathrm{j}\omega ZC_{OX}\int_0^L\left\{\int_y^L\frac{I_c(L)}{\mu_n ZC_{OX}}\cdot\frac{L^{1/2}}{V'_{GS}}(L-y')^{1/2}\mathrm{d}y'\right\}\mathrm{d}y$$

$$= I_c(L)L\left[1 + \mathrm{j}\omega\left(\frac{4}{15}\right)\tau\right]$$

根据式(4-107)，有
$$\int_0^L I_c(y)\mathrm{d}y = -\mu_n ZC_{OX}V_0(0)V_c(0)$$

令以上两式相等，可解出 $V_c(0)$ 的一级近似，再将 $V_c(0)$ 代入 Y_{21}，得

$$Y_{21} = -\frac{I_c(L)}{V_c(0)} = \frac{\mu_n ZC_{OX}V_0(0)/L}{1+\mathrm{j}\omega\left(\frac{4}{15}\right)\tau} = \frac{g_{ms}}{1+\mathrm{j}\omega\left(\frac{4}{15}\right)\tau} \tag{4-114}$$

将上式代入式(4-113)，得
$$Y_{11} = \frac{\mathrm{j}\omega\left(\frac{2}{3}\right)ZLC_{OX}}{1+\mathrm{j}\omega\left(\frac{4}{15}\right)\tau} \tag{4-115}$$

下面讨论 Y_{12} 与 Y_{22}。对式(4-103)沿沟道方向从 0 到 L 进行积分，得

$$\int_0^L I_c(y)\mathrm{d}y = \mu_n ZC_{OX}V_0(y)V_c(y)\Big|_0^L$$

求 y_{12}、y_{22} 时要求输入端短路，即 $V_c(0)=0$，则上式成为

$$\int_0^L I_c(y)\mathrm{d}y = \mu_n ZC_{OX}V_0(L)V_c(L)$$

从式(4-110)可以看到，$V_0(L)=0$，故上式的积分必等于零，即

$$\int_0^L I_c(y)\mathrm{d}y = 0$$

这表示 $I_c(y)=0$，即 $I_d=0$，$I_s=0$，则 $I_g=0$。于是根据 Y_{12} 和 Y_{22} 的定义得

$$Y_{12} = 0 \tag{4-116}$$

$$Y_{22} = 0 \tag{4-117}$$

在求得 MOSFET 的 Y 参数后,可根据图 4-35 得到等效电路中的各元件参数:

$$Y_1 = Y_{11} + Y_{12} = \frac{1}{\dfrac{1}{j\omega C_{gs}} + R_{gs}} \tag{4-118}$$

$$Y_2 = -Y_{12} = 0 \tag{4-119}$$

$$Y_o = Y_{22} + Y_{12} = 0 \tag{4-120}$$

$$Y_m = Y_{21} - Y_{12} = \frac{g_{ms}}{1 + j\omega R_{gs} C_{gs}} = g_{ms}(\omega) \tag{4-121}$$

式中

$$C_{gs} = \frac{2}{3} Z L C_{OX} \tag{4-122}$$

$$R_{gs} = \frac{2}{5} \cdot \frac{L}{\mu_n Z C_{OX}(V_{GS} - V_T)} \tag{4-123}$$

$$g_{ms}(\omega) = \frac{g_{ms}}{1 + j\omega R_{gs} C_{gs}} \tag{4-124}$$

最后根据上面所求得的 Y_1、Y_2、Y_o 与 Y_m,可画出本征 MOSFET 在饱和区的高频近似等效电路,如图 4-38 所示。根据 Y 参数,图中的 $r_{ds} \to \infty$,但是考虑到有效沟道长度调制效应和漏区静电场的反馈作用,应当将 $r_{ds} = 1/g_{ds}$ 添加上去。

式(4-124)可以写成

$$g_{ms}(\omega) = \frac{g_{ms}}{1 + j\dfrac{\omega}{\omega_{gm}}} \tag{4-125}$$

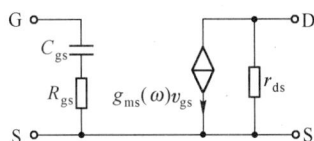

图 4-38 本征 MOSFET 在饱和区的
高频近似等效电路

式中

$$\omega_{gm} = \frac{1}{R_{gs} C_{gs}} = \frac{15}{4} \cdot \frac{\mu_n(V_{GS} - V_T)}{L^2} \tag{4-126}$$

表示跨导的截止角频率,是 $|g_{ms}(\omega)|$ 下降到其低频值的 $1/\sqrt{2}$ 时的角频率。

为了提高跨导的截止角频率,从器件设计的角度来看,应选用载流子迁移率大的 N 沟道器件,尤其是应缩短沟道长度 L。从器件使用的角度来看,应提高 V_{GS}。

3. 本征电容 C_{gs} 和 C_{gd}

在漏、源对交流短路的情况下,当 V_{GS} 增加 ΔV_{GS} 时,如图 4-39 所示,沟道内的载流子电荷的变化量为 ΔQ_{ch}。这相当于一个电容,定义为栅极电容 C_G,即

$$C_G = -\frac{dQ_{ch}}{dV_{GS}} \bigg|_{V_{DS}=\text{常数}} \tag{4-127}$$

沟道内自由电荷的增加是通过电子从源、漏两极流入沟道来实现的,这相当于对 C_G 的放电电流①和②。电流①可看成是由栅源电容 C_{gs} 放出的,而电流②则可看成是由栅漏电容 C_{gd} 放出的。由于 ΔI_G 为电流①与电流②之和,故有

$$C_G = C_{gs} + C_{gd} \tag{4-128}$$

在栅、源对交流短路的情况下,当 V_{DS} 增加 ΔV_{DS} 时,ΔQ_{ch} 完全由电流②引起,如图 4-40 所示。由此可以定义

$$C_{gd} = \frac{dQ_{ch}}{dV_{DS}} \bigg|_{V_{GS}=\text{常数}} \tag{4-129}$$

在栅、漏对交流短路的情况下,当 V_{GS} 增加 ΔV_{GS} 时,ΔQ_{ch} 完全由电流①引起,如图 4-41 所示。由此可以定义

$$C_{gs} = -\frac{dQ_{ch}}{dV_{GS}}\bigg|_{V_{DS}-V_{GS}=\text{常数}} \tag{4-130}$$

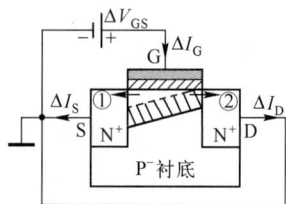

图 4-39　N 沟道 MOSFET 中的 C_G

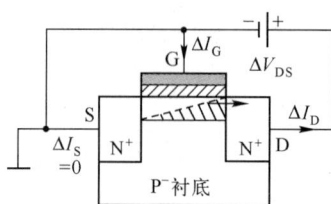

图 4-40　N 沟道 MOSFET 中的 C_{gd}

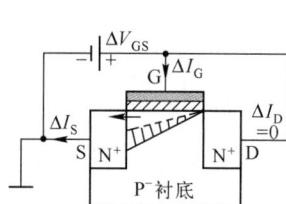

图 4-41　N 沟道 MOSFET 中的 C_{gs}

推导 C_{gs} 和 C_{gd} 的表达式时采用准静态近似,即认为在电压发生改变前沟道中的电势和电荷已处于静态。根据式(4-50)及有效栅源电压 $V'_{GS} = V_{GS} - V_T$ 的概念,沟道电子电荷面密度为

$$Q_n = -C_{OX}[V'_{GS} - V(y)]$$

所以整个沟道中的电子电荷总量为

$$Q_{ch} = -ZC_{OX}\int_0^L [V'_{GS} - V(y)]dy$$

将式(4-57)所表示的沟道电势分布 $V(y)$ 代入上式,经积分后得

$$Q_{ch} = (ZLC_{OX})\left\{-V'_{GS} + \frac{1}{3}\cdot\frac{3V'_{GS}V_{DS} - 2V_{DS}^2}{(2V'_{GS} - V_{DS})}\right\} \tag{4-131}$$

从而根据 C_G、C_{gd} 的定义及式(4-128),可得

$$C_G = -\frac{dQ_{ch}}{dV_{GS}} = (ZLC_{OX})\left\{1 - \frac{1}{3}\cdot\frac{V_{DS}^2}{(2V'_{GS} - V_{DS})^2}\right\} \tag{4-132}$$

$$C_{gd} = \frac{dQ_{ch}}{dV_{DS}} = \frac{2}{3}(ZLC_{OX})\left\{1 - \frac{V_{GS}'^2}{(2V'_{GS} - V_{DS})^2}\right\} \tag{4-133}$$

$$C_{gs} = C_G - C_{gd} = \frac{2}{3}(ZLC_{OX})\left\{\frac{V'_{GS}(3V'_{GS} - 2V_{DS})}{(2V'_{GS} - V_{DS})^2}\right\} \tag{4-134}$$

由以上各式可见,当 $V_{DS} = 0$ 时

$$C_G = ZLC_{OX}, \quad C_{gd} = \frac{1}{2}ZLC_{OX}, \quad C_{gs} = \frac{1}{2}ZLC_{OX}$$

当 $V_{DS} = V'_{GS}$,即饱和时　$C_G = \frac{2}{3}ZLC_{OX}, \quad C_{gd} = 0, \quad C_{gs} = \frac{2}{3}ZLC_{OX}$

关于图 4-38 中 C_{gs} 和 R_{gs} 的意义,可通过图 4-42 来加以理解。如图 4-42 所示,当 $V_{GS} > V_T$ 后,源、漏区之间的半导体表面将形成沟道。如果 V_{GS} 增加 ΔV_{GS},电子将由源区流入沟道,使沟道内的电子电荷增加。由于沟道有一定的电阻,可以把这一过程看成通过电阻对栅极与沟道间电容的充电。这一充电过程本来应该用分布参数来描述,但是为了使等效电路得到简化,也可以近似地用 C_{gs} 和 R_{gs} 的串联来描述。

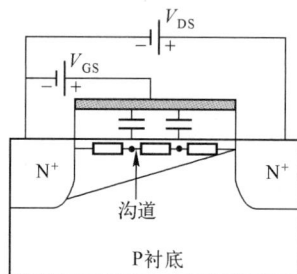

图 4-42　C_{gs} 和 R_{gs} 的意义

4. 寄生参数

对于实际的 MOSFET,其高频等效电路中除了上述一些本征元件,还有一些表示寄生参数的元件,如图 4-43 中虚线框外的 R_S、R_D、C'_{gs}、C'_{gd} 和 C'_{ds}。

R_S 和 R_D 分别表示源、漏极的寄生串联电阻。每个电阻都由三部分组成:① 金属与源、漏区的接触电阻;② 源、漏区的体电阻;③ 当电流从源、漏区流向较薄的反型层时,与电流流动路线的聚集有关的电阻,即所谓"扩展电阻"效应[40]。

R_S 在共源极连接中起负反馈作用,使跨导 g_m 降低。由图 4-43,当虚线框内的本征 MOSFET 的栅源电压 V_{GS} 增加 dV_{GS} 时,漏极电流 I_D 增加 dI_D,当存在 R_S 时,实际 MOSFET 的栅、源极之间的电压增量是 $dV'_{GS}=dV_{GS}+R_S dI_D$。根据跨导的定义,得

$$g'_m = \frac{dI'_D}{dV'_{GS}} = \frac{dI_D}{dV_{GS}+R_S dI_D} = \frac{dI_D/dV_{GS}}{1+R_S(dI_D/dV_{GS})} = \frac{g_m}{1+R_S g_m} \tag{4-135}$$

R_D 的存在将使 V_{Dsat} 增大;R_S 和 R_D 的存在将使 g_{ds} 减小。经过与上面类似的推导,可得存在 R_S 和 R_D 时的漏源电导 g'_{ds} 的表达式为

$$g'_{ds} = \frac{g_{ds}}{1+(R_S+R_D)g_{ds}} \tag{4-136}$$

为了在光刻栅电极时,即使套刻出现偏差也能使源、漏区之间的 SiO_2 层全部覆盖上金属栅极,就必须在版图设计时使金属栅极与源区及漏区都有一定的重叠面积,于是就形成了寄生电容 C'_{gs} 和 C'_{gd},如图 4-44 所示。尤其是 C'_{gd},它将在漏极与栅极之间起负反馈的作用,使 MOSFET 的增益下降。采用硅栅自对准结构可以避免栅电极与源、漏区之间的套刻问题,从而显著降低 C'_{gs} 和 C'_{gd}。C'_{ds} 表示漏区与衬底之间的 PN 结电容。

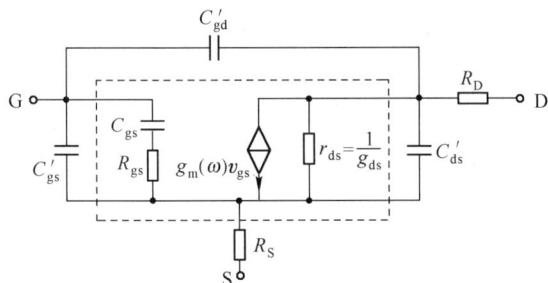

图 4-43　MOSFET 中的主要寄生参数(源极与衬底相连接)

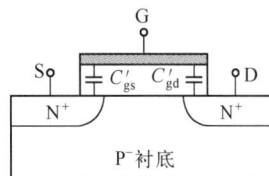

图 4-44　MOSFET 中的寄生电容 C'_{gs} 和 C'_{gd}

4.6.3　最高工作频率和最高振荡频率

以图 4-38 所示的本征 MOSFET 在饱和区高频近似等效电路为基础,加上 C'_{gs} 和 C'_{gd},再在输入端接信号电压 v_{gs},在输出端接负载电阻 R_L,可得到如图 4-45 所示的 MOSFET 线性放大器的基本电路。

由图 4-45 可知,栅极电流的小信号高频分量为

$$i_g = v_{gs}\left[j\omega C'_{gs}+\frac{j\omega C_{gs}}{1+j\omega R_{gs}C_{gs}}+(1-A_V)j\omega C'_{gd}\right] \tag{4-137}$$

图 4-45　MOSFET 线性放大器的基本电路

式中,$A_V=v_o/v_{gs}$,为放大器的电压放大系数。作为一级近似,假定 $\omega^2 R_{gs}^2 C_{gs}^2 \ll 1$,则放大器的输入阻抗为

$$Z_{in} = \frac{v_{gs}}{i_g} = \frac{1}{j\omega\left[C'_{gs}+C_{gs}+(1-A_V)C'_{gd}\right]} \tag{4-138}$$

输入电容为

$$C_{in} = C'_{gs}+C_{gs}+(1-A_V)C'_{gd} \tag{4-139}$$

由于输入电压和输出电压的相位相反,故 A_V 为负值,$1-A_V>0$。在放大电路中,电容$(C_{gd}+C'_{gd})$ 等效到输入端时扩大到 $(1-A_V)$ 倍,这个现象称为密勒效应。

由图 4-45 可知,漏极电流的小信号高频分量为

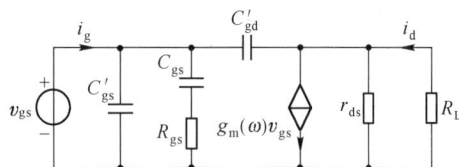

$$i_{d} = \frac{g_{ms} v_{gs}}{1 + j\omega R_{gs} C_{gs}} - v_{gs}(1 - A_{V}) j\omega C'_{gd} \qquad (4-140)$$

作为一级近似,可以假定 $\omega^2 R_{gs}^2 C_{gs}^2 \ll 1$ 及 $g_{ms}^2 \gg (1-A_V)^2 \omega^2 C'^2_{gd}$。令 $|i_d/i_g| = 1$,可求得当 $R_L \neq 0$ 且输出、输入电流相等时的频率为

$$f'_T = \frac{g_{ms}}{2\pi [C'_{gs} + C_{gs} + (1-A_V) C'_{gd}]} \qquad (4-141)$$

定义短路输出电流与输入电流相等时的频率为最高工作频率 f_T。由于输出端短路时 $v_o = 0$,故 $A_V = 0$,于是从式(4-141)可得

$$f_T = \frac{g_{ms}}{2\pi (C'_{gs} + C_{gs} + C'_{gd})} \qquad (4-142a)$$

如不考虑 C'_{gs} 和 C'_{gd},则得

$$f_T = \frac{g_{ms}}{2\pi C_{gs}} = \frac{1}{2\pi} \left[\frac{3}{2} \cdot \frac{\mu_n(V_{GS} - V_T)}{L^2} \right] \qquad (4-142b)$$

通过以上分析可以看到,为了提高 f_T,一方面应选用迁移率大的 N 沟道器件,缩短沟道长度 L,提高 V_{GS}。这些都与提高跨导截止角频率 ω_{gm} 的要求一致;另一方面应减小 C'_{gs} 和 C'_{gd},由于密勒效应的存在,尤其应减小 C'_{gd}。

在输出端得到最大输出功率的条件下,输出功率与输入功率之比称为最大功率增益。当输出端实现了共轭匹配,即 $R_L = r_{ds}$ 时,能获得最大输出功率。当不考虑寄生参数时

$$i_g = \frac{j\omega C_{gs}}{1 + j\omega R_{gs} C_{gs}} v_{gs}, \qquad i_d = \frac{1}{2} \times \frac{g_{ms} v_{gs}}{1 + j\omega R_{gs} C_{gs}}$$

则 MOSFET 的本征最大功率增益为

$$\frac{P_o}{P_{in}} = \frac{|i_d|^2 r_{ds}}{|i_g|^2 R_{gs}} = \frac{g_{ms}^2 r_{ds}}{4(2\pi f)^2 C_{gs}^2 R_{gs}} \qquad (4-143)$$

由式(4-143)可见,频率每增加 1 倍,本征最大功率增益降为原值的 1/4。本征最大功率增益降为 1 时的频率,称为本征最高振荡频率 f_M。令式(4-143)等于 1,可解出

$$f_M = \frac{g_{ms}}{2\pi C_{gs}} \left(\frac{r_{ds}}{4 R_{gs}} \right)^{1/2} = f_T \left(\frac{r_{ds}}{4 R_{gs}} \right)^{1/2} \qquad (4-144)$$

4.6.4 沟道渡越时间

载流子从源区经沟道到达漏区所需的时间,称为沟道渡越时间 τ_t。若在沟道中取一个极短的间隔 dy,该间隔内的电场强度为 $|E_y|$,则载流子渡越该间隔所需的时间为 $d\tau_t = \frac{dy}{\mu_n |E_y|}$,对整个沟道积分,可得

$$\tau_t = \int_0^L \frac{dy}{\mu_n |E_y|}$$

由式(4-60),饱和区的沟道电场分布为

$$E_y(y) = -\frac{V_{GS} - V_T}{2(L^2 - Ly)^{1/2}}$$

于是可得
$$\tau_t = \frac{4}{3} \cdot \frac{L^2}{\mu_n(V_{GS} - V_T)} \qquad (4-145)$$

与式(4-126)的跨导的截止角频率和式(4-142)的本征最高工作频率相比较,得

$$\omega_{gm} = 5/\tau_t \tag{4-146}$$
$$\omega_T = 2/\tau_t \tag{4-147}$$

4.7 短沟道效应

前面用于分析 MOSFET 的模型可以称为长沟道模型,或称经典模型。对于沟道长度 L 约为 $10\,\mu m$ 以上的 MOSFET,长沟道模型与实际情况符合得很好。但是随着 L 的不断缩短,许多原来可以忽略的效应变得显著起来,甚至成为主导因素,使 MOSFET 出现了一系列在长沟道模型中得不到反映的现象。这一系列的现象统称为短沟道效应。短沟道效应主要来自两个因素:①源、漏区的相互靠近和源、漏结耗尽区尺寸的相对扩大,使源、漏区对沟道区的电势分布产生显著的影响,因此不能再应用缓变沟道近似。②沟道内的电场强度过大而使自由载流子的漂移速度达到饱和,并产生热电子。考虑到这两个因素后,对短沟道效应必须进行二维甚至三维分析,一般用计算机进行数值模拟。本书将采用一些简单的模型来对短沟道效应进行近似分析。

以下将短沟道效应不显著的 MOSFET 称为长沟道 MOSFET,而将有显著短沟道效应的 MOSFET 称为短沟道 MOSFET。图 4-46 示出了 MOSFET 单位沟道宽度的漏极电流 I_D/Z 与沟道长度的倒数 $1/L$ 之间的关系。可以看到,对于长沟道 MOSFET,I_D/Z 正比于 $1/L$;但对于短沟道 MOSFET,I_D/Z 偏离了正比于 $1/L$ 的关系。当 L 缩短时,I_D/Z 虽仍增大,但增大得较长沟道 MOSFET 的慢。一般认为当 I_D/Z 与 $1/L$ 的关系偏离线性关系的 10% 时为短沟道效应的开始。必须指出,长沟道 MOSFET 和短沟道 MOSFET 的区别并不单纯在于沟道长度的长短,而是在于"电特性"的变化。当 MOSFET 的沟道长度缩短时,如果在其他方面采取适当的措施,就可以推迟短沟道效应的出现。

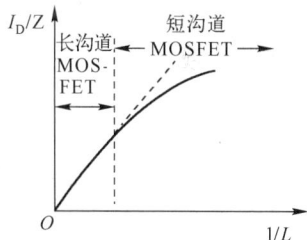

图 4-46　MOSFET 的 I_D/Z 与 $1/L$ 的关系

4.7.1 小尺寸效应

1. 阈电压的短沟道效应

以 N 沟道 MOSFET 为例,根据式(4-12),当 $V_S = 0$,$V_B = 0$ 时,阈电压 V_T 的表达式为

$$V_T = \phi_{MS} - \frac{Q_{OX}}{C_{OX}} - \frac{Q_A}{C_{OX}} + 2\phi_{Fp}$$

式中

$$Q_A = -qN_A x_{dmax} = -(4\varepsilon_s qN_A\,\phi_{Fp})^{1/2}$$

为沟道下耗尽区的电离杂质电荷面密度。以前在推导 V_T 时,假定源、漏区电势对沟道耗尽区没有影响,即沟道耗尽区的电荷完全受 V_{GS} 控制,与源、漏区无关。V_T 表达式中的其余参数都与沟道长度无关,所以 V_T 应与沟道长度无关。

但是实验发现,当 MOSFET 的沟道长度缩短到可以与源、漏区的结深相比拟时,V_T 将随沟道长度 L 的缩短而减小。这就是阈电压的短沟道效应,如图 4-47 所示。

引起阈电压短沟道效应的原因,正是源、漏区电势对沟道耗尽区电荷的影响。在推导短沟道 MOSFET 的阈电压时,为了避免复杂的二维分析,提出了一个简单的电荷分享模型,如图 4-48[8] 所示。电荷分享模型将沟道耗尽区总电荷 Q_{AT}^* 分为两部分,即

$$Q_{AT}^* = Q_{AG}^* + Q_{Aj}^*$$

式中,Q_{AG}^* 代表受栅极控制的电离受主电荷,它接受起源于栅极上正电荷的电力线,这部分空间电荷对阈电压有贡献;Q_{Aj}^* 代表受源、漏区控制的电离受主电荷,它接受起源于源、漏区的正电荷

的电力线,这部分空间电荷对阈电压没有贡献。由图 4-48(a)可见,在短沟道 MOSFET 中,因为受到源、漏区的影响,使对阈电压有贡献的 Q_{AG}^* 减小,从而使阈电压减小。

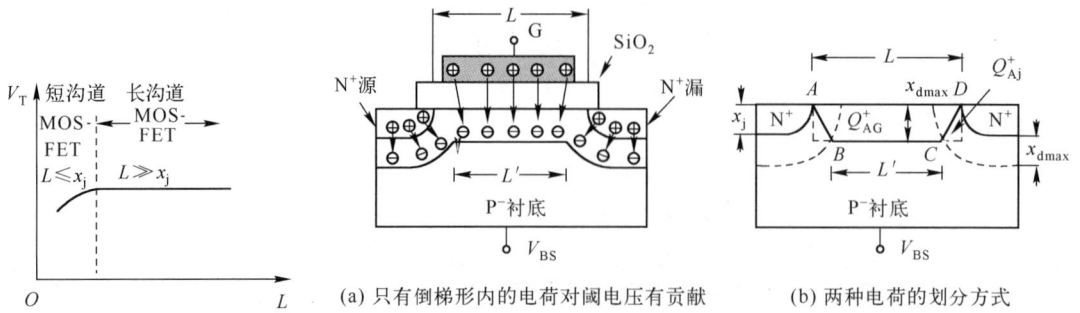

图 4-47　阈电压的短沟道效应

图 4-48　推导短沟道 MOSFET 阈电压的电荷分享模型

图 4-48(b)给出了 Q_{AG}^* 和 Q_{Aj}^* 的划分方式。在 $V_{DS}=0$ 的情况下,当不考虑源、漏区对沟道耗尽区的影响时,沟道耗尽区的剖面形状为矩形,其中的电离杂质总电荷是 Q_{AT}^*;当考虑到源、漏区的影响后,沟道两端的耗尽区电荷将与源、漏区分享,使对阈电压有贡献的沟道耗尽区的剖面形状由矩形变为倒梯形 $ABCD$,倒梯形的高为 x_{dmax},上底和下底分别为 L 和 L'。倒梯形耗尽区中的总电荷可表示为

$$Q_{AG}^* = \frac{1}{2}\left(\frac{L+L'}{L}\right)Q_{AT}^* = \left(1-\frac{\Delta L}{2L}\right)Q_{AT}^*$$

式中,$\Delta L = L - L'$。在衬底偏压 V_{BS} 为定值时,x_{dmax} 为定值,则 ΔL 亦为定值。由上式可见,当 L 较长时,Q_{AG}^* 几乎等于 Q_{AT}^*,且几乎与 L 无关,这时阈电压几乎与 L 无关;当 L 很短时,Q_{AG}^* 将随 L 的缩短而明显小于 Q_{AT}^*,使阈电压随 L 的缩短而变小。此外,在 L 为定值而 V_{BS} 变化时,V_{BS} 越大,则 x_{dmax} 越大;L' 越小,阈电压就越小。当 L 缩短到(或 V_{BS} 增大到)使 $L'=0$ 时,倒梯形将转变成倒三角形,此时 $Q_{AG}^* = Q_{AT}^*/2$。L 或 V_{BS} 超过这一临界值后,此模型将不再适用。此外,在短沟道 MOSFET 中,因为对阈电压有贡献的 Q_{AG}^* 较小,所以短沟道 MOSFET 的体效应也较小。

下面来推导短沟道 MOSFET 阈电压的表达式。设 Q_{AG} 为对阈电压有贡献的沟道耗尽区电离受主电荷面密度的平均值,则

$$Q_{AG} = \frac{Q_{AG}^*}{ZL} = \left(1-\frac{\Delta L}{2L}\right)Q_A$$

式中,$\Delta L/2$ 可直接由图 4-49 通过三角分析得出,即

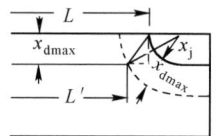

图 4-49　$\Delta L/2$ 的推导

$$\frac{\Delta L}{2} = \left[(x_j + x_{dmax})^2 - x_{dmax}^2\right]^{1/2} - x_j = x_j\left[\left(1+\frac{2x_{dmax}}{x_j}\right)^{1/2} - 1\right]$$

将上式代入 Q_{AG} 的表达式,得　　$Q_{AG} = \left\{1 - \frac{x_j}{L}\left[\left(1+\frac{2x_{dmax}}{x_j}\right)^{1/2} - 1\right]\right\}Q_A$

用 Q_{AG} 代替式(4-12)中的 Q_A,即可得到短沟道 MOSFET 当 $V_S=0$,$V_B=0$ 时的阈电压为

$$(V_T)_{\text{短}} = \phi_{MS} - \frac{Q_{OX}}{C_{OX}} - f\frac{Q_A}{C_{OX}} + 2\phi_{Fp} \tag{4-148}$$

式中

$$f = \left\{1 - \frac{x_j}{L}\left[\left(1+\frac{2x_{dmax}}{x_j}\right)^{1/2} - 1\right]\right\} \tag{4-149}$$

由式(4-149)可以看出,当 $L \gg x_j$ 时,$f \approx 1$,V_T 与 L 无关。当 $L < x_j$ 时,随着 L 的缩短,f 减小,从而使 V_T 减小。减轻阈电压的短沟道效应的措施是:减小源、漏区结深 x_j;提高衬底掺杂浓度 N_A

以减小 x_{dmax}。

当外加漏源电压 V_{DS} 后,漏 PN 结的耗尽区将扩大,使漏区对沟道耗尽区电荷的影响更大,所以在短沟道 MOSFET 中,V_T 除了随 L 的缩短而减小,还将随 V_{DS} 的增加而减小。

2. 阈电压的窄沟道效应[9,10]

实验发现,当 MOSFET 的沟道宽度 Z 很小时,阈电压 V_T 将随着 Z 的减小而增大。这个现象称为阈电压的窄沟道效应。

实际的栅电极总有一部分要覆盖在沟道宽度以外的场氧化层上,因此在场氧化层下的衬底表面也会产生一些耗尽区电荷,如图 4-50 所示。当沟道宽度很宽时,这些电荷可以忽略。但是当沟道宽度很窄时,这些电荷在整个沟道耗尽区电荷中所占的比例将增大,与没有窄沟道效应时的情况相比,就要外加更高的栅电压才能使栅下的半导体反型。

设沟道耗尽区在沟道每侧的平均扩展距离为 ΔZ,则沟道耗尽区的总宽度为 $Z+2\Delta Z$。将扩展区 $2\Delta Z$ 内的电离受主杂质电荷折算到沟道宽度为 Z 的沟道耗尽区中,则沟道耗尽区的电荷面密度增量为

$$\Delta Q_A = -\frac{qN_A(2\Delta Z)Lx_{dmax}}{ZL} = -qN_A\frac{2\Delta Z}{Z}x_{dmax}$$

沟道耗尽区的平均电离杂质电荷面密度为

$$Q_{AG} = Q_A + \Delta Q_A = Q_A\left(1+\frac{2\Delta Z}{Z}\right)$$

因为扩展区内的电荷也是由 V_{GS} 引起的,所以这些电荷对 V_T 也是有贡献的。于是可得到窄沟道 MOSFET 的阈电压为

图 4-50 推导窄沟道 MOSFET 阈电压的模型

$$(V_T)_{窄} = \phi_{MS} - \frac{Q_{OX}}{C_{OX}} - \frac{Q_A}{C_{OX}}\left(1+\frac{2\Delta Z}{Z}\right) + 2\phi_{Fp} \tag{4-150}$$

由式(4-150)可以看出:对于一定的 ΔZ,当 Z 很大时,V_T 与 Z 无关;当 Z 很小时,V_T 将随着 Z 的变窄而增大。

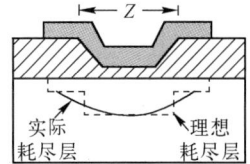

4.7.2 迁移率调制效应

1. V_{GS} 对 μ 的影响

在推导 MOSFET 的电流电压方程时,曾假定反型层中载流子的迁移率 μ 为常数。但实际上 μ 与 V_{GS}、V_{DS}、衬底掺杂浓度和晶面等都是有关的。

决定沟道内自由载流子迁移率的散射机构有三种:晶格散射、库仑散射和表面散射。各种迁移率之间的关系如下:

$$\frac{1}{\mu_0} = \frac{1}{\mu_{晶格}} + \frac{1}{\mu_{库仑}} + \frac{1}{\mu_{表面}} = \frac{1}{\mu_{体内}} + \frac{1}{\mu_{表面}}, \quad \frac{1}{\mu_{体内}} = \frac{1}{\mu_{晶格}} + \frac{1}{\mu_{库仑}}$$

式中,μ_0 表示弱场时的迁移率;$\mu_{晶格}$、$\mu_{库仑}$ 和 $\mu_{表面}$ 分别表示晶格散射迁移率、库仑散射迁移率和表面散射迁移率;$\mu_{体内}$ 表示体内散射迁移率。

实验表明,在衬底掺杂浓度为 $10^{15} \sim 10^{18}\,cm^{-3}$ 的范围内,当由 V_{GS} 产生的表面垂直电场强度 E_x 小于 $1.5\times10^5\,V/cm$ 时,强反型层内电子和空穴的迁移率约为各自体内迁移率的 $1/2$。但当 E_x 大于上述值时,电子和空穴的迁移率将随 E_x 的增加而减小。这是表面散射进一步显著增强的结果。与其他散射机构一样,可以引入一个与其相联系的迁移率 $\mu_{电场}$,即

$$\mu_{电场} = \frac{K}{V_{GS} - V_T}$$

式中,K 为比例常数。上式只适用于 $V_{GS}>V_T$ 的情况。所以当 $V_{GS}>V_T$ 时,有

$$\frac{1}{\mu}=\frac{1}{\mu_0}+\frac{1}{\mu_{电场}}$$

由以上两式,可得当 $V_{GS}>V_T$ 时与 V_{GS} 有关的迁移率为[11]

$$\mu=\frac{\mu_0}{1+\dfrac{V_{GS}-V_T}{V_K}} \tag{4-151}$$

式中,V_K 为常数,$V_K=K/\mu_0$。

根据式(4-151),当 $V_K=V_{GS}-V_T$ 时,$\mu=\mu_0/2$。由此可见,V_K 为 μ 降到 μ_0 的 1/2 时的有效栅压。常数 V_K 可以从实验结果中获得。在设计 N 沟道 MOSFET 时通常选取的典型数据是 $\mu_0=600\ cm^2/(V\cdot s)$,$V_K=30\ V$。

2. V_{DS} 对 μ 的影响

以上讨论了由 V_{GS} 产生的与沟道垂直的电场 E_x 对 μ 的影响。下面考虑由 V_{DS} 产生的沿沟道方向的电场 E_y 对 μ 的影响。在 N 型硅的体内,E_y 对电子迁移率 μ 的影响规律是:在 E_y 小于 $10^3\ V/cm$ 的低场区,μ 是与 E_y 无关的常数,这时电子漂移速度 v 与 E_y 呈线性关系;随着 E_y 的提高,μ 逐渐变小,v-E_y 关系偏离线性关系,v 的增加逐渐变慢;当 E_y 超过临界电场时,电子漂移速度 v 不再增加,而是维持一个称为散射极限速度或饱和速度的恒定值,以 v_{max} 表示。这时 μ 与 E_y 成反比。表面反型层中载流子的 v-E_y 关系与体内的十分相似,如图4-51所示。

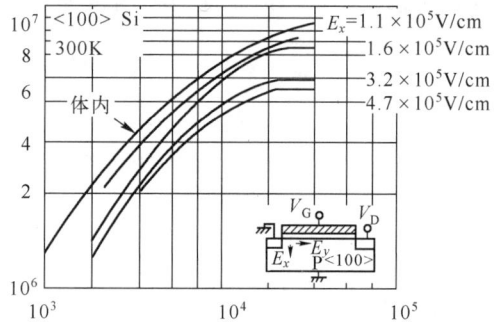

图 4-51 v-E_y 关系

强电场下迁移率随电场强度变化的原因,可以从载流子与晶格振动散射时的能量交换来说明。当把半导体中的载流子看作一个统计系统时,载流子的热运动动能是随温度变化的,载流子的平均动能可以用温度来表示。在任意给定温度下,载流子热运动的平均动能为 $(3/2)kT_e$,T_e 称为载流子温度。同样,晶格的热振动能量也可以用晶格温度来表示。

在没有外加电场时,载流子进行无规则的热运动,并和晶格通过声子交换能量,达到热平衡状态。当有电场存在时,载流子从电场获得能量,从而在无规则的热运动上附加一个定向的速度,即所谓的漂移速度。这时载流子温度高于晶格温度。

在弱电场下,载流子从电场获得的能量并不多,载流子沿电场方向的漂移速度比本身的热运动速度要小得多,因此仍可近似认为载流子与晶格处于热平衡状态。此时电场几乎不影响载流子的散射过程,因而载流子迁移率维持常数不变。

当电场强度增大时,载流子获得的能量也增大,但它与晶格之间的能量交换仍以声学声子来进行,获得的能量不能及时与晶格交换,因而载流子温度 T_e 随电场强度的增大而升高,其温度显著高于晶格温度。这时的载流子称为热载流子。载流子的运动速度随温度的升高而增加后,被晶格散射的概率加大,因此迁移率随着温度的升高而下降。当电场强度进一步增加时,载流子获得的能量可以与高能量的光学波声子的能量相比拟,散射时可以发射光学波声子,使载流子能更有效地将从电场获得的能量传递给晶格,于是载流子的漂移速度达到饱和速度 v_{max}。

人们提出了多种经验公式来描述沟道中载流子的 v-E_y 关系。例如:

$$v = \frac{\mu_0 E_y}{\left[1 + \left(\dfrac{E_y}{E_{c0}}\right)^u\right]^{1/u}}$$

式中，u 对电子取 $u=2$，对空穴取 $u=1$；μ_0 表示低场下的沟道载流子迁移率；E_{c0} 称为速度饱和临界电场。实验数据[12]表明，上式能够很好地描述载流子速度与电场之间的关系。但是对于电子，直接采用上式将得不到解析的漏极电流方程。

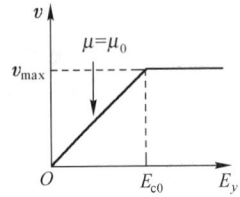

图 4-52　不考虑 V_{GS} 影响时，v-E_y 关系的两段直线近似

下面的分析将采用 v-E_y 关系的经验公式中最简单的两段直线近似法，如图 4-52 所示。先不考虑 V_{GS} 对迁移率的影响。由图 4-52 可见，当 E_y 小于临界值 E_{c0} 时，电子迁移率为常数 μ_0，电子漂移速度 v 与 E_y 呈线性关系；当 E_y 大于 E_{c0} 时，v 达到饱和值 v_{max}，且 $v_{max} = \mu_0 E_{c0}$。

考虑 V_{GS} 对迁移率的影响后，电子迁移率 μ 将下降，但 v_{max} 的值不变。设 E_c 为考虑 V_{GS} 影响后的速度饱和临界电场，则由 $v_{max} = \mu_0 E_{c0} = \mu E_c$，并结合式 (4-151)，得

$$E_c = E_{c0}\left(1 + \frac{V_{GS} - V_T}{V_K}\right) \tag{4-152}$$

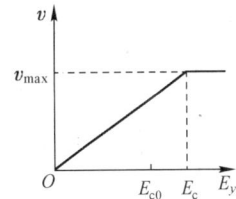

图 4-53　考虑 V_{GS} 影响后，v-E_y 关系的两段直线近似

式 (4-152) 说明，V_{GS} 使 E_y 的临界值增大。这是很容易理解的：由于 V_{GS} 越大，表面散射就越严重，因此要达到饱和漂移速度，就要有更高的平行电场 E_y。考虑 V_{GS} 影响后的沟道载流子 v-E_y 关系如图 4-53 所示。

3. 速度饱和对饱和漏源电压的影响

严格来说，推导短沟道 MOSFET 的电流电压特性必须采用二维分析。但是为了简单起见，这里仍采用一维的近似方法来讨论短沟道 MOSFET 中由于载流子漂移速度的饱和而产生的一些新的特性。

在短沟道 MOSFET 中，由于沟道长度 L 较短，在一定的 V_{DS} 下沟道中的电场强度会较强，沟道漏端的电场强度可能在沟道被夹断之前就已经达到了速度饱和临界电场，从而使该处的电子漂移速度达到饱和速度。当 V_{GS} 恒定而 V_{DS} 增加时，沟道漏端的电子漂移速度已不可能随 V_{DS} 的增加而增加，而该处的电子浓度也因 V_{GS} 恒定而不会增加，于是漏极电流开始饱和，MOSFET 进入饱和区。当 V_{DS} 继续增加时，沟道中各点的电场均上升，电场达到临界电场及电子漂移速度开始饱和的位置从漏端向左移动。这种现象类似于有效沟道长度调制效应，使饱和漏极电流随 V_{DS} 的增加而略有增加。

已知使沟道在漏端被夹断，即 $Q_n(L) = 0$ 时的饱和漏源电压为 $V_{Dsat} = V_{GS} - V_T$。现在设电子漂移速度在漏端达到饱和速度，即 $v(L) = v_{max}$ 时的饱和漏源电压为 V'_{Dsat}。下面来推导 V'_{Dsat}。

利用式 (4-58) 所表示的沟道电场 $E_y(y)$，可以求得电子在沟道中 y 处的漂移速度为

$$|v(y)| = \mu|E_y(y)| = \frac{\mu V_{DS}}{2L}\left(2 - \frac{V_{DS}}{V_{Dsat}}\right)\left(1 - \frac{y}{y_{eff}}\right)^{-1/2}$$

当 $V_{DS} = V'_{Dsat}$ 时，$v(L) = v_{max}$。于是可得

$$|v(L)| = v_{max} = \frac{\mu V'_{Dsat}}{2L}\left(2 - \frac{V'_{Dsat}}{V_{Dsat}}\right)\left(1 - \frac{y}{y_{eff}}\right)^{-1/2}$$

整理后,得

$$\frac{1}{2} \times \frac{V_{\mathrm{Dsat}}'^{2}}{V_{\mathrm{Dsat}}} - \left(1 + \frac{E_{c}L}{V_{\mathrm{Dsat}}}\right) V_{\mathrm{Dsat}}' + E_{c}L = 0$$

由上面的方程可解出 V_{Dsat}',并在根号前取负号,得

$$V_{\mathrm{Dsat}}' = V_{\mathrm{Dsat}} + E_{c}L - [V_{\mathrm{Dsat}}^{2} + (E_{c}L)^{2}]^{1/2} \tag{4-153}$$

从式(4-153)可看出,V_{Dsat}' 始终小于 V_{Dsat}。其物理意义是,当 V_{DS} 趋近于 V_{Dsat} 时,$Q_{n}(L)$ 趋近于 0,为了保持沟道电流的连续性,要求 $E_{y}(L)$ 趋近于无穷大,而这时 $v(L)$ 肯定已经先饱和了。

对于长沟道 MOSFET,由于沟道长度 L 较长,$(E_{c}L)^{2} \gg V_{\mathrm{Dsat}}^{2}$,式(4-153)可近似为 $V_{\mathrm{Dsat}}' \approx V_{\mathrm{Dsat}}$,其特点是 V_{Dsat} 与 L 无关。

对于短沟道 MOSFET,由于 L 很短,$(E_{c}L)^{2} \ll V_{\mathrm{Dsat}}^{2}$,式(4-153)可近似为 $V_{\mathrm{Dsat}}' \approx E_{c}L$,其特点是饱和漏源电压 V_{Dsat}' 将随 L 的缩短而线性减小。

由以上分析可知,无论 MOSFET 的沟道长度 L 如何,造成漏极电流饱和的原因都是载流子速度饱和而不是沟道被夹断。但是当 L 较长时,V_{Dsat}' 与 V_{Dsat} 十分接近,载流子速度饱和与沟道的夹断几乎同时发生,所以在分析长沟道 MOSFET 的饱和特性时,仍然可以采用沟道夹断的概念。

4. 速度饱和对饱和漏极电流的影响

下面推导由载流子速度饱和所决定的饱和漏极电流 I_{Dsat}'。由式(4-56)可知

$$I_{\mathrm{D}} = Z\mu C_{\mathrm{OX}} [V_{\mathrm{GS}} - V_{\mathrm{T}} - V(y)] \frac{\mathrm{d}V}{\mathrm{d}y}$$

当 $V_{\mathrm{DS}} = V(L) = V_{\mathrm{Dsat}}'$ 时,$(\mathrm{d}V/\mathrm{d}y)|_{L} = E_{c}$,$v(L) = v_{\max}$,这时 I_{D} 开始饱和。将这些关系及 V_{Dsat}' 的表达式代入上式,得

$$I_{\mathrm{Dsat}}' = Z\mu C_{\mathrm{OX}} [V_{\mathrm{Dsat}} - V_{\mathrm{Dsat}}'] E_{c} = \frac{Z\mu C_{\mathrm{OX}}}{L} (E_{c}L)^{2} \left\{ \left[1 + \left(\frac{V_{\mathrm{Dsat}}}{E_{c}L}\right)^{2}\right]^{1/2} - 1 \right\} \tag{4-154}$$

对于长沟道 MOSFET,$(E_{c}L)^{2} \gg V_{\mathrm{Dsat}}^{2}$,式(4-154)可近似为

$$I_{\mathrm{Dsat}}' \approx \frac{Z\mu C_{\mathrm{OX}}}{L} (E_{c}L)^{2} \left\{1 + \frac{V_{\mathrm{Dsat}}^{2}}{2(E_{c}L)^{2}} - 1\right\} = \frac{Z\mu C_{\mathrm{OX}}}{2L} (V_{\mathrm{GS}} - V_{\mathrm{T}})^{2} = I_{\mathrm{Dsat}}$$

其特点是 I_{Dsat} 正比于 $(V_{\mathrm{GS}} - V_{\mathrm{T}})^{2}$,反比于沟道长度 L。

对于短沟道 MOSFET,$(E_{c}L)^{2} \ll V_{\mathrm{Dsat}}^{2}$,式(4-154)可近似为

$$I_{\mathrm{Dsat}}' \approx \frac{Z\mu C_{\mathrm{OX}}}{L} (E_{c}L)^{2} \left(\frac{V_{\mathrm{Dsat}}}{E_{c}L} - 1\right) \approx Z\mu C_{\mathrm{OX}} E_{c} (V_{\mathrm{GS}} - V_{\mathrm{T}}) \tag{4-155}$$

其特点是 I_{Dsat}' 正比于 $(V_{\mathrm{GS}} - V_{\mathrm{T}})$,而与 L 之间将偏离反比关系:当 L 缩短时,I_{Dsat}' 将有所增加,但增加得比长沟道 MOSFET 的慢;当 L 进一步缩短后,I_{Dsat}' 将几乎与 L 无关。

5. 速度饱和对跨导的影响

由式(4-91),长沟道 MOSFET 在饱和区的跨导是

$$g_{\mathrm{ms}} = \beta(V_{\mathrm{GS}} - V_{\mathrm{T}}) = \frac{Z\mu C_{\mathrm{OX}}}{L} (V_{\mathrm{GS}} - V_{\mathrm{T}})$$

其特点是跨导正比于 $V_{\mathrm{GS}} - V_{\mathrm{T}}$,反比于沟道长度 L。

根据跨导的定义及式(4-155),可以求得短沟道 MOSFET 在饱和区的跨导为

$$g_{\mathrm{ms}}' = \frac{\mathrm{d}I_{\mathrm{Dsat}}'}{\mathrm{d}V_{\mathrm{GS}}} = Z\mu C_{\mathrm{OX}} E_{c} = ZC_{\mathrm{OX}} v_{\max} \tag{4-156}$$

其特点是跨导与 V_{GS} 及 L 均无关。这就是说,当 $(V_{\mathrm{GS}} - V_{\mathrm{T}})^{2} \gg (E_{c}L)^{2}$ 且沟道漏端的电子漂移速度达到 $v_{\max}$ 后,再增加 V_{GS} 或缩短 L,均无法使跨导再增大,这称为跨导的饱和。

6. 速度饱和对最高工作频率的影响[13]

由式(4-142a)，当不考虑寄生参数时，MOSFET 在饱和区的最高工作频率为

$$f_{\mathrm{T}} = \frac{g_{\mathrm{ms}}}{2\pi C_{\mathrm{gs}}}$$

而栅源电容为

$$C_{\mathrm{gs}} = \frac{2}{3} C_{\mathrm{OX}} ZL$$

对于长沟道 MOSFET，将饱和区的跨导代入后，得

$$f_{\mathrm{T}} = \frac{3\mu (V_{\mathrm{GS}} - V_{\mathrm{T}})}{4\pi L^2}$$

其特点是 f_{T} 正比于 $V_{\mathrm{GS}} - V_{\mathrm{T}}$，反比于 L^2。

对于短沟道 MOSFET，将式(4-156)代入式(4-142a)后，得

$$f_{\mathrm{T}}' = \frac{3v_{\mathrm{max}}}{4\pi L} \tag{4-157}$$

其特点是 f_{T}' 与 V_{GS} 无关，反比于 L。这说明在短沟道 MOSFET 中，最高工作频率不再随 V_{GS} 的增加而增加，且与 L 的关系也变弱。

从以上的讨论可知，就载流子速度饱和效应来说，短沟道 MOSFET 与长沟道 MOSFET 的区别，是以是否满足 $(V_{\mathrm{GS}} - V_{\mathrm{T}})^2 \gg (E_{\mathrm{c}} L)^2$ 为标准的。由此可见，对于同样的沟道长度 L，V_{GS} 越大，则越容易出现短沟道效应。

4.7.3 漏诱生势垒降低效应

以 N 沟道 MOSFET 为例，N⁺源区、P 衬底和 N⁺漏区形成了两个背靠背的二极管。V_{DS} 对漏 PN 结为反偏。对于长沟道 MOSFET，V_{DS} 几乎全部降在漏 PN 结上，对源 PN 结没有什么影响，如图4-54(a)所示。但在短沟道 MOSFET 中，由于沟道长度很短，起源于漏区的电力线将有一部分贯穿沟道区终止于源区，从而使源、漏区之间的势垒高度降低，如图4-54(b)所示。这一现象称为漏诱生势垒降低效应，或 DIBL 效应。沟道长度 L 越短，V_{DS} 越大，贯穿的电力线就越多，势垒高度的降低也就越多。源、漏区之间的势垒高度降低后，相当于源 PN 结出现了正偏，就有电子从源区注入沟道，从而使漏极电流增加。DIBL 效应可分为两种情况。

1. 表面 DIBL 效应

当 V_{GS} 在 $V_{\mathrm{FB}} < V_{\mathrm{GS}} < V_{\mathrm{T}}$ 范围内时，表面势介于 $0 \sim 2\phi_{\mathrm{Fp}}$ 之间，能带在表面附近向下弯曲，源、漏区之间的势垒高度在表面处低于体内。这时，电子从源区向沟道的注入，以及电子在沟道内的流动，都发生在表面，直到在漏区附近电子才稍向体内扩展，最后流入漏区，形成亚阈电流 I_{Dsub}。

图 4-55 示出了 $L = 7\ \mu\mathrm{m}$、$L = 3\ \mu\mathrm{m}$ 和 $L = 1.5\ \mu\mathrm{m}$ 三种 MOSFET 的 $I_{\mathrm{D}} - V_{\mathrm{GS}}$ 特性曲线。注意，纵轴是对数坐标。可以看出，由表面 DIBL 效应引起的亚阈电流 I_{Dsub} 有如下特点。

(1) 随着沟道长度 L 缩短，I_{Dsub} 将增加。这使 $I_{\mathrm{D}} - V_{\mathrm{GS}}$ 曲线中由亚阈区的指数关系过渡到饱和区的平方关系的转折电压(即阈电压 V_{T})减小。这就是阈电压的短沟道效应。

(2) 在长沟道 MOSFET 中，当 $V_{\mathrm{DS}} > (3 \sim 5) kT/q$ 后，I_{Dsub} 即与 V_{DS} 无关。但在短沟道 MOSFET 中，I_{Dsub} 一直随 V_{DS} 的增加而增加。这将导致阈电压随 V_{DS} 的增加而减小。

(3) 亚阈区转移特性斜率的倒数 S(单位：mV/数量级)的值将随着 L 的缩短而增大。这说明在短沟道 MOSFET 中，V_{GS} 对 I_{Dsub} 的控制能力变弱，使 MOSFET 难以截止。

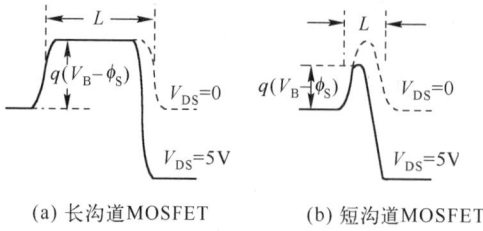

(a) 长沟道MOSFET   (b) 短沟道MOSFET

图 4-54　源、漏区之间的势垒高度与 V_{DS} 的关系

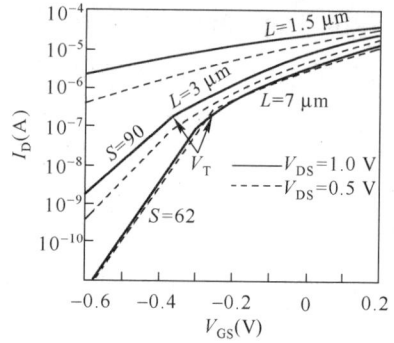

图 4-55　三种 MOSFET 的 I_D-V_{GS} 特性曲线

2. 体内 DIBL 效应

当 $V_{GS} < V_{FB}$ 且 V_{DS} 不太大时，能带在表面附近向上弯曲，所以源、漏区之间的势垒高度在体内低于表面。这时，电子从源区向沟道的注入，以及电子在沟道内的流动，都发生在体内，最后流入漏区，形成穿通电流[14~16]。

图 4-56 示出了从 $L = 5\,\mu m$ 到 $L = 0.8\,\mu m$ 的一组 MOSFET 的 I_D-V_{GS} 特性曲线。图中与点 A 对应的是 $V_{GS} = V_{FB}$。在点 A 右侧的亚阈区中，亚阈电流与 V_{GS} 呈指数关系。但在点 A 左侧 $V_{GS} < V_{FB}$ 的范围内，穿通电流已不再与 V_{GS} 呈指数关系。特别是当 $L = 0.8\,\mu m$ 时，穿通电流与 V_{GS} 的依赖关系已经很弱，或者说穿通电流已基本上不再受 V_{GS} 的控制了。

V_{DS} 越大，源、漏区之间的势垒高度就越低，从源区注入沟道的电子就越多。所以当 V_{DS} 很大时，穿通电流的迅速增大将形成穿通击穿。

穿通电流的存在给集成电路的正常工作带来了困难。在动态 RAM 中，要求当 V_{DS} 为几伏时，$I_D < 10^{-12}\,A/\mu m$，但由于穿通现象而常常不能满足这一要求。穿通给存储器中的储存电荷提供了放电通路，致使保持时间缩短。

如果在穿通电流流经的范围内增大受主杂质浓度，可以有效地减小穿通电流。采用离子注入可以达到这一目的。一般在短沟道 MOSFET 中采用两次离子注入。例如，剂量为 $6 \times 10^{11}\,cm^{-2}$、能量为 35 keV 的硼离子的浅注入用以调整阈电压 V_T；剂量为 $2 \times 10^{11}\,cm^{-2}$、能量为 150 keV 的硼离子的深注入用以抑制穿通电流。

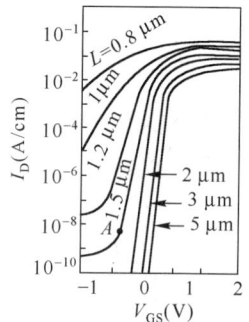

图 4-56　不同沟道长度的 I_D-V_{GS} 特性曲线

衬底偏压可以提高原始势垒的高度，从而可以提高穿通电压 V_{pT}，所以外加衬底偏压对穿通电流有抑制作用。

4.7.4　强电场效应

1. 衬底电流 I_{sub}

当 V_{DS} 足够大时，在 MOSFET 的沟道夹断区内将因弱碰撞电离而产生电子-空穴对。其中，电子由漏极流出，形成 I_D 的一部分；而空穴则从衬底流出，形成衬底电流 I_{sub}，如图 4-57 所示。

图 4-58 示出了 $L = 10\,\mu m$ 的 MOSFET 的 I_{sub}-V_{GS} 关系曲线。短沟道 MOSFET 产生衬底电流 I_{sub} 的机理及 I_{sub}-V_{GS} 关系与长沟道 MOSFET 的相同，但是更严重一些。

从图 4-58 可以看出，在 V_{GS} 增大的过程中，I_{sub} 先增大，然后经过一个峰值后减小，最后达到 PN 结反向饱和电流的大小。下面分析造成这种情况的原因。如果碰撞电离在沟道夹断区内是

均匀发生的,则有

$$I_{sub} = I_D \alpha_i \Delta L$$

式中,α_i 为碰撞电离率,即一个载流子在单位长度内因碰撞电离而产生的电子–空穴对数;ΔL 为沟道夹断区的长度。可以近似认为 ΔL 与 V_{GS} 的关系不大,则 I_{sub} 由 α_i 和 I_D 两个因素决定。当 V_{DS} 恒定时,随着 V_{GS} 的增大,I_D 和 V_{Dsat} 都将增大,但 V_{Dsat} 的增大将使沟道夹断区内的平均横向电场 $(V_{DS}-V_{Dsat})/\Delta L$ 减小,从而导致 α_i 减小。所以在 V_{GS} 增大的过程中,I_D 将增大而 α_i 将减小。在 V_{GS} 较小的范围内,I_D 增大得很快,α_i 减小得较慢,使 I_{sub} 随 V_{GS} 的增大而增大;当 I_{sub} 出现峰值后,I_D 的增大变慢,而 α_i 的减小变快,使 I_{sub} 随 V_{GS} 的增大而减小。当 V_{GS} 继续增大时,α_i 继续减小直到碰撞电离消失,这时 I_{sub} 成为 PN 结反向饱和电流。

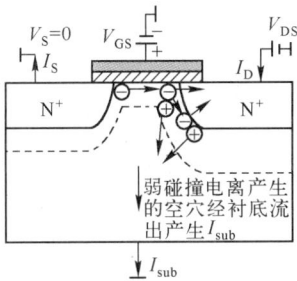

图 4-57 MOSFET 中产生 I_{sub}

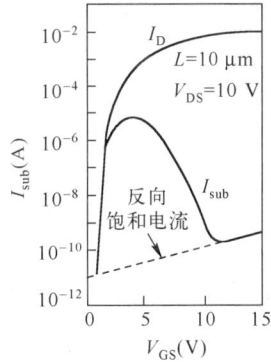

图 4-58 $I_{sub}-V_{GS}$ 关系曲线

2. 击穿特性[17~19]

MOSFET 的击穿特性可以分为两大类。第一类为正常雪崩击穿,其特点是,漏源击穿电压 BV_{DS} 随 V_{GS} 的增大而增大,并且是硬击穿,如图 4-59(a)所示。这一类击穿主要发生在 P 沟道 MOSFET(包括短沟道)与 N 沟道长沟道 MOSFET 中。

第二类为横向双极击穿,其特点是,BV_{DS} 随 V_{GS} 的增大而先减小再增大,其包络线为 C 形,并且是软击穿,如图 4-59(b)所示。这一类击穿主要发生在 N 沟道短沟道 MOSFET 中。

(1)第一类:正常雪崩击穿

这类击穿是漏 PN 结的正常雪崩击穿,其基本性质与 PN 结的击穿完全相同,参见 4.5.3 节。降低衬底掺杂浓度 N_A 和增大漏区结深 x_j 可以提高击穿电压。但和普通 PN 结不同的是,在 MOSFET 中有一部分栅金属电极覆盖着 N^+ 漏区,在一般情况下,由于 $V_{DS}>V_{GS}$,所以有起源于漏区的电力线终止于漏区附近的金属栅上,使该处产生附加电场,从而在该处首先发生击穿。

当 V_{GS} 增大时,漏区与栅极之间的电势差降低,使附加电场减弱。这就需要有更高的 V_{DS} 才能使漏 PN 结发生雪崩击穿,所以击穿电压随 V_{GS} 的增大而增大。

(2)第二类:横向双极击穿

N^+ 源区、P 型衬底和 N^+ 漏区构成了一只寄生的并且工作在有源区的横向 NPN 双极晶体管。该寄生双极晶体管是与 MOSFET 并联的,源 PN 结是寄生双极晶体管的发射结,漏 PN 结是寄生双极晶体管的集电结,其机理如图 4-60 所示。

已知当 V_{DS} 增大到某一数值时,将由于碰撞电离而产生衬底电流 I_{sub}。I_{sub} 流经衬底的体电阻 R_{sub} 时,将在 R_{sub} 上产生压降 V_{bs},即 $V_{bs}=I_{sub}R_{sub}$。

V_{bs} 对寄生双极晶体管的发射结是正偏的。当 V_{bs} 达到约 0.65 V 时,就有正向电流从源区注入衬底,使 R_{sub} 上的压降 V_{bs} 继续维持在 0.65 V。

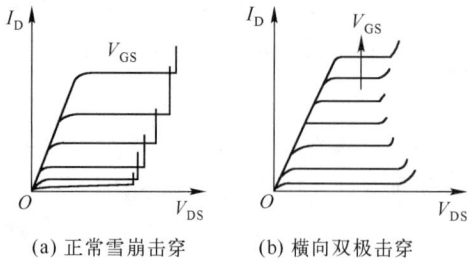

(a) 正常雪崩击穿　　(b) 横向双极击穿

图 4-59　MOSFET 的击穿特性

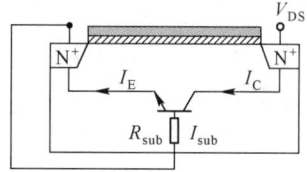

图 4-60　MOSFET 的横向双极击穿机理

当漏 PN 结发生雪崩倍增时,MOSFET 中的各种电流成分如图 4-61 所示。图中包括寄生双极晶体管的集电极电流在内的总漏极电流为

$$I_{DT} = M(I_D + \alpha I_E)$$

碰撞电离产生的空穴电流为

$$I_h = (M-1)(I_D + \alpha I_E)$$

衬底电流为

$$I_{sub} = I_h - (1-\alpha)I_E = (M-1)I_D + (M\alpha-1)I_E \qquad (4\text{-}158)$$

以上各式中,α 表示寄生横向双极晶体管的共基极直流电流放大系数;I_E 表示未发生雪崩倍增时寄生横向双极晶体管的发射极电流;I_D 表示未发生雪崩倍增时 MOSFET 的漏极电流;M 表示雪崩倍增因子,可表示为

$$M = \frac{1}{1 - \int \alpha_i dx}$$

将式(4-158)代入寄生双极晶体管发射结正向导通条件 $V_{bs} = I_{sub}R_{sub} = 0.65\,\text{V}$,得

$$I_E = \frac{(M-1)I_D R_{sub} - 0.65\,\text{V}}{(1-M\alpha)R_{sub}}$$

可以看到,当满足 $M\alpha = 1$ 时,I_E 将趋于无穷大,从而 I_{DT} 也将趋于无穷大,此时 MOSFET 发生漏源击穿。

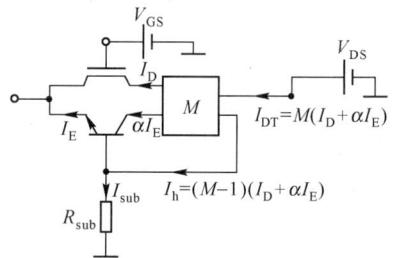

图 4-61　MOSFET 中的各种
电流成分

综上所述,短沟道 MOSFET 发生横向双极击穿必须满足以下两个条件。

首先,寄生双极晶体管的发射结必须正向导通。由于在这之前式(4-158)中的 I_E 尚未形成,所以发射结正向导通的条件是

$$(M-1)I_D R_{sub} = 0.65\,\text{V} \qquad (4\text{-}159)$$

在弱碰撞电离范围内,碰撞电离率积分一般很小,为 $10^{-2} \sim 10^{-1}$,因此式(4-159)也可写成

$$I_D R_{sub} \int \alpha_i dx \approx 0.65\,\text{V} \qquad (4\text{-}160)$$

其次,雪崩倍增因子必须足够大。因为横向双极晶体管的基区宽度比较宽,α 并不太大,所以满足 $M\alpha = 1$ 的 M 必须足够大。

可以根据式(4-160)来分析漏源击穿电压 BV_{DS} 与沟道长度 L 之间的关系。L 越短,则 R_{sub} 越大,I_D 越大,满足击穿条件所需的电离率积分就越小,这意味着较低的 V_{DS} 就能满足击穿条件。所以,沟道长度越短,就越容易发生横向双极击穿。

还可以根据式(4-160)来分析 BV_{DS} 与 V_{GS} 之间的关系,并可解释在 N 沟道短沟道 MOSFET 中不同 V_{GS} 时的 BV_{DS} 形成 C 形包络线的原因。在讨论衬底电流的时候已经知道,随着 V_{GS} 的增大,I_D 增大而 α_i 减小。在 V_{GS} 较小的范围内,I_D 增大得较快,电离率积分减小得较慢,使式(4-160)的

等号左边增大。于是满足击穿条件的电离率积分可以随之减小，这就意味着较低的 V_{DS} 就能满足击穿条件，这时 BV_{DS} 随着 V_{GS} 的增大而减小。

在 V_{GS} 较大的范围内，I_D 增大得较慢，电离率积分减小得较快，使式(4-160)的左边减小。于是满足击穿条件的电离率积分需要随之增大，这就意味着需要更高的 V_{DS} 才能满足击穿条件，这时 BV_{DS} 随着 V_{GS} 的增大而增大。

再来分析 N 沟道 MOSFET 与 P 沟道 MOSFET 的区别。N 沟道 MOSFET 的衬底为 P 型，其电阻率取决于 μ_p；P 沟道 MOSFET 的衬底为 N 型，其电阻率取决于 μ_n。因为 $\mu_n \approx 2.5\mu_p$，所以当两种 MOSFET 的衬底掺杂浓度和尺寸相同时，有

$$(R_{sub})_{N沟} \approx 2.5(R_{sub})_{P沟}$$

N 沟道 MOSFET 的 I_D 为电子电流，其大小取决于 μ_n；P 沟道 MOSFET 的 I_D 为空穴电流，其大小取决于 μ_p。所以在外加电压相同的条件下，有

$$(I_D)_{N沟} \approx 2.5(I_D)_{P沟}$$

此外，在同样的电场强度下，有

$$(\alpha_{in})_{N沟} \approx 10(\alpha_{ip})_{P沟}$$

由此可见，式(4-160)等号左边的三个因子都是 P 沟道 MOSFET 的小，所以横向双极击穿一般只发生在 N 沟道短沟道 MOSFET 中。

3. 热电子效应[20~23]

短沟道 MOSFET 中产生 I_G 的原因如图 4-62 所示，I_G 有以下三个来源。

(1) 当横向电场 E_y 足够大时，如果沟道电子能从 E_y 中获得足以克服 Si/SiO₂ 界面势垒的能量(约 3.1 eV)，就会在纵向电场 E_x 的作用下越过 Si/SiO₂ 势垒注入栅氧化层中。漏区附近的 E_y 最大，所以注入主要发生在该区域，见图 4-62 中的Ⓐ过程。

(2) 漏区附近耗尽区内的 E_y 很强，足以使得从沟道注入该区域的部分高能电子发生碰撞电离而产生电子–空穴对，所产生的电子若能克服 Si/SiO₂ 界面势垒，也能在该处注入栅氧化层中。产生的空穴则从衬底流出形成衬底电流 I_{sub}，见图 4-62 中的Ⓑ过程。

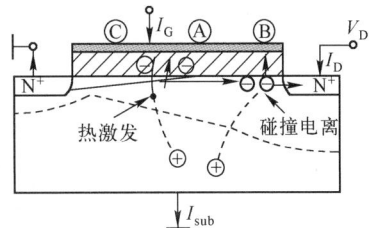

图 4-62　短沟道 MOSFET 中产生 I_G 的原因

(3) 耗尽区内由热激发产生的电子，在 E_x 的作用下，如果能克服 Si/SiO₂ 界面势垒，也能注入栅氧化层中。产生的空穴也形成衬底电流 I_{sub}，见图 4-62 中的Ⓒ过程。

过程Ⓐ和Ⓑ称为沟道热电子效应，过程Ⓒ称为衬底热电子效应。由于硅耗尽区中的产生–复合电流很小，故以沟道热电子效应为主。

注入栅氧化层的热电子，一部分从栅极流出形成 I_G，另一部分被栅氧化层中的电子陷阱俘获，还有一部分在 Si/SiO₂ 界面形成界面陷阱 ΔN_{it}。所以 I_G 的出现表征着热电子效应的存在，I_G 的大小可用来度量热电子效应的大小。

图 4-63 画出了短沟道 MOSFET 中 I_{sub}、I_G 对 V_{GS} 的依赖关系，可以看出：

(1) I_{sub} 要比 I_G 大 6~9 个数量级；

(2) I_G 的峰值出现在 $V_{DS} \approx V_{GS}$ 处；

(3) I_{sub} 的峰值出现在 $V_{DS} > V_{GS} > V_T$ 处。

当沟道长度 L 缩短时，I_G 和 I_{sub} 都会增大，这说明沟道长度越

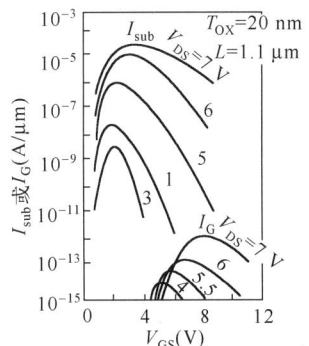

图 4-63　短沟道 MOSFET 中 I_{sub}、I_G 对 V_{GS} 的依赖关系

短,热电子效应就越严重。

陷入栅氧化层电子陷阱中的电子是不能逸出的,将随着时间的延长而逐步积累增多,长时间后将对 MOSFET 产生如下不利影响。

(1) 使 V_T 向正方向漂移。

(2) 使跨导 g_m 逐渐减小。g_m 退化的原因是沟道内电子迁移率 μ_n 的减小。

(3) 使界面态密度 N_{ss} 逐渐增大,从而导致亚阈电流 I_{Dsub} 逐渐增大。

实验发现,对于短沟道 MOSFET,若外加的电应力不太强,则只产生 g_m 的退化;若外加的电应力较强,则同时产生 g_m 的退化和 V_T 的漂移。

热电子效应使短沟道 MOSFET 的性能逐渐变坏,影响器件的使用寿命。为了提高器件的使用寿命,就必须对 V_{DS} 施加一定的限制。当 $V_{GS} = V_{DS}$ 时(此时 I_G 最大),使 I_G 达到 1.5×10^{-15} A/μm 时的 V_{DS} 定义为 MOSFET 的最高漏源使用电压,记为 BV_{DC}。这相当于 MOSFET 使用 10 年后其 V_T 增大 10 mV。这样,对于短沟道 MOSFET,限制 V_{DS} 的可能不是雪崩击穿或漏源穿通,而是 BV_{DC}。

产生沟道热电子的原因是因为在漏区附近有一极高的横向电场存在,热电子的注入也发生在这个地方。因此,要抑制热电子效应,就必须减弱漏区附近的强电场。以下所谓抗热电子结构都能起到减弱漏区附近电场的作用。

第一,漏 PN 结采用缓变结,例如砷–磷(N^+–N^-)双扩散结构或磷扩散区结构。实验证明,在相同的条件下,缓变结的 I_G 可比突变结的减小 3 个数量级。

第二,采用偏置栅结构,使栅电极与漏区附近强电场的峰值错开,如图 4-64 所示。

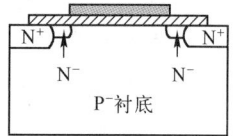

图 4-64　偏置栅结构

第三,采用埋沟结构。

4.7.5　表面势和阈电压准二维分析[24-26]

前面 4.2 节讨论的 MOSFET 阈电压模型,是基于长沟道的一维模型,基本没有考虑源和漏的影响,其实也是 MOS 结构的阈电压模型,它不能解释阈电压随沟道长度减小而迅速下降的短沟道效应,以及阈电压随漏电压增大而减小的漏致势垒降低效应。随着沟道长度的不断减小,源和漏的影响越来越显著,电场电势呈二维分布,短沟道效应与漏致势垒降低效应更加明显。因此,要准确得到短沟道 MOSFET 阈电压的表达式,需要求解二维泊松方程,但得出的电势分布往往是无穷级数,不便于阈电压的计算。采用一种简化的分析方法进行准二维求解,可以得到短沟道 MOSFET 的表面势和阈电压表达式。

1. 表面势的准二维求解

如图 4-65 所示,假定衬底与源相连,且不考虑衬底偏置,对于还未产生反型沟道的器件,可忽略可动电荷。在以耗尽区宽度 x_{dmax} 为高度和宽度 Δy 的矩形区域中运用高斯定律,可得到如下的微分方程:

$$\varepsilon_s \frac{x_{dmax}}{\eta} \frac{d^2\phi_S(y)}{dy^2} + \varepsilon_{OX} \frac{V_{GS} - V_{FB} - \phi_S(y)}{T_{OX}} = qN_A x_{dmax} \tag{4-161}$$

式中,T_{OX} 是栅氧化层厚度,ε_s 和 ε_{OX} 分别是 Si 和 SiO₂ 的介电常数,V_{FB} 系平带电压,$\phi_S(y)$ 为表面势,N_A 是沟道掺杂浓度。由于耗尽层厚度不均匀,用 x_{dmax}/η 表示平均耗尽层厚度,η 为拟合参数,$x_{dmax} = \sqrt{2\varepsilon_s(\phi_S - V_{BS})/qN_A}$ 是耗尽层宽度,表面强反型时 $\phi_S = 2\phi_{Fp}$。

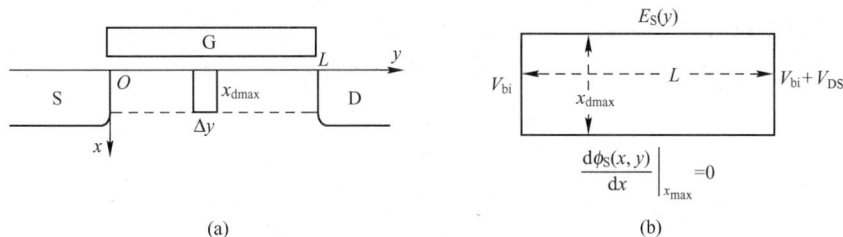

图 4-65　求解 MOSFET 表面势的高斯盒(a)和求解式(4-161)的边界条件(b)

微分方程(4-161)等号左边第一项是沿 y 方向流进高斯盒的电通量,第二项是从顶部进入高斯盒的电通量,高斯盒底部是耗尽层边界,电场为零。

求解式(4-161),得到器件沟道区的表面势为

$$\phi_S(y) = V_{GS} - V_{FB} - \frac{qN_A T_{OX} x_{dmax}}{\varepsilon_0 \varepsilon_{OX}} + C_1 e^{y/\lambda_0} + C_2 e^{-y/\lambda_0} \qquad (4\text{-}162)$$

以衬底为电势零点,边界条件为

$$\phi_S(0) = V_{bi} \qquad (4\text{-}163a)$$

$$\phi_S(L) = V_{DS} + V_{bi} \qquad (4\text{-}163b)$$

其中,V_{bi} 是源、漏与衬底 PN 结的内建电势,则可得到

$$\phi_S(y) = \phi_{SL} + [V_{DS} + V_{bi} - \phi_{SL}] \frac{\sinh\left(\dfrac{y}{\lambda_0}\right)}{\sinh\left(\dfrac{L}{\lambda_0}\right)} + (V_{bi} - \phi_{SL}) \frac{\sinh\left(\dfrac{L-y}{\lambda_0}\right)}{\sinh\left(\dfrac{L}{\lambda_0}\right)} \qquad (4\text{-}164)$$

这里,$\phi_{SL} = V_{GS} - V_{FB} - \dfrac{qN_A T_{OX} x_{dmax}}{\varepsilon_{OX}}$,是长沟道表面势;$\lambda_0$ 是如下定义的特征长度:

$$\lambda_0 = \sqrt{\frac{\varepsilon_{Si} T_{OX} x_{dmax}}{\varepsilon_{OX} \eta}} \qquad (4\text{-}165)$$

在求解时,x_{dmax} 被假定为常数,它实际上是漏电压及沟道长度的函数,但纵向电场对耗尽层厚度的影响在式中用拟合因子 η 来加以考虑,即 x_{dmax}/η 表示沟道的平均耗尽层厚度,η 可以看作与工艺有关的参数。

由式(4-164)可知,沟道的表面势是长沟道表面势与源/漏分支电场对其影响之和。图 4-66(a)给出了不同沟道长度的表面势分布,随着沟道长度的减小或漏电压的增大,表面势极小值增加,对应于图 4-66(b)的电子势垒减小。也就是说,沟道长度减小的短沟道效应和漏致势垒降低效应,使得源漏间的电子势垒减小,电子更加容易越过势垒形成漏源泄漏电流。

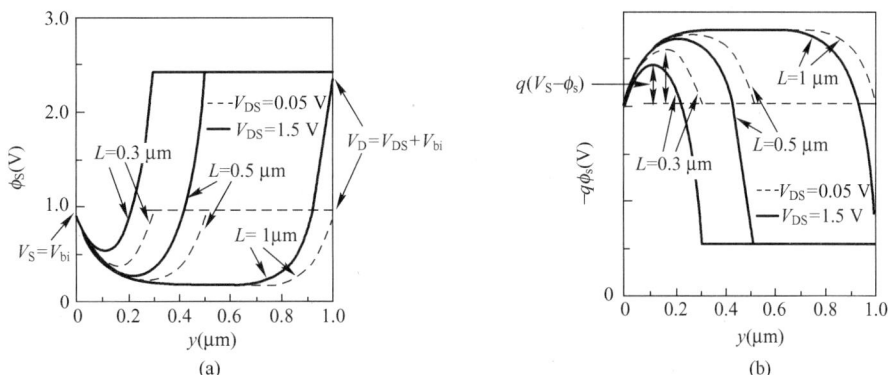

图 4-66　不同沟道长度的表面势分布(a)和不同沟道长度的电子势垒(b)

2. 阈电压表达式

为计算器件的阈电压,需求解器件表面势的最小值,并使其最小值等于 $2\phi_{\text{Fp}}$,此时的栅压即为器件的阈电压,即

$$\frac{\mathrm{d}\phi_{\text{S}}(y)}{\mathrm{d}y}\bigg|_{y=y_0}=0 \tag{4-166}$$

$$\phi_{\text{S}}(y_0)=2\phi_{\text{Fp}} \tag{4-167}$$

可得出准二维分析的阈电压表达式:

$$V_{\text{T}}=V_{\text{T0}}-\Delta V_{\text{T}} \tag{4-168}$$

其中,V_{T0} 是不考虑源漏影响的长沟道器件的阈电压

$$V_{\text{T0}}=V_{\text{FB}}+2\phi_{\text{Fp}}+\frac{qN_{\text{A}}T_{\text{OX}}x_{\text{dmax}}}{\varepsilon_{\text{OX}}} \tag{4-169}$$

$$\Delta V_{\text{T}}=\frac{V_{\text{bi}}-2\phi_{\text{Fp}}+\left(\dfrac{V_{\text{DS}}}{2}\right)+\cosh\left(\dfrac{L}{2\lambda_0}\right)(V_{\text{bi}}-2\phi_{\text{Fp}})\sqrt{1+\dfrac{V_{\text{DS}}}{V_{\text{bi}}-2\phi_{\text{Fp}}}}}{\sinh^2\left(\dfrac{L}{2\lambda_0}\right)} \tag{4-170}$$

ΔV_{T} 是阈电压退化量,表明短沟道 MOSFET 漏源对阈电压的影响。从图 4-67 可看出,随着沟道长度缩小,ΔV_{T} 指数级增大;随着漏源电压增大,阈电压近似线性下降。通过与实验数据的对比验证,该分析模型可以准确地描述短沟道效应和漏致势垒下降效应,因此适用于短沟道体硅MOSFET。值得注意的是,阈电压退化量 ΔV_{T} 与式(4-170)分母中 $L/(2\lambda_0)$ 呈指数关系,在 L 一定的情况下,减小 λ_0 可以极大地改善源和漏引入的短沟道效应。根据 λ_0 的表达式(4-165),可通过减小栅氧化层厚度 T_{OX}、增大沟道掺杂浓度 N_{A} 来减小短沟道效应的阈电压退化。

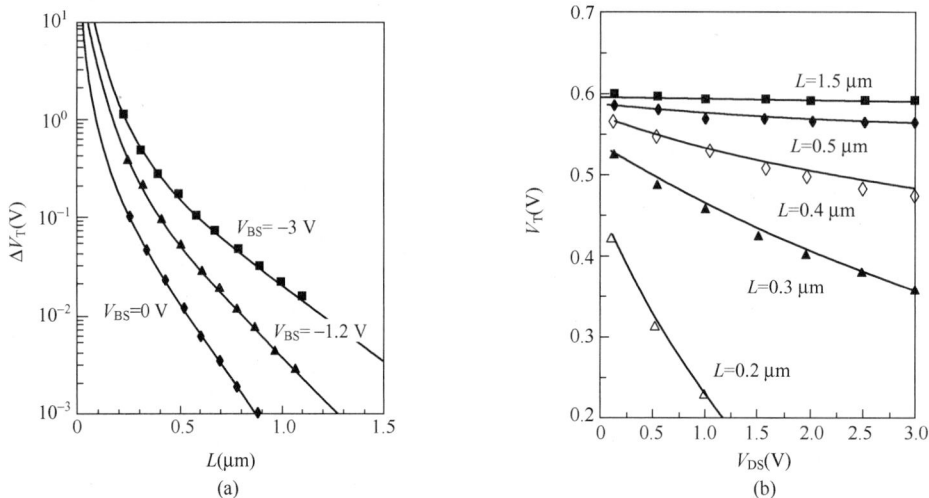

图 4-67　阈电压退化量与沟道长度(a)和漏源电压(b)的关系曲线

4.8　体硅 MOSFET 的发展方向

从 MOSFET 过去 50 多年的发展历史及今后的发展趋势来看,其发展方向主要是沟道长度的不断缩短。第一只商业 MOSFET 的沟道长度大于 $20\,\mu\text{m}$,而目前已经缩短到小于 10 nm。这种发展趋势可以用摩尔定律来描述,即 MOS 集成电路的集成度每 18 个月翻一番,最小线宽每 3 年下

降一半。目前预测的最小极限尺寸是 3 nm，尽管这种对极限尺寸的预测也在不断下调。

缩短 MOSFET 的沟道长度 L，对于分立器件可以提高跨导和最大工作频率，对于集成电路可以提高速度、增大集成度和降低功耗。但是单独缩短沟道长度会从两个方面引起短沟道效应，导致 MOSFET 性能的退化。首先，源、漏结耗尽区的相对扩大将引起阈电压下降，亚阈电流增大，并通过 DIBL 效应增加发生穿通的可能性；其次，器件内部的电场强度将随 L 的缩短而提高，从而使载流子的迁移率下降，漂移速度趋于饱和，使载流子发生碰撞电离而诱生横向双极击穿，热电子注入栅氧化层会导致阈电压的长期不稳定及跨导的退化。

MOSFET 的发展过程，就是在不断缩短沟道长度的同时，尽量设法消除或削弱短沟道效应的过程。已经出现了许多种频率和开关特性优良、功耗低和功率容量高的 MOSFET 结构。下面介绍其中一些有代表性的例子。

4.8.1 按比例缩小的 MOSFET

1. 恒场按比例缩小法则[27]

削弱短沟道效应的方法之一，是在 MOSFET 的沟道长度缩短时，要求器件的其他各种横向和纵向尺寸，以及电压也按一定的比例缩小，使缩小后的 MOSFET 的内部电场仍与未缩小的 MOSFET 相同。如果短沟道效应在未缩小的 MOSFET 中是不显著的，则在按比例缩小后的 MOSFET 中也将是不显著的，这样就可在缩短沟道长度的同时不增加短沟道效应。

以下用加撇的符号表示按比例缩小的 MOSFET 的相应参数。令 K 为大于 1 的无量纲缩小因子，恒场按比例缩小法则要求对 MOSFET 做如下缩小，即

$$L' = L/K, \quad Z' = Z/K, \quad T'_{OX} = T_{OX}/K, \quad x'_j = x_j/K$$
$$N'_A = KN_A, \quad V'_{GS} = V_{GS}/K, \quad V'_{DS} = V_{DS}/K, \quad V'_{BS} = V_{BS}/K$$

下面分析在缩小了的 N 沟道 MOSFET 中，器件的各种性能将发生什么变化。

（1）当 T_{OX} 和 V_{GS} 都缩小到 $1/K$（指原大小的 $1/K$ 倍，下同）后，如不考虑栅氧化层中的正电荷，则栅氧化层与半导体界面处的纵向电场强度与未缩小的相同。

（2）当 L 和 V_{DS} 都缩小到 $1/K$ 后，则沟道中的横向电场强度与未缩小的相同，即沟道中电子的迁移率及漂移速度与未缩小的相同。

（3）当 N_A 增至 K 倍（指原大小的 K 倍，下同），V_{BS} 缩小到 $1/K$ 后，源、漏结耗尽区宽度和沟道下耗尽区的最大宽度分别为

$$x'_{d,S} = \left[\frac{2\varepsilon_s}{qKN_A} \left(V'_{bi} + \frac{|V_{BS}|}{K} \right) \right]^{1/2}, \quad x'_{d,D} = \left[\frac{2\varepsilon_s}{qKN_A} \left(V'_{bi} + \frac{|V_{BS}|}{K} + \frac{V_{DS}}{K} \right) \right]^{1/2}, \quad x'_{dmax} = \left[\frac{2\varepsilon_s}{qKN_A} \left(2\phi'_{Fp} + \frac{|V_{BS}|}{K} \right) \right]^{1/2}$$

当衬底偏压 V_{BS} 较大时，若略去内建电势与衬底费米势，则

$$x'_{d,S} = x_{d,S}/K, \quad x'_{d,D} = x_{d,D}/K, \quad x'_{dmax} = x_{dmax}/K$$

这说明当有较大 V_{BS} 时，耗尽区宽度将缩小到 $1/K$，这将导致源、漏区及沟道区单位面积的 PN 结电容增至 K 倍。同时有 $x'_{dmax}N'_A = x_{dmax}N_A$，表示耗尽区电离杂质电荷面密度与未缩小的相同，即耗尽区内的电场强度与未缩小的相同。

（4）缩小的 MOSFET 的阈电压为

$$V'_T = \phi_{MS} - \frac{T_{OX}}{K\varepsilon_{OX}} \left(Q_{OX} - qKN_A \frac{x_{dmax}}{K} \right) + 2\phi'_{Fp}$$

因为在铝栅和 N 型硅栅的 N 沟道 MOSFET 中，功函数差 ϕ_{MS} 和 P 型衬底的费米势 ϕ'_{Fp} 符号相反，可以近似认为两者抵消，于是 $V'_T = V_T/K$。

另外根据式（4-149），当 x_j 缩小到 $1/K$ 后，衡量阈电压的短沟道效应的因子 f 不变，这说明阈

电压的短沟道效应没有增强。同样,窄沟道效应也不会增强。

（5）如果电子迁移率 μ_n 保持不变,则缩小的 MOSFET 的漏极电流为

$$I'_D = \frac{\mu_n \varepsilon_{OX}}{T_{OX}/K}\left(\frac{Z/K}{L/K}\right)\left[\frac{(V_{GS}-V_T)}{K}\cdot\frac{V_{DS}}{K}-\frac{1}{2}\left(\frac{V_{DS}}{K}\right)^2\right]=\frac{I_D}{K}$$

实际上,由于衬底杂质浓度的增大,缩小的 MOSFET 的 μ_n 略有减小。

（6）根据式（4-91）,缩小的 MOSFET 的跨导 g_{ms} 与未缩小的相等,即

$$g'_{ms}=\left(\frac{Z/K}{L/K}\right)\frac{\mu_n \varepsilon_{OX}}{T_{OX}/K}\left(\frac{V_{GS}}{K}-\frac{V_T}{K}\right)=g_{ms}$$

（7）由于栅氧化层厚度和耗尽区宽度都缩小到 $1/K$,沟道长度和沟道宽度也都缩小到 $1/K$,所以总的来说,在缩小的 MOSFET 中,所有各种本征电容和寄生电容的单位面积电容大致都增至 K 倍,而总电容则缩小到 $1/K$。

（8）根据式（4-142a）,最高工作频率为未缩小的 MOSFET 的 K 倍,即

$$f'_T = \frac{g_{ms}}{2\pi\left[C'_{gs}/K+C_{gs}/K+C'_{gd}/K\right]}=Kf_T$$

（9）可以近似认为 MOS 集成电路的门延迟正比于 RC 时间常数。由于 MOSFET 的电压与电流都缩小到 $1/K$,所以电阻 R 不变。又已知 MOSFET 的各种电容都缩小到 $1/K$,所以门延迟将缩小到 $1/K$。

（10）在缩小的 MOSFET 中,漏极电流和漏源电压都缩小到 $1/K$,所以功耗将缩小到 $1/K^2$。

恒场按比例缩小法则使导致短沟道效应的两个主要因素都得到了避免。按照该法则缩小的 MOSFET,其几何形状在刻度缩小了的空间坐标系中保持原状,其输出特性曲线也在刻度缩小了的电流电压坐标系中保持原状,但其性能如功耗延迟乘积等则得到了极大的提高。由于缩小的 MOSFET 的面积小、速度快、功耗低,因而特别适于 MOS 大规模集成电路。

2. 恒场按比例缩小法则的局限性

实际上有一些参数不能理想地按比例缩小,使恒场按比例缩小法则的应用受到限制。下面进行简单讨论。

（1）根据式（4-80）,由于在按比例缩小的过程中,单位面积的 C_D 和 C_{OX} 都增至 K 倍,所以 MOSFET 的亚阈区摆幅 S 将与未缩小的基本相同。当 MOSFET 的工作电压减小时,恒定的 S 值会使亚阈电流相对增大,这对动态存储器特别不利。虽然降低温度可使 S 缩小,并且已被实验所证实[28],但同时会带来另一些问题。

（2）某些电压参数不能按比例缩小,如 V_{bi} 和 $2\phi_{Fp}$。当 N_A 增至 K 倍时,V_{bi} 和 $2\phi_{Fp}$ 反而略有增加。当不加衬底偏压 V_{BS} 时,耗尽区宽度将不按 $1/K$ 的比例缩小而是按 $1/\sqrt{K}$ 的比例缩小,使耗尽区宽度的缩小慢于沟道长度的缩小,从而导致出现短沟道效应。

（3）表面反型层厚度 b 是一个不能按比例缩小的几何参数。根据式（4-74）可知

$$b' = \frac{kT}{q}\cdot\frac{C'_D}{qN'_A}=\frac{kT}{q}\cdot\frac{KC_D}{qKN_A}=b$$

反型层厚度为 $3\sim10$ nm[29]。当栅氧化层厚度 T_{OX} 减薄到可与反型层厚度相比拟时,V_{GS} 中将有相当一部分降在反型层上。可将反型层看作一个极板间距为 b 且与 C_{OX} 相串联的电容,而总的有效栅电容则是这两个电容的串联值。随着 T_{OX} 接近于 b,有效栅电容将偏离反比于 T_{OX} 的关系而逐渐饱和,从而使跨导退化。

（4）如果源、漏区和金属互连线的长、宽、高都缩小到 $1/K$,则串联电阻将增至 K 倍。此外,如果接触孔的面积按 $1/K^2$ 的比例缩小,则金属与半导体的接触电阻将按 K^2 的比例增大。当沟道

长度 L 缩短到亚微米量级时,迅速增加的接触电阻将成为寄生串联电阻的主要成分[30,31]。

（5）在实际电路中,考虑到与 TTL 电路与其他标准电路的兼容性,以及噪声容限方面的原因等,电源电压降到一定程度后难以继续下降,这就破坏了恒场按比例缩小法则的基本前提,是限制恒场按比例缩小法则实际应用的重要因素。

3. 其他按比例缩小法则[32]

如果电源电压不能下降,将有两个方面的影响。一方面,它使耗尽区宽度的缩小变慢。解决办法是使 N_A 增加得更快。当沟道长度 L 缩短到 $1/K$ 时,将 N_A 的增大比例由 K 倍修正为 αK 倍（$\alpha > 1$）。另一方面,电压不变将导致漏极电流增加,为此将沟道宽度 Z 的缩小比例由 $1/K$ 修正为 $1/(\alpha K)$,以使漏极电流基本不变。这样还可以进一步缩小器件面积,减小各种电容,缩短延迟时间。由于电压和电流不变,所以功耗保持不变。这就是所谓修正的恒场按比例缩小法则。

采用恒场按比例缩小法则和衬底离子注入工艺制成了所谓高性能 MOSFET（HMOS）[33]。采用修正的恒场按比例缩小法则和衬底双离子注入工艺制成了第二代、第三代高性能MOSFET[34]。浅离子注入用来调整阈电压,深离子注入用来控制穿通电流。实践证明,沟道长度很短的双离子注入 HMOS 结构,能够很有效地削弱短沟道效应。

另一个类似的按比例缩小法则以 MOSFET 的亚阈特性偏离长沟道特性的 10% 作为确定最短沟道长度的依据。在大量实验数据的基础上得到如下经验公式[35]:

$$L_{\min} = A\left[x_j T_{OX}(x_{d,S} + x_{d,D})\right]^{1/3}$$

式中,A 是经验常数。这个缩小法则实际上比恒场按比例缩小法则要宽松,因为它没有对各参数单独提出要求,只是要求各参数之间满足一定的关系。

此外还有所谓恒亚阈电流缩小法则[36]和恒压按比例缩小法则[37]等。各种缩小法则虽然形式简单,但并不是最佳方案。实际应用时应当根据器件的具体工作条件加以修改。例如,为了改善亚阈特性,可以使 T_{OX} 按比 $1/K$ 更小的比例缩小;为了减小串联电阻,可以使源、漏结深 x_j 和接触孔边长按比 $1/K$ 略大的比例缩小。当然,还需结合其他参数和工艺条件进行综合考虑。

4.8.2 双扩散 MOSFET

在双极晶体管中,是利用两次反型杂质扩散的结深之差来精确控制基区宽度的。在双扩散MOSFET（D-MOSFET）中[38],采用与此相同的工艺来精确控制沟道长度。图 4-68 示出了 D-MOS-FET 的结构及杂质浓度的分布。

与普通的 N 沟道 MOSFET 相比,D-MOSFET 有以下特点。

（1）在普通的 N 沟道 MOSFET 中,沟道长度由光刻工艺决定;而在 D-MOSFET 中,沟道长度由两次反型扩散的结深之差决定。由于目前扩散工艺非常成熟,两次反型扩散结深之差能精确地控制在 $1\,\mu m$ 以下,因此 D-MOSFET 的沟道长度可以制作得很短,而且很精确。

（2）普通 N 沟道 MOSFET 是 N^+-P-N^+ 结构,而在 D-MOSFET 中则是 N^+-P-N^--N^+ 结构,也就是说在沟道和漏区之间插入了一个长度为 L' 的 N^- 漂移区,如图 4-68 所示。D-MOSFET 的 N^- 漂移区有以下几方面的作用:

① N^- 漂移区将沟道和漏区分隔开,因而可以使栅金属电极与漏区不交叠。这样一方面消除了寄生电容 C'_{gd},另一方面使得漏源击穿电压得以提高。

② 由于 N^- 漂移区是高阻区,使 V_{DS} 的绝大部分降落在 N^- 漂移区上而很少进入沟道区,所以基本上没有沟道长度

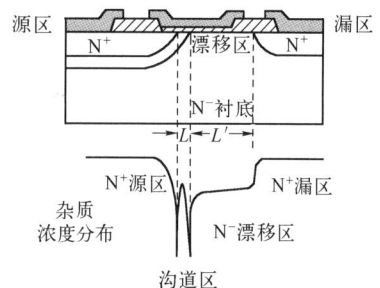

图 4-68　D-MOSFET 的结构及杂质浓度的分布

调制效应,从而在 V_{DS} 增大时输出电阻不会降低,也不易发生漏、源穿通。

③ N⁻漂移区在沟道与漏区之间起着缓冲作用,可以明显降低漏区附近的电场强度,从而使 D-MOSFET 的短沟道效应(如衬底电流、热电子效应等)得到有效的抑制。

(3) 工艺简单,制造过程中不要求制作较薄的栅氧化层和无须采用细线条的光刻技术。

(4) 只要控制好沟道区杂质浓度的峰值,就能很容易地制成 N 沟道耗尽型或增强型 D-MOSFET。一般来说,对于 1 μm 或更短的沟道长度,当沟道掺杂浓度的峰值较小时,制成的是耗尽型 D-MOSFET,适用于线性高频放大;对于 1~2 μm 的沟道长度,当沟道掺杂浓度的峰值较大时,制成的是增强型 D-MOSFET,适于开关应用。

双扩散 MOSFET 的主要缺点是需要增加一次氧化、光刻、扩散工序。此外,由于 N⁻漂移区的存在,这种器件的漏极串联电阻比较大。

4.8.3 深亚微米 MOSFET

当 MOSFET 的沟道长度缩短到深亚微米量级时,还需要考虑一些新的效应。

1. 量子效应的影响

对于深亚微米 MOSFET,根据按比例缩小法则,必须采用衬底重掺杂和薄栅技术。这样在表面反型时,能带在表面的弯曲将形成足够窄的势阱,使反型层中的载流子在界面处量子化[39,40]。为了得到反型层量子效应对器件特性的影响的解析表达式,采用如下近似。

(1) 有效质量近似;

(2) 三维薛定谔方程被分离为一维薛定谔方程,描述限制布洛赫波沿界面方向的垂直波包函数 $\zeta(x)$;

(3) 对势阱里的电子而言,位于 Si/SiO₂ 界面的势阱(3.1 eV)为无穷大。

采用抛物线形的能带结构,有如下薛定谔方程:

$$\left[-\frac{\hbar^2}{2m_{xi}}\frac{\mathrm{d}^2}{\mathrm{d}x^2}+q\phi(x)\right]\zeta_{ij}(x)=E_{ij}\zeta_{ij}(x) \tag{4-171}$$

式(4-171)中,m_{xi} 表示界面处 i 能谷中沿 x 方向(垂直于界面)的电子归一化有效质量;E_{ij} 和 $\zeta_{ij}(x)$ 分别表示 i 能谷中的 j 亚能带的特征值和特征函数。由于镜面效应和多体干涉很小且基本上可以相互抵消,从而可以忽略。又因为二维系统的特征能量和特征函数已确定,在 Si/SiO₂ 界面下 x 处的反型层电子密度可由对所有亚能带进行求和得出,即

$$n(x)=\frac{kT}{\pi\hbar^2}\sum_i g_i m_{xi}\sum_j \ln\left[\frac{1+\exp\left(\dfrac{E_{Fn}-E_{ij}}{kT}\right)}{1+\exp\left(\dfrac{E_{Fn}-E_{cl}}{kT}\right)}\right]|\zeta_{ij}(x)|^2 \tag{4-172}$$

式(4-172)中,g_i 表示 i 能谷中的简并度,E_{Fn} 表示电子准费米能级。对硅(100)面,二度简并能谷中沿 x 方向的电子有效质量较大,$m_x=0.916m_0$,占据最低的亚能带;四度简并能谷中沿 x 方向的电子有效质量较小,$m_x=0.190m_0$,占据较高的亚能带。E_{cl} 表示势阱中最高的束缚态,对应于第四个亚能带或能带弯曲相对较弱时的能级,对能级高于它的态密度可采用经典模拟。

当表面处于耗尽状态或弱反型状态时,静电势 $\phi(x)$ 可近似为三角形势阱,从而可解薛定谔方程,其特征函数为 Airy 函数,即

$$\zeta_{ij}=A_i\left(\frac{2qm_{xi}E_s}{\hbar^2}\right)\left(x-\frac{E_{ij}}{q\varepsilon_s}\right) \tag{4-173}$$

式(4-173)中,特征能量 $\quad E_{ij}=\left(\frac{\hbar^2}{2m_{xi}}\right)\left[\frac{3}{2}\pi qE_s\left(j+\frac{3}{4}\right)\right]^{2/3}$ $\tag{4-174}$

可由对 Si/SiO$_2$ 界面处导带底的测量得到；E_s 表示表面电场。

当表面处于中等反型到强反型时，由于反型层电荷的微扰，Airy 函数不能准确描述基态特征函数。根据研究[41]，可采用如下表达式描述最低亚能带的波函数，即

$$\zeta_{10}(x) = \frac{b^{2/3}x}{\sqrt{2}}\exp\left(\frac{-bx}{2}\right) \tag{4-175}$$

式（4-175）中，参数 b 由使用该公式中的波函数的系统的最小能量决定。由此方法可得到基态亚能带能量的近似表达式：

$$E_{10} = 2\left(\frac{q^2\hbar}{\varepsilon_s\sqrt{m_{xi}}}\right)^{2/3}\left(N_{dep}+\frac{55}{96}N_{inv}\right)\left(N_{dep}+\frac{11}{32}N_{inv}\right)^{-1/3} \tag{4-176}$$

采用微扰技术计算高一些的亚能带的特征能量，得到[42]

$$E_{ij} = E_{ij,dep} - \frac{q^2 E_{dep} E_{inv} x_0^2}{4E_{ij,dep}} - \frac{4E_{ij,dep}}{15qE_{inv}x_d} + qE_{inv}x_0 \tag{4-177}$$

式（4-177）中，$E_{ij,dep}$ 表示对式（4-174）仅采用由耗尽层电荷引起的表面电场 E_s 而得到的能量；x_0 表示与不均匀波函数相关的电子密度离界面的平均距离；x_d 表示耗尽层的宽度；E_{dep} 和 E_{inv} 分别表示由耗尽层和反型层电荷引起的表面电场。

对于本模型，二维态密度中的前三个亚能带用来决定量子机制的电荷密度和分布。对第一个亚能带的波函数用式（4-175）模拟，另两个高一些的亚能带用式（4-173）模拟，对三能带以上的亚能带用经典方法模拟。经典方法对高温下的电子集中和由于低表面横向电场而出现的不同亚能带的合并能很好地模拟。

图 4-69 所示为量子效应模型与经典玻尔兹曼模型的反型层电子浓度分布的比较。可以看到，由于量子效应的作用，反型层电子浓度的峰值将离开界面。可以将该现象等效为栅氧化层厚度的增加。

若采用有效栅氧化层厚度 $T_{OX,eff}$ 的概念对这个现象进行模拟，假设电子浓度的峰值出现在 Δx 处，则

$$T_{OX,eff} = T_{OX} + \frac{\varepsilon_{OX}}{\varepsilon_s}\Delta x \tag{4-178}$$

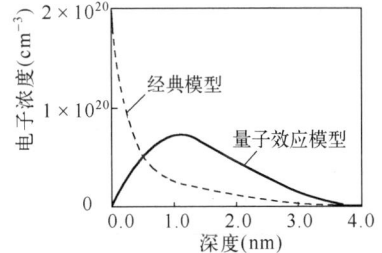

图 4-69 两种模型的反型层电子浓度分布的比较

由于有效栅氧化层厚度的增加，MOSFET 的有效栅氧化层电容将变小，阈电压将变大，从而导致漏极电流和跨导的衰退。

2. 多晶硅耗尽效应[43]

MOS 晶体管栅电极通常都采用在多晶硅上面加上一层硅化物的制作方法。一直以来多晶硅都被看作良导体，其功函数由简并的 N 型硅和 P 型硅决定。然而实际上即使是重掺杂多晶硅，其载流子浓度与金属存在着巨大差异，性能也和理想的导体不同。如图 4-70 所示，在 MOS 结构中加上栅压后，栅电极上的正电荷由多晶硅的电离杂质提供，在栅氧化层不断减薄的情况下，多晶硅耗尽区厚度将达到纳米量级，从而造成栅电容减小，必须考虑多晶硅耗尽效应的影响。多晶硅耗尽区将使其靠近二氧化硅的界面有能带弯曲和耗尽层电荷分布，相当于增加了氧化层厚度，使有效栅压降低。

多晶硅耗尽不仅使有效栅电容下降，还将使阈电压上升，漏源电流降低。对于图 4-70 所示的 N 沟道 MOSFET，由于多晶硅耗尽层存在电压降 ϕ_P，使得有效栅压降低，见图 4-71。此时沿沟道方向 y 点的反型电荷面密度可表示为

$$|Q_n(y)| = C_{OX}[V_{GS} - V_{FB} - \phi_p(y) - \phi_s(y)] - Q_A(y) \tag{4-179}$$

设多晶硅掺杂浓度为 N_P，下面在多晶硅中求解一维泊松方程，并根据多晶硅与氧化层边界满足高斯定律来推导多晶硅耗尽层的电压降 ϕ_P。

$$\frac{\mathrm{d}^2 \phi(x)}{\mathrm{d}x^2} = -\frac{\rho(x)}{\varepsilon_s} \tag{4-180}$$

其中，当 $-x_d \leqslant x \leqslant 0$ 时，$\rho(x) = qN_P$；当 $x < -x_d$ 及 $x > 0$ 时，$\rho(x) = 0$。

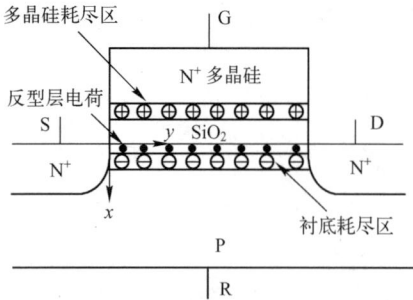

图 4-70 N^+ 多晶硅栅电极中的耗尽效应　　图 4-71 多晶硅、二氧化硅和硅组成的 MOS 结构的电势分布

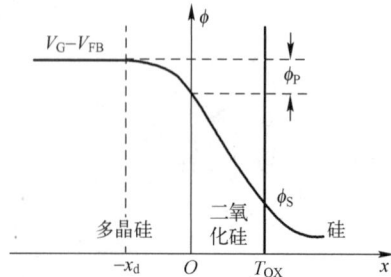

多晶硅耗尽层边界满足耗尽层近似，即

$$\left.\frac{\mathrm{d}\phi(x)}{\mathrm{d}x}\right|_{x=-x_d} = 0 \tag{4-181}$$

得到多晶硅耗尽层电压降和多晶硅边界处电场 E_s 与耗尽层厚度的关系为

$$\phi_P(y) = \frac{qN_P x_d^2}{2\varepsilon_s} \tag{4-182}$$

$$E_s = qN_P x_d / \varepsilon_s \tag{4-183}$$

对于多晶硅与氧化层边界，满足高斯定律，即

$$\varepsilon_s E_s = \varepsilon_{OX} E_{OX} \tag{4-184}$$

而由图 4-71 可知栅压的构成为

$$V_G - V_{FB} = \phi_P + V_{OX} + \phi_S(y) \tag{4-185}$$

其中，V_{OX} 是氧化层上的电压降，等于氧化层中电场 E_{OX} 与氧化层厚度 T_{OX} 的乘积，即 $V_{OX} = E_{OX} T_{OX}$。

由式（4-183）~ 式（4-185）可以得出关于 ϕ_P 的二次方程：

$$\phi_P(y) - \sqrt{2a_v \phi_P(y)} = V_G - V_{FB} - \phi_S(y) \tag{4-186}$$

解方程得

$$\phi_P(y) = V_{GS} - V_{FB} - \phi_S(y) - a_v\left[\sqrt{1 + \frac{2}{a_v}(V_G - V_{FB} - \phi_S(y))} - 1\right] \tag{4-187}$$

其中，$a_v = q\varepsilon_s N_P / C_{OX}^2$，单位是 V，$N_P$ 是多晶硅掺杂浓度。把式（4-187）中的根号项展开，可知 ϕ_P 是一个二级效应：

$$\phi_P(y) = \frac{\varepsilon_{OX}^2 (V_G - V_{FB} - \phi_S(y))^2}{2q\varepsilon_s N_P T_{OX}^2} \tag{4-188}$$

也就是说，ϕ_P 与 N_P 成反比，与 T_{OX}^2 成反比。多晶硅耗尽效应成为栅氧化层不断减薄的重要限制，见图 4-72。

考虑器件达到阈电压时满足 $Q_n = 0$，$\phi_S = 2\phi_{Fp}$，由式（4-179）及式（4-187）可以解出考虑多晶硅耗尽后的阈电压为

$$V_T = V_{FB} + 2\phi_{Fp} - \frac{Q_A}{C_{OX}} + \frac{1}{2a_v}\left(\frac{Q_A}{C_{OX}}\right)^2 \tag{4-189}$$

式(4-189)中,前三项是未考虑多晶硅耗尽的普通 MOS 器件的阈电压;第四项给出了多晶硅耗尽对阈电压的影响,而这一项始终为正值,表明多晶硅耗尽使阈电压增大,且多晶硅掺杂浓度越低,阈电压增加越多。阈电压的增大,将使输出电流下降,图 4-73 示出了多晶硅耗尽对器件输出特性的影响。

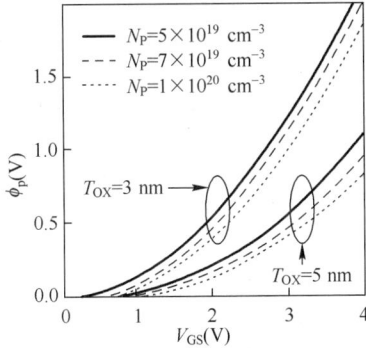

图 4-72　不同栅氧化层厚度及掺杂浓度的
多晶硅上电压降与栅压的关系曲线

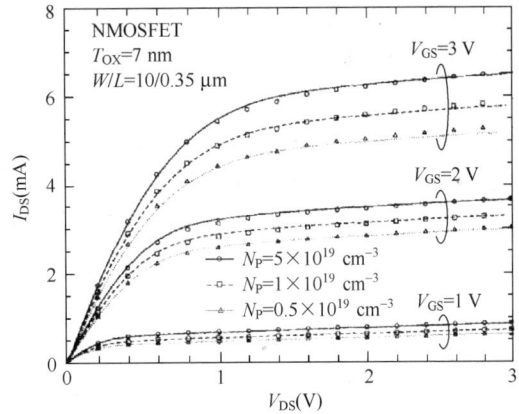

图 4-73　不同多晶硅掺杂的 NMOSFET
输出特性曲线

3. 速度过冲效应

在 4.7.2 节中讨论了载流子速度饱和效应,即在强电场下,通过更有效的能量传递,电子漂移速度将被限制在饱和速度 $v_{\max}$ 以下。但是在深亚微米 MOSFET 中,由于器件中存在很大的电场梯度,以及沟道长度逐渐接近电子的平均自由程,则会出现速度过冲效应。当存在电场梯度时,在能量弛豫时间内电子速度可以超过对应于更高电场的速度值,电子开始与晶格处于不平衡状态[44,45]。在电子的输运过程中不能发生足够的散射,从而导致电子被加速到超过饱和速度,这种现象称为速度过冲效应。速度过冲效应使电子的平均速度超过了饱和速度,从而使漏极电流增大。

速度过冲是一种非平衡效应,不能由简单的漂移-扩散模型进行模拟。非均匀电场中的电子漂移速度 v_{os} 可以近似地表示为[46]

$$v_{os} = v_0 + \lambda \frac{\mathrm{d}E_y}{\mathrm{d}y} \tag{4-190}$$

式(4-190)中,v_0 为均匀电场中的漂移速度。在低场下,λ 与沿沟道方向的电场有关。在短沟道 MOSFET 中,即使在普通的工作条件下,漏端的电场与电场梯度都会很高,这时 λ 可以当作常数[47]。

为了得到解析的漏极电流表达式,对电场梯度假设如下[48]

$$\frac{\mathrm{d}E_y}{\mathrm{d}y} = \frac{k}{L} \cdot \frac{\mathrm{d}V(y)}{\mathrm{d}y} \tag{4-191}$$

式(4-191)中,k 是与工作条件有关的常数。将式(4-190)和式(4-191)代入漏极电流方程,可得

$$I_{DS,os} = I_{DS} \left[1 + \frac{\lambda k}{L} \left(\frac{1}{\mu} + \frac{V_{DS}}{L v_{\max}} \right) \right] \tag{4-192}$$

式(4-192)中,$I_{DS,os}$ 为考虑速度过冲后的漏极电流;I_{DS} 为未考虑速度过冲的漏极电流。可见,当发生速度过冲效应时,会使漏极电流增大。

漏极电流的增大将使跨导变大,即

$$g_{\mathrm{m,os}} \approx g_{\mathrm{m}}\left[1+\frac{\lambda k}{L}\left(\frac{1}{\mu}+\frac{V_{\mathrm{DS}}}{Lv_{\max}}\right)\right] \tag{4-193}$$

理论计算表明,随着 MOSFET 尺寸的缩小,速度过冲效应会变得很重要。

4.8.4 应变硅 MOSFET[49,50]

按照摩尔定律,集成电路特征尺寸不断按比例缩小,这种趋势一直维持到 2000 年出现 130 nm 尺寸的 MOSFET。在这种特征尺寸下,栅氧化层厚度低于 2 nm,电子隧穿使得栅泄漏电流急剧增大。此外,尺寸的缩小使得 MOS 器件表面有效电场强度不断增大,载流子迁移率持续下降,如图 4-74 所示。因而采用传统的晶体管缩小手段已经达到极限,只有寻求新材料和新的器件结构才能继续实现器件尺寸的缩小。

创新首先体现在 2003 年英特尔的 90 nm 工艺中所采用的应变硅技术,该技术采用拉伸应力的 SiN 盖帽层覆盖 NMOS 器件,使沟道内产生拉伸应力来提高电子迁移率;采用 SiGe 源漏来对 PMOS 器件沟道产生压缩应力,提高空穴迁移率,

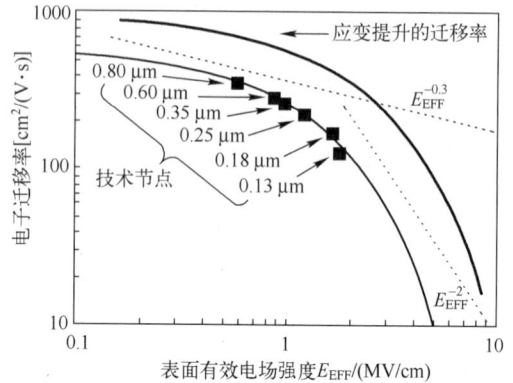

图 4-74 电子迁移率与表面有效电场强度的关系曲线

如图 4-75 所示。应变硅的运用提高了电子和空穴的迁移率,从而使得无须继续减小栅氧化层厚度也可有效地提高器件的电流驱动能力。

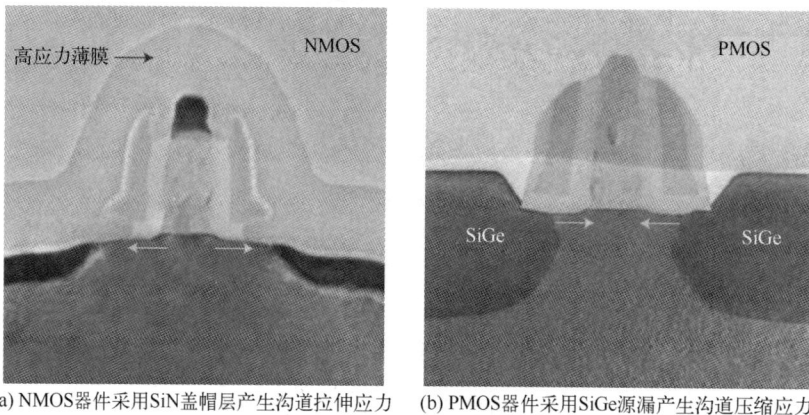

(a) NMOS器件采用SiN盖帽层产生沟道拉伸应力　　(b) PMOS器件采用SiGe源漏产生沟道压缩应力

图 4-75　90 nm 工艺中采用的应变硅技术

电子和空穴的有效质量反映了晶体内部势场对电子行为的影响。有效质量正比于能带极值附近曲率的倒数:

$$\frac{1}{m_{ij}^*}=\frac{1}{h^2}\frac{\partial^2 E(k)}{\partial k_i \partial k_j} \tag{4-194}$$

硅的导带极小值在 k 空间<100>方向,能谷中心与 Γ 点($k=0$)的距离约为 Γ 点与布里渊区边界的 5/6,有六个等价能谷,见图 4-76。

应变沟道器件载流子迁移率提高主要源于两个因素:载流子有效质量的降低和谷间声子散射率的降低。对于 NMOS 器件,由于应力,六重简并能谷 Δ6 分成两组:两个降低的能谷 Δ2 沿与界面垂直的轴向;四个抬高的能谷 Δ4 沿与界面平行的轴向。大多数反型电子占据两个低能谷,在与界面平行方向输运,具有较低的导带有效质量,同时能谷分裂使谷间声子散射率降低,导致

低场迁移率增大。

对空穴而言,如图 4-77 所示,在应力作用下,价带简并的轻空穴(LH)带与重空穴(HH)带分裂,此时轻空穴带的能量升高成了最高价带,重空穴带的能量降低成为第二价带,并且还降低了

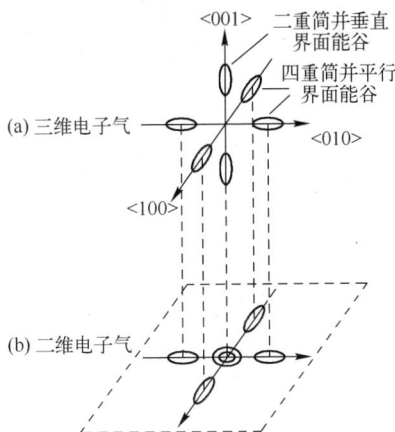

图 4-76 应变硅等能面示意图

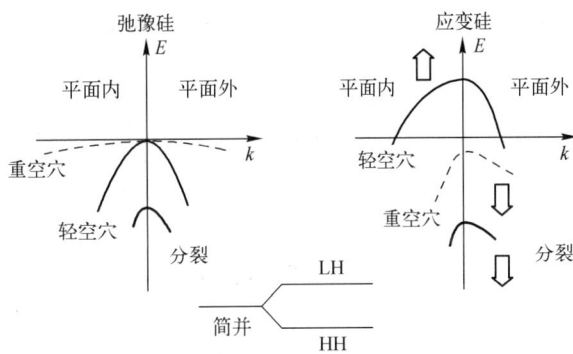

图 4-77 应变硅价带能带分裂示意图

自旋-轨道耦合能量。除了形成价带分裂,应力还改变了价带等能面的形状,成为扭曲的价带,导致空穴在空间的重新分布,并且沿不同方向的空穴有效质量显示出高度的各向异性。在某些径向降低了空穴的有效质量和带间散射率,提高了空穴的迁移率。

实践证明,随着器件尺寸的缩小,应变沟道中的应力将会增强,从而使迁移率提升,使驱动电流增大。图 4-78 给出了应变硅 PMOS 和 NMOS 器件线性区电流增加及平均沟道应力与沟道长度的关系曲线。

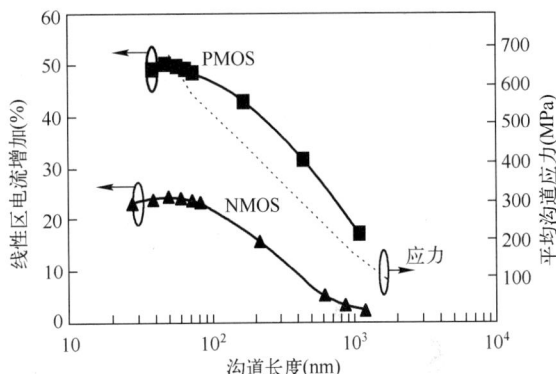

图 4-78 线性区电流增加及平均沟道应力
与沟道长度的关系曲线

4.8.5 高 K 栅介质及金属栅电极 MOSFET[51,52]

随着 MOSFET 器件尺寸的不断缩小,为了保证栅对沟道的有效控制,栅介质厚度也需不断缩小。在器件尺寸进入到亚 0.1 微米尺度范围内时,如果仍然采用 SiO_2 作为栅绝缘介质层,其厚度将小于 3 nm。由于直接隧穿电流随介质层厚度的减小而呈指数增加,栅与沟道间的直接隧穿将变得非常显著,如图 4-79 所示。超薄栅介质使隧穿电流急剧增大,由此带来了器件功耗的增加,同时流过氧化层的栅电流会使得栅氧化层损伤,引起器件的可靠性问题。

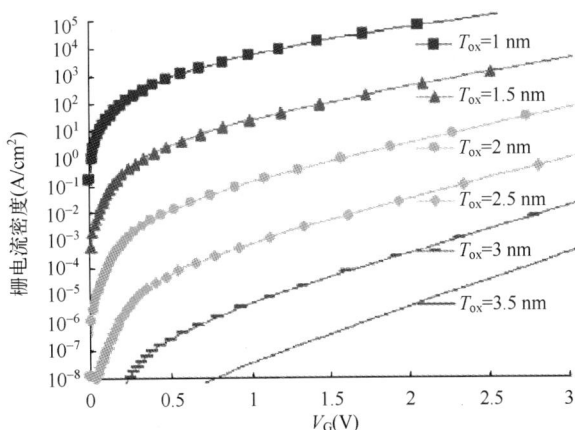

图 4-79 栅直接隧穿电流与栅压的关系曲线

克服这种限制的有效方法之一是采用高介电常数的新型绝缘介质材料(简称高 K 材料)来替代 SiO_2 制作 MOSFET 栅介质。采用高 K 材料以后,在保持相同的单位面积栅电容,从而保证对沟道有相同控制的条件下,栅绝缘介质介电常数的增加将使栅介质层的物理厚度(简称栅介质厚度)T_K 增大,于是栅与沟道间的直接隧穿电流将大大减小。在 MOSFET 栅长缩小到 45 nm 后,普遍采用高 K 材料作为 MOSFET 的栅介质,如图 4-80(b) 所示。

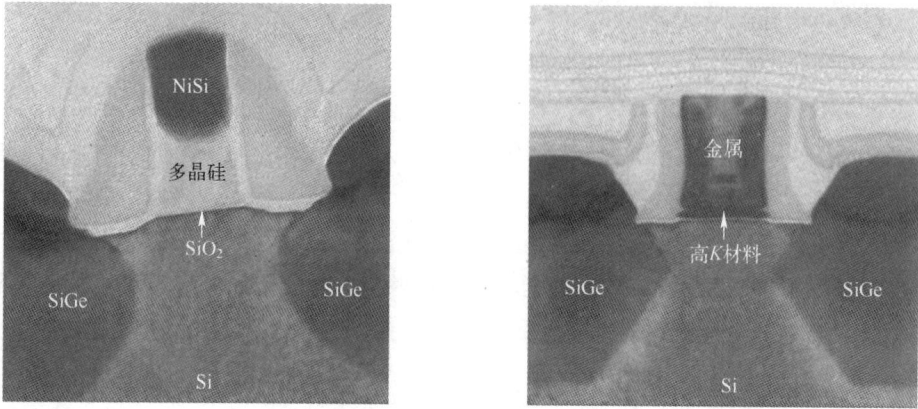

(a) 采用SiO_2栅介质与多晶硅栅电极的65nm栅长MOSFET (b) 采用铪系高K栅介质与金属栅电极的45nm栅长MOSFET

图 4-80　MOS 晶体管结构比较

采用高介电常数的介质材料可使实际的栅介质层的物理厚度有所增加,从而大大降低隧穿电流。在高介电常数栅介质的研究中,常用等效栅氧化层厚度 EOT (Equivalent Oxide Thickness)作为衡量标准,并与高介电常数栅介质的实际物理厚度相区别。EOT 定义为:高介电常数栅介质和纯 SiO_2 栅介质达到相同的栅电容时的纯 SiO_2 栅介质的厚度,即

$$EOT = \frac{\varepsilon_{OX}}{\varepsilon_{high-K}} T_K \qquad (4-195)$$

按照等栅电容设计,在采用高 K 栅介质后,随着介电常数的提高,栅介质的物理厚度增大,当栅介质厚度 T_K 变得可与沟道长度比拟时,栅电容不能简单地用平行板电容器的模型,必须考虑边缘效应的影响。由于边缘效应使到达栅极下方沟道区的电力线减少,而一部分电力线从栅极到达源-漏扩展区,高 K 栅介质物理厚度越大,终止于源漏区域的电力线越多,边缘效应的影响越显著,如图 4-81(a) 所示。在边缘电场影响下,沟道中电势上升,电子势垒下降导致 MOSFET 的关态泄漏电流增加,相应阈电压下降,见图 4-81(b)。这种现象被称为边缘感应的势垒降低(Fringing-Induced Barrier Lowering,FIBL)效应。

图 4-82(a) 给出了栅介质 EOT 分别为 1 nm 和 1.5 nm 时阈电压退化 ΔV_T 及亚阈值斜率 S 与高 K 栅介质介电常数的关系,其中 $\Delta V_T = V_T(高 K) - V_T(K=3.9)$。在 K 变化过程中为保持栅电容不变,高 K 栅介质物理厚度由 $T_K = EOT \times (K/3.9)$ 决定。由图可见随着 K 的增加,由于 FIBL 效应的增强,ΔV_T 及 S 均增大。此外,EOT 为 1 nm 的器件比 EOT 为 1.5 nm 的器件栅介质更薄,具有更好的栅控特性,FIBL 效应更小。进一步分析表明,对于不同的等效氧化层厚度的 EOT,T_K 与栅长 L_{Gate} 之比 T_K/L_{Gate},能够比 K 更好地表征 FIBL 效应,如图 4-82(b) 所示。这是因为 T_K/L_{Gate} 实际上表明了边缘电场占总电场的比例,相同比例的栅结构具有相同的 FIBL 效应。由图 4-82(b) 可知,只要 $T_K/L_{Gate} < 0.2$,就能保证器件由 FIBL 效应引起的 S 退化小于 10%。

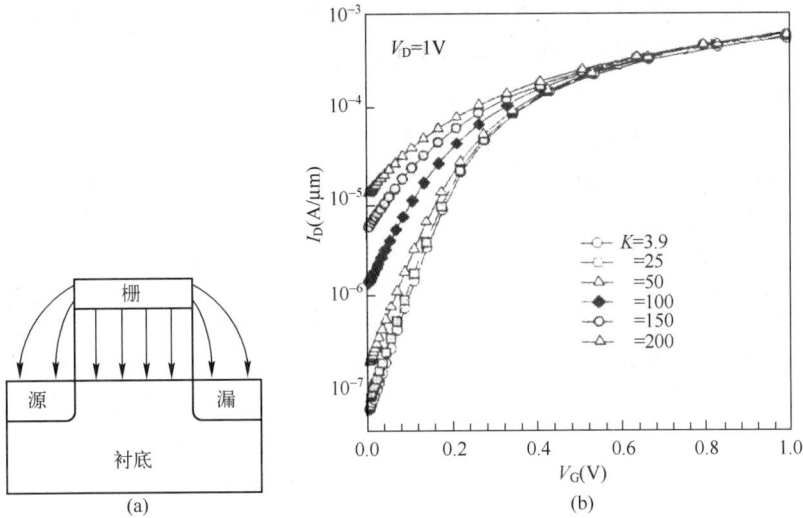

图 4-81 （a）FIBL 效应示意图；（b）FIBL 效应导致的性能退化

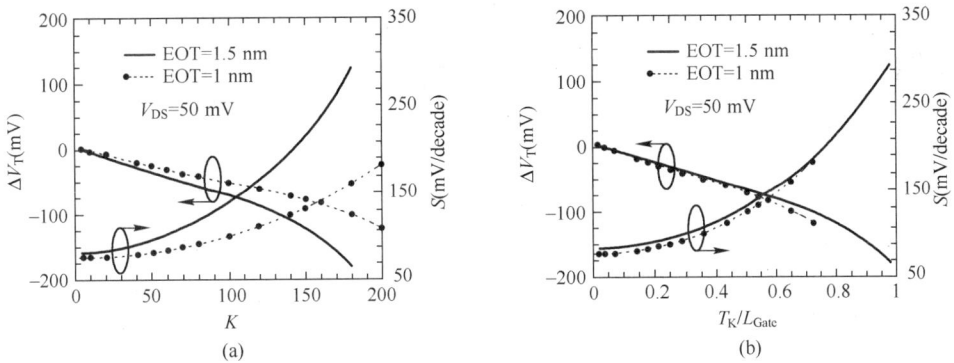

图 4-82 （a）阈电压退化及亚阈值斜率与高 K 栅介质介电常数的关系曲线；（b）阈
电压退化及亚阈值斜率与高 K 栅介质物理厚度与栅长之比的关系曲线

对栅电极而言,随着尺寸缩小,传统的多晶硅栅电极由于材料的电阻率高,且存在多晶硅耗尽等原因,已不再适用于亚 100 nm 的 MOS 器件,必须采用合适的金属来取代,见图 4-80(b)。为了满足合适的阈电压,针对 PMOS 和 NMOS 可以采用两种不同功函数的金属分别制作栅电极,也可以采用单一金属电极,通过工艺条件来对功函数进行调制,以分别满足 PMOS 和 NMOS 的要求。

4.9　功率垂直型双扩散场效应晶体管

对电能的传输、处理、存储和控制的技术称为电力电子技术,它不但要保障电能安全、可靠、高效和经济地运行,而且还要将能源与信息高度地集成在一起[53]。功率半导体器件或称电力电子器件是指能处理高电压、大电流的半导体器件,它是电力电子技术中对电能进行控制和转换最为关键的器件。

功率半导体器件在电力电子技术中常常作为开关使用,因此必须同时具备较大的功率密度和较高的工作频率。一个理想的半导体器件的静态和动态特性至少应满足如下要求[54]：

① 器件在阻断状态下,能承受高电压,即具有较高的击穿电压。

② 器件在导通状态下,能导通高的电流密度,同时具有较低的导通压降。前者使其处理一

定电流时所需芯片面积尽量小,而后者使器件的导通损耗低。

③ 器件在开关状态下,开关速度高,即从关断到导通的时间 t_{on} 及从导通到关断的时间 t_{off} 都较短。

④ 驱动该器件所需的功率较小,即要使得驱动器件运作,开关输入端所需的能耗较小,否则需要多个前级放大器才能控制。

4.9.1 VDMOS 器件

由前面讨论可知,MOSFET 的电流沿着半导体的表面横向流动,它是一种表面结构。它的击穿电压通常也不高。4.8.2 节中亦指出,采用双扩散 D-MOSFET 的 N^+-P-N^--N^+ 结构可提高源漏击穿电压,但需要消耗一部分表面面积。

为了提高电流密度,可使双扩散 D-MOSFET 电子从表面沟道出来后不再沿着横向流动,而是沿着纵向向下流动,再经过一段很长的轻掺杂区最终到达漏区。这样不仅节约了面积,又能承受所需的反向电压。这种器件称为功率垂直型双扩散场效应晶体管(简称 VDMOS),常规 VDMOS 的元胞结构如图 4-83(a)所示。上述的轻掺杂区由于在器件阻断时承受反向偏压,因此称为耐压区;在正向导通时作为多子漂移运动的区域,因此也称为漂移区,其厚度为 W。由于 VDMOS 的导电方向垂直于硅表面,耐压可以很高;且由于它是多子器件,与少子器件相比开关速度可提高一个数量级以上;同时还具有驱动所需功率小的优点,因此从 20 世纪 80 年代以来一直沿用至今。

在图 4-83(a)中,当漏源两端施加电压 V_{DS},而栅源电压 V_{GS} 低于 MOS 的阈电压 V_T 时,器件处于阻断状态,P 体区/N^- 漂移区构成的 PN 结承受反向偏压 V_{DS}。图 4-83(b)是耐压区电场分布。由一维泊松方程可知,电场线对 y 的斜率与 N^- 区掺杂浓度 N_D 成正比。而电场线与 y 轴所包围的面积为 V_{DS}。当 V_{DS} 增加时,面积的增加是靠斜率不变的直线的向右移动。这时靠近 P 体区/N^- 漂移区的交界处电场增加。当此电场增加到雪崩击穿临界电场强度 E_c 时,VDMOS 发生雪崩击穿。这时的外加电压 V_{DS} 就是雪崩击穿电压 V_B,容易求得

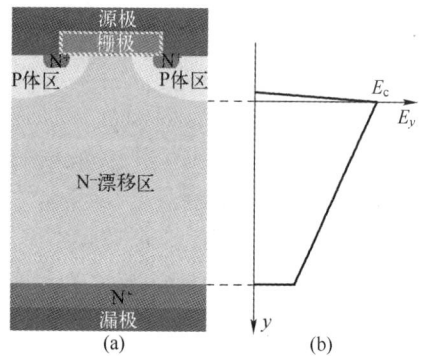

$$V_B = WE_c - \frac{qN_D}{2\varepsilon_s}W^2 \qquad (4-196)$$

显然,N^- 漂移区厚度 W 越大,或者电场线的斜率越小,即 N^- 漂移区掺杂浓度 N_D 越小,则 V_B 越高。

当 VDMOS 导通时,电子从 N^- 漂移区的顶部往下流,电子在电场作用下做漂移运动。显然,单位面积下漂移区的电阻(一般称为比导通电阻)为

$$R_{on} = W/(q\mu_n N_D) \qquad (4-197)$$

图 4-83 常规 VDMOS 的元胞结构和耐压区电场分布

要使导通时的电阻低,则掺杂浓度 N_D 要大且漂移区厚度 W 要小,这恰好导致 V_B 下降。仔细分析可知,在 N_D 为均匀的情况下,对硅的 N-VDMOS 而言,最满意的条件下 R_{on} 与 V_B 的关系是[55]:

$$R_{on} = 0.83 \times 10^{-8} \times V_B^{2.5} (\Omega \cdot cm^2) \qquad (4-198)$$

这是一个严峻的关系,称为"硅极限"。设想一个耐压为 200 V 的器件,根据上述理论公式,每平方毫米有 0.47 Ω,那么对耐压为 500 V 的器件,每平方毫米的电阻会增加近 10 倍。

式(4-198)的关系在别的器件中也存在。例如对双极晶体管,要求集电结耐压高,则集电区要轻掺杂且比较厚,而导通时的 R_{on} 也就相应地增加。只不过对双极型及别的器件,在开关速度这个主要矛盾未解决之前,R_{on} 与 V_B 的矛盾是次要矛盾,并不突出。

比导通电阻能否进一步下降是当时业内关注的问题。1979 年胡正明用 N⁻ 漂移区杂质浓度在纵向非均匀而得到一个优化的分布[56]。但结果表明，在同样 V_B 下，只能再下降约 10%。1982 年陈星弼与胡正明考虑到电流从 N⁻ 漂移区顶部向下流时其流动路径存在一个不断扩展的情形，进一步求优化分布，得到的结果是在同样的 V_B 下，大约可再降低 10%[57]。

4.9.2 超结 VDMOS 器件

超结结构实际上是一种在耐压区体内引入异型的固定电荷降低峰值电场的方法。超结结构在开始提出时被称为复合缓冲层[58]（CB，Composite Buffer）结构，实际上 CB 还代表电荷平衡（Charge Balance）。

在常规 VDMOS 中，图 4-83(b) 的电场分布从电荷角度看，是因为从下到上，越来越多的带正电的电离施主电荷产生了向上的电场，故从 N⁻ 漂移区的底部开始，电场逐渐增加。

图 4-84 示出超结 VDMOS 的元胞结构和耐压区的电场分布，其中 P 柱与 N 柱构成了超结耐压层。在超结器件中，因为 N 柱区中的每个电离施主的正电荷产生的电通量，几乎都被其近旁的 P 柱区中的电离受主的负电荷所吸收，意即其电力线横向流走了。既然如此，我们可以大量增加 N 柱区的施主剂量，并同时增加与其几乎相等的 P 柱区的受主剂量。由于这种横向电荷互相补偿的关系，对纵向来说，耐压层就可粗略地认为是一个本征型，使图 4-83 中的 E 的直线无斜率。但是微观来说，每区的掺杂剂量甚高，因此导通时 N 柱区的电导率很大，这使得 R_{on} 与 V_B 的矛盾大大减缓。

关于超结的比导通电阻与击穿电压的理论计算较为复杂。作为原理性的理解，以下只对其做定性的介绍，详细的计算读者可阅读参考文献[59~60]。

前面所讲的半导体器件，耐压层都是单一导电类型的材料（N 型或 P 型）。所要求解的耐压层的泊松方程为：

$$\nabla^2 V = -\rho / \varepsilon_s \qquad (4\text{-}199)$$

式中，V 为电势，ρ 为电荷密度，ε_s 为半导体的介电常数。

该方程对传统耐压层而言，最多只涉及 ρ 是一维变化的，这在 2.1.2 节中关于 PN 结的内建电场及 3.7.2 节中关于集电结势垒区中的电场分布中已有所讨论。然而对于超结耐压层，电荷密度则是二维变化的。为方便计算，首先将电势 V 分成两个分量：

$$V = V_0 + V_1 \qquad (4\text{-}200)$$

设上边界的 $V_0 = -V_B/2$，下边界的 $V_B = +V_B/2$。V_1 代表杂质分布引起的电势，即：

$$\nabla^2 V_1 = -\rho / \varepsilon_s \qquad (4\text{-}201)$$

V_1 在上、下两边界的值均为零，这样的做法对于复杂的分布较为方便。对于图 4-84 所示的耐压层电势的计算，可将二维分布的电荷密度 ρ 用傅里叶级数展开进行计算。对于更复杂的六角形分布的电荷密度 ρ，则可用贝塞尔函数的级数展开进行近似计算。

图 4-84 超结 VDMOST 的元胞结构和耐压区电场分布

值得指出的是，超结结构因反向偏压处于完全耗尽时，并不是所有的 n 柱区电离施主电荷产生电场都在横向被 p 柱区电离受主电荷所终止。因为耐压层的上、下两个面是等位面，在那里及其附近不会存在显著的横向电场。即在靠近耐压层的顶端及底部，并不存在电荷的横向补偿。这正是图 4-84(b) 中的电场在耐压区的中部几乎为无斜率的水平分布，而在顶部及底部偏离水

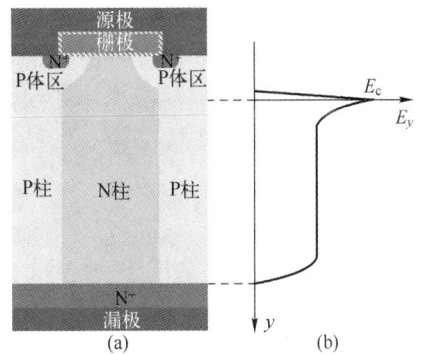

平分布的缘故。这点也说明了 R_{on} 与 V_B 的关系与 N 柱区与 P 柱区的宽度 b 有关。b 的值越小,顶部及底部的横向电荷补偿越明显,则 R_{on} 与 V_B 的折中关系越好。

4.9.3 常规 VDMOS 与超结 VDMOS 器件的电流电压关系的比较

图 4-85 示出了常规 VDMOS 与超结 VDMOS 的 *I-V* 特性曲线。图中实线代表的是超结 VDMOS 中单位深度的电流 J_{DS} 与漏源电压 V_{DS} 的关系。其中 V_{GS} 是栅源电压,这里取耐压层厚度为 27.64 μm,耐压层中的 N 柱区与 P 柱区的宽度 b 均为 3.725 μm,掺杂浓度各为 8.46×10^{15} cm^{-3},击穿电压为 500 V。图中虚线代表一个常规 VDMOS 的 J_{DS} 与 V_{DS} 的关系。为了使此常规 VDMOS 有同样的击穿电压,取 $W=33.34$ μm,耐压区掺杂浓度为 2.9×10^{14} cm^{-3}。对比这两组曲线可知,超结结构的比导通电阻 $R_{on}=5.3$ $m\Omega \cdot cm^2$,而对常规 VDMOS 的耐压区,$R_{on}=62$ $m\Omega \cdot cm^2$,比超结结构的大了 10 多倍。

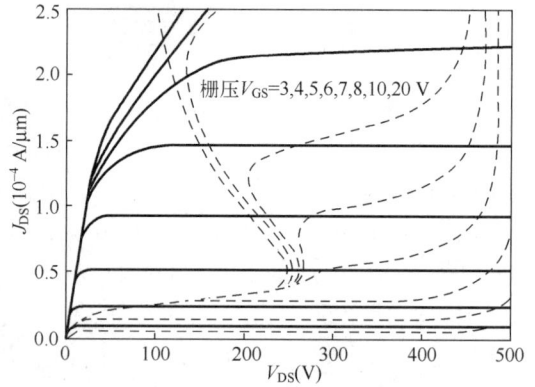

图 4-85　常规 VDMOS 与超结 VDMOS 的 *I-V* 特性曲线

从图 4.85 中还可看出,在 $V_{DS}=150$ V 及 $V_{GS}=8$ V 时,超结 VDMOS 的单位线宽的电流密度 $J_{DS}=2.1\times10^{-4}$ $A/\mu m$,而常规 VDMOS 结构只有其八分之一。

从图 4-85 还可看出,常规 VDMOS 还存在一个像二次击穿的负阻区(折回现象)。这是因为当有一点碰撞电离时,其产生的空穴经 N^+ 源区下面的源衬底 P 体区再流向源电极。此电流在源衬底区产生一个压降。当压降超过 PN 结的开启电压(约 0.7 V)时,会触发由源 N^+ 区、源衬底 P 体区及耐压层 N 区构成的寄生 NPN 晶体管。该现象随电流的增大而增强,从而碰撞电离也增强,耐压降低。而在超结 VDMOS 中,因为在源衬底 P^+ 区下面有很厚的 P 柱区,寄生晶体管作用受到较大的抑制,所以很难出现这种二次击穿的现象。

4.10　SOI MOSFET

随着器件尺寸不断缩小,体硅 MOS 器件技术的发展已经越来越接近基本物理极限。为了克服尺寸缩小带来的栅介质隧穿及短沟道效应,平面 MOS 器件采用了高 K 栅介质、衬底非均匀掺杂,以及应变沟道等手段来改善体硅 MOS 器件的性能。在 MOS 器件进入纳米时代,开发一些新的器件结构将有助于 CMOS 技术克服按比例缩小的限制,继续日新月异地发展。

4.10.1　SOI MOSFET 结构特点

SOI MOSFET 是一种采用 SOI(Silicon On Insulator)衬底材料制备的器件,其结构如图 4-86 所示。在 20 世纪 60 年代,在蓝宝石上外延硅(SOS:Silicon On Sapphire),并在硅膜上制作 MOSFET,是 SOI MOSFET 的雏形。由于硅与二氧化硅系统具有更好的界面特性、机械特性和热稳定性,随着 SI-MOX(Separation by IMplanted OXygen,注氧隔离技术)等 SOI 基片制作技术的成熟,现在普遍采用二氧化硅作为硅膜衬底

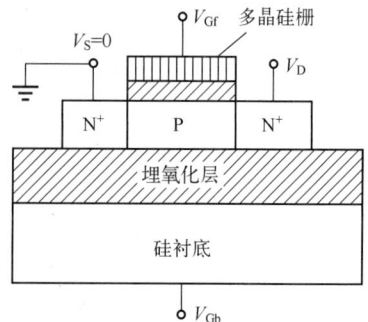

图 4-86　SOI MOSFET 结构

下的埋氧化层。

由于埋氧化层的存在,SOI 器件的寄生电容大幅度减小,在功耗和速度方面均有了极大的改善。薄膜全耗尽 SOI MOSFET 由于实现体反型,载流子迁移率增大,电流驱动能力提高,跨导增强,而且短沟道效应小,亚阈值斜率陡直,因而在高速和低压、低功耗电路中有着广阔的应用前景。

器件特性与顶层硅膜的厚度关系密切。根据硅膜的厚度和硅沟道中掺杂浓度的情况,器件可以划分为厚膜器件、薄膜器件,以及介于两者之间的中等膜厚器件。三者主要是根据硅沟道中耗尽区的宽度 x_d 来划分的,x_d 的表达式如下:

$$x_d = \sqrt{\frac{2\varepsilon_s(2\phi_{Fp})}{qN_A}} \tag{4-202}$$

当硅膜的厚度大于 $2x_d$ 时,叫作厚膜器件,厚膜器件在正面和背面分别存在一个耗尽区,且两个耗尽区之间不重合,中间存在一个中性区域。这种器件一般也称为部分耗尽 SOI MOSFET(Partially Depleted SOI MOSFET)器件,简称 PD 器件,如图 4-87(b)所示。当中性体区接地时,部分耗尽器件的工作原理类似于体硅器件,可以采用体硅器件的各种设计方法。当中性体区不接地处于悬浮状态,漏电压很大时,将出现浮体效应。例如对于 NMOS 而言,漏区附近高电场区产生的电子空穴中,空穴无法从衬底流出,聚集在中性体区使得衬底电势提升,阈电压下降,使得输出特性曲线翘曲,对器件和电路性能产生较大影响。

当硅膜的厚度小于 x_d 时,称为薄膜器件。由于性能差,背栅界面呈现反型或者积累的导通模式基本不会得到应用,不予考虑。薄膜器件的主要工作模式是背栅表面处于耗尽状态,器件开启以后,沟道的硅膜全部被耗尽,这种器件也被称作全耗尽(Fully Depleted,FD)器件,简称 FD 器件,如图 4-87(c)所示。这种器件的纵向电场较低、电流驱动能力较强、亚阈值特性陡直、短沟道效应较小。但由于正背表面的耦合,器件阈电压对硅膜厚度、背表面质量与状态的敏感度较大,阈电压难以调整。

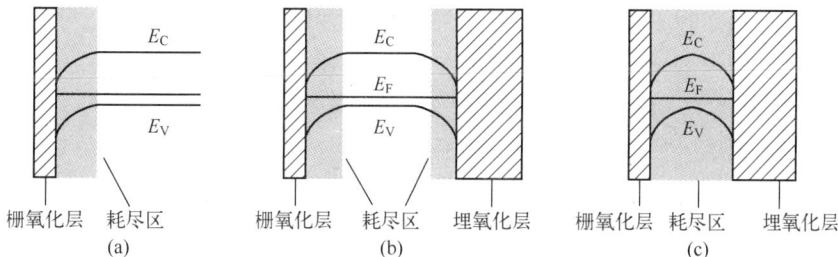

图 4-87　(a)体硅 MOSFET、(b)PD SOI MOSFET 和(c)FD SOI MOSFET 能带图

硅膜厚度处于厚膜和薄膜之间的器件称为中等膜厚器件,根据不同背栅偏置电压,呈现出不同特性。在适当的背面栅压下正背面耗尽区不会发生交叠,背栅界面呈现出积累或中性,则该器件呈现厚膜器件特性;如果适当的背栅压下正背面耗尽区发生交叠,硅膜呈现全耗尽状态,则器件呈现薄膜器件特性。

由于 SOI 器件的硅层受到前栅和背栅的控制,正表面和背表面都有可能处于积累、耗尽或反型状态,因此共有九种工作模式,但除了正背表面全耗尽,大部分模式性能差,在超大规模集成电路中没有实际用途。

4.10.2　SOI MOSFET 一维阈电压模型[61]

这里分析的是如图 4-86 所示的四端 SOI MOS 器件,如果是厚膜器件,正栅和背栅之间没有耦合,见图 4-87(b)。此时的器件等效于正栅和背栅控制两个独立的体硅器件的并联,由于埋氧化层足够厚,背栅器件的阈电压很大,跨导很低,可以忽略,只需考虑正栅器件的特性。而一般情况下,性能优良的 FD SOI 器件硅膜厚度小于正栅和背栅的耗尽层之和,正栅和背栅相互耦合,阈电压相互影响,这里考虑这种情况。为了简化分析,这里忽略源和漏影响的短沟道效应,只考虑一维 SOI MOS 结构模型,如图 4-88 所示。

硅层满足一维泊松方程:

$$\frac{\mathrm{d}^2\phi}{\mathrm{d}x^2}=\frac{qN_A}{\varepsilon_s} \qquad (4\text{-}203)$$

设硅膜正背表面的电势分别为 ϕ_{Sf} 和 ϕ_{Sb},积分并代入如下边界条件:

$$\phi(x)\big|_{x=0}=\phi_{Sf} \qquad (4\text{-}204)$$

$$\phi(x)\big|_{x=T_{Si}}=\phi_{Sb} \qquad (4\text{-}205)$$

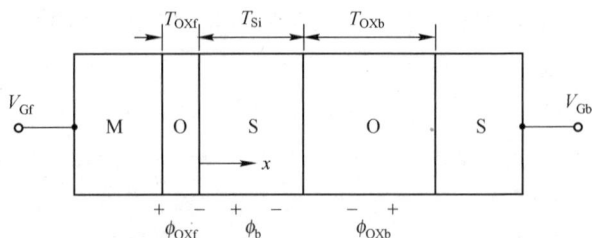

图 4-88 SOI MOSFET 一维结构模型

得到硅层中的电势分布

$$\phi(x)=\frac{qN_Ax^2}{2\varepsilon_s}+\left(\frac{\phi_{Sb}-\phi_{Sf}}{T_{Si}}-\frac{qN_AT_{Si}}{2\varepsilon_s}\right)x+\phi_{Sf} \qquad (4\text{-}206)$$

和电场分布

$$E(x)=-\frac{qN_Ax}{\varepsilon_s}+\frac{\phi_{Sf}-\phi_{Sb}}{T_{Si}}+\frac{qN_AT_{Si}}{2\varepsilon_s} \qquad (4\text{-}207)$$

代入 $x=0$ 和 $x=T_{Si}$,得到正表面电场 E_{Sf} 和背表面电场 E_{Sb} 分别为

$$E_{Sf}=\frac{\phi_{Sf}-\phi_{Sb}}{T_{Si}}+\frac{qN_AT_{Si}}{2\varepsilon_s} \qquad (4\text{-}208)$$

$$E_{Sb}=-\frac{qN_AT_{Si}}{\varepsilon_s}+E_{Sf} \qquad (4\text{-}209)$$

假定刚反型时,沟道内反型电荷密度为零,忽略界面电荷及氧化层内电荷,考虑正背面不同的电场方向,则由高斯定律,得正栅氧化层电压降 ϕ_{OXf} 和背栅氧化层电压降 ϕ_{OXb} 分别为:

$$\phi_{OXf}=E_{OXf}T_{OXf}=\frac{\varepsilon_s E_{Sf}}{\varepsilon_{OX}}T_{OXf}=\frac{\varepsilon_s E_{Sf}}{C_{OXf}} \qquad (4\text{-}210)$$

$$\phi_{OXb}=E_{OXb}T_{OXb}=-\frac{\varepsilon_s E_{Sb}}{\varepsilon_{OX}}T_{OXb}=-\frac{\varepsilon_s E_{Sb}}{C_{OXb}} \qquad (4\text{-}211)$$

其中,$C_{OXf}=\varepsilon_{OX}/T_{OXf}$,$C_{OXb}=\varepsilon_{OX}/T_{OXb}$。假设源极接地,则正背栅压可表示为:

$$V_{Gf}-V_{FBf}=\phi_{Sf}+\phi_{OXf} \qquad (4\text{-}212)$$

$$V_{Gb}-V_{FBb}=\phi_{Sb}+\phi_{OXb} \qquad (4\text{-}213)$$

V_{FBf} 和 V_{FBb} 分别是正栅和背栅的平带电压。

将式(4-210)和式(4-211)分别代入式(4-212)和式(4-213),得到

$$V_{Gf}=V_{FBf}+\left(1+\frac{C_{Si}}{C_{OXf}}\right)\phi_{Sf}-\frac{C_{Si}}{C_{OXf}}\phi_{Sb}+\frac{qN_AT_{Si}}{2C_{OXf}} \qquad (4\text{-}214)$$

$$V_{Gb}=V_{FBb}-\frac{C_{Si}}{C_{OXb}}\phi_{Sf}+\left(1+\frac{C_{Si}}{C_{OXb}}\right)\phi_{Sb}+\frac{qN_AT_{Si}}{2C_{OXb}} \qquad (4\text{-}215)$$

其中,$C_{Si}=\varepsilon_s/T_{Si}$ 为硅层电容。

式(4-214)和式(4-215)反映了正栅和背栅之间的电荷耦合情况。联立此二式可得出器件阈电压与背栅偏压及器件参数之间的关系。当器件达到阈电压情况下,正面反型导通,而背面存在积累、反型和耗尽三种情况,下面分别进行讨论。

（1）背面积累时，背面电势为零，即 $\phi_{Sb}=0$，正面电势为二倍费米势，即 $\phi_{Sf}=2\phi_{Fp}$，则由式（4-214）得此时的阈电压为：

$$V_{T,ba}=V_{FBf}+\left(1+\frac{C_{Si}}{C_{OXf}}\right)2\phi_{Fp}+\frac{qN_AT_{Si}}{2C_{OXf}} \tag{4-216}$$

此时，背面电势 ϕ_{Sb} 与背栅电压 V_{Gb} 无关，因而阈电压与 V_{Gb} 无关。

（2）背面反型时，正背面电势均为二倍费米势，即 $\phi_{Sf}=\phi_{Sb}=2\phi_{Fp}$，由式（4-214）得阈电压为：

$$V_{T,bi}=V_{FBf}+2\phi_{Fp}+\frac{qN_AT_{Si}}{2C_{OXf}} \tag{4-217}$$

由式（4-217）可见，背面反型与背面积累时相同，阈电压与 V_{Gb} 无关。

（3）背面耗尽时，背面电势变化较大且与 V_{Gb} 密切相关，背表面电势的变化范围从积累时为零变化到反型时的 $2\phi_{Fp}$，而此时正面反型，电势为二倍费米势，即 $\phi_{Sf}=2\phi_{Fp}$，由式（4-215）可得从背面积累时的背栅电压 $V_{Gb,a}$ 到背面反型时的背栅压 $V_{Gb,i}$：

$$V_{Gb,a}=V_{FBb}-\frac{C_{Si}}{C_{OXb}}2\phi_{Fp}+\frac{qN_AT_{Si}}{2C_{OXb}} \tag{4-218}$$

$$V_{Gb,i}=V_{FBb}+2\phi_{Fp}+\frac{qN_AT_{Si}}{2C_{OXb}} \tag{4-219}$$

也就是说，当背栅压满足 $V_{Gb,a}<V_{Gb}<V_{Gb,i}$ 时，背面耗尽。由式（4-214）和式（4-215）消去 ϕ_{Sb}，可以得到此时的阈电压为：

$$V_{T,bd}=V_{T,ba}-\frac{C_{Si}C_{OXb}}{C_{OXf}(C_{Si}+C_{OXb})}(V_{Gb}-V_{Gb,a})=V_{T,bi}-\frac{C_{Si}C_{OXb}}{C_{OXf}(C_{Si}+C_{OXb})}(V_{Gb}-V_{Gb,i}) \tag{4-220}$$

所以，当背栅电压从 $V_{Gb,a}$ 增加到 $V_{Gb,i}$ 时（增加量 $V_{T,ba}$ 为 $2\phi_{Fp}(1+C_{Si}/C_{OXb})$），阈电压从 $V_{T,ba}$ 线性下降到 $V_{T,bi}$（下降量为 $2\phi_{Fp}(C_{Si}/C_{OXf})$）。图 4-89 给出了薄膜全耗尽 SOI MOSFET 器件阈电压与背栅电压的关系曲线。图中对比给出相同掺杂浓度的体硅器件阈电压 V_{T0}。实际上阈电压的转换并非导数不连续的折线，因为背面电荷从积累到耗尽，以及从耗尽到反型的变换，并非如上述推导所假定是突变的。

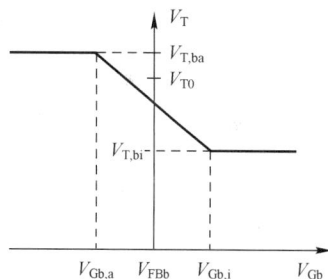

图 4-89　薄膜全耗尽 SOI MOSFET 器件阈电压与背栅电压的关系曲线

（4）阈电压与硅层厚度的关系。

在上述阈电压的分析中，是假定 SOI MOSFET 硅层全耗尽，正背面电荷耦合得出的结果。而由第一部分的结构分析可知，根据硅层厚度与式（4-202）所述耗尽区厚度的关系，SOI MOSFET 除了全耗尽的薄膜器件种类，还有厚膜器件和部分耗尽的中等膜厚器件两类。这三类器件的阈电压需要分别考虑，故阈电压根据硅层厚度 T_{Si} 与正面耗尽层厚度 x_d 分为三种情况：

① $T_{Si}\geqslant 2x_d$。对于这类厚膜器件，在任何正背栅压下，硅层都不能达到全耗尽，正背栅之间不存在电荷耦合，此时的阈电压与体硅器件完全相同：

$$V_T=V_{T0}=V_{FBf}+2\phi_{Fp}+\frac{qN_Ax_d}{C_{OXf}} \tag{4-221}$$

② $T_{Si}\leqslant x_d$。这种情形下，无论 V_{Gb} 如何取值，整个硅层全耗尽，正栅与背栅存在电荷耦合，阈电压由前面的分析给出，如图 4-89 所示。注意 V_{Gb} 较小时，阈电压可以超过体硅器件的阈电压，这与体硅器件衬底偏置效应相似，是由于背栅电场与正栅电场方向一致，等效的耗尽区宽度增大，在相同正栅压情况下沟道电荷减少，阈电压增大。

③ $x_d \leq T_{Si} \leq 2x_d$。对于这种硅层厚度，其耗尽情况取决于 V_{Gb}。假定在正面反型，V_{Gb} 达到 $V_{Gb,c}$ 时硅层刚好全耗尽，此时背面耗尽区宽度为 $T_{Si}-x_d$，由一维泊松方程可以得到背面耗尽区的电压降为 $\dfrac{qN_A}{2\varepsilon_s}[T_{Si}-x_d]^2$，由高斯定律可得背面氧化层电压降为 $\dfrac{qN_A}{C_{OXb}}[T_{Si}-x_d]$，故刚好达到全耗尽时的背栅偏压为：

$$V_{Gb,c} = V_{FBb} + \frac{qN_A}{2\varepsilon_s}[T_{Si}-x_d]^2 + \frac{qN_A}{C_{OXb}}[T_{Si}-x_d] \tag{4-222}$$

当 $V_{Gb} \leq V_{Gb,c}$ 时，属于部分耗尽器件，阈电压按照式（4-221）的体硅器件表达式给出。当 $V_{Gb} \geq V_{Gb,c}$ 时，阈电压按照前面的全耗尽器件情形得到，即当 $V_{Gb,c} \leq V_{Gb} \leq V_{Gb,i}$ 时，阈电压满足式（4-220），当 $V_{Gb} \geq V_{Gb,i}$ 时，阈电压由式（4-217）确定。

4.10.3　SOI MOSFET 的电流特性[62]

由上面的分析可知，由于背栅与正栅存在电荷耦合，对于图 4-86 所示的四端 SOI MOSFET，阈电压与体硅器件有很大的不同。其电流电压关系必然也与背栅电压密切相关，可以表示为正栅电压、背栅电压以及漏极电压的函数 $I_D(V_{Gf}, V_{Gb}, V_D)$。

为了得到 SOI MOSFET 的电流电压关系表达式，这里采用与体硅 MOSFET 相同的假设，即：恒定迁移率、缓变沟道近似、均匀掺杂并忽略扩散电流，并假定仅存在正面沟道导电。则可写出类似式（4-36）的强反型时 N 沟道 SOI MOSFET 的漏极导通电流：

$$I_D = -Z\mu_n Q_n(y)\frac{dV}{dy} = Z\mu_n Q_n(y)\frac{d\phi_{sf}(y)}{dy} \tag{4-223}$$

其中，$Q_n(y)$ 和 $\phi_{sf}(y)$ 分别是 y 处的反型层电荷密度和正表面势，μ_n 为沟道电子迁移率。对式（4-223）从 $y=0$ 到 $y=L$ 积分，得到：

$$I_D = \frac{Z}{L}\mu_n \int_{2\phi_{Fp}}^{2\phi_{Fp}+V_D} |Q_n(y)| d\phi_{sf}(y) \tag{4-224}$$

其中 $\phi_{sf}(0)=2\phi_{Fp}$ 和 $\phi_{sf}(L)=2\phi_{Fp}+V_D$ 是长沟道正表面的强反型条件。

如果整个硅层耗尽，考虑正背面电荷耦合，则 $Q_n(y)$ 可以由式（4-214）得到：

$$|Q_n(y)| = C_{OXf}\left[V_{Gf} - V_{FBf} - \left(1+\frac{C_{Si}}{C_{OXf}}\right)\phi_{sf}(y) + \frac{C_{Si}}{C_{OXf}}\phi_{sb}(y) - \frac{qN_A T_{Si}}{2C_{OXf}}\right] \tag{4-225}$$

而背面电势 $\phi_{sb}(y)$ 由式（4-215）得出：

$$\phi_{sb}(y) = \frac{C_{OXb}}{C_{OXb}+C_{Si}}\left[V_{Gb} - V_{FBb} + \frac{C_{Si}}{C_{OXb}}\phi_{sf}(y) - \frac{qN_A T_{Si}}{2C_{OXb}}\right] \tag{4-226}$$

以上推导中，假定积累层厚度或反型层厚度相比硅层厚度可以忽略不计，且不考虑正面硅层及衬底的电压降。

由前面 SOI MOSFET 阈电压的分析可知，在 V_{Gb} 足够低时，从源到漏整个背面积累；随着 V_{Gb} 增加，当漏端背面电势达到 $V_{Gb}(L)=V_{Gb,a}$ 时，漏端背面耗尽，此时满足：$\phi_{sf}(L)=V_D+2\phi_{Fp}$，$\phi_{sb}(L)=0$，由式（4-226）得出：

$$V_{Gb,a}(L) = V_{Gb,a} - \frac{C_{Si}}{C_{OXb}}V_D \tag{4-227}$$

其中，$V_{Gb,a}$ 是由式（4-218）给出的背面积累时的背栅电压。

当背栅电压增加到大于 $V_{Gb,a}(L)$ 时，背面耗尽部分从漏向源方向扩展，直到背栅电压满足式（4-218）时，整个背面耗尽。当背栅电压继续增加，背面保持耗尽，直到背栅电压满足式（4-219），此时背面开始反型。以下对背面电荷分三种情况讨论 SOI MOS 器件的电流电压关系。

（1）背面从源到漏均积累（$V_{Gb}<V_{Gb,a}(L)$）

当背面全积累时，$\phi_{Sb}(y)=0$，由式（4-224）、式（4-225）可推出

$$I_{D,a}=\frac{Z}{L}\mu_n C_{OXf}\left[(V_{Gf}-V_{T,ba})V_D-\left(1+\frac{C_{Si}}{C_{OXf}}\right)\frac{V_D^2}{2}\right] \quad (4-228)$$

其中，$V_{T,ba}$ 是由式（4-216）所表示的背面积累时正栅阈电压（$\phi_{Sf}=2\phi_{Fp}$）。

式（4-228）表明，背面积累时的导通电流与背栅电压 V_{Gb} 无关，其原因在于背面积累电荷阻止了背面电场向硅层的穿透。

根据 $\dfrac{dI_D}{dV_D}\bigg|_{V_D=V_{Dsat}}=0$，由式（4-228）可得背面积累时的饱和漏电压：

$$V_{Dsat,a}=\frac{V_{Gf}-V_{T,ba}}{1+C_{Si}/C_{OXf}} \quad (4-229)$$

将式（4-229）代入式（4-228），相应的饱和漏电流为：

$$I_{Dsat,a}=\frac{Z\mu_n C_{OXf}}{2L(1+C_{Si}/C_{OXf})}(V_{Gf}-V_{T,ba})^2 \quad (4-230)$$

由于背面积累时 $\phi_{Sb}(y)=0$，式（4-225）的电荷表达式与 ϕ_{Sf} 呈线性关系，故推出的式（4-228）、式（4-230）与体硅 MOSFET 漏电流具有相同的形式。

（2）背面从源到漏均耗尽（$V_{Gb,a}<V_{Gb}<V_{Gb,i}$）

当背面全反耗尽时，由式（4-224）、式（4-225）、式（4-226）可以得出

$$I_{D,d}=\frac{Z}{L}\mu_n C_{OXf}\left[(V_{Gf}-V_{T,bd})V_D-\left(1+\frac{C_{Si}C_{OXb}}{(C_{Si}+C_{OXb})C_{OXf}}\right)\frac{V_D^2}{2}\right] \quad (4-231)$$

这里，$V_{T,bd}$ 为式（4-220）所表示的背面耗尽时的正栅阈电压。

由于背面耗尽时，正栅阈电压随背栅电压的增大而下降，故漏电流随背栅电压的增大而增大。

同样可以得出背面耗尽时的饱和漏电压和饱和漏电流：

$$V_{Dsat,d}=\frac{V_{Gf}-V_{T,bd}}{1+\dfrac{C_{Si}C_{OXb}}{(C_{Si}+C_{OXb})C_{OXf}}} \quad (4-232)$$

$$I_{Dsat,a}=\frac{Z\mu_n C_{OXf}}{2L\left[1+\dfrac{C_{Si}C_{OXb}}{(C_{Si}+C_{OXb})C_{OXf}}\right]}(V_{Gf}-V_{T,bd})^2 \quad (4-233)$$

（3）背面在源附近积累，漏附近耗尽（$V_{Gb,a}(L)<V_{Gb}<V_{Gb,a}$）

当漏电压较大时，尽管在源附近背面积累，漏附近仍然可能背面耗尽。假定从积累到耗尽的转折点位于 $y=y_t$，式（4-223）可写为

$$I_D=\frac{Z}{L}\mu_n\left[\int_{2\phi_{Fp}}^{\phi_{Sf}(y_t)}|Q_n(y)|\Big|_{\phi_{Sb}(y)=0}d\phi_{Sf}(y)+\int_{\phi_{Sf}(y_t)}^{2\phi_{Fp}+V_D}|Q_n(y)|\Big|_{0<\phi_{Sb}(y)<2\phi_{Fp}}d\phi_{Sf}(y)\right] \quad (4-234)$$

其中 $\phi_{Sf}(y_t)$ 可从式（4-226）中令 $\phi_{Sb}(y_t)=0$ 得出：

$$\phi_{Sf}(y_t)\approx 2\phi_{Fp}+\frac{C_{OXb}}{C_{Si}}(V_{Gb,a}-V_{Gb}) \quad (4-235)$$

求解式（4-234）和式（4-235）可得

$$I_{D,ad}=\frac{Z}{L}\mu_n C_{OXf}\left[(V_{Gf}-V_{Tf,a})V_D-\left(1+\frac{C_{bb}}{C_{OXf}}\right)\frac{V_D^2}{2}-\frac{C_{bb}}{C_{OXf}}V_D(V_{Gb,a}-V_{Gb})+\frac{C_{bb}}{2C_{OXf}}\frac{C_{OXb}}{C_{Si}}(V_{Gb,a}-V_{Gb})^2\right] \quad (4-236)$$

其中，$C_{bb} = \dfrac{C_{Si}C_{OXb}}{C_{Si}+C_{OXb}}$。值得注意的是，随着 V_{Gb} 的增大，y_t 减小，背面耗尽的区域增大，将使电流增加，趋近于式(4-231)。同样可以得出此背面部分耗尽时的饱和漏电压和饱和漏电流：

$$V_{Dsat,ad} = \frac{V_{Gf}-V_{Tf,a}-\dfrac{C_{bb}}{C_{OXf}}(V_{Gb,a}-V_{Gb})}{1+C_{bb}/C_{OXf}} \tag{4-237}$$

$$I_{Dsat,ad} = \frac{Z}{L}\frac{\mu_n C_{OXf}}{2(1+C_{bb}/C_{OXf})}\left[(V_{Gf}-V_{Tf,a})^2 - 2\frac{C_{bb}}{C_{OXf}}(V_{Gf}-V_{Tf,a})(V_{Gb,a}-V_{Gb}) + \frac{C_{OXb}^2(C_{Si}+C_{OXf})}{C_{OXf}^2(C_{Si}+C_{OXb})}(V_{Gb,a}-V_{Gb})^2\right] \tag{4-238}$$

4.10.4　SOI MOSFET 的亚阈值斜率

对于 SOI MOSFET，其亚阈区导电的仍然是扩散电流，仅考虑正面沟道导电，则可以得出与体硅 MOSFET 相同的亚阈值电流表达式，即式(4-75)。于是可以推导出相应的亚阈值斜率：

$$S = \frac{dV_{Gf}}{d(\lg I_{Dsub})} = (\ln 10)\frac{dV_{Gf}}{d(\ln I_{Dsub})} = (\ln 10)\frac{kT}{q}\frac{dV_{Gf}}{d\phi_{Sf}} \tag{4-239}$$

当背面积累时，$\phi_{Sb}=0$，由式(4-214)可得

$$S_{ba} = (\ln 10)\frac{kT}{q}\frac{dV_{Gf}}{d\phi_{Sf}} = (\ln 10)\frac{kT}{q}\left[1+\frac{C_{Si}}{C_{OXf}}\right] \tag{4-240}$$

当背面耗尽时，ϕ_{Sb} 从积累时的 0 变化到反型时的 $2\phi_{Fp}$，由式(4-214)、式(4-215)消去 ϕ_{Sb}，可得

$$S_{bd} = (\ln 10)\frac{kT}{q}\frac{dV_{Gf}}{d\phi_{Sf}} = (\ln 10)\frac{kT}{q}\left[1+\frac{C_{Si}C_{OXb}}{C_{OXf}(C_{Si}+C_{OXb})}\right] \tag{4-241}$$

一般情况下，埋氧化层厚度远大于硅层厚度和正栅氧化层厚度，故有 $C_{OXb}\ll C_{Si}$，$C_{OXb}\ll C_{OXf}$，故 $S_{bd}<S_{ba}$，也就是说，背面耗尽时的 SOI MOSFET 亚阈值斜率小于背面积累的 SOI MOSFET 亚阈值斜率，背面耗尽器件具有更小的泄漏电流。在背面耗尽时，亚阈值斜率可由式(4-241)近似为：

$$S \approx (\ln 10)\frac{kT}{q} \tag{4-242}$$

4.10.5　短沟道 SOI MOSFET 的准二维分析[63,50]

前面对长沟道 SOI MOSFET 的基本特性进行了一维分析，SOI MOS 器件的突出优势是其优异的短沟道性能和亚阈值特性。对于短沟道器件，必须考虑二维电势分布的影响，这里采用类似于 4.7.5 节的高斯盒准二维模型，对 SOI MOSFET 的短沟道效应特征长度和阈电压进行分析讨论。

准二维分析类似于 4.7.5 节中对体硅器件的处理，通过对图 4-90 所示的高斯盒采用高斯定律，在忽略沟道中的可动电荷和埋氧化层边缘电场，并假设埋氧化层中电场均匀的情况下，可得到如下关于正表面电势和电场的二阶微分方程：

$$\frac{\varepsilon_s T_{Si}}{\eta}\frac{d^2\phi_{Sf}(y)}{dy^2} + C_{OXf}[V_{Gf}-V_{FBf}-\phi_{Sf}(y)] +$$

$$C_{OXb}[V_{Gb}-V_{FBb}-\phi_{Sb}(y)] = qN_A T_{Si} \tag{4-243}$$

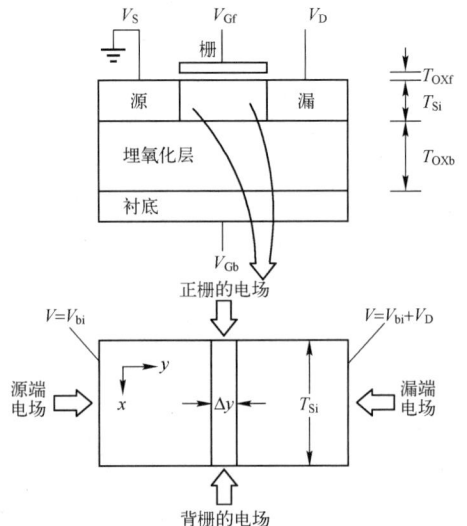

图 4-90　准二维模型的高斯盒及边界条件

式(4-243)等号左边第一项为沿 y 方向进入高斯盒的净电通量,第二和第三项分别为进入高斯盒上边和下边的电通量,等号右边为高斯盒中的总电荷,η 为拟合参数。由于方程中出现未知量 ϕ_{Sb},还需要建立 ϕ_{Sf} 和 ϕ_{Sb} 的关系,通过式(4-206)可以得到两者的关系:

$$\phi_{Sb}(y)=\phi_{Sf}(y)-E_{Sf}(y)T_{Si}+\frac{qN_AT_{Si}^2}{2\varepsilon_s} \tag{4-244}$$

而正表面的垂直电场为:

$$E_{Sf}(y)=\frac{C_{OXf}(V_{Gf}-V_{FBf}-\phi_{Sf}(y))}{\varepsilon_s} \tag{4-245}$$

将式(4-244)和式(4-245)代入式(4-243),得到

$$\frac{\varepsilon_s T_{Si}}{\eta C_{OXf}}\frac{d^2\phi_{Sf}(y)}{dy^2}-\phi_{Sf}(y)=\frac{qN_AT_{Si}}{C_{OXf}}\left[1+\frac{C_{OXb}}{2C_{Si}}\right]-\left[1+\frac{C_{OXb}}{C_{Si}}\right]\frac{C_{OXf}(V_{Gf}-V_{FBf})}{C_{OXf}}-\frac{C_{OXb}(V_{Gb}-V_{FBb})}{C_{OXf}} \tag{4-246}$$

上式可以进一步简化为:

$$\frac{\varepsilon_s T_{Si}\widetilde{C}}{\eta C_{OXf}C_{OXb}}\frac{d^2\phi_{Sf}(y)}{dy^2}-\phi_{Sf}(y)+\phi_{S0}=0 \tag{4-247}$$

其中

$$\phi_{S0}=\frac{\widetilde{C}}{\widetilde{C}_{OXb}}(V_{Gf}-V_{T0})+2\phi_{Fp}$$

$$V_{T0}=V_{FBf}+\frac{\widetilde{C}_{OXb}}{\widetilde{C}}\cdot 2\phi_{Fp}-\frac{\widetilde{C}_{OXb}}{\widetilde{C}}(V_{Gb}-V_{FBb})+\left[1+\frac{\widetilde{C}_{OXb}}{C_{Si}}\right]\frac{qN_AT_{Si}}{C_{OXf}}$$

$$\frac{1}{\widetilde{C}_{OXb}}=\frac{1}{C_{OXb}}+\frac{1}{C_{Si}},\quad \frac{1}{\widetilde{C}}=\frac{1}{C_{OXf}}+\frac{1}{C_{Si}}+\frac{1}{C_{OXb}}$$

求解式(4-247),代入边界条件 $\phi_{Sf}(0)=V_{bi}$,$\phi_{Sf}(L)=V_{bi}+V_D$,得到正表面电势分布

$$\phi_{Sf}=\phi_{S0}+(V_{bi}+V_D-\phi_{S0})\frac{\sinh(y/\lambda_1)}{\sinh(L/\lambda_1)}+(V_{bi}-\phi_{S0})\frac{\sinh[(L-y)/\lambda_1]}{\sinh(L/\lambda_1)} \tag{4-248}$$

其中,ϕ_{S0} 是长沟道 SOI 器件的正表面势,V_{bi} 为源-衬底和漏-衬底 PN 结内建电势,λ_1 是表征短沟道效应的特征长度:

$$\lambda_1=\sqrt{\frac{\varepsilon_s T_{Si}\widetilde{C}}{\eta C_{OXf}C_{OXb}}}=\sqrt{\frac{\varepsilon_s T_{Si}T_{OXf}}{\eta\varepsilon_{OX}\left(1+\frac{C_{OXb}}{C_{OXf}}+\frac{C_{OXb}}{C_{Si}}\right)}} \tag{4-249}$$

由式(4-248)可知,SOI MOS 器件的正表面势与 4.7.5 节中短沟道体硅器件具有相同的形式,沟道长度与特征长度的比值 L/λ_1 表征了器件的短沟道特性。L/λ_1 越大,正表面势极小值越低,对应的电子势垒越高,关态泄漏电流越小。而式(4-249)表明,减小栅氧化层厚度、硅层厚度以及埋氧化层厚度,都可以减小特征长度,减小短沟道效应。一般情况下,埋氧化层厚度远大于硅层厚度和正栅氧化层厚度,故有 $C_{OXb}\ll C_{Si}$,$C_{OXb}\ll C_{OXf}$。假定经验参数 $\eta=1$,则可得出短沟道 SOI MOSFET 特征长度的简化表达式:

$$\lambda_1=\sqrt{\frac{\varepsilon_s}{\varepsilon_{OX}}T_{Si}T_{OXf}} \tag{4-250}$$

由式(4-250)可知,SOI MOSFET 的特征长度不仅可以通过减小栅氧化层厚度来降低,还可以通过减薄硅膜厚度来降低。也就是说,可以通过采用超薄硅膜来减小短沟道效应,降低关态泄漏电流,从而降低对栅氧化层厚度减薄的限制,这也是薄膜 SOI 器件的一大优势。图 4-91 所示的关系曲线,印证了硅膜厚度对器件亚阈值特性的影响。

根据式(4-248)的 SOI MOSFET 正表面势分布,采用 4.7.5 节体硅阈电压的求解方法,同样可以准二维地求解出短沟道 SOI MOS 器件的阈电压,这里不再赘述。

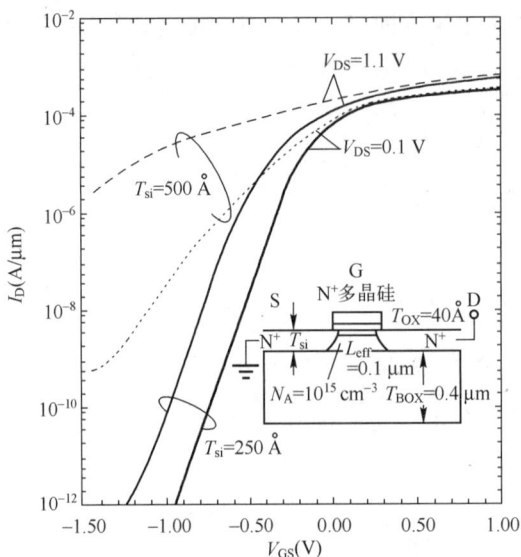

图 4-91　SOI MOS 器件转移特性与硅膜厚度及漏电压的关系曲线

4.11　多栅结构 MOSFET 与 FinFET

随着 MOSFET 特征尺寸持续缩小,在 21 世纪初就达到了 100 nm 以下,进入纳米领域。然而,在器件尺寸缩小的同时,也面临着诸多的问题,比如:为维持器件速度,MOSFET 的阈电压必须与工作电压等比例缩小以保证足够的驱动电流。而亚阈值斜率却无法按比例缩小,此时阈电压的减小会造成器件关态泄漏电流呈指数增加,静态功耗增大。为了使 MOSFET 的亚阈值斜率不随器件尺寸缩小而恶化,需要在尺寸缩小的同时,增大电流输运方向的电势曲率,也就是增大沟道区载流子势垒高度以控制亚阈值泄漏电流。

由二维泊松方程可知,增加电流输运方向的电势曲率可以通过两个方法来实现。一是增加沟道掺杂浓度,但这会增大结电容,且使载流子迁移率退化,影响电路速度。二是增大沟道垂直方向的电场梯度,即通过薄膜全耗尽 SOI 或多栅 MOSFET 来实现。

4.11.1　多栅 MOSFET 结构[64]

多栅 MOSFET 的沟道区有多个表面被栅覆盖,使栅电压从多个方向对沟道电势进行调节,从而增强对沟道区电荷的控制。为了增强栅极多个方向电场的控制作用,通常沟道区的横截面尺寸要小于耗尽层宽度。图 4-92 为多栅 MOSFET 的几种结构,根据硅片表面与电流方向的位置关系,分为平面结构和鳍状(Fin)结构,其中鳍状(Fin)结构的 MOSFET 简称为 FinFET,包括双栅(Double Gate) FinFET、三栅(Triple Gate) FinFET 和围栅(Gate All Around) FinFET,栅极分别从两个相对的方向、三个方向和四个方向调节沟道电势。当沟道区 Fin 的横截面尺寸减小到 10 nm 左右时,围栅 FinFET 又可以称为纳米线(Nanowire)FET。

多栅 MOSFET 是基于几何结构来增强栅对沟道电势的控制能力的,其优点是:(1)器件截止时沟道耗尽,亚阈值斜率接近理想;(2)通过几何结构加强了对短沟道效应的抑制,使沟道区掺杂浓度无须按比例增加,可以轻掺杂甚至不掺杂,避免了迁移率退化及沟道区杂质涨落,提高了器件参数的一致性;(3)器件导通时,被栅覆盖的多个表面参与导电,增大了电流驱动能力。

从实际应用于超大规模集成电路的 MOS 晶体管的发展来看,在栅长进入 22 nm 后,为了保

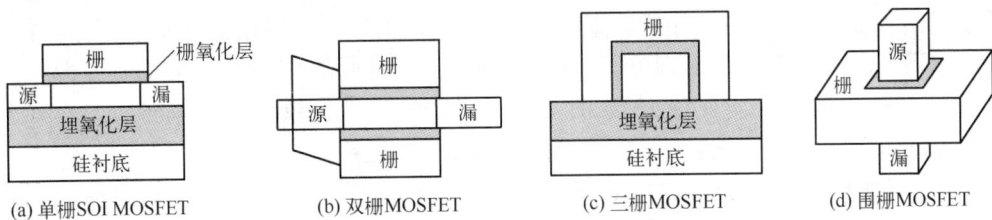

(a) 单栅SOI MOSFET　　(b) 双栅MOSFET　　(c) 三栅MOSFET　　(d) 围栅MOSFET

图 4-92　多栅 MOSFET 的结构

证低的泄漏电流和大的驱动电流,已经从平面体硅 MOSFET 结构向三维 FinFET 结构转变,如图 4-93 所示。图 4-93(b)中,FinFET 的导电沟道位于高且窄的硅鳍,栅极能对其进行更好的电势控制,使得 FinFET 比平面体硅 MOSFET 具有更为陡峭的亚阈值特性,见图 4-94(a)。低的亚阈值斜率可使 FinFET 在低阈电压下具有更小的泄漏电流,保证了低电压工作情况下的低功耗和高性能,如图 4-94(b)所示。

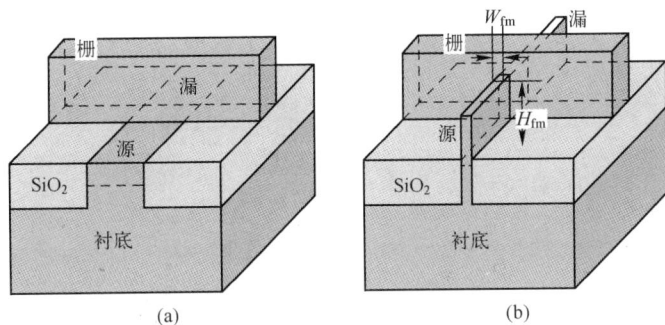

图 4-93　平面体硅 MOSFET 结构(a)与 FinFET 结构(b)的比较

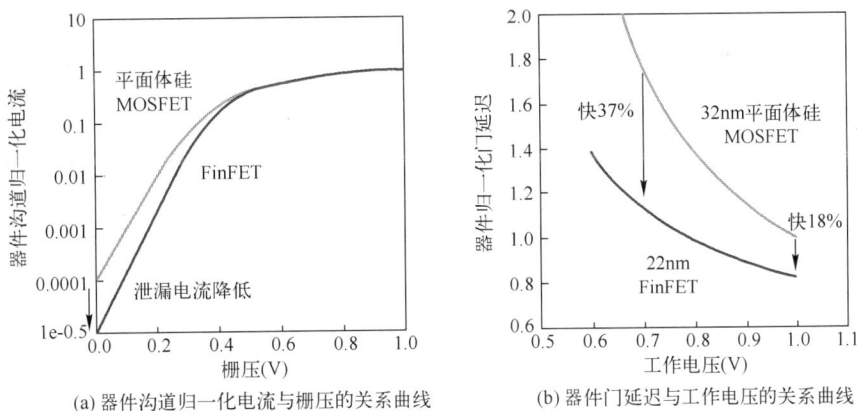

(a) 器件沟道归一化电流与栅压的关系曲线　　(b) 器件门延迟与工作电压的关系曲线

图 4-94　平面体硅 MOSFET 与 FinFET 电学性能的比较

4.11.2　多栅结构 MOSFET 的特征长度

多栅 MOS 器件是利用多个方向的栅来控制沟道电场的。实际上,双栅 SOI MOSFFT 是从单栅薄膜全耗尽 SOI MOSFET 发展来的。为了克服 FD SOI MOSFET 背栅控制作用弱的问题,可以把背栅做成和正栅一样的结构,用同样的薄栅氧化层和栅极,并且两个栅极连接在一起,共同用来调制沟道。由于双栅器件与普通的平面工艺不兼容,实际上的多栅结构器件一般制作成三栅 FinFET 结构,如图 4-92(c)所示。

如图 4-93(b)所示,三栅 FinFET 结构硅鳍的高为 H_{fin},宽为 W_{fin},如果器件的 $H_{fin} \ll W_{fin}$,即硅

鳍的高宽比很小，可以忽略左右侧栅的影响，器件可以简化为平面单栅器件来近似分析；而如果 $H_{fin} \gg W_{fin}$，即硅鳍的高宽比很大，则可以忽略顶栅的影响，简化为双栅器件来近似分析。目前工艺上应用的 FinFET 结构高宽比很大，如图 4-93（b）所示，所以这里用双栅器件来近似。上一节已经对单栅 SOI 器件进行了分析。这里只对双栅 FinFET 结构进行讨论。

对于图 4-92（b）的双栅 MOSFET 结构，设 x 是垂直于沟道向内的方向，y 是平行于沟道的方向，写出二维泊松方程：

$$\frac{\mathrm{d}\phi^2(x,y)}{\mathrm{d}x^2}+\frac{\mathrm{d}\phi^2(x,y)}{\mathrm{d}y^2}=\frac{qN_A}{\varepsilon_s} \tag{4-251}$$

在垂直表面的 x 方向，电势变化较为平缓，可以采用简单的抛物线函数来近似

$$\phi(x,y)=c_0(y)+c_1(y)x+c_2(y)x^2 \tag{4-252}$$

其中参数 $c_0(y)$、$c_1(y)$ 和 $c_2(y)$ 仅仅是 y 的函数。

硅鳍与栅氧化层界面 $x=0$ 处，满足

$$\phi(0,y)=c_0(y)=\phi_S(y) \tag{4-253}$$

界面处的电场，由栅压和氧化层厚度决定

$$\left.\frac{\mathrm{d}\phi(x,y)}{\mathrm{d}x}\right|_{x=0}=\frac{\varepsilon_{OX}}{\varepsilon_s}\frac{\phi_S(y)-V_G+V_{FB}}{T_{OX}}=c_1(y) \tag{4-254}$$

忽略顶栅的影响，在硅鳍中间，电场为零：

$$\left.\frac{\mathrm{d}\phi}{\mathrm{d}x}\right|_{x=W_{fin}/2}=c_1(y)+c_2(y)W_{fin}=0 \tag{4-255}$$

将式（4-253）、式（4-254）、式（4-255）代入式（4-252），得出抛物线近似下的电势分布

$$\phi(x,y)=\phi_S(y)+\frac{\varepsilon_{OX}}{\varepsilon_s}\frac{\phi_S(y)-(V_G-V_{FB})}{T_{OX}}x-\frac{\varepsilon_{OX}}{\varepsilon_s}\frac{\phi_S(y)-(V_G-V_{FB})}{T_{OX}W_{fin}}x^2 \tag{4-256}$$

在式（4-256）中代入 $x=W_{fin}/2$，可以得到硅鳍中心的电势 ϕ_C 与表面势 ϕ_S 的关系

$$\phi_S(y)=\frac{1}{1+\dfrac{\varepsilon_{OX}}{4\varepsilon_s T_{OX}}}\left[\phi_C(y)+\frac{\varepsilon_{OX}}{4\varepsilon_s}\frac{W_{fin}}{T_{OX}}(V_G-V_{FB})\right] \tag{4-257}$$

也就是说，双栅 FinFET 硅膜中心的电势与表面势呈线性关系。图 4-95 是数值计算得到的硅鳍中心和表面的电子势能沿沟道方向的分布。图 4-95 表明，对电子而言，硅鳍中心的势垒比表面势垒更低，也更窄，且硅鳍较厚时更为明显，故穿通泄漏电流大部分流经硅鳍中心。

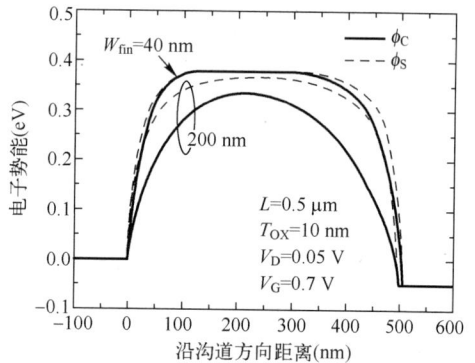

图 4-95 硅鳍中心和表面的电子势能沿沟道方向的分布

将式（4-257）代入式（4-256），得到以硅鳍中心电势为变量的二维电势分布表达式

$$\phi(x,y)=\left[1+\frac{\varepsilon_{OX}}{\varepsilon_s}\frac{x}{T_{OX}}-\frac{\varepsilon_{OX}}{\varepsilon_s}\frac{x^2}{T_{OX}W_{fin}}\right]\frac{\phi_C(y)+\dfrac{\varepsilon_{OX}}{4\varepsilon_s}\dfrac{W_{fin}}{T_{OX}}(V_G-V_{FB})}{1+\dfrac{\varepsilon_{OX}}{4\varepsilon_s}\dfrac{W_{fin}}{T_{OX}}}-$$

$$\frac{\varepsilon_{OX}}{\varepsilon_s}\frac{x}{T_{OX}}(V_G-V_{FB})+\frac{\varepsilon_{OX}}{\varepsilon_s}\frac{x^2}{T_{OX}W_{fin}}(V_G-V_{FB}) \tag{4-258}$$

将上式代入二维泊松方程（4-251），可得

$$\frac{\mathrm{d}^2\phi_{\mathrm{C}}(y)}{\mathrm{d}y^2}+\frac{V_{\mathrm{G}}-V_{\mathrm{FB}}-\phi_{\mathrm{C}}(y)}{\lambda_2^2}=\frac{qN_{\mathrm{A}}}{\varepsilon_{\mathrm{s}}} \tag{4-259}$$

$$\lambda_2=\sqrt{\frac{\varepsilon_{\mathrm{s}}T_{\mathrm{OX}}W_{\mathrm{fin}}}{2\varepsilon_{\mathrm{OX}}}\left(1+\frac{\varepsilon_{\mathrm{OX}}W_{\mathrm{fin}}}{4\varepsilon_{\mathrm{s}}T_{\mathrm{OX}}}\right)} \tag{4-260}$$

其中，λ_2 为特征长度，与前面单栅 SOI MOSFET 的特征长度 λ_1 具有相同的物理意义，且 $\lambda_2<\lambda_1$，表明双栅 FinFET 比单栅 SOI 器件更有利于抑制短沟道效应。

λ_2 是衡量 MOSFET 短沟道效应的重要参数，实际上，λ_2 表征了器件关断时电子越过沟道势垒的形状。由图 4-95 可见，硅鳍厚度 W_{fin} 从 200 nm 减小到 40 nm 时，特征长度减小，使得电子势垒高度增大、厚度增加，关态泄漏电流下降。根据不同的器件，从体硅 MOSFET、超薄 SOI MOSFET（ETSOI）、双栅 MOSFET（DG）、三栅 MOSFET（TG）到围栅 MOSFET（GAA），都可以按照上述推导，得出相应的特征长度参数。若统一以 T_{Si} 表示硅层（鳍）厚度，表 4-3 列出了多栅 SOI MOSFET 的特征长度。

表 4-3　多栅 SOI MOSFET 的特征长度

单栅结构	$\lambda_1\approx\sqrt{\dfrac{\varepsilon_{\mathrm{s}}}{\varepsilon_{\mathrm{OX}}}T_{\mathrm{Si}}T_{\mathrm{OX}}}$
双栅结构	$\lambda_2\approx\sqrt{\dfrac{\varepsilon_{\mathrm{s}}}{2\varepsilon_{\mathrm{OX}}}T_{\mathrm{Si}}T_{\mathrm{OX}}}=\sqrt{\dfrac{1}{2}}\lambda_1$
三栅结构	$\lambda_3\approx\sqrt{\dfrac{\varepsilon_{\mathrm{s}}}{3\varepsilon_{\mathrm{OX}}}T_{\mathrm{Si}}T_{\mathrm{OX}}}=\sqrt{\dfrac{1}{3}}\lambda_1$
环栅结构	$\lambda_4\approx\sqrt{\dfrac{\varepsilon_{\mathrm{s}}}{4\varepsilon_{\mathrm{OX}}}T_{\mathrm{Si}}T_{\mathrm{OX}}}=\dfrac{1}{2}\lambda_1$

图 4-96（a）和（b）分别是以有效沟道长度 L_{eff} 和以有效沟道长度与特征长度之比 L_{eff}/λ 为衡量标准的不同种类器件的 DIBL 效应比较，可见随着多栅器件栅极数目增大，其栅对电势控制作用增强，对应的 DIBL 效应减弱。图 4-96（a）采用 L_{eff} 为横坐标，不同种类的器件得出不同的 DIBL 值，而图 4-96（b）采用 L_{eff}/λ 为横坐标，不同种类的器件能得到几乎相同的 DIBL 数值。也就是说，L_{eff}/λ 可以作为多栅器件按比例缩小因子，只要保证 L_{eff}/λ 大于一定的值，就可以得到符合要求的短沟道特性。

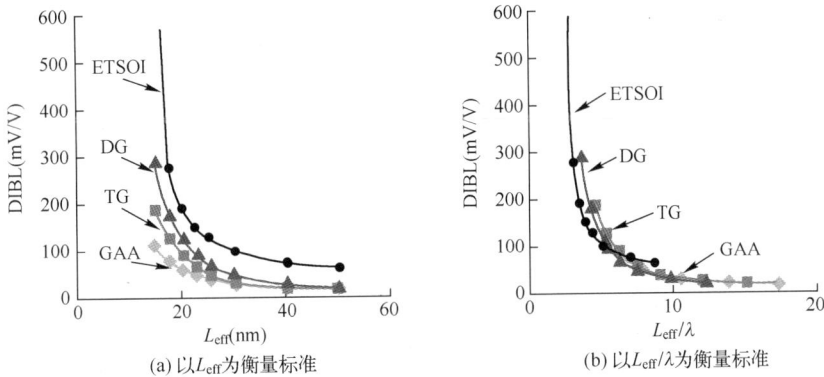

(a) 以 L_{eff} 为衡量标准　　(b) 以 L_{eff}/λ 为衡量标准

图 4-96　不同种类器件的 DIBL 效应比较

4.11.3　双栅 FinFET 的亚阈值斜率[65]

在式（4-259）中，引入变量

$$\eta(y)=\phi_{\mathrm{C}}(y)-V_{\mathrm{G}}+V_{\mathrm{FB}}+\frac{qN_{\mathrm{A}}}{\varepsilon_{\mathrm{s}}}\lambda_2^2 \tag{4-261}$$

则式（4-259）可简化为关于 $\eta(y)$ 的方程

$$\frac{\mathrm{d}^2\eta(y)}{\mathrm{d}y^2}-\frac{\eta(y)}{\lambda_2^2}=0 \tag{4-262}$$

$\eta(y)$ 所满足的边界条件为
$$\eta(0) = V_{bi} - V_G + V_{FB} + \frac{qN_A}{\varepsilon_s}\lambda_2^2 \equiv \eta_S \tag{4-263}$$

以及
$$\eta(L) = V_{bi} + V_D - V_G + V_{FB} + \frac{qN_A}{\varepsilon_s}\lambda_2^2 \equiv \eta_S + V_D \tag{4-264}$$

其中，V_{bi} 和 V_D 分别是内建电势和漏电压。式（4-262）的解为

$$\eta(y) = \frac{\eta_S \sinh\left(\frac{L-y}{\lambda_2}\right) + (\eta_S + V_D)\sinh\left(\frac{y}{\lambda_2}\right)}{\sinh\left(\frac{L}{\lambda_2}\right)} \tag{4-265}$$

通过求 $d\eta/dy|_{y=y_0} = 0$，得到硅鳍中心电势极小值 ϕ_m，电势极值位于 y_0 处：

$$y_0 \approx \frac{L}{2} + \frac{\lambda}{2}\ln\left(\frac{\eta_S}{\eta_S + V_D}\right) \tag{4-266}$$

通常情况下，满足 $L_G \gg \lambda$，硅鳍中心电势极小值为

$$\phi_m = V_G - V_{FB} - \frac{qN_A}{\varepsilon_s}\lambda_2^2 + 2\sqrt{\eta_S(\eta_S + V_D)}\exp\left(-\frac{L}{2\lambda_2}\right) \tag{4-267}$$

式（4-267）中，第一、二项分别是栅压与平带电压，第三项的值是 nV 量级，可以忽略。最后一项当 $L \to \infty$ 时为零，表征短沟道效应的影响。即短沟道效应使得电势极小值增加，对应电子越过的势垒下降，穿通泄漏电流增大。

假定器件开启条件是 $\phi_m = 2\phi_{Fp}$，则可由式（4-267）推出阈电压表达式，推导过于繁杂，这里加以忽略。

由于穿通泄漏电流经过硅鳍中心，因而亚阈值斜率与硅鳍中心最低电势 ϕ_m 有关，根据亚阈值斜率的定义，可得

$$S = \frac{dV_G}{d(\lg I_{Dsub})} = (\ln 10)\frac{dV_G}{d(\ln I_{Dsub})} = (\ln 10)\frac{kT}{q}\frac{dV_G}{d\phi_m} \tag{4-268}$$

代入式（4-267）得到双栅 FinFET 的亚阈值斜率如下

$$S = (\ln 10)\frac{kT}{q}\frac{dV_G}{d\phi_S} = (\ln 10)\frac{kT}{q}\left[1 - \frac{2\eta_S + V_D}{\sqrt{\eta_S(\eta_S + V_D)}}\exp(-\alpha)\right]^{-1} \tag{4-269}$$

当 $\eta_S \gg V_D$ 时，式（4-269）可简化为

$$S = (\ln 10)\frac{kT}{q}\frac{1}{1 - 2e^{-\alpha}} \tag{4-270}$$

其中 α 称为缩小参数：$\quad \alpha = \dfrac{L}{2\lambda_2} \tag{4-271}$

图 4-97 为式（4-270）得出的亚阈值斜率与缩小参数 α 的关系，并与二维数值模拟的结果进行比较，尽管二维数值模拟的离散性较大，但仍然能与式（4-270）很好地吻合。其中多晶硅的受主杂质浓度和源漏的施主杂质浓度均为 10^{20} cm^{-3}，$N_A = 10^{15}$ cm^{-3}，$V_G = 0.7$，$V_D = 0.05$ V，$V_{bi} = 0.88$ V，$V_{FB} = 0.3$ V。相应地得出 $\eta_S = 0.48$ V，满足 $\eta_S \gg V_D$ 的条件。由图 4-97 可见，选择器件参数使得 $\alpha > 3$，即可满足 $S < 70$ mV/decade 的理想亚阈值斜率。

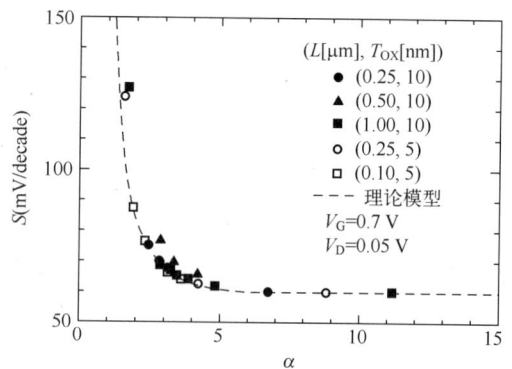

图 4-97　双栅 FinFET 亚阈值斜率与
缩小参数 α 的关系

4.11.4 双栅 FinFET 的按比例缩小[66]

由上述分析和图 4-97 可知,尽管选择不同的沟道长度和栅氧化层厚度,但只要器件尺寸缩小时保持同样的 α 的值,就可以得到同样的亚阈值斜率 S。图 4-97 显示,为保证 $S <$ 70 mV/decade 的理想亚阈值斜率,α 应不小于 3。一旦确定了 α 的值,就可以根据式(4-260)和式(4-271)得出不同沟道长度下的栅氧化层厚度 T_{OX} 和硅鳍宽度 W_{fin} 的关系:

$$T_{OX} = \frac{\varepsilon_{OX} L^2}{2\alpha^2 \varepsilon_s W_{fin}} - \frac{\varepsilon_{OX}}{4\varepsilon_s} W_{fin} \qquad (4-272)$$

图 4-98 给出了在保持 $\alpha = 3$ 的情况下,针对不同沟道长度双栅 FinFET 的 T_{OX} 和 W_{fin} 的设计参数。T_{OX} 和 W_{fin} 允许的取值应在给定沟道长度确定的曲线下方。也就是说,根据器件沟道长度从曲线下方选择 T_{OX} 和 W_{fin},就能够保证器件小于 70 mV/decade 的理想亚阈值斜率。

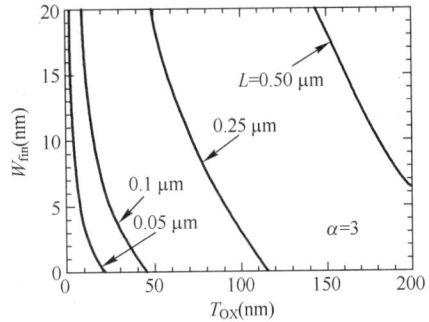

图 4-98　双栅 FinFET 设计参数

4.11.5 多栅 FinFET 的结构设计[67]

由上面的分析可知,FinFET 的沟道电势由多面栅控制,能很好地抑制短沟道效应,亚阈值斜率小。在截止时穿通泄漏电流低,导通时因多个面反型导通,驱动电流高、跨导大。FinFET 在制作上与平面工艺兼容,因而在特征尺寸小于 22 nm 的超大规模集成电路中被广泛应用。实际上,FinFET 的器件性能,与其结构关系密切,强烈依赖于鳍的数目和高宽比(Aspect Ratio,AR)。

为了比较不同高宽比硅鳍所构成的器件性能,选择三栅 FinFET,其截面图如图 4-99(a)~(c)所示,为了讨论硅鳍数目与器件特性的关系,对单鳍和三鳍 FinFET 进行分析比较,图 4-99(d)是三鳍 FinFET 的三维结构图。对于图 4-99(a)~(c)的三栅器件,将硅鳍截面积保持固定的 128 nm^2,具体尺寸见表 4-4。此外将不同高宽比(AR)器件的阈电压校准到 200 mV,相同的截面积和阈电压表明器件具有相同沟道控制和工作环境。通过泊松方程、输运方程和连续性方程的三维计算机求解,并计入电子空穴的量子势,可以得到与实际工艺制作相一致的器件的性能。

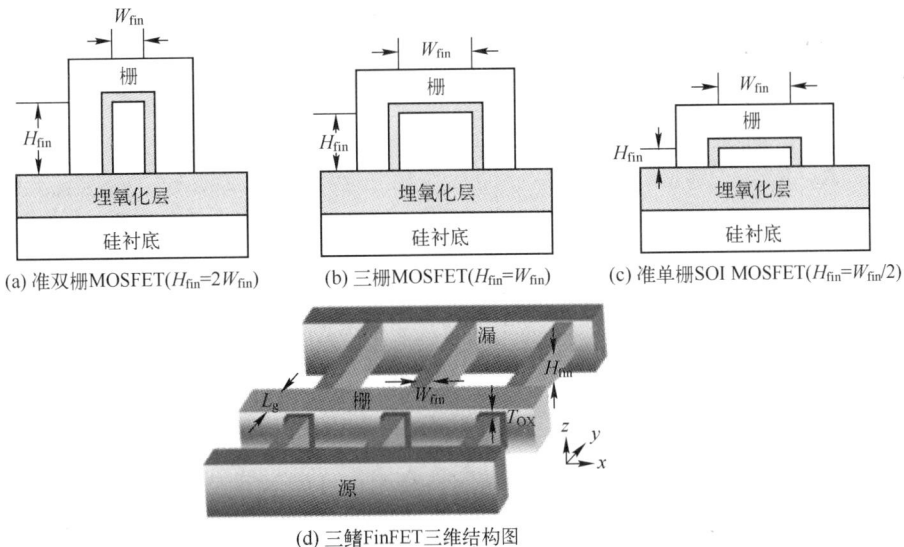

(a) 准双栅 MOSFET($H_{fin} = 2W_{fin}$)　　(b) 三栅 MOSFET($H_{fin} = W_{fin}$)　　(c) 准单栅 SOI MOSFET($H_{fin} = W_{fin}/2$)

(d) 三鳍 FinFET 三维结构图

图 4-99　不同高宽比的三栅 FinFET 截面图和三鳍 FinFET 三维结构图

首先讨论短沟道特性,图4-100(a)和(b)分别是计算机数值计算得到的不同高宽比的单鳍和三鳍N型FinFET阈电压与沟道长度的关系曲线。可见,三鳍比单鳍可以更好地抑制阈电压下降的短沟道效应。同时,硅鳍的高宽比增大也使短沟道效应有所改善,也就是说,$H_{fin}>W_{fin}$的准双栅结构,比$H_{fin}<W_{fin}$的准平面结构具有更好的短沟道特性。

表4-4 图4-99(a)~(c)中相同截面积、不同高宽比的硅鳍尺寸

结构参数	准双栅	三栅	准单栅
AR(H_{fin}/W_{fin})	2.0	1.0	0.5
H_{fin}(nm)	16	11.3	8
W_{fin}(nm)	8	11.3	16
有效鳍宽(nm)	40	33.9	32

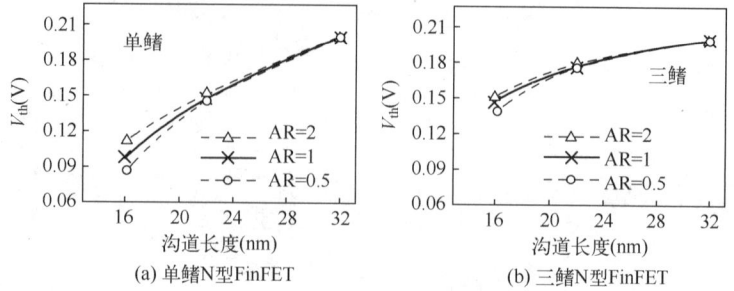

图4-100 不同高宽比的阈电压与沟道长度的关系曲线

图4-101同时显示了不同高宽比与栅长16 nm的单鳍FinFET亚阈值斜率和DIBL系数与有效鳍宽的关系曲线,横坐标的有效鳍宽由$2H_{fin}+W_{fin}$给出。结果表明,在相同高宽比条件下,减小硅鳍有效鳍宽也就是缩小截面积,能有效地增强栅对沟道的电势控制,降低亚阈值斜率和DIBL系数(DIBL系数通过漏电压为0.05 V和1 V时阈电压的差来表示);而在相同的截面积情况下,增大硅鳍的高宽比同样也能降低短沟道效应。从导通电流角度来看,宽的硅鳍能得到更大的电流,这是因为其具有更小的沟道电阻。然而,增大鳍宽并保持高宽比不变,则硅鳍的截面积增大,栅对沟道的控制减弱,器件的亚阈值斜率和DIBL效应增强。

从芯片版图效率的角度看,采用大高宽比的多栅FinFET结构,既能够降低亚阈值斜率和漏致势垒降低效应,同时可以大大增加芯片中器件密度,提高版图效率。例如,为保证亚阈值斜率$S<70$ mV/dec,采用图4-99(a)的准双栅器件,其所占芯片面积分别是图4-99(b)的三栅器件和图4-99(c)的准单栅器件的1/1.33和1/1.67。

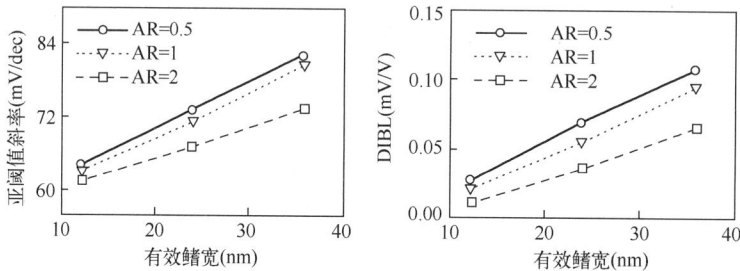

图4-101 不同高宽比与栅长16 nm的单鳍FinFET亚阈值斜率和DIBL系数与有效鳍宽的关系曲线

如图4-101所示,对于单鳍FinFET,采用截面积更小的硅鳍能够降低亚阈值斜率和DIBL效应,但会使沟道电阻增大,驱动电流下降。因此,为了在保持良好短沟道特性的同时,又能得到大的驱动电流,只能采用三鳍FinFET结构,如图4-99(d)所示。

对于n条硅鳍的FinFET器件,其饱和导通电流可近似为

$$I_{on}=\frac{n(2H_{fin}+W_{fin})\mu C_{OX}}{L}(V_G-V_T)^2=\frac{n(2AR+1)W_{fin}\mu C_{OX}}{L}(V_G-V_T)^2 \tag{4-273}$$

其中,H_{fin}和W_{fin}分别是鳍高和鳍宽,AR是硅鳍的高宽比。可见多鳍及高宽比大的器件能提供更大的电流。对于16 nm栅长器件,采用表4-3的硅鳍截面,计算机数值模拟结果表明,理想情况下,准双栅FinFET的导通电流分别是三栅和准平面器件的1.2和2.9倍。而三鳍器件由于寄生电阻的影响,其导通电流是单鳍器件的2.1倍,如图4-102(a)所示。总的来说,具有大的高宽比

的三鳍器件,比单鳍器件具有更大的驱动电流,更小的输出电阻 R_{out},见图 4-102(b)。当然,更小的输出电阻意味着寄生串联电阻的影响更大。

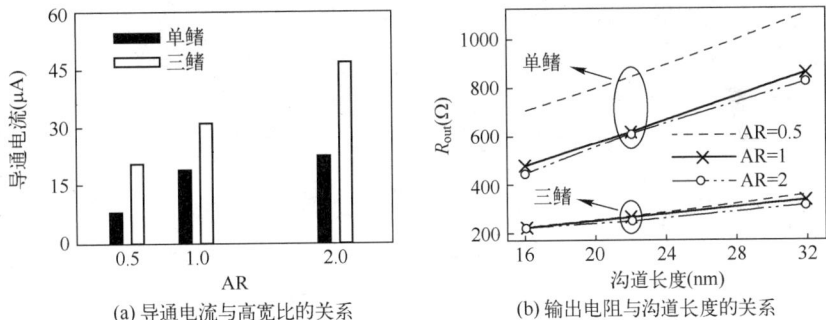

(a) 导通电流与高宽比的关系   (b) 输出电阻与沟道长度的关系

图 4-102　FinFET 的导通特性

值得注意的是,尽管三鳍器件具有更大的有效栅宽,比单鳍器件具有更大的导通电流 I_{on},但相应的栅电容 C_g 也更大。图 4-103(a)是栅长 16 nm 下器件的栅电容与高宽比的关系,可见三鳍器件的栅电容近似为单鳍器件的 3 倍,随着鳍数和高宽比的增大,栅电容增加。然而,栅电容增大会增加本征门延迟时间($C_g V_{dd}/I_{on}$),器件设计需要在驱动电流和栅电容上进行折中考虑。图 4-103(b)是不同结构器件的本征门延迟时间与高宽比的关系,可见单鳍器件具有更好的开关特性,而大的高宽比也可减小器件的本征门延迟时间。

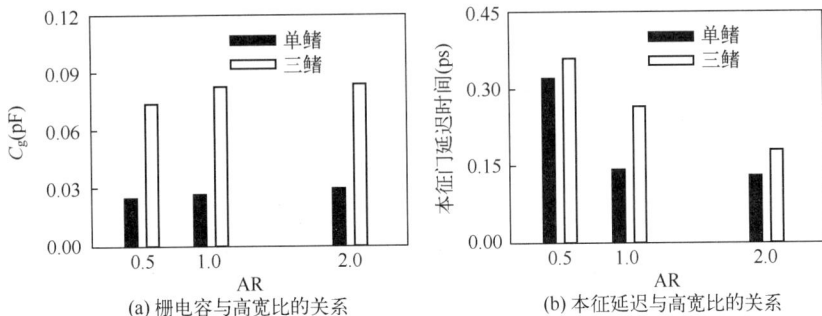

(a) 栅电容与高宽比的关系   (b) 本征延迟与高宽比的关系

图 4-103　FinFET 的开关特性

4.11.6　围栅 MOSFET

围栅(Gate All Around,GAA 或 Surrounding Gate,SG)MOSFET 是栅电极完全包围一个很细的硅柱(沟道区),其结构如图 4-104 所示。由于栅电极环绕沟道,它比双栅 MOSFET 中栅对沟道区的控制更强。

围栅 MOSFET 可以保持沟道在硅平面内的结构,也可以使沟道垂直于硅片表面,形成垂直围栅结构。性能上,围栅 MOSFET 与双栅 MOSFET 相比更利于抑制短沟道效应,具有更优的亚阈值斜率,而且还有更多的优点,比如垂直围栅 MOSFET 的沟道长度不依赖于光刻水平,采用分子束外延可以控制到单层原子的尺度,可以实现栅-源-漏自对准,

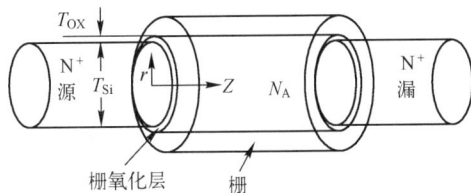

图 4-104　围栅 MOSFET 结构

减小覆盖电容,极大地减小漏-衬底电容。还有利于提高集成密度,可能成为实现高密度的三维立体集成的基础器件。目前,制造困难是围栅 MOSFET 发展中的主要问题。

1. 围栅 MOSFET 等比例缩小理论

以圆柱形围栅 MOSFET 为例,为了分析硅柱中的电势分布,应在柱坐标下求解泊松方程:

$$\frac{1}{r}\frac{\partial}{\partial r}\left[r\frac{\partial}{\partial r}\phi(r,z)\right]+\frac{\partial^2}{\partial z^2}\phi(r,z)=\frac{qN_A}{\varepsilon_s} \tag{4-274}$$

假设径向电势是抛物线函数,则有

$$\phi(r,z)=c_0(z)+c_1(z)r+c_2(z)r^2 \tag{4-275}$$

存在以下边界条件:

(1)硅柱中心的电势只是 z 的函数,即

$$\phi(0,z)=\phi_C(z)=c_0(z) \tag{4-276}$$

(2)硅柱中心电场为零:

$$\frac{\mathrm{d}}{\mathrm{d}r}\phi(r,z)\mid_{r=0}=0=c_1(z) \tag{4-277}$$

(3)在硅-二氧化硅界面处的电场由下式决定:

$$\frac{\mathrm{d}}{\mathrm{d}r}\phi(r,z)\mid_{r=T_{Si}/2}=\frac{\varepsilon_{ox}}{\varepsilon_s}\left[\frac{\phi_{GS}-\phi_s(z)}{\frac{T_{Si}}{2}\ln\left(1+\frac{2T_{OX}}{T_{Si}}\right)}\right]=T_{Si}c_2(z) \tag{4-278}$$

式中 ϕ_{GS} 是栅电势, ϕ_s 是表面势, T_{Si} 是硅柱直径。则可以得到硅柱中心电势分布满足的方程:

$$\frac{\partial^2}{\partial z^2}\phi_C(z)-\frac{\phi_C(z)-\phi_{GS}}{\lambda_4^2}=\frac{qN_A}{\varepsilon_s} \tag{4-279}$$

其中

$$\lambda_4=\sqrt{\frac{2\varepsilon_s T_{Si}^2\ln\left(1+\frac{2T_{OX}}{T_{Si}}\right)+\varepsilon_{OX}T_{Si}^2}{16\varepsilon_{OX}}} \tag{4-280}$$

λ_4 就是圆柱形围栅 MOSFET 的特征长度,如果 $T_{Si}\gg 2T_{OX}$,则

$$\lambda_4=\sqrt{\frac{\varepsilon_s}{4\varepsilon_{OX}}\left(1+\frac{\varepsilon_{OX}T_{Si}}{4\varepsilon_s T_{OX}}\right)T_{Si}T_{OX}}=\frac{1}{\sqrt{2}}\lambda_2 \tag{4-281}$$

这表明围栅 MOSFET 比双栅 MOSFET 的特征长度可以减小 30%左右。围栅 MOSFET 可以用更短的沟道长度同时保持和双栅 MOSFET 具有相同的亚阈值斜率。

通过计算机模拟仿真,图 4-105 比较了在合适的亚阈值斜率 SS 及 DIBL 效应下,围栅和双栅 MOSFET 中允许的最小沟道长度与硅层厚度 T_{Si}(或硅柱直径)及栅氧化层厚度 T_{OX} 的关系,其中,对于双栅 FinFET 而言, T_{Si} 是硅层厚度;而对围栅器件而言, T_{Si} 是硅柱直径,DIBL 效应以漏电压从 0.1 V 增加到 1 V 的阈电压变化量来衡量。可以看出,在 SS=70 mV/dec 和 $\Delta V_{T(DIBL)}=$ 50 mV/V 的给定参数下,围栅 MOSFET 的沟道长度可以比双栅 MOSFET 小 40%。这说明围栅 MOSFET 比双栅 MOSFET 更有利于抑制短沟道效应,这是因为围栅 MOSFET 中栅对沟道中的电势有更强的控制作用,这正是围栅器件最大的优点。在器件结构的具体数值上,双栅器件所允许的沟道长度要比硅层厚度大很多,而围栅器件的沟道长度甚至可以小于硅柱直径,表明围栅器件在尺寸缩小方面更有发展潜力。

对于圆柱形围栅器件,图 4-106(a)给出了导通电流和关断电流与硅柱直径的关系,随着硅柱直径增加,反型层电流截面积增大使得导通电流增大,截止电流增加则是由于硅柱直径增大使得亚阈值斜率增大所致。图 4-106(b)所示为亚阈值斜率 SS 和 DIBL 效应随硅柱直径变化的关系,直径增加使 SS 和 DIBL 效应增大。图 4-106(b)表明,圆柱形围栅器件即使硅柱直径为 36 nm,达到沟道长度的 1.2 倍,SS 为 84.8 mV/dec,DIBL 效应导致的阈电压变化量为 118.38 mV/V,短沟道效应仍然得到了很好的抑制。

围栅器件可以根据导电硅柱截面的形状分为矩形围栅和圆柱形围栅器件,经过分析研究,矩

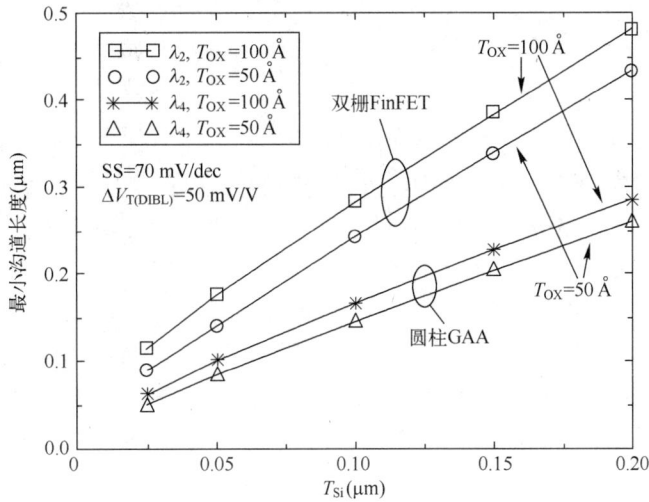

图 4-105　围栅和双栅 MOSFET 最小沟道长度与 T_{Si} 和 T_{OX} 的关系

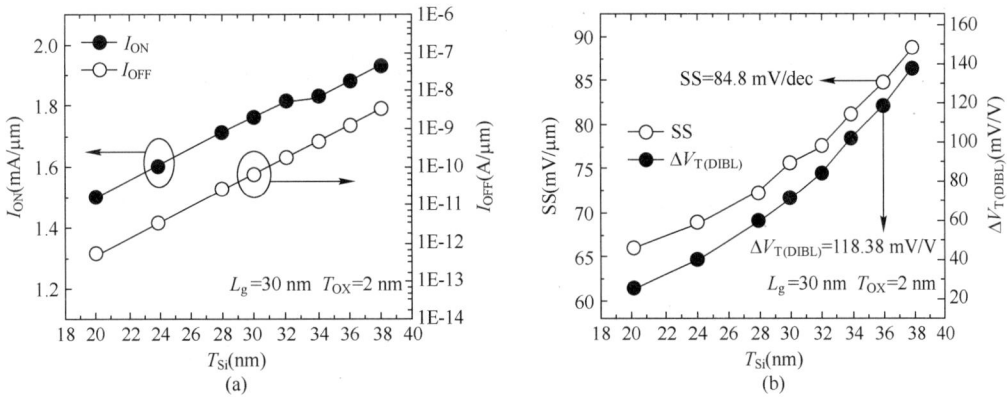

(a)　　　　　　　　　　　　　　(b)

图 4-106　圆柱形围栅器件导通电流和关断电流(a)及亚阈值斜率和 DIBL 特性(b)与硅柱直径的关系

形围栅结构的性能优化形式是正方形截面。然而,正方形截面的围栅器件与双栅器件不同,其电场分布不均匀,在边缘处更大,存在边角效应,栅对沟道的控制作用也不均匀,将导致短沟道效应及可靠性问题。为分析边角效应与围栅器件短沟道特性的关系,对存在边角效应的正方形截面的围栅器件和不存在边角效应的圆形截面的围栅器件进行了对比仿真分析,两种器件硅柱截面尺寸如图 4-107 所示,器件特性的数值模拟结果比较见表 4-5。对比结果表明圆柱形沟道的围栅器件由于电场均匀无边角效应,具有更优的亚阈值斜率和 DIBL 效应,而栅对整个沟道的控制更加均匀使得圆柱形沟道器件的关断电流得以大幅度的降低。

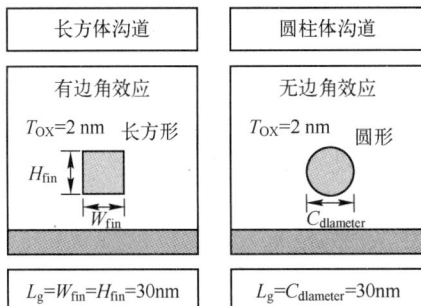

图 4-107　两种器件的硅柱截面尺寸

表 4-5　长方体与圆柱体沟道围栅器件仿真结果

	长方体沟道	圆柱体沟道
阈电压 V_{TH}(V)	−0.1714	−0.1869
亚阈值斜率 SS(mV/dec)	78.9	75.8
DIBL 阈值下降 $\Delta V_{T(DIBL)}$(mV/V)	85.16	70.78
导通电流 I_{ON}(mA/μm)	3.56	2.53
关断电流 I_{OFF}(pA/μm)	339	62.1

4.12 无结晶体管

无结(Junctionless,JL)晶体管的概念早在 1925 年就已经出现,这种晶体管工作时如同一个简单的电阻,器件通过栅电压控制沟道内载流子的浓度,从而控制晶体管电流的大小。然而由于当时的工艺条件限制,沟道无法做到很薄(纳米级),在栅电压控制下器件沟道无法全部被耗尽,也就不能实现器件关断,所以在当时该类场效应晶体管并没有引起很大的重视。

随着 MOSFET 特征尺寸的不断缩小,栅对沟道的控制作用减弱,带来了关态泄漏电流增大等短沟道效应。为了克服这些问题,出现了一些新的器件结构,如全耗尽 SOI MOSFET 及多栅MOSFET。然而,沟道长度的急剧缩小,使得源漏与沟道的陡峭的掺杂控制变得非常困难,并对后续的热处理提出高要求。因而均匀掺杂的无结 MOS 晶体管重新受到重视。2010 年,Colinge等第一次在 Nature 上发表了纳米无结晶体管的实验结果。

4.12.1 无结晶体管的工作原理

图 4-108 给出了无结晶体管和传统(也称普通)MOSFET 结构示意图。由图可知,无结晶体管的沟道和源漏均为 N^+ 掺杂,且掺杂浓度相同。而传统的 N 沟道 MOSFET 的沟道为 P 型掺杂,和源漏掺杂类型相反。对于传统 MOSFET,器件关断是因为沟道掺杂类型和源漏相反,在栅电压较小的情况下,沟道中电子浓度很小不足以形成导电沟道;而器件开启是因为栅电压大于阈电压,使沟道表面形成了一层薄的反型层,电流只从沟道表面流过。对于无结晶体管,栅电极采用功函数大的 P^+ 多晶硅,当加在无结晶体管上的栅电压小于阈电压时,整个半导体薄膜耗尽,器件完全关断,其能带如图 4-109(a)所示;而当栅压大于阈电压时,半导体薄膜处于平带导通状态,其能带如图 4-109(b)所示;栅压继续增加,可以使半导体薄膜处于如图 4-109(c)所示的积累导通状态。无论半导体薄膜处于平带还是积累状态,此时整个沟道完全导通,器件处于开态,当器件的漏端加上电压后,电流会从半导体膜体内流过,电流的大小和膜厚度、迁移率和沟道掺杂浓度有关。

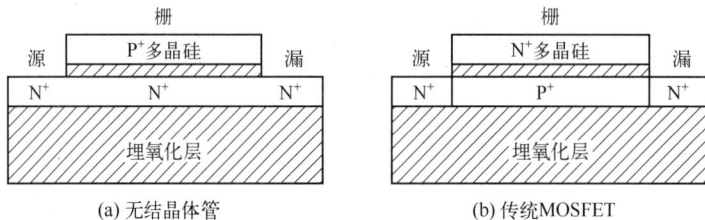

(a) 无结晶体管　　(b) 传统MOSFET

图 4-108　无结晶体管和传统 MOSFET 的结构示意图

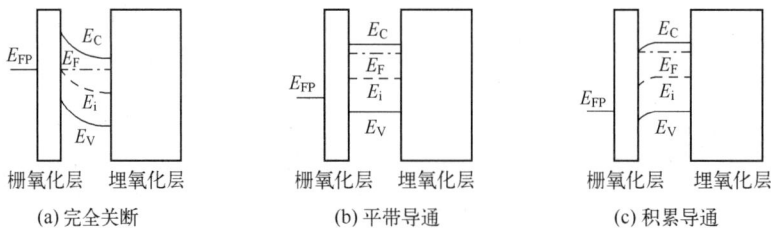

(a) 完全关断　　(b) 平带导通　　(c) 积累导通

图 4-109　无结晶体管关断与导通时的能带

在无结晶体管中,半导体层很薄,其厚度必须小于耗尽层厚度,这是因为要关断无结晶体管,需要将其整个沟道全部耗尽。同时无结晶体管沟道需要重掺杂,这是为了提供更大的器件开态电流和更低的源漏电阻。从结构上看,无结晶体管的制造工艺更加简单。没有源漏端与衬底的 PN 结的存在,简化了离子注入和快速退火激活等工艺流程。此外,无结晶体管导通电流不是集中在表面,因而纵向电场和表面散射对迁移率的影响更弱,这有助于提高驱动电流。但同时栅对沟道的控制作用也更弱,这也使得其短沟道效应更为明显。

4.12.2 无结晶体管的阈电压[68]

对于图 4-108(a)所示的无结晶体管,以硅膜和栅介质界面为坐标原点,垂直于界面指向埋氧化层为 x 轴正方向。设耗尽层厚度为 x_d,则可以写出一维泊松方程

$$\frac{\mathrm{d}^2\phi}{\mathrm{d}x^2} = -\frac{\rho(x)}{\varepsilon_s} = -\frac{qN_D}{\varepsilon_s} \tag{4-282}$$

根据耗尽层近似,耗尽层边界电场为零,并设耗尽层边界为电势零点,可得到 $x=0$ 处的电势:

$$V_{dep} = -\frac{qN_D x_d^2}{2\varepsilon_s} \tag{4-283}$$

硅层表面电场为

$$E_{Si} = -qN_d x_d / \varepsilon_s \tag{4-284}$$

假定 Si/SiO$_2$ 边界无界面电荷,则由高斯定律可以得到边界处 Si 和 SiO$_2$ 中的电场满足

$$\varepsilon_s E_{Si} = \varepsilon_{OX} E_{OX} \tag{4-285}$$

则栅氧化层上的电压降为

$$V_{OX} = E_{OX} T_{OX} = \frac{\varepsilon_s}{\varepsilon_{OX}} E_{Si} T_{OX} = -\frac{qN_D T_{OX} x_d}{\varepsilon_{OX}} \tag{4-286}$$

由 $V_G - V_{FB} = V_{dep} + V_{OX}$,可得如下关于耗尽层厚度的一元二次方程

$$-\frac{qN_D x_d^2}{2\varepsilon_s} - \frac{qN_D T_{OX} x_d}{\varepsilon_{OX}} = V_G - V_{FB} \tag{4-287}$$

求解方程(4-287)可得耗尽层厚度 x_d,设硅层厚度为 T_{Si},则单面栅无结晶体管导电沟道厚度是 $T_{Si} - x_d$,双面栅无结晶体管导电沟道厚度是 $T_{Si} - 2x_d$,进而得到图 4-108(a)的单面栅无结晶体管电子电荷面密度

$$Q_n = qN_D T_{Si}\left[\frac{\varepsilon_s}{C_{OX} T_{Si}}\left(\sqrt{1 - \frac{2C_{OX}^2}{qN_D \varepsilon_s}(V_G - V_{FB})} - 1\right) - 1\right] \tag{4-288}$$

栅压增大,耗尽层厚度减小,可定义耗尽层厚度为硅层厚度时的栅压为阈电压。故在式(4-288)中令 $Q_n = 0$,得到

$$V_T = V_{FB} - \frac{qN_D T_{Si}}{C_{OX}}\left(1 + \frac{T_{Si}}{2\varepsilon_s}C_{OX}\right) \tag{4-289}$$

栅压继续增加,当 $V_G > V_{FB}$ 时,硅层表面进入积累模式,如图 4-109(c)所示,则电子电荷密度回到线性关系

$$Q_n = -C_{OX}(V_{GS} - V_{Ton}) \tag{4-290}$$

式中,V_{Ton} 称为积累模式阈电压。达到积累模式时 $Q_n = -qN_D T_{Si}$,此时的阈电压可由式(4-290)代入 $V_G = V_{FB}$ 得出

$$V_{Ton} = V_T + \frac{qN_D T_{Si}^2}{2\varepsilon_s} \tag{4-291}$$

由式(4-288)可知,对无结晶体管,电子电荷面密度与栅压近似为平方根的关系,这是由耗尽层厚度与偏压的平方根关系所决定的。而普通反型模式晶体管两者间是线性关系,因而无结晶体管在 $V_G < V_{FB}$ 的低栅压下栅控能力更弱。此外,无结晶体管具有双阈值特性,低阈值控制器件的亚阈值开启特性,而高阈值用于形成积累层。式(4-291)也表明了硅层厚度增加及掺杂浓度增

大均会使得无结晶体管的高低阈值间隔增加,开启特性退化。图 4-110 给出了上述分析与计算机数值模拟结果的比较。图 4-110 中,普通反型晶体管的反型层电荷与栅压成正比,满足式(4-38)。而对于无结晶体管,当栅压小于阈电压 V_T 时,整个硅层耗尽;当栅压大于 V_T 时,耗尽层厚度开始小于硅层厚度,硅层底部形成导电沟道,电子电荷面密度与栅压为平方根的关系,如图 4-110 中栅压介于 V_T 和 V_{FB} 之间的电荷与栅压关系所示。当栅压增加到大于 V_{FB} 之后,硅层表面形成电荷积累层,电子电荷面密度与栅压之间回到了式(4-290)的线性关系。

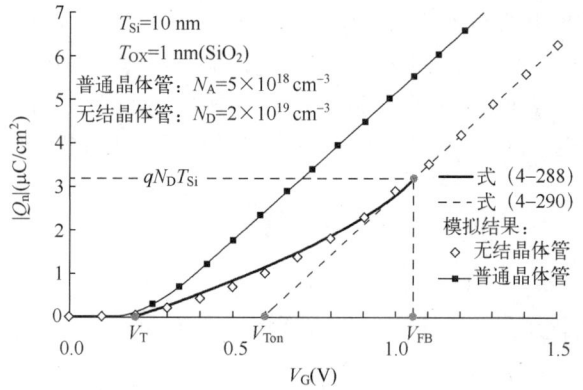

图 4-110 无结晶体管和普通晶体管电子电荷面密度与栅压关系的模型及计算机数值模拟结果的比较

4.12.3 无结晶体管的直流电流电压关系

根据无结晶体管的双阈值特性,可知其电子电荷面密度与栅压的关系分为两个部分,当栅压小于平带电压时为平方根关系,而当栅压大于平带电压时为线性关系。因而对应的输出电流表达式也分为两部分。

1. 栅压小于平带电压

当栅压大于式(4-289)的阈电压 V_T 时,耗尽区小于硅膜,形成沟道区,加上漏极电压,沟道区有电流流动,如图 4-111 所示。设沟道区中各点电势为 $V(y)$,由式(4-288)可得沟道中电子电荷面密度为

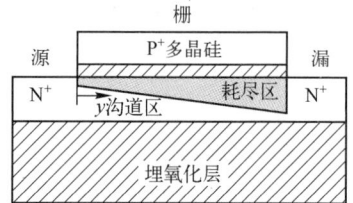

图 4-111 导通时的无结晶体管

$$Q_n(y) = qN_D T_{Si}\left[\frac{\varepsilon_s}{C_{OX}T_{Si}}\left(\sqrt{1-\frac{2C_{OX}^2}{qN_D\varepsilon_s}(V_{GS}-V_{FB}-V(y))}-1\right)-1\right] \quad (4\text{-}292)$$

把式(4-292)代入前面的式(4-37),采用与晶体管同样的积分,可得

$$I_D = \frac{Z}{L}\mu_n\int_{V_S}^{V_D}(-Q_n)dV = \frac{qu_nN_DT_{Si}Z}{L}\int_{V_S}^{V_D}\left[1-\frac{\varepsilon_s}{C_{OX}T_{Si}}\left(\sqrt{1-\frac{2C_{OX}^2}{qN_D\varepsilon_s}(V_G-V_{FB}-V)}-1\right)\right]dV$$

即

$$I_D = \frac{qu_nN_DZ}{L}\left\{T_{Si}\left(1-\frac{\varepsilon_s}{C_{OX}T_{Si}}\right)(V_D-V_S)+\frac{2\varepsilon_s}{3C_{OX}}\left[(V_G-V_{FB}-V_D)^{\frac{3}{2}}-(V_G-V_{FB}-V_S)^{\frac{3}{2}}\right]\right\} \quad (4\text{-}293)$$

得到与普通反型工作模式 MOS 晶体管相似的电流表达式,把 $Q_n(L)=0$ 的漏电压作为饱和漏电压或夹断电压 V_{Dsat},当 $V_D=V_{Dsat}$ 时,沟道夹断,代入式(4-292),得到饱和漏电压为

$$V_{Dsat} = V_G - V_{FB} + \frac{qN_DT_{Si}}{C_{OX}} + \frac{qN_DT_{Si}^2}{2\varepsilon_s} \quad (4\text{-}294)$$

2. 栅压大于平带电压

如图 4-110 所示,此时电子电荷面密度与栅压回到式(4-290)的线性关系,加上漏电压后设沟道区中电势为 $V(y)$,则

$$Q_n = -C_{OX}(V_{GS}-V_{Ton}-V(y)) \quad (4\text{-}295)$$

将式(4-295)代入式(4-37),得到与普通 MOS 晶体管完全相同的萨之唐方程,差别仅仅是阈电压取自式(4-291)。

$$I_D = \frac{Z\mu_n C_{OX}}{L}\left[(V_{GS}-V_{Ton})V_{DS}-\frac{1}{2}V_{DS}^2\right] \tag{4-296}$$

同样可得到饱和漏极电压

$$V_{Dsat}=V_{GS}-V_{Ton} \tag{4-297}$$

和饱和漏极电流

$$I_D = \frac{Z\mu_n C_{OX}}{2L}(V_G-V_{Ton})^2 \tag{4-298}$$

图 4-112 是栅长为 30 nm 的无结晶体管与普通 MOS 晶体管的性能比较,无结晶体管的沟道区分为图 4-112(a) 的低掺杂 9×10^{18} cm^{-3} 和图 4-112(b) 的高掺杂 2×10^{19} cm^{-3} 两种,对应的普通 MOS 晶体管衬底掺杂为 5×10^{18} cm^{-3}。根据图中线性区转移特性曲线,无结晶体管的双阈值特性使得低栅压下的输出电流大大小于普通 MOS 晶体管,低栅压时沟道远离栅极使栅对电荷的控制作用减弱,器件的跨导下降。对于普通 MOS 晶体管,随着栅压增加,表面散射加剧,迁移率下降,对应的无结晶体管由于无表面散射,因而栅压对迁移率的影响可以忽略,无结晶体管主要考虑电离杂质散射。对于图 4-112(b) 的高沟道掺杂器件,一方面高掺杂使得阈电压 V_T 上升,另一方面电离杂质散射增强使得迁移率下降,相应的驱动电流降低。

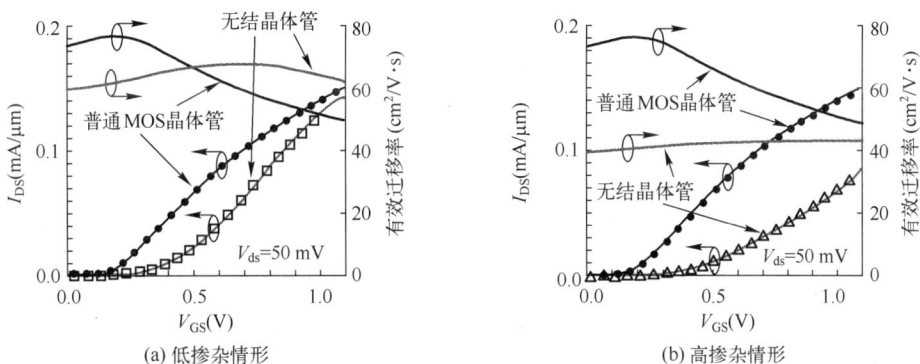

(a) 低掺杂情形   (b) 高掺杂情形

图 4-112　无结晶体管与普通 MOS 晶体管性能比较

图 4-113 对比了无结晶体管与普通 MOS 晶体管的 DIBL 效应,相比普通 MOS 晶体管,无结晶体管随沟道长度缩小,DIBL 效应更加显著。实质上,无结晶体管的短沟道效应更为严重,这是源于无结晶体管中导电电荷在硅层底部,与栅距离更远,而普通 MOS 晶体管的导电沟道处于硅层表面。因而无结晶体管栅对沟道的控制能力较弱,性能较差。当然,栅控能力较弱会使得栅电容更小,有利于减小本征延迟,但总的来说,无结晶体管性能还是低于普通 MOS 晶体管。

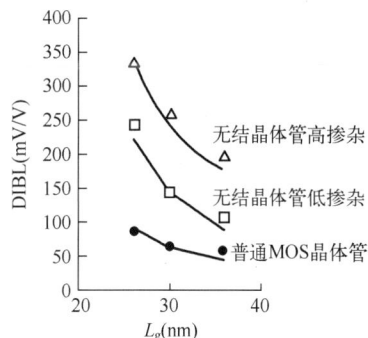

图 4-113　两种器件 DIBL 效应的比较

4.12.4　无结晶体管的温度特性[69]

半导体材料和器件特性对温度非常敏感,对于 MOS 器件而言,温度增加会引起阈电压漂移、关态泄漏电流增加、迁移率下降等。而无结晶体管实质上是一个栅控电阻,其杂质性质和载流子传输特性都与普通 MOS 晶体管有很大的不同,这就使得无结晶体管具有独特的温度特性。

由 4.5.2 节可知,温度通过影响本征载流子浓度从而改变衬底费米势,进而对普通 MOS 晶体管的阈电压产生影响。而由无结晶体管的阈电压公式(4-289)可知,温度应该不会对阈电压产生影响。而实际情况下,阈电压随温度增大呈现小幅下降的关系,温度系数 dV_{th}/dT 约为 -0.4 mV/℃。深入研究表明,无结晶体管阈电压与温度的关系,取决于两个因素,一是载流子本征激发,二是碰撞电离,且与漏电压关系密切。当漏源电压较小时,碰撞电离可以忽略,随着温度增加,热激发的载流子数增加,使漏电流增大,等效于阈电压降低。图 4-114(a)给出了硅与锗两种材料制作的无结晶体管在 50 mV 低漏源电压下阈电压与温度的关系曲线。而当漏源电压较大时,由于沟道长度较短,电场强度较大,碰撞电离效应不能忽略。此时如果温度较低,则本征激发可以忽略,碰撞电离效应随温度降低而增大,使漏电流增大,对应的阈电压降低,如图 4-114(b)中的 R_1 段所示。而如果温度大于图中的 325 K,则碰撞电离效应减弱,本征激发占主导地位,随着温度增加,本征激发的载流子增加,漏电流增大,等效于阈电压下降,如图 4-114(b)中的 R_2 段所示。

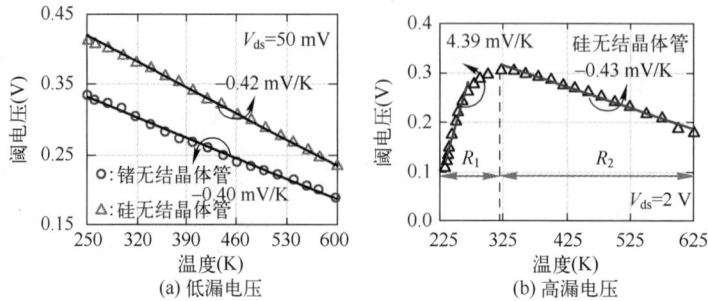

图 4-114 无结晶体管的阈电压与温度的关系曲线

对导通电流而言,一方面普通 MOS 晶体管的阈电压随温度增高而降低,从而使导通电流增大;另一方面,温度增高使声子散射增强,载流子迁移率下降,导致导通电流下降。在这两个相反的效应的作用下,存在着一个栅压点,使这两个相反的效应相互补偿,达到零温度系数,这就是零温度系数点(Zero Temperature Coefficient,ZTC),如图 4-115(a)所示,图中零温度系数点在 $V_G = 1$ V 处。而无结晶体管,由于掺杂浓度高,迁移率主要由电离杂质散射所决定,随着温度增加,尽管声子散射增强,但是电离杂质散射减弱,这样总的迁移率下降很小,阈电压随温度下降占主导地位,使得导通电流随温度增加而单调增大,不存在零温度系数点,如图 4-115(b)所示。图 4-116 给出了无结 MOS 晶体管和普通 MOS 晶体管在室温和高温下的输出特性曲线,该图直观地显示了两种器件具有不同的温度特性。对普通 MOS 器件,随着栅压增加,温度 30℃ 的器件输出电流逐渐增大,最后温度大于 200℃ 的器件输出电流,存在零温度系数点;而无结晶体管在任何栅压下,200℃ 的输出电流始终大于 30℃ 的输出电流,不存在零温度系数点。

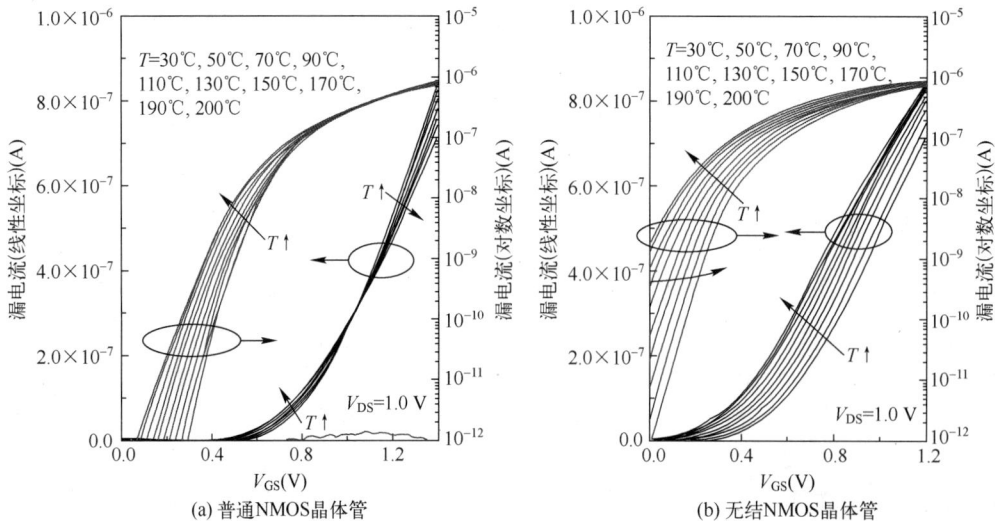

图 4-115 普通 MOS 晶体管与无结晶体管在不同温度下的转移特性曲线

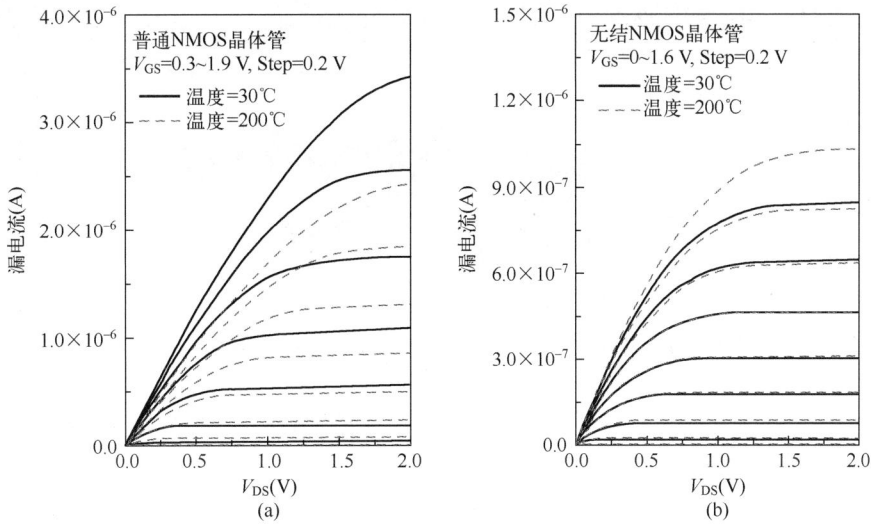

图 4-116　无结晶体管与普通 MOS 晶体管在室温和高温下的输出特性曲线

4.13　SPICE 中的 MOSFET 模型

SPICE2 中提供了几种 MOSFET 模型，用变量 LEVEL 来加以指定。LEVEL＝1 代表一阶模型 MOS1；LEVEL＝2 代表二维解析模型 MOS2；LEVEL＝3 代表半经验模型 MOS3。

4.13.1　MOS1 模型

MOS1 模型如图 4-117 所示，适用于对精度要求不高的长沟道 MOSFET。

1. 阈电压

MOS1 模型采用的阈电压公式为

$$V_{\mathrm{T}} = V_{\mathrm{FB}} + 2\phi_{\mathrm{P}} + \frac{T_{\mathrm{OX}}}{\varepsilon_{\mathrm{OX}}} \left[2q\varepsilon_{\mathrm{s}} N_{\mathrm{SUB}} (2\phi_{\mathrm{P}} - V_{\mathrm{BS}}) \right]^{1/2}$$

式中，ϕ_{P} 代表衬底费米势；N_{SUB} 代表衬底掺杂浓度。

若以 V_{T0} 代表 $V_{\mathrm{BS}}＝0$ 时的阈电压，并令

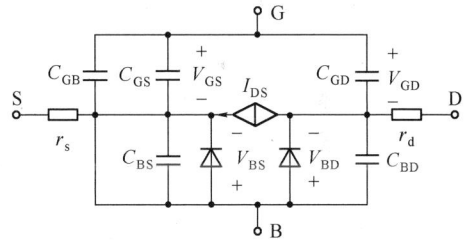

图 4-117　MOS1 模型

$$\gamma = \frac{\left(2q\varepsilon_{\mathrm{s}} N_{\mathrm{SUB}} \right)^{1/2}}{C_{\mathrm{OX}}} = \frac{T_{\mathrm{OX}}}{\varepsilon_{\mathrm{OX}}} \left(2q\varepsilon_{\mathrm{s}} N_{\mathrm{SUB}} \right)^{1/2}$$

为体效应系数或体因子，则衬底偏压 V_{BS} 不为零时的阈电压可表示为

$$V_{\mathrm{T}} = V_{\mathrm{T0}} + \gamma \left[\left(2\phi_{\mathrm{P}} - V_{\mathrm{BS}} \right)^{1/2} - \left(2\phi_{\mathrm{P}} \right)^{1/2} \right] \tag{4-299}$$

在 MOS1 模型中，平带电压 V_{FB} 的计算公式为

$$V_{\mathrm{FB}} = t_{\mathrm{p}} T_{\mathrm{PG}} \frac{E_{\mathrm{G}}}{2} - \frac{kT}{q} \ln \frac{N_{\mathrm{SUB}}}{n_{\mathrm{i}}} - q N_{\mathrm{SS}} \frac{T_{\mathrm{OX}}}{\varepsilon_{\mathrm{OX}}}$$

式中，t_{p} 代表沟道类型标志，对 N 沟道为＋1，对 P 沟道为－1；T_{PG} 代表栅材料类型标志，对金属栅为零，对多晶硅栅，如掺杂与衬底相同时为－1，相反时为＋1；N_{SS} 代表表面态面密度。

2. 线性区漏极电流方程

在线性区，$V_{\mathrm{GS}} > V_{\mathrm{T}}$，$V_{\mathrm{DS}} < V_{\mathrm{GS}} - V_{\mathrm{T}}$。MOS1 模型采用的漏极电流方程为

$$I_{\mathrm{D}} = K_{\mathrm{P}} \frac{Z}{L_0 - 2X_{\mathrm{j1}}} \left(V_{\mathrm{GS}} - V_{\mathrm{T}} - \frac{V_{\mathrm{DS}}}{2} \right) V_{\mathrm{DS}} (1 + \lambda V_{\mathrm{DS}}) \tag{4-300}$$

式中，$K_P = \mu_0 C_{OX}$，μ_0 为低场迁移率，X_{j1} 为横向扩散参数，L_0 为掩模版上的沟道长度，λ 为沟道长度调制系数。

3. 饱和区漏极电流方程

在饱和区，$V_{GS} > V_T$，$V_{DS} > V_{GS} - V_T$。MOS1 模型采用的漏极电流方程为

$$I_D = \frac{K_P}{2} \cdot \frac{Z}{L_0 - 2X_{j1}} (V_{GS} - V_T)^2 (1 + \lambda V_{DS}) \tag{4-301}$$

4. 衬底结电流

源、漏区与衬底之间的 PN 结电流可用类似于二极管的公式来模拟，即

$$I_{BS} = \begin{cases} I_{SS}\left[\exp\left(\dfrac{qV_{BS}}{kT}\right) - 1\right], & V_{BS} > 0 \\[3mm] \dfrac{qI_{SS}}{kT} V_{BS}, & V_{BS} \leqslant 0 \end{cases} \tag{4-302}$$

$$I_{BD} = \begin{cases} I_{SD}\left[\exp\left(\dfrac{qV_{BD}}{kT}\right) - 1\right], & V_{BD} > 0 \\[3mm] \dfrac{qI_{SD}}{kT} V_{BD}, & V_{BD} \leqslant 0 \end{cases} \tag{4-303}$$

式中，$I_{SS} = A_S J_S$，$I_{SD} = A_D J_S$ 分别为源、漏结的反向饱和电流；A_S、A_D 分别为源、漏结的面积；J_S 为衬底结的反向饱和电流密度。

以上各公式中，V_{T0}、K_P、γ、$2\phi_P$、I_{SS}、I_{SD} 等电学类参数可以用 SPICE2 中的 MODEL 语句加以确定，或者通过几何、物理和工艺参数经计算后得到。进行电路模拟时，既可以直接输入电学类参数，也可以输入几何、物理和工艺参数经计算得到电学类参数。

4.13.2　MOS2 模型

当 MOSFET 的几何尺寸缩小到一定程度后，会出现一系列二阶效应。下面讨论 MOS2 模型对这些效应的处理方法。

1. 阈电压的短沟道效应

当 MOSFET 的沟道长度小于 5 μm 时，应考虑源、漏区对沟道耗尽区电荷的影响。MOS2 模型采用梯形的沟道耗尽区剖面形状来近似模拟这种影响，如图 4-51(b) 所示。由式(4-149)，体效应系数 γ 应改为 γ_S，即

$$\gamma_S = \gamma f = \gamma \left\{ 1 - \frac{x_j}{L_0 - 2X_{j1}} \left[\left(1 + \frac{2x_{dmax}}{x_j} \right)^{1/2} - 1 \right] \right\}$$

这时阈电压为
$$V_T = V_{T0} + \gamma_S \left[(2\phi_P - V_{BS})^{1/2} - (2\phi_P)^{1/2} \right] \tag{4-304}$$

2. 漏栅静电反馈效应

随着漏源电压 V_{DS} 的增加，漏 PN 结的耗尽区宽度会增加，如图 4-118 所示。源 PN 结和漏 PN 结的耗尽区宽度 W_S 和 W_D 分别为

$$W_S = \left(\frac{2\varepsilon_s}{qN_{SUB}} \right)^{1/2} (2\phi_P - V_{BS})^{1/2}$$

$$W_D = \left(\frac{2\varepsilon_s}{qN_{SUB}} \right)^{1/2} (2\phi_P - V_{BS} - V_{DS})^{1/2}$$

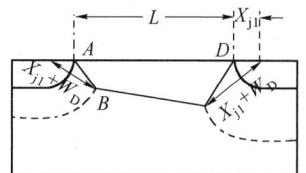

图 4-118　漏栅静电反馈效应

因此体效应系数 γ_S 应再修改为

$$\gamma_S = \gamma\left\{1 - \frac{x_j}{2(L_0 - 2X_{j1})}\left[\left(1 + \frac{2W_S}{x_j}\right)^{1/2} - 1 + \left(1 + \frac{2W_D}{x_j}\right)^{1/2} - 1\right]\right\}$$

上式说明,当 V_{DS} 增加时,会使阈电压进一步下降。

在使用 SPICE2 的 MOS2 模型时,如未给出结深 x_j 这一模型参数,则不进行上述修正。

3. 阈电压的窄沟道效应

当 MOSFET 的沟道宽度小于 5 μm 时,应考虑窄沟道效应,如图 4-53 所示。在 MOS2 模型中,用一个称为窄沟道效应系数的经验参数 δ 来拟合实验数据,将阈电压修改为

$$V_T = V_{FB} + 2\phi_P + \gamma_S(2\phi_P - V_{BS})^{1/2} + \delta\frac{\pi\varepsilon_s}{4C_{OX}Z}(2\phi_P - V_{BS}) \tag{4-305}$$

式中的最后一项即代表了窄沟道效应对阈电压的影响。

4. 迁移率调制效应

MOS1 模型假设迁移率是常数,但是实际上当 V_{GS} 和 V_{DS} 增加时,表面迁移率 μ_s 会有所下降。MOS2 模型中采用 μ_s 的如下经验公式:

$$\mu_S = \mu_0\left[\frac{\varepsilon_s}{\varepsilon_{OX}} \cdot \frac{U_{CRIT}T_{OX}}{V_{GS} - V_T - U_{TRA}V_{DS}}\right]^{U_{EXP}} \tag{4-306}$$

式(4-306)中,U_{CRIT} 为纵向临界电场强度;U_{TRA} 为横向电场系数;U_{EXP} 为迁移率下降的临界指数系数。

5. 线性区漏极电流方程

在 MOS2 模型中,线性区漏极电流方程以式(4-44)为基础。当 $V_S = 0$ 时,式(4-44)为

$$I_D = \beta\left\{\left(V_{GS} - V_{FB} - 2\phi_P - \frac{V_{DS}}{2}\right)V_{DS} - \frac{2}{3}\gamma\left[(V_{DS} + 2\phi_P - V_{BS})^{3/2} - (2\phi_P - V_{BS})^{3/2}\right]\right\}$$

考虑到前面讨论过的各种因素后,将上式修改为

$$I_D = \beta\left\{\left(V_{GS} - V_{BIN} - \frac{\eta V_{DS}}{2}\right)V_{DS} - \frac{2}{3}\gamma_S\left[(V_{DS} + 2\phi_P - V_{BS})^{3/2} - (2\phi_P - V_{BS})^{3/2}\right]\right\} \tag{4-307}$$

式中 $\quad\beta = \mu_S C_{OX}\dfrac{Z}{L_0 - 2X_{j1}}$, $\quad\eta = 1 + \delta\dfrac{\pi\varepsilon_s}{4C_{OX}Z}$, $\quad V_{BIN} = V_{FB} + 2\phi_P + \delta\dfrac{\pi\varepsilon_s}{4C_{OX}Z}(2\phi_P - V_{BS})$

η 称为静电反馈系数。

6. 沟通长度调制效应

首先,当考虑到短沟道效应和窄沟道效应后,将临界饱和漏极电压 V_{Dsat} 修正为

$$V_{Dsat} = \frac{V_{GS} - V_{BIN}}{\eta} + \frac{1}{2}\left(\frac{\gamma_S}{\eta}\right)^2\left\{1 - \left[1 + 4\left(\frac{\gamma_S}{\eta}\right)^2\left(\frac{V_{GS} - V_{BIN}}{\eta} + 2\phi_P - V_{BS}\right)\right]^{1/2}\right\} \tag{4-308}$$

当 $V_{DS} > V_{Dsat}$ 后,MOSFET 的沟道夹断点从漏端向源区方向移动,使有效沟道长度缩短 ΔL,这就是沟道长度调制效应。在 MOS2 模型中,有

$$\Delta L = \lambda(L_0 - 2X_{j1})V_{DS}$$

式中,λ 为沟道长度调制系数。如给定了 λ,就可由上式计算得到 ΔL。如未给定 λ,则

$$\Delta L = \left(\frac{2\varepsilon_s}{qN_{SUB}}\right)^{1/2}\left\{\frac{V_{DS} - V_{Dsat}}{4} + \left[1 + \left(\frac{V_{DS} - V_{Dsat}}{4}\right)^2\right]^{1/2}\right\}^{1/2} \tag{4-309}$$

于是有效沟道长度为 $\qquad\qquad L_{eff} = L_0 - 2X_{j1} - \Delta L \tag{4-310}$

7. 载流子漂移速度饱和引起的漏极电流饱和效应

在长沟道 MOSFET 中,认为漏极电流饱和的原因是沟道夹断。而在短沟道 MOSFET 中,在沟道被夹断之前就已经出现载流子漂移速度的饱和,从而使漏极电流饱和。

在 MOS2 模型中,以参数 $v_{\max}$ 代表载流子的饱和漂移速率,并且

$$v_{\max} = \frac{I_{\mathrm{Dsat}}}{ZQ_{\mathrm{C}}}$$

将 I_{Dsat} 和沟道电荷面密度 Q_{C} 的表达式代入上式,可得

$$v_{\max} = \frac{\mu_{\mathrm{S}}\left\{\left(V_{\mathrm{GS}} - V_{\mathrm{BIN}} - \dfrac{\eta V_{\mathrm{Dsat}}}{2}\right)V_{\mathrm{Dsat}} - \dfrac{2}{3}\gamma_{\mathrm{S}}\left[(V_{\mathrm{Dsat}} + 2\phi_{\mathrm{P}} - V_{\mathrm{BS}})^{3/2} - (2\phi_{\mathrm{P}} - V_{\mathrm{BS}})^{3/2}\right]\right\}}{L_{\mathrm{eff}}\left[V_{\mathrm{GS}} - V_{\mathrm{BIN}} - \eta V_{\mathrm{Dsat}} - \gamma_{\mathrm{S}}(V_{\mathrm{Dsat}} + 2\phi_{\mathrm{P}} - V_{\mathrm{BS}})^{1/2}\right]} \tag{4-311}$$

如果在模型参数中给出了 $v_{\max}$,就可决定 L_{eff},得

$$L_{\mathrm{eff}} = L - X_{\mathrm{D}}\left[\left(\frac{X_{\mathrm{D}}v_{\max}}{2\mu_{\mathrm{S}}}\right)^2 + V_{\mathrm{DS}} - V_{\mathrm{Dsat}}\right]^{1/2} - \frac{X_{\mathrm{D}}^2 v_{\max}}{2\mu_{\mathrm{S}}} \tag{4-312}$$

式中,$X_{\mathrm{D}} = \left(\dfrac{2\varepsilon_{\mathrm{s}}}{qN_{\mathrm{SUB}}}\right)^{1/2}$。

为了得到 V_{Dsat},需要求解由式(4-311)和式(4-312)组成的非线性方程组。在 SPICE2 的 MOS2 模型中采取了一种简化的方法。首先将 $L_{\mathrm{eff}} = L$ 代入式(4-311),在给定的 V_{GS} 和 V_{BS} 条件下求出 V_{Dsat};然后将这个 V_{Dsat} 及 V_{DS} 代入式(4-312)求出 L_{eff} 的值,并进而求得 I_{Dsat}。由于这时的 V_{Dsat} 并不精确,所以由此得到的 L_{eff} 和 I_{Dsat} 也不精确;最后引入拟合参数 N_{eff},修改 X_{D} 公式中的 N_{SUB},即 $X_{\mathrm{D}} = \left(\dfrac{2\varepsilon_{\mathrm{s}}}{qN_{\mathrm{SUB}}N_{\mathrm{eff}}}\right)^{1/2}$,使模拟结果与实际测量尽可能符合。$N_{\mathrm{eff}}$ 称为总沟道电荷(固定的和可动的)系数。N_{eff} 的引入使 X_{D} 下降,从而调整了 L_{eff} 的值,使模拟结果与实际测量特性相一致。

此模型给出了很好的结果,但同时也在饱和区和线性区的交界点处引入了导数的不连续,这会使电导的计算不够精确,有时还会引起收敛的困难。

8. 亚阈区导电

实际上当 $V_{\mathrm{GS}} < V_{\mathrm{T}}$ 时 MOSFET 中存在着微弱的亚阈电流。对于工作在亚阈区的器件,模拟这一行为是很重要的。

在 SPICE2 中定义了一个新的阈电压 V_{ON},当 $V_{\mathrm{GS}} < V_{\mathrm{ON}}$ 时为表面弱反型,当 $V_{\mathrm{GS}} > V_{\mathrm{ON}}$ 时为表面强反型,如图 4-119 所示。

定义
$$V_{\mathrm{ON}} = V_{\mathrm{T}} + n\frac{kT}{q} \tag{4-313}$$

式中
$$n = 1 + \frac{qN_{\mathrm{FS}}}{C_{\mathrm{OX}}} + \frac{C_{\mathrm{B}}}{C_{\mathrm{OX}}}, \quad C_{\mathrm{B}} \equiv \frac{\mathrm{d}Q_{\mathrm{B}}}{\mathrm{d}V_{\mathrm{BS}}} = \frac{\gamma}{2(2\phi_{\mathrm{P}} - V_{\mathrm{BS}})^{\frac{1}{2}}}C_{\mathrm{OX}}$$

式中,N_{FS} 是分析亚阈区所必须规定的一个参数,也是计算 V_{ON} 所需的一个参数。但这里的 N_{FS} 并不代表真正的表面快态密度,而只是为了使计算结果与实验曲线相符合而设定的一个参数,需要从实际测量的亚阈电流中提取出来。

图 4-119　V_{ON} 的定义

亚阈电流方程为
$$I_{\mathrm{D}} = I_{\mathrm{ON}}\exp\left[\frac{q}{nkT}(V_{\mathrm{GS}} - V_{\mathrm{ON}})\right] \tag{4-314}$$

式(4-314)中,I_{ON} 代表 $V_{\mathrm{GS}} = V_{\mathrm{ON}}$ 时的强反型电流。式(4-314)可使电流在 V_{ON} 点上连续,但引入了导数的不连续,因而在模拟强反型与亚阈区之间的过渡区时精度不高。

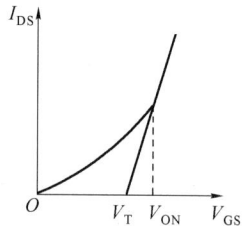

4.13.3　MOS3 模型

SPICE2 中的 MOS3 模型是一个半经验模型,引入了很多经验方程和经验参数,目的是改进模型的精度和降低计算的复杂性。MOS3 模型适用于短沟道 MOSFET,模拟的精度较高。该模型的大多数模型参数与 MOS2 的相同,但引入了一些新的效应和参数。

1. 阈电压

MOS3 模型中考虑了短沟道效应、窄沟道效应和漏栅静电反馈效应对阈电压的影响。阈电压的表达式为

$$V_{\text{T}} = V_{\text{FB}} + 2\phi_{\text{P}} - \sigma V_{\text{DS}} + \gamma F_{\text{S}}(2\phi_{\text{P}} - V_{\text{BS}})^{1/2} + F_{\text{N}}(2\phi_{\text{P}} - V_{\text{BS}}) \tag{4-315}$$

式中,σ 代表静电反馈因子,由如下经验公式给出:

$$\sigma = \eta\frac{8.15 \times 10^{-22}}{C_{\text{OX}}L^3}$$

F_{S} 代表短沟道效应的校正因子。在 MOS3 模型中采用改进的梯形耗尽区模型,考虑了圆柱形电场分布的影响,如图 4-120 所示。

$$F_{\text{S}} = 1 - \frac{x_{\text{j}}}{L}\left\{\frac{X_{\text{jl}} + W_{\text{C}}}{x_{\text{j}}}\left[1 - \left(\frac{W_{\text{P}}}{x_{\text{j}} - W_{\text{P}}}\right)\right]^{1/2} - \frac{X_{\text{jl}}}{x_{\text{j}}}\right\} \tag{4-316}$$

式中,W_{P} 和 W_{C} 分别代表平面结耗尽区宽度和圆柱结耗尽区宽度,且有

$$W_{\text{P}} = X_{\text{D}}(2\phi_{\text{P}} - V_{\text{BS}})^{1/2}$$

$$\frac{W_{\text{C}}}{x_{\text{j}}} = d_0 + d_1\frac{W_{\text{P}}}{x_{\text{j}}} + d_2\left(\frac{W_{\text{P}}}{x_{\text{j}}}\right)^2$$

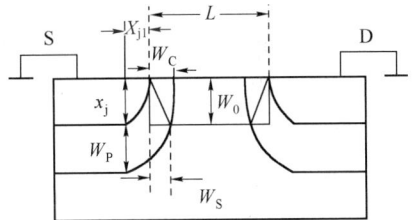

图 4-120　改进的梯形耗尽区模型

d_0、d_1、d_2 为经验常数。如未设定结深 x_{j},则阈电压的短沟道效应不予考虑。

F_{N} 代表窄沟道效应的校正因子。除了 MOS2 模型中的附加体电荷的"边缘"效应,MOS3 模型还包括了场注入和非等平面等因素引起的其他"边缘"效应。

$$F_{\text{N}} = \delta\frac{\pi\varepsilon_{\text{s}}}{4C_{\text{OX}}Z} \tag{4-317}$$

2. 纵向电场对迁移率的影响

在 MOS3 模型中,表面迁移率与栅电压之间的关系用一个很简单的经验公式表示,即

$$\mu_{\text{S}} = \frac{\mu_0}{1 + \theta(V_{\text{GS}} - V_{\text{T}})} \tag{4-318}$$

式(4-318)中,θ 称为迁移率调制系数。

3. 横向电场对迁移率的影响

电子的漂移速度饱和使线性区的漏极电流减小,从而使线性区与饱和区之间的过渡变得平缓。在线性区,这种效应可用迁移率的下降来模拟,将漏极电流公式中的 μ_{S} 用 μ_{eff} 取代,即

$$\mu_{\text{eff}} = \frac{\mu_{\text{S}}}{1 + \dfrac{\mu_{\text{S}}V_{\text{DS}}}{v_{\text{max}}L}} \tag{4-319}$$

如果未给出 v_{max} 这个参数,则此效应不予考虑,$\mu_{\text{eff}} = \mu_{\text{S}}$。

4. 线性区漏极电流方程

MOS3 模型中的线性区漏极电流方程比 MOS2 模型中的简单,即

$$I_D = \beta \left(V_{GS} - V_T - \frac{1+F_B}{2} V_{DS} \right) V_{DS} \tag{4-320}$$

式中

$$F_B = \frac{\gamma F_S}{4 \left(2\phi_P - V_{BS} \right)^{\frac{1}{2}}} + F_N \tag{4-321}$$

5. 饱和漏极电压

MOS3 模型中的饱和漏极电压公式也很简单,即

$$V_{Dsat} = V_a + V_b - \left(V_a^2 + V_b^2 \right)^{1/2} \tag{4-322}$$

式中

$$V_a = \frac{V_{GS} - V_T}{1 + F_B}, \qquad V_b = \frac{v_{max} L}{\mu_S}$$

6. 沟道长度调制效应

在 MOS3 模型中,将发生沟道长度调制效应时沟道长度的减小量表示为

$$\Delta L = X_D \left[\left(\frac{E_p X_D^2}{2} \right)^2 + \kappa X_D^2 \left(V_{DS} - V_{Dsat} \right) \right]^{1/2} - \frac{E_p X_D^2}{2} \tag{4-323}$$

式(4-323)中,E_p 为夹断点处的横向电场,即 $E_p = \dfrac{I_{Dast}}{g_{Dsat} L}$,$g_{Dsat}$ 为 $V_{DS} = V_{Dsat}$ 时的输出电导;κ 是拟合参数,称为饱和场因子。

7. 亚阈区导电

MOS3 模型中对亚阈区导电的分析采用与 MOS2 模型中相同的公式。设定参数 N_{FS} 后,就可进行亚阈区导电的分析。

4.13.4　电容模型

在图 4-117 所示的 MOSFET 模型中,反映电荷储存效应的有源、漏区与衬底之间的 PN 结电容 C_{BS}、C_{BD},和三个非线性栅电容 C_{GB}、C_{GS}、C_{GD}。下面先讨论电容的 MEYER 模型。

1. PN 结电容

当 V_{BS} 和 V_{BD} 小于 $F_C \phi_B$ 时

$$\begin{cases} C_{BS} = C_j(0) \dfrac{A_S}{\left(1 - V_{BS}/\phi_B \right)^{m_j}} + C_{jSW}(0) \dfrac{P_S}{\left(1 - V_{BS}/\phi_B \right)^{m_{jSW}}} \\[4mm] C_{BD} = C_j(0) \dfrac{A_D}{\left(1 - V_{BD}/\phi_B \right)^{m_j}} + C_{jSW}(0) \dfrac{P_D}{\left(1 - V_{BD}/\phi_B \right)^{m_{jSW}}} \end{cases}$$

当 V_{BS} 和 V_{BD} 大于 $F_C \phi_B$ 时

$$\begin{cases} C_{BS} = F_3 \left(\dfrac{C_j(0) A_S}{F_2} + \dfrac{C_{jSW}(0) P_S}{F_2} \right) + \dfrac{V_{BS}}{\phi_B} \left(\dfrac{C_j(0) A_S}{F_2} m_j + \dfrac{C_{jSW}(0) P_S}{F_2} m_{jSW} \right) \\[4mm] C_{BD} = F_3 \left(\dfrac{C_j(0) A_D}{F_2} + \dfrac{C_{jSW}(0) P_D}{F_2} \right) + \dfrac{V_{BD}}{\phi_B} \left(\dfrac{C_j(0) A_D}{F_2} m_j + \dfrac{C_{jSW}(0) P_D}{F_2} m_{jSW} \right) \end{cases}$$

式中,$C_j(0)$ 为底部单位面积的零偏压结电容;$C_{jSW}(0)$ 为侧壁单位长度的零偏压结电容;A_S 和 A_D 分别为源结和漏结的底部面积;P_S 和 P_D 分别为源结和漏结的侧壁周长;m_j 为底部电容的梯度因子;m_{jSW} 为侧壁电容的梯度因子;ϕ_B 为 PN 结的内建电势;F_C 为正偏耗尽层电容公式中的系数;F_2、F_3 为常数。

2. 栅电容

栅电容 C_{GB}、C_{GS} 和 C_{GD} 可分为与偏压有关及与偏压无关的两部分,即

$$C_{GB} = C'_{GB} + C''_{GB}, \quad C_{GS} = C'_{GS} + C''_{GS}, \quad C_{GD} = C'_{GD} + C''_{GD}$$

其中与偏压无关的部分是栅极与源、漏区之间的交叠氧化层电容,以及栅与衬底之间的交叠氧化层电容(在场氧化层上),可表示为

$$C''_{GB} = C_{GB0}L, \quad C''_{GS} = C_{GS0}Z, \quad C''_{GD} = C_{GD0}Z$$

式中,C_{GB0} 为单位沟道长度的栅-衬底交叠电容;C_{GS0} 和 C_{GD0} 分别为单位沟道宽度的栅-源和栅-漏交叠电容。

与偏压有关的栅电容是栅氧化层电容与耗尽区电容相串联的部分。栅极上的电荷面密度为

$$Q_G = \frac{2}{3}C_{OX}\left[\frac{(V_{GS}-V_{DS}-V_T)^3 - (V_{GS}-V_T)^3}{(V_{GS}-V_{DS}-V_T)^2 - (V_{GS}-V_T)^2}\right]$$

如果在模型参数中给定了 N_{FS},则上式中的 V_T 将由 V_{ON} 取代。由上式可得不同工作区中的栅电容随偏压的变化,如图 4-121 所示。

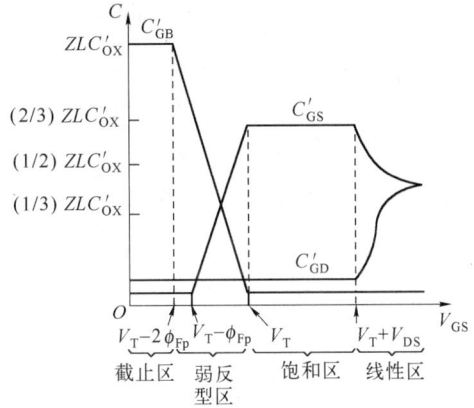

图 4-121 不同工作区中栅电容随偏压的变化

MEYER 模型采用准静态假设,把电荷仅仅作为电压的函数。实际上在计算瞬态电流时电荷还是时间的函数,这时 MEYER 模型会带来误差。为此,SPICE2 中又提供了电荷控制模型,也称为 WARD 模型。

电荷控制模型遵守电荷守恒定律。在该模型中,沟道电荷 Q_C、栅极电荷 Q_G 与衬底电荷 Q_B 之间满足以下关系,即

$$Q_C = -(Q_G + Q_B) \tag{4-324}$$

与这些电荷有关的 MOSFET 的各端电流分别为

$$i_G = \frac{dQ_G}{dt}, \quad i_B = \frac{dQ_B}{dt}, \quad i_S + i_D = \frac{dQ_C}{dt} = \frac{d(Q_S + Q_D)}{dt}$$

式中,Q_S 和 Q_D 分别为沟道电荷 Q_C 分配给源区和漏区的电荷,即 $Q_C = Q_S + Q_D$。

在电荷控制模型中还定义了一个电容项的矩阵,每个电容项(两端点之间的电容)可表示为

$$C_{xy} = \frac{dQ_x}{dV_y}$$

式中,x,y 相应于 G,B,D,S。C_{xy} 为 x 点电荷对 y 点电压的导数。

为了确定沟道电荷在漏区和源区的划分比例,SPICE2 中设置了模型参数 X_{QC},即

$$Q_D = X_{QC}Q_C, \quad Q_S = (1-X_{QC})Q_C$$

X_{QC} 既是模型参数也是一种模型标志,用来决定程序是否采用电荷控制模型;当 X_{QC} 不规定或 $X_{QC} > 0.5$ 时,程序采用 MEYER 模型;当 $0 < X_{QC} < 0.5$ 时,程序就采用电荷控制模型。

式(4-316)中的 Q_G 和 Q_B 可采用简化的公式,即

$$Q_G = C_{OX}ZL\left(V_{GS} - V_{FB} - 2\phi_P + \sigma V_{DS} - \frac{V_{DS}}{2} + \frac{1+F_B}{12F_i}V_{DS}^2\right)$$

$$Q_B = C_{OX}ZL\left[\gamma F_S(2\phi_P - V_{BS})^{\frac{1}{2}} + F_N(2\phi_P - V_{BS}) + \frac{F_B}{2}V_{DS} - \frac{F_B(1+F_B)}{12F_i}V_{DS}^2\right]$$

式中

$$F_i = V_{GS} - V_T - \frac{1+F_B}{2}V_{DS}$$

F_S、F_N 和 F_B 见式(4-316)、式(4-317) 和式(4-321)。

4.13.5 小信号模型

MOSFET 的线性化小信号模型如图 4-122 所示。

对于 MOS1 模型,有

$$g_m = \left.\frac{\partial I_{DS}}{\partial V_{GS}}\right|_{\text{工作点}} = \begin{cases} 0, & V_{GS}-V_T \leqslant 0 \\ \beta(V_{GS}-V_T)(1+\lambda V_{DS}), & V_{GS}-V_T \leqslant V_{DS} \\ \beta V_{DS}(1+\lambda V_{DS}), & V_{GS}-V_T > V_{DS} \end{cases}$$

$$g_{mBS} = \left.\frac{\partial I_{DS}}{\partial V_{BS}}\right|_{\text{工作点}} = \begin{cases} 0, & V_{GS}-V_T \leqslant 0 \\ g_m A_{RG}, & V_{GS}-V_T \leqslant V_{DS} \\ g_m A_{RG}, & V_{GS}-V_T > V_{DS} \end{cases}$$

式中

$$A_{RG} = \begin{cases} \dfrac{\gamma}{2\sqrt{2\phi_P - V_{BS}}}, & V_{BS} \leqslant 0 \\[4mm] \dfrac{\gamma}{2(\sqrt{2\phi_P} - \sqrt{V_{BS}/2\sqrt{2\phi_P}})}, & V_{BS} > 0 \end{cases}$$

图 4-122　MOSFET 的线性化小信号模型

$$g_{DS} = \left.\frac{\partial I_{DS}}{\partial V_{DS}}\right|_{\text{工作点}} = \begin{cases} 0, & V_{GS}-V_T \leqslant 0 \\ \dfrac{\beta}{2}\lambda(V_{GS}-V_T)^2, & V_{GS}-V_T \leqslant V_{DS} \\ \beta(V_{GS}-V_T-V_{DS})(1+\lambda V_{DS}) + \lambda\beta V_{DS}\left(V_{GS}-V_T-\dfrac{V_{DS}}{2}\right), & V_{GS}-V_T > V_{DS} \end{cases}$$

$$g_{BS} = \left.\frac{\partial I_{BS}}{\partial V_{BS}}\right|_{\text{工作点}} = \begin{cases} \dfrac{q}{kT}I_{SS}\exp\left(\dfrac{qV_{BS}}{kT}\right), & V_{BS} > 0 \\[3mm] \dfrac{q}{kT}I_{SS}, & V_{BD} \leqslant 0 \end{cases}$$

$$g_{BD} = \left.\frac{\partial I_{BD}}{\partial V_{BD}}\right|_{\text{工作点}} = \begin{cases} \dfrac{q}{kT}I_{SD}\exp\left(\dfrac{qV_{BD}}{kT}\right), & V_{BD} > 0 \\[3mm] \dfrac{q}{kT}I_{SD}, & V_{DB} \leqslant 0 \end{cases}$$

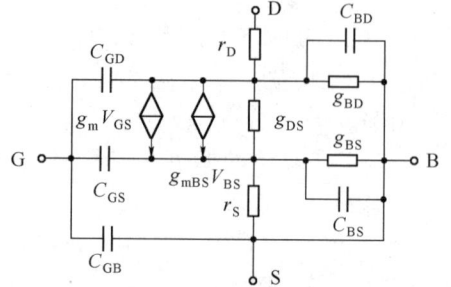

对于 MOS2 和 MOS3 模型,可用类似的方法求出各电导值。

4.13.6 串联电阻的影响

源极串联电阻 r_S 和漏极串联电阻 r_D 的存在使加在器件本征部分的有效电压小于加在器件外端口上的电压,严重影响 MOSFET 的电学特性。在 SPICE2 的等效电路中加入了 r_S 和 r_D,它们的值可以在 MODEL 语句中给定,也可以通过 MOSFET 元件卡中的 N_{RS} 和 N_{RD} 来确定。这时 $r_S = R_{sh}N_{RS}$,$r_D = R_{sh}N_{RD}$,式中,R_{sh} 为源、漏区的薄层电阻(即方块电阻);N_{RS} 和 N_{RD} 分别为源区和漏区的等效方块数。

通过元件卡确定 r_S 和 r_D 的方法可以对每一个具体的 MOSFET 规定其串联电阻值,因而可对电路进行更详细的描述。

本章习题

4-1* 某铝栅 N 沟道 MOSFET 的衬底掺杂浓度为 $N_A = 10^{15}\,\text{cm}^{-3}$，栅氧化层厚度为 120 nm，栅氧化层中有效电荷数的面密度 $Q_{OX}/q = 3 \times 10^{11}\,\text{cm}^{-2}$。试计算其阈电压 V_T。

4-2 某铝栅 P 沟道 MOSFET 的衬底掺杂浓度为 $N_D = 10^{15}\,\text{cm}^{-3}$，栅氧化层的厚度为 100 nm，$\phi_{MS} = -0.6\,\text{eV}$，$Q_{OX}/q = 5 \times 10^{11}\,\text{cm}^{-2}$。若要得到 $-1.5\,\text{V}$ 的阈电压，应采用沟道区硼离子注入。设注入深度大于沟道下耗尽区最大厚度，则所需的注入浓度为多少？

4-3* 一个以高掺杂 P 型多晶硅为栅极的 P 沟道 MOSFET，在源与衬底接地时阈电压 $V_T = -1.5\,\text{V}$。当外加 5 V 的衬底偏压后，测得 $V_T = -2.3\,\text{V}$。若栅氧化层厚度为 100 nm，试求其衬底掺杂浓度。

4-4* 某工作于饱和区的 N 沟道 MOSFET，当 $V_{GS} = 3\,\text{V}$ 时测得 $I_{Dsat} = 1\,\text{mA}$，当 $V_{GS} = 4\,\text{V}$ 时测得 $I_{Dsat} = 4\,\text{mA}$，试求该管的 V_T 与 β 之值。

4-5* 若 N 沟道增强型 MOSFET 的源和衬底接地，栅和漏极相接，试导出描述其电流电压特性的表达式。

4-6 铝栅 P 沟道 MOSFET 具有以下参数：$T_{OX} = 100\,\text{nm}$，$N_D = 2 \times 10^{15}\,\text{cm}^{-3}$，$Q_{OX}/q = 10^{11}\,\text{cm}^{-2}$，$L = 3\,\mu\text{m}$，$Z = 50\,\mu\text{m}$，$\mu_p = 230\,\text{cm}^2\,\text{V}^{-1}\,\text{s}^{-1}$。试计算其阈电压 V_T；并计算出当 $V_{GS} = -4\,\text{V}$ 时的饱和漏极电流。

4-7* 某 N 沟道 MOSFET 的 $V_T = 1\,\text{V}$，$\beta = 4 \times 10^{-3}\,\text{AV}^{-2}$，求当 $V_{GS} = 6\,\text{V}$，V_{DS} 分别为 2、4、6、8 和 10 时的漏极电流之值。

4-8* 将 $Z/L = 5$，$T_{OX} = 80\,\text{nm}$，$\mu_n = 600\,\text{cm}^2\,\text{V}^{-1}\,\text{s}^{-1}$ 的 N 沟道 MOSFET 用作可控电阻器。若在 V_{DS} 较小时获得 $R_{on} = 2.5\,\text{k}\Omega$ 的电阻，$(V_{GS} - V_T)$ 应为多少？这时沟道内的电子面密度 Q_n/q 为多少？

4-9 推导并画出在 $V_{GS} > V_T$ 且为常数时，当 $V_{DS} = V_{Dsat}$ 时 MOSFET 沟道内的电场分布 E_y。

4-10 试求出题 4-3 中，当外加 5 V 的衬底偏压时，温度升高 10 ℃ 所引起的阈电压的变化。

4-11 铝栅 P 沟道 MOSFET 具有以下参数：$T_{OX} = 120\,\text{nm}$，$N_D = 1 \times 10^{15}\,\text{cm}^{-3}$，$Q_{OX}/q = 10^{11}\,\text{cm}^{-2}$，$L = 10\,\mu\text{m}$，$Z = 50\,\mu\text{m}$，$\mu_p = 230\,\text{cm}^2\,\text{V}^{-1}\,\text{s}^{-1}$。试计算当 $V_{GS} = -2\,\text{V}$，$V_{DS} = 5\,\text{V}$ 时的亚阈电流 I_{Dsub}。

4-12 某 N 沟道 MOSFET 的 $V_T = 1.5\,\text{V}$，$\beta = 6 \times 10^{-3}\,\text{AV}^{-2}$。求当 $V_{DS} = 6\,\text{V}$，V_{GS} 分别为 1.5、3.5、5.5、7.5 和 9.5 时的跨导之值。

4-13* 导出 N 沟道 MOSFET 饱和区跨导 g_{ms} 和通导电阻 R_{on} 的温度系数的表达式。

4-14 应用电荷控制法导出在 $V_{DS} = V_{Dsat}/2$ 时的沟道渡越时间 τ_t。

4-15* 一个 NMOS 器件，假设沟道宽度 $Z = 15\,\mu\text{m}$，沟道长度 $L = 2\,\mu\text{m}$，单位面积栅电容 $C_{OX} = 6.9 \times 10^{-8}\,\text{F/cm}^2$。设 V_D 固定为 0.1 V，测得：$V_G = 1.5\,\text{V}$ 时，$I_D = 35\,\mu\text{A}$；$V_G = 2.5\,\text{V}$ 时，$I_D = 75\,\mu\text{A}$。求该 MOSFET 的阈电压和沟道内电子迁移率。

4-16* 从 MOSFET 输出特性曲线上如何得出沟道长度调制系数？

4-17* 若一长沟道 NMOSFET，将其沟道长度缩小为原来的一半，而尺寸、掺杂浓度、外加偏压均保持不变，解释以下参数将如何变化？

(1) 阈电压 (2) 饱和漏电流 (3) 导通电阻 (4) 功耗 (5) 最高工作频率

4-18* 设 MOSFET 多晶硅掺杂为 $10^{20}\,\text{cm}^{-3}$，栅氧化层厚度为 1 nm，外加偏压为 1 V，二氧化硅相对介电常数是 3.9，估算多晶硅耗尽区宽度。

4-19 试设计一个雪崩击穿电压 $V_B = 600\,\text{V}$ 的 VDMOS 的漂移区，使该漂移区具有最低的比导通电阻 R_{on}。

4-20 图 4-123 为超结耐压层结构示意图，其中 P$^+$ 区接地，N$^+$ 区施加高压 V_R，使耐压区完全耗尽。根据结构参数及坐标系，试证明沿 AA' 的电场分布为：

$$E(y) = \frac{qN}{\varepsilon_s} \cdot \frac{4b}{\pi^2} \sum_{n=1}^{\infty} \frac{\sin\left(\dfrac{n\pi}{2}\right)}{n^2} \cos\left(\frac{n\pi x}{b}\right) \frac{\sinh\left(\dfrac{n\pi y}{b}\right)}{\cosh\left(\dfrac{n\pi W}{2b}\right)} + \frac{V_R}{W}$$

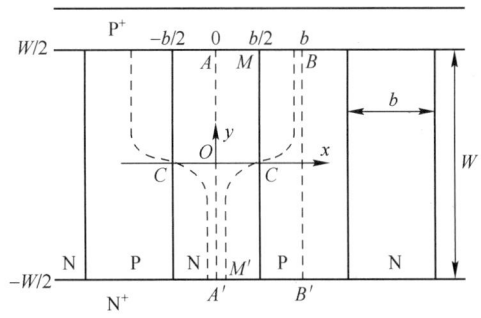

图 4-123

4-21 对于 N$^+$ 硅栅全耗尽 SOI MOSFET，衬底掺杂浓度为 10^{17} cm^{-3}，栅氧化层厚度为 5 nm，忽略氧化层及界面电荷。计算：(1)硅层最大厚度；(2)当背栅压分别为–5 V、0 V、5 V 时的阈电压。

4-22 对于双栅 FinFET，画出其能带图，如果采用 N$^+$ 多晶硅栅与 P$^+$ 多晶硅栅，解释其阈电压有何差别？

4-23 图 4-92(c)的三栅 MOSFET，如果底面也有一个栅，就构成了围栅 MOS 器件，试推导该围栅器件的特征长度。

4-24 画出图 4-111 的无结晶体管和普通反型 MOSFET 能带图，解释普通 MOSFET 为何采用 N$^+$ 多晶硅栅，无结 MOSFET 为何采用 P$^+$ 多晶硅栅。在氧化层厚度为 2 nm，掺杂浓度为 1×10^{19} cm^{-3} 的条件下，能制作无结晶体管硅层厚度最大是多少？

本章参考文献见二维码 4-1。

二维码 4-1

第5章 半导体异质结器件

众所周知,晶体管技术是集成电路技术的基础,也是微电子技术的基础,其发展经历了以下过程:(1)1947年晶体管的发明,具有划时代的历史意义,它带来了电子学的革命;(2)1958年包含晶体管技术的集成电路问世;(3)1968年硅大规模集成电路实现产业化,标志着电子技术进入微电子时代。近半个世纪,硅器件作为微电子中的中坚技术改变了传统的计算机、通信产业乃至社会面貌。目前和将来很长的一个时期,硅晶体管技术凭借工艺成熟和成本低廉等优点,仍占据半导体技术中的主力军地位。然而传统硅器件性能几乎接近了理论极限,由此人们期望出现一种具有高频、高速、大功率、低噪声和低功耗等性能的崭新的晶体管,以满足高速大容量的计算机和大容量远距离通信的要求。

由两种不同材料所构成的结就是异质结。如果这两种材料都是半导体,则称为半导体异质结;如果这两种材料是金属和半导体,则称为金属–半导体接触,这包括Schottky结和欧姆接触。

随着超薄层外延生长技术(如分子束外延、金属有机化合物化学气相淀积、原子层外延)、能带剪裁工程、横向微细加工、纵向异质结构和量子阱等技术的发展,采用半导体异质结材料制作晶体管成为可能。因为异质结晶体管与硅器件相比,其低场电子迁移率高,电子饱和速度快,适合于高频高速工作;很多异质结晶体管可在半绝缘衬底上制作,容易实现器件隔离,且降低寄生电阻;一些异质结器件具有较好的耐高温抗辐射性能,适用于恶劣环境工作。所以,半导体异质结器件成为近年的研究热点。

5.1 金属–半导体接触

金属–半导体接触(简称金半接触)构成的点接触二极管是最早实用的半导体器件,但由于制造的重复性很差,在20世纪50年代被PN结二极管所取代。随着半导体工艺及真空技术的发展,重复性好的金半接触制备技术目前已非常成熟,且随着人们对金半接触理论有了深刻理解,不论整流和非整流的金属–半导体结都能得到。整流结通常称为肖特基势垒二极管。非整流结不论外加电压如何都能获得低的欧姆压降,称为欧姆接触,所有的半导体器件都需要用欧姆接触与外部电路连接。

5.1.1 肖特基势垒

在讨论金半接触的基本概念之前,先介绍几个专业词汇。

- 功函数 $q\phi_M$——费米能级的电子逸出体外所需的能量。金属的功函数为几电子伏特(eV)。当 kT 大于等于几电子伏特时,金属中的电子会产生热发射。

常温下,$kT \approx 0.026$ eV。因此要产生热发射,温度需达到上万度。这在半导体系统中是无法实现的(如GaAs的熔点为1239C°,Si的熔点为1420C°)。但在加了足够的电场后,常温下也可产生电子发射,称为场致发射。

- 电子亲和能 $q\chi$——半导体中导带底的电子逸出体外所需的能量。
- 接触电势差 qV_D——金属费米能级与半导体费米能级的差。

$$qV_D = q\phi_M - (\chi + q\phi_{ns}) \tag{5-1}$$

其中 ϕ_{ns} 为金半接触势垒高度。

图 5-1 所示为金半接触能带图，其中 E_C、E_V 分别为导带底、价带顶的电子能量，E_F 为费米能级。在图 5-1(a) 中，半导体(S)中费米能级高于金属(M)费米能级，当两者接触后，电子从半导体流向金属，半导体出现正的空间电荷区，金属表面积累负电荷，最终使两者费米能级相等，达到平衡状态。半导体中正的空间电荷与金属表面负电荷大小相等、方向相反，但由于半导体中施主浓度比金属中电子浓度低几个数量级，故半导体正空间电荷区较厚，而金属中负电荷区厚度很薄（约 5 nm），类似于单边突变 PN 结耗尽区。正负电荷在金属与半导体间隙处产生一个从半导体指向金属的电场，该电场阻止电子从半导体流向金属，最后达到平衡，形成稳定的内建电场和内建电势，使半导体的能带向上弯曲，形成阻止半导体中电子向金属渡越的势垒。当两者的间隙较大时，接触电势差主要降落在两表面间，如图 5-1(b) 所示。当两者的间隙足够小，对电子而言透明时，半导体表面势垒变高，如图 5-1(c) 所示。而当间隙小到原子间距（即接触）时，内建电场存在于半导体空间电荷区内，此时接触电势差等于内建电势（用 V_{bi} 表示）。接触势垒高度由金属功函数和半导体亲和能所决定，如图 5-1(d) 所示。即

$$q\phi_{ns} = q\phi_M - q\chi \tag{5-2}$$

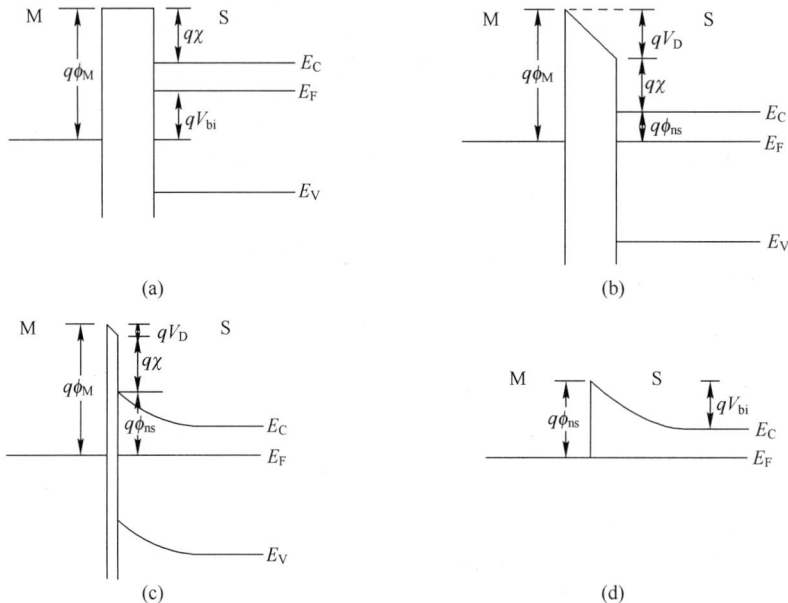

图 5-1　金半接触能带图

在外加偏压时，考虑半导体的体电阻很小，电压都加在金半接触势垒上，则两边的费米能级不再相同。图 5-2(a) 所示为未加偏压时的金半接触能带图；当金属加正向偏压 V 时，电子向金属流动，对应的金属费米能级下降，如图 5-2(b) 所示；当金属加反向偏压 V 时，电子向半导体流动，对应的半导体费米能级下降，如图 5-2(c) 所示。由图 5-2 可以得出以下结论：外加反向偏压，则势垒增高、加厚；外加正向偏压，则势垒降低、变薄。可见，势垒中电离杂质总数（即电荷数随外加偏压变化）等效于一个电容。肖特基最先提出了接触势垒的高度和厚度随外加电压变化的关系。

设势垒区是耗尽层（耗尽层近似），施主杂质浓度为 N_D，势垒厚度是 d_0，则由图 5-2 可得一维泊松方程：

$$\frac{d^2V(x)}{dx^2} = -\frac{\rho(x)}{\varepsilon_s} \tag{5-3}$$

电荷密度为

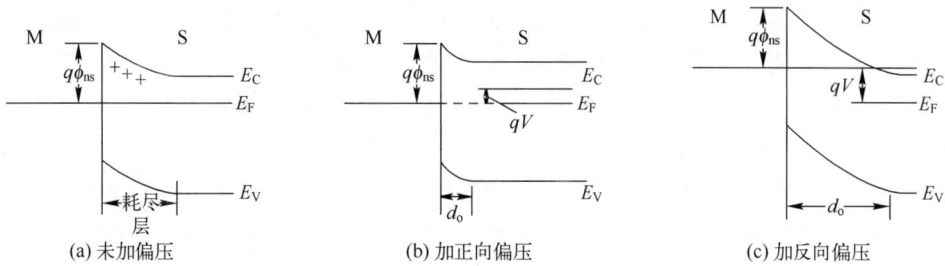

图 5-2　未加偏压和外加偏压时的金半接触能带图

其中 (a) 未加偏压　(b) 加正向偏压　(c) 加反向偏压

$$\rho(x) = \begin{cases} qN_D & x \leqslant d_0 \\ 0 & x > d_0 \end{cases} \tag{5-4}$$

边界条件为 $\qquad x = 0$ 时，$V(x) = -\phi_{ns}$；$x = d_0$ 时，$\mathrm{d}V(x)/\mathrm{d}x = 0$ $\qquad$ (5-5)

解得 $\qquad\qquad V(x) = \dfrac{qN_D(d_0 x - x^2/2)}{\varepsilon_s} - \phi_{ns}$ $\qquad\qquad$ (5-6)

图 5-1 中内建电势为 V_{bi}，则考虑外加偏压后，能带弯曲量可表示为

$$V_{bi} - V = \phi_{ns} - \phi_n = \frac{qN_D d_0^2}{2\varepsilon_s} \tag{5-7}$$

单位面积耗尽层电荷为 $\qquad Q_{sc} = Q/A = \sqrt{2\varepsilon_s qN_D(V_{bi} - V)}$ $\qquad$ (5-8)

单位面积势垒电容为 $\qquad C/A = \dfrac{1}{A} \cdot \dfrac{\mathrm{d}Q}{\mathrm{d}V} = \sqrt{\dfrac{\varepsilon_s qN_D}{2(V_{bi} - V)}}$ $\qquad$ (5-9)

在检波电路中，要求电容基本不随偏压改变。为此，可在杂质浓度大于 10^{18} cm^{-3} 的衬底上外延厚度为 1 μm、浓度为 10^{16} cm^{-3} 的外延层，则所制作器件的耗尽层厚度基本上等于外延层厚度，基本不随偏压改变。

例 5.1　如图 5-3 所示，计算钨–硅接触肖特基二极管的衬底施主浓度、内建电势和势垒高度。

由式 (5-9) 可得图 5-3 所表示的关系曲线为

$$\frac{1}{C^2} = \frac{2}{\varepsilon_s qN_D}(V_{bi} - V) \tag{5.10}$$

也就是说，$1/C^2$ 与外加反向偏压 $(-V)$ 成正比，为一条直线，该直线与横轴的截距为内建电势 V_D，斜率为 $2/(\varepsilon_s qN_D)$，故可得出该肖特基二极管的 $V_D = 0.4$ V，反向偏压为 1 V 时，$1/C^2 = 6 \times 10^{15}$ (cm^2/F)^2，反向偏压为 2 V 时，$1/C^2 = 10.6 \times 10^{15}$ (cm^2/F)^2。于是可求得 $N_D = 2.6 \times 10^{15}$ cm^{-3}。

再由 (1-31) 得出

$$E_C - E_F = kT\ln\frac{N_C}{N_D} = 0.026\ln\frac{2.9 \times 10^{19}}{2.6 \times 10^{15}} \approx 0.24 \text{ eV}$$

故势垒高度为 $\qquad \phi_{ns} = 0.4 \text{ V} + 0.24 \text{ V} = 0.64 \text{ V}$

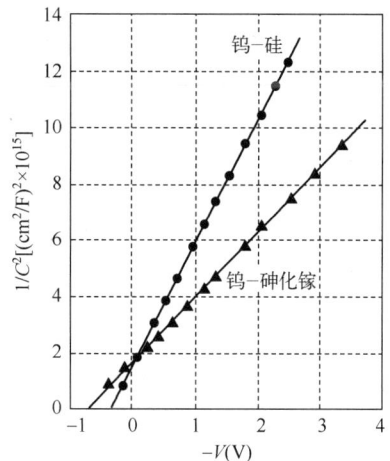

图 5-3　钨–硅和钨–砷化镓二极管的 $1/C^2$ 与外加反向电压的关系

5.1.2　表面态及对势垒高度的修正

1. 表面态的影响

由式 (5-2) 可知，金半接触的肖特基势垒高度等于金属功函数与半导体亲和能之差，但实际接

触形成的势垒高度却并非如此。这是由于半导体表面往往存在大量界面态,在两者接触以前,半导体表面就存在表面电荷和表面势垒。图 5-4 为具有表面态的 N 型半导体与金属接触前后的能带图。图 5-4(a)是接触前 N 型半导体与金属的能带图,半导体表面处有表面势垒,表面势垒中的正空间电荷与表面态上的负电荷在数量上相等,半导体表面与体内处于平衡状况。图 5-4(b)为 N 型半导体与金属连接,两者费米能级一致,达到平衡状态,N 型半导体与金属两表面之间存在电场。如果半导体的表面态密度较高,当空隙逐步减小时,空隙中电场增高半导体表面和金属表面上的正负电荷增加,但半导体势垒中空间电荷基本保持不变。这里半导体表面增加的是正电荷,物理意义上就是部分表面态失去了电子。此时金属表面的负电荷加上半导体表面态还剩余的负电荷在数量上等于半导体表面势垒中的正电荷。在理想条件下,当空隙减小到与原子间距相比拟时,空隙中电场将很高,但表面势垒高度仍可保持不变,空隙对电子而言是透明的,因而可以忽略不计,得到如图 5-4(c)所示的能带图。势垒高度取决于半导体表面的状况,与金属功函数大小无关。

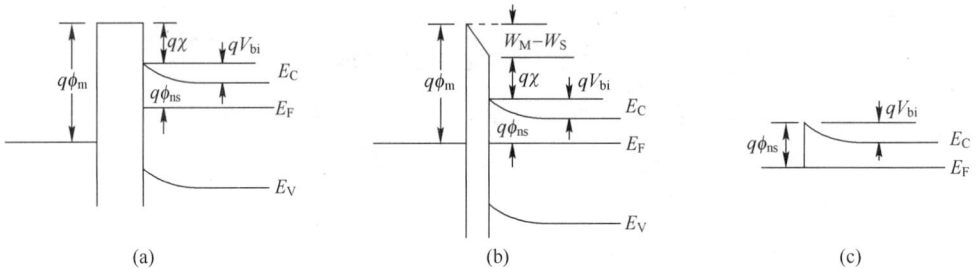

图 5-4 具有表面态的 N 型半导体与金属接触前后的能带图

当表面态密度不是很高时,势垒高度将不再与金属功函数无关,而要受到一定程度的影响。

2. 势垒高度的一般表达式

在金属和半导体(简称金半)接触中,由于晶格不连续,在半导体表面处的禁带中存在着表面态,对应的能级称为表面能级。表面态一般分为施主型和受主型两种。若能级被电子占据时呈电中性,施放电子后呈正电性,则称为施主型表面态;若能级空着时为电中性,而接收电子后带负电,则称为受主型表面态。表面态在禁带中的分布一般高能级为受主型,低能级为施主型。那么就存在一个中性能级 $q\phi_0$,假设这个能级与价带顶之间的距离为 $q\phi_0$,电子正好填满这个能级以下的所有表面态时,表面呈电中性。低于 $q\phi_0$ 的能级空着,带正电;高于 $q\phi_0$ 的能级被电子占据,带负电。对于大多数半导体,$q\phi_0$ 一般为禁带宽度的三分之一。

以上分析表明,肖特基的势垒高度不仅与金属功函数和半导体亲和能相关,还与半导体表面态密切相关。金属与 N 型半导体接触的详细能带图如图 5-5 所示。为了求出一般情况下势垒高度的表达式,先做如下假设:

(1)金属与半导体间的界面层较薄,它对于能越过势垒的载流子是透明的;

(2)半导体的表面态密度是均匀分布的,完全由半导体的性质决定而与金属的状况无关;

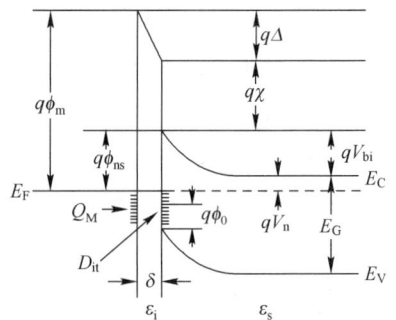

图 5-5 金属与 N 型半导体
接触的详细能带图

(3)金半势垒的高度与外加电压无关。

设一个半导体具有受主型表面态,其密度为 $D_{it}(cm^{-2} \cdot eV^{-1})$,则其表面态电荷面密度为表面态密度和费米能级与中性能级之差的乘积:

$$Q_{ss} = -qD_{it}(E_G - q\phi_{ns} - q\phi_0) \tag{5-11}$$

半导体耗尽区电荷面密度可由式(5-8)得到,考虑到势垒高度与外加电压无关,可以将式(5-8)变换为

$$Q_{sc} = Q/A = \sqrt{2\varepsilon_s q N_D(\phi_{ns} - V_n)} \tag{5-12}$$

其中,$V_n = E_C - E_F$。

半导体一侧的电荷面密度由式(5-11)与式(5-12)叠加得到,考虑到电荷平衡条件,对应金属表面的电荷密度为

$$Q_M = -(Q_{ss} + Q_{sc}) \tag{5-13}$$

由高斯定律,可知金属与半导体表面之间界面层内电场强度为 Q_M/ε_i,其中 ε_i 为界面层的介电常数,故界面层电压降为

$$\Delta = -\delta \frac{Q_M}{\varepsilon_i} \tag{5-14}$$

其中,δ 是界面层厚度。由图 5-5 可见,界面层电压降又可以表示成金属功函数与势垒高度、半导体电子亲和能之差,即

$$\Delta = \phi_M - \phi_{ns} - \mathcal{X} \tag{5-15}$$

从式(5-14)和式(5-15)中消去 Δ,并将式(5-13)的 Q_M 代入,得到

$$\phi_M - \phi_{ns} - \mathcal{X} = \sqrt{\frac{2q\varepsilon_s N_D \delta^2}{\varepsilon_i^2}(\phi_{ns} - V_n)} - \frac{qD_s\delta}{\varepsilon_i}(E_G - q\phi_{ns} - q\phi_0) \tag{5-16}$$

由此即可求解势垒高度 ϕ_{ns}。设

$$c_1 = \frac{2q\varepsilon_s N_D \delta^2}{\varepsilon_i^2} \tag{5-17}$$

以及

$$c_2 = \frac{\varepsilon_i}{\varepsilon_i + q^2 \delta D_{it}} \tag{5-18}$$

对于理想的金半接触,界面层厚度为原子尺度,约为 4 Å,界面层介电常数取真空中的介电常数,半导体相对介电常数为 10,半导体掺杂浓度取 10^{18} cm^{-3},则 $c_1 = 0.01$ V。式(5-16)中根号项小于 0.1 V,可以忽略,则势垒高度表达式可简化为

$$\phi_{ns} = c_2(\phi_M - \mathcal{X}) + (1 - c_2)\left(\frac{E_G}{q} - \phi_0\right) = c_2\phi_m + c_3 \tag{5-19}$$

由此得出关于表面态的两种极端情形:

(1) 当 $D_{it} \to \infty$ 时,$c_2 \to 0$,有 $\qquad q\phi_{ns} = E_G - q\phi_0$ $\qquad\qquad$ (5-20)
这种情况是界面处的费米能级由于表面态密度高而被钉扎在价带顶以上 $q\phi_0$ 处,势垒高度与金属功函数无关,取决于半导体表面特性;

(2) 当 $D_{it} \to 0$ 时,$c_2 \to 1$,有 $\qquad q\phi_{ns} = q(\phi_m - \mathcal{X})$ $\qquad\qquad$ (5-21)
这是忽略表面态的理想肖特基势垒高度公式。

金半接触的势垒高度,由于存在表面态等非理想因素,理论上难以准确预测,一般采用实验方法测量,常用正向电流电压法或例 5.1 所示的电容电压法进行测量。

5.1.3 金半接触肖特基结的伏安特性

肖特基结的导电机构存在四种方式,以金属与 N 型半导体接触正向偏置为例,可以分为:
(1) 半导体导带中的电子越过势垒进入金属;
(2) 半导体导带中的电子以量子力学隧道效应穿过势垒进入金属;
(3) 耗尽区中电子与空穴的复合(若为反向偏压则是耗尽区电子与空穴的产生);

(4) 中性区复合,即空穴少子注入效应。

一般情况下,第一种导电机构是主要的电流输运过程,其他三种导电机构电子或空穴的数量相对较少,仅仅作为第一种的修正。对于电子穿越势垒的输运,存在两种理论,即扩散理论和热发射理论。若势垒厚度远远大于电子平均自由程,则载流子在势垒中要经过多次碰撞,对应于扩散理论;若势垒厚度远远小于电子平均自由程,载流子碰撞散射可以忽略,则对应于热发射理论,又称二极管理论。

1. 二极管理论

下面以二极管理论为例简要推导肖特基二极管的伏安特性。概念上分两步,首先计算半导体中的电子浓度,其次计算动能大于势垒高度的电子浓度,从而得出载流子电流。

对于非简并半导体,其电子浓度为

$$n = N_C \exp\left(-\frac{E_C - E_F}{kT}\right) \tag{5-22}$$

其中 N_C 为导带有效能级密度。

$$N_C = \frac{2(2\pi m_n^* kT)^{\frac{3}{2}}}{h^3} \tag{5-23}$$

能量从 E 到 $E+dE$ 的电子浓度可表示为

$$dn = g_C(E)f(E)dE = \frac{4\pi(2m_n^*)^{3/2}}{h^3}(E-E_C)^{1/2}\exp\left(-\frac{E-E_F}{kT}\right)dE \tag{5-24}$$

采用经典近似,假定电子的能量为动能,其运动速度为 v,可以写出:

$$E - E_C = \frac{1}{2}m_n^* v^2$$

则有

$$dE = m_n^* v dv$$

因此可将式(5-24)化成电子浓度与速度的关系式:

$$dn = 4\pi n\left(\frac{m_n^*}{2\pi kT}\right)v^2\exp\left(-\frac{m_n^* v^2}{2kT}\right)dv \tag{5-25}$$

由于只有向一定方向运动的电子才有可能穿过金半势垒产生电流,故对上述速度还需考虑其方向,而对速度空间坐标,有

$$v^2 = v_x^2 + v_y^2 + v_z^2 \text{ 及 } 4\pi v^2 dv = dv_x dv_y dv_z \tag{5-26}$$

故有

$$dn = \left(\frac{m_n^*}{2\pi kT}\right)\exp\left(-\frac{m_n^*(v_x^2 + v_y^2 + v_z^2)}{2kT}\right)dv_x dv_y dv_z \tag{5-27}$$

假定电子从半导体垂直穿越界面势垒到金属的方向为 x,则从半导体到金属的电子电流密度为

$$dJ_{S-M} = qv_x dn$$

积分可得

$$J_{S-M} = qn\left(\frac{m_n^*}{2\pi kT}\right)^{3/2}\int_{-\infty}^{\infty}\exp\left(-\frac{m_n^* v_y^2}{2kT}\right)dv_y \times \int_{-\infty}^{\infty}\exp\left(-\frac{m_n^* v_z^2}{2kT}\right)dv_z \times$$

$$\int_{v_{x0}}^{\infty}v_x\exp\left(-\frac{m_n^* v_x^2}{2kT}\right)dv_x = qn\left(\frac{kT}{2\pi m_n^*}\right)\exp\left(-\frac{m_n^* v_{x0}^2}{2kT}\right) \tag{5-28}$$

能够穿越势垒的电子能量为 $\frac{1}{2}m_n^* v_{x0}^2 = q(V_{bi} - V)$,代入上式可得

$$J_{S-M} = \frac{4\pi q m_n^* k^2 T^2}{h^3}\exp\left(-\frac{q\phi_{ns}}{kT}\right)\exp\left(\frac{qV}{kT}\right) \tag{5-29}$$

当外加偏压 $V=0$ 时,金半系统平衡,从半导体流向金属的电流等于从金属流向半导体的电流,故

$$J_{\text{M-S}} = J_{\text{S-M}}(V=0) = \frac{4\pi q m_{\text{n}}^* k^2 T^2}{h^3} \exp\left(-\frac{q\phi_{\text{ns}}}{kT}\right) \tag{5-30}$$

总的电子电流为 $\quad J_{\text{n}} = \dfrac{4\pi q m_{\text{n}}^* k^2 T^2}{h^3} \exp\left(\dfrac{q\phi_{\text{ns}}}{kT}\right)\left[\exp\left(\dfrac{qV}{kT}\right) - 1\right] = A^* T^2 \exp\left(\dfrac{-q\phi_{\text{ns}}}{kT}\right)\left[\exp\left(\dfrac{qV}{kT}\right) - 1\right] \tag{5-31}$

其中, A^* 被称为理查森(Richardson)数, $A^* = \dfrac{4\pi q m_{\text{n}}^* k^2}{h^3} \equiv 120 \text{ A}/(\text{cm}^2 \cdot \text{K}^2)$ 。

图 5-6 为钨–硅和钨–砷化镓金半接触肖特基二极管的正向电流密度与外加电压的关系曲线,由曲线在纵坐标轴上的截距可以算出势垒高度。

2. 扩散理论

仍然以金属与 N 型半导体为例,在势垒区中,电子电流由漂移电流和扩散电流组成,分别取决于局部电场强度和电子浓度梯度,即

$$J_{\text{n}} = q\mu_{\text{n}} n E + q D_{\text{n}} \frac{\mathrm{d}n}{\mathrm{d}x} \tag{1-76}$$

假定半导体势垒区中满足迁移率和扩散系数为常数的近似要求,且爱因斯坦关系成立,则上式可写为

$$J_{\text{n}} = q D_{\text{n}}\left[-\frac{q n(x)}{kT}\frac{\mathrm{d}V(x)}{\mathrm{d}x} + \frac{\mathrm{d}n}{\mathrm{d}x}\right] \tag{5-32}$$

两边同乘以指数因子 $\exp[-qV(x)/(kT)]$,从表面 $x=0$ 积分到耗尽区边界 $x=d$,即

$$J_{\text{n}}\int_0^d \exp[-qV(x)/(kT)]\mathrm{d}x = q D_{\text{n}}\left[n(x)\exp(-qV(x)/(kT)]_0^d \tag{5-33}$$

边界条件为 $\quad\begin{cases} V(0) = -\phi_{\text{ns}} \\ V(d) = -(\phi_{\text{n}}+V) \\ n(0) = N_{\text{C}}\exp[-q\phi_{\text{ns}}/(kT)] \\ n(d) = N_{\text{C}}\exp[-q\phi_{\text{n}}/(kT)] \end{cases} \tag{5-34}$

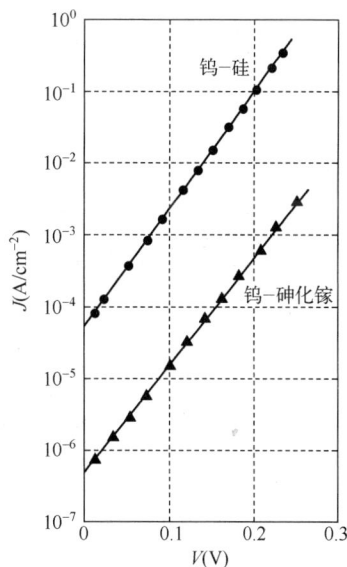

图 5-6　钨–硅和钨–砷化镓金半接触肖特基二极管的正向电流密度与外加电压的关系曲线

代入式(5-33),得到 $\quad J_{\text{n}} = \dfrac{q D_{\text{n}} N_{\text{C}}\{\exp[-qV/(kT)] - 1\}}{\displaystyle\int_0^d \exp[-qV(x)/(kT)]\mathrm{d}x} \tag{5-35}$

在势垒区中 $\quad V(x) = \dfrac{q N_{\text{D}}}{\varepsilon_{\text{s}}}\left(xd - \dfrac{1}{2}x^2\right) - \phi_{\text{ns}}$

代入式(5-35),由于积分主要取决于 x 较小的部分,作为一级近似,省略 x^2 项,则

$$\int_0^d \exp[-qV(x)/(kT)]\mathrm{d}x = \exp[q\phi_{\text{ns}}/(kT)]\int_0^d \exp[-q^2 N_{\text{D}}xd/(\varepsilon_{\text{s}}kT)]\mathrm{d}x$$

$$= -\frac{\varepsilon_{\text{s}}kT}{N_{\text{D}}q^2 d}\exp[q\phi_{\text{ns}}/(kT)]\{\exp[-q^2 N_{\text{D}}d^2/(\varepsilon_{\text{s}}kT)] - 1\} \tag{5-36}$$

代入式(5-35)可得

$$J_{\text{n}} = \frac{q D_{\text{n}} N_{\text{C}}}{kT}\left[\frac{2q(V_{\text{bi}}-V)N_{\text{D}}}{\varepsilon_{\text{s}}}\right]^{1/2}\exp[-q\phi_{\text{ns}}/(kT)]\left[\frac{\exp[qV/(kT)] - 1}{1 - \exp[-2q(V_{\text{bi}}-V)/(kT)]}\right] \tag{5-37}$$

一般情况下，$q(V_D-V)\gg kT$，上式简化为

$$J_n = \frac{q^2 D_n N_C}{kT}\left[\frac{2q(V_{bi}-V)N_D}{\varepsilon_s}\right]^{1/2}\exp\left[-q\phi_{ns}/(kT)\right]\{\exp\left[qV/(kT)\right]-1\} \tag{5-38}$$

扩散理论与二极管理论的电流密度表达式[式(5-31)与式(5-38)]很相似，仔细比较可以看出，式(5-38)的扩散理论的饱和电流密度随电压变化大，随温度变化小；而式(5-31)的二极管理论则随温度变化大，随电压变化小。

以上扩散理论中，假定载流子迁移率为常数。实际上随着电场增强，载流子漂移速度饱和，迁移率不再是常数。金半接触势垒区电场强度可以比较大，往往大于 10^4 V/cm，如果认为载流子在势垒区中漂移速度为常数，达到饱和漂移速度 v_s，可以推出电流密度为

$$J = qnv_s\exp\left(-\frac{qV_D}{kT}\right)\left(\exp\left[\frac{qV}{kT}\right]-1\right) \tag{5-39}$$

这与二极管理论的式(5-31)基本相同。如果势垒区中电场较强，扩散理论得到的结果与二极管理论更加接近。

在肖特基势垒二极管中，电流是由多数载流子传导的。而 PN 结是少数载流子导电。当某 PN 结从正偏突然转换为反偏时，少数载流子不能立即去除，开关速度受此少数载流子存储效应的限制。而在肖特基二极管中，由于没有少数载流子存储，存储时间可以忽略不计，因而频率特性不受电荷存储的限制，而是受到 RC 时间常数的限制。因此，肖特基二极管对于高频和快速开关的应用是理想的。

由于多数载流子电流远高于少数载流子电流，肖特基二极管的饱和电流远高于具有相同面积的 PN 结二极管。因此，对于相同的电流，肖特基二极管上的正向压降要比 PN 结低得多。图 5-7 所示为肖特基二极管和硅 PN 结的电压电流特性比较，可见肖特基二极管的导通压降为 0.3 V，而硅 PN 结正向导通压降为 0.6 V。这使得肖特基二极管在钳位、限幅、大电流等方面应用极具吸引力。然而，其高的反向饱和电流也限制了其应用，且由于下面将要讨论的镜像力及隧道效应的影响，反向饱和电流随温度及外加反向偏压的增加而迅速增加，使其在高电压整流运用方面受到限制。

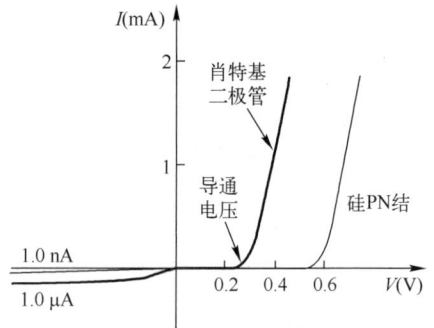

图 5-7　电压电流特性比较

5.1.4　镜像力与隧道效应的影响

1. 镜像力

首先考虑金属–真空系统中的镜像力，然后将其运用于 M-S 结。

带有 $-q$ 电荷的电子，位于距离金属表面 x 处，则系统中电力线与金属表面垂直，金属表面感应出正电荷，电子与感应出的正电荷之间的吸引力等效于电子与在 $-x$ 处的正电荷 q 之间的吸引力，即可以用 $-x$ 处的正电荷 q 来代替金属，如图 5-8(a)所示。这个正电荷叫作镜像电荷，电子所受到的吸引力成为镜像力，即

$$F = -qE = -\frac{q^2}{4\pi\varepsilon_s(2x)^2} \tag{5-40}$$

假定在 $x=\infty$ 时势能为零，将一个电子从无穷远转移到 x 处所做的功为

$$\int_{\infty}^{x}F\mathrm{d}x = -\frac{q^2}{16\pi\varepsilon_s x} \tag{5-41}$$

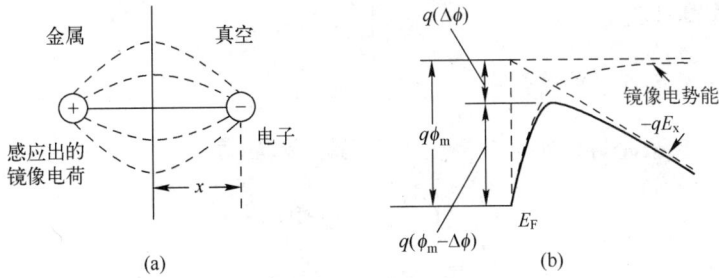

图 5-8　镜像力降低势垒高度

式(5-41)所表示的能量就是位于 x 处的电子势能,得到该电子势能的镜像电势能曲线如图 5-8(b)所示。

此外,电子处于半导体表面空间电荷区中,假定空间电荷区中电场恒定为 E,则总电子势能变为

$$q\phi(x) = -\frac{q^2}{16\pi\varepsilon_s x} - qEx \tag{5-42}$$

此时的势能曲线由图 5-8(b)中的实线表示。也就是说,在镜像力和内建电场共同作用下,势垒高度下降,这种现象被称为肖特基效应,该效应可以从热电子发射实验得到很好的证实。对式(5-42)求一阶导数,可以得出最大电势位于

$$x_0 = \left(\frac{q}{16\pi\varepsilon_s E}\right)^{1/2} \tag{5-43}$$

处,且势垒高度减小量为

$$q\Delta\phi = \left(\frac{q^3 E}{4\pi\varepsilon_s}\right)^{1/2} \tag{5-44}$$

这里 $q\Delta\phi$ 是当电场 E 加在表面时功函数 $q\phi_m$ 被降低的值。例如,若 $E = 10^4$ V/cm,得到 $q\Delta\phi = 0.039$ eV,$x_0 = 190$ Å。

假设半导体空间电荷区电场近似为界面处最大电场,由式(5-6)得到

$$E_{max} = -\frac{\mathrm{d}V(x)}{\mathrm{d}x}\bigg|_{x=0} = \sqrt{\frac{2qN_D(V_{bi}-V)}{\varepsilon_s}} \tag{5-45}$$

因此,由式(5-31)、式(5-44)、式(5-45)可得到考虑了镜像力的肖特基二极管的热发射电流密度为

$$
\begin{aligned}
J &= \frac{4\pi qm_n^* k^2 T^2}{h^3}\exp\left[-\frac{q(\phi_{ns}-\Delta\phi)}{kT}\right]\left[\exp\left(\frac{qV}{kT}\right)-1\right] \\
&= \frac{4\pi qm_n^* k^2 T^2}{h^3}\exp\left[-\frac{q\phi_{ns}}{kT}\right]\exp\left[\frac{q}{kT}\left(\frac{q^7 N_D(V_{bi}-V)}{8\pi^2\varepsilon_s^3}\right)^{1/4}\right]\left[\exp\left(\frac{qV}{kT}\right)-1\right]
\end{aligned} \tag{5-46}
$$

由上式可知,镜像力的影响使反向饱和电流密度随反向偏压的四分之一次方增加,反向偏压越大,势垒降低越明显,使得肖特基二极管反向电流不再饱和,而是随偏压增加。

2. 隧道效应

量子力学分析指出,能量低于势垒高度的粒子,仍有一定的概率穿透势垒。由附录 A 隧穿概率的 WKB 近似求解可知,隧穿概率主要取决于势垒高度和势垒厚度。它随势垒厚度的减小呈指数增加,随势垒高度下降量的二分之一次方指数增加。对于金半接触肖特基势垒,势垒顶部厚度较薄,隧道效应主要发生在顶部,其影响是使势垒有效高度降低。采用简化分析方法,即存在一个势垒临界厚度 x_c,当势垒厚度大于 x_c 时势垒完全不透明,电子不能穿过;当势垒厚度小于 x_c 时势垒完全透明,电子可以直接通过。因此,势垒高度为 $-qV(x_c)$。由式(5-6)并忽略平方项,

得到对应 x_c 的势垒高度为

$$-qV(x_c) \approx q\phi_{ns} - \frac{q^2N_D}{\varepsilon_s}x_c d_0 = q\phi_{ns} - \left[\frac{2q^3N_D}{\varepsilon_s}(V_{bi}-V)\right]^{1/2}x_c \qquad (5\text{-}47)$$

也就是说,隧道效应的效果等效于势垒高度下降,其下降量为

$$q\Delta\phi = q\left[\frac{2qN_D}{\varepsilon_s}(V_{bi}-V)\right]^{1/2}x_c \qquad (5\text{-}48)$$

因此,在考虑隧道效应后,等效于势垒高度下降,肖特基二极管的反向电流密度增大至 $\exp\left\{q\left[\frac{2qN_D}{\varepsilon_s}(V_{bi}-V)\right]^{1/2}x_c/(kT)\right\}$ 倍,与镜像力的影响一致。但是隧道效应使反向饱和电流密度随反向偏压的二分之一次方指数增加,比镜像力引起的反向饱和电流密度随反向偏压的四分之一次方指数增加更加剧烈。

5.1.5 欧姆接触与少子注入

欧姆接触定义为这样一种金半非整流接触,它在所使用的结构上不会添加较大的寄生阻抗,且不足以改变半导体内的平衡载流子密度而使器件特性受到影响。半导体器件及集成电路的引出端必须是欧姆接触。

表示欧姆接触性质的基本参数是接触电阻率(ρ_c),又称为比接触电阻,其定义为零偏压下电流密度对电压降的偏微分的倒数,其单位是 $\Omega\cdot cm^2$。

$$\rho_c = \left(\frac{\partial J}{\partial V}\right)_{V\to 0}^{-1} \qquad (5\text{-}49)$$

面积为 S 的电极的接触电阻为 $R_c = \rho_c/S$。

欧姆接触的机理可以从金半接触电流输运模式进行分析,为了获得低的欧姆接触电阻,希望反向电流大,接触势垒低,这些与单向导电的肖特基势垒要求不同。欧姆接触的电流输运理论有二极管理论、隧道效应。隧道效应对电流输运的贡献取决于半导体表面的掺杂浓度。在 10^{14} cm^{-3} ~ 10^{17} cm^{-3} 中低掺杂的范围且温度在室温以上时,以二极管理论的热发射电流为主;在掺杂浓度为 10^{19} cm^{-3} 以上时,以隧道效应产生的场发射电流为主;在半导体掺杂浓度为 10^{17} cm^{-3} ~ 10^{18} cm^{-3} 范围内,既有热电子发射电流又有隧道效应的场发射电流。

对于二极管理论的电子热发射电流,由式(5-31)可得其接触电阻率为

$$\rho_c = \frac{k}{qA^*T}\exp\left(\frac{q\phi_{ns}}{kT}\right) \qquad (5\text{-}50)$$

对于隧道效应产生的场发射电流,由附录 A 的量子力学隧道效应分析可知,隧穿概率随着势垒厚度的减小呈指数增加,而势垒厚度近似表示为

$$\Delta x \approx \sqrt{\frac{2\varepsilon_s}{qN_D}(\phi_{ns}-V)} \qquad (5\text{-}51)$$

可推出

$$\rho_c \propto \exp\left(\frac{\phi_{ns}}{\eta}\sqrt{\frac{m^*\varepsilon_s}{N_D}}\right) \qquad (5\text{-}52)$$

其中,η 是拟合参数。可见,欧姆接触电阻主要取决于半导体掺杂浓度和金半接触势垒高度,随着 $\phi_{ns}/\sqrt{N_D}$ 的减小呈指数下降。

理论上采用金属功函数小于半导体功函数($\phi_M < \phi_S$)来制作金半接触,金属中电子将转移到半导体表面,接触处半导体能带向下弯曲,形成电子积累,将自然产生欧姆接触,如图 5-9(a)和(b)所示。但是这种情况难于实现,由于半导体表面态的存在,会产生费米能级钉扎效应,从而形成整

流接触。因此,实际工艺中通常采用半导体表面高掺杂、简并化来实现欧姆接触,此时金半接触的势垒极薄,载流子可以隧穿通过,如图 5-9(c)所示。

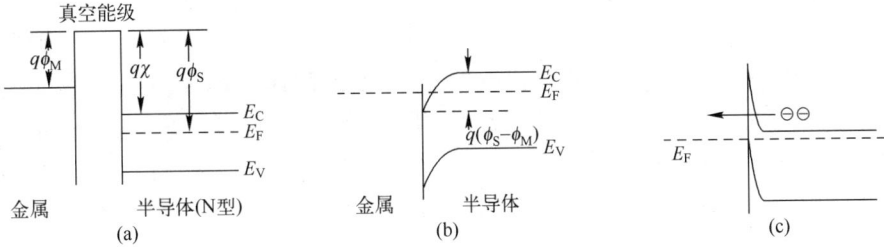

图 5-9　两种欧姆接触构成原理

对于实际的由 N 型半导体与金属构成的肖特基接触,其电流成分中除了从半导体流向金属的多数载流子电子电流,也会有少数载流子电流存在,这就是空穴从金属注入半导体,实际上是半导体价带顶附近的电子流向金属中费米能级以下的空状态而在价带顶部形成空穴。这部分电流叫作少数载流子注入电流。注入空穴形成的少数载流子电流与总正向电流之比叫作注入比。

根据 PN 结原理,注入空穴电流可表示为

$$J_p = \frac{qD_p p_0}{L_p}\left[\exp\left(\frac{qV}{kT}\right) - 1\right] \tag{5-53}$$

其中 D_p、L_p 分别是空穴的扩散系数和扩散长度,p_0 为金半接触边界处空穴的平衡浓度。对于 N 型半导体,$p_0 = n_i^2/N_D$。代入式(5-31)的肖特基势垒电流,得出注入比为

$$\gamma = \frac{J_p}{J_n + J_p} \approx \frac{J_p}{J_n} = \frac{qD_p n_i^2}{N_D L_p A^* T^2 \exp(-q\phi_{ns}/kT)} \tag{5-54}$$

可见,注入比随金半接触肖特基势垒高度增加而增大,随半导体掺杂浓度 N_D 增加而下降,这是由于 ϕ_{ns} 增大使 J_n 减小,N_D 增加使 p_0 减小从而使 J_p 减小。若取常规参数 $\phi_{ns} = 0.8$ eV,$N_D = 10^{16}$ cm^{-3},可得 $\gamma = 10^{-4}$。可见,肖特基势垒注入比非常小,这是因为肖特基势垒的电子电流是多子电流,比同样 PN 结的少子电子电流大得多。由此,肖特基势垒二极管被称为多子器件。

金半肖特基接触系统中的少子存储效应可以忽略,这是因为从半导体流向金属的电子进入金属后成为金属自由电子流走,没有存储效应;而金属注入半导体中的空穴由于注入比很小,其有效存储时间为 10^{-10} s 量级,可以忽略。肖特基势垒电容只是反偏耗尽层电容而无正偏扩散电容。肖特基势垒二极管由于没有电荷存储效应,具有优异的高频高速性能而得到广泛应用。

5.1.6　金半接触肖特基二极管结构

基于金半接触肖特基原理的点接触二极管,是最早使用的半导体器件。二战时期就利用其正向导通反向截止的电阻的非线性来完成检波及混频的功能,如图 5-10 所示。

由于点接触二极管一致性差,现在肖特基势垒二极管(Schottky Barrier Diode,SBD)采用平面工艺制作,为了克服其反向电流大、击穿电压低的问题,在结构上增加 P+ 保护环来解决金半接触边缘处电场强度大、镜像力导致反偏电流大的问题,如图 5-11 所示。

为了弥补肖特基势垒二极管(SBD)由于镜像力和隧道效应导致的势垒降低,从而使电流随反向偏压增大的固有不

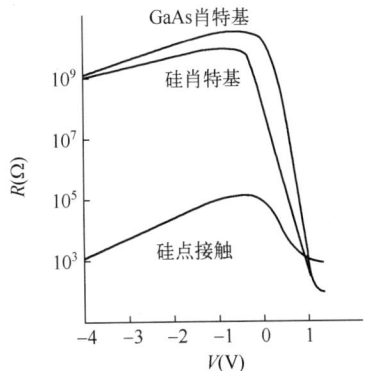

图 5-10　不同材料肖特基二极管的变阻特性

足,发展出了结势垒肖特基二极管(Junction Barrier Controlled Schottky Diode,JBS)。JBS 是在普通 SBD 器件的漂移区增加 PN 结而成的,用于屏蔽肖特基二极管的势垒降低效应,以得到高导通电流、低导通压降、高耐压和低漏电流的特性,同时具有较好的开关特性。

JBS 元胞结构如图 5-12 所示。它由肖特基接触及周围的 P⁺ 区域组成,在反偏状态下 PN 结势垒区将扩展,以屏蔽肖特基接触。反偏 PN 结势垒的大小取决于器件的结构参数。较小的 P⁺ 间距和较大的结深有利于增加势垒,从而更好地屏蔽金半肖特基接触,减小金半接触电场,克服电场增加引入的势垒降低效应,减小高反向偏置电压下的泄漏电流。但是减小 P⁺ 间距和增大结深会减小正向电流通道,增大导通电阻。图 5-13(a)和(b)所示分别为不同反向偏压 V_R 下 SBD 与 JBS 垂直于界面的电场分布。可见,相比于 SBD,JBS 结构使金半接触半导体内电场峰值下降 50% 以上,且峰值电场从金半接触界面转移到半导体内部,必将极大改善与界面峰值电场密切相关的镜像力与隧道效应导致的势垒高度下降。

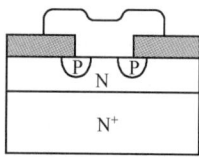

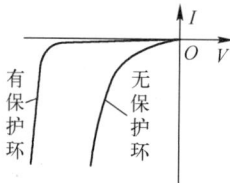

图 5-11　有保护环的器件结构与无保护环的器件结构反偏性能对比

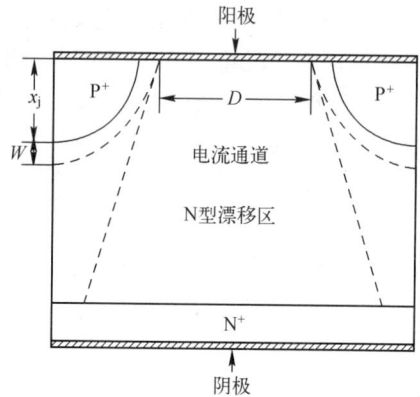

图 5-12　JBS 的元胞结构

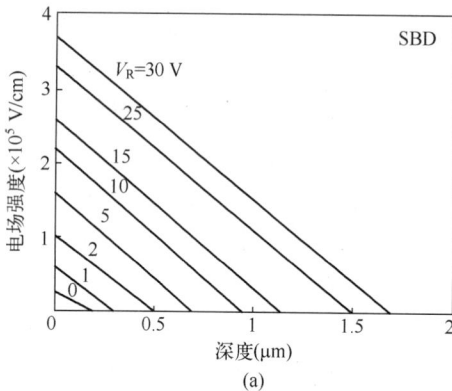

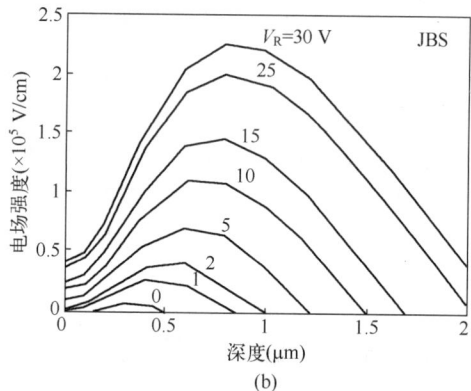

图 5-13　不同反向偏压 V_R 下 SBD 与 JBS 垂直于界面的电场分布

在 JBS 中,正偏时具有低导通压降的肖特基势垒二极管能在低压(约 0.45 V)下正常导通,此时的压降却不足以使 PN 结导通,因此保留了 SBD 的低导通压降优势。而反偏时电压由 PN 结下方的耗尽区支撑,肖特基接触只承担一小部分电压,这就使 JBS 可以承受很高的反向偏压。

在双极晶体管电路中,由于肖特基势垒二极管无电荷存储效应,具有快速开关响应,可以把它连在晶体管的基极和集电极,如图 5-14 所示。这样可以

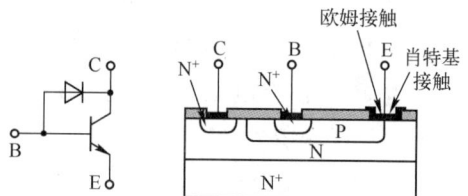

图 5-14　肖特基钳位晶体管原理及结构图

减少晶体管的存储时间。当晶体管饱和时,集电结被正向偏置(约 0.5 V)。若在肖特基二极管上的正向压降(一般为 0.3 V)低于晶体管基极–集电极的开态电压,则大部分过量基极电流流过二极管,而该二极管没有少数载流子存储效应。因此,与单独的晶体管相比较,合成器件的存储时间显著降低,甚至可以低于 1 ns。其结构实现起来也较为简单:铝在轻掺杂的 N 型集电区上形成肖特基接触,同时在重掺杂的 P 型基区上形成良好的欧姆接触。这两种接触只需要一步金属化制成,无须增加额外工艺。

5.2　半导体异质结

两种不同半导体材料构成的结,称为半导体异质结。按两种半导体单晶材料的导电类型分,异质结可分为以下两类:由导电类型相反的两种不同半导体单晶材料形成的反型异质结;由导电类型相同的两种不同半导体单晶材料形成的同型异质结。

要做好半导体异质结,界面附近的晶格应该匹配好。因此,从制作异质结的半导体材料来讲,不单采用 Ge、Si 等元素半导体,更多采用能适应调节其晶格常数的化合物半导体及其合金,比如,III-V 族化合物半导体材料,包括氮化镓(GaN)基、砷化镓(GaAs)基、磷化铟(InP)基等的半导体材料。

半导体异质结的应用越来越广泛,主要应用在三个方面:(1)场效应晶体管,如高电子迁移率晶体管(High Electron Mobility Transistor, HEMT);(2)双极晶体管,如异质结双极晶体管(Hetero-junction Bipolar Transistor, HBT);(3)光电器件,如探测器、发光管、激光管。

根据半导体异质结的界面情况,可将异质结分成以下三种:

(1)晶格匹配突变异质结。当两种半导体的晶格常数近似相等时,即可认为构成了晶格匹配突变异质结,这里所产生的界面能级很低,可以忽略不计。

(2)晶格不匹配异质结。当晶格常数不等的两种半导体构成异质结时,可以认为晶格失配所产生的附加能级均集中在界面上,形成所谓的界面态,这就是晶格不匹配异质结。

(3)合金界面异质结。这种异质结的界面被认为是具有一定宽度的合金层,则界面的禁带宽度将缓慢变化,这时界面能级的影响也可以忽略。

一个实际的异质结究竟属于何种异质结,由材料的晶格常数、晶体结构、热膨胀系数和制造技术决定。异质结中的界面态主要是由于界面处的晶格失配造成的,但是由于两种材料的热膨胀情况不匹配,也可以引起界面畸形,产生界面态。

5.2.1　半导体异质结的能带突变

异质结的两边是不同的半导体材料,则禁带宽度不同,从而在异质结处就存在有导带的突变量 ΔE_C 和价带的突变量 ΔE_V。研究异质结特性时,异质结的能带结构将起到重要作用。在不考虑两种半导体界面处的界面态的情况下,任何异质结的能带图都取决于形成异质结的两种半导体的电子亲和能、禁带宽度和功函数,其中功函数是随杂质浓度的不同而变化的。图 5-15 所示是本征异质结在不考虑界面处的能带弯曲作用时的几种典型的能带突变形式。

图 5-15(a)是两种材料禁带交叉配置的情况,其中

$$\Delta E_\mathrm{C} = E_\mathrm{C1} - E_\mathrm{C2} > 0, \quad \Delta E_\mathrm{V} = E_\mathrm{V2} - E_\mathrm{V1} > 0, \quad \Delta E_\mathrm{G} = E_\mathrm{G1} - E_\mathrm{G2} = \Delta E_\mathrm{C} + \Delta E_\mathrm{V}$$

图 5-15(b)是两种材料禁带错开配置的情况,其中

$$\Delta E_\mathrm{C} < 0, \quad \Delta E_\mathrm{V} > 0, \quad \Delta E_\mathrm{G} = E_\mathrm{G1} - E_\mathrm{G2} = \Delta E_\mathrm{C} + \Delta E_\mathrm{V}$$

图 5-15(c)是禁带没有交接部分(分裂配置)的情况,其中

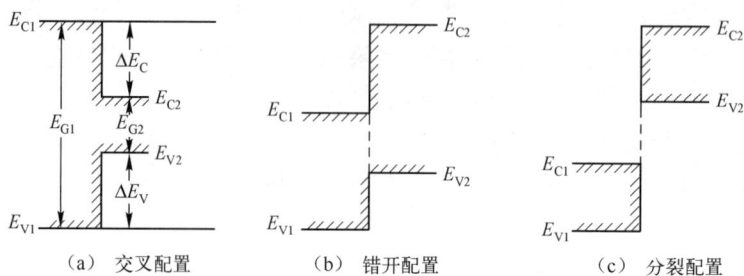

图 5-15　本征异质结的几种典型能带突变形式

$$\Delta E_C < 0, \quad \Delta E_V > 0, \quad \Delta E_G = E_{G1} - E_{G2} = \Delta E_C + \Delta E_V$$

能带突变的应用也是多种多样的,图 5-16 为异质结的应用示例。

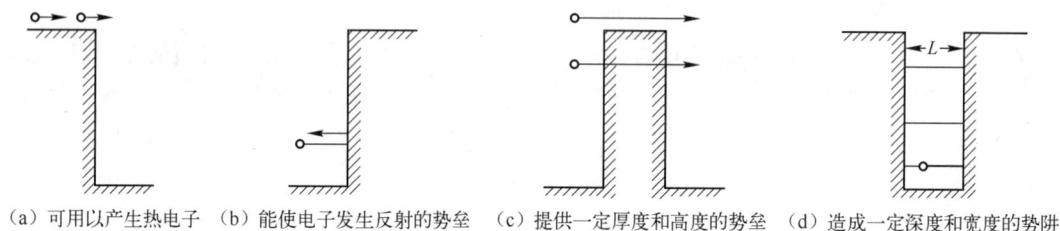

图 5-16　异质结的应用示例

图 5-17 是在不考虑界面态时,突变反型异质结的能带图。反型异质结是由导电类型相反的两种不同的半导体单晶材料形成的异质结。而突变反型异质结是指从一种半导体材料向另一种半导体材料的过渡只发生在几个原子距离范围内的半导体异质结。

图 5-17(a)为两种不同的半导体材料还未形成异质结前的热平衡能带图,图 5-17(b)为形成突变反型异质结后处于热平衡时的异质结能带图。图中 E_{G1}、E_{G2} 表示两种半导体材料的禁带宽度;σ_1 为 P 型半导体费米能级 E_{F1} 和价带顶 E_{V1} 的能量差;σ_2 为 N 型半导体费米能级 E_{F2} 和导带底 E_{C2} 的能量差;W_1、W_2 分别为真空电子能级与费米能级 E_{F1}、E_{F2} 的能量差,即两种材料的功函数;$q\chi_1$、$q\chi_2$ 为真空电子能级与导带底 E_{C1}、E_{C2} 的能量差,即电子亲和能,其余类似,下标"1"表示禁带宽度小的半导体材料的物理参数,下标"2"表示两种禁带宽度大的半导体材料的物理参数。

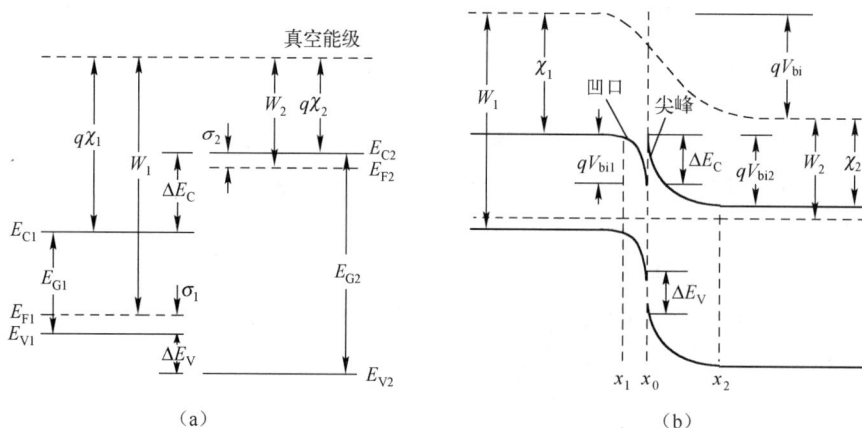

图 5-17　形成突变反型异质结之前和之后的热平衡能带图

由图 5-17 可见:在未形成异质结前,P 型半导体费米能级 E_{F1} 与 N 型半导体费米能级 E_{F2} 不在同一能量水平,且 E_{F2} 高于 E_{F1};当两块导电类型相反的半导体材料紧密接触形成异质结时,电子将从 N 型半导体流向 P 型半导体,同时空穴向与电子相反的方向流动,直至两块半导体的费米能级处于同一能级为止,进而形成异质结,且处于平衡状态。同时,两块半导体材料交界处形成空间电荷区(即势垒区或耗尽层),正空间电荷区位于 N 型半导体内,负空间电荷区位于 P 型半导体内,因不考虑界面态,势垒区中正空间电荷数等于负空间电荷数。

由图 5-17(b)可以看到:能带发生了弯曲。N 型半导体的导带底和价带顶的弯曲量为 qV_{bi2},而导带底在交界面处形成一个向上的"尖峰"。P 型半导体的导带底和价带顶的弯曲量为 qV_{bi1},而导带底在交界面处形成一个向下的"凹口";能带在交界面处不连续,有一个突变。

两种半导体的导带底在交界面处的突变量为

$$\Delta E_C = q\mathcal{X}_1 - q\mathcal{X}_2 \tag{5-55}$$

价带顶的突变量为

$$\Delta E_V = (E_{G2} - E_{G1}) - (q\mathcal{X}_1 - q\mathcal{X}_2) = \Delta E_G - \Delta E_C \tag{5-56}$$

因此有

$$\Delta E_C + \Delta E_V = \Delta E_G = E_{G2} - E_{G1} \tag{5-57}$$

表 5-1 给出了不同半导体材料的禁带宽度、电子亲和能及晶格常数。

由图 5-17 可见,两种半导体形成异质结后,其内建电势为

$$V_{bi} = E_{G1} + \Delta E_C - \sigma_1 - \sigma_2 \tag{5-58}$$

运用与同质结一样的耗尽层近似,可得内建电势在 P(型)区和 N(型)区中的分量:

$$V_{bi1} = \frac{\varepsilon_2 N_D}{\varepsilon_2 N_D + \varepsilon_1 N_A} V_{bi} \tag{5-59}$$

$$V_{bi2} = \frac{\varepsilon_1 N_A}{\varepsilon_2 N_D + \varepsilon_1 N_A} V_{bi} \tag{5-60}$$

表 5-1 不同半导体材料的禁带宽度、电子亲和能及晶格常数 α_0

	$E_G(eV)$	$q\mathcal{X}(eV)$	$\alpha_0(\text{Å})$		$E_G(eV)$	$q\mathcal{X}(eV)$	$\alpha_0(\text{Å})$
GaAs	1.424	4.07	5.654	Si	1.11	4.01	5.431
AlAs	2.16	2.62	5.661	ZnTe	2.26	3.5	6.103
GaP	2.2	4.3	5.451	CdTe	1.44	4.28	6.477
AlSb	1.65	3.65	6.135	ZnSe	2.67	3.9	5.667
GaSb	0.73	4.06	6.095	InP	4.38	5.34	5.869
InAs	0.36	4.9	6.057	CdS	2.42	4.87	4.137
InSb	0.17	4.59	6.479	β-SiC	2.2	3.8	4.3596
Ge	0.66	4.13	5.658	GaN	3.45	4.1	4.51

对反向偏压或小正向偏压($V < V_{bi}$)情形,P 区和 N 区中的耗尽层宽度公式与同质结相同,分别是

$$x_1 = \left[\frac{2N_D \varepsilon_1 \varepsilon_2 (V_{bi} - V)}{q N_A (\varepsilon_2 N_D + \varepsilon_1 N_A)} \right]^{1/2} \tag{5-61}$$

$$x_2 = \left[\frac{2N_A \varepsilon_1 \varepsilon_2 (V_{bi} - V)}{q N_D (\varepsilon_2 N_D + \varepsilon_1 N_A)} \right]^{1/2} \tag{5-62}$$

耗尽层电容

$$C_T = \left[\frac{q N_D N_A \varepsilon_1 \varepsilon_2}{2 (\varepsilon_2 N_D + \varepsilon_1 N_A)(V_{bi} - V)} \right]^{1/2} \tag{5-63}$$

上述三个式子对突变异质结普遍适用。NP 型异质结分析方法类似。

突变同型异质结的能带图如图 5-4 所示。其分析类似突变反型异质结的能带图分析,图 5-18(a)为 N 型的两种不同半导体材料形成异质结前的能带图,图 5-18(b)为形成异质结之后的能带图。当两种半导体材料紧密接触形成异质结时,由于禁带宽度大的 N 型半导体的费米能级比禁带宽度小的高,所以电子将从前者流向后者,在禁带宽度小的 N 型半导体一边形成电子积累层,另一边形成耗尽层。

无论是突变反型异质结还是突变同型异质结,其能带分析类似于金属与半导体的接触和半导体表面与 MIS 结构能带的分析,均为材料费米能级存在差异,在接触过程中发生电子迁移,或形成电子堆积,或形成电子耗尽,或形成反型层,最终实现费米能级统一。在此过程中,导带底和价带顶追随自身费米能级弯曲。

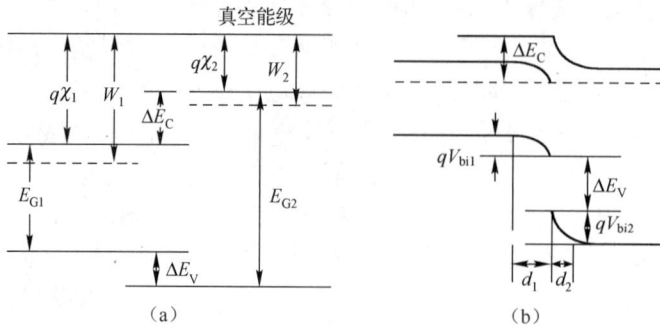

图 5-18　突变同型异质结的能带图

5.2.2　半导体异质结伏安特性

1. 半导体同质结伏安特性

在图 5-19 的能带图中,电子从 N 区到 P 区需要克服一个高度为 qV_{bi} 的势垒,同样,空穴从 P 区到 N 区也需要克服一个高度为 qV_{bi} 的势垒。对 PN 结施加外加电压,将产生电流,且电流与电压关系不遵循欧姆定律。当外加正向电压达到某一特定值 V_F 时,将有电流通过,该电压为正向导通电压,电压继续增大,电流将明显增大;若外加反向电压,则电流很小,当反向电压达到一定数值后,电流几乎不随外加电压变化而保持一定值。如图 5-20 所示,在常用的正向电压范围内,同质 PN 结的正向电流均以扩散电流为主,其伏安特性表达式为

$$I = I_0\left[\exp\left(\frac{qV}{kT}\right) - 1\right] \tag{5-64}$$

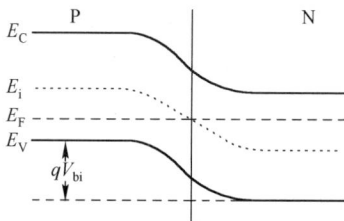

图 5-19　突变 PN 结的能带图

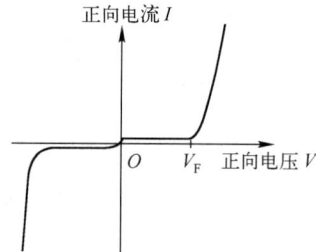

图 5-20　同质 PN 结的伏安特性曲线

2. 半导体异质结伏安特性

伏安特性是由电流传输过程来决定的,不同能带形式的异质结有不同的传输机理,因此会有不同形式的伏安特性。在异质 PN 结中既有电子势垒又有电子势阱,当势垒高度和势阱深度不相同时,异质结的导电机制也有所不同,所以把这种异质结分为负反向势垒异质 PN 结和正反向势垒异质 PN 结,如图 5-21 所示。三角形势阱中存在大量二维电子气(2-DEG),要考虑其对电流的贡献。

图 5-21(a) 中负反向势垒异质 PN 结也称为低势垒尖峰异质结,是势垒尖峰顶低于 P 区导带底的异质结。该情况下,N 区扩散至结处的电子流通过发射机制越过尖峰势垒进入 P 区,此类异质结的电子流主要由扩散机制决定。

图 5-22 为低势垒尖峰时扩散模型能带图,从图(a)中可以看出,从 N 区导带底到 P 区导带底的势垒高度是 $qV_{bi1} + qV_{bi2} - \Delta E_C = qV_{bi} - \Delta E_C$,于是可以得到 P 型半导体中的少子浓度 n_{10} 与 N 型半导体中的多子浓度 n_{20} 的关系是

324

$$n_{10} = n_{20} \exp\left[\frac{-(qV_{bi} - \Delta E_C)}{kT}\right] \tag{5-65}$$

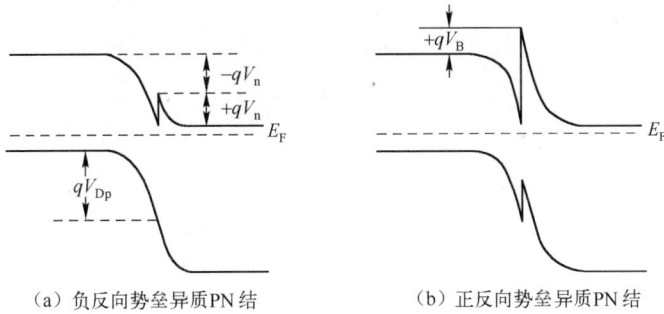

（a）负反向势垒异质PN结　　　　　　　（b）正反向势垒异质PN结

图 5-21　两类异质 PN 结的能带图

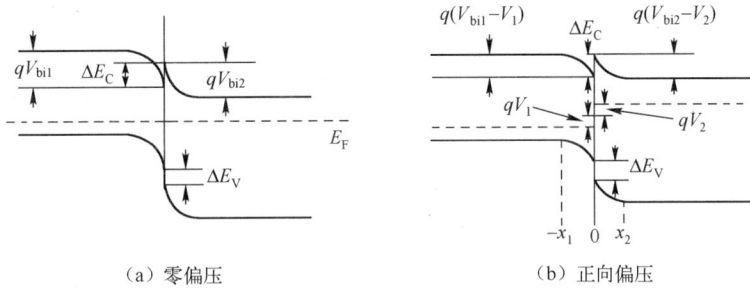

（a）零偏压　　　　　　　　　　（b）正向偏压

图 5-22　低势垒尖峰时扩散模型能带图

取交界面处 $x=0$，当异质结加正向电压 V 时，P 区和 N 区的边界分别为 $x=-x_1$ 和 $x=x_2$。如果忽略势垒区载流子的复合与产生，则 $n_1(-x_1)$ 与 n_{20} 的关系为

$$n_1(-x_1) = n_{20} \exp\left\{\frac{-[q(V_{bi}-V) - \Delta E_C]}{kT}\right\} = n_{10} \exp\left(\frac{qV}{kT}\right) \tag{5-66}$$

在稳定情况下，P 区半导体中注入的少子的运动连续性方程为

$$D_{n1} \frac{d^2 n_1(x)}{dx^2} - \frac{n_1(x) - n_{10}}{\tau_{n1}} = 0 \tag{5-67}$$

其通解是

$$n_1(x) - n_{10} = A \exp\left(\frac{-x}{L_{n1}}\right) + B \exp\left(\frac{x}{L_{n1}}\right) \tag{5-68}$$

其中，D_{n1} 和 L_{n1} 分别为 P 区少子电子的扩散系数和扩散长度。应用边界条件，当 $x=-\infty$ 时 $n_1(-\infty) = n_{10}$，可得 $A=0$。当 $x=-x_1$ 时，运用式(5-66)解得

$$B = n_{10}\left[\exp\left(\frac{qV}{kT}\right) - 1\right] \exp\left(\frac{x_1}{L_{n1}}\right) \tag{5-69}$$

将 A 和 B 的值都代入 P 型半导体中注入的少子的运动连续性方程中，得到

$$n_1(x) - n_{10} = n_{10}\left[\exp\left(\frac{qV}{kT}\right) - 1\right] \exp\left(\frac{x+x_1}{L_{n1}}\right) \tag{5-70}$$

从而求得电子的扩散电流密度为

$$J_n = qD_{n1} \frac{d[n_1(x) - n_{10}]}{dx}\bigg|_{x=-x_1} = \frac{qD_{n1} n_{10}}{L_{n1}}\left[\exp\left(\frac{qV}{kT}\right) - 1\right] \tag{5-71}$$

应用与前面求 P 区半导体中电子的扩散电流相同的方法，可以求得 P 区价带顶到 N 区价带顶的空穴势垒高度，从而求得 N 型半导体中的空穴浓度和 P 型半导体中的空穴浓度的关系，并

可通过求扩散方程得到空穴的扩散电流密度

$$J_p = -qD_{p2}\frac{\mathrm{d}\left[p_2(x)-p_{20}\right]}{\mathrm{d}x}\bigg|_{x=x_2} = \frac{qD_{p2}p_{20}}{L_{p2}}\left[\exp\left(\frac{qV}{kT}\right)-1\right] \tag{5-72}$$

于是可以得到外加电压 V 时，通过异质 PN 结的总电流密度是

$$J = J_n + J_p = q\left(\frac{D_{n1}}{L_{n1}}n_{10}+\frac{D_{p2}}{L_{p2}}p_{20}\right)\left[\exp\left(\frac{qV}{kT}\right)-1\right] \tag{5-73}$$

上式表明，加正向电压时，电流随电压按指数关系增加。

如果 n_{20} 和 p_{10} 在同一个数量级上，则可得

$$J_n \propto \exp\left(\frac{\Delta E_C}{kT}\right), \qquad J_p \propto \exp\left(\frac{-\Delta E_V}{kT}\right) \tag{5-74}$$

对于由窄禁带 P 型半导体和宽禁带 N 型半导体形成的异质结，ΔE_C 和 ΔE_V 都是正值，一般室温下 kT 的值都比 0.026eV 大得多，故 $J_n \gg J_p$。实际上，能带图的不连续有助于从较大的禁带材料注入多数载流子而不论其掺杂浓度如何。这也是后面讲到的异质结双极晶体管的基础。

正反向势垒异质 PN 结也称为高势垒尖峰异质结，是势垒尖峰顶高于 P 区导带底的异质结。该情况下，N 区扩散向结处的电子中高于势垒尖峰的部分电子通过发射机制进入 P 区，此类异质结电流主要由电子发射机制决定。

5.3 高电子迁移率晶体管(HEMT)

高电子迁移率晶体管(High Electron Mobility Transistor，HEMT)也称调制掺杂场效应管(Modulation Doped Field Effect Transistor，MODFET)，又称二维电子气场效应管(Two Dimensional Electron Gas Field Effect Transistor，2-DEG FET)，它是利用调制掺杂方法，将在异质结界面形成的三角形势阱中的 2-DEG(二维电子气)作为沟道的场效应晶体管。在此结构中，改变栅极(Gate)的电压，就可以控制由源极(Source)到漏极(Drain)的电流，达到放大的目的。因该组件具有很高的截止频率(600 GHz)和低噪声的优点，因此广泛应用于无线与太空通信以及天文观测中。

HEMT 按沟道类型可分为 N 沟道 HEMT 和 P 沟道 HEMT，按工作模式可分为栅压为零时有沟道的耗尽型(D 型)HEMT 和栅压为零时无沟道的增强型(E 型)HEMT。

5.3.1 HEMT 的基本结构

图 5-23 所示为典型的 HEMT 结构。从图中可以看出，在未掺杂的 GaAs 层上是 N 型 $Al_xGa_{1-x}As$，$Al_xGa_{1-x}As$ 是一种三元化合物半导体材料，其三价元素由铝(Al)和镓(Ga)组成。x 表示铝在合金中的摩尔分数，其值可以从 0 到 1 变化，分别对应于 100%镓和 100%铝的极端情况。通过调整 x 的值，可以改变材料的禁带宽度，以满足不同的应用需求。$Al_xGa_{1-x}As$ 如果不标明摩尔分数也可写成 AlGaAs。图 5-23 所示的 HEMT 结构的制作过程较为复杂。

(1) 在 GaAs 衬底上采用 MBE(分子束外延)等技术连续生长出高纯度的 GaAs 层和 N 型 AlGaAs 层；

(2) 进行台面腐蚀以隔离有源区；

(3) 制作 Au-Ge/Au 的源、漏欧姆接触电极，并通过反应等离子选择腐蚀去除栅极区上面的 N 型 GaAs 层；

(4) 在 N 型 AlGaAs 表面积淀 Ti/Pt/Au 栅电极。

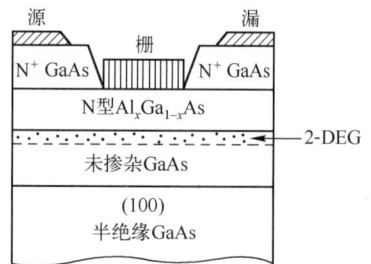

图 5-23　HEMT 的结构

从图 5-23 中可以看出，源极和漏极的接触不是直接做在 N 型 AlGaAs 层上的，而是做在 N

型 GaAs 层上的,这主要是因为 AlGaAs 晶体的表面状况不太好,在其上不易做好欧姆接触,所以通过一层高掺杂的 GaAs 来过渡。

因为 HEMT 的工作区是未掺杂区,在低温条件下晶格振动会减弱,所以 N 型 AlGaAs 层中的电离杂质中心对紧邻的 2-DEG 的库仑散射将显得很重要,这种散射就成为提高 2-DEG 的迁移率的主要障碍。为了完全隔开杂质中心和 2-DEG,往往在 N 型 AlGaAs 层与未掺杂 GaAs 层之间放一层未掺杂的 AlGaAs 隔离层,这样可以在很大程度上提高 2-DEG 的迁移率,特别是在低温条件下。如图 5-24 所示,N 型 AlGaAs 与未掺杂的 GaAs 之间被一个未掺杂的 AlGaAs 隔离层隔开,N 型 AlGaAs 通过肖特基接触形成栅极。

隔离层的厚度有限制,如图 5-25 所示,当隔离层厚度大于 7 nm 时,杂质中心的库仑散射就不再是限制电子迁移率 μ_n 的主要因素了,这时其他散射(如界面散射)的影响将成为主要因素。但是,隔离层厚度也不能太大,因为如果太厚,将使 2-DEG 的面密度下降,源–漏串联电阻增加等。该隔离层厚度一般取 7~10 nm。

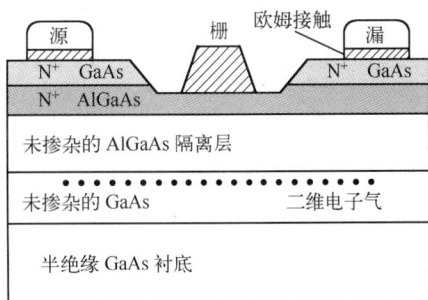

图 5-24　标准的 AlGaAs-GaAs HEMT 器件结构

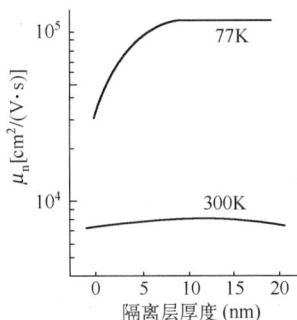

图 5-25　HEMT 中电子迁移率与隔离层厚度的关系

5.3.2　HEMT 的工作原理

HEMT 的基本结构就是一个调制掺杂异质结。高迁移率的二维电子气(2-DEG)存在于调制掺杂的异质结中,不仅具有较高的迁移率,而且在极低温度下也不"冻结",因而 HEMT 有很好的低温性能,可用于低温研究工作中。

HEMT 是通过栅极下面的肖特基势垒控制 GaAs/AlGaAs 异质结的 2-DEG 的浓度而实现电流控制的。由于肖特基势垒的作用和电子向未掺杂的 GaAs 层转移,栅极下面的 N 型 AlGaAs 层将被完全耗尽。转移到未掺杂 GaAs 层中的电子在异质结的三角形势阱中(即该层表面约 10 nm 范围内)形成 2-DEG;这些 2-DEG 与处在 AlGaAs 层中的杂质中心在空间上是分离的,不受电离杂质散射的影响,所以迁移率较高。

这种异质结的能带图如图 5-26 所示,栅电压可以控制三角形势阱的深度和宽度,从而可以改变 2-DEG 的浓度,以达到控制 HEMT 电流的目的。这种 HEMT 属于耗尽型工作模式。若减薄 N 型 AlGaAs 层的厚度,或减小该层的浓度,那么在肖特基势垒的作用下,三角形势阱中的电子将被全部吸干,在栅电压为零时尚不足以在未掺杂的 GaAs 层中形成 2-DEG;只有当栅电压为正时才能形成 2-DEG,则这时的 HEMT 属于增强型工作模式。

设计 HEMT 时,需要考虑 N 型 $Al_xGa_{1-x}As$ 层的厚度和组分 x 的值。从减小串联电阻的角度来分析,这层的厚度越小越好,但是最小厚度由器件的工作模式决定。例如,耗尽型的 HEMT 就

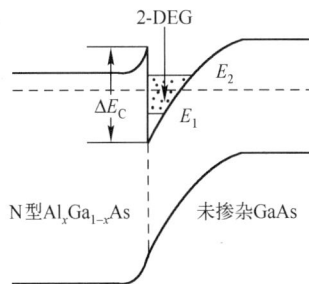

图 5-26　GaAs/AlGaAs 异质结能带图

要求这一层的厚度大一些;而对于增强型的 HEMT 来说,就要求这一层薄一些。从器件的工作原理来看,这一层应该尽量耗尽,否则该层中出现寄生沟道,会使器件的性能严重退化。实验证明,该层能耗尽的最大厚度和该层的掺杂浓度(N_D)有关:$d_{max} \propto 1/\sqrt{N_D}$。对耗尽型 HEMT,其中 AlGaAs 层的理想厚度,应该使栅肖特基势垒的边界正好与提供的 2-DEG 所形成的势垒区的边界交叠。通常取该层厚度为 35~60 nm。

如果提高 $Al_xGa_{1-x}As$ 的 Al 含量 x,将使该层材料的禁带宽度增大,导致异质结的导带突变量 ΔE_C 增大,从而导致 2-DEG 的浓度变大,这可减小源栅寄生电阻,有助于提高高频性能。但是当组分 x 太大时,该晶体的缺陷增大,呈现雾状,从而使表面质量下降,这会给工艺带来很多困难。一般取 $x = 0.3$。

如图 5-27 所示,如果 GaAs/AlGaAs 异质结中存在缓变层,缓变层厚度 W_{GR} 的增大将使 2-DEG 的势阱增宽,使势阱中电子的子能带降低,从而在确定的费米能级下,2-DEG 的浓度增大;但是,缓变层厚度 W_{GR} 的增大,使异质结的高度降低,又将使 2-DEG 的浓度减小。所以,有一个最佳的缓变层厚度,使 2-DEG 的浓度最大。对于不存在隔离层的 N 型 $Al_{0.37}Ga_{0.63}As/GaAs$ 异质结,计算给出 2-DEG 的面密度 n_s 与 AlGaAs 中掺杂浓度 N_D 和缓变层厚度 W_{GR} 的关系如图 5-28 所示。

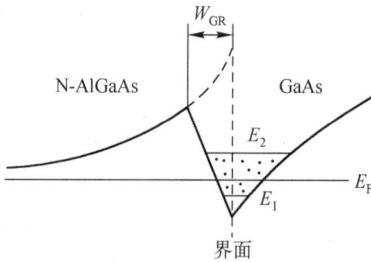

图 5-27　热平衡下缓变异质结
的能带图

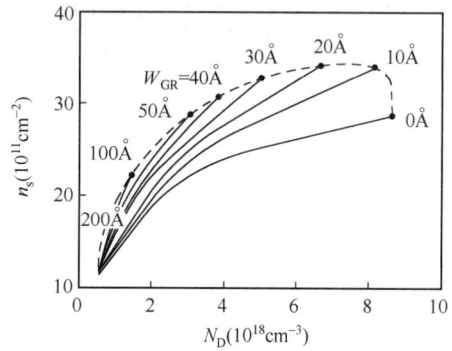

图 5-28　2-DEG 的面密度 n_s 与 AlGaAs 中掺杂
浓度 N_D 和缓变层厚度 W_{GR} 的关系

5.3.3　异质结界面的二维电子气

当掺杂 AlGaAs 生长在未掺杂的 GaAs 层上时,由于两层材料存在电子亲和能差,将在界面形成导带势阱和二维电子气。在垂直于界面方向,电子运动是量子化的,因为势阱宽度小于电子的德布罗意波长(室温下,电子的德布罗意波长近似为 260Å,低温下波长更长)。这一量子化效应也出现在硅反型层中,但由于 GaAs 中电子有效质量更小,量子化效应在 AlGaAs/GaAs 中更加明显。

基于有效质量近似,二维电子气中电子的运动可由波包函数描述:

$$F(x,y,z) = \phi_i(z) \exp(i\boldsymbol{q}_e \cdot \boldsymbol{r}) \tag{5-75}$$

其中,$\boldsymbol{r}$ 是界面上的二维矢量,$\boldsymbol{q}_e$ 为平行于界面运动的波矢,z 指向 GaAs 层的法线方向,i 表示第 i 个子带,则波函数 $\phi_i(z)$ 满足薛定谔方程:

$$\frac{\hbar^2}{2m}\frac{d^2\phi_i(z)}{dz^2} + [E_i - V(z)]\phi_i(z) = 0$$

其中,$\hbar$ 为简约普朗克常数,m 是电子处于体 GaAs 导带的有效质量,E_i 为第 i 个子带的量子化能量,$V(z)$ 为界面能带弯曲对应的势能。边界条件是 $\phi_i(\infty) = 0$ 和 $\phi_i(-\infty) = 0$。势能可由如下的泊松方程求解:

$$\frac{\mathrm{d}^2 V(z)}{\mathrm{d}z^2} = \frac{q\rho(z)}{\varepsilon} \tag{5-76}$$

空间电荷密度 $\rho(z)$ 由界面电子浓度和 GaAs 掺杂浓度决定：

$$\rho(z) = q(N_{D1} - N_{A1}) - q\sum_{i=0}^{\infty} n_i \mid \phi_i \mid^2 (z) \tag{5-77}$$

$$n_i = (mkT/\hbar^2) \ln\{1 + \exp[q(E_F - E_i)/kT]\} \tag{5-78}$$

其中，ε 是 GaAs 的介电常数，N_{D1} 和 N_{A1} 分别是 GaAs 层中的电离施主和受主浓度，E_F 是费米能级。

对于硅 MOS 结构的反型层，也具有相似的二维电子气，式(5-75)～式(5-78)可以通过数值或解析近似加以求解。采用硅 MOS 结构弱反型层的求解方法，GaAs 中的电子可以近似看成处在一个三角形势阱中，因为表面电场 E 是近似恒定的，在 $z<0$ 一边是无限高势垒，在 $z>0$ 一边耗尽层电荷形成一个线性电势分布：

$$V = qEz \tag{5-79}$$

采用此三角形势阱近似，得出其薛定谔方程的特征函数是 Airy 函数。也可以求出表面载流子浓度与费米能级的函数关系，相应的子带能级为

$$E_i \approx (\hbar^2/2m)^{1/3} [3qF_s \pi(i+3/4)/2]^{2/3} \tag{5-80}$$

上式的近似解析结果，与三角形势阱的精确数值解相比，误差仅为 2%。

由高斯定律，表面电场 E 与表面载流子密度 n_s 之间存在以下关系：

$$\varepsilon E = qn_s + Q_{B1} \tag{5-81}$$

其中，$n_s = \sum_{i=0}^{\infty} n_i$，$n_i$ 由式(5-78)确定，且 GaAs 中电离杂质电荷为从 0 到耗尽区厚度 W_{dep} 的积分：

$$Q_{B1} = q\int_0^{W_{dep}} (N_{D1} - N_{A1}) \mathrm{d}z \tag{5-82}$$

由于 GaAs 层为调制掺杂结构，通常情况下采用零掺杂以获得高的电子迁移率。典型情况是 GaAs 为 P 型，电离受主浓度为 $10^{14}\mathrm{cm}^{-3}$ 量级，所产生的 Q_{B1} 为 $4\times10^{10}\mathrm{cm}^{-2}$ 左右，这与 n_s 的典型量级 $10^{11}\sim10^{12}\mathrm{cm}^{-2}$ 相比，可以忽略。因此式(5-81)可以简化为

$$\varepsilon E = qn_s \tag{5-83}$$

将上式代入式(5-80)，得出

$$E_0 = \gamma_0 (n_s)^{2/3} \tag{5-84}$$

$$E_1 = \gamma_1 (n_s)^{2/3} \tag{5-85}$$

参数 γ_0 和 γ_1 可以在式(5-80)中运用 GaAs 电子有效质量得出。考虑到体电荷的影响和三角形势阱的修正，γ_0 和 γ_1 将做相应的修正，对未掺杂 GaAs，有

$$\gamma_0 = 2.5\times10^{-12}\mathrm{Vm}^{4/3} \tag{5-86}$$

$$\gamma_1 = 3.2\times10^{-12}\mathrm{Vm}^{4/3} \tag{5-87}$$

在大多数实际情况下，仅考虑最低两个能级：

$$n_s = (DkT/q)\sum_{i=0}^{l} \ln\{1 + \exp[q(E_F - E_i)/(kT)]\} \tag{5-88}$$

其中，$D = qm/(\pi\hbar^2)$，是二维电子气面密度，可以通过实验测得，则

$$D = 3.24\times10^{17}\mathrm{m}^{-2}\mathrm{V}^{-1} \tag{5-89}$$

在未掺杂的 GaAs 层上生长一层掺杂 AlGaAs 后，由于两层材料存在电子亲和能差，将在界面产生势阱。势阱中形成二维电子气，其来源于 AlGaAs 层的耗尽。经过较为复杂的计算及实验

结果验证,得出图 5-24 中在不同隔离层厚度 d_i 情况下二维电子气面密度与 AlGaAs 掺杂浓度的关系曲线如图 5-29 所示。而对于图 5-27 的缓变异质结结构,结果如图 5-30 所示。

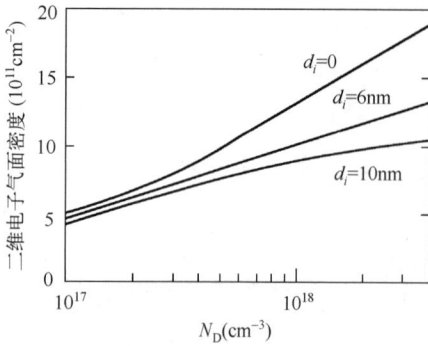

图 5-29　标准结构 HEMT 在不同未掺杂 AlGaAs
隔离层厚度 d_i 情况下二维电子气面密度
与 AlGaAs 掺杂浓度的关系曲线

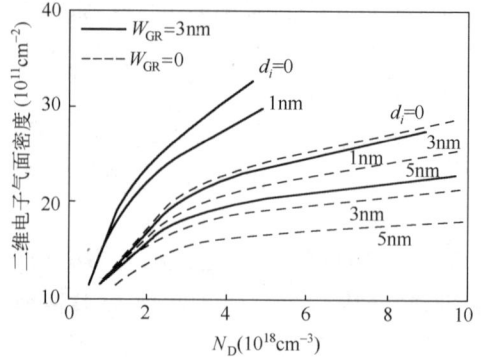

图 5-30　缓变异质结结构 HEMT 在不同未掺杂
AlGaAs 隔离层厚度 d_i 情况下二维电子
气面密度与 AlGaAs 掺杂浓度的关系曲线

5.3.4　HEMT 的直流特性

1. 量子阱结构

图 5-31 示出了 N 型 AlGaAs 和本征 GaAs 突变异质结的导带能带图。

在没有掺杂的 GaAs 的薄势阱中形成了电子的一个二维表面沟道层,可以获得 $10^{12}\,\text{cm}^{-2}$ 数量级的电子载流子密度。由于电离杂质散射效应的降低,载流子在低场中平行于异质结运动的迁移率得到改善。在温度为 300 K 时,据报道迁移率在 $8500\sim9000\ \text{cm}^2/(\text{V}\cdot\text{s})$ 范围内,而掺杂浓度为 $N_d = 10^{17}\,\text{cm}^{-3}$ 的 GaAs MESFET 的低场迁移率

图 5-31　N 型 AlGaAs 和本征 GaAs
突变异质结的导带能带图

低于 $5000\ \text{cm}^2/(\text{V}\cdot\text{s})$。目前可知,异质结中的电子迁移率是由晶格或声子的散射决定的,因此随着温度的降低,电子迁移率迅速提高。

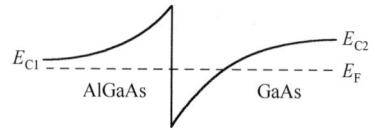

通过更有效地分离电子和电离施主杂质,可以使杂质散射效应进一步降低。图 5-31 示出了突变异质结势阱中电子与施主原子的分离,但由于距离太近,还会受到库仑引力的作用。一个未掺杂的 AlGaAs 薄隔离层可以置于掺杂的 AlGaAs 和 GaAs 之间,这种结构的能带图见图 5-32。

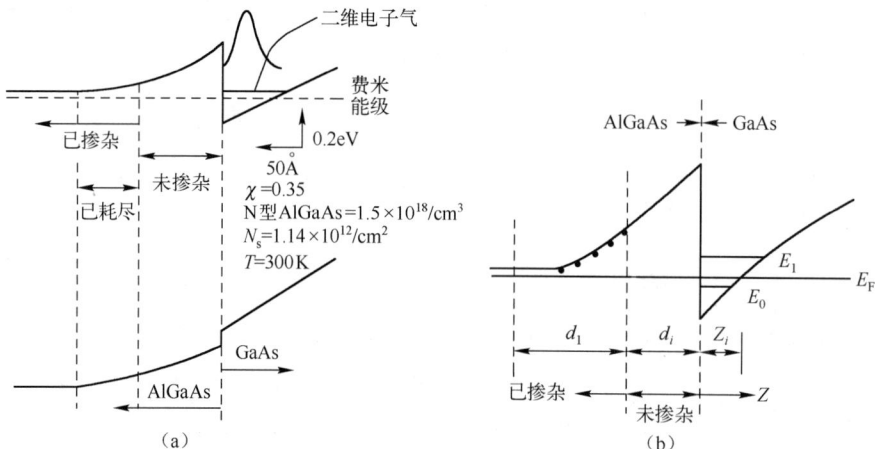

（a）

（b）

图 5-32　N-AlGaAs-本征 GaAs 异质结导带能带图

增大载流子与电离施主的分离程度,可以使它们之间的库仑引力更小,从而可以进一步增大电子迁移率。这种异质结的一个不足是势阱中的二维电子气面密度比突变结中的小。图 5-29 和图 5-30 示意了这种隔离层厚度对二维电子气面密度的负面影响。

　　分子束外延技术(MBE)可以通过特定掺杂,生长一层很薄的特殊半导体材料,尤其是可以形成多层掺杂异质结结构,可以平行形成几个表面沟道电子层。这种结构可以有效增大沟道二维电子气面密度,进而增强 FET 负载能力。其结构如图 5-33 所示。

2. HEMT 的能带结构

　　势阱中的二维电子气的面密度受限于栅极电压。当在栅极加足够大的负电压时,肖特基栅极中的电场使势阱中的二维电子气层耗尽。图 5-34 所示为标准 HEMT 器件的能带图。在零偏栅压时,GaAs 的导带边缘接近费米能级,这表明二维电子气的面密度很大;在负偏栅压时,GaAs 的导带边缘高于费米能级,这意味着二维电子气的面密度很小,并且 FET 中的电流几乎为零。

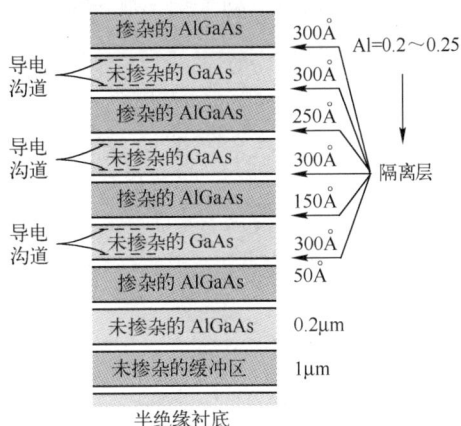

图 5-33　多层掺杂异质结结构

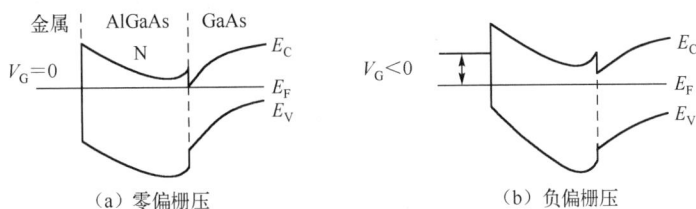

图 5-34　标准 HEMT 器件的能带图

　　肖特基势垒使 AlGaAs 层在表面耗尽,异质结使 AlGaAs 层在异质结表面耗尽。在理想情况下,设计器件时应该使两个耗尽区交叠,这样就可以避免电子通过 AlGaAs 层导电。对于耗尽型器件来说,肖特基栅极中的耗尽层只会向异质结的耗尽层扩散;对于增强型器件来说,掺杂的 Al-GaAs 层较薄,并且肖特基栅极的内建电势差会使 AlGaAs 和二维电子气沟道完全耗尽。只有在增强型器件的栅极上加正向电压时器件才会开启。

　　负栅极电压将降低二维电子气的面密度,正栅极电压将使二维电子气的面密度增加。二维电子气的面密度随着栅极电压增加,直到 AlGaAs 的导带与电子气的费米能级交叠为止。其能带图如图 5-35 所示。

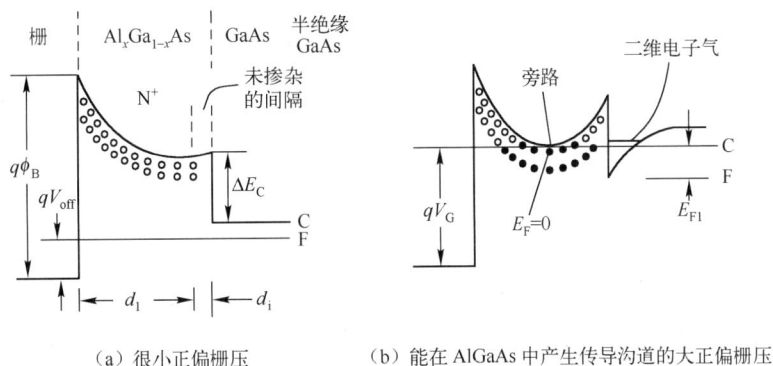

图 5-35　增强型 HEMT 器件的能带图

此时,栅极就失去了对电子气的控制能力,因为 AlGaAs 层中已经形成了一个平行的导电沟道。

3. HEMT 的电流与电压关系

下面介绍 HEMT 的平衡情况的能带图和平带情况的能带图,分别如图 5-36(a)和(b)所示。

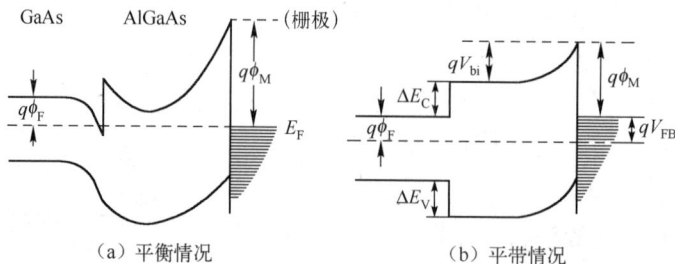

(a)平衡情况　　　　(b)平带情况

图 5-36　HEMT 的能带图

从图 5-36 中可知,$q\phi_M$ 是栅极的肖特基势垒高度,由图 5-36(b)可知,平带电压是

$$V_{FB} = \phi_M - (\Delta E_C/q + \phi_F + V_{bi}) \tag{5-90}$$

阈电压为

$$V_T = \phi_M - (\Delta E_C/q + V_{bi}) \tag{5-91}$$

通过上面两式可以求出

$$V_{FB} = V_T - \phi_F \tag{5-92}$$

根据电荷控制模型可知,二维电子气(2-DEG)的面密度 n_s 与栅电压 V_G 的关系是

$$n_s \approx \frac{\varepsilon}{q(d+80)}(V_G + V_{off}) \tag{5-93}$$

式中,q 为电子电荷;$V_{off} = \phi_M - \Delta E_C/q - V_p + \Delta E_{F0}/q$,$\Delta E_{F0}$ 为与温度有关的量,$V_p = qN_D d^2/2\varepsilon$ 是 N-AlGaAs 层夹断电压;d 为 AlGaAs 层厚度;ε 为 AlGaAs 的介电常数。

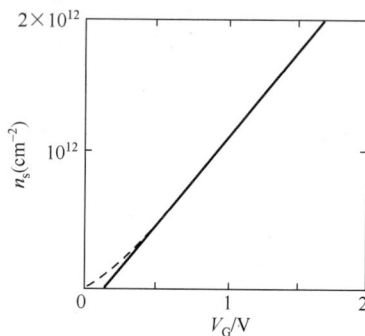

图 5-37　2-DEG 的面密度和栅电压的关系曲线

2-DEG 的面密度与栅电压的关系曲线如图 5-37 所示。图中虚线是精确的数值解。可以看出,n_s 与 V_G 基本上成正比。所以可知,HEMT 是依据栅电压控制沟道中 2-DEG 的面密度来工作的。

此外,对于沟道长度 L_G 较大的 HEMT,为求出其伏安特性,需要采用缓变沟道近似,则漏极电流沿沟道的分布为

$$I_D(x) = -\mu_n W_G Q_n(x)\frac{dV(x)}{dx} \tag{5-94}$$

式中,W_G 是栅极的宽度,$Q_n(x)$ 是单位表面积的沟道电荷,$V(x)$ 是表面势沿沟道的分布,μ_n 为 2-DEG 的迁移率。如果单位面积的栅电容为 C_0,栅电压为 V_G,则有

$$Q_n(x) = -C_0 V_G = -C_0[V_{GS} - V(x) - V_T] \tag{5-95}$$

假定电子迁移率 μ_n 恒定,通过对式(5-94)中 $I_D(x)$ 的积分,可得到

$$I_D = \mu_n W_G \frac{C_0}{L_G}\left[(V_{GS} - V_T)V_{DS} - \frac{1}{2}V_{DS}^2\right] \tag{5-96}$$

当 V_{DS} 较小时,可以得到

$$I_D \approx \mu_n \frac{C_0 W_G}{L_G}(V_{GS} - V_T)V_{DS} \tag{5-97}$$

当 V_{DS} 较大时,漏极电流将达到饱和,由 $dI_{DS}/dV_{DS} = 0$ 得

$$I_{DS} = \frac{\mu_n C_0 W_G}{2L_G}(V_{GS} - V_T)^2 \tag{5-98}$$

在 HEMT 的沟道较短时,计算漏电流还必须考虑电子漂移速度 v_d 和电场 E 的关系。因为在 $1~\mu m$ 栅长中有 $1~V$ 的压降时,将产生 $10~kV/cm$ 的强电场,这已经远远超出电子漂移速度达到最大时的电场 $E_m(3.2~kV/cm)$。在强电场下,器件的性能更有可能被电子的饱和速度 v_{dsat} 所限制。于是可以求出与事实相符合的饱和电流 I_{DS} 的表达式:

当 $V_T \approx 0$ 时 $$I_D = \frac{\mu_n C_0 W_G}{2L_G}(V_{GS}^2 - V_{GD}^2) \qquad (5\text{-}99)$$

当 $E = E_m$ 时 $$I_{DS} = \mu_n C_0 W_G V_{DGsat} E_m \qquad (5\text{-}100)$$

所以,可以求出 $$V_{GDsat} = I_{DS}/(\mu_n W_G C_0 E_m) \qquad (5\text{-}101)$$

则 $$I_{DS} = \frac{\mu_n C_0 W_G}{2L_G}\left[V_{GS}^2 - \left(\frac{I_{DS}}{\mu_n C_0 W_G E_m}\right)^2\right] \qquad (5\text{-}102)$$

可以近似表示为 $$I_{DS} \propto V_{GS}^2 \qquad (5\text{-}103)$$

如果忽略源和漏的寄生电阻 R_s 和 R_d,就可以描绘出较好的理论伏安特性曲线。

图 5-38 中的虚线是计算结果,实线是测量结果。可见,在强电场下工作的耗尽型 HEMT 和增强型 HEMT,都呈现出平方规律的饱和特性。

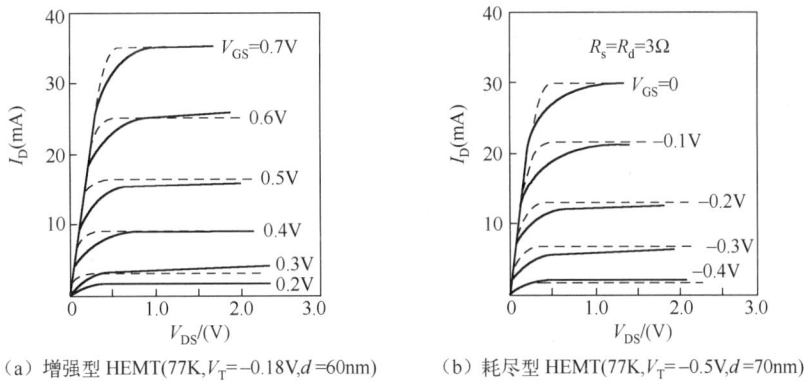

（a）增强型 HEMT(77K, $V_T = -0.18V$, $d = 60nm$)　　（b）耗尽型 HEMT(77K, $V_T = -0.5V$, $d = 70nm$)

图 5-38　HEMT 的漏电流 I_D 与漏电压 V_{DS} 关系曲线

值得注意的是,HEMT 在工作时的栅电压不能太大,如果太大将有可能在 N-AlGaAs 层中产生第二导电沟道,从而使器件性能退化。

HEMT 也可以制作成多层异质结,这种类型的器件如图 5-39 所示。

由于 AlGaAs/GaAs 界面的异质结已经有了一个数量级为 $1 \times 10^{12}~cm^{-2}$ 的最大二维电子气面密度。通过在同一外延层上生长两层或更多的 Al-GaAs/GaAs 表面,可以使 2-DEG 的面密度值增大。器件的电流也将增大,负载能力增强。多层沟道的 HEMT 受栅压调制的作用,与多个单沟道平行接触形成的 HEMT 受栅压调制的作用基本相同,但是栅压值有微小的不同。最大跨导不能直接用沟道的数量来衡量,因为沟道的阈电压随沟道的不同而变化。此外,有效沟道长度会随栅极与沟道之间距离的增加而增加。

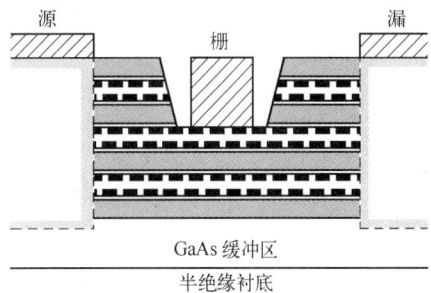

图 5-39　多层结构 HEMT 器件

5.3.5　HEMT 的高频模型

在 HEMT 直流偏置上叠加交流小信号后,电流和电压均由直流和交流分量叠加而成,在线

性区由电流连续性方程

$$\frac{\partial I_D}{\partial x} = -qW_G \frac{\partial n_s}{\partial t} \tag{5-104}$$

可以分离出描述线性区的波动方程:

$$\frac{\partial^2}{\partial x^2} \left\{ v_{gc}(x,\omega) \left[V_{GC}(x) + \frac{kT}{q} - V_T \right] \mu_0 \right\} = j\omega v_{gc}(x,\omega) \tag{5-105}$$

其中,$v_{gc}(x,\omega)$ 为栅极上的交流有效控制电压;ω 为角频率;$v_{gc}(x) = v_{gs} - v_c(x)$,即栅源间交流电压 v_{gs} 与沟道中交流电压 $v_c(x)$ 之差;$V_{GC}(x)$ 为直流栅极有效控制电压。

在饱和区,通过求解泊松方程得出交流特性的解为

$$\frac{\partial^2 v_{cs}(x,t)}{\partial x^2} = \delta I(x,t) \tag{5-106}$$

式中,$v_{cs}(x,t)$ 为总的沟源电压,$I(x,t)$ 为沟道总电流。于是可得下述波动方程:

$$\frac{\partial^2 v_{gc}(x)}{\partial x^2} = -\delta i(x) \tag{5-107}$$

$$\frac{\partial i_{dc}(x)}{\partial x} = -j \frac{\omega}{v_s} i_{dc}(x) \tag{5-108}$$

式中,$i_{dc}(x)$ 为沟道中交流小信号电流。

式(5-107)、式(5-108)所需的边界条件是:

直流
$$\begin{cases} V_{GC}(x=0) = V_{GS} - V_{CS}(x=0) = V_{GS} - I_D R_S \\ V_{GC}(x=L) = V_{GS} - V_{DS} + I_D R_D \end{cases} \tag{5-109}$$

交流
$$\begin{cases} v_{gc}(x=0) = v_{gs} - v_{cs}(x=0) \approx v_{gs} \\ v_{gc}(x=L) = v_{gs} - v_{cs}(x=L) \approx v_{gs} - v_{ds} \end{cases} \tag{5-110}$$

在交流条件下,达到临界电场值的边界与源区的距离是交变的,即"浮动"边界。它可以表示成

$$X_S(t) = X_S + x_s e^{j\omega t} \tag{5-111}$$

其中,X_S 是时间为零时的边界,x_s 为边界振动幅度。

在变化的 $X_S(t)$ 处,应满足电场、电势及电流连续。

求解波动方程,首先对式(5-106)进行简单变换,令

$$V_{GC}(x) - V_T + \frac{kT}{q} = \alpha_0 \sqrt{1+Ax}$$

于是式(5-106) 可写成
$$\frac{d^2}{dx^2} [v_{gc}(x,\omega) \alpha_0 \mu_0 \sqrt{1+Ax}] = j\omega v_{gc}(x,\omega) \tag{5-112}$$

令 $Z = 1+Ax$,$\omega_0 = \alpha_0 \mu_0 A$,$\theta = j\omega/(\alpha_0 \mu_0 A)$,$Y = 4/3 \sqrt{\theta} Z^{3/4}$,代入式(5-112)可得

$$Y^2 \frac{d^2}{dy^2} v_{gc}(x,\omega) + Y \frac{d}{dy} v_{gc}(x,\omega) - \left(\frac{4}{9} + Y^2 \right) v_{gc}(x,\omega) = 0 \tag{5-113}$$

式(5-113)为 Bessel 方程,其解用 Bessel 函数可以表示成

$$v_{gc}(x,\omega) = C_1 I_{2/3}(Y) + C_2 I_{-2/3}(Y) \tag{5-114}$$

其中 C_1,C_2 是待定系数,可以用边界条件确定。由上述可以得到线性区的解为

$$i_{dc}(x,\omega) = -\omega\mu_0 C_g \sqrt{\theta} Z^{1/4} [C_1 I_{-1/3}(Y) + C_2 I_{1/3}(Y)] \tag{5-115}$$

对式(5-107)和式(5-108)进行积分并注意 $i_{dc}(X_S) = i_{dc}(X_S^+)$,得到饱和区的解为

$$i_{dc}(x, \omega) = i(X_S) \exp\left[-j\frac{\omega(x - X_S)}{v_s}\right] \qquad (5\text{-}116)$$

由 $i_g = i_{dc}(x = 0) - i_{dc}(x = L)$，$i_d = i_{dc}(x = L)$，可得

$$i_g = (i_{o\alpha} - i_{d\alpha})v_{gs} + (i_{o\beta} - i_{d\beta})v_{ds} \qquad (5\text{-}117)$$

$$i_d = i_{d\alpha}v_{gs} + i_{d\beta}v_{ds} \qquad (5\text{-}118)$$

式(5-117)和式(5-118)就是所求的交流特性方程。

5.3.6 HEMT 的高频小信号等效电路

HEMT 包含寄生参数的小信号模型如图 5-40 所示。

通过解波动方程并且按照 $i_g = i_{dc}$ $(x = 0) - i_{dc}(x = L)$，$i_d = i_{dc}(x = L)$，可得

$$\begin{cases} i_g = (i_{ox} - i_{dx})v_{gs} + (i_{o\beta} - i_{d\beta})v_{ds} \\ i_d = i_{dx}v_{gs} + i_{d\beta}v_{ds} \end{cases}$$

$$(5\text{-}119)$$

图 5-40　HEMT 包含寄生参数的小信号模型

上式可按照 Y 参数的形式写出：

$$\begin{cases} i_g = Y_{11}v_{gs} + Y_{12}v_{ds} \\ i_d = Y_{21}v_{gs} + Y_{22}v_{ds} \end{cases} \qquad (5\text{-}120)$$

式中，Y_{11}，Y_{12}，Y_{21}，Y_{22} 为本征 Y 参数。联合上面两个式子可以得到

$$Y_{11} = i_{o\alpha} - i_{d\alpha}, \quad Y_{12} = i_{o\beta} - i_{d\beta}, \quad Y_{21} = i_{d\alpha}, \quad Y_{22} = i_{d\beta} \qquad (5\text{-}121)$$

图 5-40 为非本征等效电路，图中的 R_g，L_g，R_d，L_d，R_s，L_s 分别为栅、漏、源极的寄生电阻和电感。图 5-41 为本征等效电路，其中，$Y_1 = Y_{11} + Y_{12}$，$Y_2 = -Y_{12}$，$Y_0 = Y_{22} + Y_{12}$，$Y_m = Y_{21} - Y_{12}$。

HEMT 的单向功率增益 Gain 和电流增益截止频率 f_T 分别为

$$\text{Gain} = |Y_{21} - Y_{12}|^2 / \{4[\text{Re}(Y_{11})\text{Re}(Y_{22}) - \text{Re}(Y_{12})\text{Re}(Y_{21})]\}$$

$$(5\text{-}122)$$

$$f_T = \mu_0\left(V_{GS} - V_T + \frac{kT}{q}\right)(2k_s - k_s^2)/(2\pi X_s^2) \qquad (5\text{-}123)$$

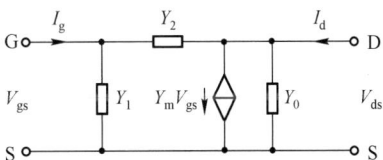

图 5-41　HEMT 小信号本征等效电路

图 5-42 和图 5-43 为 Y 参数转换成 S 参数所得 S 参数模值随频率的变化。AlGaAs/GaAs HEMT 的结构和参数如表 5-2 所示。

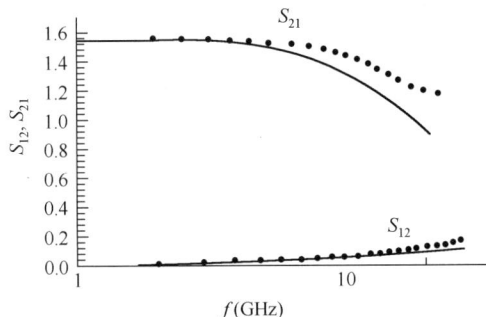

图 5-42　S_{21} 和 S_{12} 随频率的变化

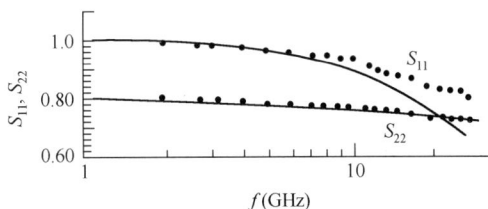

图 5-43　S_{11} 和 S_{22} 随频率的变化

由图 5-42、图 5-43 可见,在微波频率下上述小信号模型的结果和实验符合得很好。应该指出的是,由于在计算时将 R_s 视为常数,致使频率大于 10 GHz 时 S_{11} 和 S_{21} 的测量值比计算值高。实际上,由于高频时 2-DEG 耗尽层电容的分流作用,使 R_s 减小;随着频率增加,如果适当减小 R_s,计算出的 S_{11} 和 S_{21} 将明显增大。

表 5-2 AlGaAs/GaAs HEMT 的结构和参数

$L = 0.3~\mu m$	$\mu_0 = 4300~cm^2/(V \cdot s)$	$R_{gd} = 800~\Omega$	$C_{gd} = 0.01~pF$
$W = 100~\mu m$	$v_s = 1.6 \times 10^7~cm/s$	$V_T = 2.2V$	$C_{gs} = 0.02~pF$
$D_L = 3~nm$	$E_c = 3000~V/cm$	$V_{GS} = 1.77~V$	$L_s = 0.01~nH$
$D_d = 30~nm$	$R_s = 20~\Omega$	$V_{DS} = 2.50~V$	$L_g = 0.01~nH$
$N_d = 1.3 \times 10^{18}~cm^{-3}$	$R_d = 25~\Omega$	$C_{ds} = 0.02~pF$	$L_d = 0.01~nH$

5.3.7 HEMT 的频率特性

1. HEMT 中 2-DEG 的迁移率和漂移速度

高迁移率的 2-DEG 是指半导体表面反型层中的电子。如图 5-44 所示,该部分电子处于表面反型层势阱中,电子的德布罗意波长比势阱的宽度大,在垂直表面方向上的能量发生量子化,即在垂直表面方向的运动丧失了自由度,只存在在表面内两个方向的自由度,由于调制掺杂的采用,2-DEG 的散射小于 3-DEG(三维电子气)的散射,因而 2-DEG 的有效迁移率很高。

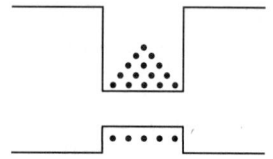

图 5-44 超薄层异质结中的 2-DEG

同时,异质结中的 2-DEG 所遭受的散射机构,在高温下主要是光学波声子散射;低温下,异质结中 2-DEG 的迁移率主要受到杂质散射的限制,采用调变掺杂方式可减弱或者去除体系中杂质散射的影响;界面凹凸性的影响幅度不大,几乎不必考虑。

对 HEMT 进行霍尔效应测量指出,2-DEG 的面密度(n_s)与栅电压(V_G)成正比,式(5-93)是其简化形式。实际上,电子迁移率与栅电压关系为

$$\mu_n = V_G^k \tag{5-124}$$

式中,k 是值为 0.5~2.0 的常数。所以有

$$\mu_n \propto n_s^k \tag{5-125}$$

通常,$k = 0.5$。在 HEMT 工作时,对整个栅电压变化(响应 2-DEG 浓度变化)的范围,可以认为 μ_n 的变化保持在 30% 之内。从对器件性能的影响看,这种变化是较小的,在讨论器件工作特性时可假定 μ_n 为恒定值。

考虑到 μ_n 和 n_s 的关系,电子漂移速度 v_d 与电场 E 的关系如下:

$$v_d = \frac{\mu_n E}{1 + \mu_n E / v_{dsat}} \tag{5-126}$$

在弱电场下,HEMT 中 2-DEG 的 v_d 和 μ_n 很高;强电场下,2-DEG 的 v_d 和 μ_n 也很高,但由于速度过冲等瞬态效应,具体数值难以用实验测量,理由有二:(1)2-DEG 处于势阱(沟道)中量子化二维子能带中,对应有不同的二维子能谷,这使实验结果的分析变得很复杂;(2)电子可从 Γ 能谷往较高能量的 L 能谷和 X 能谷跃迁,能导致负阻的产生,这将使问题变得更加难以分析。

资料显示,μ_n 作为电场强度 E 的函数,随着温度 T 的升高是下降的,在 300K 时 μ_n 几乎与 E 无关;而在低温时,特别是在低电场时,μ_n 下降得很快(这时 μ_n 很高,电子迅速被

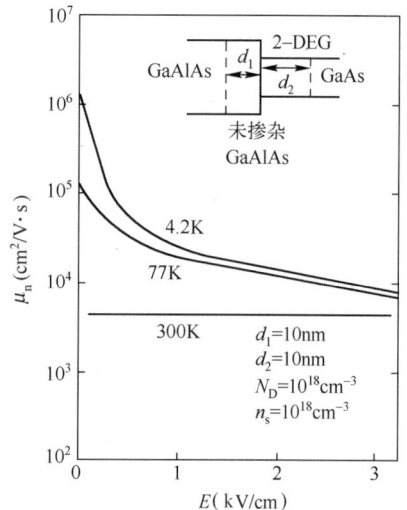

图 5-45 2-DEG 的迁移率

"加热"而发射出极性光学波声子的缘故),如图 5-45 所示。2-DEG 的 v_d 在弱电场时较高,但在强电场下的饱和值却与 3-DEG 的差不多。由此说明 HEMT 工作于强电场区时,已不能体现 2-DEG 的优点。因此,如何充分利用弱电场时的高电子迁移率,是 HEMT 作为高速逻辑运用的重要因素。

在 GaAs/Al$_x$Ga$_{1-x}$As 异质结中的 2-DEG 的 μ_n,不仅与温度 T 有关,还与 2-DEG 浓度和组分 x 强烈相关;此外,还与异质结中的本征 AlGaAs 隔离层厚度 d 有关。霍尔迁移率 μ_H 与 T 和 d 的关系可近似表示为

$$\mu_H = 1.4 \times 10^4 \times (1+d/50)^m \cdot \exp[-(T/70)^\beta] \quad (cm^2/(V \cdot s)) \qquad (5\text{-}127)$$

式中,当 $T \geq 70K$ 时,$\beta = 0.45 \times (1+d/50)^{0.525}$;当 $4K \leq T < 70K$ 时,$\beta = 0$,而 $m = 1.1 \sim 1.5$,d 的单位为 Å。

电子的漂移速度 v_d 和能量 E 的关系为

$$v_d(T_e) = \left[\left(-\frac{dE}{dt}\right)\frac{\bar{\tau}_m}{m^*}\right]^{1/2} \qquad (5\text{-}128)$$

其中,$\bar{\tau}_m$ 为电子的动能弛豫时间,m^* 为有效质量,T_e 为 2-DEG 的温度。电子在不同温度下的 v_d 和电场 E 的关系曲线如图 5-46 所示。由图可见,高电场下,无论高温还是低温,2-DEG 的 v_d 总是大于 3-DEG 的;v_d 依赖于温度,从而改善器件性能,其作用将远小于对迁移率的改善。可以预料,通过冷却,长沟道 HEMT 的性能可以得到充分的改善,而短沟道 HEMT 性能的改善在 30% ~ 50% 之间。

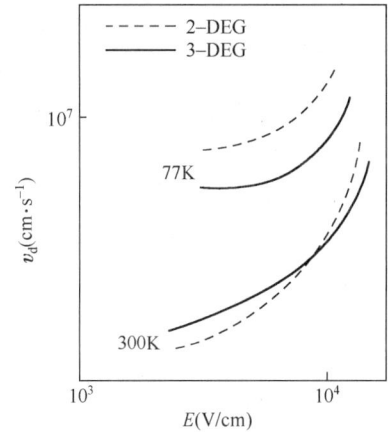

图 5-46　GaAs 中电子的 v_d-E 关系曲线

对短沟道 HEMT,决定器件性能的因素往往不是低电场时的迁移率,而是高电场时的饱和速度 v_{dsat}。漏极电流 I_D 饱和的出现,是由于在漏端沟道内电子速度达到饱和;当 I_D 饱和时,在漏极附近,在栅极下面的 GaAs 层内将出现电子积累,在此区域附近电场将集中,漏极电压的大部分将降落在这个很窄的范围内。在短沟道 HEMT 中,存在有如此强电场的狭窄范围,因此速度过冲效应必将有显著的影响,这会大大改善器件的频率和速度性能。图 5-47 和 5-48 分别示出了电子速度与电场及电场作用时间的关系。

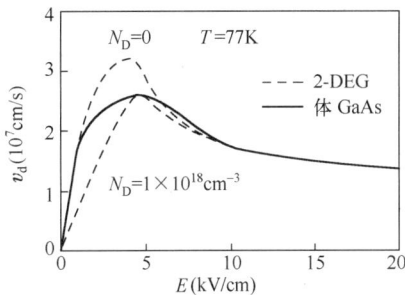

图 5-47　电子速度与电场的关系

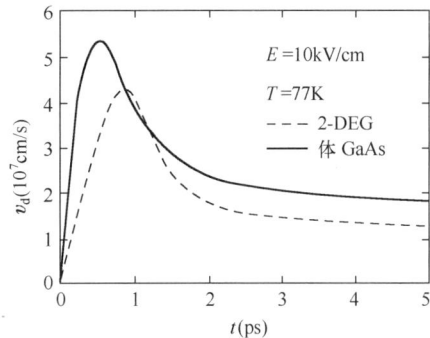

图 5-48　电子速度与电场作用时间的关系

2. HEMT 的频率特性

HEMT 的特征频率 f_T 又称截止频率,是指使最大输出电流与输入电流相等(最大电流增益下降到 1)时的频率,即 f_T 定义为输入电流 I_i 等于本征晶体管理想输出电流 $g_m V_{GS}$ 时的频率。

输出短路时 $\qquad\qquad\qquad\qquad I_i = j\omega C_G V_{GS} \qquad\qquad\qquad\qquad (5\text{-}129)$

即 $\qquad\qquad\qquad\qquad\qquad |I_i| = 2\pi f_T C_G V_{GS} = g_m V_{GS} \qquad\qquad (5\text{-}130)$

所以 $\qquad\qquad\qquad\qquad\qquad f_T = g_m/(2\pi C_{gs}) \qquad\qquad\qquad\qquad (5\text{-}131)$

对饱和电流区和 $V_G > V_T$ 的工作区,有

$$C_{gs} = C_{g0}L, \quad g_m = C_{g0}v_{dsat} \quad \text{(短栅情形)} \tag{5-132}$$

或者

$$g_m = \frac{C_{g0}\mu_n}{L}(V_G - V_T) \quad \text{(长栅情形)} \tag{5-133}$$

故

$$f_T = \begin{cases} v_{dsat}/(2\pi L) & \text{(短栅情形)} \\ \mu_n(V_G - V_T)/(2\pi L^2) & \text{(长栅情形)} \end{cases} \tag{5-134}$$

由上式可以看出,针对短栅情形,提高 f_T 的措施是缩短沟道长度;针对长栅情形,提高 f_T 的措施包括缩短沟道长度 L,提高载流子迁移率 μ_n,提高栅极电压 V_G,减小阈电压 V_T。

HEMT 的最高振荡频率 f_M 是指最大功率增益下降到 1 时的频率,可表示为

$$f_M = f_T / \left[g_d(R_i + R_s + R_g) + 2\pi\tau_r f_T \right]^{1/2}$$

式中,g_d 为输出电导,R_i 为沟道电阻,$\tau_r = 1/(C_{gd}R_g)$,R_g 为金属栅损耗电阻,R_s 为源寄生电阻。从上式可以看出,HEMT 的 f_M 与 g_d、R_i、R_g、C_{gd} 和 f_T 有关。

5.4 异质结双极晶体管(HBT)

5.4.1 HBT 的基础理论

一般说来,双极晶体管(BJT)的功耗较大,具有较高的工作频率和较低的噪声,故常应用于低噪声、高线性度和高频模拟电路及高速数字电路中。但是,常规 BJT 难以实现超高频、超高速,这是由于它本身存在若干固有的内在矛盾。例如,为了进一步提高频率和速度,就要求减小基极电阻、集电结势垒电容、发射结势垒电容和衬底等的寄生电容。减小基极电阻是通过提高基区掺杂浓度和增宽基区厚度实现的,但这会使发射结注入效率降低和载流子渡越基区的时间延长,又反过来影响到频率、速度和放大性能,并且发射区的最高掺杂浓度会受到一定的限制;为了维持足够的放大性能,基区掺杂浓度也不可能无限制地提高。减小发射结势垒电容是通过降低发射区掺杂浓度实现的,但这也会使发射结注入效率降低,影响放大系数。而减小集电结耗尽层电容要求增加集电结耗尽层厚度和减小集电结面积,这样会使渡越集电结耗尽层的时间增加,同时功率容量也将受到影响。此外,减小寄生电容,特别是衬底的寄生电容,需要改变管芯的结构和工艺(例如采用 SOI 或 SOS 结构的衬底),并减小管芯尺寸等。可见,提高 BJT 的频率和速度,与提高其放大性能是互相矛盾的;BJT 的优化设计只能在很多相互关联的性能因素之间进行折中考虑,所以其工作频率和速度也只能达到一定的水平,难以实现超高频和超高速。另外,BJT 在降低噪声方面也表现出尖锐的内在矛盾,因为基区掺杂浓度的提高和基区宽度的增大会受到一定的限制,故基极电阻不能做得很低。所以,一般的 BJT 很难实现低噪声,特别是低噪声宽带的放大功能。

异质结双极晶体管 (Heterojunction Bipolar Transistor, HBT)的发展历史较长。早在 1951 年肖克莱(Shockly)就提出了宽带发射原理,1957 年克莱默(Kroemer)又从理论上对异质结器件进行了全面论证。异质结的中心设计原理是利用半导体材料禁带宽度的变化及作用于电子和空穴上的电场力来控制载流子的分布和流动,从而使异质结具有许多同质结所没有的优越性。图 5-49(a)所示的同质结能带,其禁带宽度是常数,导带与价带的斜率相同,因此作用在电子与空穴上的电场力大小相等,方向相反,

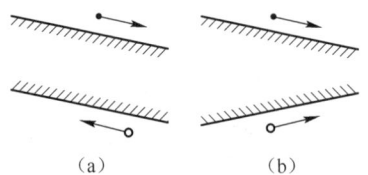

图 5-49 不同能带与载流子
所受的电场力

(a)   (b)

不能变化,只能通过掺杂和外加偏压对载流子进行控制;而图(b)的异质结能带,其禁带宽度是变化的,导带与价带的斜率不同,作用在电子与空穴上的电场力大小不必相等,方向也未必相反。可以通过调节带隙宽度的变化来对载流子进行有效控制。这也是设计异质结器件的基本思想。

HBT是将禁带宽度较大(大于基区的禁带宽度)的半导体作为发射区的一种BJT,即采用异质发射结的双极晶体管。这种异质发射结注入电子的效率很高(≈ 1),因为空穴的反向注入几乎完全被额外的一个空穴势垒所阻挡,即发射结的注入效率主要由结两边禁带宽度的差异所造成的一个额外的空穴势垒(高度为ΔE_V)决定,而与发射区和基区的掺杂浓度基本上无关。因此,HBT可以在保持较高的发射结注入效率的前提下,通过提高基区的掺杂浓度和降低发射区的掺杂浓度,使器件的基区宽度调制效应得以减弱[可得到较高的厄尔利(Early)电压V_A]、基极电阻减小、大注入效应减弱、发射结势垒电容减小、发射区禁带宽度变窄效应消失,并可通过减薄基区宽度大大缩短基区渡越时间,所以能够实现超高频、超高速和低噪声的性能,从而提供最大的厄尔利电压V_A的值,有利于微波应用。采用Ⅲ~Ⅴ族化合物半导体制作的HBT,就是最早进入毫米波领域应用的一种三端有源器件。

由安德森(Anderson)模型理论可知,两半导体在异质结界面处的导带之差应等于其亲和能之差,即式(5-55)。因此,异质结的界面能带是不连续的。其不连续的状态由结两边半导体材料的带隙宽度及电子亲和能决定。但是,异质结中的电子从一侧输运到另一侧无须经过真空,且电子的亲和能是一个较大的量,通常大于$4\sim 5$ eV,还会受到晶体表面状态的影响;而ΔE_C、ΔE_V是相近的较小的量,且要求精确到电子热电势kT;异质结的界面存在着原子的重构和偶极层。故使得安德森模型理论和实际存在一定误差。

根据异质结界面过渡区材料组分的变化情况,可以将其分为突变异质结和缓变异质结。突变异质结的过渡区很薄,通常只有数十Å或几Å;而缓变异质结有比较宽的过渡区,通常有数百Å。其宽度可通过工艺方法和工艺条件来控制。

图5-50(a)是突变发射结的情况,其基区均匀,即无加速场;图5-50(b)是缓变发射结的情况,基区也无加速场;图5-50(c)是缓变发射结、缓变基区,有加速场的情况;图5-50(d)是突变发射结、缓变基区,有加速场的情况。在突变异质结界面,存在导带的势垒尖峰ΔE_C和价带的能带断续ΔE_V。在缓变异质结中,因界面处组分的改变是逐渐过渡的,故带隙宽度E_G和电子亲和能χ也是连续变化的,ΔE_C将随着过渡区宽度的变大而降低,当过渡区宽度超过一定值时则可忽略不计。

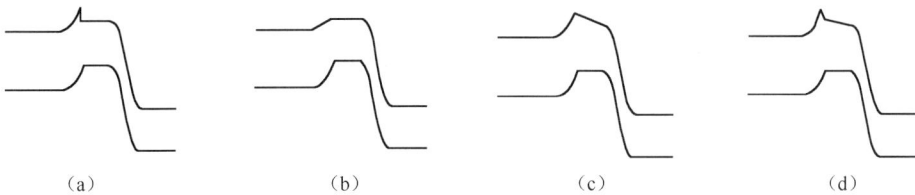

图5-50　几种HBT的能带结构

由异质结构成双极晶体管,其发射结一定是异质结,其集电结可以是异质结,也可以是同质结。其基本结构及工作原理和普通同质结双极晶体管大致相同。这里以宽带隙发射区、缓变发射结的NPN型单异质结HBT为例进行讨论,假定能带单调地连续变化,也不考虑其能带突变,则能带图如图5-51所示。

图5-51中,I_{nE}是从发射区注入基区的电子扩散电流,I_{pE}是从基区注入发射区的空穴扩散电

流，I_s 表示正向偏置发射结空间电荷区复合电流，I_r 表示从发射区注入基区的电子扩散电流在基区的体复合损失，即基区体复合电流。

由第 3 章双极晶体管的工作原理可知，当双极晶体管的发射结加正向偏压 V_{EB}，集电结加反向偏压 V_{CB} 时，其共射极电流放大系数 β（也称电流增益）可表示为

$$\beta = \frac{I_C}{I_B} = \frac{I_{nE} - I_s - I_r}{I_{pE} + I_s + I_r} \qquad (5\text{-}135)$$

因为

$$\beta = \frac{\alpha}{1-\alpha} \approx \frac{1}{1-\alpha} \qquad (5\text{-}136)$$

而

$$\alpha = \gamma\beta^* \qquad (5\text{-}137)$$

式中，γ 为发射系数，β^* 为基区输运系数。又有

$$\gamma = \frac{1}{1 + I_{pE}/I_{nE}} \qquad (5\text{-}138)$$

图 5-51　NPN 型单异质结晶体管能带图

由于 HBT 基区宽度为亚微米量级或更小，故可假定 $\beta^* \approx 1$，即忽略 I_r；若同时忽略 I_s，则 β 只由 γ 决定，其最大可能值为

$$\beta_{max} \approx \frac{1}{1-\alpha} \approx \frac{1}{1-\gamma} = 1 + \frac{I_{nE}}{I_{pE}} \approx \frac{J_{nE}}{J_{pE}} \qquad (5\text{-}139)$$

又因为

$$J_{nE} = \frac{qD_B n_{B0}}{W_B}\left[\exp\left(\frac{qV_{EB}}{kT}\right) - 1\right] \qquad (5\text{-}140)$$

$$J_{pE} = \frac{qD_E p_{E0}}{W_E}\left[\exp\left(\frac{qV_{EB}}{kT}\right) - 1\right] \qquad (5\text{-}141)$$

故有

$$\frac{J_{nE}}{J_{pE}} = \frac{D_B n_{B0} W_E}{D_E p_{E0} W_B} \qquad (5\text{-}142)$$

式中，J_{nE} 和 J_{pE} 分别为通过发射结的电子电流密度和空穴电流密度，W_E 和 W_B 分别为发射区和基区的宽度，n_{B0} 和 p_{E0} 分别为基区和发射区的少数载流子电子与空穴的浓度。J_{nE}/J_{pE} 常称为发射结的注入比。

由于

$$n_{B0} = n_{iB}^2/N_B \qquad (5\text{-}143)$$

$$p_{E0} = n_{iB}^2/N_E \qquad (5\text{-}144)$$

而

$$n_{iB}^2 = N_{CB}N_{VB}\exp[-E_{GB}/(kT)] \qquad (5\text{-}145)$$

$$n_{iE}^2 = N_{CE}N_{VE}\exp[-E_{GE}/(kT)] \qquad (5\text{-}146)$$

式中，n_{iE}、N_{CE}、N_{VE}、E_{GE} 分别为发射区本征载流子浓度、导带有效态密度、价带有效态密度和禁带宽度；n_{iB}、N_{CB}、N_{VB}、E_{GB} 分别为基区本征载流子浓度、导带有效态密度、价带有效态密度和禁带宽度。

假定

$$N_{CE}N_{VE} = N_{CB}N_{VB} \qquad (5\text{-}147)$$

从而得到

$$\frac{n_{B0}}{p_{E0}} = \frac{N_E}{N_B}\exp[\Delta E_G/(kT)] \qquad (5\text{-}148)$$

其中

$$\Delta E_G = E_{GE} - E_{GB} \qquad (5\text{-}149)$$

故有

$$\beta_{max} = \frac{D_{nB}N_E W_E}{D_{pE}N_B W_B}\exp[\Delta E_G/(kT)] \qquad (5\text{-}150)$$

式中，N_E 和 N_B 分别为发射区和基区的杂质浓度，ΔE_G 为发射区、基区两种半导体材料的带隙宽度差。尽管基区和发射区材料不同，其导带和价带有效态密度也不同，式（5-147）似乎不成立，但是可以看到，式（5-147）所带来的误差仅仅影响 β_{max} 的一次系数，而基区和发射区带隙宽度不同对

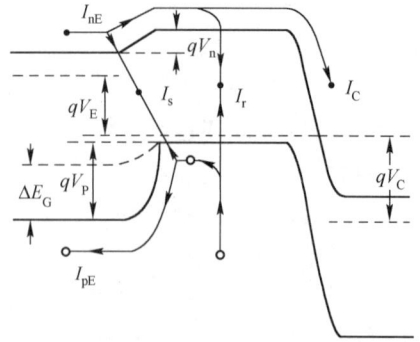

β_{max} 的影响是指数关系。因此，上述简化不会影响分析的结论。

从式(5-150)可知，对于同质结，因为发射区和基区半导体的带隙宽度相同，即 $\Delta E_G = 0$，一般是通过增大发射区和基区的掺杂浓度比 N_E/N_B 来提高 β 的，也就是提高发射效率 γ，增大发射区注入基区的电子电流 I_{nE}，减小基区注入发射区的空穴电流 I_{pE}。为此，一般要求 $N_E/N_B \geq 10^2$。而异质结中，只要发射区材料带隙大于基区材料带隙，则 $\Delta E_G > 0$。因室温(300 K)下，$kT \approx 0.026$ eV，故通常 $\Delta E_G/kT \gg 1$，则 $I_{nE}/I_{pE} \gg 1$，β_{max} 就能达到很大值，而与 N_E/N_B 关系不大，即使 $N_E < N_B$ 也能保证有很高的 β。所以，HBT 中通过采用宽带隙发射区，打破了普通同质结双极晶体管的局限性，克服了其增益与速度之间的固有矛盾。

图 5-52 为同质结双极晶体管与 HBT 的掺杂浓度分布的比较。

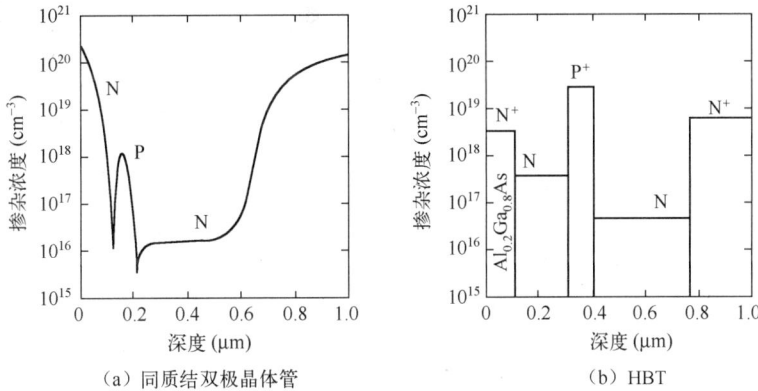

（a）同质结双极晶体管   （b）HBT

图 5-52 同质结双极晶体管与 HBT 的掺杂浓度分布的比较

在掺杂分布上，为了得到高的注入效率，同质结双极晶体管的发射区是高掺杂的，基区的掺杂浓度比发射区低两个量级。而对 HBT 而言，由于能带结构带来的高注入比优势，发射区掺杂浓度低于基区掺杂浓度，使得 HBT 体现了高速、高增益的特性。

图 5-53 是采用 MBE(分子束外延)或 MOCVD(金属氧化物化学气相沉积)制作的 AlGaAs/GaAs HBT 结构示意图。

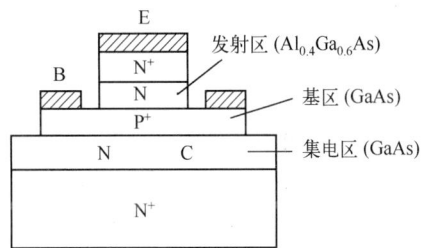

图 5-53 AlGaAs/GaAs HBT 结构示意图

5.4.2 能带结构与 HBT 性能的关系

在 5.4.1 节的分析中，假定发射区与基区组分缓变，因而使能带边界光滑而单调地变化，产生能带缓变的异质发射结。然而，通常现代外延技术制备的材料存在能带不连续性，更便于制作突变发射结晶体管。按照一般准则，宽禁带半导体导带将位于窄禁带半导体导带的上方，将宽禁带半导体材料做成发射极，将在能带图上形成尖峰及凹口，如图 5-54 所示。因为 HBT 的发射区掺杂比较低，电势将主要降落在低掺杂的发射区，电势尖峰将呈现在基区面前，产生净高为 ΔE_B 的势垒。下面讨论该势垒对器件特性的影响。

通常，在基区/发射区边界产生势垒，相应地在基区就会出现势阱，该势阱将收集注入的电子，增加复合损失，产生放大系数下降等不良结

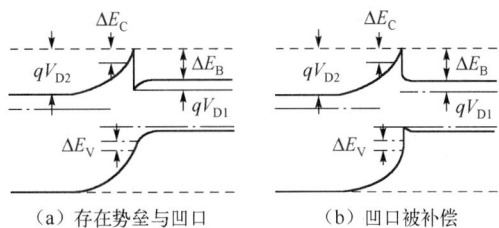

（a）存在势垒与凹口   （b）凹口被补偿

图 5-54 突变发射结能带示意图

果,如图 5-54(a)所示。由于 HBT 中较低的 E/B 掺杂比,势阱很浅,其深度近似为

$$qV_{D1} \approx (N_E/N_B)kT \tag{5-151}$$

其量级通常为 5 mV≪kT。尽管如此,由于界面复合对发射效率的不良影响,仍然希望减小该势阱,甚至将其用排斥性的势垒取代,如图 5-40(b)所示。这可通过 MBE 在界面生成高受主浓度的薄层电荷实现,平面薄层电荷密度为 $1×10^{11}$ cm^{-2}。

对于势垒本身而言,其不良影响之一是得到同样的电流,发射极偏压将增大 $\Delta E_B/q$。更为重要的是,ΔE_B 极大地降低了 J_{nE}/J_{pE}。因为此时,发射区电子穿过发射极所越过的势垒比缓变发射极小了 ΔE_C,而基区空穴穿过发射极所越过的势垒没有变化,相当于发射区与基区的带隙宽度差 ΔE_G 减小了 ΔE_C,约为 ΔE_V。

如图 5-54(b)所示,设异质结总的势垒高为 qV_D,因 PN 结具有统一的费米能级 E_F,故 qV_D 的大小应补偿两个半导体的费米能级之差,则势垒在结两边的分配分别是 qV_{D1} 和 qV_{D2},有

$$qV_D = E_{F2} - E_{F1} = qV_{D1} + qV_{D2} \tag{5-152}$$

那末,电子从发射区注入基区须克服的势垒为 $qV_{D2} = qV_D - qV_{D1}$,空穴从基区注入发射区须克服的势垒则为 $qV_D + \Delta E_V$,故有

$$\beta_{max} \approx \frac{J_{nE}}{J_{pE}} = \frac{D_B N_E W_E}{D_E N_B W_B} \frac{\exp[-(qV_D - qV_{D1})/kT]}{\exp[-(qV_D + \Delta E_V)/kT]} \approx \frac{D_{nB} N_E W_E}{D_{pE} N_B W_B} \exp(\Delta E_V/kT) \tag{5-153}$$

对于缓变发射结,电子注入要克服的势垒为

$$qV_{D2} - (\Delta E_C - qV_{D1}) = qV_D - \Delta E_C \tag{5-154}$$

空穴所克服的势垒不变,故有

$$\beta_{max} \approx \frac{J_{nE}}{J_{pE}} = \frac{D_B N_E W_E}{D_E N_B W_B} \frac{\exp[-(qV_D - \Delta E_C)/kT]}{\exp[-(qV_D + \Delta E_V)/kT]} \approx \frac{D_{nB} N_E W_E}{D_{pE} N_B W_B} \exp(\Delta E_G/kT) \tag{5-155}$$

式中,$\Delta E_G = \Delta E_C + \Delta E_V$。上式表明,在 HBT 中,发射结为缓变异质结的 β 比突变异质结的大,这是 ΔE_C、ΔE_V 影响的结果。对于突变发射异质结,如果价带不连续性仍然很大,异质结仍然对器件性能有很大的改善。然而,对现在大多数材料系统而言,如 AlGaAs/GaAs 系统,价带不连续性很小,$\Delta E_V = 0.15\Delta E_G$,因而控制发射极势垒尖峰将变得很重要。

突变发射结中,电子必须克服势垒尖峰 ΔE_C,而在缓变发射结中已拉平,发射区的电子不用克服势垒尖峰 ΔE_C 的阻挡,更容易注入基区,而空穴所克服的势垒要比电子高得多,使得缓变发射结比突变发射结有更高的电流注入比。因此,从电流放大系数考虑,缓变发射结更有利;对突变异质结而言,价带断续大的发射结则较为有利。突变发射结还有另一个优点:势垒的存在将使注入基区的电子具有附加动能,使其达到很高的速度(10^8 cm/s),产生所谓速度过冲,近似于弹道输运,使得突变发射结 HBT 具有更小的基区渡越时间。若 $W_B = 1000$ Å,通过基区的时间仅为 0.5 ps,这比电子以扩散或漂移的形式通过基区的时间要短得多,因而可以明显地缩短基区渡越时间 τ_b,提高截止频率。

事实上,在刚加上强电场的瞬间,半导体中载流子的漂移速度可以大大超过饱和漂移速度,这种非平衡的瞬态现象称为速度过冲。图 5-55 示出了 GaAs 中电子的速度过冲,由图可见,大约经过 1 ps(10^{-12} s),漂移 0.5 μm 之后,电子速度才稳定到相应电场的稳态值。而对于 Si,速度过冲效应要小得多。对于不同材料的小尺寸器件,由载流子非平衡输运的平均时间可以估算出其有效漂移速度,如图 5-56 所示。可见,对于 GaAs 或 InP 等化合物半导体器件,其速度过冲效应非常明显;但对于 Si,即使有源区尺寸小到 0.1 μm,也基本上观察不到速度过冲效应。

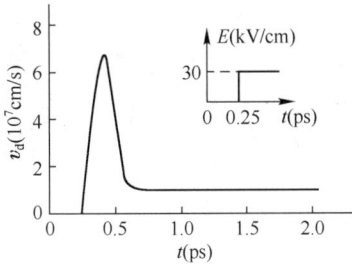

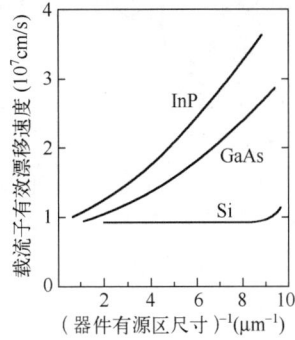

图 5-55　GaAs 中电子的速度过冲　　图 5-56　不同材料小尺寸器件中载流子的有效漂移速度

对于非平衡瞬态输运,求解波耳兹曼方程的有效手段是 Monte Carlo 粒子模拟方法,用该方法可计算出经过 HBT 突变发射极势垒 ΔE_B 的电子在基区的漂移速度与距离的关系,如图 5-57 所示。从图 5-57 的结果可以看出,对于一定的漂移电场,存在一个速度很高、几乎不受到散射的窗口(Collision-Free Window,CFW),此窗口的大小与注入的能量 ΔE_B 的关系很大:当 $\Delta E_B = 0$ 时,CFW 最大;当 $\Delta E_B = 0.1$ eV 时,CFW 中等;当 $\Delta E_B = 0.3$ eV 时,CFW 最小。这是由于 GaAs 的上下能谷的能量差为 0.33 eV,大的注入能量会使更多的电子跃迁到上能谷(L),而上能谷比下能谷(Γ)的有效质量大很多,具有较低的速度和迁移率,如图 5-58 所示。因此,发射极势垒尖峰很高,也不一定会得到高的电子漂移速度和低的基区渡越时间。此外,当 ΔE_B 较小时,虽然 CFW 较宽,但电子过冲速度的峰值较小;当 ΔE_B 较大时,CFW 较窄,速度的峰值较大,与内建电场较大时的效果相一致。

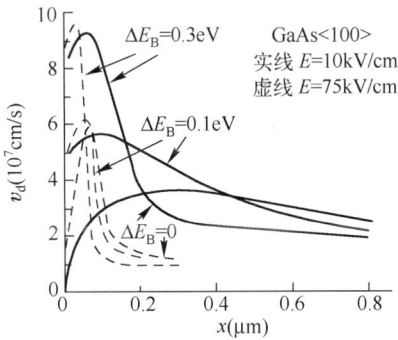

图 5-57　用 Monte-Carlo 方法计算的漂移速度
与距离的关系曲线

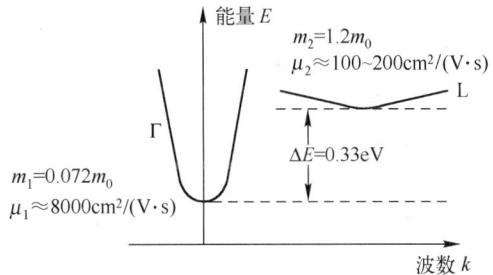

图 5-58　GaAs 的导带双能谷结构

以上分析了发射极势垒 ΔE_B 的影响。实际上,降低电子的基区渡越时间,除了合理控制 ΔE_B,还可以采用与同质结双极晶体管相同的方法,即在基区中设计加速场。一方面,该加速场可以类似于普通双极晶体管通过基区缓变掺杂实现;另一方面,可以通过基区材料组分的缓变,实现带隙的变化,从而设置加速场。例如,$Al_x Ga_{1-x} As$ 中 Al 的组分 x 越高,其材料禁带宽度越大,通过改变其中 Al 的组分(摩尔百分比 x_{be}),可以设置加速电场,其能带结构参见图 5-50(c)。假定基区中 Al 含量线性递减至集电极边界为零,经过详细分析,可以得到截止频率 f_T、最高振荡频率 f_{max} 与集电极电流密度 J_C 的

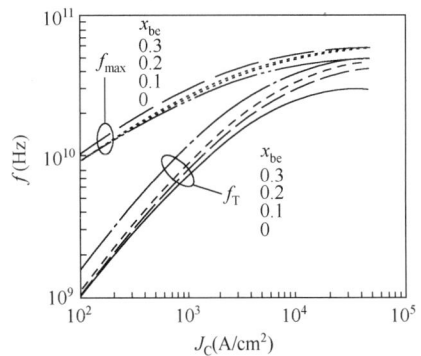

图 5-59　缓变基区 HBT 不同 Al 组分下 f_T、
f_{max} 与 J_C 的关系曲线

关系曲线,如图 5-59 所示。研究表明,缓变能带的基区结构能降低基区复合电流,但同时也会使基区到发射区的空穴电流增大。因而,缓变基区带来的基区渡越时间与电流增益之间存在一个折中考虑:在发射极边界基区 Al 组分 $x_{be}=0.1$ 时,电流增益达到最大值,此时电流增益将是无缓变基区结构器件的 4 倍;而当发射极边界基区 Al 组分 $x_{be}=0.3$ 时,可以使最高振荡频率 f_{max} 增加 20%。

当采用缓变基区能带结构以降低基区渡越时间 τ_B、提高频率特性之后,对整个延迟时间的贡献最大者是集电极空间电荷区(Space-Charge Region,SCR)的渡越时间 τ_{SCR},即

$$\tau_{SCR} = \int_{\tau_{SCR}} \frac{dx}{v(x)} \tag{5-156}$$

要降低 τ_{SCR},应当使载流子尽可能以速度过冲的方式穿过 SCR。从图 5-57 可见,电子速度过冲的距离并不需要很高的电场强度。相反,对于 GaAs 等化合物材料,由于其能带特性,当电场超过阈值电场时,电子将跃迁进入上能谷,使得其有效质量大大增加,速度下降。因此在设计器件时,应该保证载流子在漂移过程中始终处于下能谷。特别是电子经过集电极耗尽区时,要避免耗尽区高电场使电子进入上能谷。为此,除了常规结构 HBT,还出现了反向电场结构 HBT 和本征集电极结构 HBT,如图 5-60 所示,三种结构的差异在于 SCR 的不同掺杂特性。对于反向电场结构,P^- 的掺杂使电场峰值从 P^+N 结处移动到 P^-N 结处,SCR 中电场从峰值向下减小变化为缓慢增加到峰值,这样电子进入 SCR 不会立刻遇到强烈的峰值电场;而对于本征集电极结构,SCR 中的电场较小且基本恒定,电场峰值局限在很薄的 P^+N 结处。这两种结构在 SCR 内较低且缓慢变化的电场,降低了电子跃迁进入 L 能谷的概率,速度过冲在 SCR 内更深入,电子将以更大的有效速度漂移至集电极耗尽区。图 5-61 所示为 Monte-Carlo 方法自洽模拟得出的三种结构的电子漂移速度曲线,证实了上述设计思想。

N 5×10^{17} 发射极 0.15μm	P^+ 2×10^{18} 基极 0.1μm	N 5×10^{16} SCR 区 0.25μm	N 5×10^{17} 集电极 0.15μm

(a) 常规结构

N 5×10^{17} 发射极 0.15μm	P^+ 2×10^{18} 基极 0.1μm	P^- 3×10^{16} SCR 区 0.25μm	N 5×10^{17} 集电极 0.15μm

(b) 反向电场结构

N 5×10^{17} 发射极 0.15μm	P^+ 2×10^{18} 基极 0.1μm	I 0.23μm	P^+ 1×10^{18} 0.02μm	N 5×10^{17} 集电极 0.15μm

(c) 本征集电极结构

图 5-60　不同集电极结构 HBT

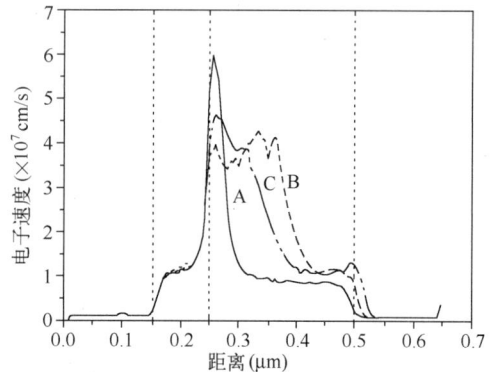

图 5-61　常规结构(A)、反向电场结构(B)和本征集电极结构(C)的电子漂移速度曲线

5.4.3　异质结双极晶体管的特性

异质结双极晶体管(HBT)最显著的特点是以宽带隙半导体材料作为晶体管的发射区,并因此而具有下述优点:

① 提高了发射结的发射效率,并不受发射区和基区掺杂浓度比的限制。

② 电流增益 β 大,因为 β 和 $\Delta E_G/(kT)$ 的指数项成正比。

③ 可以降低发射区掺杂浓度 N_E，以减小发射结电容；也能减弱发射区重掺杂所导致的禁带变窄效应和俄歇复合的影响。

④ 可提高基区掺杂浓度 N_B，以降低基极电阻 r_b，从而降低噪声，提高工作频率及功率增益，并减弱大注入下基区电导调制效应及发射极电流集边效应的影响。

⑤ 低温特性好。由式(5-150)可知，β_{max} 随温度 T 的降低而增大，且研究表明，液氮温度下，β 将比室温下增大 30 倍以上；而同质结晶体管由于低温下载流子的冻析效应会使 β 显著下降。正是由于 HBT 具有一系列同质结晶体管所没有的优点，使它特别适合在微波及高速数字领域内应用。

1. 频率特性

从应用角度看，异质结双极器件的高电流放大系数并非其主要优势。HBT 的主要优势在于自由地设计发射区和基区的掺杂而不用考虑对发射效率的影响，从而使设计制作高性能的双极晶体管成为可能。

实际晶体管过高的增益有时会使器件不稳定，故异质结注入比大的优点并不能完全被用来提高器件的增益，更多地被用于改善晶体管的频率特性，即在保证注入比一定的前提下对发射区轻掺杂，而对基区重掺杂，这样可降低发射极电容和基区电阻，有利于改善器件的频率特性。

HBT 的高频性能主要取决于基区渡越时间 τ_b 和有效基极电阻与集电极电容所构成的时间常数 τ_{eff}：

$$f_T = 1/(2\pi\tau_{eff}) \tag{5-157}$$

而 τ_{eff} 取决于 6 个时间常数： $\quad \tau_{eff} = \tau_e + \tau_{ed} + \tau_b + \tau_{cib} + \tau_{SCR} + \tau_c \tag{5-158}$

式中，τ_e 和 τ_c 分别是发射极和集电极耗尽区的充电时间(即串联电阻与结电容的积)；τ_{ed} 为载流子从基区扩散通过发射区的延迟时间，它受价带顶能带突变量 ΔE_V 的影响，为指数关系；τ_b 是基区渡越时间，基区加速场的存在可使 τ_b 较小；τ_{SCR} 是载流子漂移通过集电结空间电荷区的时间常数；τ_{cib} 为载流子通过电流诱生基区(即大电流时 Kirk 效应所导致的基区扩展部分)的时间常数。一般来说，τ_{SCR} 是重要的，其次是 τ_e，而 τ_{cib} 往往可被忽略。

对于微波运用，其最高振荡频率为

$$f_{max} = \frac{1}{4\pi\sqrt{\tau_b\tau_{eff}}} \tag{5-159}$$

式中，τ_{eff} 是基极电阻 r_b 与集电极电容 C_C 所构成的 RC 时间常数：

$$\tau_{eff} = r_b C_C \tag{5-160}$$

对发射区而言，宽带隙半导体的应用使得其在不降低电流放大系数的情况下掺杂浓度降低数个量级，假定基区掺杂浓度保持不变，如果发射区掺杂浓度远低于基区，发射极电容将主要取决于发射区掺杂，将随着发射区掺杂浓度的下降而降低。通过降低发射区掺杂浓度来降低发射极电容，可以提高电路工作速度。更重要的是，这样就使得大面积发射区的反向晶体管设计成为可能；另外，在小信号微波运用时，发射极电容降低将大大降低器件噪声。当然，降低发射区掺杂也有增大寄生串联电阻的负面作用。

对于宽带隙发射区的 HBT，其基区掺杂浓度可以做得很高，使得基极电阻大大下降，高掺杂仅仅受到工艺条件以及少数载流子寿命的限制。由式(5-159)可见，降低基极电阻可以增大最高振荡频率。

总之，相对于相同尺寸的 Si BJT，AlGaAs/GaAs HBT 具有更高的设计自由度和灵活性，可以获得更好的频率特性，两者的特征频率的比较如图 5-62 所示。

HBT 的小信号等效电路，一般用于微波小信号电路(如放大器)的设计，其模型一般参照

BJT 小信号等效电路,并根据 HBT 的物理结构而得到。

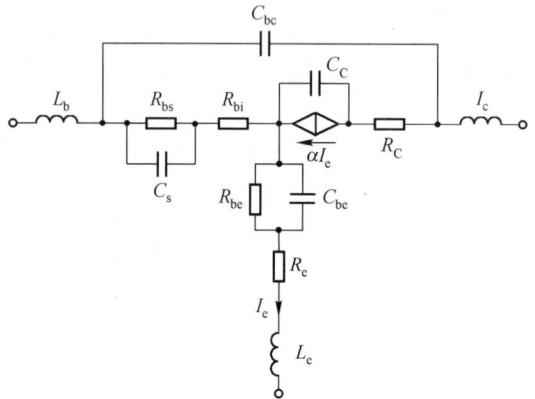

根据 GaAs/AlGaAs HBT 的物理结构得到其小信号等效电路如图 5-63 所示,共基极电流放大系数 α 与角频率 ω 的关系为

$$\alpha = \frac{\alpha_0 e^{-jm\omega\tau_b}}{1+j\omega/\omega_\alpha} \tag{5-161}$$

其中,超相移因子 $m=0.22$,ω_α 是 HBT 共基极的截止圆频率,τ_b 是基区渡越时间;而图 5-63 中 R_{bi} 为基区本征电阻,R_{bs} 为基区附加电阻,C_s 为基区附加电容,R_{be} 和 C_{be}、C_C 用以表征 EB 结的充放电延迟,而 R_C 和 C_C 用以表征 BC 结的充放电延迟及载流子的渡越时间。故有

$$1/\omega_\alpha = \tau_b + R_{be}(C_{be}+C_C) + R_C C_C \tag{5-162}$$

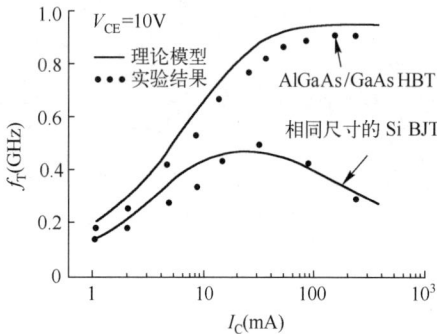

图 5-62 AlGaAs/GaAs HBT 与 Si BJT 特征频率的比较   图 5-63 AlGaAs/GaAs HBT 小信号等效电路

为提取图 5-63 中的模型参数,可将目标函数定义为

$$F(V) = \sum_{k=1}^{m} \sum_{i=1}^{2} \sum_{j=1}^{2} |S_{ij|测k} - S_{ij|模k}|^2 \tag{5-163}$$

其中 V 是参数空间,m 是总测试频率点数,$S_{ij|测k}$ 和 $S_{ij|模k}$ 分别是第 k 个频率点的 S 参数测试值和模型计算值。通过对图 5-63 的等效电路进行 Y、Z、S 参数的转换,所得到的 S 参数与测量的 S 参数按式(5-163)组成目标函数进行优化。实际器件的测量从 100 MHz 到 18 GHz 分 51 个频率点进行,偏置条件为 $V_{CE}=3\ V$,$I_{CE}=7\ mA$。表 5-3 为模型参数的优化结果。根据该优化结果,通过图 5-63 小信号等效电路计算出的 S 参数与实际测量值的比较,如图 5-64 所示,可见两者符合得很好。

表 5-3 模型参数的优化结果

参数	L_b(pH)	$R_{bs}(\Omega)$	C_s(fF)	$R_{bi}(\Omega)$	$R_{be}(\Omega)$	C_{be}(fF)	$R_e(\Omega)$
结果	35	33	260	29	5.5	46	3.4
参数	L_e(pH)	C_C(fF)	$R_C(\Omega)$	C_{bc}(fF)	L_c(pH)	$\alpha(0)$	τ_B(ps)
结果	23	58	15.6	18	54	0.975	1.85

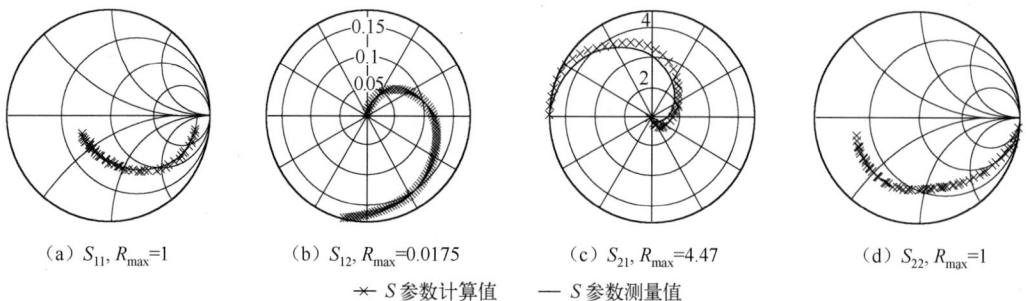

(a) S_{11},$R_{max}=1$ (b) S_{12},$R_{max}=0.0175$ (c) S_{21},$R_{max}=4.47$ (d) S_{22},$R_{max}=1$

—✕— S 参数计算值   —— S 参数测量值

图 5-64 S 参数计算值与实际测量值的比较

2. 开关特性

对于数字运用，一般关心的是器件的开关时间，尽管增加最高振荡频率的措施也可以降低开关时间，但两者之间并非对等的关系。比如，对微波运用，大输出功率是所希望的；而数字运用，低功耗是目标。尽管开关时间(τ_S)与电路偏置密切相关，但可得出其关系式为

$$\tau_S = \frac{5}{2} r_b C_C + \frac{r_b}{R_L} \tau_b + (3C_C + C_L) R_L \tag{5-164}$$

这里，r_b为基极电阻，C_C为集电极电容，R_L、C_L分别为电路的负载电阻和负载电容。按如下参数估计 GaAs/AlGaAs 异质结双极晶体管：基区宽度为 120 nm，基区掺杂浓度为 3×10^{18} cm^{-3}，基极和发射极条宽为 2.5 μm，间距为 0.5 μm，集电极掺杂浓度为 3×10^{16} cm^{-3}，负载电阻为 50 Ω，负载电容与集电极电容相比可忽略。估算出式(5-164)的三项开关时间分别为 8.3 ps，1.4 ps，8.3 ps，总计 18 ps。与相同工艺条件下的双扩散硅双极晶体管相比，开关速度快了 5~8 倍。

在式(5-164)中，前两项正比于基极电阻，因而提高基区掺杂浓度可显著减小开关时间，直到第三项占主导地位为止。而从式(5-159)和式(5-160)可看出，f_{max} 与基极电阻是负 1/2 次方关系，因而提高基区掺杂浓度对开关时间的改善比对频率特性的改善更为明显。

尽管频率与开关特性的分析，采用了很多的近似，但式(5-164)仍然具有参考价值，式中可以通过对负载电阻的优化选取，使开关时间达到极小。此时

$$R_L = \sqrt{\frac{r_b \tau_b}{3C_C + C_L}} \tag{5-165}$$

最小开关时间

$$\tau_S = \frac{5}{2} r_b C_C + 2\sqrt{(3C_C + C_L) r_b \tau_b} \tag{5-166}$$

对于上述例子，计算出 $R_L = 21$ Ω 时，$\tau_S = 15$ ps。

当然，对于高速数字电路，除了降低基极电阻，降低集电极电容也会对开关时间产生积极影响，而晶体管中集电极总是处于基极下方，具有最大的面积以便于收集从发射区渡越过来的载流子。因此，采用下面将要介绍的反向器件结构，也就是集电极位于最上方，发射极位于最下方的结构，可以有效降低集电极电容。

3. 双异质结晶体管

在单异质结 HBT 中，发射结与集电结的内建电势不同，使得输出特性上存在 0.2 V 的开启电压，这将增大器件的饱和压降，引入不必要的功耗。为了克服该缺点，可以把集电结同样做成异质结，即双异质结双极晶体管，简称 DHBT。

实际上，除了上述优点，双异质结晶体管还有三个方面的优势：一是在数字电路为饱和状态时，压制空穴从基区注入集电区；二是在集成电路工艺中实现集电极与发射极的互换；三是分别优化设计基区和集电区，这对微波功率器件尤为重要。

在数字逻辑电路工作过程中，存在集电极正偏的饱和状态，如果基区掺杂比集电区高，将出现基区空穴注入集电区，使得电路功耗增大，速度下降。采用类似于异质发射结的考虑，即集电区采用宽禁带材料，可以很好地抑制此空穴注入。类似于异质发射结，基区高掺杂、集电区低掺杂，既可以降低集电区空穴注入，还可以降低集电极电容，同时基区高掺杂保证了低的基极电阻。采用宽带隙集电极，不仅减少了寄生电荷的存储，还减小了相应的 RC 时间常数，使得数字电路速度大为提高。值得注意的是，由于异质结导带不连续性的存在，从基区注入集电极的电子有可能被异质结势垒阻挡，需产生缓变异质结以减小该势垒，如图 5-65 所示。

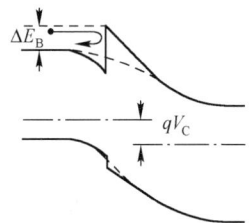

图 5-65　反偏集电结对电子的阻挡作用

双异质结晶体管的优势不仅仅局限于饱和状态下抑制空穴注入集电区,它还可以用于制造发射极、集电极可以互换的晶体管。在这种情况下,上下两个 PN 结可以制作成相同面积的 PN 结,使用这样的晶体管,集成电路的设计和制造可以获得更大的自由度。

4. 反向晶体管

双极晶体管自发明以来,一直是发射极面积小,集电极面积大,发射极在上,集电极在下;其中的原因在于有效的电荷收集。然而,当采用宽带隙材料制作发射极时,可以使部分发射极不需要发射载流子,甚至可以使收集载流子的集电极面积比发射极面积小。只要将无须发射载流子的发射极部分所面对的基区采用宽带隙材料加以"钝化"即可。因而,这种晶体管可以倒置,即发射极在下,集电极在上,见图 5-66。

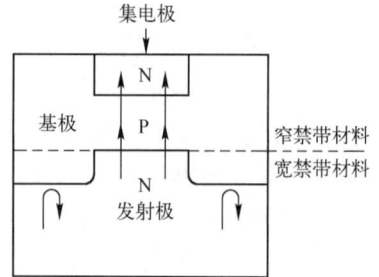

图 5-66　反向晶体管结构

该器件具有很多优点。其中最重要的是它大大减小了集电极面积,从而使集电极电容大为下降,可以得到更高的工作速度。一般情况下,双极晶体管集电极面积是发射极面积的 3~4 倍,采用该结构,可使集电极电容值缩小为原来的 1/3 以下,按照式(5-164)和上面介绍的器件参数估算,器件开关时间将由 18 ps 下降到 7 ps。同样可知,该结构也将大大改善器件的频率特性。此外,该结构还会降低发射极寄生引线电感,从而改善频率特性。

5.4.4　Si/Si$_{1-x}$Ge$_x$异质结双极晶体管

尽管异质结化合物半导体器件在性能上远超硅材料器件,然而其在当今半导体产品中所占的比例仍很小。造成这种现象的主要原因有:GaAs、InP 等化合物半导体材料不仅成本高,制备困难,且器件和电路制作工艺不能与成熟廉价的硅平面工艺相兼容。

20 世纪 80 年代末,随着分子束外延、金属有机物化学气相淀积等超薄外延技术的发展,高质量的 Si 基异质结材料的生长技术已经取得了长足的进步,已制作出性能优良且与硅工艺兼容的 Si/SiGe 异质结器件和电路。Si 基 Si/SiGe 异质结工艺一方面可充分发挥异质结的优异性能,另一方面又很好地利用了成熟的硅平面工艺的长处,因而受到广泛重视。

Si 和 Ge 的晶格常数分别为 a_{Si} = 5.4307 Å,a_{Ge} = 5.6575 Å,两者都具有金刚石型晶体结构,可按任何比例熔合成无限固溶体合金 Si$_{1-x}$Ge$_x$,x 是 Ge 的摩尔百分比,根据 Vegard 定则,Si$_{1-x}$Ge$_x$合金的晶格常数 a 与组分 x 遵从以下规律:

$$a_{Si_{1-x}Ge_x} = a_{Si} + x(a_{Ge} - a_{Si}) = 5.4307 + 0.2268x \tag{5-167}$$

我们用"晶格失配率"来描述组成异质结的两种材料的晶格常数的差别,其定义为

$$f = \frac{(a_1 - a_2)}{(a_1 + a_2)/2} = \frac{\Delta a}{a} \tag{5-168}$$

式中,a_1 和 a_2 分别为两种材料的晶格常数,a 为两种材料晶格常数的平均值。

Si/Ge 的晶格失配率为 4.1%,Ge 组分为 x 的 Si/Si$_{1-x}$Ge$_x$合金的失配率为

$$f = \frac{a_{SiGe} - a_{Si}}{a_{Si}} = (4.17x)\% \tag{5-169}$$

当 Si$_{1-x}$Ge$_x$外延生长在 Si 衬底上,其晶体薄膜与衬底晶体的晶格常数不同时,Si$_{1-x}$Ge$_x$薄膜会呈现出应变或应力释放两种状态,生成应变赝晶合金膜或无应变合金膜,如图 5-67 所示。

需要注意的是,有应变的 SiGe 合金不能一味地在 Si 衬底上生长,当其厚度达到一定的数值时,一直蓄积在应变晶格中的能量将因为不能够维持应变而被释放出来并产生各种缺陷。这个

数值就是临界厚度,它与 SiGe 合金组分有关。

在硅上生长应变的 SiGe 层时,应变层的晶格常数与衬底的硅相同,由于其弹性特性,SiGe 晶格发生了四角形变。当其中的 Ge 组分变化时,应力也发生了相应的变化,SiGe 合金的晶格形状就会随着应力的改变而变化,得到的能带结构也不尽相同。而且,应变导致了价带中重空穴带和轻空穴带的分离,它的带顶位置略有不同,但随 Ge 组分变化的大致趋势是一样的。$Si_{1-x}Ge_x$ 合金的禁带宽度 E_G 与 Ge 组分 x 的关系曲线如图 5-68 所示。

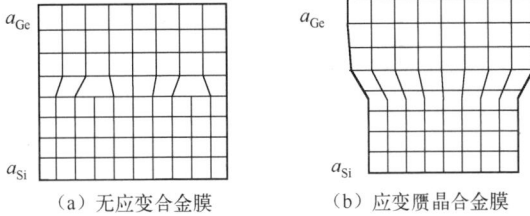

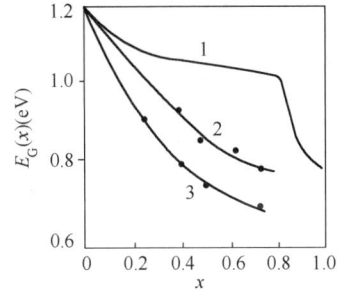

图 5-67　$Si_{1-x}Ge_x$ 外延生长在
Si 衬底上得到的两种结果

图 5-68　$Si_{1-x}Ge_x$ 合金禁带宽度
E_G 与 Ge 组分 x 的关系曲线

图 5-68 中曲线 1 是无应变合金的 $E_G(x)$,该曲线表明,即使 Ge 含量增大到 85%,合金的 E_G 变化也不到 0.2 eV,仍然表现出与 Si 类似的特性,导带底仍在布里渊区的 X 点附近。曲线 2 和 3 是对应于应变合金的情况(在 Si 衬底上生长 $Si_{1-x}Ge_x$ 薄膜就属于这种情况),其中曲线 2 是相应于轻空穴带的 $E_G(x)$,曲线 3 是相应于重空穴带的 $E_G(x)$。对于曲线 3 可以用以下关系式表示(在<100>Si 衬底上生长的合金):

$$E_G(x) = E_{GSi} - 0.74x \quad (eV) \tag{5-170}$$

式中,E_{GSi} 为 Si 的禁带宽度,它与温度 T 和由重掺杂引起的禁带宽度变窄量 ΔE_G 有关:

$$E_{GSi} = E_0 - \frac{AT^2}{B+T} - \Delta E_G \tag{5-171}$$

式中,$E_0 = 1.17$ eV,$A = 4.73 \times 10^{-4}$ eV/K,$B = 636$ K。

而 ΔE_G 与掺杂浓度 N 的关系为

$$\Delta E_G = qV_1 \left[\ln\frac{N}{N_0} + \sqrt{C + \ln^2\left(\frac{N}{N_0}\right)} \right] \tag{5-172}$$

式中,$V_1 = 9$ mV,$N_0 = 10^{17}$ cm^{-3},$C = 0.5$,q 为电子电荷。式(5-172)在 $x \leqslant 0.5$ 时与实验结果符合得很好。

从图 5-68 中我们可以看到,应变的存在将使禁带宽度减小。因此,我们也可以通过不同大小的应变来调节禁带宽度。总之,外延生长的合金膜的 E_G,不仅与 x 有关,还与应变的大小有关。所以可以通过改变 x 或改变应变来自由调节 E_G,这是利用 $Si_{1-x}Ge_x$ 制作 HBT 的基础。

SiGe-HBT 的基本结构是在硅基的发射区和集电区之间,外延一层 P^+ SiGe 材料作为基区。在价带,SiGe-HBT 与 Si-BJT 的禁带宽度的差别体现在异质发射结和异质集电结处价带不连续,在导带则体现为尖峰的出现。由于 SiGe 和 Si 之间的禁带宽度的差别主要发生在价带上,因此,价带顶的能量突变要远大于导带中出现的尖峰。由于导带尖峰非常小,对 SiGe-

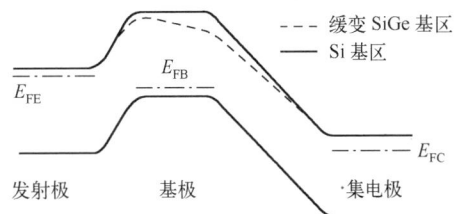

图 5-69　Si-BJT 与采用基区 Ge 组分缓变
Si/SiGe-HBT 的能带图的比较

HBT 的电学性质几乎没有任何影响。图 5-69 示出了一种 Si/SiGe HBT 的能带图。采用基区 Ge 组分缓变，从而设置加速场，发射结和集电结均为缓变结。

理论上，在 SiGe-HBT 中电子从发射区流向基区的势垒高度远远小于其在 Si-BJT 中的势垒高度。因此，当给发射结加上一定的正向电压时，SiGe-HBT 的集电极电流将大于 Si-BJT 的集电极电流。SiGe-HBT 中的空穴由基区流向发射区的势垒高度和 Si-BJT 差别不大，表明这两种器件的基极电流是近似相等的。SiGe-HBT 的电流增益远远大于 BJT 的电流增益。实际上，靠近发射结附近的基区复合电流将引起基极电流 I_B 增大，电流增益降低，在设计和工艺上需加以考虑。

把 Si/SiGe 异质结应用于 HBT，会有两方面的优点：一是可用成熟的 Si 工艺来制作 HBT，二是 Si-Ge 基区可方便地通过改变 Ge 的含量调节禁带宽度和设置加速场。

对均匀基区 HBT，集电极电流 I_C 和电流增益将主要取决于异质发射结两边的禁带宽度之差 $\Delta E_{G(BE)}$。Si/SiGe-HBT 的 I_C 与普通的 Si-BJT 的相比，有如下关系：

$$\frac{I_{C(HBT)}}{I_{C(BJT)}} = \frac{\overline{W}_{B(BJT)} N_{B(BJT)} D_{B(HBT)}}{\overline{W}_{B(HBT)} N_{B(HBT)} D_{B(BJT)}} \exp\left[\Delta E_{G(BE)}/(kT)\right] \tag{5-173}$$

式中，$\overline{W}_B$ 为中性基区宽度，N_B 为基区掺杂浓度，D_B 为基区少子扩散系数。可见，只要发射结的 $\Delta E_{G(BE)} \gg kT$，则异质结对增大电流、提高放大性能是非常有效的。

对缓变基区 HBT，如果基区中从发射结一边到集电结一边禁带宽度的变化为 $\Delta E_{G(BC-BE)}$，则 Si/SiGe-HBT 与 Si-BJT 的少子渡越基区的时间 τ_b 之比有如下关系：

$$\frac{\tau_{b(HBT)}}{\tau_{b(BJT)}} \propto \frac{2kT}{\Delta E_{G(BE)}}\left\{1 - \frac{2kT}{\Delta E_{G(BC-BE)}}\left[1 - \exp\left(-\frac{\Delta E_{G(BC-BE)}}{kT}\right)\right]\right\} \tag{5-174}$$

可见，当 $\Delta E_{G(BC-BE)} \gg kT$ 时，HBT 的 τ_b 的减小实际上与 $\Delta E_{G(BE)}$ 呈线性关系。因此，当 HBT 工作在大注入状态（需满足 $\Delta E_{G(BC-BE)} \gg kT$ 的条件）时，为得到较小的 τ_b，应当很好地控制基区中 Ge 含量的变化。

对缓变基区（有加速场）的漂移晶体管，电流增益 β 和发射极电荷存储时间 τ_b 有以下关系：

$$\frac{\tau_{b(HBT)}}{\tau_{b(BJT)}} = \frac{\beta(BJT)}{\beta(HBT)} \approx \frac{R_{bi}(BJT)}{R_{bi}(HBT)} \exp\left[-\frac{\Delta E_{G(BE)}}{kT}\right]\left\{\frac{1 - \exp[-\Delta E_{G(BC-BE)}/(kT)]}{\Delta E_{G(BC-BE)}/(kT)}\right\} \tag{5-175}$$

式中，R_{bi} 为基极的内电阻。

由于 Si/SiGe-HBT 中发射结存在着价带突变量 ΔE_V，电流增益 β 不再主要由发射区和基区杂质浓度比来决定，给器件的设计带来了更大的自由度。为减小基区电阻和防止低温下载流子的冻析，可增加基区的掺杂浓度，但这样会使电子扩散系数 D_{nB} 减小，基区渡越时间 $[\tau_b \propto W_B^2/(\eta D_{nB})]$ 增加。常温下，利用基区杂质缓变分布，可形成加速电场，提高 η，减小 τ_b。对 HBT 基区重掺杂，当考虑重掺杂禁带窄变（BGN）效应的影响后，这种改善将被大大削弱。基区 N_B 的增大除了使 D_{nB} 减小，还存在着一些其他的不利影响。例如，N_B 较大时，在 HBT 的制造过程中基区的杂质极易向外扩散，使 Si/SiGe 异质结和 N$^-$P$^+$ 结不再重合，导致器件特性的退化。同时，高 N_B 也易使发射结隧穿电流增大，导致基区复合电流增大。因此，N_B 应根据对器件的要求和所采用的工艺合理地选择，同时还应结合发射区掺杂浓度综合考虑。

基区宽度 W_B 对 f_T 的影响极大，W_B 越小，τ_b 就越小，相应地 f_T 就越大。但 W_B 过小会使基极电阻 r_b 增大，导致 f_{max} 下降。可以看出，提高 f_T 和减小 r_b 的要求是互相矛盾的，故要根据对 f_T、f_{max} 的要求来设计 W_B，同时还要考虑到应变 SiGe 层临界厚度的限制。利用基区 Ge 组分缓变产生的自建电场可减少低温下载流子的冻析，增加器件的 Early 电压，提高 β，减小发射延迟时间和基区渡越时间 τ_b。因此，增大基区 Ge 组分和 Ge 组分的缓变程度对提高器件的性能是大有好处的；但 Ge 组分也不能随意提高，要综合考虑其临界厚度的限制。

过高的 N_B 将导致基区杂质的外扩散,使器件性能退化。为了削弱其影响,一般都在基区两侧添加本征 Si 层或 SiGe 层,但对其厚度要加以控制,以减小对应力的影响。同时,集电结处本征 SiGe 的加入也有利于抑制大电流下的异质结势垒效应。

为了提高 f_T,HBT 中 W_B 应做得较小;而为了减小 r_b,防止基区穿通,HBT 基区一般为重掺杂。在这种情况下,为了提高发射结击穿电压 BV_{EBO},减小其隧穿电流,减小结电容,对发射区的设计有了新的要求。为解决上述问题,而又不使发射极串联电阻增大,通常发射区由重掺杂区和靠近基区侧的轻掺杂区组成。为防止 Kirk 效应,使 HBT 有较大的工作电流范围,减小集电区串联电阻,须提高集电区的掺杂浓度。然而,这样会使集电结电容增加,使击穿电压 BV_{CBO} 降低。所以,一般在基区和高掺杂集电区之间添加一层低掺杂区。

图 5-70 中实线为通过理论分析和计算机模拟优化得出的各区理想杂质分布曲线。发射区 N 型杂质浓度呈两段式分布,低浓度区的存在有助于降低 C_E,而且由浓度差而形成的内建电场可极大地提高发射效率。基区杂质浓度较高,呈指数分布,既提高了基区抗穿通能力又可形成对电子的加速场,减少基区渡越时间(τ_b)。集电区中的低掺杂区既可降低 C_C,使 f_T 和 f_{max} 提高,BV_{CBO} 增大,又有助于防止 Kirk 效应,使 HBT 有较大的电流工作范围。

但是,在制作 SiGe HBT 的后续热处理工艺过程中,基区中高浓度的杂质向外扩散,会在集电结处产生凸起的寄生势垒,阻碍基区少子有效地向集电区输运,使少子在基区堆积,减小基区少子的输运系数 β^*,导致器件的 β 下降量可达 30% 以上。同时,基区和发射区的杂质相互扩散、补偿,不但会使发射结向发射区推移,增大基区有效宽度,而且将降低基区中靠近发射结侧的少子寿命 τ_B,增大复合电流,导致器件的特征频率 f_T 和 β 降低。为了减小基区杂质外扩散带来的不利影响,设计了如图 5-70 中虚线所示的掺杂曲线。其中,本征间隔层厚度和各区掺杂浓度曲线是由工艺模拟软件反复模拟、修正,并经实验验证而最终确定的。

图 5-71 所示为器件 Ge 分布曲线,初始点位于本征间隔区,Ge 含量为 0.2(20%),经过热处理工艺后初始点可与发射结界面基本重合;Ge 含量在基区线性增大到 0.3 后再线性降低,并一直延伸至集电区内部。设计这样的分布曲线主要是考虑了以下几点:

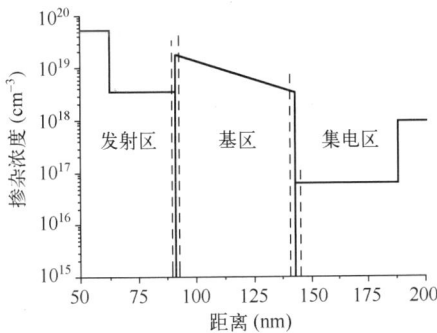

图 5-70　杂质分布曲线

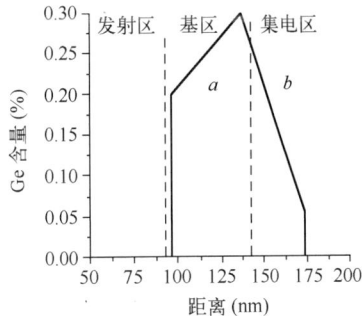

图 5-71　Ge 分布曲线

(1) 减小基区复合对器件增益的影响。在实际器件的研制过程中,在相同的掺杂分布曲线下,SiGe-HBT 的基极电流远比常规 Si-BJT 的基极电流大,导致 HBT 增益的提高未能像理论预计的那么高。定量分析指出,靠近发射结附近的基区复合电流是引起 I_B 增大和 β 降低的主要因素。因此,在保证发射效率的前提下应适当降低发射结界面处 Ge 的含量(0.2),这样该区少子浓度不至于过大而导致复合率增大。此时发射结注入电流比可表示为

$$\frac{J_{nE}}{J_{pE}} = \frac{D_n L_p N_D}{D_p L_n N_A} \exp\left(\frac{\Delta E_G}{kT}\right) \tag{5-176}$$

将 N_D、N_A 及 ΔE_G 的值代入上式,有 $\dfrac{N_D}{N_A}\exp\left(\dfrac{\Delta E_G}{kT}\right)\approx 134$,不低于普通 Si-BJT 发射极重掺杂时的情况。

(2) 增大基区电子迁移率,减少基区渡越时间。在应变 Si_xGe_{1-x} 材料中电子的迁移率随 Ge 含量的增大而迅速提高,因此在基区设计了如图 5-71 中 a 段所示的 Ge 分布曲线。同时,线性增大的 Ge 含量可形成对电子的内建加速场,两者都有助于减少电子的基区渡越时间。

(3) 削弱异质结势垒效应(HBE)。在常规 SiGe-HBT 中,集电结处能带的不连续和大电流所感应出的导带势垒会阻止电子有效地传输到集电区,这就是所谓的异质结势垒效应(HBE)。该效应的出现将使器件的特性过早退化,在大电流应用下退化现象更为严重。针对 HBE 形成原因,采用图 5-71 中 b 段所示的 Ge 分布曲线,可消除集电结处的能带差,从而防止 HBE。Ge 分布深入到集电区的深度很关键:过深,SiGe 层的总厚度会因超过临界厚度而使应力以失配位错的形式释放,过多的缺陷将导致电子迁移率降低;过浅,当集电结电流密度 J_C 增大到发生 Kirk 效应后,集电结将向集电区推移,当推移量超过 Ge 在集电区深入量后仍会发生 HBE。因此,Ge 在集电区的深入量必大于发生 Kirk 效应后基区向集电区的扩展量 W_{cib}:

$$W_{cib}=W_{C0}\left[1-\left(\frac{J_K-qv_{sat}N_{DC}^+}{J_C-qv_{sat}N_{DC}^+}\right)^{1/2}\right]\tag{5-177}$$

式中,W_{C0} 为零偏压下集电区势垒区宽度,J_K 为发生 Kirk 效应的临界集电结电流密度,J_C 为集电结电流密度,v_{sat} 为电子饱和速度,N_{DC}^+ 为集电区杂质电离浓度。经计算,$W_{cib}=19.8\ nm$。

本章习题

5-1 由图 5-3 的曲线,求势垒高度并与图 5-6 计算的势垒高度进行比较。

5-2 在一个金属-硅的接触中,势垒高度为 $q\phi_{ns}=0.8\ V$,理查森常数 $R^*=10^2\ A/(cm^2\cdot K^2)$,$E_G=1.1\ eV$,$N_D=10^{16}\ cm^{-3}$,$N_C=N_V=10^{19}\ cm^{-3}$。

(a) 计算在 300 K 零偏压时半导体的体电势 V_n 和内建电势 V_D。

(b) 假设 $D_p=15\ cm^2/s$ 和 $L_p=10\ \mu m$,计算多数载流子对少数载流子的注入比。

5-3 金半接触肖特基势垒在反向直流偏压 V 上叠加一交流小信号,通过测量 C-V 曲线,可以得出半导体杂质浓度分布,试推出杂质分布关系式,其中 A 为金半接触的面积。

$$N_D(x)=-\frac{C^3}{q\varepsilon_s A^2}\left(\frac{dC}{dV}\right)^{-1}$$

5-4 忽略少子注入的影响,推出肖特基二极管 dV/dT 作为电流密度的函数关系表达式。如果势垒高度为 0.7 eV,施加 0.25 V 正向偏压,计算室温下的温度系数。

5-5 已知 Ge 和 GaAs 的禁带宽度分别是 0.66 eV 和 1.42 eV,电子亲和能分别是 4.13 eV 和 4.07 eV,分别画出 N 型 Ge 与 P 型 GaAs 以及 N 型 Ge 与 N 型 GaAs 的平衡能带图。

(1) 说明界面处各能量位置是如何确定的?

(2) 如何从图中看出内建电势的大小?

(3) 内建电势在 N 侧和 P 侧是如何分配的?

5-6 在图 5-26 中 N-AlGaAs/I-GaAs 异质结能带图中:

(1) 解释内建势在 N 侧和 P 侧的分配取决于什么。

(2) 不同的分配对能带图的形状有何影响?

(3) 如何从图中看出界面电场强度?

5-7 在 P-GaN/N-AlGaN 异质结中,P 区掺杂浓度为 $1\times10^{18}\ cm^{-3}$,N 区掺杂浓度为 $1\times10^{17}\ cm^{-3}$,假定 P-GaN 和 N-AlGaN 的费米能级分别在各自的价带顶和导带底,两者介电常数相同,求平衡时的势垒高度 qV_D,以及势垒在两边的分配 qV_{D1} 和 qV_{D2}。

5-8 在异质结界面势阱中，第一子带与导带底的距离为 110 meV，第二子带与第一子带的距离为 65 meV，那么能量为距离导带底 150 meV 的地方允许电子存在吗？写出电子总能量的公式。

5-9 肖特基势垒栅结构的 N-AlGaAs/I-GaAs 的电子亲和能分别是 3.5 eV 和 4.07 eV。

(1) 要使器件工作在增强模式，N-AlGaAs 层应该设计得多厚？

(2) 按照所设计的 N-AlGaAs 厚度，器件的最高电压应限制在多少？

(3) 若设 $W = 75\ \mu m$，$L = 0.5\ \mu m$，$V_T = 0.1\ V$，室温下，$\mu = 6 \times 10^3\ cm/(V \cdot s)$，求栅源电压 $V_{GS} = 0.5\ V$ 时流过该 HEMT 的漏源电流是多少。

5-10 在 PNP 异质结双极晶体管中，推导出发射极注入基区的空穴电流密度以及基区注入发射区的电子电流密度，并比较不同带隙对结果的影响。

5-11 在图 5-72 所示的缓变基区异质结材料中，假定在发射极边界 A 端带隙为 1.5 eV，在集电极边界 B 端带隙为 1 eV，带隙差全部体现在导带上，A 与 B 间距为 0.1 μm，那么按照有效质量近似，电子受到的作用力是多大？A 点初速度为零的电子运动到 B 点的速度是多少？

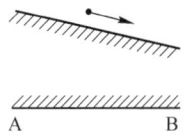

图 5-72

5-12 对于突变发射结 HBT，假定发射区和基区能带突变量为 0.3 eV，如果该能量转化为电子在基区渡越的初速度，试估计该初速度。

5-13 画出图 5-60 中三种集电极结构 HBT 的一维电场分布示意图，并进一步解释图 5-61 的结果。

5-14 图 5-26 中 N-AlGaAs/I-GaAs 异质结势垒，如果两层材料都很薄，可以透光，则在有光照时，其能带图和势垒如何变化？

5-15 图 5-73 所示为异质 PN 结能带图。相比于同质结，采用异质 PN 结制作太阳能电池，可以获得更高的效率，为什么？

5-16 利用 Si/SiGe 异质结中内光电子发射（HIP）原理来工作的长波红外探测器工作原理图如图 5-74 所示，只有能量比较高的空穴才能越过势垒而对光电流有贡献。

(1) 计算该探测器的截止波长 λ_c。

(2) 分析采用 $Si_{1-x}Ge_x$ 层制作该长波红外探测器的优点。

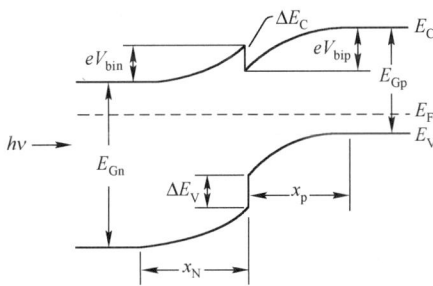

图 5-73

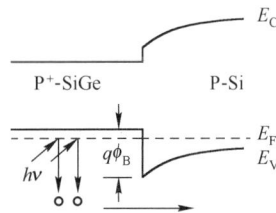

图 5-74

本章参考文献见二维码 5-1。

二维码 5-1

附录 A　隧穿概率的 WKB 近似求解

随着微电子器件尺寸的不断缩小，量子隧穿效应越来越明显，也对器件特性产生了显著的影响，产生了诸如 MOSFET 中的栅氧化层隧穿电流、重掺杂 PN 结的带带隧穿等量子隧穿特性。

器件中载流子越过势垒的隧道过程与粒子穿过势垒的隧道过程相同，可以用量子力学中著名的 WKB 近似来分析，如图 A-1 所示。如果粒子能量低于势垒高度，即 $E<V_0$，按照经典理论，粒子将被反射；但是按照量子理论，粒子以波函数的形式描述，入射波遇到势垒将产生反射波即透射波，也就是说粒子有一定的概率穿透势垒。

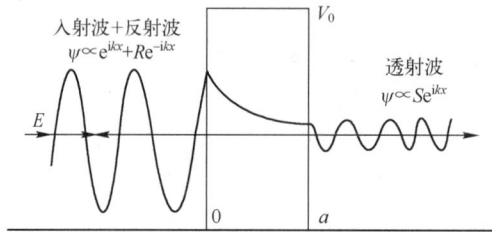

图 A-1　量子隧穿示意图

对于图 A-1 的一维势垒，描述粒子行为的波函数 ψ 满足的薛定谔方程

$$\frac{\mathrm{d}^2\psi}{\mathrm{d}x^2}+\frac{2m}{\hbar^2}\left[E-V(x)\right]\psi=0 \tag{1}$$

已知波函数在势垒中是随 x 指数衰减的，故可以设

$$\psi=\exp(\Psi) \tag{2}$$

则式（1）变为

$$\frac{\mathrm{d}^2\Psi}{\mathrm{d}x^2}+\left(\frac{\mathrm{d}\Psi}{\mathrm{d}x}\right)^2+\frac{2m}{\hbar^2}\left[E-V(x)\right]=0 \tag{3}$$

如果求得 Ψ，则粒子穿过势垒的概率，即隧道概率 P 为

$$P=\left|\frac{\psi(x_2)}{\psi(x_1)}\right|^2=\exp\{2\left[\Psi(x_2)-\Psi(x_1)\right]\} \tag{4}$$

x_1 和 x_2 是隧道势垒的边界。从式（2）知 Ψ 是 ψ 的对数，即把粒子波函数 ψ 随 x 的快变化转化为 Ψ 随 x 的慢变化。而慢变化函数的高阶导数趋近于很小的值，可以设

$$\frac{\mathrm{d}^2\Psi}{\mathrm{d}x^2}\ll\left(\frac{\mathrm{d}\Psi}{\mathrm{d}x}\right)^2 \tag{5}$$

对于电子或空穴，采用有效质量近似，从式（3）可以解出

$$\frac{\mathrm{d}\Psi}{\mathrm{d}x}=-\left(\frac{2m^*}{\hbar^2}\right)^{1/2}\left[V(x)-E\right]^{1/2} \tag{6}$$

对上式从 x_1 到 x_2 积分，得到

$$\Psi(x_2)-\Psi(x_1)=-\left(\frac{2m^*}{\hbar^2}\right)^{1/2}\int_{x_1}^{x_2}\left[V(x)-E\right]^{1/2}\mathrm{d}x \tag{7}$$

代入式（4），得到

$$P=\exp\left\{-2\left(\frac{2m^*}{\hbar^2}\right)^{1/2}\int_{x_1}^{x_2}\left[V(x)-E\right]^{1/2}\mathrm{d}x\right\} \tag{8}$$

由上式可知，只要给出势垒的具体形式，便可求出隧穿概率。下面以图 A-2 所示的三种势垒为例，讨论其隧穿概率。

对于图 A-2(a)的三角形势垒,为方便计算取 $x_2=0$,则 $x_1=-\Delta x$,这种势垒的能量是 x 的线性函数,其斜率为 $-E_G/\Delta x$。故有 $V(x)-E=-\dfrac{E_G}{\Delta x}x$,将此结果代入式(8)中,得三角形势垒的隧穿概率为

$$P_1=\exp\left(-\frac{4}{3}\left(\frac{2m^*}{\hbar^2}\right)^{1/2}E_G^{1/2}\Delta x\right) \tag{9}$$

对于图 A-2(b)所示的矩形势垒,有 $V(x)-E=E_G$,则求

$$P_2=\exp\left[-2\left(\frac{2m^*}{\hbar^2}\right)^{1/2}E_G^{1/2}\Delta x\right] \tag{10}$$

对于图 A-2(c)所示的抛物线形势垒,若选 x_1 和 x_2 的中点为坐标原点,则有抛物线公式

$$V(x)-E=E_G-\lfloor 4E_G/(\Delta x)^2\rfloor x^2 \tag{11}$$

相应地得到

$$P_3=\exp\left[-\frac{\pi}{2}\left(\frac{2m^*}{\hbar^2}\right)^{1/2}E_G^{1/2}\Delta x\right] \tag{12}$$

由式(9)~式(12)可以看出,势垒形状虽然不同,但对隧穿概率的影响并不大。三种形状势垒的隧穿概率的指数项都含有 $-(2m^*/\hbar^2)^{1/2}E_G^{1/2}\Delta x$,只是比例常数有所不同。三角形势垒比例常数为 1.33,矩形势垒为 2.0,而抛物线势垒为 1.59。因此可以说,隧道概率主要取决于势垒高度 E_G(禁带宽度)和势垒厚度 Δx,而与势垒的具体形状关系不大。从隧穿概率与载流子有效质量的关系可知,隧穿概率与有效质量的二分之一次方呈指数关系,有效质量增加使隧穿概率急剧下降,这也就解释了 P 沟道 MOSFET 的栅电流比 N 沟道 MOSFET 小得多。

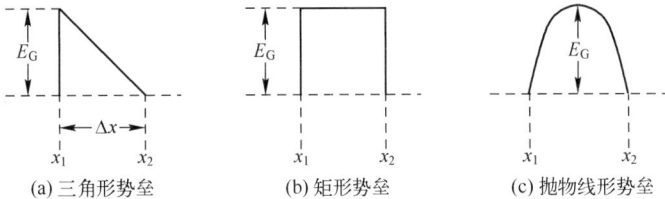

(a)三角形势垒　　　　(b)矩形势垒　　　　(c)抛物线形势垒

图 A-2　三种势垒示意图